《轻工纺织类环境影响评价》

编写委员会

主　编　谭民强

副主编　孔令辉　蔡　梅　刘振起

编　委　（以姓氏拼音字母排序）

　　　　陈凯麒　姜　华　康拉娣　刘金洁　梁　鹏

　　　　刘伟生　孙　阳　叶　斌　杨申卉　闫如松

　　　　卓俊玲　赵瑞霞

环境影响评价工程师职业资格登记培训教材

轻工纺织类
环境影响评价

环境保护部环境影响评价工程师
职业资格登记管理办公室 编

中国环境科学出版社

图书在版编目（CIP）数据

轻工纺织类环境影响评价/环境保护部环境影响评价工程师职业资格登记管理办公室编．北京：中国环境科学出版社，2011.11
（环境影响评价工程师职业资格登记培训系列教材）
ISBN 978-7-5111-0765-7

Ⅰ．①轻…　Ⅱ．①环…　Ⅲ．①轻工业—环境影响—环境质量评价②纺织工业—环境影响—环境质量评价　Ⅳ．①TS②X820.3

中国版本图书馆 CIP 数据核字（2011）第 225779 号

责任编辑	黄晓燕
文字加工	一中心全体人员
责任校对	唐丽虹
封面设计	中通世奥

出版发行	中国环境科学出版社
	（100062　北京东城区广渠门内大街 16 号）
	网　　址：http://www.cesp.com.cn
	联系电话：010-67112735，67112765（总编室）
	发行热线：010-67125803，010-67113405（传真）
印　　刷	北京市联华印刷厂
经　　销	各地新华书店
版　　次	2012 年 1 月第 1 版
印　　次	2012 年 1 月第 1 次印刷
印　　数	1—3 000
开　　本	787×960　1/16
印　　张	35
字　　数	600 千字
定　　价	80.00 元

前　言

环境影响评价制度在我国实施以来，为推动我国可持续发展发挥了积极作用，也积累了丰富的实践经验。为了进一步提高对环境影响评价技术人员管理的有效性，我国从 2004 年 4 月起开始实施环境影响评价工程师职业资格制度，并纳入全国专业技术人员职业资格证书制度统一管理，这项制度的建立是我国环境影响评价队伍管理走上规范化的新措施，对于贯彻实施《中华人民共和国环境影响评价法》、加强新形势下对环境影响评价技术服务机构和技术人员的管理、进一步规范环境影响评价行业的从业秩序和从业行为具有重要意义。

分类别进行登记管理是环境影响评价工程师职业资格制度的重要特征之一，为了保证登记管理制度的顺利实施，提高环境影响评价队伍的技术水平和业务素质，环境影响评价工程师职业资格登记管理办公室组织编写了本套教材。作为环境影响评价工程师职业资格登记培训的参考教材，本套教材是对以往环境影响评价工作经验的总结，以供广大的环境影响评价工作者参考。

《轻工纺织类环境影响评价》是本套教材中的一册。第一篇轻工，内容包括：制浆造纸，发酵工业，制糖工业，制革工业。第二篇纺织，内容包括：印染，织物涂层，涤纶纤维，锦纶纤维，氨纶纤维，粘胶纤维，腈纶纤维，芳砜纶纤维。介绍了环境保护相关法律法规与政策、工程分析、环境影响识别与评价因子筛选、环境保护措施及环境影响评价应关注的问题等，并结合教材内容提供了相关的案例。

本教材的主要编写人员：第一篇：第一章：林永寿、刘振起、程言君、樊惠明、祝秀莲；第二章：刘振起、杜　军、万红兵；第三章：刘振起、黎庆涛、周志萍；第四章：林永寿、刘振起、陈占光。第二篇：第一章：奚旦立、朱国营、姜华，第二章：方　卓、孔令辉、杨勇，第四章：朱科峰、蔡梅，第三章、第五章：谢黎明、刘振起；第六章、第七章、第八章、第九章：奚旦立、卓俊玲。统稿工作主要由刘振起、林永寿、樊惠明、祝秀莲、秦人伟、黎庆涛、周志萍、奚旦立、方　卓、谢黎明完成。

本教材在编写过程中得到了环境保护部环境影响评价司有关领导及刘贵云、胡学海、李准、高忠柏、郭森等专家的指导和帮助，在此一并表示感谢。

书中不当之处，敬请读者批评指正。

编　者

2011 年 11 月

目　录

第一篇　轻工

第一篇
轻工

轻工业概述

　　轻工业是以生产"消费资料"为主，即生产用来满足人们日常生活中衣、食、住、行、用及文化娱乐方面消费要求的产品，如食品、纸张、日用器皿等。它包括食品发酵、制浆造纸、家电、家具、塑料、制革、制盐等19大类45个行业。轻工业成为国民经济的重要组成部分，承担着提高人民生活质量、繁荣国内市场、促进就业和经济增长的重要任务。

　　近年来，我国轻工业迅速发展，无论是在企业规模和实力，还是在产业竞争力上都得到了明显提高，具备了一定的自主创新能力，但是也存在着一些问题。

　　轻工业与冶金、化工行业并称为环境污染的三个大户。主要污染物 COD 排放量约占全国工业排放总量的50%，工业废水排放量约占全国工业废水排放总量的28%。主要污染行业首先是造纸，其次是制糖、发酵和制革等行业。污染源主要为高浓度有机工艺废水，此外还有废气、粉尘、烟尘、废渣和噪声等。

　　"十一五"期间，轻工各行业高速发展，部分行业产能扩张出现了过剩，加上2008年的国际金融危机，致使轻工业部分行业的生产和效益出现大幅下滑，轻工业面临严峻挑战。在此种情况下，国家提出了《轻工业调整与振兴规划》，在基本原则、目标和主要任务方面都做出了明确规定，希望通过"振兴规划"能够使轻工业达到生产平稳增长、产业结构得到优化、自主创新取得成效、污染物明显下降、淘汰落后产能和提高安全质量等诸多目标。展望未来，轻工业的发展生机无限，前景光明。

一、轻工业在社会与经济发展中的作用

　　轻工业是丰富人民物质与文化生活的重要消费品产业，产品涵盖衣、食、住、行、用等各领域。进入21世纪以来，我国轻工业发展取得显著成效，企业规模与实力明显提高，国际竞争力不断增强，我国已成为轻工产品生产和消费大国。轻工业是提高国民经济的重要产业，承担着繁荣市场、扩大出口创汇、积累建设资金、吸纳社会就业、服务"三农"和促进经济增长的重要任务，在国民经济和社会发展中具有举足轻重的作用。

　　轻工业生产持续较快增长。2000—2008年，规模以上企业增加值增长5.2倍，年均增长22.9%；2008年，实现工业增加值26 235.3亿元，占全国工业增加值的20.3%，占国内生产总值的8.7%；2008年1—11月，全行业实现利税总额6 278.2亿元，占全

国工业实现利税总额的 14.8%。自行车、缝纫机、电池等 100 多种产品的产量居世界第一，2009 年，造纸产量和海水消费量超过了美国，位居世界第一。对社会与经济发展具有重大意义。

产品出口大幅增加。目前，我国轻工业产品的 1/4 出口到全球 200 多个国家和地区，成为我国在经济全球化下参与国际竞争与合作的重要力量，家电、皮革、家具、羽绒制品、自行车等产品占国际市场份额的 50% 以上。

我国已成为全球重要轻工产品制造基地。制浆造纸、家用电器、塑料制品、制革等行业通过引进消化吸收国外技术和关键设备，具备了较强的集成创新能力和一定的自主创新能力。

就业和惠农作用显著。2008 年规模以上轻工企业就业人数 2 042 万人，占全国规模以上工业企业从业人数的 25%，加上规模以下企业，全行业吸纳就业人数达到 3 500 万人以上，已成为吸纳城乡劳动就业的重要产业。轻工业 70% 的行业、50% 的产值涉及农副产品加工业，使 2 亿多农民直接受益，对解决"三农"问题发挥了不可替代的作用。

二、轻工业发展存在的主要问题

1. 自主创新能力不强

改革开放 30 多年来，我国轻工制造业的综合实力大幅提升，特别是抓住了全球产业从发达国家向发展中国家转移的机遇，我国轻工企业将在更大范围、更深程度上参与国际竞争。长期以来，轻工企业自主创新投入不足、产学研脱节，缺乏创新激励机制，核心竞争力不强，从而使核心技术受制于人，很多高档产品只能"贴牌"生产，自主知识产权少，产品附加值低。大部分轻工企业的技术装备仍停留在 20 世纪 80 年代以前的水平，与国外先进技术水平相比差距很大。例如：制浆造纸、乳制品、饮料、肉制品等行业的关键技术装备主要从国外引进，95% 的变频空调压缩机、LED 的关键部件芯片、高档手表机芯等依赖进口。

2. 产业结构亟待调整

轻工业的结构调整不适应市场需求的变化，其产业转型滞后于消费结构的升级；尽管国家确定了向中西部地区倾斜的政策，但支持力度不够，且难以落到实处，生产能力仍主要分布在广东、山东、浙江、江苏等沿海地区，中西部地区发展滞后；轻工产品的结构性矛盾突出，中低档产品生产能力大量过剩，高质量、高附加值的产品供不应求或长期需要进口；出口市场主要集中在欧、美、日等世界发达国家，尚未形成多元化格局；低水平重复建设和盲目扩张现象严重，大豆油脂、酒精、乳制品、味精、柠檬酸等行业产能过剩，小造纸、小皮革、小酒精等污染严重的落后产能尚未淘汰；骨干企业发展缓慢，产业集中度低。

3．节能减排任务艰巨

从目前情况看，轻工行业节能减排面临的任务仍然比较繁重，单位产值和单位产品水耗、能耗、主要设备能耗指标、污染物排放指标等方面与国际水平相比差距较大。食品、造纸、制革等行业是轻工业污染物排放的主要行业，也是节能减排任务较重的行业，尤其是造纸、酿酒、发酵等行业中的部分产品被列入国务院《节能减排综合性工作方案》（国发[2007]15 号）之中，并提出了具体的淘汰落后产能目标。

4．产品质量问题突出

食品生产企业经营规模小、生产工艺较落后、管理水平低、保障食品安全的制度不健全，市场竞争无序，行业自律和企业诚信亟待加强。近年来，食品安全事件屡有发生，累及产业整体形象，食品工业安全保障能力建设迫在眉睫。

三、轻工企业的环境特征及对环境的主要污染源

1．企业规模小而分散，对环境的污染面广

据统计，全国有轻工企业七万多个，而 90%以上是小型企业，这些企业具有投资少、见效快、便于更换产品品种等特点。但基础设施差，而且多分布在城镇居民区，有的车间、生产场地与居民住所犬牙交错，受到噪声、振动、烟尘、废渣、废水、有毒有害气体的包围，并且工厂大都靠近江河湖泊。由于没有相应的治理措施，大量废水未经治理直接排入河流，造成水体的污染。

轻工企业多为老企业，技术装备比较落后。以比较发达的沿海省市为例，轻工企业占全国轻工企业总数的 31%，总产值占 65%以上，但多数设备陈旧，原材料、燃料消耗大，资源浪费严重，单位产品污染负荷高，由于对轻工的投资，包括污染物控制与治理的投资均很少，因而加重了污染。近几年虽然有所改善，但污染情况还是相当严重。

2．轻工废水污染负荷高，排放量大

轻工业是环境污染的大户之一，主要集中在造纸、食品、制革等行业。轻工业排放的废水 50.6 亿 t/a，占全国工业废水年排放总量的 28%，治理任务十分艰巨。

归纳起来，轻工行业对环境的污染主要为以下三个方面：

① 高浓度有机废水。主要集中在制浆造纸、食品发酵、制糖、制革、合成香料、油墨等行业，废水特征是含有大量有机物和在生产过程中未被利用的化学品辅料。

② 多种重金属及氰化物的污染废水。主要集中在自行车、缝纫机、钟表、五金、轻工机械等行业，产品在电镀过程中排放的含多种重金属和氰化物的废水，浓度高、毒性大。

③ 轻工业中为农副产品和矿产品深加工的行业，除排放大量有机废水外，有毒有害气体、烟尘、粉尘、危险废物、噪声及振动的污染也深受关注。

为了便于环境影响评价人员了解、熟悉和掌握轻工行业国家产业政策、工程特点、污染特征、污染防治对策以及清洁生产水平现状，本教材选择典型代表性行业——制浆造纸、食品发酵、制糖、制革等，就有关内容进行简要介绍。

四、轻工业发展趋势

针对轻工业的发展，"十一五"规划指出：着力打造自主品牌，提高质量，增加品种，满足多样化需求，扩大高端市场份额，巩固和提高轻纺工业竞争力。鼓励轻工业提高制造水平，运用信息、生物、环保等新技术改造轻工业。调整造纸工业原料结构，降低水资源消耗和污染物排放，淘汰落后草浆生产线，在有条件的地区实施林纸一体化工程。大力发展食品工业，提高精深加工水平，保障食品安全。鼓励家用电器、塑料制品和制革及其他轻工行业新产品开发，提高技术含量和质量。针对轻工业存在的问题将努力增强自主创新能力，推进关键技术创新与产业化。在轻工业与环境污染问题上着重采取以下措施：

（1）大力推进企业节能减排，重点对食品、造纸、电池、制革等行业实施节能减排技术改造。食品行业加快应用新型清洁生产和综合利用技术。造纸行业加快应用清洁生产、非木浆碱回收、污水处理、沼气发电技术，推广污染物排放在线监测系统。电池行业重点推广无汞扣式碱锰电池技术，普通锌锰电池实现无汞、无铅、无镉化，锂离子电池替代镉镍电池。制革行业加快推广保毛脱毛、无灰浸灰、生态鞣制等清洁生产技术和固体废弃物资源化利用技术。

（2）切实淘汰落后产能。轻工业将建立产业退出机制，明确淘汰标准，量化淘汰指标，加大淘汰力度。力争三年内淘汰一批技术装备落后、资源能源消耗高、环保不达标的落后产能。造纸行业重点淘汰年产 3.4 万 t 以下草浆生产装置和年产 1.7 万 t 以下化学制浆生产线，关闭排放不达标、年产 1 万 t 以下以废纸为原料的造纸厂。食品行业重点淘汰年产 3 万 t 以下酒精、味精生产工艺及装置。制革行业重点淘汰年加工 3 万标张以下的生产线。家电行业重点淘汰以氯氟烃为发泡剂或制冷剂的冰箱、冰柜、汽车空调器等产能和低能效产品产能。电池行业重点淘汰汞含量高于 1×10^{-6} 的圆柱形碱锰电池和汞含量高于 5×10^{-6} 的扣式碱锰电池。加快实施节能灯替代，淘汰 6 亿只白炽灯产能。

第一章 制浆造纸

新中国成立以来，中国造纸工业走过了 60 年的辉煌历程。在这 60 年的岁月里，中国造纸工业取得了长足的进步和举世瞩目的辉煌成绩，不仅传承和发扬了中国古代造纸术，而且铸造了一个崭新的现代化造纸工业。造纸产业已成为与国民经济和社会事业发展关系密切的重要基础原材料产业。

近十年来，由于从国外大量引进国际先进的技术与装备，以及环境保护管理措施和我国实行的相关环境标准更为严格，促进造纸工业清洁生产的水平得到了很大提高，环境污染状况得到了明显改善。但也存在一些问题，如：规模不合理，规模效益水平低；优质原料短缺，对外依存度高；环境欠账多，污染防治任务艰巨；装备研发能力差，先进设备依靠进口等。

造纸工业的发展对生态和水资源都会产生不利影响，如：生物多样性的降低，水土流失，面源污染以及大量消耗水资源和排放大量的废水等。据统计，制浆造纸企业中对环境影响严重的是中小型企业，为此国家实行了更加严格的造纸工业水污染排放标准，以此来淘汰落后的产能，减少污染物的排放和促使企业使用更先进的废水处理的技术和设备。

在新的历史起点上，中国造纸企业面临新的任务和发展方向，即加大自主创新，推进清洁生产，加快企业重组，提高国产化装备利用率，努力解决在发展中存在的原料短缺、环保压力和结构调整等瓶颈问题，积极开创中国造纸工业发展的新局面，努力建设一个资源节约型、环境友好型、可持续发展的现代化造纸行业。

第一节 造纸工业基本概况

制浆造纸行业是资金密集型、技术密集型产业，是耗能、耗水、耗资源大户。其最大污染源为制取浆料的生产过程，约占整个制浆造纸污染源的 90%，生产每吨化学纸浆约需 2.4 t 植物原料和 0.6 t 碱、氯等化学品，即投入 3 t 原、辅料得到 1 t 产品，其余 2 t 原、辅料转为废物，若不加以回收利用与妥善处理，既浪费资源又造成环境污染。中国造纸协会《中国造纸工业 2008 年度报告》指出，我国吨浆纸平均能耗与水耗分别为 1.38 t 左右标煤和 103 t 左右，比国际先进水平分别至少高出 15% 和 106%。但近年来，我国制浆造纸企业，由于新建、改扩建采用了国际最先进的技术和装备，环境保护管理措施和执行标准更为严格，使得清洁生产水平得到了很大提高，污染状况也得到了明显改善，废物综合利用水平明显提高，有一批企业的废水治理和排放情况达到世界先进水平。

制浆造纸主要污染物为废水，主要废水源为制浆车间废水（蒸煮废液、漂白废液、废纸脱墨废水）和造纸白水。

根据环境保护部统计，造纸工业2008年废水排放量为40.77亿t，占全国工业废水总排放量217.38亿t的18.76%；造纸工业废水排放达标量为37.51亿t，占全国造纸工业废水总排放量的92.00%；排放废水中COD为128.8万t，占全国工业COD总排放量404.8万t的31.82%。据2007年统计，草浆生产线有碱回收装置的产量仅占草浆总产量的30.0%，草类制浆COD排放量占整个造纸工业排放量的60%以上，仍然是主要的污染源。

一、造纸工业发展基本概况

1. 原料结构

1995年，中国造纸工业的原料方针调整为"逐步实现以木材纤维为主，扩大废纸回收利用，科学合理使用非木纤维的多元化的原料结构"之后，造纸工业的原料结构调整和原料基地建设都迈上了一个新台阶。

"十五"以来，我国造纸工业原料结构进一步优化，截至2008年，废纸浆比例增长较快，由2000年的41%提高至60%；非木浆比例迅速下降，由2000年的40%降至18%；木浆比例变化不大，徘徊在21%～23%（表1-1-1）。

表1-1-1   1980—2008年我国造纸业纸浆原料结构变化

年份	1980	1990	2000	2001	2002	2003	2004	2005	2006	2007	2008
木浆比例/%	25.0	15.0	19.7	23.1	21.3	21.0	21.8	21.7	22.1	21.4	22.0
非木浆比例/%	60.0	57.0	39.7	32.9	32.0	29.9	26.5	24.2	21.5	19.2	18.0
废纸浆比例/%	15.0	28.0	40.6	44.0	46.7	49.4	51.7	54.1	56.4	59.3	60.0

据不完全统计，2001—2004年72家企业已经完成造林面积114万hm^2。至2008年年底，实施林纸一体化工程项目27个，完成配套造林面积67万hm^2。

2. 产品结构

（1）纸及纸板生产与消费现状

我国目前已形成新闻纸、涂布纸和未涂布书写印刷纸、生活用纸、包装用纸及纸板和特种纸及纸板五大系列产品，分别占纸及纸板总产量的5.8%、24.4%、6.9%、59.2%

和 3.7%。基本上能够满足国内新闻出版、书刊印刷、商品包装、工业技术配套用纸和生活用纸的需求。

据中国造纸协会调查资料，2009 年全国纸及纸板生产企业约有 3 700 家，全国纸及纸板生产量 8 640 万 t，较上年 7 980 万 t 增长 8.27%。消费量 8 569 万 t，较上年 7 935 万 t 增长 7.99%，人均年消费量为 64 kg（13.35 亿人），比上年增长 4 kg。2009 年比 2000 年生产量增长 183.28%，消费量增长 139.69%。2000—2009 年，纸及纸板生产量年均增长 12.27%，消费量年均增长 10.20%。自 2007 年全国纸及纸板的生产量首次超过消费量以后，近三年我国已基本解决了长期以来中国造纸工业生产总量不能满足消费需求的难题（图 1-1-1）。

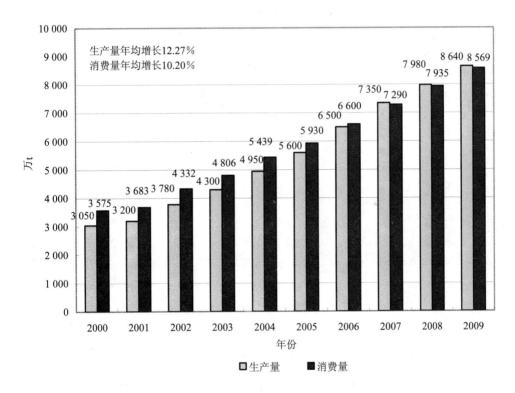

图 1-1-1 2000—2009 年纸及纸板的生产和消费情况

从 2009 年的生产和消费形势分析来看，全年生产和消费均呈平稳增长态势，增速分别比上年回落 0.30 个百分点和 0.86 个百分点。生产量增幅 10%以上的品种有箱纸板和瓦楞原纸。消费量增幅 10%以上的品种有瓦楞原纸、箱纸板。

（2）纸浆生产现状

据中国造纸协会调查资料，2009 年全国纸浆生产总量 6 674 万 t，较上年 6 415 万 t 增长 4.03%，增幅较上年减少 4.06 个百分点。

2009年全国纸浆消耗总量7980万t，较上年7360万t增长8.42%，其中木浆1866万t，较上年增长14.90%，比例占23%，较上年增加1个百分点；非木浆1175万t，较上年下降9.41%，比例占15%，较上年下降3个百分点；废纸浆4939万t，较上年增长11.26%，比例占62%，较上年增加2个百分点。木浆中，进口木浆比例较上年上升3个百分点；废纸浆中，进口废纸浆比例较上年上升2个百分点，国产废纸浆比例与上年持平；非木浆中，稻麦草浆比例比上年下降2.5个百分点，下降幅度较大，竹浆、苇（荻）浆、蔗渣浆比例与上年基本持平，竹浆和蔗渣浆消耗量均比上年有所增加。2009年纸浆总消耗量比2000年增长186%，其中国产纸浆消耗量2009年比2000年增长171%。

以上数字表明，全国纸浆消费总量随着纸及纸板产量的增长呈增加趋势。纸浆结构中，非木浆比例继续呈明显下降趋势，废纸浆增幅加大，支撑着纸浆结构的调整。由于国内木浆和国内废纸浆量需求分别增加，进口木浆和进口废纸浆分别增长38%和14%，进口纤维原料量（包括废纸）占纸浆总消耗量为44%，比上年增长5个百分点，表明我国造纸原料对国外依存度加大（表1-1-2、图1-1-2）。

表1-1-2　2009年中国造纸工业纸浆消耗情况　　　　　　　单位：万t

品　　种	2008年	占比/%	2009年	占比/%	同比/%
总量	7 360	100	7 980	100	8.42
木　浆	1 624	22	1 866	23	14.90
其中：进口木浆	952	13	1315[②]	16	38.13
废纸浆[①]	4 439	60	4 939	62	11.26
其中：进口废纸浆	1 936	26	2 200	28	13.64
非木浆	1 297	18	1 175	15	−9.41

注：①废纸浆＝废纸量×0.8；
　　②2009年进口木浆1367万t，其中实际消费量1315万t。

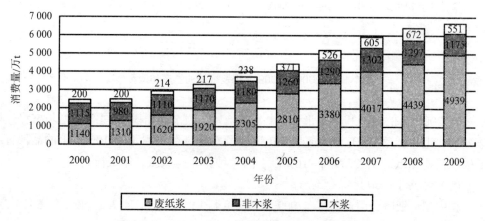

图1-1-2　2000—2009年纸浆的生产和消费情况

随着造纸工业新排放标准的实施，各地还将减少草浆的产量，我国造纸纤维原料的结构将得到进一步的改善。

3．生产布局

2009 年我国东部地区 12 个省（区、市），纸及纸板产量占全国纸及纸板产量比例为 71.3%，比上年降低 0.7 个百分点；中部地区 9 个省（区）比例占 21.4%，比上年降低 0.2 个百分点；西部地区 10 个省（区、市）比例占 7.3%，比上年提高 0.9 个百分点（图 1-1-3）。

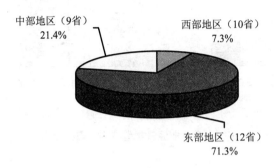

中部地区（9省）
21.4%

西部地区（10省）
7.3%

东部地区（12省）
71.3%

图 1-1-3　2009 年中国造纸区域布局

从全国各省（区、市）纸及纸板产量完成情况和造纸区域布局来看，东部地区所占比例比上年略有下降，但仍是我国造纸工业的主要生产区域。

4．造纸企业规模类型结构

根据国家统计局提供的 2009 年 1—11 月规模以上造纸生产企业的相关数据分析，2009 年国有及国有控股企业有 80 家，占 2.17%，较上年 2.89% 减少 0.72 个百分点；"三资"企业有 418 家，占 11.34%，较上年 11.71% 减少 0.37 个百分点；集体及其他企业有 3 188 家占 86.49%，较上年 85.40% 增加 1.09 个百分点。在造纸企业主营业务收入总额中，国有及国有控股企业占 12.43%，较上年 17.34% 减少 4.91 个百分点；"三资"企业占 29.38%，较上年 32.97% 减少 3.59 个百分点；集体及其他企业占 58.19%，较上年 49.69% 增加 8.50 个百分点。在利税总额中，国有及国有控股企业占 9.55%，较上年 18.79% 减少 9.24 个百分点；"三资"企业占 29.64%，较上年 30.78% 减少 1.14 个百分点；集体及其他企业占 60.81%，较上年 50.43% 增加 10.38 个百分点。其中：利润总额中，国有及国有控股企业占 5.17%，较上年 18.44% 减少 13.27 个百分点；"三资"企业占 31.97%，较上年 34.03% 减少 2.06 个百分点；集体及其他企业占 62.86%，较上年 47.53% 增加 15.33 个百分点（图 1-1-4、图 1-1-5）。

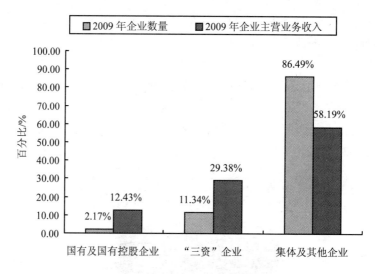

注：数据来源于国家统计局（规模以上企业统计）。

图 1-1-4 造纸生产企业经济类型结构与规模结构

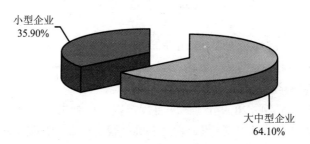

图 1-1-5 全国造纸企业主营业务收入情况

从图 1-1-4、图 1-1-5 可以看出，全国还是小型企业占大部分（达到 80% 以上），而大中型企业仍占小部分，但从企业主营业务收入来看，大中型企业的收入却占据主导位置，小型企业主营业务收入仅为 35.9%，因此，全国造纸企业规模的不合理问题依然存在。

二、我国造纸工业发展的主要环境影响

1. 林基地生态影响

纸业是消耗木材量最大的工业，而我国又是一个森林资源缺乏的国家，如按国家发展和改革委员会的规划，2010 年木浆自给率达到 15%，木浆产量达 750 万 t，需要消耗木材 3 700 万 m^3。因此，发展林纸一体化是造纸工业的必然选择。

造纸工业对生态的环境影响主要体现在林基地的建设期和营运期。建设期包括造林整地、苗木供运、造林等建设活动，营运期包括松土除草、平茬除萌、修枝整形、追肥、病虫害防治、采伐集运等经营活动。因此环境影响主要为造林、抚育经营和林木采伐运输等活动产生的影响，涉及生物多样性、水土流失、面源污染等环境影响。

生物多样性：大面积种植单一品种的树种可能会造成项目区域生物多样性的降低，导致物种单一化倾向，同时引发灾害性的病虫害发生。

水土流失：在原料林基地建设过程中，林地清理、整地、栽植、管护抚育、采伐等各个环节均可能诱发增加水土流失量。

面源污染：原料树种的种植和砍伐将大量消耗土壤肥力，导致土地退化，增加系统的不稳定性，生物肥料及农药的施用将可能导致面源污染。

2．水资源影响

据原国家环境保护总局统计，2008 年造纸行业总取水量 48.84 亿 t，排在火电、化工之后居全国第三位。2008 年制浆造纸及纸制品产业（统计企业 5759 家，比上年减少 59 家）用水总量为 108.96 亿 t，其中新鲜水量为 48.84 亿 t，占工业总耗新鲜水量 549.63 亿 t 的 8.89%。重复用水量为 60.12 亿 t，水重复利用率为 55.18%，比上年提高 3.78 个百分点。万元工业产值（现价）新鲜水用量为 94.0t，比上年减少 30.1t，降低 24.3%。

我国是一个水资源缺乏的国家，人均水资源占有量为 2 200 m^3，仅为世界平均水平的 1/4。随着城市化和工业化进程的加快，生活用水将大幅度增长，工业用水也将有所增加，水资源供需矛盾将更加突出。因此水资源对于工业发展的约束越来越明显，尤其是在部分缺水地区。抓工业节水不仅是解决水资源短缺的问题，同时也是减少工业废水排放和解决因过量开采地下水造成的城市地面下沉问题。为此，必须高度重视工业节水工作。

3．环境污染影响

作为防治重点的废水，造纸工业 2008 年废水排放量为 40.77 亿 t，占全国工业废水总排放量 217.38 亿 t 的 18.76%，比上年降低 0.49 个百分点。造纸工业废水排放达标量为 37.51 亿 t，占造纸工业废水排放总量的 92.00%，比上年提高 2 个百分点。排放废水中 COD 为 128.8 万 t，比上年 157.4 万 t 减少 28.6 万 t，占全国工业 COD 总排放量 404.8 万 t 的 31.82%，比上年减少 2.92 个百分点。万元工业产值（现价）COD 排放强度为 25 kg，比上年降低 37.50%。造纸工业废水处理设施年运行费用为 46.2 亿元，比上年增加 2.8 亿元，增长 6.45%。

对环境欠账多的是小型制浆造纸企业，数量多（占企业总数的 87.3%），产量小（占总量的 21.8%），污染重（占 COD_{Cr} 排放总量的 57.5%）。由于国家要求造纸工业"十一五"期间，淘汰现有落后产能 650 万 t，主要污染物 COD_{Cr} 排放总量削减 12.5%，高于全国减排 10% 指标的减排任务繁重；加上更加严格的《造纸工业水污染物排放标准》（GB 3544—2008）自 2008 年 5 月 1 日开始实施；以及目前尚存在鼓励支持政策不到位，技术成熟且经济可行的治污适用技术有待开发等问题，中国造纸工业面临的环境压力很大，污染防治任务十分艰巨。

造纸行业为木材、草类原料、废纸的深加工行业，除排放大量有机废水外，有毒有害气体、烟尘、粉尘、危险废物、噪声及振动的污染也深受关注。有原料林基地的企业，还需要从生态的角度来分析评价。造纸行业废水特征是含有大量有机物和在生产过程中未被利用的化学品辅料，如果有含氯漂白的制浆生产线，AOX 是其废水的特征污染物；对于废纸为原料的制浆造纸企业还要考虑油墨等化学品；大气的特征污染物为 AOX 和恶臭；废渣的特征污染物为绿泥、白泥、废纸油墨渣等。

第二节　造纸工业环境保护相关政策与标准

一、方针政策

1.《国务院关于印发节能减排综合性工作方案的通知》（国发[2007]15 号）

加快淘汰落后生产能力。加大淘汰电力、钢铁、建材、电解铝、铁合金、电石、焦炭、煤炭、平板玻璃等行业落后产能的力度。"十一五"期间实现节能 1.18 亿 t 标准煤，减排 SO_2 240 万 t；2007 年实现节能 3 150 万 t 标准煤，减排 SO_2 40 万 t。加大造纸、酒精、味精、柠檬酸等行业落后生产能力淘汰力度，"十一五"期间实现减排 COD 138 万 t，2007 年实现减排 COD 62 万 t。制订淘汰落后产能分地区、分年度的具体工作方案，并认真组织实施。对不按期淘汰的企业，地方各级人民政府要依法予以关停，有关部门依法吊销生产许可证和排污许可证并予以公布，电力供应企业依法停止供电。对没有完成淘汰落后产能任务的地区，严格控制国家安排投资的项目，实行项目"区域限批"。国务院有关部门每年向社会公告淘汰落后产能的企业名单和各地执行情况。建立落后产能退出机制，有条件的地方要安排资金支持淘汰落后产能，中央财政通过增加转移支付，对经济欠发达地区给予适当补助和奖励。

表 1-1-3　"十一五"时期淘汰落后生产能力一览表（节选）

行业	内　容	单位	"十一五"时期	2007 年
造纸	年产 3.4 万 t 以下草浆生产装置、年产 1.7 万 t 以下化学制浆生产线、排放不达标的年产 1 万 t 以下以废纸为原料的纸厂	万 t	650	230

加快节能减排技术产业化示范和推广。实施一批节能减排重点行业共性、关键技术及重大技术装备产业化示范项目和循环经济高技术产业化重大专项。落实节能、节水技术政策大纲，在钢铁、有色、煤炭、电力、石油石化、化工、建材、纺织、造纸、建筑等重点行业，推广一批潜力大、应用面广的重大节能减排技术。加强节电、节油农业机械和农产品加工设备及农业节水、节肥、节药技术推广。鼓励企业加大节能减排技术改造和技术创新投入，增强自主创新能力。

2.《国务院关于进一步加强淘汰落后产能工作的通知》（国发[2010]7号）

近期重点行业淘汰落后产能的具体目标任务是：

轻工业：2011年年底前，淘汰年产3.4万t以下草浆生产装置、年产1.7万t以下化学制浆生产线，淘汰以废纸为原料、年产1万t以下的造纸生产线。

3.《造纸产业发展政策》（国家发展和改革委员会2007年第71号）

（1）政策目标

第一条 通过政策的制定，建立充分发挥市场配置资源，辅之以政府宏观调控的产业发展新机制。

第二条 坚持改革开放，贯彻落实科学发展观，走新型工业化道路，发挥造纸产业自身具有循环经济特点的优势，实施可持续发展战略，建设中国特色的现代造纸产业。适度控制纸及纸板项目的建设，到2010年，纸及纸板新增产能2650万t，淘汰现有落后产能650万t，有效产能达到9000万t。

第三条 通过产业布局、原料结构、产品结构、企业结构的调整，逐步形成布局合理、原料适合国情、产品满足国内需求、产业集中度高的新格局，实现产业结构优化升级。

第四条 加大技术创新力度，形成以企业为主体、市场为导向、产学研用相结合的技术创新体系，培育高素质人才队伍，研发具有自主知识产权的先进工艺、技术、装备及产品，培育一批制浆造纸装备制造龙头企业，提高我国制浆造纸装备研发能力和设计制造水平。

第五条 转变增长方式，增强行业和企业社会责任意识，严格执行国家有关环境保护、资源节约、劳动保障、安全生产等法律法规。到2010年实现造纸产业吨产品平均取水量由2005年103 m^3降至80 m^3、综合平均能耗（标煤）由2005年1.38t降至1.10t、污染物COD排放总量由2005年160万t减到140万t，逐步建立资源节约、环境友好、发展和谐的造纸产业发展新模式。

第六条 明确产业准入条件，规范投融资行为和市场秩序，建立公平的竞争环境。

（2）产业布局

第七条 造纸产业布局要充分考虑纤维资源、水资源、环境容量、市场需求、交通运输等条件，发挥比较优势，力求资源配置合理，与环境协调发展。

第八条 造纸产业发展总体布局应"由北向南"调整，形成合理的产业新布局。

第九条　长江以南是造纸产业发展的重点地区，要以林纸一体化工程建设为主，加快发展制浆造纸产业。

东南沿海地区是我国林纸一体化工程建设的重点地区；

长江中下游地区在充分发挥现有骨干企业积极性的同时，要加快培育或引进大型林纸一体化项目的建设主体，逐步发展成为我国林纸一体化工程建设的重点地区；

西南地区要合理利用木、竹资源，变资源优势为经济优势，坚持木浆、竹浆并举；

长江三角洲和珠江三角洲地区，特别要重视利用国内外木浆和废纸等造纸，原则上不再布局利用本地木材的木浆项目。

第十条　长江以北是造纸产业优化调整地区，重点调整原料结构、减少企业数量、提高生产集中度。

黄淮海地区要淘汰落后草浆产能，增加商品木浆和废纸的利用，适度发展林纸一体化，控制大量耗水的纸浆项目，加快区域产业升级，确保在发展造纸产业的同时不增加或减少水资源消耗和污染物排放；

东北地区加快造纸林基地建设，加大现有企业改造力度，提高其竞争力，原则上不再布局新的制浆造纸企业；

西北地区要通过龙头企业的兼并与重组，加快造纸产业的整合，严格控制扩大产能。

第十一条　重点环境保护地区、严重缺水地区、大城市市区，不再布局制浆造纸项目，禁止严重缺水地区建设灌溉型造纸林基地。

（3）纤维原料

第十二条　充分利用国内外两种资源，提高木浆比重、扩大废纸回收利用、合理利用非木浆，逐步形成以木纤维、废纸为主、非木纤维为辅的造纸原料结构。到2010年，木浆、废纸浆、非木浆结构达到26%、56%、18%。

第十三条　加快推进林纸一体化工程建设，大力发展木浆，鼓励利用木材采伐剩余物、木材加工剩余物、进口木材和木片等生产木浆，合理进口国外木浆。到2010年，力争实现建设造纸林基地500万hm^2、新增木浆生产能力645万t的目标。

第十四条　鼓励现有林场及林业公司与国内制浆造纸企业共同建设造纸原料林基地。企业建设造纸林基地要符合国家林业分类经营、速生丰产林建设规划和全国林纸一体化专项规划的总体要求，并且必须符合土地、生态、水土保持和环境保护等相关规定。

第十五条　鼓励发展商品木浆项目。依靠国内市场供应木材原料的制浆项目必须同时规划建设造纸林基地或者先行核准其中的造纸原料林基地建设项目。不得以未经核准的林纸一体化项目的名义单独建设或圈占造纸林基地。承诺依靠国外市场供应木材原料的制浆项目要严格履行承诺。

第十六条 支持国内有条件的企业到国外建设造纸林基地和制浆造纸项目。

第十七条 加大国内废纸回收，提高国内废纸回收率和废纸利用率，合理利用进口废纸。尽快制定废纸回收分类标准，鼓励地方制定废纸回收管理办法，培育大型废纸经营企业，建立废纸回收交易市场，规范废纸回收行为。到 2010 年，使我国国内废纸回收率由目前的 31%提高至 34%，国内废纸利用率由 32%提高至 38%。

第十八条 坚持因地制宜，合理利用非木纤维资源。充分利用竹类、甘蔗渣和芦苇等资源制浆造纸，严格控制禾草浆生产总量，加快对现有禾草浆生产企业的整合，原则上不再新建禾草化学浆生产项目。

第十九条 限制木片、木浆和非木浆出口，在取消出口退税的基础上加征出口关税。

（4）技术与装备

第二十三条 淘汰年产 3.4 万 t 及以下化学草浆生产装置、蒸球等制浆生产技术与装备，以及窄幅宽、低车速的高消耗、低水平造纸机。禁止采用石灰法制浆，禁止新上项目采用元素氯漂白工艺（现有企业应逐步淘汰）。禁止进口淘汰落后的二手制浆造纸设备。

（5）资源节约

第三十六条 增强全行业节水意识，大力开发和推广应用节水新技术、新工艺、新设备，提高水的重复利用率。在严格执行《造纸产品取水定额》的基础上，逐步减少单位产品水资源消耗。新建项目单位产品取水量在执行取水定额"A"级的基础上减少 20%以上，目前执行"B"级取水定额的企业 2010 年底按 "A"级执行。

（6）行业准入

第四十五条 进入造纸产业的国内外投资主体必须具备技术水平高、资金实力强、管理经验丰富、信誉度高的条件。企业资产负债率在 70%以内，银行信用等级 AA 级以上。

第四十六条 制浆造纸重点发展和调整省区应编制造纸产业中长期发展规划，其内容必须符合国家造纸产业发展政策的总体要求，并报国家投资主管部门备案。大型制浆造纸企业集团应根据国家造纸产业发展政策编制企业中长期发展规划，并报国家投资主管部门备案。

第四十七条 造纸产业发展要实现规模经济，突出起始规模。新建、扩建制浆项目单条生产线起始规模要求达到：化学木浆年产 30 万 t、化学机械木浆年产 10 万 t、化学竹浆年产 10 万 t、非木浆年产 5 万 t；新建、扩建造纸项目单条生产线起始规模要求达到：新闻纸年产 30 万 t、文化用纸年产 10 万 t、箱纸板和白纸板年产 30 万 t、其他纸板项目年产 10 万 t。薄页纸、特种纸及纸板项目以及现有生产线的改造不受规模准入条件限制。

第四十八条 单一企业（集团）单一纸种国内市场占有率超过 35%，不得再申请核准或备案该纸种建设项目；单一企业（集团）纸及纸板总生产能力超过当年国内市场消费总量的 20%，不得再申请核准或备案制浆造纸项目。

第四十九条　新建项目吨产品在 COD 排放量、取水量和综合能耗（标煤）等方面要达到先进水平。其中漂白化学木浆为 10 kg、45 m³ 和 500 kg；漂白化学竹浆为 15 kg、60 m³ 和 600 kg；化学机械木浆为 9 kg、30 m³ 和 1 100 kg；新闻纸为 4 kg、20 m³ 和 630 kg；印刷书写纸为 4 kg、30 m³ 和 680 kg。

4.《全国林纸一体化工程建设"十五"及 2010 年专项规划》

（1）基本原则

①内外结合，要充分利用国内外两种资源、两个市场；

②因地制宜，根据各地条件确定建设项目，防止一哄而上，做到择优扶强，优先支持制浆造纸重点骨干企业发展，处理好造纸林基地与耕地的关系，防止占用耕地，保护基本农田；

③保护环境，加强水资源节约、污染治理和生态环境改善，走可持续发展的道路。通过"清洁生产，以新带老"等措施，确保区域污染物排放总量稳定削减；

④规模效益，切实贯彻经济规模要求，鼓励企业按照现代企业制度跨地区、跨部门、跨行业、跨所有制的兼并、联合和重组；

⑤调整结构，在草浆比重大、水资源短缺、水环境污染严重的地区，要关闭现有落后的不符合经济规模要求的草浆造纸生产线，实现造纸工业结构不断优化；

⑥科学创新，要引进国际先进的制浆造纸技术和节水、治污措施，提高制浆造纸技术总体水平。

（2）建设规模

对于新建林纸一体化工程建设项目，要突出起始规模：

①化学木浆单条生产线能力一般要达到年产 50 万 t 及以上；

②化学竹浆单条生产线能力一般要达到年产 10 万 t 及以上；

③化学机械木浆单条生产线能力一般要达到年产 10 万 t 及以上；

④造纸单条生产线能力要达到年产 10 万 t 及以上。

（3）规划主要内容

①发展目标。林纸一体化工程建设规划见表 1-1-4；

②布局。总体布局在 500 mm 等降雨量线以东的地区，其中长江以南是重点地区，长江以北为结构调整地区；500 mm 等降雨量线以西的地区，干旱少雨，生长慢，水资源缺乏，水体自净能力差，生态环境脆弱，原则上不作为建设区。内容见表 1-1-5。

表 1-1-4 林纸一体化工程建设规划

时段及发展目标	纸及纸板消费量	新增能力	基地规划	备注
"十五"期间	5 000 万 t	制浆：280 万 t（木浆 210 万 t，竹浆 70 万 t）；造纸：330 万 t	200 万 hm²（木 176 万 hm²，竹 24 万 hm²）	新增产量：木浆 180 万 t，国产占 10%；竹浆 60 万 t；纸及纸板 300 万 t。 基地可产：木材 1000 多万 m³，竹材 400 多万 t。 实现用材向基地的逐步过渡
"十一五"期间	5 000 万 t	在 2005 年末基础上，新增制浆：555 万 t（木浆 435 万 t，竹浆 120 万 t）；造纸：560 万 t	在 2005 年末基础上，新增 300 万 hm²（木材 264 万 hm²，竹材 36 万 hm²）	新增产量：木浆 180 万 t，国产占 15%；竹浆 100 万 t；纸及纸板 500 万 t。 基地可产：木材 2500 多万 m³，竹材 800 多万 t。 实现用材主要靠基地供应
2010 年后	基地进入轮伐期，基地年产木材稳定在 5600 万 m³ 以上，竹材在 1350 万 t 以上。可以配套建设制浆能力 1760 万 t（木 1365 万 t，竹 395 万 t），高档纸及纸板 1850 万 t			

表 1-1-5 全国林纸一体化建设布局

地区	自然条件	水环境	规划布局要点	规划布局
重点发展东南沿海地区。包括广东、广西、海南和福建	属热带和亚热带湿润气候，多年平均年降雨量 1530～1780mm。是我国降雨量最大、水资源最为丰富的地区	海南、福建、广西水质较好。广东省特别是珠江三角洲地区污染相对较重	强化污水处理，防止水质污染。发挥现有企业龙头带动作用，规划建设 3～4 个年产化学木浆 50 万 t 及以上大型项目	2000—2010 年，林基地 180 万 hm²（木 150 万 hm²，竹 30 万 hm²），"十五"72 万 hm²，"十一五"108 万 hm²。制浆 331 万 t（木 260 万 t，竹 71 万 t）。2010 年后，年可产木材 1900 万 m³、竹材 675 万 t。可制浆 630 万 t（木 430 万 t，竹 200 万 t），配套造纸 650 万 t
结合退田还湖、退耕还林，培育长江中下游有条件地区。包括湖南、湖北、江西、安徽、江苏和浙江	属亚热带，多年平均年降雨量 1000～1640mm。水资源丰富	长江中下游水质总体较好，但浙江、安徽和江苏淮河流域需削减的 COD 比重较大，太湖和巢湖流域污染较重	发挥长江三角洲港口和造纸基础，依靠商品木浆和废纸，建高档纸和纸板基地。加快培育或引进大型林纸一体化项目的建设主体，发展成为林纸一体化建设的重点地区之一	2000—2010 年，林基地 105 万 hm²（木 95 万 hm²，竹 10 万 hm²），"十五"42 万 hm²，"十一五"63 万 hm²。制浆 133 万 t（木 97 万 t，竹 36 万 t）。2010 年后，年可产木材 1200 万 m³、竹材 225 万 t。可制浆 335 万 t（木 270 万 t，竹 65 万 t），配套造纸 350 万 t

地区	自然条件	水环境	规划布局要点	规划布局
大力调整黄淮海地区纸浆结构。包括山东、河南、河北和山西	属暖温带半干旱半湿润气候，多年平均年降雨量530～780 mm。正常：可满足；干旱：灌溉	该地区水资源严重短缺，水资源开发利用程度很高，水环境污染严重，水体已无纳污能力，是我国水供需矛盾突出的地区	亟须针对草浆造纸进行结构调整，关闭现有落后的草浆生产线，在适宜地区有重点地建设几个年产化机浆10万t及以上林纸一体化项目，以大代小，以新带老	2000—2010年，林基地65万hm²，"十五"26万hm²，"十一五"39万hm²。制浆木218万t。关闭1.7万t下的草浆线。2010年后，年可产木材1100万m³。可制浆310万t，配套造纸320万t
配套建设东北地区造纸林基地。包括黑龙江、吉林、辽宁及内蒙古东部地区	属暖温带半湿润气候，多年平均年降雨量530～690 mm。正常：可满足；但寒冷，生长慢	水环境总体较好，但辽河流域COD削减任务较重，大辽河、浑河和太子河污染最重的区段集中在城市段	需要加强城市废污水治理。该地区林资源和土地资源最为丰富，现有商品林中亟待抚育的中幼林面积比重很大。以现有骨干企业为依托，配套建设以现有中幼林为主的基地	2000—2010年，林基地100万hm²（新30万hm²，改造70万hm²），"十五"40万hm²，"十一五"60万hm²。补充现有企业，新增木浆40万t。2010年后，年可产木材1050万m³。可制浆270万t，配套造纸300万t
合理利用西南地区木竹资源。包括四川、云南、贵州和重庆等	属亚热带和热带气候，多年平均年降雨量1000～1260 mm。适宜发展马尾松、思茅松、桉树、竹类	四川省和重庆市水环境治理任务重。云南和贵州污染物排放量相对较小，水环境容量大	三峡工程建成后，三峡库区水环境要求高，要严格按三峡库区及上游水污染防治规划做好布局。立足有利于改善库区水环境现状的前提下，进行建设	2000—2010年，林基地50万hm²（木30 hm²，竹20 hm²），"十五"20 hm²、"十一五"30 hm²。木浆113万t（木30万t，竹83万t）。2010年后，年可产木材380万m³、竹450万t。可制浆215万t（木85万t，竹130万t），配套造纸230万t

5.《"十一五"资源综合利用指导意见》（国家发展和改革委员会2006年12月24日）

发展造纸、食品酿造、印染、制革、化工、纺织、农畜产品加工等行业废液的资源化利用，重点回收可利用的资源；推进工业废水循环利用；扩大再生水的应用；大力推进矿井水资源化利用。

以提高再生资源加工利用产业规模和利用水平为目标，重点推进再生资源集散加工基地建设和再生资源回收利用产业化。鼓励生产具有高附加值的综合利用产品。淘汰技术装备落后、污染严重的生产工艺。重点推进废旧家电、废旧轮胎、废塑料、废纸、包装物、废弃木制品、废弃油品回收利用的产业化进程。

对符合环境保护控制标准的资源性再生资源（如废钢、废有色金属、废纸等），应从政策上鼓励利用境外市场。强化进口境外可再生资源的检验检疫及其监督管理，严防掺混"洋垃圾"，规范有序进口国外再生资源，合理规划布局，加强集中和系统处理，条件成熟时建立进口再生资源资源化示范园区。

6.《产业结构调整指导目录》（2011 年本）

目录分为鼓励类、限制类和淘汰类。不属于以上三类且符合国家有关法律、法规规定的为允许类。

（1）鼓励类

①单条化学木浆 30 万 t/a 及以上、化学机械木浆 10 万 t/a 及以上、化学竹浆 10 万 t/a 及以上的林纸一体化生产线及相配套的纸及纸板生产线（新闻纸、铜版纸除外）建设；采用清洁生产工艺、以非木纤维为原料、单条 10 万 t/a 及以上的纸浆产线建设；

②先进制浆、造纸设备开发与制造；

③无元素氯（ECF）和全无氯（TCF）化学纸浆漂白工艺开发应用。

（2）限制类

新建单条化学木浆 30 万 t/a 以下、化学机械木浆 10 万 t/a 以下、化学竹浆 10 万 t/a 以下的生产线；新闻纸、铜版纸生产线。

（3）淘汰类

①石灰法地池制浆设备（宣纸除外）；

②5.1 万 t/a 以下的化学木浆生产线；

③单条 3.4 万 t/a 以下的非木浆生产线；

④单条 1 万 t/a 及以下、以废纸为原料的制浆生产线；

⑤幅宽在 1.76m 及以下并且车速为 120m/min 以下的文化纸生产线；

⑥幅宽在 2m 及以下并且车速为 80m/min 以下的白板纸、箱板纸及瓦楞纸生产线。

7.《外商投资产业指导目录》（2007 年修订，国家发展和改革委员会、商务部令第 57 号）

鼓励按林纸一体化建设的单条生产线年产 30 万 t 及以上规模化学木浆和单条生产线年产 10 万 t 及以上规模化学机械木浆以及同步建设的高档纸及纸板生产（限于合资、合作）。

8.《草浆造纸工业废水污染防治技术政策》（环发[1999]273 号）

（1）造纸企业在技术改造及污染治理过程中，应采用能耗小污染负荷排放量小的清洁生产工艺；提高技术起点，如采用硅量较低、纤维含量较高的草浆原料及自动打包技术和少氯、无氯漂白工艺。

（2）加强原料高度净化，采用两级干法备料或干、湿法组合备料等技术，去除原料中的泥沙和杂质。

（3）碱法化学浆黑液推荐采用常规燃烧法碱回收技术为核心的废水治理成套技术。

①高效黑液提取技术，黑液提取率85%以上；

②新型全板式降膜蒸发器或管—板结合草浆黑液蒸发技术；

③高效草浆黑液燃烧技术；

④连续苛化工艺技术；

⑤保持游离碱技术：采用加碱保护或高碱蒸煮，以保持进入蒸发工段黑液的游离碱浓度，达到降粘的目的。

（4）半化学浆、石灰浆、化机浆废水处理推荐采用厌氧—好氧处理技术做到达标排放，亚硫酸盐法制浆不宜扩大发展，现有企业制浆废水应采用综合利用技术做到达标排放。

（5）洗、选、漂中段废水采用二级生化处理技术。

（6）造纸机白水采用分离纤维封闭循环利用技术。

（7）生产用水循环利用技术。

①漂后洗浆水用于洗涤未漂浆；

②纸机剩余水、冷凝水用于洗浆或漂白。

（8）鼓励开展的废水治理技术研究领域。

①蒸煮同步除硅技术，以改善黑液物化性能；

②开发草浆黑液高效提取设备，使黑液提取率达90%以上；

③深度脱木素技术，最大限度降低污染物排放量。

（9）目前不宜推广的技术。

①单独利用絮凝剂处理制浆黑液；

②未经生产运行检验的污染治理技术（其他类型的碱回收技术和一些综合利用技术）。

二、相关标准

（1）《制浆造纸工业水污染物排放标准》（GB 3544—2008）

（2）《废纸再利用技术要求》（GB 20811—2006）

（3）《清洁生产标准　造纸工业（漂白化学烧碱法麦草浆生产工艺）》（HJ/T 339—2007）

（4）《清洁生产标准　造纸工业（硫酸盐化学木浆生产工艺）》（HJ/T 340—2007）

（5）《清洁生产标准　造纸工业（废纸制浆）》（HJ 468—2009）

（6）《清洁生产标准　造纸工业（漂白碱法蔗渣浆生产工艺）》（HJ/T 317—2006）

第三节 工程分析

一、概述

制浆造纸企业，是一个综合性很强的行业。有的是使用商品浆生产纸张的纯造纸企业，不含制浆系统；有的含有造纸与造纸后加工；也有一些企业是含有制浆和造纸两个主要系统的制浆造纸企业。其中制浆一般有化学制浆（木浆、草浆）、化学机械制浆、废纸制浆等主要的不同浆种。有的制浆造纸企业，需要建设配套的林业基地，包括木材林基地、竹材基地、芦苇基地等。由于制浆造纸企业生产的需要，一般可能含有码头、铁路专用线等运输设施，有化学品的制备车间、供水车间、热电车间、碱回收与化学品回收车间、污水处理站、废渣锅炉和废物利用车间等辅助及公用设施。因此环境影响评价所涉及的学科比较多，源强分析和评价预测相对比较复杂。

不同的纤维原料、浆种、纸种，要求采用不同的制浆造纸工艺，而不同的制浆造纸工艺所产生的污染物量差别很大，需要采用不同的污染控制措施。制浆造纸工程分析一般包括以下主要内容：

（1）现有工程、在建工程和拟建项目工程概况：地点、名称、建设性质、建设项目基本情况、项目构成、厂址选择、总平面布置、运输、贮存、项目建设进度、投资、主要原辅料及能源消耗、燃料指标参数、主要经济技术指标、主要的生产设备及环保设施等，需要对现有、在建工程的实际情况及存在的问题与拟建工程的关系分别进行介绍。

（2）制浆造纸项目组成分析。一般包括：原料林基地；工艺生产（主体工程）：备料、制浆和造纸；辅助工程：碱回收系统、热电站、化学品制备、空压站、机修、白水回收、堆场及仓库；公用工程：给水站、污水处理站、配电站、消防、场内外运输、油库、码头、办公楼及职工生活区；生产工艺及主要工艺流程分析：主要生产设备、主要工艺参数、主要流程分析。

（3）物料平衡分析：通过各工序工艺流程图，进行全厂供排水平衡计算，并绘制平衡图表。林纸一体化项目，需要特别注意做好林—浆—纸平衡分析，绘制工艺生产物料平衡图。做到"以林定浆"防止乱砍滥伐和无序的社会采购。碱回收工艺流程图及固形物碱平衡图，碱回收车间蒸发与燃烧工段、苛化与石灰回收工段的物料平衡图，汽、电平衡分析。给出污染物排放节点图。注意做好水资源的论证。

（4）污染源强分析。包括废水、废气、固废、噪声分别计算列表分析。有制浆的，特别需要注意进行恶臭气体和漂白废水有机氯化物（AOX）的排放分析与控制。污染处理措施、污染物"三本账"核算、以新代老措施、污染物排放情况的分析。

（5）注意做好非正常、事故状态下污染物排放分析。

（6）清洁生产评价：分别从政策的相符性、主要生产车间和辅助生产车间的原料、产品水平、工艺技术、节能、节水、资源能源物耗分析、污染物产生及排放分析、资源综合利用、循环经济等方面进行分析论述清洁生产水平，尤其是要注意类比国际国内的先进清洁生产水平。

（7）污染防止措施分析。分别根据大气、废水、废渣、噪声的源强和特性，分析论证处理工艺措施的可行性，造纸行业的项目需要特别注意废水处理的措施、恶臭气体的收集处理措施。

（8）工程分析结论与建议。

二、制浆方法及特性

1. 制浆方法

（1）化学方法制浆

指利用化学药剂在特定条件下处理植物纤维原料，使其中的绝大部分木素溶出，纤维彼此分离成纸浆的过程。用化学药剂处理植物纤维原料的过程称为蒸煮，所用化学药剂为蒸煮剂。主要有两大类：碱法（硫酸盐法、烧碱法、石灰法），亚硫酸盐法（酸性亚硫酸氢盐法、亚硫酸氢盐法、中性亚硫酸盐法、碱性亚硫酸盐法、亚硫酸铵法）。

① 碱法制浆。也称碱法蒸煮，是用碱性化学药剂的水溶液，在一定的温度下处理植物纤维原料，将原料中的绝大部分木素溶出，使原料中的纤维彼此分离成纸浆。烧碱法制浆蒸煮液的主要成分是氢氧化钠（NaOH），此外还有碳酸钠（Na_2CO_3）。

硫酸盐法制浆的蒸煮液的主要组分是氢氧化钠和硫化钠（$NaOH+Na_2S$）。

化学法制浆中，使用硫酸盐法制浆是最主要的制浆方法。

② 亚硫酸盐法：用亚硫酸盐药液蒸煮植物纤维原料，使原料中的大部分木素溶出，原料中的纤维彼此分离成纸浆的过程。亚硫酸盐法的分类是按照 SO_2 在水中溶解的不同形式和不同的 pH 值划分的。总体上讲使用亚硫酸盐法制浆的生产线比较少。亚硫酸盐法的划分见表 1-1-6。

表 1-1-6　亚硫酸盐法蒸煮液的组成

蒸煮方法	蒸煮液主要成分	pH（25℃）	可用盐基
酸性亚硫酸氢盐法	$H_2SO_3+SO_2+H_2O$	1～2	Ca^{2+}、Mg^{2+}、Na^+、NH_4^+
亚硫酸氢盐法	H_2SO_3	2～5	Mg^{2+}、Na^+、NH_4^+
微酸性亚硫酸氢盐法	$H_2SO_3+ SO_{2-3}$	5～6	Mg^{2+}、Na^+、NH_4^+
中性亚硫酸氢盐法	SO_{2-3}	6～10（或更高 13.5）	Na^+、NH_4^+
碱性亚硫酸氢盐法	$SO_{2-3}+OH^-$	＞10	Na^+、NH_4^+
盐基是指与酸根化合的阳离子，如 Ca^{2+}、Mg^{2+}、Na^+、NH_4^+等			

（2）半化学法制浆

主要包括化学机械法（化学热磨机械法 CTMP，碱性过氧化氢机械法 APMP 等），半化学法（中性亚硫酸盐法 NSSC、碱性亚硫酸盐法 ASSC 等）。

①化学机械法制浆：采用化学预处理和机械磨解处理的制浆方法。主要使用的方法有 APMP 和 CTMP，加入少量的化学品。其中 APMP 加入的化学品主要为 $NaOH+H_2O_2$，CTPM 加入的主要化学品为 Na_2SO_3；

②半化学法制浆：与化学机械法制浆类似，均属两段制浆法。包括化学预处理和机械后处理两个阶段，由于化学处理比化学制浆法温和，所以纸浆得率高。化学预处理，可以是碱法，也可以是亚硫酸盐法，与化学浆不同的是，加入的化学品量略少一些，蒸煮的时间也相对短一些。

（3）机械法制浆

主要包括磨石磨木法 SGW、热磨机械法 TEP 等。

机械法制浆：单纯利用机械磨解作用将纤维原料（主要是木材，也有非木材）制成纸浆的方法，其产品统称为机械浆；生产时，不加入化学品。

（4）废纸制浆

废纸制浆：把废纸进行分类回收，经过碎解、筛分、脱墨等过程把废纸中的纤维与化学品、胶黏剂、油墨等物质分离成纸浆的过程。

2．浆料命名

所用原料命名为木浆、草浆、竹浆、苇浆、棉浆、麻浆、废纸浆等。

各种制浆方法生产的纸浆按用生产的方法命名称化学浆、机械浆、半化学浆、化学机械浆等。

根据制浆方法和所用原料品种结合起来命名，如硫酸盐木浆、硫酸盐草浆、硫酸盐苇浆，或亚硫酸盐蔗渣浆、硫酸盐蔗渣浆、机械木浆等。

我国对废纸分类没有统一标准，统称为废纸制浆。

3．各制浆方法特点

制浆造纸原料主要有木材和非木材两大类。根据我国的国情，我国造纸主要造纸原料为非木材类。木材类分阔叶木（中国南方主产桉木、杨木等）和针叶木（马尾松木、柳木等），非木材主要有稻麦草、芦苇、竹子、蔗渣等。

表 1-1-7　主要制浆方法的特点及发展情况

制浆方法	优点	缺点	原料	发展情况
废纸浆	节约木材资源、减少污染、节省能源和投资、降低能耗和成本	脱墨较难、胶黏剂不易去除，适应的产品品种仍然有限	国产废纸、进口废纸	发展迅速
烧碱法	适合于木材和非木材原料，脱木素速率较快	浆的强度比硫酸盐法低，得率相对较低	棉、麻、草类等非木材原料和木材原料	目前发展一般

制浆方法	优点	缺点	原料	发展情况
亚硫酸盐法制浆	白度较高，易漂白。废液一般回收木质素磺酸盐等多种化学品，亚氨法也可回收用于肥料等附产品	强度较低，多需要自制化学品，废液不能使用碱回收	适应于木材、非木材原料	目前应用较少
硫酸盐法	原料适用范围广、纸浆强度高、蒸煮废液回收技术和设备较完善等，浆的使用范围广	蒸煮时产生恶臭，浆的白度相对较低，较难漂白	各种植物纤维原料	发展较好，是主要的化学浆制浆方法
化学机械法	得率高达88%，原料利用率高，化学品使用量少，使用不含氯的漂白，废水量少	能耗高，废水浓度高，处理难度相对较大	木材原料	发展较好，是高得率浆的主要方法
机械浆	不用化学品，得率高于95%，水耗较低，废水量少。主要用于生产新闻纸	能耗高，浆料强度较低，白度较低	木材原料	应用很少

三、漂白方法及特点

1. 漂白方法分类

漂白是作用于纤维以提高其白度的化学过程，也是为了改善纸浆的物理化学性质，纯化纸浆，提高纸浆的洁净度。纸浆漂白在制浆造纸生产过程中占有重要的地位，与纸浆和成纸的质量、物料和能耗及对环境的影响有密切的关系。

（1）根据是否溶出木素可分为"溶出木素式漂白"和"保留木素式漂白"两大类

溶出木素式漂白：通过化学品的作用溶解纸浆中的木素使其结构上的发色基团和其他有色物质受到彻底的破坏和溶出。此类方法常用氧化性漂白剂（如氯、次氯酸盐、二氧化氯、过氧化物、氧、臭氧等）中的一种或多种结合漂白，常用于化学浆的漂白。

保留木素式漂白：在不脱除木素的条件下，改变或破坏纸浆中属于醌结构、酚类、金属螯合物、羰基或碳碳双键等结构的发色基团，减少其吸光性，增加纸浆的反射能力。常采用氧化性漂白剂（过氧化氢）和还原性漂白剂（连二亚硫酸盐、亚硫酸和硼氢化合物等）进行漂白，常用于机械浆和化学机械浆的漂白。

（2）根据是否含氯元素漂白可分为传统含氯漂白、现代的无元素氯漂白（ECF）、全无氯漂白（TCF）等

2. 主要漂白方法的特点

表 1-1-8　各漂白工序段简称及主要化学品

符号	段名	化学品
C	氯化	Cl_2
E	碱抽提（碱处理）	NaOH
H	次氯酸盐漂白	NaOCl，$Ca(OCl)_2$
D	二氧化氯漂白	ClO_2
P	过氧化氢漂白	H_2O_2+NaOH
O	氧脱木素（氧漂）	O_2+NaOH
Z	臭氧漂白	O_3
Q	螯合处理	EDTA，DTPA，STPP
X	木聚糖酶辅助漂白	Xylanase
EO	氧强化的碱抽提	NaOH+ O_2
EOP	氧和过氧化氢强化的碱抽提	NaOH+O_2+H_2O_2
OP	加过氧化氢的氧脱木素	O_2+NaOH+H_2O_2
Y	连二亚硫酸盐漂白	$Na_2S_2O_4$，ZnS_2O_4
A	酸处理	H_2SO_4

表 1-1-9　含氯漂白、ECF 和 TCF 之间的比较

	传统含氯漂白	无元素氯漂白（ECF）	全无氯漂白（TCF）
基本漂白剂	氯气，次氯酸盐	二氧化氯	H_2O_2、O_3、O_2、过氧酸等含氧化学品、$Na_2S_2O_4$、ZnS_2O_4、酶处理
适用浆种	化学浆、部分废纸浆	化学浆、部分废纸浆	化学浆、化学机械浆、机械浆、废纸浆
主要特征污染物	大量 AOX	少量 AOX	无 AOX
优点	原料来源丰富，价格便宜，漂白效率高、成本低、设备投资较低	漂白的纸浆白度高、强度好、对环境的影响较小	无 AOX 产生、白度较高、对环境的影响小、特别适应于生产生活类的纸张用浆和化学机械浆
缺点	大量 AOX 产生，白度不高，强度损伤较大	产生少量 AOX，成本相对较高、设备投资较大	强度和白度比 ECF 浆略低，成本高
代表流程	CEH	OD（EO）D、OQPZD、OD（EOP）（DN）D、O（ZD）（EO）D	OPZ、O（Z/Q）（EOP）P、OXZP、OQPPaP、PP 等
备注	环保要求淘汰	目前使用的主要漂白方法	化学机械浆主要使用过氧化氢漂白，生活用纸要求使用该类方法

目前纸浆的漂白主要为无元素氯漂白（ECF）、全无氯漂白（TCF），且采用多段漂白流程：

ECF（无元素氯漂白）：ClO_2 是无元素氯漂白的基本漂剂，ClO_2 的主要作用是降解木素，使苯环开裂并进一步氧化降解成各类羧酸产物。因此 ECF 产生的 AOX 少。

TCF（全无氯漂白）：指不用任何含氯漂剂，用 H_2O_2、O_3、O_2、过氧酸盐等含氧化学品进行漂白。

各段漂白工序段使用的漂白化学品及名称见表 1-1-8；含氯漂白、ECF 和 TCF 漂白之间的比较如表 1-1-9 所示。

四、纸及纸板分类

纸张的品种很多，应用于人们的生活、文化和工业的各个方面，全球有纸品种 1500 多种，我国目前的纸张品种有 600 多种。根据其用途的不同，一般纸和纸板可分为：

① 文化用纸：复印纸、书写纸、涂布纸、未涂布纸和新闻纸等；

② 生活用纸：卫生纸、餐巾纸、擦手纸等；

③ 包装用纸：涂布白板纸、牛皮纸、牛皮卡纸、箱纸板、瓦楞原纸等；

④ 特种纸：芳纶纸、装饰用纸、墙纸、卷烟纸、装饰纸、防锈纸、汽车滤纸。

五、工艺技术及设备

1. 草浆工艺技术与设备

我国草类浆生产以化学麦草浆、竹浆、蔗渣浆和化学苇浆为主，其中麦草浆的比例远大于苇浆的比例。生产工艺和设备均以国产为主，少数几种设备，如：压力筛，需从国外引进。目前我国大多数草浆厂都配有完善的碱回收设施，少数企业正在建设碱回收设施。还有很少数企业对制浆黑液进行综合利用，例如：提取木质素和制肥料。

（1）备料

备料分为干法和湿法（干湿法）两种。

我国大部分中小型草浆厂备料仍以干法备料为主，这种方法不易除尽叶片和秸秆所带的泥土，对后续制浆和碱回收运行有一定影响。

湿法备料具有除尘彻底、节约用碱、提高蒸煮得率，易于漂白，有利于碱回收等优点，是目前比较先进的备料工艺。湿法备料又可分为两种：湿切、湿净化和干切、湿净化两种。后一种方法习惯上叫干湿法备料，采用干湿法备料对产品质量、清洁生产和节能减排的意义为：节约蒸煮用碱，纸浆得率和纸浆质量提高；利于碱回收，黑

液中 SiO_2 含量降低，黏度下降，黑液提取率提高；节约用水，湿法备料洗涤水循环使用，补充的洗涤水回用白水和蒸发二次冷凝水。我国大型草浆厂大部分均采用了干湿法备料工艺。

（2）制浆

①蒸煮。草类蒸煮主要采用烧碱（蒽醌）法，部分苇浆和蔗渣浆有用硫酸盐法，也有早期建设的亚硫酸盐法。目前所采用的蒸煮设备有蒸球、立锅和横管连蒸，其中蒸球设备是产业政策要求必须淘汰的设备。

蒸煮按操作过程可分为间歇式蒸煮和连续式蒸煮两类。

间歇式蒸煮即采用一次性填料，料满后通汽蒸煮。蒸球、立锅常规间歇蒸煮至今一直是草类纤维制浆的主要方法，其投资较低，见效快，被不少中小型制浆造纸企业所采用。其带来的最大问题是能耗高，用汽不均，直接喷放热回收效果差，成浆不匀，质量不好，粗浆得率偏低，带来滤水性能差、黑液黏度高，不利黑液提取和碱回收；且自控水平低，劳动强度大。

连续式蒸煮采用计量器连续送料蒸煮的方式，该方式产量高，占地小，物耗、能耗均衡，成浆率高，质量均匀稳定；采用冷喷放技术，黑液温度、浓度提高，黏度降低，利于碱回收黑液的蒸发；自动化程度高，劳动生产率提高等特点。其蒸煮设备主要有立式、横管式和斜管式等，该类生产设备具有连续、封闭、产量和工作环境好的特点，促进了草类制浆实现大型化，目前国内有十多家大型企业均采用横管连续蒸煮器。

②粗浆洗涤与筛选。草浆的特性表明：由于草类纤维短、细、软易被压实在一起，浆层密，纸浆过滤性能差，且黑液含 Si 量高，黏度大。因此提高黑液提取率是草类洗浆技术改进与提高的关键，也是减少水耗、减少排放的重要环节。

目前草类洗选系统优化的工艺路线为：挤压+置换洗涤+封闭筛选组合。主要流程为：喷放锅出料螺旋，单螺旋挤浆机，新型平面阀波纹板鼓式真空洗浆机组（4+1）逆流洗涤，封闭筛选系统。实际生产实践证明，由于采用了良好的循环洗涤用水系统，黑液提取率可达 90%，若配备清洁备料（如干湿法备料等）+横管连蒸或置换蒸煮、冷喷放技术，结合中浓氧脱木素技术，黑液提取率≥92%。

采用适于草浆的挤压+置换洗涤+封闭筛选优化组合，对产品质量、清洁生产和节能减排的意义为：

a. 洗浆机能力相应提高，麦草浆负荷 2～2.5$t/(m^2 \cdot d)$，对芦苇和蔗渣更有利，相对节约投资，浆产量提高；

b. 逆流洗涤，洗涤水回用蒸发二次冷凝水，节水、节能；

c. 黑液提取率高，利于碱回收。

③漂白。大部分草浆企业还在应用次氯酸钠（NaClO）和次氯酸钙（Ca(ClO)$_2$）单段漂白，部分企业使用 CEH 三段漂，个别企业采用了先进的"氧脱木素+ECF

漂白技术",结合草浆的特性,现已将单段氧脱木素技术应用于草类制浆系统,纸浆卡伯值降低 40%以上,在获得低卡伯值的同时,获得较好的纸浆质量和低的化学品消耗。

随着《造纸产业发展政策》的实施,元素氯的禁止使用,草浆的漂白技术将会迅速向 ECF 和 TCF 推进。

采用氧脱木素、ECF/TCF 漂白,对产品质量、清洁生产和节能减排有着重要的意义:采用中浓技术,化学品消耗降低,漂浆得率、白度和强度将明显提高;合理用水,逆流洗涤,节水、节能;漂白废水污染物排放量(BOD、COD、AOX、色度)会大幅下降,利于环境保护。

2. 废纸浆工艺技术与设备

近年来,我国废纸造纸发展迅速,目前国内废纸占制浆原料的比例已超过 40%。根据造纸协会的资料统计,2007 年我国废纸浆用量为 4017 万 t,折合废纸 5021 万 t,废纸浆比例为 59.3%,相当于废纸利用率 68.3%。其中很大一部分废纸依靠进口,国内废纸回收量虽然增加到了 2765 万 t,但国内废纸回收率仍较低,只有 37.9%。目前国内生产的新闻纸,大多是利用 100%的废纸生产;包装用纸,如瓦楞原纸、箱板纸、涂布白板纸等一系列包装用纸也是利用废纸生产;部分文化用纸在使用废纸作为原料生产。国内建设了一批先进的废纸生产线,已达到国际最先进的水平。

由于我国的产业政策明确规定了草浆单条线的生产规模,而废纸造纸企业只规定了总产量,对单条生产线规模并没有限制,这就造成了部分中小型企业使用技术水平低下的工艺和装备生产。这些设备的日生产能力一般在 4~10t,企业供热使用燃烧效率低的小锅炉。这部分小规模、低水平工艺的废纸造纸企业导致了能源和水资源的高消耗及高污染负荷。

我国废纸造纸目前采用的主要方法及设备有:

①脱墨方法主要有洗涤法、浮选法以及洗涤浮选相结合的方法,其中,洗涤法流程简单,脱墨较干净,所得纸浆白度较高,灰分含量较低,脱墨操作方便,工艺稳定,电耗较低,设备费用较少,但也存在着用水量大,填料和纤维流失率高等缺点,国内小厂一般采用洗涤法。浮选法优点是纤维流失较少,得率高,化学药品和用水量较少,污染少,缺点是白度较洗涤法低 3%~4%,设备费用较高,工艺条件要求严格,动力消耗较大,但综合效果比洗涤法好。省时、省水、省气、省化学品,是废纸脱墨的发展方向;

②目前常用的漂白技术包括氯漂、二氧化氯漂、次氯酸盐漂、过氧化氢漂、臭氧漂、氧漂等,由于氯和次氯酸盐在漂白过程中与木素反应产生有机氯化合物,并随废水排出,污染环境,危害人类,所以现在的废纸浆漂白技术向着无氯漂白或全无氯漂白方向发展,其中过氧化氢漂白是无污染漂白技术中应用范围最广的漂白方法。国内大中型脱墨废纸漂白基本实现了中浓(8%~10%)甚至高浓(20%~30%)的漂白技

术，用水量很小。但仍有少数小厂还在使用低浓（1%～2%）的传统老式漂白技术漂白，且采用含氯漂剂（次氯酸钠和次氯酸钙），用水量很大；

③根据废纸浆的特殊性，废纸制浆过程要求有各种出浆浓度的设备，而且浓缩设备一般还兼有洗涤作用，为了适应这些要求，国内外发展了多种形式的浓缩设备，如：圆盘过滤机、螺旋压榨浓缩机、V型浓缩机以及夹网挤浆机等。

3. 化学木浆工艺技术与设备

我国木浆主要为化学木浆和化学机械木浆，化学木浆以漂白硫酸盐木浆为主，化学机械木浆以 APMP 浆最多，制浆关键设备为国外进口，大中型的制浆企业都建有碱回收系统。

（1）备料

备料分为干法和湿法两种。

湿法去皮机在水池中旋转原木，使用大量的水将原木在辊筒侧面撞击，从而除去树皮。此流程中用过的水可以部分回收，另外一定量的水要溢出而带走除去的树皮，这部分水将损失，一般每吨纸浆要流走 $3\sim10m^3$ 的水。

采用干法去皮则可以减少有机化合物与悬浮物的排放量。近年来，越来越多的企业都改用干法去皮，新建的企业已不采用湿法去皮。现代化的干法鼓式剥皮机剥净率可达 99%，剥皮木耗低于 1%，并且自动化程度高，与湿法剥皮相比废水量和排污量大大减少，工艺用水仅用于原木洗涤或除冰，且能有效地再回收利用，从而可以将产生的废水和水污染物降至最低。

（2）制浆

①蒸煮（化学浆）。新中国成立前，我国化学木浆以酸法为主，略有规模且有酸法木浆的纸厂有几家。废液呈红色，称为红液，可生产酒精、酵母、木素磺酸钙碱水剂、木素磺酸盐、香兰素等 100 多种木素化学品。酸法浆基本上淘汰，近 30 年来，没有新的发展。

亚硫酸盐法蒸煮被淘汰的原因归纳如下：一是此法最适宜的原料品种主要是杉科树种，但是杉科树种生长缓慢，供应来源日益困难。二是酸法红液回收设备大部分需要昂贵的耐酸不锈钢，建设和维护的投入很高，因此经济效益比硫酸盐法的黑液碱回收低。三是酸法浆的强度低。

与此相反，硫酸盐法蒸煮则有如下优势：一是硫酸盐法蒸煮几乎适用于所有可用于造纸的树种。二是其碱回收技术日益成熟完善，现今碱回收率最高可达 98.5%以上，硫回收率甚至更高。氧脱木素可使用氧化白液，其废液也进入碱回收循环体系。再加上碱回收炉的高温高压过热蒸汽可发电供热，很多硫酸盐法浆厂可实现热电自给，不必外购热电能源。大型碱回收炉处理能力可达 7000t（固形物）/d。因此，其单位产品投资和运行成本大大降低。三是现代漂白技术完全克服了硫酸盐浆色深难漂的困难，纸浆白度漂到 90%已非难事，溶解浆白度还可更高。四是硫酸盐浆强度高，并由此得名牛皮浆。以下将只介绍硫酸盐法工艺技术的演进和提高。

蒸煮按操作过程可分为间歇式蒸煮和连续式蒸煮两类。

目前国内建设的年产大于 20 万 t 的大型浆厂蒸煮设备以进口连续蒸煮设备为主，技术属于国际先进水平；年产 10 万～20 万 t 浆厂以国产间歇式立锅蒸煮为主，国产横管连续蒸煮用于木浆生产也取得了初步的运行经验。5 万 t 以下的浆厂以蒸球为主，还有一些企业由于其木浆要与草浆混合洗涤，所以产量不大，一般也采用蒸球。但蒸球设备是必须淘汰的蒸煮设备。

为了满足硫酸盐浆厂追求最大规模效益的需要，设备制造商多年来不遗余力地不断开发越来越大的硫酸盐浆设备，现在正在建设的亚太森博二期的连续蒸煮器生产能力超过 4500t（风干浆）/d，与之配套的碱回收炉每天可燃烧 7000t 黑液固形物。在现代化的蒸煮器中，蒸煮反应后，有一段可以直接进行转换洗涤，将洗涤过来的稀黑液送入蒸煮器中进行转换，以提取较高浓度的黑液，同时回收热能。可以大大减轻后续洗涤的压力，有利于提高碱回收率，同时达到良好的节能效果。

②洗涤和筛选。大中型木浆厂均采用多段逆流洗涤，洗涤设备一般采用压榨洗涤机、扩散洗涤机和真空洗浆机，黑液提取率均在 95%以上，有的企业可达到 99%。最近 10 年，我国建设的大型硫酸盐木浆厂都采用连续蒸煮锅内热洗，再配 DD（鼓式置换）洗浆机或双辊挤浆机。稀释因子一般为 2.5，黑液提取率可达 99%，黑液提取浓度在 15%以上，排出的 COD_{Cr} 为 6～8 kg/t（风干浆）。

筛选采用封闭压力筛选，有的大型木浆企业采用全封闭压力筛选，筛选过程原浆没有跟外界空气接触，筛选所产生的废水全部回用于上道工序。大大节约了用水和减少了排放的废水。

③漂白。大型木浆企业均采用氧脱木素+ECF 漂白，但小型木浆企业或和草浆混合洗浆的企业大多采用单段漂或 CEH 三段漂。漂白段的洗涤设备，大型企业已采用扩散洗涤等先进技术，小型浆厂的设备与草浆基本相同。

目前国内已经和即将建成的全漂阔叶木硫酸盐浆流程中二氧化氯（ClO_2）用量最少漂白工艺，如果采用两段氧脱木素的 ECF 漂白，漂白流程为 DHT-EOP-D-P，增加了过氧化氢（H_2O_2）的使用，减少了二氧化氯（ClO_2）的使用。这是当保证浆的白度达到 90%时，漂白废水的 COD_{Cr} 发生量为 25 kg/t 浆，AOX 发生量小于 0.35 kg/t 浆。

4．机械浆工艺技术与装备

较早使用的磨石磨木浆，主要是使用原木来制浆，后来开发主要发展盘磨机制机械浆。盘磨机在我国第一次使用始于改革开放前的 1975 年，它的发展和大量使用发生在改革开放后的 30 年里。到目前为止我国引进的盘磨机械浆设备共计有 33 套，所采用的工艺有 TMP、CTMP、BCTMP、CTMPCLC、SC-MP、APMP、P-RC、APMP、

RT-RTS-TMP 等；主体设备圆盘磨也有多种形式：高浓、高低浓结合、带压、常压、单盘、双盘等。

多样化的生产工艺也大大扩展了机械浆适用的树种。其中针叶木类有北方的云杉、冷杉，有南方的马尾松、湿地松、云南松；阔叶木类有北方的杨木、桦木、枫木、榉木，有南方的意大利杨、桉木，还有混合阔叶木；甚至还可用竹子。

（1）漂白工艺也是多种多样

就漂白化学品而言，有用氧化性的过氧化氢（俗称双氧水）作漂剂，也有用还原性的连二亚硫酸钠（俗称保险粉）作漂剂，或用以上两种漂剂进行二段漂白。

漂液的加入方法，有的在盘磨前的预浸段加入；有的加在盘磨机内；有的紧接一段盘磨设漂白停留塔；还有的保持常规工艺，在流程的末端专设漂白塔。

漂白的白度，对一些木材原生白度较高的树种，如北方的白杨可以达到 80% 以上。对木材颜色较暗不易漂白的马尾松等漂后白度也可达到 70% 以上。

（2）制浆工艺和原料的多样性带来的效果必然是产品和产品性能的多样性

机械浆白度范围在 50%～82%。

游离度（CSF）范围 50～550 ml。

适用纸种也有新闻纸、各种纸板及高中低档文化用纸。

机械浆的制浆得率高达 88% 以上，因此单位产品的排水量和废水浓度远低于化学浆的制浆废液。

但正因为其废水浓度远低于化学浆，一般 COD 在 8 000～20 000 kg/t（取决于用水量和得率），其废水的处理显得比较困难，大多使用（厌氧+耗氧+深度处理）等组合的生化方法进行处理，处理的成本比较高，且处理后的浓度比较高。现在也有开始使用碱回收的方式进行处理制浆废液的尝试，但机械浆的规模必须比较大，以满足必要的碱回收生产设备的要求。一般来说，如果企业既有机械浆，又有化学浆，使用碱回收是一种相对可行的选择。

5. 造纸工艺技术与装备

随着改革开放步伐的加快，造纸工业引进了一大批国外先进的大型纸机生产线，造纸技术装备步入跨越式发展。

（1）我国造纸先进生产技术及装备的发展状况

我国现代造纸技术装备的发展与国际造纸工业的发展密切相关，从 20 世纪 60 年代末第一台立式夹网 VERTI 成形器在加拿大成功投产以来，夹网纸机的车速大体经历了 1 000 m/min、1 500 m/min 和 2 000 m/min 三个发展阶段。90 年代后期，夹网纸机加速向宽幅、高车速、高效率方向发展，带加压脱水板的立式夹网成形器、直通式靴压的开发应用，使夹网纸机的车速突破 1 500 m/min，最高车速达到 2 000 m/min，特大型纸机的幅宽超过 10 000 mm 达到了 11 800 mm。

为了提高长网纸机抄造文化用纸的产品质量和车速，20 世纪七八十年代初，适合将长网纸机改造为叠网纸机的各类上网成形器相继问世，使叠网纸机这一过渡机型的车速达到 1 100～1 300 m/min。

目前全球最现代化的文化纸机主要装备在我国。我国文化用纸行业具有国际先进水平的技术装备已占到约 45%，表明我国文化用纸的生产正在从传统工业向现代化工业转型。

（2）新闻纸的生产技术及装备发展

我国 20 世纪 90 年代后期开始相继引进多台国际先进的立式夹网、直通式双靴压新闻纸机，最大纸机幅宽 11 150 mm、设计车速 2 000 m/min，产量 40 万 t/a，是全球最大的新闻纸机。这些大型纸机以 100%废纸脱墨浆（DIP）生产 45～49 g/m² 高档彩印新闻纸，白水封闭循环，生产每吨纸的清水消耗量 10 m³，体现了循环经济和绿色环保的要求。2007 年，我国新闻纸产量 450 万 t，90%以上是大、中型纸机生产，生产的集中度排位前 3 名的产能超过全国新闻纸总产能的 60%。10 年间，我国新闻纸的生产技术经历以机械木浆为主、国产中小型长网纸机抄造的中、低档产品，一跃成为以废纸脱墨浆为主、采用国际先进技术装备生产高档产品的变革。

（3）未涂布印刷书写纸生产技术及装备发展

改革开放前的 30 年，未涂布印刷书写纸大部分是以草类浆为主、中小型纸机抄造的中、低档产品，装备水平不高，直到 20 世纪 90 年代，以化学木浆为主生产的高档产品所占比例不到 10%。进入 21 世纪后，随着印刷出版业的发展以及办公自动化程度的提高，高档文化用纸的产能增长很快，我国相继建设了一大批文化纸生产线，采用引进现代的夹网或叠网纸机抄造。目前运行的单机生产线年产 45 万 t，幅宽 10 400 mm，设计车速 2 000 m/min，是全球全木浆未涂布纸运行车速最快的纸机。正在建设的文化纸机，幅宽 11 150 mm，车速 2 000 m/min，年产量将达到 50 万～60 万 t，是全球最大的文化纸机。

在草类浆抄造印刷书写纸方面，漂白苇浆配比可以达到 90%，漂白麦草浆配比为 45%～50%，或本色麦草浆配比为 80%生产胶版纸，纸机的运行速度也得到了明显的提高。

（4）铜版纸的生产技术及装备发展

当前我国的铜版纸 90%以上是国际先进的大型纸机生产，原纸的纤维原料有用 100%化学木浆，也有配少量化机浆（10%～15%），产品有高光泽铜版纸、亚光泽铜版纸，高光泽铜版纸的粗糙度、光泽度分别达到 0.8 μm 和 70%～75%，产品质量达到了国际先进水平。

（5）纸机白水封闭循环

生产每吨文化用纸的清水消耗量，20 世纪六七十年代为 80～100 m³，80 年代迫于环保压力和市场竞争的需要，许多纸机生产线都进行了技术改造，增加了白水回收装置，90 年代清水消耗量下降到 30 m³ 左右。1995 年后，进口的大型文化用纸纸机，白水运行模式基本是封闭循环，清水消耗量 $10\sim12\,m^3/t$，有的甚至在 $10\,m^3/t$ 以下。白水封闭循环也带来阴离子垃圾积聚、细小纤维和填料留着率降低等一系列问题，影响纸机正常运行，并对纸张质量产生不利影响，需要利用添加湿部化学助剂加以调控，高速文化用纸纸机一般都装有电荷测量装置，通过测量白水中的有害物质例如阴离子垃圾来控制混合浆池的固着剂加入量，以控制胶体滴定比率（CTR）值在一定水平。提高细小纤维和填料留着率是湿部化学的核心，目前普遍使用的助留、助滤是二元微粒体系和三元超微粒体系。

（6）箱板纸的生产技术与装备发展

20 世纪 90 年代中期以来以玖龙纸业和理文纸业为代表的大型箱纸板生产企业集团，引进了一大批国外先进的大型箱纸板机生产线，我国箱纸板技术装备步入跨越式发展。这些装备的典型配置为：

① 三叠网配 3 台水力式流浆箱，分别抄造纸板的面层、芯层和底层，其中底层流浆箱带稀释水横幅定量控制；

② 压榨部为四辊三压区复合压榨，第三压区为靴式压榨，操作线压力最高达到 $1\,200\ kN/m$；

③ 干燥部：前干燥部为单排烘缸+稳纸缸布置，后干燥部最后一组为双排烘缸，密闭气罩带热回收装置；

④ 前、后干燥部之间配备膜转移表面施胶机；

⑤ 一个压区或两个压区硬辊热压光机；

⑥ 引进的最大三叠网大型纸板机，幅宽 6 660 mm，最高工作车速 1 800 m/min，产品定量 $115\sim175\ g/m^2$，产量 1 200～13 00 t/d。以废纸（OCC）浆（50%AOCC+50%LOCC）为原料、本色硫酸盐木浆挂面生产 $126\ g/m^2$ 牛皮箱纸板，质量达到国际先进水平。幅宽 6 660 mm，最高车速 1 800 m/min，网部为夹网成形，和双靴式压榨，年产达到 50 万 t。

（7）白板纸的生产技术和装备水平

20 世纪 90 年代中期以来，我国引进了一大批国外先进的大型涂布白纸板和涂布白卡纸生产线，我国白纸板技术装备步入跨越式发展。纸板机的配置为：

① 流浆箱和网部：涂布白卡纸为三长网配 3 台水力式流浆箱，分别抄造纸板的面层、芯层和底层，其中芯层流浆箱带稀释水横幅定量控制，芯层网配上网成形器。涂布白纸板为四长网或五长网配 4 台或 5 台水力式流浆箱，分别抄造纸板的面层、衬层、芯层、（衬层）、底层，其中芯层流浆箱带稀释水横幅定量控制，芯层网一般都配上网成形器；

② 压榨部：2000 年以前采用宽区大辊径压榨（车速 500 m/min）；2000 年以后采用大辊径压榨+靴式压榨（车速 600 m/min）；两道靴式压榨（车速 900 m/min）；

③ 带稳纸缸的单排烘缸干燥；

④ 带计量的膜转移表面施胶机；

⑤ 烘缸干燥，先单排后双排布置；

⑥ 涂布前两辊硬压光；

⑦ 三刮刀、四刮刀或五刮刀涂布，辊式或喷涂布料；

⑧ 热风及红外干燥，干燥器后设调态缸；

⑨ 单压区或双压区软压光；

⑩ 自动换卷的卷纸机；

⑪ 高效的网子清洗装置和引纸系统；

⑫ 高效的纸机通风和热回收系统。

这些先进的技术装备生产的产品质量达到了国际先进水平。

（8）瓦楞原纸的生产技术和装备水平

2000 年后随着大量小纸厂关闭，大批现代化大型高强瓦楞原纸生产线投入运行，瓦楞原纸技术装备的落后面貌有了很大改观。

新建的瓦楞原纸机，生产高强瓦楞原纸单台产能均超过 35 万 t/a。卷纸宽度 6 660 mm，最大工作车速 1 550 m/min。配备水力式流浆箱，网部为长网加顶网，压榨部为真空压榨+靴式压榨，干燥部为单排烘缸+稳纸缸布置，前后干燥部之间配备膜转移表面施胶机，密闭气罩带热回收装置。

新建的包装纸板生产线，耗水指标 6～8 m^3/t 纸，达到了国际先进水平。为了进一步节水，很多以废纸为原料生产箱纸板和瓦楞原纸的企业，都在尝试"造纸零排放"概念，部分企业的清水消耗量＜4 m^3/t 纸。

2007 年，我国包装纸板产量为 3 750 万 t，比 1995 年的 1 512 万 t 增加 2 238 万 t。增加产量的 70%是 1995 年以后新增具有国际现代化水平的产能生产的，即 1 567 万 t。也就是说，我国包装纸板行业具有国际现代化水平的技术装备已占到约 40%，表明我国包装纸板生产正在从传统工业向现代化工业转型。

（9）生活用纸的生产装备水平

生活用纸类产品主要包括厕用卫生纸、面巾纸、手帕纸、餐巾纸、厨房用纸、擦手纸等。生活用纸的生产过程主要分为原纸生产和产品后加工两个主要部分，从国际上来说，目前这两部分的技术都是成熟和稳定的，现在的技术开发和进展主要是使单台设备的产能更大（车速更快、幅宽更大）、产品质量更好、节能降耗，提高自动控制、在线监测及调整的水平。引进的多套生产线，运行车速达到 2 200 m/min 以上。近 20 年来，通过引进国外先进的技术和设备，我国生活用纸行业工艺技术的发展与世界先进水平同步，实现了跨越性的提高。国产设备的工艺技术水平也在逐步提高。

根据成形方式的区别，卫生纸机有普通圆网型、真空圆网型、普通长网型、斜网型、夹网型、新月型等。目前国产卫生纸机主要是普通圆网型的，国际上比较先进和使用较多的是新月型和真空圆网型卫生纸机，这两种机型也是我国引进的主要机型。

截至 2009 年 4 月，已经签约引进的卫生纸机共 86 台，总生产能力为 185.6 万 t/a，约占我国 2008 年生活用纸总产能的 35.5%。其中，新月型成形器卫生纸机 36 台（其中两台为二手机），总生产能力 118.8 万 t/a；真空圆网型卫生纸机 49 台，总生产能力为 65.8 万 t/a；斜网型卫生纸机 1 台，生产能力为 1 万 t/a。

6. 碱回收工艺技术与装备

碱回收是碱法（包括烧碱法和硫酸盐法）制浆工艺过程不可或缺的一部分碱回收系统包括蒸发、燃烧、苛化和石灰回收。碱回收技术的不断完善使得碱法制浆，特别是硫酸盐法制浆成为现代制浆工艺的主流。

（1）草浆碱回收

目前我国草浆碱回收的主体设备基本都是国产设备。我国能够提供配套日产 75t 浆、100t 浆、150t 浆和 200t 浆的碱回收系统。进入碱回收系统的黑液在 10%左右，出蒸发器的黑液浓度在 45%左右。草浆蒸发系统一般采用五效全板式蒸发器或三管两板组合的蒸发系统，有的企业采用了节能的闪蒸系统。目前麦草浆碱回收的效率远远低于木浆厂 98%的效率，仅 80%左右，运行好的企业可达 85%。草浆碱回收产生的白泥一般采用堆放或填埋处理，少数企业生产轻质碳酸钙，做造纸填料。草浆厂碱回收炉产生的蒸汽一般是低压蒸气，直接回用蒸发系统。

21 世纪伊始，草类原料碱回收建设规模的起点达到与年产 3.4 万 t 以上草浆产能配套，大多数规模小于 3.4 万 t/a 的企业相继关闭。规模的扩大，以及国产设备的技术进步，进一步带动了草类原料碱回收水平的提高。一批具有现代先进技术和装备的草浆黑液碱回收系统建成并投产，代表了我国具有自主知识产权的草类原料碱回收工艺及技术的发展之路。我国草类原料碱回收处于世界先进水平。

目前国内最先进的麦草浆碱回收系统最大规模为日处理黑液固形物 1200t，蒸发采用了十一体六效全管式降膜蒸发站，蒸发水量为 35011t/h，采用了黑液降黏及结晶蒸发技术，出蒸发站设计浓度为 60%。碱回收炉采用单汽包、内走台双侧吹灰布置，日处理黑液固形物 1200t，蒸汽参数为 5.4 MPa，450℃。苛化工段采用预苛化降低硅干扰，以提高白泥洗净度和干度，降低白泥残碱。洗涤浓缩后的白泥拟采用石灰窑煅烧，解决草浆碱回收系统普遍存在的固体废弃物白泥的排放问题。

如果企业有草浆同时有木浆，那么黑液的碱回收将变得相对容易，碱回收率也比较高。

（2）木（竹）浆碱回收

木（竹）浆碱回收技术的演进与提高是在引进、提高、再引进、再提高的循环中前进与发展的。国产带复合钢管熔炉区的处理能力可以达到 1000t（溶解固形物）/d，采用了世界先进的低臭燃烧、单汽包、复合钢管水冷壁等技术，配套电除尘；苛化工段设备为压力过滤器，白泥预挂过滤机；石灰回收窑采用带闪击干燥的短窑，配套静电除尘器等，蒸发采用多效板式蒸发器。

引进项目建设从技术水平到建设规模更上一层楼。主要建设的大型项目包括海南金海浆纸有限公司（全套引进，5 500 t（溶解固形物）/d）、湖南怀化木浆厂（全套引进，2 200 t（溶解固形物）/d）、赤天化纸业有限公司（引进蒸发、苛化设备，其余国产，1 500 t（溶解固形物）/d 竹浆）、四川永丰纸业公司（全套国产，800 t（溶解固形物）/d 竹浆）等。此外在建和拟建大型项目尚有亚太森博纸业有限公司（全套引进，6 500 t（溶解固形物）/d）、湛江晨鸣纸业（全套引进，4 500 t（溶解固形物）/d）等。

六、生产过程及污染物排放分析

生产过程的污染物排放分析，应该包括项目及各工序的组成、主要原辅料及能源消耗、燃料指标、主要技术经济指标、主要的生产工艺、生产设备和环保设施介绍等。需要根据生产工艺的特点，加强污染源强的分析，给出污染物排放节点图，给出主要物料的平衡分析，如浆水平衡、给排水平衡、林浆平衡、热电平衡等的分析。分别对各工序的废水、废气、固废、噪声污染物产生量、排放量进行分析计算。论证污染处理措施，核实污染物"三本账"、污染物排放情况，提出以新带老措施。

1. 备料工序

木材原料：剥皮、削片、筛选等；

非木原料：切草，干、湿法备料；

废纸原料：碎浆、除杂；

产生的主要污染物：噪声、固废、粉尘、少量废水（COD、BOD、SS）。

以木材原料为例备料工序流程中排污节点主要体现在以下几个方面（图 1-1-6）：

①剥皮机一般会加入少量白水清洗，会有废水排出，同时会有树皮、泥沙等废渣排出，产生噪声；

②削片机会产生比较多的木屑和噪声；

③原料（木片）堆场大多是露天堆放，会有因雨水而溶出高浓度的废水排出；

④木片筛会排出碎屑；

⑤树皮和木屑一般可以去多原料锅炉或者其他综合利用，废水需要引入废水处理系统进行处理。

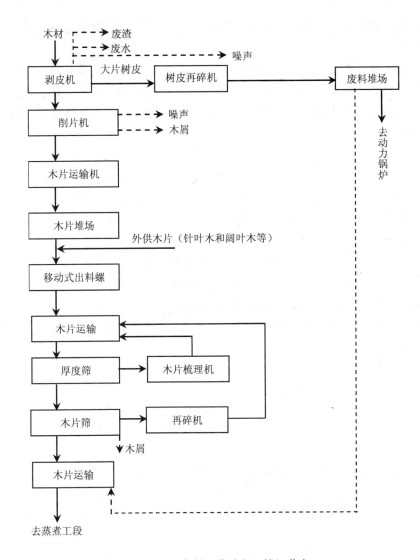

图 1-1-6　备料工艺流程及排污节点

2．蒸煮工序

蒸煮按操作过程可分为间歇式蒸煮和连续式蒸煮两类。

目前国内建设的大型浆厂蒸煮设备以进口连续蒸煮设备为主，技术属于国际先进水平；国产设备以间歇式立锅蒸煮为主，国产横管连续蒸煮用于木浆生产也取得了初步的运行经验。原有浆生产线以蒸球为主，还有一些企业由于其木浆要与草浆混合洗涤，所以产量不大，一般也采用蒸球。产业政策规定必须淘汰蒸球用于制浆生产，新建项目不得使用蒸球。

该段工序包括：加料、蒸煮、除节、热置换洗涤。

产生的主要污染物：噪声、恶臭（TRS）、黑液（COD、BOD、SS、pH、无机盐等）、废气。

黑液：蒸煮过程化学品溶解植物纤维原料后的溶出物，主要从蒸煮器内产生，一般从经过置换洗涤后的闪急旋风分离器经过黑液过滤机后排出，送去碱回收的蒸发站回收；蒸煮器内无置换洗涤的间隙式蒸煮，黑液大多经过洗涤工序后排出，送去碱回收。

洗筛工序的稀黑液，送到蒸煮器内进行置换洗涤。

废气：使用蒸汽进行加热蒸煮，因此将产生高温的废气。置换型的洗涤蒸煮器，可以通过置换而获得高浓度、高温度的黑液，送去碱回收，节约能耗和水耗。此外，在蒸煮过程中，会产生恶臭和一些不凝性气体，需要对恶臭进行收集、回收、综合利用。蒸煮器内无置换洗涤的浆料，浆料一般送入喷放锅内，再进入洗涤系统，因此除需要进行气体的回收外，还需要回收热能。恶臭的排放点，一般在蒸煮器、喷放锅、旋风分离器、松节油回收和后面要介绍的洗涤等部位。

噪声：一般由于喷放、设备的运转而产生噪声。

这里介绍的是连续蒸煮的典型工艺流程和排污节点图（图1-1-7）。

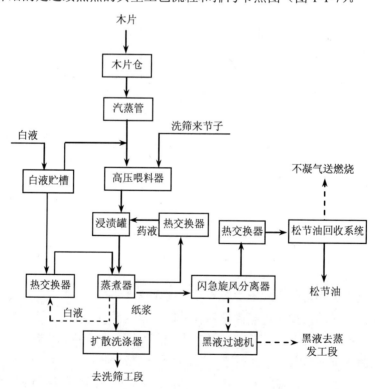

图 1-1-7　连续蒸煮工艺流程及排污节点

立锅和蒸球一般没有热置换洗涤，蒸煮后的浆料送去喷放锅，喷放锅有废蒸汽、不凝性气体、松节油等排出，且是间隙式排放，同样需要对这些废气进行回收，但因为间隙式排放，且流量特别大，回收相对困难。

蒸煮热交换器有蒸汽加入，同时排出冷凝水返回锅炉系统。

闪急分离器一般使用冷水进行冷却，排出热水用于洗浆等。

3．洗涤、筛选浆工序

（1）该段工序包括：逆流洗涤、筛选浆。

（2）污染物：洗涤水（稀黑液）、臭气、纤维渣、泥沙、木节、噪声等。具体排污节点见图 1-1-8。

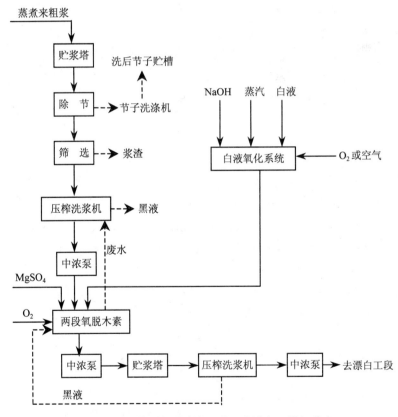

图 1-1-8　洗筛及氧脱木素工段工艺流程及排污节点

蒸煮好的浆料在蒸煮器下半部已经进行了第一段逆流热洗，在本工段浆料将进行后续的洗浆和筛选。

蒸煮工艺段产生的大量废水在这一段将得到全部排放，如果没有碱回收装置则经过洗涤后的蒸煮浆料将产生大量的废水，如果配有碱回收装置，蒸煮工艺段的废水将会大大减少。碱回收装置的投资费用较大，如果无此装置，则在废水处理上难度会很大，很难达到新的废水排放要求。新建碱法制浆（不包括亚胺法制浆）项目都需要建立碱回收装置，符合《清洁生产标准—造纸工业（硫酸盐化学木浆生产工艺标准）》（HJ/T 340—2007）的标准和 GB 3544—2008 标准要求。

氧脱木素工序，可以看成是蒸煮的继续，作为深度脱木素的主要工序。从其提高白度、使用的设备来看，可以认为是漂白的一部分，因此有些企业把氧脱木素归为蒸煮，但大多是归为漂白。

蒸煮后的洗涤，主要是将蒸煮后的浆料进行洗涤，并且提取黑液送去碱回收系统；筛选则是为了去除大的纤维渣、木节和铁丝、泥沙等杂质。

（3）点评

节子洗涤处一般是热水洗涤，会有黑液排出，木节送回蒸煮；

氧脱木素后，压榨洗浆处排出黑液；

一般洗选段有除砂和筛选，流程图上应该增加除砂，而且在除砂部分一般有泥沙、少量浆料排出，同时排出废水。

洗涤过程中，会从黑液或者洗涤机处排出无组织的恶臭气体，因此需要尽量使用密闭系统，并且收集洗涤过程中的废气，进行冷凝收集后，送恶臭回收系统处理。

4. 漂白工序

化学浆漂白工序一般来说包括多段逆流漂白。

常用漂白剂：液氯、次氯酸钙[$Ca(ClO)_2$]、二氧化氯（ClO_2）、过氧化氢（H_2O_2）、臭氧（O_3）等。

污染物：漂白废水（BOD、COD、SS、pH、AOX 等）送污水处理站。

不同的浆料采用不同的漂白方法，以 D0-E/O-D1-P 四段 ECF 漂白为例，在图 1-1-9 中标识出了废水、废气的产生地点。

漂白工段除了产生废水、废气、油污和噪声之外，如果采用含氯漂白或者 ECF 漂白，都有 AOX 产生，属于致癌物质，需要严格监测。ECF 漂白虽然可以大量减少 AOX 的产生，可 ECF 漂白废水也含有少量的残氯元素。采用 TCF 漂白则不会有 AOX 产生，污染物会大量减少，生物漂白的发展趋势也比较好。

漂白流程和排污节点图需要补充说明和修改的部位：

①机械浆的漂白一般使用不含氯的漂白，大多采用 H_2O_2 漂白，也有用还原性的连二亚硫酸钠（俗称保险粉）作漂剂，或用以上两种漂剂进行二段漂白，而且在磨浆的过程中就已经加有少量的 H_2O_2 等化学品，未漂浆白度比较高，漂白流程和废水处理相对简单，排污节点也都是在漂白的洗涤部分排出，大多的 H_2O_2 漂白不需要进行洗涤，属于 TCF 漂白。

②草类浆的漂白使用的化学品相对木浆而言较少。

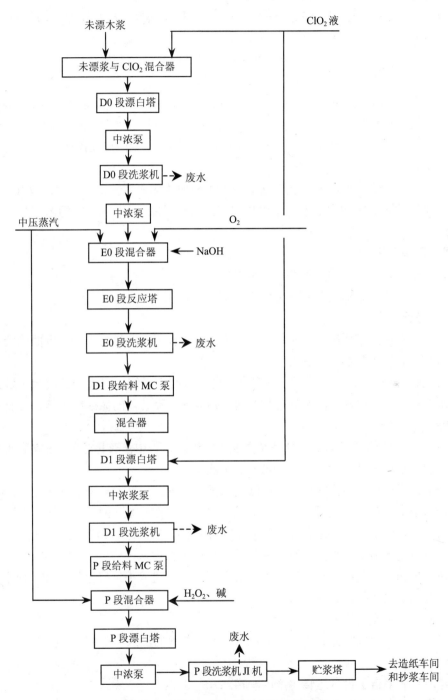

图 1-1-9 漂白工段工艺流程及排污节点

③漂白的废水是产生 AOX 的主要工序。

④漂白后残氯对废水处理会产生不利影响，因此必须严格控制漂白剂的加入量，控制好残氯量，否则容易对废水处理中的厌氧菌产生消耗影响。

⑤本工序同时也会产生一定量的废气，尤其是需要控制好化学品的密封，否则会有 Cl_2、ClO_2 等剧毒气体泄漏，必须严防。

目前生产线常用的传统漂白工艺有 CEH 三段漂白（氯化+碱处理+次氯酸盐漂白），这种元素氯的漂白，会产生比较多的 AOX，经常容易有氯气的泄漏，同时残氯量相对更高，对废水处理系统产生不利影响，氯化段时使用的漂白浓度较低，废水量相对较大。

废纸浆的漂白：废纸制浆生产包装纸及纸板时大多不需要漂白，生产文化用纸、新闻纸等，需要进行漂白，但其主要使用的漂白化学品为 H_2O_2，排污节点与化学浆的漂白相同，属于 TCF 漂白。

5. 打浆工序

该段工序包括：打浆、磨浆、筛渣等。

污染物：少量浆渣、白水（回收纤维后白水回用）。

6. 造纸工序

该段包括：上浆系统、流浆箱、网部成型、压榨脱水、烘缸干燥、表面施胶、涂布、压光、卷纸、复卷、切选打包、涂料制备。

污染物：噪声、损纸（回用）、白水（送白水回收系统、回收纤维或涂料后大部分白水回用、剩余白水送污水处理站）网前筛浆渣、除砂器的泥砂纤维等，表面施胶或者涂布废水。

图 1-1-10 中的虚线标示部分是某企业环境评价报告中没有标注的,在成形部将产生大量的白水，一部分回用，另一部分成为废水。

干燥是没有造纸白水排放的；造纸废水排放位置一般在除砂器、筛选排渣；网部和压榨部是多余白水的主要排放点。造纸用水点主要在碎浆、网部、压榨、干燥，而上浆系统、碎浆、损纸、磨浆为白水主要的回用点；前干燥后和涂布的损纸已经是干损纸，而不是湿损纸；湿损纸是指网部、压榨出来的损纸。

切纸机和压光后的所有损纸，不是去入库，而是进入损纸碎浆机，加入白水后，回用于造纸配浆系统。

干燥部会有废气排出。

在涂布和表面施胶处会有化学品加入，也包括水的加入，同时有涂料化学品制备（溶解、混合等）。

噪声主要来自于设备运转生产的噪声。

废渣主要由除砂器和筛子排出的少量泥沙、长纤维类杂质。

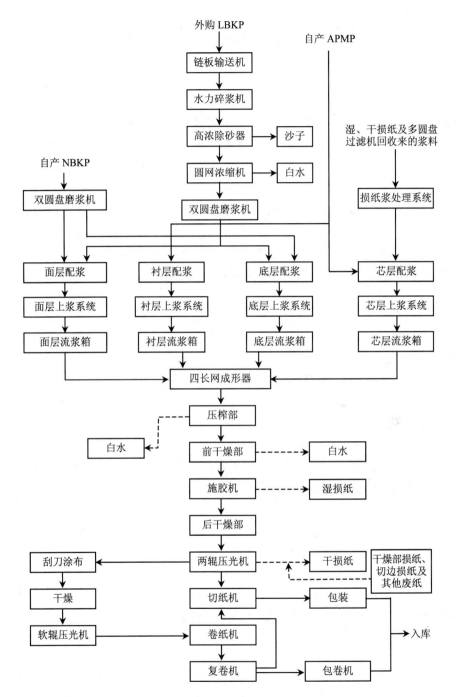

图 1-1-10　造纸生产工艺流程及排污节点

（说明：漂白硫酸盐针叶木浆（NBKP）、外购漂白硫酸盐阔叶木浆板（LBKP））

7. 废纸制浆

该段包括：链板输送机、水力碎浆机、除砂器、纤维分离机筛选、热分散、磨浆机打浆，对于有些废纸生产线，需要进行漂白的，在经过筛选后，会配有 H_2O_2 漂白。

污染物：噪声、废渣（木块、玻璃、石头、铁块、铁丝、其他金属物及塑料等。而在除渣、筛选出来的则是较小的塑料碎片、订书钉、橡胶带、胶、乳胶等，并随带少量纤维）、废水（COD、BOD、SS、pH、油墨类。废纸脱墨车间的废水含有细小纤维、填料、涂料、油墨、胶和塑料）。具体流程见图 1-1-11。

（1）脱墨废新闻纸生产线

废纸从原料堆场用叉车运送至造纸车间，通过链板式输送机送入水力碎浆机碎解分离，碎解好的浆泵送入粗选机，再送到高浓除砂器除去石头、沙子、纤维束、铁块等粗杂质后，通过纤维分离机粗筛后进行二段脱墨浮选、低浓除砂、热分散、压力筛选，筛后浆去浓缩机经浓缩后进双盘磨浆机打浆，然后送浆池储存。配料成浆后，泵送至造纸车间。脱墨时，需要加入脱墨化学品。

（2）混合废纸浆生产线

废纸从原料堆场用叉车运送至造纸车间，通过链板式输送机送进水力碎浆机，碎解后进高浓除砂器除去石头、沙子、铁块等粗杂质后，再经纤维分离机把浆与渣分离后，进行低浓除砂、一级三段低浓筛选后，经过纤维分级筛，短纤浆直接送造纸，长纤维的良浆送入浓缩机经浓缩后接着进入长纤维浆送热分散系统，再进磨浆机，然后送浆池储存；配料成浆后，泵送至造纸车间。

（3）脱墨废混合办公废纸浆生产线

废纸从原料堆场用叉车运送至造纸车间，通过链板式输送机送入水力碎浆机碎解分离，碎解好的浆泵送入高浓除砂器，除去石头、沙子、纤维束、铁块等粗杂质后，通过纤维分离机使浆和渣分离，再进行低浓除砂、压力筛选，筛选出的浆渣进浆渣处理系统；良浆送入浓缩机经浓缩后接着进入送热分散系统，再进磨浆机，然后送浆池储存；配制成浆后，泵送至造纸车间。脱墨时，需要加入脱墨化学品和 H_2O_2 漂白化学品。

采用这些设备的主要目的是充分疏解废纸纤维，最大程度地使油墨和纤维分离，尽量不要使轻、重杂质碎解成细小颗粒，将较大的轻、重杂质和油墨在废纸处理过程中除去，达到生产档次较高、质量较好的纸和纸板的要求。

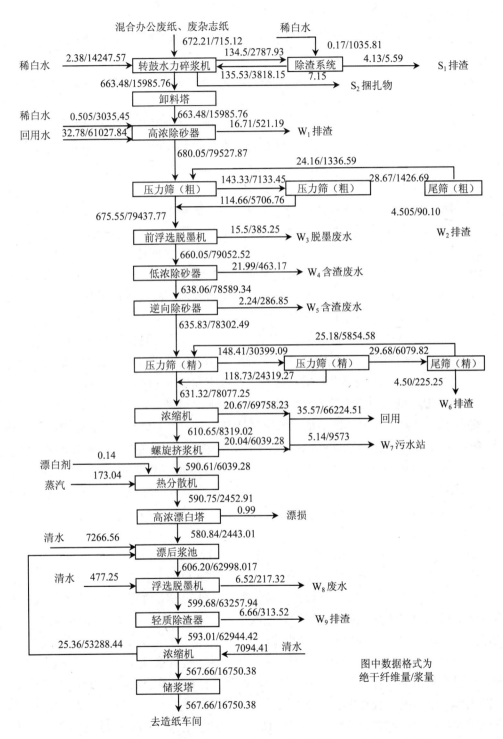

图 1-1-11 废纸制浆（MOW）工艺流程及浆水平衡图（单位：kg/t 纸）

8. 碱回收系统

该段包括：蒸发站、燃烧（碱回收炉）、苛化、石灰回收、污冷凝水汽提、除尘系统等；

污染物：废气（烟气、TSP、碱尘、H_2S、SO_2、TRS、NO_x、CO、少量无机盐等）、废水（COD、BOD、SS、pH、油类）；

固废：绿泥、白泥（$CaCO_3$、$CaSiO_3$、有机物、少量碱及含铁无机物等）。

硫酸盐法（碱法）制浆，一般都设置碱回收车间，碱回收车间可以为热电站提供热能，也可以回收大量的化学品，节约资源。通过碱回收，可降低蒸煮废液的排放量，降低处理难度，有利于环境保护。

在碱回收车间中，有大量的烟气和臭气产生，需要相应的设备去除。绿液槽、石灰窑处会产生大量的烟气、臭气，需要采用除尘器去除达标后才能够排放入大气，在塔罗油回收系统中会产生大量的污冷凝水，需要进入污水处理厂处理后排放。

蒸发工序，主要是将制浆送过来的黑液，进行蒸发浓缩，提高其黑液的浓度，一般使用多效蒸发系统，较先进的设备有管式降膜蒸发器、板式降膜蒸发器、结晶蒸发技术等。经过蒸发后，黑液的浓度可以高达 60%～78%。在蒸发工序，会产生污冷凝水、有不凝性气体排出，并带有恶臭气体，需要有完善的恶臭收集处理系统。蒸发工序从污冷凝水中会有少量的黑液成分排出到废水中，需要送去污水处理厂进行处理。此外，用松木制浆的黑液蒸发，需要配套气体收集和塔罗油的回收（松节油）。

碱回收炉，是采用燃烧的方式，处理黑液中的有机物，同时回收碱。

在碱回收工序，是将浓缩后的黑液直接送到喷射炉内燃烧，有机质燃烧后产生热能，蒸汽用于发电和生产线的热能需要。碱以熔融状态进入水体后，形成绿液，再送苛化转化成蒸煮用的碱。

在燃烧工序，会产生大量的废气，同时需要配置良好的静电除尘系统，以减少大气污染和碱的流失。一般宜采用低臭锅炉进行燃烧，以减少臭气的产生。燃烧工序有较大的噪声。

大的生产线，燃烧工序生产的蒸汽，需要配置汽轮机等发电设备，以回收热能。

苛化工序，是将绿泥经过过滤后，与石灰水[$Ca(OH)_2$]进行反应，生成蒸煮可使用的碱。在本工序，良好的过滤设备是苛化效率高低的关键所在，也是排放的废液中含碱量高低的重要影响因素，同时对碱回收率有一定的影响。在苛化工序，会有含碱的废水、绿泥、白泥（$CaCO_3$）、噪声排出。

石灰窑。大型的浆厂，一般会产生大量的白泥，外排会成为比较大的环境问题，因此一般会将白泥进行回收，再用于碱回收苛化，也有少量企业精制部分白泥为造纸用的填料。以实现综合利用。新建的浆厂，白泥极少外排。在石灰窑工序，大多使用重油等燃料，对白泥进行燃烧，生产出 CaO。因此会有废气和噪声排放出来。

具体流程见图 1-1-12。

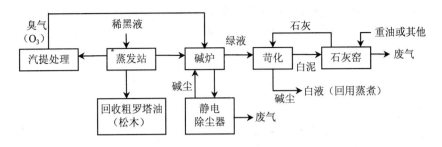

图 1-1-12 纸浆生产工艺碱回收系统流程

点评：在苛化工段有绿泥和白泥废渣排出。蒸发站需要使用冷却水，同时有污冷凝水排出。蒸发站使用蒸汽，碱回收炉产生蒸汽，可以独立或者与热电锅炉一起送汽轮机组发电，发电后蒸汽用于生产系统；对于碱回收效率高的木浆黑液碱回收，产生的蒸汽经过发电后，再用于制浆、造纸，碱回收的蒸发系统，基本可以实现制浆碱回收系统的蒸汽、电能平衡。需要明确恶臭、无组织排放气体的收集方法，并说明其合理性与可靠性。

9. 白水回收系统

污染物：未回用剩余白水（BOD、COD、SS、短废纤维、涂料、填料等）。

白水回收系统常用的有多盘白水过滤、沉淀法、气浮法。通过回收设备，回收纤维和填料回用于配浆系统，回收处理后的白水回用于制浆、配浆、造纸过程，多余白水排放到污水处理站。

10. 热电站及废渣锅炉

黑液有机质在碱炉焚烧回收热能+固废焚烧炉热能回收+以煤或其他燃料的锅炉产热进行热电联产。

热电站的流程图和排污节点图与热电项目相同，在这里不再详述。

木屑、树皮等的锅炉，按照生物质原料锅炉对待。

污染物：废气（烟气、TSP、SO_2、NO_x、CO_2、焚烧炉尾气等）；

固废：煤灰、渣、焚烧炉渣；

冷却系统排水、密封废水（含油、BOD、COD）；

噪声。

11. 化学品车间

制浆车间的化学品制备车间一般包括：制氧车间、二氧化氯（ClO_2）制备、二氧化硫（SO_2）制备、氯碱车间、老的 CEH 漂白系统有次氯酸钙[$Ca(ClO)_2$]制备车间、制氧车间、酸法制浆系统有亚硫酸盐制备车间（如亚硫酸钠（Na_2SO_3）、亚硫酸镁（$MgSO_3$）、亚硫酸钙（$CaSO_3$）制备等）。

氧气的制备：以空分法生产纯氧的制氧站；污染因子：噪声。

二氧化氯（ClO₂）制备：制备 ClO₂ 的方法很多，但是其共同基本点是以氯酸钠（NaClO₃）为原料，在强酸性条件下，采用 SO_2、CH_3OH、$NaCl$、HCl、H_2O_2 等还原剂将 $NaClO_3$ 还原成气态的 ClO_2，其反应通式为

$$NaClO_3 + H^+ + 还原剂 \longrightarrow ClO_2 + H_2O + Na^+ + 副产品$$

本书主要介绍目前使用较多的 R_{10} 法。

R_{10} 法于 1985 年首次进入我国市场。用 $NaClO_3$ 与 CH_3OH 在一定酸值范围内的真空状态下反应生成 ClO_2，同时生成副产品酸性芒硝[倍半硫酸钠 $Na_3H(SO_4)_2$]，经过滤或沉淀后分离出来，由特定的设施经复分解反应转换成中性芒硝，反应液返回反应器。

以 R_{10} 法生产 ClO_2 工艺污染物：尾气中的 Cl_2、HCl、ClO_2 等，注意触媒介质的污染物排放。

以 R_{10} 法制备 ClO_2 进行说明，如图 1-1-13 所示：

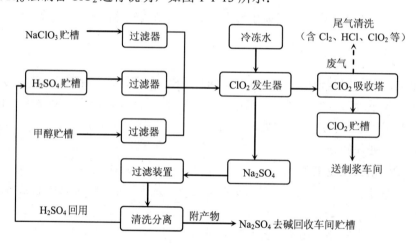

图 1-1-13　R_{10} 法制备 ClO_2 工艺流程及排污节点

$Ca(ClO)_2$ 的制备，一般是使用 Cl_2 通入到石灰水中吸收制备。其主要的污染物有 Cl_2 的泄漏、石灰渣。

其他化学品的制备，参照相差化工行业的工程分析进行。

点评：ClO_2 制备，根据制备的方法不同，其生产的工艺不同，需要按照具体的制备方法来分析工艺流程，其排污节点和排污性质也不尽相同。本工序需要注意盐水的处理，防止有毒物质的排放。有化学品制备的企业，需要按照化学品制备行业的环境影响评价要求进行，同时需要特别注意风险的防范措施分析，制定相应的应急预案。

12. 给水站

一般来说，造纸企业给水站有两类，一类是工艺生产用净化水的制备，其工艺流

程和排污节点与自来水处理系统相同。第二类是以离子交换法制备软化水、离子交换树脂定期再生处理；用于碱回收锅炉、热电锅炉、废渣锅炉，也部分应用于生产系统的密封水系统。其处理工艺流程及排污节点与热电项目的软水制备相同。

污染物：酸性废水和碱性废水；水处理污泥。

13．污水处理站

具体的污水处理方法及工艺流程（图 1-1-14），需要根据制浆造纸生产工艺、使用的原辅材料、废水的性质、浓度、废水处理效率等，决定具体选用处理工艺流程。目前普遍采用二级生化处理工艺技术、深度处理工艺；化机浆等高浓废水多采用先厌氧处理，再耗氧处理和深度处理工艺。

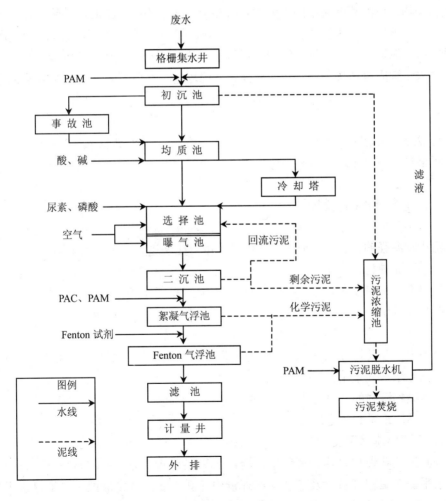

图 1-1-14 典型的污水处理站工艺流程

污染物：固废（污泥、废纤维、杂质等）、噪声、恶臭、沼气及处理后的废水等。尤其是需要注意无组织排放气体对外环境可能造成的影响，按照国家标准要求，设置必要的卫生防护距离。

14．运输

码头、船只、汽车、油库、厂内铁路、林基地道路等。

污染物：参照以上交通运输设施的污染物特征和制浆造纸生产工艺中需要运输的物料可能产生的污染。

15．固废填埋场

制浆造纸厂的固体废物大多进行了综合利用，但仍然有少量的固体废物难以综合利用，至少是按照规定需要有一个临时堆场。

污染物：白泥和绿泥中的碳酸钙（$CaCO_3$）、硅酸钙（$CaSiO_3$）、有机物、消化排出来的少量碱砾石、未烧透的 $CaCO_3$ 等杂物、部分未利用的锅炉灰渣、污水处理站利用剩余污泥、废纸处理生产线的废泥沙、石块、部分未经利用的备料固废等。

要求设置固废填埋场的，必须选择合适的场地，符合固废堆放场地要求，同时必须做好防渗漏措施，做好相应的废水回收处置措施。

16．办公楼

一般办公楼包括生产管理、检验、科研、信息与资料等部门。

污染物：生活废水、实验室废水以及垃圾等。

七、生产过程的物料平衡

污染物源强的分析，一般来说，可以采用类比法进行，对使用不同的工艺、不同产品、不同原辅材料，单位产品的原辅料消耗量、排放量、制浆得率、造纸的浆耗、黑液提取率、碱回收率等综合指标进行初步的估算，同时根据类似项目情况，类比出单位产品的发生量。在污染物源强的分析核算过程中，必须对企业的主要物料、水、碱等进行平衡计算，以便计算出废水、废渣的排放量、通过物料平衡掌握有毒有害原辅料流失去向及其排放浓度，污染物的单位时间发生量等。说明污染物源强的计算依据、计算方法，并且论证其合理性。

在污染物源强的核算过程中，需要特别注意不同生产工艺、不同原料、不同产品的单位产品用水量和废水浓度的差距。

1．全厂给排水平衡

制浆造纸建设项目环评过程中，全厂的物料平衡是环评中重要的一环，全厂的给排水平衡在工程分析以及清洁生产评价中尤其重要，从绘制的全厂给排水平衡图（图 1-1-15）可以获得以下信息：

① 评估建设项目节水措施合理性、计算水的循环利用率、重复利用率；

② 达标废水的利用情况、工程需处理的废水量及处理设计规模合理性；
③ 单位产品用水量、排水量、主要污染物产生负荷量及清洁生产指标符合性计算；
④ 评估工程给排水设计参数符合性。

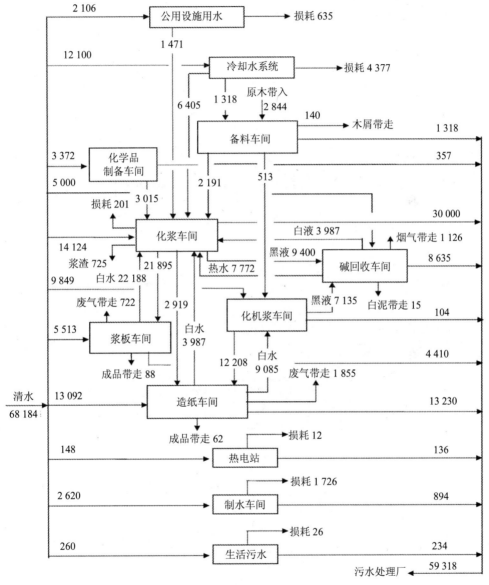

图 1-1-15　典型的企业给排水平衡图

2. 浆水平衡分析

浆水平衡分为制浆工艺浆水平衡和造纸工艺浆水平衡。一般来说，绘制制浆造纸的浆水平衡图，需要根据工艺流程图，分别标出各工序进出的浆量绝干量、进出的浆料浓度、流量等参数，从而计算出对应的浆量、用水量、排水流量和废水浓度。给出单位产品的排放量，污染物去向，收集或者处理的方法。在做浆水平衡时，需要注意吨产品的耗浆量，注意不同品种灰分含量所需要的浆量不同。

林纸一体化项目，需要注意林、浆、纸、水、碱的平衡计算。

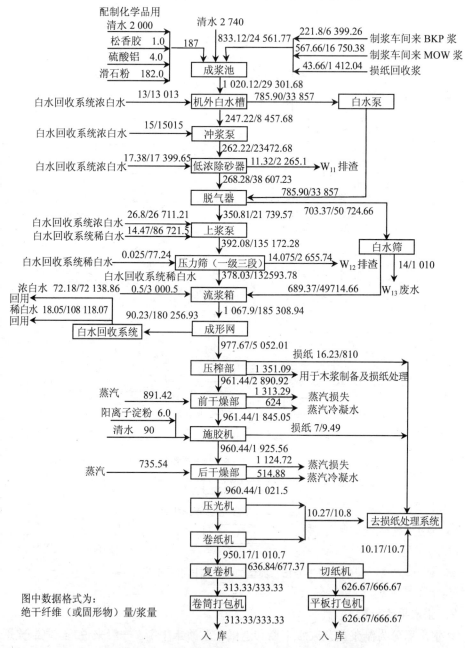

图 1-1-16　典型的造纸生产线工艺流程及浆水平衡

从上面的浆水平衡计算图（图 1-1-16）分析可以看出：

（1）废纸制浆车间浆水平衡

①总浆水量平衡。

进浆水量：废纸 715.12kg；稀白水 18318.83kg；浓缩、挤浆回用水 61027.84kg；生物酶脱墨剂 0.6kg；漂白剂 0.14kg；蒸汽 173.04kg；清水 14838.22kg；

排出物：排渣废水 1599.28kg；脱墨废水 328.25kg；除砂废水 66224.51kg；废水 10489.1kg；漂损 9.91kg；捆扎物 7.15kg；

造纸车间进浆量：16750.38kg；

根据以上数据，总共进浆水量 95073.79kg；排出物占 78658.2kg；进入造纸车间的浆水量为 16750.38kg。进浆水量比排出物与进造纸车间的和略少。

②物料平衡（绝干）。

进料（绝干）：废纸 672.21kg；稀白水进 3.055（0.17+2.38+0.505）kg；浓缩、挤浆回用 32.78kg；

废弃物（绝干）：排渣 53.5415kg；捆扎物 7.15kg；脱墨 15.53kg；漂损 9.91kg；除砂带走 35.57kg；污水带走 18.52kg；

去造纸车间（绝干）：567.66kg；

根据以上进出纤维量计算可见进料纤维量比排放和进入造纸车间之和的纤维量略多。

（2）造纸车间物料平衡

①造纸车间浆水平衡。

进浆水量：清水 4830kg；化学品 187kg；浆料 24561.77kg；蒸汽 1626.96kg；白水 162014.5kg；阳离子淀粉 6kg；

排出：废水 5930.84kg；蒸汽带走 3576.89kg；损纸 2192.08；白水回收 180256.83kg；

产纸：1000kg；

根据以上进出物料量，总共进料 193226.57kg；总共出料量 192956.64kg，进出物料基本平衡。可是其白水可回收的量为 180256.83kg，实际造纸车间回用的白水总量为 162014kg，制浆车间回用白水量 18318.83kg，白水全部回用，这与设计的回用 95% 的设计符合，属于完全封闭循环用水，符合物料平衡。

②造纸车间纤维平衡。

进料（绝干）：浆 833.12kg；白水回用浆 87.175kg；化学品 187kg；阳离子淀粉 6kg；

出料（绝干）：纸 940kg；废水带走 39.4kg；白水带走 90.23kg；损纸 43.77kg；

根据以上结果，进料总量为 1113.3kg，出料总量为 1113.4kg，符合物料平衡（绝干）。

（3）点评

该浆水平衡图存在着一定的错误，一般来说，绘制制浆造纸的浆水平衡图，需要根据工艺流程图，分别标出各工序进出的浆量绝干量、进出的浆料浓度、流量等参数，从而计算出对应的浆量、用水量、排水流量和废水浓度。给出单位产品的排放量，污染物去向，收集或者处理的方法。

以上两个平衡图中，用虚线表示的是在浆水平衡计算时的绝干物料量数据。

在做浆水平衡时，需要注意吨产品的耗浆量，注意不同品种灰分含量所需要的浆量不同。

3. 全厂热电平衡

制浆造纸企业如果设有碱回收炉和热电站，需要符合《关于发展热电联产的规定》（计基础[2001]1268 号）和《热电联产和煤矸石综合利用发电项目建设管理暂行规定》（发改能源[2007]141 号）的相关要求，也要分析热电联产带来的污染状况，控制污染物产生和排放，符合水、固废和大气污染物的排放标准。

全厂热电平衡需要特别关注各生产工序的汽耗水平及总蒸汽消耗量，充分考虑碱回收锅炉的产汽量、废渣锅炉的产汽量，确保建设规模符合以热定电的原则。明确燃料煤来源，按设计煤种、校核煤种分别给出热电站原煤消耗量、SO_2 等废气污染物及灰渣的产生量与排放量等数据。

根据图 1-1-17，碱回收炉所供蒸汽为 727.56 t/h，锅炉为 164.52 t/h，碱回收炉所占负荷为 81.56%。由此可见，建热电站充分利用了碱回收炉燃烧黑液所产生的热量，将碱回收炉产生的过热蒸汽送至汽轮机做功后抽出供热，有效地节约了能源。如果还有造纸车间，那么需要再供热到造纸车间，多一条供热线路。

根据图 1-1-17，蒸汽总量为 892.08 t/h 输入，经过汽轮发电机后剩余蒸汽 833.4 t/h，从发电机到输送如各车间过程后，还剩余 540.72 t/h，总热效率达到 63.29%，发电 128.8 MW，电耗 128.8 MW，电平衡，且发电机发电容量为 176 MW，满足耗电量要求。

八、原料林基地建设工程分析

1. 主要包括内容

工程分析一般包括以下主要内容：

① 工程概况：包括项目名称，建设性质，建设规模，地理位置，布局规划，工程占地，实施计划，进度安排，建设方案，主要技术经济指标，造林地选择（立地条件等级确定、立地条件确定），营林技术方案及工艺流程（营林工艺流程、营林技术方案、抚育管理技术、采伐经营）等；

② 工程分析：包括环境影响特征分析（影响时段、主要环境影响特征），林地周期性作业特征分析（造林作业、采伐作业），物料平衡分析（苗木、肥料、灌溉用水、木材采伐量平衡计算、农药），木材原料供应方案（原料林基地供给、市场采购），木材原料采伐指标来源分析（相关法规、政策依据分析、项目区有关文件、协议依据分析）。

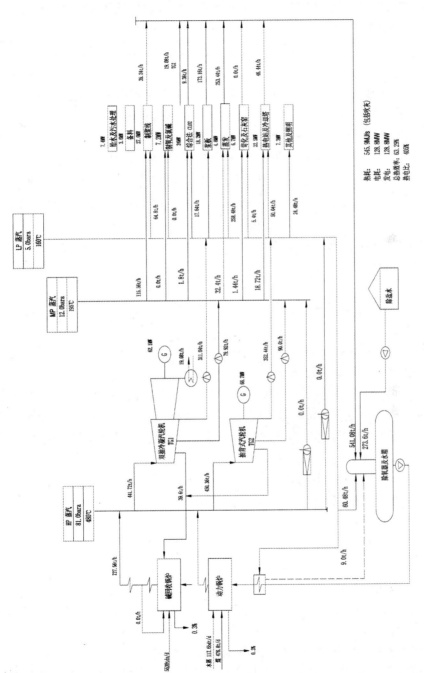

图 1-1-17 典型的热电平衡

2. 潜在的主要环境问题

① 种植林地的整理，可能影响现有林及灌丛生存、降低区域生物多样性；灌区及林道的改造与建设，可能引起的扬尘和风蚀；

② 大面积连片种植单一树种，可导致生态简化、降低生物多样性、易受病虫害侵袭；

③ 种植管理过量施加化肥与喷洒农药，可造成有害物面源污染及对土壤结构的影响。潜在土壤物理、化学特性变化、退化或次生盐碱化等环境风险；

④ 不恰当的采伐造成新的水土流失和生态环境破坏；

⑤ 规划布局分析不细致，难以判断建设项目用地的合法性；

⑥ 林纸一体化建设项目，原料林基地建设被称为是造纸企业的第一车间，其环境生态可行性必须与建设项目工程一起进行环境影响评价。生态评价应按照生态评价导则进行；

⑦ 林基地的建设，需要按照人工商业林建设的要求，开展相应的环境影响评价工作，本书不再详述。

九、报告书中工程分析的常见问题

① 对建设单位（或设计单位）提供技术文件的资料与数据，能否满足工程分析的需要及精度要求，未加复核就引用；

② 工程污染源强数据的来源未论证其合理性。对类比同类型企业需要考虑其原料、生产工艺、用水量、原辅料及能源消耗、白水回用率、黑液提取率、碱回收率、制浆得率等参数，得出不同的污染物源强数据。常出现类似项目其污染源强、用水量、排水量和污染物产生量及排放量有较大差异；

③ 绘制的给排水平衡图不符合要求，一是没有把所有水源计算进去；二是排污节点错误；三是没有按照绝干浆量、流量、浓度进行认真的核算水平衡图；四是影响排污的工艺流程不全；五是排水量和浓度的估算没有依据；六是没有充分考虑全公司的水综合利用等。因此，无法用于循环利用率、重复利用率等清洁生产指标的计算；无法判断中水利用状况、工程废水量及其去向；

④ 物料平衡图没有真正做到林-浆、浆-纸、蒸汽等平衡、污染物排放位置、性质、浓度、量的计算无依据。经常锅炉配置过大，热电比达不到国家关于热电联产政策的要求。无法判断有毒有害原辅料流失去向及其数量与浓度；

⑤ 忽略了工程无组织污染物排放源强分析和防治措施；

⑥ 有些项目是在利用现有设施基础上建设的项目，未能把现有项目、在建项目和拟建项目的环境问题说清楚；

⑦ "三废"治理配套工程滞后（拆分）评估，无法判断环境可行性；

⑧ 水资源供给可靠性论证不足，缺少水资源论证报告或者批复性文件支持；对利用当地其他项目中水的水资源供给可靠性，未进行论证；

⑨ 造纸林基地建设，没有充分论证说明国家划定的耕地、基本农田、公益林、自然保护区、湿地保护区、水源涵养区、饮用水保护区等环境保护目标是否受到林基地的侵扰。林木资源生长量数据计算，缺乏按不同立地条件下实际生长量的科学依据；造纸用材林的保证性论证不够充分，难以说明项目用林供应保证的可行性。

第四节　环境影响识别与评价因子筛选

一、环境影响识别

对于不同的制浆造纸工程项目，其建设期及营运期，对自然、生态和社会环境乃至人群生活质量，都会产生一定的有利的或者不利的影响，对于这些影响的正确识别是环境影响评价工作的基础。环境影响因子的识别，原则上按照《导则》的要求进行。

建设期和营运期对自然、生态和社会环境的影响的评价因子如下：

① 自然环境的影响因素主要是：地表水环境、地下水环境、大气环境、声环境和土地资源；

② 生态环境的影响因素主要是：陆生动植物和水生动植物；

③ 社会环境的影响因素主要是：景观、交通、社会经济和就业机会（营运期还需要考虑生活水准）。

影响因素的识别指标主要通过可能性、程度、时间、影响范围和可逆性进行评判。

污染因子确定和评价因子的筛选，可在工程污染源调查、纳污水体水质现状调查与水质监测成果基础上进行选择。

二、污染因子识别及评价因子筛选

1. 污染因子识别

制浆造纸行业环境影响污染因子主要从大气环境、水环境、声环境、固体废弃物环境、生态环境和社会环境方面进行污染因子识别。

① 大气环境：TSP、PM_{10}、SO_2、NO_2、二噁英、Cl_2、ClO_2、O_3、TRS、特征污染物；

② 水环境：COD_{Cr}、BOD_5、NH_3-N、TP、TN、色度、AOX、高锰酸盐指数、挥发酚、石油类、pH 值、DO、硫化物、二噁英及其他根据当地环境质量现状的特征污染物等；

③ 声环境：厂界环境噪声、居民环境噪声、交通运输噪声；

④ 固体废弃物环境：现有工业固体废弃物、城市生活垃圾；

⑤ 生态环境：分为水生生态（包括海洋生态）和海洋生物质量现状评价。水生生态的主要评价因子有生物的种类、组成、生物量、分布性、均匀性、水生资源状况等；海洋生物质量现状评价因子主要为总 Hg、Cd、Pb、As 等项；

⑥ 社会环境：居民就业情况及生活水平。

2. 评价因子筛选

（1）评价因子筛选原则

空气环境质量预测评价，以热电站排污执行标准确定的污染物因子作为评价因子；恶臭作为本行业特征污染物评价因子，预测厂界达标以及对敏感目标的影响程度。

地表水环境质量预测评价，评价因子筛选原则：

① 《造纸工业水污染物排放标准》中规定的主要污染物；

② 对受纳水体污染影响危害大的水质因子；

③ 国家和地方水质管理要求严格控制的水污染因子；

④ 评价因子的数量须能反映受纳水体评价范围的水质现状；

⑤ 如果受纳水体某些污染因子超标，也需要对项目的相应污染因子进行评价；

⑥ 林纸一体化项目需要对项目区域的生态影响因子进行评价；

⑦ 对地下水质影响危害大的污染因子。

（2）评价因子确定

根据环境影响因素及评价因子筛选原则，对不同的制浆造纸建设项目的污染评价因子确定有一定的差别，通常确定的主要评价因子如下：

① 废气污染主要来自热电站、碱回收炉、石灰回转窑、废渣炉、化学品制备以及制浆过程；主要污染评价因子为 SO_2、PM_{10}、NO_x、烟尘以及制浆、碱回收、污水处理站的臭气（TRS）无组织排放气体；

② 工程排污以有机废水为主。废水主要来自制浆、碱回收、抄浆和造纸车间，主要污染因子为 COD_{Cr}、BOD_5、SS 和 AOX；如果受纳水体某些污染因子超标，也需要对项目的相应污染因子进行评价；

③ 噪声：采用等效连续声级 L_{eq} 为评价因子；

④ 固废：施工垃圾、石灰渣、绿泥、木屑树皮、浆渣、锅炉灰渣、污水处理站污泥及生活垃圾等；

⑤ 生态环境：水生生态主要为生物种类、数量、多样性、浮游动物、底栖生物等；海洋生物质量现状评价因子主要为总 Hg、Cd、Pb、As 等八项。林基地的陆生动植物；

⑥ 社会环境：居民拆迁、就业机会及生活水平等。

第五节 污染防治措施

一、废水

不同制浆工艺所产生的污染负荷差别很大。如：硫酸盐法木浆（LKP）污染物的发生量 COD 约为 1400kg/t 浆、BOD 约为 350kg/t 浆；蒽醌烧碱法草浆污染物的发生量 COD 约为 1300kg/t 浆、BOD 约为 340kg/t 浆，但若经碱回收后其排放量可明显降低；半化学浆、各种机械浆的污染物发生量较低，如碱性过氧化氢（H_2O_2）机械浆（APMP）、化学热磨机械浆（BCTMP）等，但因难以单独进行化学品回收，在污染治理技术上难度反而更大；以草类纤维为原料制浆，因"硅干扰"使黑液提取率和碱回收率低于木浆，而增加了治理的难度。

1. 工艺过程污染控制与资源综合利用技术现状

（1）非木纤维（如麦草）原料制浆

非木纤维（如麦草）原料制浆采用干湿法备料可有效去除杂质，节约蒸煮化学品用量、减少纸浆系统 50%的硅含量，并降低黑液黏度 50%，有利于提高黑液提取率和碱回收率，减少污染物的排放量。

（2）碱回收技术

碱回收技术是降低碱法制浆污染的最有效措施，已列入环保最佳实用技术。目前国内水平，木浆黑液提取率在 93%以上，亦可高达 99%以上；竹、苇、蔗渣浆的黑液提取率达 85%～90%，麦草浆黑液提取率达 80%～85%。同时有机质燃烧可以回收热能，个别 APMP 制浆项目也在开始采用碱回收技术，尤其是有化学浆同时生产的企业，使用碱回收处理 APMP 废液是一种较大程度降低废水浓度的办法，但独立的化机浆厂，因其废液浓度偏低，且热值低，使用碱回收技术进行处理，费用相对比较高。

（3）纸机白水回用技术

纸机白水量大，目前多采用高效浅层气浮、圆盘过滤机、沉淀法等回收白水中的纤维和填料，最大限度回用于工艺过程，达到封闭循环，是有效的节水措施。白水中纤维回收率大于 90%，出水悬浮物小于 100mg/L，大大减轻末端治理的污染负荷。

（4）发展高新技术

大力发展以实现清洁生产、提高资源利用率、消除制浆造纸特征污染物（AOX、恶臭）、减少污染物产生量为目标的高新技术。

① "延时脱木素改良型连续蒸煮"工艺及装备（简称 EMCC），"等温连续蒸煮"工艺及装备（简称 ITC）。这些新技术用于木浆厂，可制得较低硬度（即低木素含量）

的纸浆，但不降低纸张强度，并能节约蒸煮用汽，因而降低化学制浆漂白废水中 AOX（可吸附有机卤化物）和恶臭的散发；

②国内多家企业采用"快速置换间蒸"工艺及装备（简称 R.D.H）及"深度间歇蒸煮"工艺及装备（简称 Super Batch），属节能型蒸煮，多用于非木原料制浆厂，对控制 AOX 及恶臭散发效果良好；

③氧脱木素技术：在传统的蒸煮与漂白两工序之间新增加一段或两段氧脱木素工序，即利用氧气对中高浓度（10%～30%）的粗浆进行深度脱木素，其废水并入黑液回收处理，从而减轻制浆系统的污染负荷，大大减少漂白工序 AOX 的产生量；

④无元素氯漂白技术（ECF）和无氯漂白技术（TCF）：以二氧化氯全部替代元素氯作漂白剂。据报道采用氧脱木素及无元素氯漂白技术后，漂白废水中的 AOX 含量降低了 93%，且改变了 AOX 的性能，其毒性近于消失。TCF 以 H_2O_2 为漂白剂，消除了 AOX 污染，漂白废水大都可循环利用；

⑤超高得率制浆技术：碱性过氧化氢机械浆（APMP），采用较低量化学品（NaOH、H_2O_2 等）进行预处理后经两段磨解成浆，其制浆得率达 85%～90%（化学法制浆得率在 45%～50%），且制浆与漂白同时完成。但由于废液中化学品单独回收成本较高，废水的治理技术难度较大，工艺过程耗能高，纸浆白度低，使用范围受影响；

⑥废纸的高度净化回用技术：高效地对不同印刷油墨的浮选、漂白净化处理和相应的化学脱墨剂的开发应用。分离出废纸中的杂质如塑料、胶料、多种印刷油墨等，按废物分类原则分别对待处置和处理。该技术在国内应用发展很快，大多利用废纸生产箱纸板以及抄配生产新闻纸等。

（5）节水、节能为主要目标的清洁生产高新技术

造纸过程除了白水回用技术外，近年来国内造纸企业已相继引进了以节水、节能为目标的高新技术，具体如下：

①中浓技术（一般指浓度为 10%左右的浆料）：巨大的节水、节能效益。为使制浆造纸主要工艺过程的工艺要求大体能适应 10%左右的浆料，同时开发了中浓输浆泵、中浓混合器、中浓储浆池以及中浓氧脱木素和漂白的工艺技术与装备；

②造纸机高效脱水与烘干装备的开发利用：造纸机的湿纸页加热干燥耗能很大，因此强化机械方式脱水，提高进入烘干前湿纸页的干度，是节能的主要途径之一（每提高湿纸页干度 1%，可节约烘干能耗 3%）。目前已开发应用的有：以刮水板代替案辊，以聚酯成型网替代传统的铜网，以高强、靴形压榨以及特种耐高压毛毯（BOM）替代传统压榨和毛毯，提高上网浓度的高效流浆箱技术、无传动的顶网成型器双面脱水技术，代替普通长网脱水、袋通风及热回收技术。这些技术能明显减少蒸汽消耗和电能消耗，提高生产效率；

③热电联产综合利用能源技术：黑液燃烧产生能源约 80%，树皮等废弃物送废料焚烧炉焚烧可产生能源的 20%。因此大型木浆造纸企业可以做到能源自给。

（6）综合利用现有企业废料，削减污染负荷

①对现有企业亚硫酸盐法（酸法）制浆的红液可采用综合利用生产黏合剂、木质素磺酸盐、酒精、香酪素、木素干粉等多种副产品；

②对现有企业亚铵法制浆（大多以麦草、棉秆为原料）的废液，可综合利用生产黏合剂、有机复合肥、氨化饲料等产品。综合利用可削减污染负荷达80%以上；

③废纸的废塑料、废铁丝综合利用技术、锅炉废渣综合利用技术；

④废纸脱墨制浆企业的废水油墨废渣制取工业用板材技术；

⑤废煤渣综合利用技术。

2. 制浆造纸产生废水的特点

不同的制浆造纸工艺产生的废水污染物特性存在差异，相应的处理方法亦有明显不同。不同制浆造纸工艺产生的废水特点见表1-1-10。

表 1-1-10　不同制浆造纸工艺产生的废水特点

生产工艺		产生的废水特点	备注
一、制浆			
化学法制浆	烧碱法制浆（非木材浆）	蒸煮废液量大，浓度高，色度大，BOD 和 COD 特别大	草浆含有硅酸盐，处理难度较大；蒸煮废液可用碱回收装置处理
	硫酸盐法制浆	经碱回收车间出来的废水 BOD、COD 浓度较小，主要为木材浆废液	蒸煮废液进入碱回收装置
	亚铵法制浆	BOD 较高，N、P 元素丰富，浓度也较高	简单处理后，一般用作有机肥料
化学机械法制浆	碱性 H_2O_2 机械浆（APMP）	BOD、COD 浓度高	黑液浓度低，需单独处理；处理方法有二：一为先废液提取，再送碱回收蒸发浓缩，再燃烧（碱回收装置的蒸发效率低）；二为物化-厌氧-好氧-深度处理的方法来处理
机械浆	磨木机械浆	BOD、COD 比较高，色度大	一般需要三级处理才能够达到要求
半化学浆		蒸煮黑液浓度介于化学机械浆和化学浆之间	碱回收装置处理,废液处理存在难度与化学机械浆类似
废纸浆		废水里含有较多杂物、脱墨剂，胶黏剂等物质	处理难度相对较小，经过气浮+酸化+两段 A/O 处理即可达标
二、造纸			
造纸		主要污染物为细小纤维和一些填料、颜料等	其中可溶解性 COD_{Cr} 具有相对较好的生化性，SS 具有很好的物理沉淀性

3. 制浆造纸产生废水处理工艺的选择

制浆造纸废水，根据废水中有机物形态采用不同处理技术的组合串联可做到达标排放。同时也要注意废水的冷却系统、事故池的设置。

（1）非木浆

以竹浆为例，制浆废水主要来自原料堆场淋沥水、漂白废水、碱回收污冷凝水、浆板车间白水、热电站循环流化床锅炉少量排污废水、化学品车间少量排污废水和生活污水等。废水污染物因子为 COD_{Cr}、BOD_5、SS、AOX 等。

某竹浆生产企业废水处理工艺采用沉淀—选择器—曝气—沉淀的二级生物法处理及三级脱色处理。工艺流程为：制浆、碱回收的污水进入酸碱中和池中和后进入格栅，其他污水全部经过机械格栅拦截大块污物（手动格栅作为备用）后流入初沉池，在初沉池出水后设置均衡池，用于调节进入曝气池污水的污染负荷。均衡池的污水经提升泵将污水送入曝气池，曝气池采用好氧生物处理，处理后的污水进入二沉池沉淀进行泥水分离。二沉池上部清水流入三级气浮池进行脱色处理。为保持曝气池污泥平衡，二沉池池底部污泥部分通过污泥泵回流到曝气池以保持生物处理段所需的微生物总量，部分剩余污泥用泵送入污泥混合池。再用螺杆泵送到污泥脱水机内，在脱水前向污泥加入聚丙烯酰胺使其凝集便于脱水，污泥的部分水分通过压渣滤出并被送回一沉池继续处理，干度 20%～25% 的污泥被送到污泥干化系统进行干化处理后送煤锅炉燃烧。污水处理去除率分别为：悬浮物（SS）＞80%、COD＞85%、BOD_5＞90%，处理后能满足国家现行制浆造纸废水排放标准要求，污水处理工艺流程见图 1-1-18。

（2）机械浆

目前，世界范围内高得率化机浆厂的制浆废液处理有不同的方法，包括传统的生化法（厌氧+好氧生物处理）和碱回收处理方法（采用蒸发的方法浓缩制浆废液，然后送入碱炉燃烧后回收碱）。

①厌氧处理。从 20 世纪 80 年代早期第一个厌氧处理系统建成后，厌氧处理成为公认且被证实可以用来处理制浆造纸废水的技术。目前，已建成了 200 多个厌氧处理厂用于处理制浆造纸废水。

目前，大部分机械制浆、半化学制浆的过程废水非常适宜用厌氧技术进行处理。再经过好氧生化处理及深度处理工艺，以实现达标排放的要求。

②碱回收。采用碱回收处理化机将废液工艺在国外早有实际应用，该技术已成熟可靠。表 1-1-11 中列出了采用碱回收工艺处理化机浆废液的厂家。

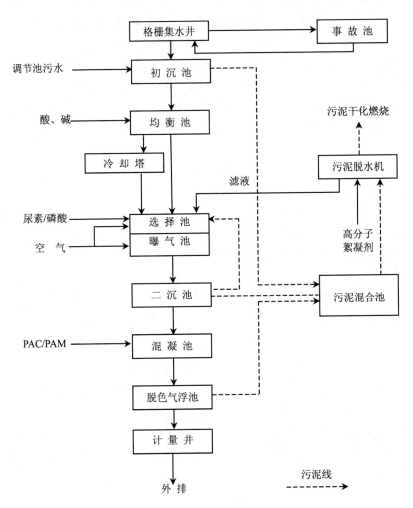

图 1-1-18 污水处理流程

表 1-1-11 化机浆废液采用碱回收处理工艺实例

实例厂家	制浆废液处理方法
加拿大天柏公司的 Chetwynd 浆厂（1990 年，年产 16 万 t 化机浆）、Millar Western Meadow Lake（1991 年，年产 24 万 t 化机浆）	采用碱回收处理工艺，能达到生产工艺废水实现零排放
芬兰 M-Real Joutseno 厂（2001 年，年产 25 万 t 化机浆） 芬兰 M-Real Kaskinen 厂（2004 年，年产 30 万 t 化机浆）	采用碱回收处理工艺，工艺废水排放量很少（在硫酸盐浆厂旁）

加拿大 Meadow Lake Pulp Ltd.公司位于加拿大 Saskatchewan（萨斯喀彻温省），主要使用白杨生产化机浆，于 1990 年投产。其制浆废液采用碱回收处理工艺，同时将蒸发工段的冷凝水回用于制浆工艺中，该厂生产工艺能做到零排放。该公司制浆废液原始浓度为 2%D.S，在通过蒸发浓缩工段后，废液浓度达到 68%。浓缩后的废液随后被送入碱炉燃烧，碱炉燃烧废液产生的中压蒸汽回用到制浆和蒸发车间蒸发系统。废液经过蒸发浓缩并喷入炉膛燃烧后成为熔融物，用水稀释并排出残留物后经稀白液溶解稀释成为绿液，澄清后的绿液在苛化车间回收碱（浓白液）并回用到制浆工艺。

芬兰 M-Real Joutseno 厂于 2001 年投产年产 25 万 t 化机浆生产线，该厂在化机浆漂白工段使用 Fennobrite 替代硅酸钠（Na_2SiO_3）作为过氧化氢（H_2O_2）的稳定剂。Fennobrite 的化学成分主要是聚丙烯酸钠，聚丙烯酸钠主要由 C、H、O、Na 等元素组成。现代化机浆生产工艺中，漂白稳定剂 Na_2SiO_3 的添加量通常约为 10%。M-Real Joutseno 工厂将化机浆制浆废液通过使用一套具有 8 效蒸发器的浓缩设备浓缩到约 45%D.S.的浓度，然后送到附近的化学浆厂（Metsa-Botnia Joutseno 浆厂），与化学浆浓缩黑液混合并投入碱炉燃烧，达到废液处理并回收碱的目的。

工艺流程见图 1-1-19。

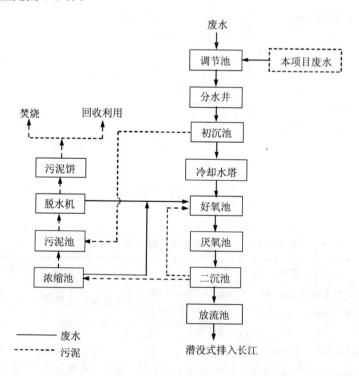

图 1-1-19　化机浆废水生化处理厂工艺流程

（3）木浆

一般来说，漂白硫酸盐木浆的废水在经过二级生物处理后，其 COD 浓度在 300～500 mg/L，BOD 在 20～40 mg/L，COD 的浓度无法达到新的排放标准要求，而现有企业的废水处理系统许多是按 2001 年版的排放标准要求建造的，所以对于漂白硫酸盐木浆企业来说，必须增加三级处理系统，才有可能满足要求。目前现有企业的三级处理系统有混凝沉淀、混凝气浮和 Fenton 法。混凝沉淀和混凝气浮方法在使用过程中，要加入大量的混凝剂，一般来讲，混凝法在去除废水中 2～5 kg COD 的同时会产生 6～25 kg 的污泥，而这些污泥不仅难以脱水，并且由于含有大量的混凝剂，也不适于作为燃料，从而产生二次污染。而 Fenton 法虽然 COD 的去除率较高，污泥量少，但运行成本较高，一般为 6～8 元/t 水。工艺流程见图 1-1-20。

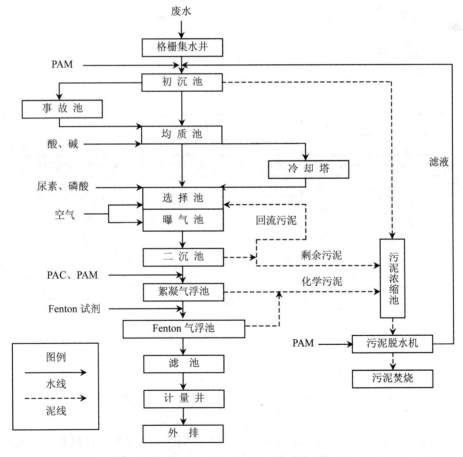

图 1-1-20 典型的木浆废水污水处理站工艺流程

（4）废纸浆（废纸造纸）

我国废纸制浆废水处理方法包括：物理法（过滤、沉淀、气浮），化学法（氧化、还原、中和、混凝），生物法（好氧、厌氧）和物理化学法（吸附、离子交换、电渗析）。在 2001 年以前国内企业一般采用两级处理，第一级以物理法为主，辅以化学法，第二级通常采用生物化学法，第三级处理较少采用，包括活性炭吸附、离子交换、电渗析、超滤和反渗透。

广东某大型纸厂为中国最大的箱板原纸产品生产商，其废纸浆生产线为美国KBC废纸处理系统，有一条白水回收系统，白水回用率为 90%，使其废水产生量非常低，仅为 10.5 m³/t 纸，其废水处理流程为纤维回收+浅层气浮+厌氧+好氧+混凝气浮，见图 1-1-21。COD 排放浓度为 80 mg/L，符合新排放标准的要求。

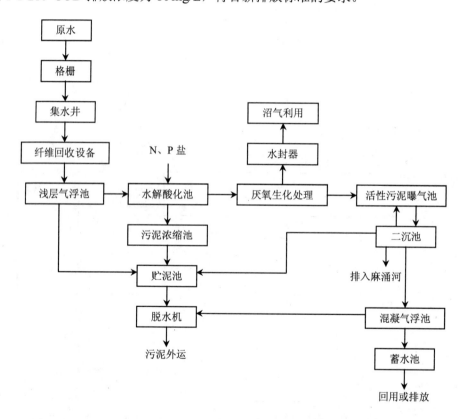

图 1-1-21　某大型废纸纸厂废水处理工艺流程

该厂造纸由于其造纸废水高度回用，使得排放的废水污染物的浓度很高，在进行了厌氧+好氧处理后，还必须进行混凝沉淀才能达到新标准的要求。

综上所述，目前我国制浆造纸企业除了机械浆和废纸浆的企业有厌氧设施外，其他大多数企业的废水处理设施大都采用沉淀+好氧生物+混凝处理的三级处理。

一般来说，漂白硫酸盐木浆的废水在经过二级生物处理后，其 COD 浓度在 300～500 mg/L，BOD 在 20～40 mg/L，COD 的浓度无法达到新的排放标准要求，而现有企业的废水处理系统许多是按 2001 年版的排放标准要求建造的，所以对于漂白硫酸盐木浆企业来说，必须增加三级处理系统，才有可能满足要求。

目前现有企业的三级处理系统有混凝沉淀、混凝气浮和 Fenton 法。混凝沉淀和混凝气浮方法在使用过程中，要加入大量的混凝剂，一般来讲，混凝法在去除废水中 2～5 kg COD 的同时会产生 6～25 kg 的污泥，而这些污泥不仅难以脱水，并且由于含有大量的混凝剂，也不适于作为燃料，从而产生二次污染。而 Fenton 法虽然 COD 的去除率较高，污泥量少，但运行成本较高，一般为 6～8 元/t 水。

（5）造纸

造纸废水主要来自抄纸过程中的多余白水，其污染物相对于制浆废水简单一些，主要污染物为细小纤维和一些填料、颜料等。其中可溶解性 COD_{Cr} 具有相对较好的生化性，SS 具有很好的物理沉淀性。采用二级处理就能容易达到 $COD_{Cr}<100$ mg/L，$BOD_5<15$ mg/L，$SS<75$ mg/L。实践证明，造纸废水相对来说很容易处理，经过初沉池后 COD_{Cr} 就能去除 70%左右。

4. 可吸附有机卤化物（AOX）来源与控制

（1）来源

所有植物原料，在生长过程中会带入生产系统中。同时在制浆过程中因生产工艺而增加的部分是：漂白废水（酸性废水、碱性废水）中含有的木素降解产物与含氯漂剂反应产生的酚类及其有机氯代物，主要是氯代酚类化合物，目前多以 TOCl（Total Organic Chlorinate）和 AOX（Adsorbable Organic Halogen）表示。由于氯代酚等对水体生物具有致毒、致畸、致突变的三致效应，因而人们在考虑漂白废水的色度和 BOD_5 的污染后，越来越重视 AOX 的排放问题。

TOCl 和 AOX 是确定氯代有机化合物总量的两种分析方法。AOX 具有较 TOCl 测定简单且重现性好的特点而被普遍采用。实际上漂白过程中，其他卤素几乎不存在，所测定的是有机氯化物。两种分析方法的关键均是尽可能地富集水样中的机氯化物，通过氧化将有机氯转化为无机氯，用测定无机氯的含量来确定有机氯的含量。TOCl 通过超滤和 XAD 树脂吸附富集有机氯，AOX 通过活性炭吸附有机氯。

（2）AOX 的主要组分

AOX 组分有几百种，目前已确认氯酚类化合物，主要是氯代酚类、氯代愈创木酚类、氯代儿茶酚类、氯代香兰素类、氯代丁酚类及其异构体。还产生少量剧毒物质——二噁英（多氯二苯并二噁英和多氯二苯并呋喃的统称）。

（3）AOX 的控制措施

AOX 发生量与漂白用的漂剂的活性氯量有关。

降低浆的卡伯值：未漂浆的卡伯值越低，意味着达到要求的纸浆白度所消耗的氯

（活性氯）越少，也就意味着氯代有机物的发生量减少。

降低未漂浆卡伯值的方法目前采用较多的是氧脱木素和改良的硫酸盐法蒸煮。

浆的有效洗涤：带入漂白车间的溶解性有机物会提高漂白化学药品的消耗，同时也会增加漂白废水的 COD_{Cr} 及 AOX 排放量。因此加强氧脱木素后浆的有效洗涤（漂前洗涤）非常重要，漂白各工段间浆的洗涤也很重要。

减少活性氯用量、采用无氯漂剂：AOX 发生量与漂白工艺用活性氯量有直接关系，即与氯化段的取代氯量有关，随氯化段 ClO_2 取代量的增加，AOX 发生量减少，此外还可以采用无氯漂剂如 H_2O_2。

5. 二噁英来源与控制

（1）来源

研究表明，所有植物原料，在生长过程中会带入生产系统中。同时在使用含氯漂白剂的传统漂白工艺中，二噁英类污染物主要产生于纸浆的氯化阶段。氯化过程中，浆中残余木素通过加成，取代，置换等反应过程，形成大量的有机氯代物（AOCl）。AOCl 中的氯苯类和氯酚类物质是形成二噁英的关键前驱物，直接影响二噁英类的产生量，在漂白过程中氯酚类物质则是生成 TCDD 和 TCDF（多氯二苯并二噁英和多氯二苯并呋喃）的前驱物。

（2）控制措施

造纸工业中，二噁英类主要来自含氯漂白剂，通过控制漂白的氯化过程可以实现从源头上控制二噁英类污染物的产生。主要措施有以下几种：

①蒸煮深度脱木素。深度脱木素，强化漂前浆的洗涤可以降低成浆卡伯值，减少浆中的残余木素，减少漂白化学药品的用量，特别是含氯漂剂的用量，达到削减漂白废水污染程度的目的。如：蒸煮过程添加蒽醌（AQ）或多硫化物（PS）可在没有得率损失的情况下，降低成浆卡伯值，以减少有机氯化物的形成；采用改良连续蒸煮（MCC、EMCC 和 Isothermal Cooking）工艺，通过分段加入蒸煮药液使蒸煮全过程保持较均匀的碱浓度，在蒸煮结束的洗涤区前从浆中部分除去溶出的有机物；采用改良间歇蒸煮（RDH、Super Batch）工艺，快速置换加热的 RDH 蒸煮，可使蒸煮初期有较高的硫化物浓度，以满足硫酸盐蒸煮初期对硫化物的需求，蒸煮后期的置换过程可使黑液中的有机物浓度下降。

②采用新的漂白工艺技术。采用新的漂白工艺，降低漂浆的卡伯值，减少含氯漂白剂的用量是削减二噁英类形成的有效措施。如：氯化段采用多段混合器进行多段混合可以实现 Cl_2 的均匀加入，更快地使氯均匀分配于浆中，防止局部过氯化，提高氯对木素的脱除效率；增加 ClO_2 取代 Cl_2 的量，减少 Cl_2 用量，因为 ClO_2 比 Cl_2 具有更高的氧化能力，能与木素更多地发生氧化反应而有利于木素溶出。试验和实践证明，采用较高的 ClO_2 取代率，不仅可以保护而且能够有效减少二噁英类的形成；控制反应体系中的 pH 值，使 Cl_2 和 HClO 的平衡向生成次氯酸盐的方向移动，在通入 ClO_2

的同时加入 NaOH，使 pH 值达到 7，在较短的时间内通入 H_2SO_4，使 pH 值降至 3，此时可减少 25%的 ClO_2 用量并减少 AOX 的生成。

③强化漂前洗浆。提高漂前纸浆的洗净度，降低水相中有机物的含量，可减少氯化过程中有机氯化物的形成，提高洗净度可考虑的因素，包括洗鼓真空度、水腿设计、喷淋水位置、喷淋水量等。

二、废气

1. 废气源及主要控制措施

制浆造纸企业主要废气产生源及其常用处理措施见表 1-1-12。

表 1-1-12 主要废气排放源及常用处理措施

废气排放源	除尘措施	脱硫措施
动力锅炉	静电除尘器 布袋除尘器 水膜除尘	炉内添加石灰石
碱回收锅炉		
石灰窑		
废渣锅炉（木屑、树皮等）		

2. 各种控制措施介绍

（1）除尘措施

①布袋除尘。布袋除尘是一种高效的除尘方式，其除尘效率可达 99.9%，工作原理是：利用滤袋进行过滤与分离粉尘，开始运转时，新的滤袋上没有粉尘，运行数分钟后在滤袋表面形成很薄的尘膜。由于滤袋一般用纤维织造而成，所以在粉尘层未形成之前，粉尘会在扩散等效应的作用下，逐渐形成粉尘在纤维间的架桥现象。架桥现象完成后在滤袋上形成 0.3～0.5 mm 厚的粉尘层称为尘膜或一次粉尘层，在一次粉尘层上面再次堆积的粉尘层称为二次粉尘层，形成对尘粒的捕集作用。一次粉尘层和二层粉尘层的形成，使得除尘效率大大提高。

②水膜除尘。文丘里双筒水膜除尘器，集中了文丘里管高的捕尘效率和单筒除尘器的特点，除尘效率虽高达 98%左右，但依然难以满足现今环保对锅炉烟气含尘量的要求。

③静电除尘。静电除尘器的工作原理是：含尘气体在通过高压电场进行电离的过程中，使尘粒荷电，并在电场力的作用下使尘粒沉积在集尘极上，将尘粒从含尘气体中分离出来的一种除尘设备，它与其他除尘过程的根本区别在于：分离力直接作用于粒子上，而不是作用于整个气流上，因此决定了它具有耗能小、阻力小的特点，对细粉尘的捕集效率可高达 99.8%。

④喷淋除尘。喷淋除尘的工作原理是将具有足够压力的水喷洒到场地的上空，对空气中的含尘气体进行沥滤和洗涤，同时将水均匀地喷洒到地表，加湿储料，抑制粉尘的产生，起到除尘降温的作用。喷淋除尘主要应用在散料输送系统、储料场等大面积开放性的粉尘起源。由于大面积散料输送、储料场等面积较为广阔，储料经常倒运，所以防尘网除尘等很难达到预期的除尘效果。而水雾除尘以其安装方便，使用简单，运行方式灵活，除尘效果好等优点，完全达到此种工况的除尘要求。

（2）脱硫措施

①湿法脱硫。湿法脱硫，特点是脱硫系统位于烟道的末端、除尘器之后，脱硫过程的反应温度低于露点，所以脱硫后的烟气需要再加热才能排出。由于是气液反应，其脱硫反应速度快、效率高、脱硫添加剂利用率高，如用石灰做脱硫剂时，当 Ca/S=1 时，即可达到 90%的脱硫率，适合大型燃煤电站的烟气脱硫。但是，湿法烟气脱硫存在废水处理问题，初投资大，运行费用也较高。

石灰石—石膏法通过向吸收塔的浆液中鼓入空气，强制使 $CaSO_3$ 都氧化为 $CaSO_4$（石膏），脱硫的副产品为石膏。同时鼓入空气产生了更为均匀的浆液，易于达到 90%的脱硫率，并且易于控制结垢与堵塞。由于石灰石价格便宜，并易于运输与保存，因而自 20 世纪 80 年代以来石灰石已经成为石膏法的主要脱硫剂。当今国内外选择火电厂烟气脱硫设备时，石灰石—石膏强制氧化系统成为优先选择的湿法烟气脱硫工艺。石灰石—石膏法的主要优点是：适用的煤种范围广、脱硫效率高（有的装置 Ca/S=1 时，脱硫效率大于 90%）、吸收剂利用率高（可大于 90%）、设备运转率高（可达 90%以上）、工作的可靠性高（目前最成熟的烟气脱硫工艺）、脱硫剂——石灰石来源丰富且廉价。但是石灰石—石膏法的缺点也是比较明显的：初期投资费用太高、运行费用高、占地面积大、系统管理操作复杂、磨损腐蚀现象较为严重、副产物——石膏很难处理（由于销路问题只能堆放）、废水较难处理。

②干法脱硫。干法烟气脱硫是指应用粉状或粒状吸收剂、吸附剂或催化剂来脱除烟气中的 SO_2。它的优点是工艺过程简单，无污水、污酸处理问题，能耗低，特别是净化后烟气温度较高，有利于烟囱排气扩散，不会产生"白烟"现象，净化后的烟气不需要二次加热，腐蚀性小；其缺点是脱硫效率较低，设备庞大、投资大、占地面积大，操作技术要求高。

③半干法脱硫。半干法烟气脱硫技术主要介绍旋转喷雾干燥法。该法是美国和丹麦联合研制出的工艺。该法与烟气脱硫工艺相比，具有设备简单，投资和运行费用低，占地面积小等特点，而且烟气脱硫率达 75%～90%。该法利用喷雾干燥的原理，将吸收剂浆液雾化喷入吸收塔。在吸收塔内，吸收剂在与烟气中的 SO_2 发生化学反应的同时，吸收烟气中的热量使吸收剂中的水分蒸发干燥，完成脱硫反应后的废渣以干态形式排出。该法包括四个在步骤：a）吸收剂的制备；b）吸收剂浆液雾化；c）雾粒与烟气混合，吸收 SO_2 并被干燥；d）脱硫废渣排出。该法一般用生石灰做吸收剂。生

石灰经熟化变成具有良好反应能力的熟石灰，熟石灰浆液经高达 15 000～20 000 r/min 的高速旋转雾化器喷射成均匀的雾滴，其雾粒直径可小于 100 μm，具有很大的表面积，雾滴一经与烟气接触，便发生强烈的热交换和化学反应，迅速地将大部分水分蒸发，产生含水量很少的固体废渣。

3. 锅炉选型

循环流化床锅炉，该技术是国际上20世纪70年代中期发展起来的一项燃煤技术，是一种洁净高效的燃煤技术，指煤和吸附剂（通常采用石灰石粉，粒径 0.8～2 mm）在燃烧室的床层中，受炉底鼓风影响而悬浮进行的燃烧方式。该技术因系低温动力控制燃烧、高速度、高浓度通量的固体物料流态化循环过程，并具有高强度的热量质量和动量传递过程及炉内直接脱硫脱硝等特点，已成为一种低污染燃烧技术。又由于其在煤种适应性和变负荷能力以及污染物排放上有一定的优势而迅速发展。

循环流化床锅炉也是原国家环保总局推荐的环保最佳实用技术之一。其技术上的优点有：① 在燃烧过程中能有效控制 NO_2 和 SO_2 的排放；② 燃料适应性广、燃烧效率高；③ 燃烧热强度大、床内传热能力强；④ 负荷调节性能好、调节比大；⑤ 综合利用效果好。

4. 控制措施的选择

（1）脱硫

用脱硫剂进行炉内高效廉价脱硫是循环流化床锅炉的突出优点。常用的脱硫剂是石灰石。通常循环流化床锅炉的床温保持在 800～900℃，在运行过程中直接向床内加入石灰石，在适当的钙硫摩尔比和石灰石粒度下，可获得高达 85%～90% 的脱硫率。

（2）除尘

循环流化床锅炉采用"静电除尘+布袋除尘"，除尘效率可达 99.9%。

静电除尘的优势是运行可靠，维护工作量小，操作方便，但除尘效果最大只能达到 99.7%，难以满足当前环保对锅炉烟气含尘量的要求。布袋除尘的优势是除尘效果好，能达到 99.9% 的除尘效率，不足是布袋易损坏，维护量较大。采取静电+布袋的除尘方式，烟气先经电场静电除尘，去除烟气中较大粒径的烟尘，再进入布袋除尘，这样既可以提高除尘效果，又可以避免较大粒径的烟尘对布袋造成的冲击和磨损，提高布袋使用寿命，减少维护量。

三、固废

1. 主要成分

制浆造纸工业产生的固体废弃物主要包括：污泥、白泥、绿泥、浆渣、石灰渣、木屑、废纸、泥沙、油墨、铁屑等。

2．固废的资源化

（1）制浆污水污泥含有很高的有机质和蛋白质，是生产肥料的良好资源。通过微生物肥料技术可以实现污水污泥无害化、资源化综合处置。

（2）木屑进入燃料锅炉燃烧回收热能，黑液进入碱回收炉回收热能和碱。

（3）盐泥主要来自制碱车间的食盐精制工段，其主要成分是 $BaSO_4$、$Mg(OH)_2$、$CaCO_3$ 等盐类不溶物，目前堆放在厂内临时固废堆放场内做填埋处理，建议回收综合利用。

（4）浆渣主要成分是纤维，销售给地方造纸厂生产低档纸和蛋托，也可以送入多燃料流化床锅炉燃烧，提供一定的热量，减少用煤量。

（5）煤灰渣包括粉煤灰、底灰和废砂，粉煤灰来源于经除尘设备收集的煤灰；底灰和废砂来自炉底排除的炉渣。目前，多燃料锅炉的灰送专门的公司用作生产水泥，炉渣（底灰和砂）用于筑路。建议也可以采用综合利用的途径。

（6）绿泥的主要成分：$CaCO_3$ 78.21%、水分 31.81%、Na、MgO、SiO_2 及少量 Al、Fe、K、Mn、Ni、Sr、Ba、Cr、Co、Cu、Zn、Pb、As 等微量金属；pH 为 10～11。目前的大部分企业处理措施是填埋。但因产生量较大，进行填埋处理占用的土地面积将很大，且存在潜在的环境问题。日本王子制纸有限公司已经解决了绿泥的综合利用问题，具体是将绿泥送燃煤锅炉燃烧，碱性物质有助于脱硫，产生的灰渣可以做水泥生产的原料。

（7）白泥主要来自碱回收车间，其主要成分为 $CaCO_3$，大都回收利用。

（8）废纸回用中产生的废渣、污泥及其处理。

① 固体废料产生在废纸碎浆、除渣、筛选等过程中，并随着流程的延伸而由大变小。碎浆后排出的废料有木块、玻璃、石头、铁块、铁丝、其他金属物及塑料等。而经除渣、筛选出来的则是较小的塑料碎片、订书钉、橡胶带、胶、乳胶等，并随带少量纤维。固体废料的处理在我国可利用劳动力密集的优势，雇人进行分拣，可用的金属、塑料等可分类售予废品回收部门，其他在生产过程中排出的废料，按国家规定地点抛弃掩埋并交付一定费用；

② 来自废纸脱墨车间的废水含有细小纤维、填料、涂料、油墨、胶和塑料等。填埋是最经济的一种方法，但需用大面积的地方堆放，堆放场所要向政府申请批准，堆场周围要进行衬砖，建造滤液收集系统和地下水监测系统；

③ 污泥的燃烧，既可回收热量，又可减少堆放废弃物的面积，国内已有一些工厂采用了焚烧炉和污泥脱水设备。污泥的另一条出路是通过煅烧生产建筑材料。

四、臭气

1．主要成分

硫酸盐法制浆过程产生的气体排入大气形成独特的硫酸盐浆厂的气味。臭气的主

要成分为 H_2S、甲硫醇、二甲硫醇和二甲二硫醚，统称为总还原硫（TRS），其量以 H_2S 的相当量表示。

2. 来源及控制措施

（1）蒸煮、洗涤系统

蒸煮采用紧凑蒸煮技术。从汽蒸管滤气缓冲器和洗涤系统抽风来的气体冷凝，抽出的高浓不凝气体（CNCG）会合至集中器送碱炉燃烧。

（2）蒸发系统

黑液蒸发采用降膜式蒸发器。降膜式蒸发器在运行中形成两部分臭气，即来自汽提塔及真空泵系统的臭气。前者臭气浓度很大，并且具有较高的温度和压力，可以直接进炉燃烧。后者臭气浓度较小，主要是蒸发过程中的不凝气体，这部分臭气需要加压才能进炉燃烧。

（3）碱回收炉

碱回收炉采用低臭炉，蒸发站来的浓黑液与补充芒硝混合后送碱炉燃烧，取消传统的圆盘蒸发器，以减少直接蒸发时产生的含硫臭气。烟气中的 SO_2 含量与蒸煮硫化度有关。同时可在循环流化床锅炉安装一个备用燃烧器。如果两个燃烧器均停止运行，则臭气送备用燃油火炬烧掉。

熔融物溶解槽排放低浓臭气时经过稀碱液洗涤后用作碱炉二次风的一部分烧掉。另设一台备用洗涤塔，当碱炉二次风不能烧低浓臭气时，以此来消除臭气。

（4）石灰窑

石灰窑排放的 H_2S，一部分是白泥中残留的 Na_2S 所引起的。白泥在石灰窑的低温部分进行干燥，部分 Na_2S 的硫以 H_2S 放出。白泥充分的洗涤、脱水，在进石灰窑煅烧之前干燥到 80%～85%，可降低 H_2S 的排放量。空气和燃料的比例不合适，如缺少空气，燃料的燃烧不完全，燃料油中的硫生成 H_2S，其排放量就高。可以通过控制炉内空气与燃料的比例避免此类问题。

TRS 物质具有酸性、可燃的特点，因此它们可通过碱液洗涤、燃烧来处理。

（5）污水处理厂

污水处理厂运行时，由于污水在生化过程中繁殖分解水中有机物，会产生一定量的 NH_3、H_2S、甲硫醇等恶臭气体，产生这些物质的构筑物有曝气池、冷却塔、污泥池、污泥压滤机房等。污水处理厂采用曝气池前按照活性污泥种群，组成动力学的规律设置生物选择池，创造合适的微生物生长条件并选择出絮凝性细菌，可有效地抑制丝状菌的大量繁殖，以防止污泥膨胀，从而提高生物系统运行的稳定性。

第六节　清洁生产分析

清洁生产是实施可持续发展战略的战术措施，其目的是将污染预防战略持续地应用于生产全过程，通过不断改善管理和推行技术进步提高资源利用率，减少污染物排放，以降低对人类和环境的危害。清洁生产的核心是从源头做起、预防为主，通过全过程控制以实现经济效益和环境效益的统一。

原国家环境保护总局在"环控[1997]232号文件"中指出：建设项目的环境影响评价应包括清洁生产有关内容，要对工艺和产品是否符合清洁生产的要求进行评价。

目前制浆造纸企业主要通过采取清洁生产的原料、先进的生产工艺等措施来实现企业的清洁生产，评价依据主要为当前国家相关的政策、标准、评价指标体系及其相关文件。

一、清洁生产措施

1. 清洁生产要素

制浆造纸工业对污染控制起决定性的因素是清洁生产的应用，其清洁生产原则如下：

① 高的产品水平、工艺技术装备水平；

② 使用清洁的原料；

③ 节能、节水；

④ 控制水污染物排放量。

清洁生产技术的应用不仅对环境有利，而且能提高产品质量，降低生产成本，提高劳动生产率。

2. 清洁生产措施

（1）木浆及其造纸

制浆造纸（木浆及木浆造纸）常采用的主要清洁生产措施见表1-1-13。

表1-1-13　主要清洁生产措施

部门	清洁生产措施
制浆及碱回收生产线	木片洗涤水循环利用，补充水采用清洁废水
	碎木块、木屑等废料送多燃料循环流化床锅炉燃烧利用，节省用煤量，降低固体废弃物的排放量

部门	清洁生产措施
制浆及碱回收生产线	在本色浆洗涤工段使用高效的洗涤设备并采用逆流洗涤方式进行洗涤,提高浆料出洗涤器的浓度,减少洗浆用清水量
	漂白工段采用 OO/D_0-EOP-D_1-P 四段 ECF 漂白,选取 ClO_2 和 H_2O_2 作为漂白剂,减少 AOX 排放
	采用封闭系统,减少热量散发和恶臭气体的排放
	提高漂白工段的出浆浓度和逆流洗涤的比例,减少用水量。抄浆工段的白水和碱回收系统的废热水回用,减少新鲜水的使用
	碱回收蒸发站充分利用冷凝水等副产品中的热量,增加污冷凝水的再利用量,减少蒸发站的废水排放
	采用预挂式过滤机,可减少石灰窑燃料消耗和 TRS 排放
	碱回收炉采用低臭碱回收炉,避免黑液直接接触蒸发,可大大减少了 H_2S 的排放量
	石灰窑采用先进的 Compact Cooler(紧密式冷却器),闪急蒸发,实现热能的回用,减少石灰窑燃料消耗
	苛化采用 CD-Filter(盘式过滤机),提高白液得率,增强除渣效果
	六效式降膜蒸发器组及重污冷凝水汽提系统,碱回收率 98%,充分利用了冷凝水中的热量。回收冷凝水,节约新鲜水用量
造纸生产线	采用高浓度浆筛选过程,筛浆浓度达 5%以上,减少用水量
	文化用纸采用五段锥型除砂器+三段压力筛,减少净化筛选过程的浆料损失
	采用单排烘缸(内设饶流棒)技术,如 SymRun 或 TopDuorundrying,并配置密闭气罩、热泵系统和热回收,提高热效率,降低热能消耗
	采用串联靴式压榨,提高了纸页进烘干部的干度(达 45%以上),降低了蒸汽消耗
	车间内部尽可能地使用可循环水,造纸白水采用封闭循环和白水回收技术,以减少清水的使用量
	纸页脱除的浓白水直接回用到上浆系统,纸机湿部的喷淋水等白水全部汇集到圆盘白水回收机中,回收白水和浆。经处理后的造纸白水回用,白水回用率达 90%以上
	大部分电机采用了变频技术,减少能源损耗
	烘干部汽罩为全封闭式并有真空辊通风,气罩补风和热回收系统可以提高烘干部的热效率,从而提高单位烘缸面积蒸发水量,节省了蒸汽。纸机干燥部蒸汽系统所产生的冷凝水,经过冷却后可部分回用于纸机作喷淋水或化学药品的泡制水

（2）非木浆及其造纸

制浆造纸（非木浆及非木浆造纸）常采用的主要清洁生产措施见表 1-1-14。

表 1-1-14　非木浆制浆造纸主要清洁生产措施

部门	清洁生产措施
制浆及碱回收生产线	湿法备料洗涤水循环利用，补充水采用清洁废水
	碎片、叶、穗等废料送多燃料循环流化床锅炉燃烧利用，节省用煤量，降低固体废弃物的排放量
	在本色浆洗涤工段使用高效的洗涤设备并采用逆流洗涤方式进行洗涤，提高浆料出洗涤器的浓度，减少洗浆用清水量
	漂白工段采用 A/D$_0$-EOP-D$_1$-P 四段、A-EOP-D-P 四段 ECF 漂白，选取 ClO$_2$ 和 H$_2$O$_2$ 作为漂白剂，减少 AOX 排放
	采用封闭系统，减少热量散发和恶臭气体的排放
	提高漂白工段的出浆浓度和逆流洗涤的比例，减少用水量。抄浆工段的白水和碱回收系统的废热水回用，减少新鲜水的使用
	碱回收蒸发站充分利用冷凝水等副产品中的热量，增加污冷凝水的再利用量，减少蒸发站的废水排放
	采用预挂式过滤机，可减少石灰窑燃料消耗和 TRS 排放
	碱回收炉采用低臭碱回收炉，避免黑液直接接触蒸发，可大大减少了 H$_2$S 的排放量
	石灰窑采用先进的 Compact Cooler（紧密式冷却器），闪急蒸发，实现热能的回用，减少石灰窑燃料消耗
	苛化采用 CD-Filter（盘式过滤机），提高白液得率，增强除渣效果
	六效式降膜蒸发器组及重污冷凝水汽提系统，碱回收率 88%，充分利用了冷凝水中的热量。回收冷凝水，节约新鲜水用量
造纸生产线	采用高浓度浆筛选过程，筛浆浓度达 5%以上，减少用水量
	文化用纸采用多段锥型除砂器+多段压力筛，减少净化筛选过程的浆料损失
	部分采用单排烘缸（内设饶流棒）技术，如 SymRun 或 TopDuorundrying，并配置密闭气罩、热泵系统和热回收，提高热效率，降低热能消耗
	采用串联靴式或者大辊径高线压压榨，提高了纸页进烘干部的干度（达 42%以上），降低了蒸汽消耗
	车间内部尽可能地使用可循环水，造纸白水采用封闭循环和白水回收技术，以减少清水的使用量
	纸页脱除的浓白水直接回用到上浆系统，纸机湿部的喷淋水等白水全部汇集到圆盘白水回收机中，回收白水和浆。经处理后的造纸白水回用，白水回用率达 90%以上
	大部分电机采用了变频技术，减少能源损耗
	烘干部汽罩为全封闭式并有真空辊通风，气罩补风和热回收系统可以提高烘干部的热效率，从而提高单位烘缸面积蒸发水量，节省了蒸汽。纸机干燥部蒸汽系统所产生的冷凝水，经过冷却后可部分回用于纸机作喷淋水或化学药品的泡制水
	网部使用顶网两面脱水技术，提高脱水效率，改善纸页成型，节省能耗

二、制浆造纸工业的节水技术和工艺

（1）加强生产过程中用水的计量和统计；

（2）湿法备料洗涤水循环；

（3）制浆逆流洗涤，中浓封闭筛选系统；

（4）中浓技术的应用；

（5）纸机用水封闭循环系统；

（6）碱回收蒸发站污冷凝水的分级回用；

（7）白水回用新技术；

（8）经济有效的污水处理技术及中水回用；

（9）新型造纸化学品的利用。

三、评价方法及依据

目前，我国关于制浆造纸工业的清洁生产评价指标体系、标准及其相关的文件要求主要如下：

（1）《制浆造纸清洁生产评价指标体系》2006 年 12 月 1 日起施行（国家发展和改革委员会）；

（2）《清洁生产标准　造纸工业》（漂白化学烧碱法麦草浆工艺）（HJ/T 339—2007）；

（3）《清洁生产标准　造纸工业》（硫酸盐化学木浆生产工艺）（HJ/T 340—2007）；

（4）《清洁生产标准　造纸工业》（废纸制浆）（HJ 468—2009）规范性技术要求；

（5）《清洁生产标准　造纸工业》（漂白碱法蔗渣浆生产工艺）（HJ/T 317—2006）；

（6）《制浆造纸工业水污染物排放标准》（GB 3544—2008）；

（7）《取水定额第五部分：造纸产品》（GB/T 18916.5—2002）；

（8）同类清洁生产水平先进企业类比的方式。

第七节　环境影响评价应关注的问题

一、项目建设产业政策及相关规划符合性

（1）报告书中与本项目有关的当地总体发展规划、环境保护规划、环境功能区划是否介绍清楚，项目建设是否符合规划。

（2）特别关注项目建设地周边是否有需特殊保护区、生态敏感与脆弱区、社会关

注区及环境质量已达不到或接近环境功能区划要求的地区，对可能的环境影响受体，是否按环境要素分别描述并列入环境保护目标。

对跨省界流域水体，应关注下游省区的水体功能区划及影响。

（3）造纸企业以水污染为主，排污口的位置选择合理性应予详细论证。

（4）合理利用水资源，尽可能利用地表水、保护地下水，对必须开采地下水资源的应对地下水环境进行评估。地下水资源开采应附主管部门的批准文件。

（5）取水应取得水行政主管部门或流域管理机构同意。

二、选址布局需要关注的相关规定

（1）《关于西部大开发中加强建设项目环境保护管理的若干意见》（环发[2001]4 号）。

（2）《三峡库区及上游水污染防治规划》（2001—2010 年）原国家环保总局发。不得影响三峡库区水环境功能要求。

（3）《关于酸雨控制区和二氧化硫污染控制区有关问题的批复》（国函[1998]5 号）。

（4）污水受纳水体环境功能区划和自净能力。

（5）造纸林基地生态环境可行性，布局应利于生态环境改善。

（6）黄淮海地区总体上水资源匮乏，水环境容量有限，目前水污染较为突出，任何新增排污都将加重该区域水污染，须关闭一批草浆制浆企业，"关小保大"区域削减、增产减污。

（7）符合《淮河流域水污染防治暂行条例》（1995 年 8 月 8 日中华人民共和国国务院令第 183 号公布 自 1995 年 8 月 8 日起施行）中"禁止在淮河流域新建化学制浆造纸企业"要求。

三、工程分析注意事项

（1）分析不同制浆工艺产生的特征污染物。如硫酸盐法、亚硫酸盐法产生的恶臭气体；不同漂白工艺和漂白剂的使用，产生不同数量的 AOX。应提出预防治理措施，最大限度地减少对环境的影响。

（2）对于工艺过程以及污水处理厂尤其厌氧处理系统产生的恶臭无组织气体，均应采取有效的减缓措施并给出卫生防护距离。

（3）项目工程废水防治措施可行性、全面稳定达标排放可靠性论证。要特别关注化机浆、脱墨浆高浓废水的治理措施、达标排放技术可行性和经济合理性论证。注意脱墨废渣的处理，防止产生二次污染。

（4）排污节点、物料平衡和污染物源强计算的准确性。

（5）现有、在建项目、拟建项目的"三本账"。

（6）工艺选择的合理性、先进性，主要物耗、水耗、能耗水平，建设项目规模的合理性。

四、造纸林基地建设的可行性

基地建设与林业规划的相符性、商业林基地建设土地的合法性、林资源生长量、砍伐量的平衡分析，木材资源的保障程度、坚持"以林定浆"的原则，将原料林基地落实到小班。

应查明造纸林基地范围及周边是否有分散或集中饮用水源地及保护区，说明拟建项目的各个林场与《水污染防治法》及《饮用水水源保护区污染防治管理规定》的相符性。

根据分析的生态影响，分别给出有针对性的重点野生动植物保护、面源污染控制等生态保护及生态补偿措施，应将其落实到具体的林块，以提高生态防护和减缓措施的可操作性与有效性。

第八节 典型案例

金隆浆纸业（江苏）有限公司林浆一体化项目

一、项目概况

（1）项目名称：金隆浆纸业（江苏）有限公司林浆一体化项目。

（2）项目性质：新建。

（3）产品及规模：25 万 t/a（750 t（风干浆）/d）化机浆。

（4）地理位置：镇江市新区大港开发区。大港开发区距上海市约 230 km，由大港开发区通至沪宁高速公路约 25 km。

（5）项目组成：建设年产 25 万 t（750 t（风干浆）/d）化机浆生产线一条，配套建设 125 t/d 碱回收车间一座，生产的化机浆全部直接提供给金东公司造纸用。建设原料林基地面积 49 751.4 hm²，分别位于河南省南阳市（林地面积为 32 590.5 hm²）及安徽省阜阳市阜南县（林地面积为 17 160.9 hm²）。本次项目其他公用工程依托金东公司现有设施。

（6）项目总投资：投资总金额为 9680 万美元（折合人民币 77 634 万元），其中化机浆环保投资占总投资的 19.7%（折合人民币 15 325.8 万元）。

（7）产业政策：《造纸产业发展政策》中明确"长江中下游地区在充分发挥现有骨干企业积极性的同时，要加快培育和引进大型林纸一体化的建设主体，逐步发展成为我国林纸一体化工程建设的重点地区"。

　　《中国造纸协会关于造纸工业"十一五"发展的意见》中对"十一五"造纸工业发展项目起始规模的要求为"化学机械浆年产 10 万 t 及以上",并从区域角度提出"长江中下游地区主要包括湖南、湖北、江西、安徽、江苏和浙江 6 省,区域内湖南、湖北、江西和安徽南部林地资源丰富,应充分发挥现有骨干企业积极性,加快培育或引进大型林纸一体化项目的建设主体,逐步发展成为我国林纸一体化工程建设的重点地区之一。浙江、江苏应充分利用国内外纤维资源,建立文化用纸和包装纸板生产基地。"本项目符合其要求。

　　国务院 2005 年 12 月 2 日发布的《促进产业结构调整暂行规定》,其中《产业结构调整指导目录(2005 年本)》中的农林业鼓励类包括"速生丰产林工程、工业原料林工程及名特优新经济林建设",轻工业鼓励类包括"符合经济规模的林纸一体化木浆、纸和纸板生产",本项目符合其要求。

　　根据《全国林纸一体化工程建设"十五"及 2010 年专项规划》,林纸一体化以市场需求为导向、以造纸企业为主体、通过资本纽带和经济利益将制浆造纸企业与营造造纸林基地有机地结合起来,建设造纸企业和原料林基地,形成以纸养林、以林促纸、林纸结合的产业化新格局,实现经济效益、生态效益、社会效益的统一,促进经济可持续发展,同时鼓励企业按照现代企业制度跨地区、跨部门、跨行业、跨所有制的兼并、联合和重组。

二、环境功能区划与保护目标

　　(1)环境空气:二类区。
　　(2)地表水:长江大港江段为综合功能,环境功能为 Ⅱ 类水域。
　　(3)噪声:项目所在区域为大港开发区,3 类噪声功能区。
　　主要环境保护目标见表 1-1-15 和表 1-1-16。

表 1-1-15　浆厂主要环境保护目标

序号	保护目标	与本项目位置关系	规模	环境质量标准
1	长江大港开发区段	直接纳污水体	大型河流	《地表水环境质量标准》
2	黄港取水口	上游 5.5 km	150 000 t/d	GB 3838—2002 Ⅱ 类水质
3	聂家村	厂界西南面 2 km	45 户 120 人	
4	东霞寺村	厂界东南面 300 m	31 户 104 人	《环境空气质量标准》
5	大港开发区镇区	厂界西南面 2.5 km	—	GB 3095—1996 二级标准
6	圌山风景区	厂界东面 2 000 m	市级风景区	
7	江苏镇江长江豚类省级自然保护区	实验区距排污口上游最近距离约 6 km	总面积 57.3 km²	

表 1-1-16 林基地主要生态环境保护目标一览表

项目区生态环境保护目标类型与名称			与本项目关系	备 注
河南省南阳市	湿地	丹江口湿地国家级自然保护区	距邓州市规划的林基地最近距离约 3.5 km	位于评价范围内
		淮河源头国家湿地自然保护区	距唐河县规划的林基地最近距离约 7.5 km	
	调水工程	南水北调中线工程（南阳段）	距镇平县规划的林基地最近距离约 6 km	穿经邓州市、镇平县、卧龙区、宛城区和方城县项目评价区
安徽省阜南县	防洪区	淮河行、蓄洪区	距黄岗镇规划的林基地最近距离约 2.5 km	位于评价范围内
植 被	自然植被		征用地方规划的商品林地	新造林地现状植被为商品林采伐迹地等次生草本植被
	人工植被	人工林	收购地方现有的商品林地	林下植被
		农业植被	本项目规划用地不占基本农田	评价范围内的农业植被

三、评价标准

1. 环境质量标准与区域环境现状评价

（1）大气环境

项目区大气环境现状资料采用 2006 年 8 月镇江市环境监测中心站环境监测资料。根据监测结果各监测点环境空气现状监测指标基本满足《环境空气质量标准》（GB 3095—1996）中的二类标准限值要求。

（2）水环境

通过分析 2006 年例行监测资料，长江中段现状水质满足《地表水环境质量标准》（GB 3838—2002）的 II 类标准限值要求。

（3）噪声环境

监测结果显示厂界噪声出现超过当时执行的《城市区域环境噪声标准》（GB 3096—93）中 3 类标准现象，主要是交通噪声造成的。

（4）生态现状

南阳、阜南林基地评价范围内，人工植被是项目区的主要植被类型，主要为人工林和农业植被，由于项目区农业经济活动历史悠久，自然植被多被人工植被所替代，其中在南阳市部分山地、丘陵地区分布有面积较大的天然次生林分，多以灌木林为主。根据现场调研及实地样方调查结果，南阳林基地和阜南林基地规划用地范围内均未发现有国家和省级法定保护的野生植物种分布。

除南阳市部分山地、丘陵地区的自然保护区等生态敏感区外，南阳、阜南林基地评价范围内均未发现有国家和省级法定保护的大型野生动物分布，野生动物常见有野兔、鼠类、麻雀、灰喜鹊等；林基地规划用地范围内均未发现有国家和省级法定保护的野生动物栖息地分布。

南阳、阜南林基地规划用地内土壤侵蚀强度主要以微度侵蚀为主，其中南阳林基地局部地段为轻度侵蚀。

南阳、阜南林基地评价范围内的主要生态敏感区有生态公益林、淮河行（蓄）洪区、南水北调中线工程（河南段）、丹江湿地国家级自然保护区及淮河源头国家级自然保护区等；林基地规划选址均不位于上述生态敏感区内。

2. 污染物排放标准

（1）废水

项目排放废水全部进入金东纸业现有水处理厂处理，达标后潜没式离岸排入长江，执行《污水综合排放标准》（GB/T 8978—1996）表 4 中一级标准。

（2）燃煤锅炉烟气

项目所需蒸汽依托金东纸业现有 4# 锅炉，燃煤增量 2.12t/h，增幅很小，烟气排放执行《火电厂大气污染物排放标准》（GB 13223—2003）中第 3 时段排放标准。

（3）碱炉焚烧烟气

碱炉焚烧烟气执行《危险废物焚烧污染控制标准》（GB 18484—2001）。

（4）厂界噪声

项目厂界噪声执行当时《工业企业厂界噪声标准》中Ⅲ类标准限值。

四、现有工程概况

金东公司现有工程利用外购浆板配抄生产高档铜版纸，主要建有 3 条铜版纸生产线，辅助配套设施有给水处理厂、废水处理厂、热电站、码头及仓库等公用工程。现有工程利用外购的 LBKP（阔叶木浆）、NBKP（针叶木浆）和化机浆浆板生产高档铜版纸；阔叶木浆板/针叶木浆板/化学机械木浆经水力碎浆、磨浆后在混合池混合后除砂、压力筛净化后由浆料流送系统送造纸机抄造，经涂布后包装成品。其中 1#、2# 纸机采用机外涂布，3# 纸机采用机内涂布。

2008 年金东公司废水处理厂实际处理废水量 1495.85 万 m^3/a。废水处理厂处理后出水有 115.28 万 m^3/a 经逆渗透系统处理后回用于电厂锅炉，有 86.98 万 m^3/a 回用于厂区绿化，其余 1293.59 万 m^3/a 通过管道排入长江，达到《污水综合排放标准》（GB 8978—1996）表 4 中一级标准。2008 年废水排放情况见表 1-1-17。

表 1-1-17 2006—2008 年金东公司废水排放情况

污染物名称		排水总量/(万 m³/a)	COD_{Cr}/(t/a)	BOD_5/(t/a)	SS/(t/a)	总磷/(t/a)	氨氮/(t/a)
现有工程排放量	2006 年	1655.21	910.4	198.6	413.8	—	—
	2007 年	1463	805	86	366.8	5	9.1
	2008 年	1293.58	711	76.6	323.4	1.8	8.5
4#纸机排放量		300	150	25	75	1.5	1.5
合计		1593.85	861	130.6	398.4	3.3	10
排放浓度/(mg/L)			55	5.92	25	0.13	0.64
排放标准/(mg/L)		—	≤100	≤20	≤70	≤0.5	≤15
金东公司"十一五"总量指标/(t/a)		1850	1200	—	—	—	—

金东公司现有工程排放废气主要来自热电站锅炉,配置有 1#、2#、3# 和 4# 流化床锅炉,锅炉采用炉内加钙脱硫,烟气经过静电除尘器除尘后排放,建设有两座烟囱;具体情况见表 1-1-18。

2007—2008 年金东公司大气污染物排放现状见表 1-1-19 和表 1-1-20。

表 1-1-18 金东公司热电站锅炉及烟气净化措施一览表

锅炉编号	吨位	类型	脱硫措施	除尘设施	排放烟囱
1#	250 t/h	循环流化床锅炉	炉内加钙	三电场除尘器	No.1 150 m(H)×5.8 m(Φ)
2#	400 t/h			三电场除尘器	
3#	400 t/h			三电场除尘器	
4#	400 t/h			四电场除尘器	No.2 150 m(H)×6.9 m(Φ)

表 1-1-19 2007 年金东公司大气污染物排放情况

污染源名称		废气总量	SO_2	烟尘
No.1 烟囱	排放总量	$5.68×10^9$ m³/a	3439.8 t/a	394.6 t/a
	排放浓度/(mg/m³)		603	69
	排放标准/(mg/m³)	—	≤2100	≤300
No.2 烟囱	排放总量	$2.8×10^9$ m³/a	630.4 t/a	72 t/a
	排放浓度/(mg/m³)		291.4	32
	排放标准/(mg/m³)	—	≤400	≤50
小计		$8.48×10^9$ m³/a	4070 t/a	466 t/a

表 1-1-20　2008 年金东公司大气污染物排放情况

污染源名称		废气总量	SO_2	烟尘
No.1 烟囱	排放总量	$5.44×10^9 m^3/a$	3 267 t/a	418 t/a
	排放浓度/（mg/m^3）	—	601	77
	排放标准/（mg/m^3）	—	≤2 100	≤300
No.2 烟囱	排放总量	$2.2×10^9 m^3/a$	653 t/a	72 t/a
	排放浓度/（mg/m^3）	—	293	32
	排放标准/（mg/m^3）	—	≤400	≤50
小计		$7.64×10^9 m^3/a$	3 921 t/a	490 t/a
$4^\#$纸机排放量		$2.2×10^9 m^3/a$	600	88
合计		$9.84×10^9 m^3/a$	4 521	578

　　2008 年金东公司固体废弃物年产生量 413 718 t，分为一般固废、危险固废。一般固废主要有粉煤灰、废渣、污泥饼、生活垃圾（包括办公垃圾）等；危险固废主要有废油、废油桶、含油纱布和手套、药品包装箱、废干电池、油漆空桶、废电瓶、18 L 废机油桶、废燃料桶及油墨桶和过期化学药品等。固废全部按照相关法规要求进行有效处理。2008 年金东公司产生粉煤灰量为 234 200 t，其他生产固体废物（包括大理石生产废渣、污泥和其他生产过程产生的固体废物）产生量为 178 706 t。

　　2008 年金东公司固体废弃物产生和处置情况详见表 1-1-21。

表 1-1-21　2008 年金东公司固废物产生及处理情况

固废类别	产生量/（t/a）	处置/处理方式
粉煤灰	234 200	由镇江盛华粉煤灰利用开发公司综合利用
大理石渣	24 000	① 部分由承包商经研磨加工处理后进行综合利用
生产废渣	58 762	② 部分综合利用于金东公司热电站的锅炉脱硫
污泥饼	82 327	① 初沉污泥回收价值较高时进行综合利用 ② 其他送金东公司热电站与煤一起燃烧
其他一般固废	13 298.8	实行公开招标，由承包商进行综合利用
生活垃圾	720	委托镇江市城东垃圾场填埋处理
危险废物	411	按法律要求分别由市环保局固废中心和由其审核合格的处理商处理，并有环保局开具的危险废弃物处理五联单
合　计	413 718	

五、新建项目工程概况及工程污染分析

本次制浆项目主要由主体生产工程、辅助生产工程、公用工程、储运设施等内容组成，主体生产工程为一条设计生产能力 750 t（风干浆）/d 化机浆生产线。本项目采用 PRC-APMP 生产工艺，原料由安徽阜阳市阜南县和河南省南阳市配套杨树林基地提供，前期不足部分由外购解决。

1. 本次项目与原有项目的依托关系（表 1-1-22）

表 1-1-22　本次项目与金东公司依托关系

序号	内容	金东公司	本次项目（年产 25 万 t 化机浆工程）
1	产品	高档铜版纸 220 万 t	PRC-APMP 浆料，作为原料供给金东公司
2	原料来源	外购 NBKP（占 15%）、LBKP（占 68%）、化机浆（17%）浆板	由本次工程配套的 49 751.4 hm² 杨树林基地提供
3	主体工程	已建设有 3 台纸机，设计能力均为 60 万 t。以外购浆板为原料，经打浆、净化系统、网部、压榨部、烘干部、双面涂布后成为铜版纸。4# 纸机已取得环评批复，待建	新建 25 万 t（750 t（风干浆）/d）化机浆（PRC-APMP）生产线。以杨木片为原料，木片经过洗涤、预浸、挤压、磨浆、筛选、高浓 H_2O_2 漂白等工序，制成的浆料泵入浆塔供给金东公司造纸用
4	碱回收车间		新建 ①蒸发站：蒸发能力 338 m³H_2O/h，全管式降膜蒸发； ②低臭型碱回收锅炉：能力 125 t/d，碱回收率 95%，烟囱 60 m（H）×1.5 m（Φ）
5	化学品库	已建设	新建化学品库 3 000 m²
6	热电站	现有 4 炉 4 机（3×400t/h＋1×250t/h＋3×80 MW＋1×50 MW），均为流化床锅炉	本次项目所需蒸汽依托金东公司现有热电站提供；用电全部由镇江供电公司提供
7	烟囱	1#（250t/h）、2#（400t/h）和 3#（400t/h）锅炉烟气通过 No.1 烟囱排放，4#（400t/h）锅炉烟气通过 No.2 烟囱排放	碱回收锅炉排放烟气由新建烟囱排放
8	码头	现有 2 个 3.5 万 t 级泊位，长 400m，可以装卸集装箱 1.5×10⁵ TEU/a、散杂货 3.5×10⁶ t/a	依托金东公司现有码头
9	木片堆场		新建木片堆场 20 000 m²
10	给水厂	1 座供水能力 99 000 m³/d，水源来自长江	依托金东公司现有给水厂
11	废水处理厂	1 座设计能力 75 000 m³/d，潜没式排放方式排入长江	依托金东公司现有废水处理厂

2. 本次项目物料平衡、水平衡及污染物排放（图 1-1-22）

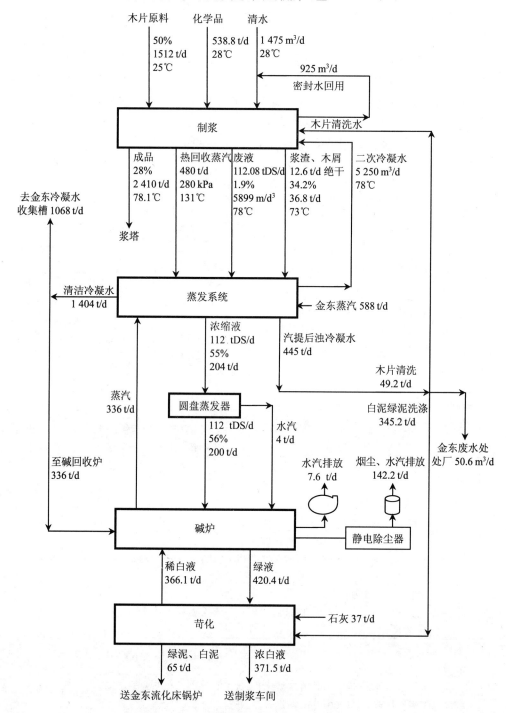

图 1-1-22   项目物料平衡

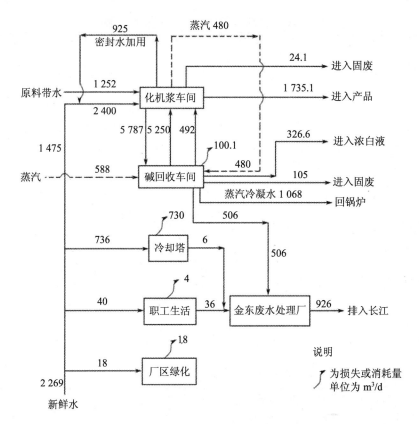

图 1-1-23 项目水平衡

新建项目主要污染物排放及处理措施见表 1-1-23，建成后全厂污染源排放情况见表 1-1-24、表 1-1-25。

表 1-1-23 新建项目主要污染物排放情况

序号	车间	主要污染物及处理措施
1	备料车间	主要污染物为木屑，送金东锅炉燃烧回收热能
2	制浆车间	主要污染物来自制浆过程产生的废液和浆渣，废液全部泵入碱回收车间处理；浆渣送金东锅炉燃烧
3	碱回收车间	①废液在蒸发过程中产生二次冷凝水和重污冷凝水，二次冷凝水全部回用到制浆车间。重污冷凝水经过汽提后为浊冷凝水，大部分回用到木片清洗工段和白泥、绿泥洗涤，多余浊冷凝水排入金东废水处理厂。汽提不凝气送碱炉燃烧 ②蒸发过程产生的浓缩液至碱炉焚烧，废气经过四电场静电除尘器处理后排放
4	燃煤锅炉	项目所需蒸汽依托金东公司现有燃煤锅炉，锅炉将增加燃煤量 2.12 t/h，锅炉烟气依托现有静电除尘器和炉内加钙净化后排放
5	员工生活	主要污染物为生活污水和生活垃圾
6	另外，还有生产设备和公用工程运行时产生的噪声	

表 1-1-24　建成后全厂废水污染物排放情况

项目	废水量	COD		BOD$_5$		SS		总磷		氨氮	
	万 m³/a	mg/L	t/a	mg/L	t/a	mg/L	t/a	mg/L	t/a	mg/L	t/a
4#纸机建成后排放量	1 593.85	55	861	12	101.6	25	398.4	0.13	1.41	0.64	6.84
本次项目	3.05	55	1.69	12	0.37	25	0.77	0.13	0.004	0.64	0.01
合计	1 596.9	—	862.69	—	101.97	—	399.2	—	1.414	—	6.85

表 1-1-25　废气主要污染物排放情况

项目	废气量/（m³/a）	SO$_2$		烟尘	
		mg/m³	t/a	mg/m³	t/a
金东公司 4#纸机建成后排放量	9.84×10⁹	601/293	4 521	77/32	578
本次项目	3.77×10⁹	270	31.4	45.8/46.7	17.4
合计	13.6×10⁹	—	4 552.4	—	595.4

表 1-1-26　固体废物产生情况

固废类别	2006 年产生量/（t/a）	2007 年产生量/（t/a）	2008 年产生量/（t/a）	处置/处理方式
粉煤灰	204 724	226 900	234 200	由镇江盛华粉煤灰利用开发公司综合利用
其他生产固体废物	207 283	188 200	179 518	包括大理石渣、生产废渣、污泥及其他废机油等
合　计	412 007	415 100	413 718	

六、浆厂环境影响预测

1. 大气环境影响预测

报告书编制时间为 2007 年，执行《环境影响评价技术导则—大气环境》（HJ/T 2.2—93）及其推荐预测模式。评价等级为三级，评价范围以碱回收锅炉烟囱为中心，沿主导风向 6km×4km 之内的区域。

通过预测分析，在典型日气象条件下 PM$_{10}$ 最大日均浓度增量为 0.000 6 mg/m³，占二级标准的 0.4%；SO$_2$ 最大日均浓度增量为 0.000 5 mg/m³，占二级标准的 0.33%。综合分析，项目燃煤量增幅很小，对大气环境的影响较小。

2. 水环境影响分析

水环境评价等级为三级,未进行定量预测,仅进行简要分析。

项目生产工艺排放重污冷凝水经过汽提后,回用于木片清洗和白泥、绿泥洗涤,二次冷凝水回用到制浆车间,生产工艺废水排放量少。排放废水主要来自生活污水和冷却塔排水,项目排放废水约 $92.6\,m^3/d$,占金东公司排放废水量 4.8 万 m^3/d 的 0.19%,比例很小,对长江水体水质影响很小。

七、林基地项目建设生态影响

配套的林基地项目单独编制了环境影响报告书。

1. 林基地工程概况

本项目配套造林总面积为 $49\,751.4\,hm^2$,其中南阳林基地造林面积为 $32\,590.5\,hm^2$、阜南林基地为 $17\,160.9\,hm^2$,树种为杨树。

2. 评价重点

林基地评价重点为生态评价,本项目评价等级为一级,评价范围为林基地规划用地所在县(市)及其行政辖区界线外延 10 km 范围内的区域。评价重点:

① 林地物种及生物生境多样性影响分析;

② 项目区水资源潜在性影响分析;

③ 林地地力影响分析;

④ 工业原料林基地建设合理性分析;

⑤ 生态环境保护措施及生态监测计划;

⑥ 重要生态敏感区环境影响分析。

3. 生态影响评价

本项目采取了遥感分析和现状调查相结合的形式,对林基地建设项目区的土地利用结构、林农一体化经济、植被、生态环境、土壤、水资源和水环境、野生动物、生态敏感区、景观生态环境、生态效益和生态环境风险共 11 个方面进行了评价。

4. 评价结果

① 南阳、阜南林基地新造林用地,主要为地方规划用于商品林的一般性滩地、荒草地、采伐迹地及杂草地等,林基地建设并未改变项目区现有的林业用地性质,同时前三年实行林农间作来减轻农业用地的压力,因此对项目区土地利用结构影响较小;

② 南阳、阜南林基地建成投运后,可使阜南县、南阳市森林覆盖率分别提高 3.7% 和 0.7%,同时也增加了项目区森林资源总量或蓄积量;

③ 南阳、阜南林基地建设对项目区水土流失影响较小;

④ 新造地造林后的第 1~3 年,造林对林地土壤肥力和养分的影响较小,第 4 年

以后林地有机质、全磷、全钾等均有一定程度下降，在第 5 年后逐步降低；

⑤ 林基地化肥施用量较少，就一个经营期（5 年）而言，施用频次较少，林地施肥面源污染影响较小。林基地用地不在水源保护区范围内，不会对饮用水源造成影响；

⑥ 本项目林基地建设可增加地方林地面积，使地方林地总体生物量增加，一定程度上有利于增强林地生态系统抗干扰的能力，林地增加的同时也为环境适应能力较强的土著动物提供了栖息地。由于林基地现状用地范围内自然植被多为一般性草本类植被，未发现有国家和省级法定保护的野生动物，因此对环境敏感型动物多样性生境影响较小。林基地建设一定程度上有利于恢复林下或林地生物多样性，对项目区自然植被及野生动物生境影响较小；

⑦ 项目区尚有充足的地下水资源量，为拟建林基地提供了资源性保障；林基地建设对项目区地下水资源影响较小；林地建设对项目区地表水和地下水水质影响较小；

⑧ 阜南、南阳林基地建设对项目区评价范围内的自然保护区、南水北调中线工程（河南段）、淮河行（蓄）洪区及生态公益林等生态敏感区均影响较小；

⑨ 林基地建设选用的杨树种，均为当地经多年选育的优良品系，抗逆、抗病虫害性较强，且立地适应性较好，同时采用混交造林，一定程度上可有效降低环境风险的发生。

八、污染防治措施和对策

1. 项目工程采取的主要污染防治措施和对策

（1）水污染防治对策

化机浆废液采用蒸发的方法浓缩工艺，然后送入碱炉燃烧，回收烧碱。根据技术分析和国外实例调查，化机浆废液采用碱回收工艺从经济和技术上来看是可行的。

项目工艺排放废水，与生活污水和冷却系统排放污水共 $92.6\,m^3/d$ 直接进入金东公司废水处理厂（能力为 75 000 t/d）处理，完全有能力处理本项目排放废水。

（2）废气污染防治对策

本项目排放废气主要来自碱回收锅炉和金东公司 4# 燃煤锅炉新增烟气。化机浆生产工艺不使用含硫化学品，碱回收锅炉烟气经过四电场除尘器除尘后排放，能达到《火电厂大气污染物排放标准》（GB 13223—2003）中第 3 时段排放标准要求，即烟尘浓度 $<50\,mg/m^3$。

（3）噪声污染防治对策

项目高噪声源来自生产设备，设备均安置于厂房内，厂房采用封闭结构，具有良好的隔声效果（在 10～20 dB）；对振动大的设备拟采用减振措施，以降低设备的噪声对环境的影响。

（4）固体废物

项目产生的浆渣和木屑其主要成分是纤维和木质素，具有很高的热值。送入流化床锅炉燃烧可以提供一定的热量。绿泥和白泥的主要成分是为 $CaCO_3$ 等，掺于煤中用于锅炉燃烧处理，可以起到脱硫作用。

2. 林基地采取的生态环境影响减缓措施

（1）生态环境保护措施

严禁在项目区公益林区内造林；严禁在洪河行洪区和淮河蓄洪区内造林；严禁在项目区自然保护区内造林；严禁在南水北调中线工程（河南段）沿线两侧依法划定的保护范围内造林，如在邻近南水北调中线工程保护区附近的地段造林，应事先征询地方有关主管部门的意见，经审查同意后实施。

（2）生态环境影响减缓措施

林地间作活动应禁止顺坡作业，防止水土流失；严格执行国家森林采伐限额制度，严格执行安徽省及河南省森林经营的地方标准，实行小面积皆伐，皆伐面积不超过 $20\,hm^2$。采伐作业优先选用带状间伐，采伐带宽小于 $200\,m$，采伐带方向与当地主导风向垂直；采伐后第 1 年必须进行造林；林基地建设用地必须严格控制在国家和地方划定的商品林地内，优先选择采伐迹地和地方规划用于发展林业的宜林荒草地；同时造林地附近应尽量保留当地乡土树种，实施乡土树种与杨树相混交的种植模式等。

（3）生态补偿措施

对于项目建设无法避免和减缓的生态影响，应按照谁破坏、谁补偿、谁恢复的原则，根据影响和破坏程度，给予补偿。凡是可以避免或减缓的生态影响，没有采取相应的措施，除按有关法规处理外，应加倍补偿。生态补偿费用应在工程费用中列支。本项目林基地部分靠近生态敏感区附近林班的新造林地可以不实行采伐，可以留在当地作为生态保护林，继续发挥其涵养水源、水土保持的作用；同时对采伐方案进行优化，可以使基地林木最大限度地发挥其生态服务功能。

九、评价结论和建议

本项目位于镇江市大港工业区，符合区域整体规划；采用目前世界先进水平生产工艺和设备；总体符合国家产业政策；新增污染物排放量小；项目配套有完善的环保治理措施和设施，可有效控制污染物排放，实现达标排放，符合总量控制要求；环境风险小；在按照本环评报告的要求采取的环保措施的基础上，从环境角度分析拟建项目建设是可行的。

案例点评

（1）产业政策与规划发展要求

该项目规模和建设内容符合《全国林纸一体化工程建设"十五"及2010年专项规划》和《重点地区速生丰产用材林基地建设工程规划》中的有关要求，符合国家当前鼓励发展林纸一体化、以纸养林、以林促纸、林纸结合的产业化趋势。

（2）浆厂工程污染分析和林基地生态环境影响分析

该项目浆厂为新建项目，报告对依托企业现有项目进行了详细回顾，回顾内容全面细致，符合项目工程分析要求。

本次建设的林基地为浆厂的配套新建项目。环评单位针对林基地单独编写了环评报告，报告内容主要针对林基地的生态环境造成的影响进行全面评估，抓住了生态类项目的分析重点。

（3）项目制约因素与减缓措施

该案例在深入调研基础上，分析了制约项目的主要环境问题，列出了详细的环境保护目标与敏感点。现状调查详细，影响分析合理，提出的减缓措施可行。

（4）预测评价

浆厂的大气环境、水环境、声环境、固体废物和风险评价等级均较低；林基地生态专题评价等级和范围符合导则要求，预测内容全面。

（5）案例存在的主要问题

该案例在现有厂区内建设25万t制浆工程，并于河南南阳市和安徽阜阳市阜南县配套建设49 751.4 hm^{2}的原料林基地，实现了金东公司林、浆、纸一体化。在落实报告书提出的各项环境保护措施和评估报告要求的前提下，从环境保护角度分析，该报告书还应加强如下内容：

① 环境空气现状，应补充厂界和敏感点处的臭气浓度、H_2S、NH_3因子的环境背景浓度值；

② 水环境现状，应补充金东公司反渗透装置运行后的各例行监测断面的监测结果；

③ 林基地生态环境现状，报告书应提供分辨率满足要求的林基地小班与土地利用现状叠加图件，说明林基地各小班的土地利用现状情况，并根据叠加情况，明确林基地范围内是否占用耕地；

④ 项目建设的环境可行性中的规划相容性，报告书应进一步说明评价区内集中水源保护区范围，明确林基地小班是否位于保护区内，分析林基地建设与《水污染防治法》及《饮用水源保护区污染防治管理规定》的相符性。

参考文献

[1] 联合国环境署. 联合国环境署工业环境管理网（NIEM）中国专家组译. 制浆造纸工业环境管理. 北京：中国轻工业出版社，1998.

[2] 国家环境保护总局，北京轻工业学院. 造纸工业废水. 北京：化学工业出版社，1988.

[3] 王凯军，秦人伟. 发酵工业废水处理. 北京：化学工业出版社，2000.

第二章　发酵工业

发酵工业是一种以高科技含量为特征的新型工业，是以含淀粉（或糖类）的农副产品为原料，利用现代生物技术对农产品进行深加工，生产高附加值产品的产业。20世纪 90 年代以来，行业的迅速发展已经使其在食品工业中占有重要地位。作为生物工程产业化的具体表现，发酵工业在发展我国粮食生产、延长农业产业链，引导农业结构调整，推动农业产业化经营，实现工业反哺农业，促进农民增收等方面发挥了积极的作用。经过几十年，尤其是近 20 年的发展，发酵工业已发展成为一个重要的工业体系，在国民经济的发展中占有重要地位，并创造出了巨大的经济效益。

第一节　发酵工业概况

一、发酵工业

人们把借助微生物在有氧或无氧条件下的生命活动制备微生物菌体，或直接产生代谢产物或次级代谢产物的过程统称为发酵。所谓发酵工业，就是利用微生物的生命活动和各种酶，对无机或有机原料进行加工获得产品的工业，主要包括氨基酸、有机酸、淀粉糖（醇）、酶制剂、酵母、特种功能发酵制品等。

二、发酵工业的特点

发酵工业是利用微生物所具有的生物加工与生物转化能力，将廉价的发酵原料转变为各种高附加值产品的产业，其主要特点如下：

（1）发酵过程一般都是在常温常压下进行的生物化学反应，反应条件比较温和。

（2）可采用较廉价的原料（如淀粉、糖蜜、玉米浆或其他农副产品等）生产较高价值的产品。有时甚至可利用一些废物作为发酵原料，变废为宝，实现环保和发酵生产的双赢。

（3）发酵过程是通过生物体的自适应调节来完成的，反应的专一性强，因而可以得到较为单一的代谢产物。

（4）由于生物体本身所具有的反应机制，能高度选择性地对较为复杂的化合物进行特定部位的生物转化修饰，产生比较复杂的高分子化合物。

（5）发酵生产不受地理、气候、季节等自然条件的限制，可以根据需要安排生产多种多样的发酵产品。

与传统的发酵工艺相比，现代发酵工业除了使用从自然界筛选的微生物外，还可以采用人工构建的"基因工程菌"进行生物产品的工业化生产，发酵类型不断创新，而且发酵设备自动化、连续化程度越来越高，发酵水平在原有基础上得到了大幅度提高。

三、发酵工业产值与产量

发酵工业是利用生物技术对农产品进行精深加工的高科技产业，主要产品包括氨基酸（味精为主）、有机酸（柠檬酸为主）、酶制剂、酵母、淀粉糖、多元醇以及特种功能发酵制品等。在国家产业政策的指导下，2009年我国发酵工业产品产量达到2600万t左右，实现总产值3000亿元，其中大宗发酵产品中的味精、柠檬酸、赖氨酸等产品的产量和贸易量位居世界前列。发酵工业及相关从业人数近1000万，玉米、水稻、小麦等发酵原料的生产供应涉及近3亿农村人口。产业规模不断扩大的同时还带动食品、医药、饲料、造纸、制革、纺织、化工、日化、能源和环保等相关行业发展，实现产值50000亿元，在国民经济发展中发挥极其重要的作用。我国已成为多种生物制造产品的"世界工厂"，在国际上占有举足轻重的地位。

四、发酵工业生产和污染问题

我国发酵工业得到了快速发展，取得一定的成绩，但还存在产业结构不合理；原料转化率不高，副产物及废弃物综合利用水平低；生产过程中能耗、水耗高、污染较严重；与国际先进水平差距较大、自主创新有待提高等主要问题，影响行业的快速、稳定发展。据有关数据统计，发酵工业每年用粮3000多万t，原料转化率只有85%左右，且高低差距较大。产生的副产物及废弃物800万～1000万t，限于投资和技术、设备、管理原因，很多企业尚未加以很好的利用，其中有相当部分随冲洗水及洗涤水排入生产厂周围水系，不但严重污染环境，而且大量浪费粮食资源。由此，发酵工业建设项目除从环保角度论证是否可行外，还取决于"三废"治理工程和综合利用与项目主体工程是否同时设计、同时施工、同时投产，即除了生产主产品和"三废"达标外，必须联产一系列副产品。通过提高资源利用率和资源优化配置达到清洁生产要求，才可能实现控制污染的目标。

应该指出的是，近年来，在国家相关产业政策的指导下，各行业在不断改进生产技术的基础上，自主创新，引进与消化吸收国外先进技术，全面提高行业整体技术水平，行业粮耗、能耗水平逐渐下降，具体数据见表 1-2-1。

表 1-2-1　主要发酵产品的能耗、粮耗（2005—2008 年）　　　　单位：t

发酵产品	2005 年		2006 年		2007 年		2008 年	
	吨产品粮耗	吨产品煤耗	吨产品粮耗	吨产品煤耗	吨产品粮耗	吨产品煤耗	吨产品粮耗	吨产品煤耗
味　精	2.6	2.8	2.4	2.7	2.2	2.55	2.0	2.43
柠檬酸	1.91	2.5	1.88	2.3	1.87	2.0	1.86	1.8
淀粉糖	1.7	0.9	1.55	0.8	1.4	0.7	1.27	0.62
酶制剂	2.8	2.1	2.65	2.0	2.4	1.95	2.22	1.88
酵　母	6.3	2.0	5.8	1.98	5.5	1.95	5.1	1.92

注：表中酵母原料为废糖蜜，其余产品原料均为玉米。

　　由表 1-2-1 可见，2005—2008 年，味精行业吨产品的粮耗平均每年下降 8.0%，能耗下降 4.6%；柠檬酸行业吨产品粮耗平均每年下降 1.1%，能耗下降 10.5%；淀粉糖行业吨产品粮耗平均每年下降 9.3%，能耗下降 11.8%；酶制剂行业吨产品粮耗平均每年下降 7.4%，能耗下降 3.6%；酵母行业吨产品粮耗平均每年下降 6.6%，能耗下降 1.3%。各项指标均符合国家相关标准。

　　各行业在降低生产能耗的同时，在国家政策的支持下、国家项目研发的带动下，企业自主研发、产学研联合攻关污水处理、水循环利用关键技术取得了很多可喜的成绩，与国外先进水平差距有所缩小。2007—2008 年发酵产品产排污情况见表 1-2-2。

表 1-2-2　主要发酵产品产排污情况（2007—2008 年）

发酵产品	2007 年				2008 年			
	吨产品产生量		吨产品排放量		吨产品产生量		吨产品排放量	
	废水/t	COD/kg	废水/t	COD/kg	废水/t	COD/kg	废水/t	COD/kg
味　精	100	700	85	16	80	600	70	10
柠檬酸	57	500	55	8.2	40	450	35	4.2
淀粉糖	12	52	12	1.8	11	46	10	1.3
酶制剂	13	170	8.5	1.3	10	150	8	1.2
酵　母	65	750	58	17	60	700	55	14

　　由表 1-2-2 可以看出，各类发酵产品生产产生的废水量和排放量、COD 的产生量和排放量都在明显下降。目前，各项指标均已符合国家对发酵行业相关产品的污染物排放标准。

第二节 发酵工业环境保护相关政策与标准

一、方针政策

1.《节能减排综合性工作方案》(国务院,2007年6月)

加快淘汰落后生产能力。加大造纸、酒精、味精、柠檬酸等行业落后生产能力淘汰力度,"十一五"期间实现减排化学需氧量(COD)138万t。其中,发酵行业2006—2009年:分别淘汰落后味精产能2.8万t、5万t、8.7万t和3.5万t;减排化学需氧量(COD)10万t,见表1-2-3。

表1-2-3 发酵行业"十一五"时期淘汰落后生产能力

行业	内 容	单位	"十一五"时期
酒精	落后酒精生产工艺及年产3万t以下企业(废糖蜜制酒精除外)	万t	160
味精	年产3万t以下味精生产企业	万t	20
柠檬酸	环保不达标柠檬酸生产企业	万t	8

2.《发酵工业"十一五"发展规划》(中国发酵工业协会,2006年)

"十一五"期间发酵工业的工作重点如下:

(1)坚持以市场为导向的原则。充分发挥发酵工业对农产品进行精深加工的功能,以市场对发酵制品的需求为导向,在正确把握市场现状、潜力和趋势的前提下,加快调整发酵行业的产业结构、资产结构和产品结构。同时,充分发挥政府组织调控和指导作用,促进和推动发酵工业的发展。

(2)积极开发和推广循环经济支撑技术,走可持续发展道路。作为农业产业化、农产品深加工的发酵工业,要解决节粮、节水、节能和环保问题,必须走资源节约型循环经济的发展道路。应该做到物尽其用,除了主产品外,对原料未利用的物料以及发酵中产生的废物,包括淀粉和非淀粉部分,采用现代高新技术加以回收,使粮食原料的所有组分得到充分利用。在提高附加值的同时,既提高了原料利用率,又减轻和消除了污染,使企业走上可持续发展的正确道路。

(3)坚定不移地走以科技为先导,建立具有自主创新知识产权的发酵工业。发酵工业是高新生物技术产业的重要组成部分,发展速度快,技术含量高。因此,必须坚定不移地走以科技为先导,不断提高产业化技术水平,走可持续的发展道路。要加强企业与大专院校、研究单位和国内外企业之间的合作,开发新产品、新技术、新装备;建立和完善企业的技术开发中心;创立科技创新平台,开发具有自主创新知识产权的高新技术，加快我国发酵工业的发展速度，为国民经济的发展作贡献。

（4）增强企业实力，创国内和国际名牌。我国发酵工业经过40多年的发展，产能和产量大幅度上升，国际地位明显增强。虽然味精行业已经有7个国家名牌产品。但是，从总体来看，与国际先进水平相比，仍有较大的差距。在企业实力、产品产量、技术装备、经营能力等各个方面有待提高。应重视培育和发展发酵大型企业，形成规模效益。鼓励企业扩大取得规模经济效益，鼓励有名牌产品又有竞争实力的大型企业继续发展壮大，鼓励和支持行业中的龙头企业向跨地区经营转变，积极参与国际竞争，鼓励所有发酵工业的企业争创国内名牌和国际名牌。

（5）继续加强环保治理力度，建设清洁生产、环境友好的发酵工业。在"十一五"期间，发酵工业生产污染物排放要求达到国家对本行业污染物排放总量控制的要求，力争污染物要达标排放。在柠檬酸和味精行业，继续严格执行2004年公布和实施的国家标准《柠檬酸工业污染物排放标准》《味精工业污染物排放标准》。对少数未达标排放的味精企业，要求尽快建设污水治理车间，排放废水达到国家《味精工业污染物排放标准》的要求。各企业必须提高技术和管理水平（包括对生产系统废水产出的管理），把我国发酵工业建设成清洁生产的产业，出现越来越多的环境友好企业。

3.《产业结构调整指导目录》（2011年版）

（1）鼓励类

发酵法工艺生产小品种氨基酸（赖氨酸、谷氨酸除外）、新型酶制剂（糖化酶、淀粉酶除外）、多元醇、功能性发酵制品（功能性糖类、真菌多糖、功能性红曲、发酵法抗氧化和复合功能配料、活性肽、微生态制剂）等生产。

（2）限制类

①白酒生产线；

②酒精生产线；

③5万t/a及以下且采用等电离交工艺的味精生产线；

④2 000t/a及以下的酵母加工项目。

（3）淘汰类

①3万t/a以下酒精生产线（废糖蜜制酒精除外）；

②3万t/a以下味精生产装置；

③2万t/a及以下柠檬酸生产装置；

④年处理10万t以下、总干物收率97%以下的湿法玉米淀粉生产线。

4.《发酵工业技术进步与技术进步投资方向（2009—2011年）》（国家发展和改革委员会，2009年5月）

（1）新型微生物多效复合材料及关键技术产业化：多菌群有机结合成型材料。多种目标污染物高效单性菌株的定向改造、多效菌群共效复合作用优化污染物处理等关键技术。

（2）发酵行业污染物减排与废弃物资源化利用技术产业化：污染物减排集成技术、过程节水与废水回用技术、废弃物资源化和高值化利用技术。

（3）推进行业节能减排：高浓度糖醇废水沼气发电、管束干燥机废汽回收综合利用、锅炉烟道气饱充等节能技术推广。

（4）食品加工安全能力建设：企业内部质量控制、监测网络和产品质量可追溯体系建设。生产过程在线检测和产成品检验设备配置。味精、淀粉糖（醇）、柠檬酸和酶制剂等大宗产品安全检测中心检测设备配置。

5.《发酵工业环境保护行业政策、技术政策和污染防治对策》（国家轻工业局，2000年）

（1）行业政策

立足于现有经营规模3万t/a以上的味精企业、柠檬酸企业，淘汰规模小、无治理能力的生产企业。味精行业中谷氨酸提取率应达到95%以上，柠檬酸提取率应达到90%以上。

（2）技术政策

味精行业宜推广的生产技术：等电母液封闭循环清洁生产工艺、浓缩等电点提取谷氨酸及废母液浓缩生产硫酸铵、有机肥料技术。柠檬酸行业宜推广的技术：厌氧—好氧处理有机废水技术。对于规模小、无治理价值的企业及早采取关停并转措施。

6.《禁止未达到排污标准的企业生产、出口柠檬酸产品》（国家经济贸易委员会、对外贸易经济合作部、国家环境保护总局公告，2002年第92号）

（1）凡在中国境内从事柠檬酸生产的企业，必须建设与生产规模相适应的环保治理设施，主要污染物排放必须达到国家规定的排放标准，对不达标的企业按照有关环境保护法律进行停产或限产治理并予处罚。柠檬酸行业执行《污水综合排放标准》和《大气污染综合排放标准》中相关的标准。根据目前实际情况，要求企业排放的主要污染物（水中的 COD 和废气中的烟尘、二氧化硫）达到国家规定的排放标准。

（2）国家环境保护总局定期公告主要污染物排放达到国家规定的排放标准的柠檬酸生产企业名单。

（3）未列入本公告第二条国家环境保护总局公告的柠檬酸生产企业生产的产品，不得出口。

（4）柠檬酸生产企业需将生产规模、相应的环保设施建设情况和省级环保部门出具的排污达标证明，报国家经贸委备案；将每季度环保设施运行主要监测数据加盖当地县级以上环保局公章后，报所在省、自治区、直辖市、计划单列市或新疆建设兵团经贸委（经委）备案。

（5）各地经贸委负责检查、督促、协调此项工作的落实。

二、相关标准

（1）《味精工业污染物排放标准》（GB 19431—2004）；

（2）《味精工业清洁生产标准》（HJ 444—2008）；

（3）《柠檬酸工业污染物排放标准》（GB 19430—2004）；

（4）《发酵行业清洁生产指标评价体系》（试行）；

（5）《味精工业水污染物排放标准》（2008 年征求意见稿）；

（6）《柠檬酸工业水污染物排放标准》（2008 年征求意见稿）；

（7）《清洁生产审核指南——食品制造业（味精）》（征求意见稿）；

（8）《酵母工业水污染物排放标准》（GB 25462—2010）。

第三节　工程分析

一、概述

除酵母企业以糖蜜为原料外，发酵工业主要是以玉米、薯干、大米、小麦等为原料，利用微生物的生命活动生产高附加值产品的工业。需要指出的是，有的大型企业以玉米为原料生产淀粉后再进行各种发酵产品制造，同时副产胚芽油、蛋白粉、纤维饲料等，有的企业则直接购进淀粉进行生产；也有少部分企业以薯干、大米为原料。不同产品需要采用不同的生产工艺，且其产生的污染物种类、水平、数量差别很大，需要采取不同的污染控制措施。发酵行业工程分析一般包括以下内容：

（1）工程概况：一般包括地点、名称、建设性质、建设项目基本情况、项目构成、厂址选择、总平面布置、运输、贮存、项目建设进度、投资、主要原辅料及能源消耗、燃料指标参数、主要经济技术指标，主要生产设备及环保设施等，需要对现有、在建工程的实际情况及存在的问题与拟建工程的关系分别进行介绍。

（2）项目组成分析：发酵工业项目组成一般包括主体工程、辅助工程、公用工程、配套工程四部分，在项目环境影响评价过程中，需对各组成工程进行详细分析、说明。

（3）物料平衡分析：通过生产各工序工艺流程图，进行全厂供排水平衡分析，物料平衡分析，确定污染物排放节点。

（4）污染源产生强度分析。

（5）非正常、事故状态下污染物排放分析。

（6）清洁生产评价：根据国家相关评价标准，分别从政策的相符性、原料综合利用率、产品水平、工艺技术、节能、节水、资源能源物耗分析、污染物产生及排放分析、循环经济等方面，以国际国内的先进清洁生产水平为参考，评价项目清洁生产水平。

（7）污染防治措施分析。分别根据大气、废水、废渣、噪声的源强和特性，分析论证治理措施可行性。

（8）工程分析结论与建议。

二、发酵工业建设项目组成

发酵建设项目组成主要是围绕着发酵行业中企业新项目投产所需而进行的工程建设，主要由主体工程、辅助工程、公用工程、配套工程四部分组成，本教材以味精行业为例，分析发酵工业建设项目，见表 1-2-4。

表 1-2-4　发酵工业建设项目组成

名　称	建　设　内　容
主体工程	主产品（谷氨酸、谷氨酸钠等其他发酵产品）车间，如淀粉车间、糖化车间、制种车间、发酵车间、提取车间、精制车间、包装车间等，综合利用产品（玉米胚芽、玉米纤维、谷朊粉、麸皮、大米渣、菌体蛋白粉、硫酸铵、有机复合肥料等）车间
辅助工程	辅料生产（酶制剂、各种曲或 SO_2 制备）车间、热电站（以热定电或锅炉房）、机修车间、原辅材料库、成品库（或罐区）、化验室
公用工程	供热系统、供电系统、空压系统、制冷系统、冷却水塔及蓄水池、给水系统、排水系统（污水处理站）、主控楼、消防、铁路专用线、码头及配套工程
配套工程	主要指办公及生活设施，综合办公楼、汽车库、油库及加油站、职工生活区

三、生产工艺与产污环节

发酵工业尽管有较多行业，但生产工艺是大同小异，本节以味精生产为代表，介绍发酵行业主要行业生产工艺及产污环节。

味精制造方法分为水解提取法、合成法和发酵法三大类。其中，水解提取法（蛋白质水解法和从甜菜废糖蜜中提取法）与合成法已停用。目前，世界生产味精都采用发酵法生产。由于发酵过程仅利用原料中的糖质和淀粉进行发酵生产，其余部分限于技术、设备、投资等原因导致原料不能充分利用，作为废液排入外环境，从而造成了环境污染，为了使废水达到国家相关排放标准，须对其进行综合利用与末端治理。故一个完整的味精建设项目，其组成不仅包括生产工艺环节，还应包括产污及污染物治理等环节。

1. 生产工艺

（1）生产工艺

味精，化学名称：L-谷氨酸单钠一水化物，目前世界生产味精的厂商都采用发酵法，即以玉米、大米、小麦、淀粉等为主要原料，经液化、糖化、发酵、提取、精制而成，其生产工艺大致分四部分：

① 淀粉水解糖的制取

用发酵法生产谷氨酸，其主要原料是葡萄糖，大部分企业用的是玉米淀粉糖液。将淀粉质原料（如玉米、大米、小麦等）转化为葡萄糖的过程称为糖化工艺，其糖化液称为淀粉糖或淀粉水解糖。淀粉水解糖的制备方法有四种：酸解法、酸酶法、酶酸法和双酶法。双酶法生产的糖液产品质量高、杂质含量低而具有较大的优势，在味精行业已广泛应用，酸解法和酶酸法已被企业淘汰。双酶法又名酶解法，是通过淀粉酶液化和糖化酶糖化将淀粉转化为葡萄糖的工艺，第一步是液化过程，利用α-淀粉酶将淀粉液化，转化为糊精及低聚糖，增加淀粉的可溶性；第二步是糖化，利用糖化酶将糊精或低聚糖进一步水解，转变为葡萄糖。此法制得糖液纯度高，DE 值可达98%以上，每100份淀粉能得到108份葡萄糖，已接近理论产率111份葡萄糖，见图1-2-1。

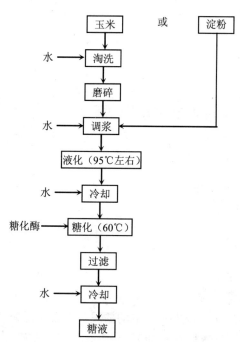

图 1-2-1　淀粉水解糖工艺流程

其他大部分发酵产品也可采用此工艺进行淀粉糖水解。

② 谷氨酸发酵

谷氨酸发酵是指谷氨酸生产菌以葡萄糖为碳源，经糖酵解和三羧酸循环生成并在体内大量积累谷氨酸的过程。目前，国内各味精厂所使用的谷氨酸生产菌主要有：a）天津短杆菌（T_{613}）及其突变株 TG-961、FM8209、FM-415、CMTC6282、TG-863、TG-866、S9114、D85 等菌株；b）钝齿棒杆菌 AS1.542 及其突变株 B_9、B_9-17-36、F-263 等菌株；c）北京棒杆菌（AS1.299）及其突变株 7338、D110、WTH-1 等菌株。现在多数厂家生产上常用的菌株是 T_{613}、TG-961、FM-415、S9114、CMTC6282 等。

③ 谷氨酸的提取与分离

发酵法生产谷氨酸是微生物代谢较复杂的生化反应过程，发酵液中除含谷氨酸外，尚有代谢副产物、培养基配制成分的残留物质、有机色素、菌体、蛋白质和胶体物质等。其含量随发酵菌种、工程装备、工艺控制及操作不同而异。从发酵液中分离谷氨酸的方法较多，目前国内味精生产厂家采用的提取工艺主要是：等电离交法（图 1-2-2）、浓缩等电法（图 1-2-3）、等电浓缩法（双结晶法，图 1-2-4）三种工艺。

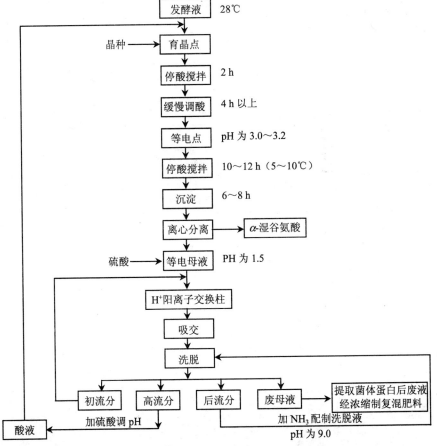

图 1-2-2 等电离交法提取谷氨酸工艺流程

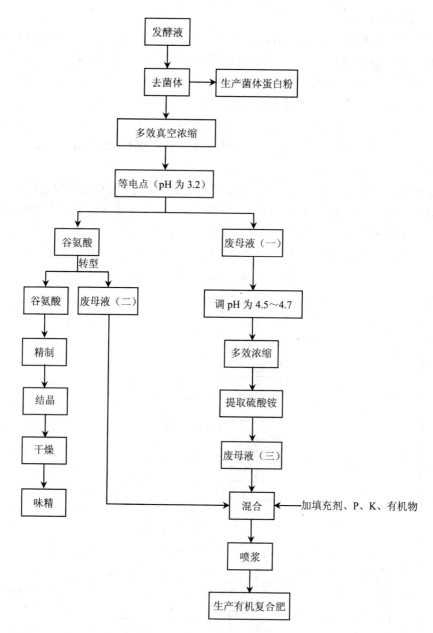

图 1-2-3　浓缩等电法提取谷氨酸工艺流程

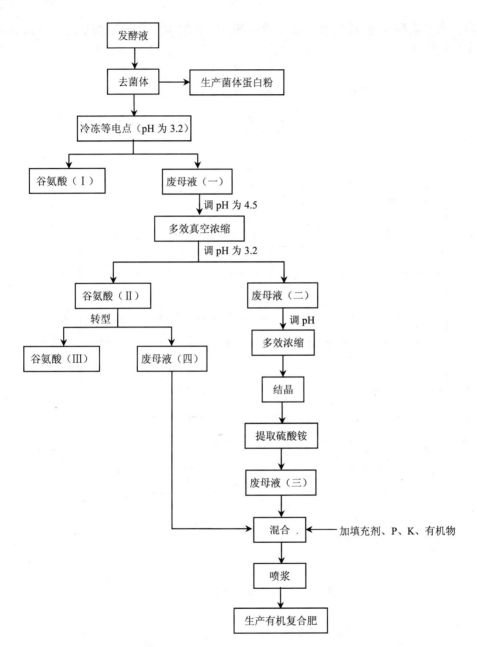

图 1-2-4 等电浓缩法（双结晶法）提取谷氨酸工艺流程

④ 由谷氨酸精制味精

从谷氨酸发酵液中提取的谷氨酸，加水溶解，用碳酸钠或氢氧化钠中和，经脱色、除铁、钙、镁等离子，再经蒸发、结晶、分离、干燥、筛选等单元操作，得到高纯度的晶体或粉体味精，该生产过程统称为精制。精制得到的味精称"散味精"或"原粉",经过包装则成为商品味精。谷氨酸制造味精的生产工艺流程如图 1-2-5 所示。

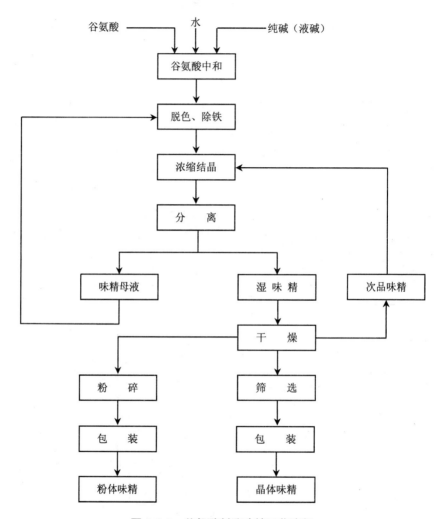

图 1-2-5　谷氨酸制造味精工艺流程

（2）味精工厂的"三废"现状

① 废水

味精企业的废水可分为高、中、低三种浓度的有机废水。其中，谷氨酸废母液即高浓度有机废水（COD 在 50 000 mg/L 左右），是味精厂主要污染源；刷罐水、生活污水、蒸发冷凝水等是低浓度废水。味精废水的现状，各厂差距很大，一般状况见表 1-2-5。

表 1-2-5 味精生产废水产生污染负荷状况

废水类型	pH 值	COD/ (mg/L)	BOD/ (mg/L)	SS/ (mg/L)	NH_3-N/ (mg/L)	SO_4^{2-}（Cl^-）/ (mg/L)	吨产品废水 排放量/m^3	备注
高浓度废水 （离子交换 尾液或发酵 废母液）	1.5～3.2	30 000～ 70 000	20 000～ 42 000	12 000～ 20 000	10 000～ 20 000	20 000～ 40 000	15～20	离交尾液谷 氨酸≤0.3% 菌体 1%
中浓度废水 （洗涤水、 冲洗水、冷 凝水）	3.5～4.5	5 000～ 6 000	3 000～ 4 000	150～ 250	100～ 2 000		80～120	
低浓度废水 （冷却水、 冷凝水）	6.5～7.0	500～ 800	200～300	60～150	30～60		40～80	
综合废水	～4.5	5 000～ 6 000	2 500～ 3 000	140～ 150	100～ 1 500		120～200	

注：①污染大、水量大的原因是尚未采取有效的清洁生产工艺和综合利用措施；
②高浓度废水必须综合利用生产产品，不能进入中低废水系统进行生化处理；
③高浓度废水中，pH、COD、BOD、SS、NH_3-N、SO_4^{2-}各值中，离子交换尾液取低值，发酵废母液取高值；
④吨产品废水排放量一栏，5 万 t 以上取低值，5 万 t 以下取高值；
⑤综合废水为中、低浓度废水。其中，NH_3-N指标中，采用浓缩等电工艺的取低值，等电离交工艺的取高值。

② 废气

现有味精企业除少数由热电站供给蒸汽外，多数企业自备锅炉。烟尘排放主要通过加高烟囱高度和采用旋风除尘器等干式机械除尘以及麻石水膜除尘器等湿式除尘的办法来解决，基本上可以达标。

生产中使用的和工艺过程产生的 HCl、H_2S、NH_3、HCHO、H_2SO_4 等气体通过使设备密闭、使用液体石蜡与空气隔离等措施防止其逸出，对于泄漏的少量废气通过机械排风和风筒高空排放等方式，基本上可以做到不超标。

味精行业在喷浆造粒工艺将排放大量的气体，散发异味、酸雾、粉尘，给环境造成二次影响，有些企业采用高压静电除尘工艺进行烟气治理，取得了良好效果。

③ 废渣

味精企业的废渣即锅炉炉灰渣和回收的粉煤灰随产随运出厂外，其炉渣和煤灰可用于铺路和做建筑保温材料，有些厂的大米渣、糖渣作为饲料出售，炭渣可回收利用。

④ 噪声

味精企业主要噪声来源于发酵罐、空压机（冷冻机）、高速离心机、干燥机以及有大功率的搅拌设备等。其中，发酵罐的噪声最大，200 m^3 发酵罐的噪声可达 106 dB

（A）。不少企业通过降低电机转数，选用噪声小的减速机，使用减振器和吸声罩等办法降低噪声。

（3）味精废水综合利用与末端治理概况

根据谷氨酸提取工艺不同，味精生产工艺可分为"等电离交法""浓缩等电法""等电浓缩法（双结晶法）"三种工艺，其中，等电浓缩工艺应用企业甚少。应着重指出的是，不管采用哪种提取工艺，废母液必须采用浓缩干燥工艺生产有机复合肥料，绝不能进入生化工艺处理。利用废母液生产有机复合肥料是味精生产的一个组成部分，是必不可少的生产工艺。

20 世纪 90 年代以来，大部分味精生产企业采用等电离交工艺，该工艺在离子交换树脂使用过程（中和、洗脱、洗涤、再生）中使用了大量氨水，导致离交工艺流出液、洗涤水含有大量的 NH_3-N，如不采取一定的措施，控制待处理废水 NH_3-N 含量，则其处理后的 NH_3-N 指标难以达到《味精工业污染物排放标准》（GB 19431—2004）。2005 年以来，部分大型味精生产企业为确保废水的 NH_3-N 指标能达标排放，开始采用浓缩等电法或等电浓缩法提取工艺生产味精，这两个提取工艺的谷氨酸回收率是88%～90%，尽管比等电离交法低 5%～7%，但是去除了离交工艺，减少了氨水消耗，使生产每吨味精氨水消耗减少 65 kg、硫酸（98%）减少 380 kg，且不用离子交换树脂，可使好氧处理工艺废水的进水 NH_3-N 含量在 100 mg/L 左右，有利于废水的后续治理。

此外，味精生产废水还包括：玉米制糖生产的废水（各种洗涤水、浸泡水浓缩工艺冷凝液），浓缩工艺冷凝水或离交工艺处理水，结晶工艺冷凝液以及味精生产的各种洗涤水、冲洗水等。不管是等电浓缩提取工艺，还是等电离交提取工艺，味精生产企业只要采用合适的厌氧、好氧工艺，控制待处理废水的 COD、NH_3-N 浓度，经处理后的排放废水可以达到国家相关排放标准，甚至可以达到《综合污水排放标准》一级排放标准。

由此，我国味精行业对废水治理做了大量研发工作，提出了不少治理方案。其中主要有：① 高浓度废水浓缩制生物发酵肥法；② 废液制取饲料酵母（SCP）法；③ 厌氧—好氧二段生化法；④ 生物转盘法；⑤ 氧化塘（沟）法等。从多年的实践来看，以①法结合③法较成功。高浓度废水（全部制肥）可得到彻底根治，且变废为宝。低浓度废水经生化处理可达标排放，过程中产生的沼气可被用于做燃料或发电。废水预处理过程可采用絮凝法提取价值很高的菌体蛋白（饲料），做到废水资源化利用，变投入型环保为效益型环保，有利于循环经济的发展。其工艺路线见图 1-2-6。

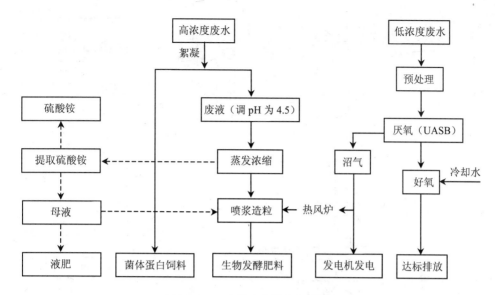

图 1-2-6 味精废水综合利用流程

上述工艺是目前多数味精企业所采用的路线，图中用虚线者为部分企业采用提取硫酸铵工艺。此外，尚有少数企业采用谷氨酸废液制取饲料酵母（SCP）路线。此法能耗高，提取 SCP 后的二次废水 COD 高达 20 000 mg/L，仍需浓缩制取硫酸铵和复混肥。

2. 产污环节

（1）污染特征

① 发酵工业主要污染物是废母液，其次是固体废物与某些工艺的废气。废母液具有污染负荷高、COD 高、BOD 高、NH_3-N 高、SO_4^{2-}高、pH 低，给生化处理带来很大困难。

② 发酵工业的设备通常需定期清洗、消毒，因此非工况下的污染源较多，也是其排放特点。

（2）生产过程排放的主要污染物

味精生产过程产生的废水通常分为两类，一类是等电离交提取工艺和浓缩等电提取谷氨酸的废母液，属高浓度有机废水；另一类是相关车间的洗涤废水，如淀粉洗涤水、制糖洗涤水、发酵洗罐水、精制洗涤水等，属于中低浓度有机废水。由味精生产工艺和主要污染源可知，味精行业主要的废水、废渣主要来自以下途径，见图 1-2-7。

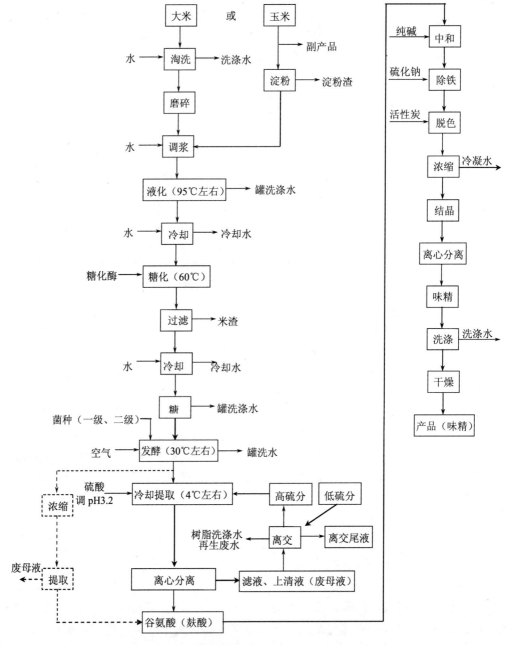

图 1-2-7　味精生产污染源情况（虚线为浓缩等电工艺）

3. 味精行业污染源强度计算

味精行业污染源强度计算可按照《味精制造行业产排污系数表》进行，见表 1-2-6。

表 1-2-6 味精制造行业产排污系数

产品名称	原料名称	工艺名称	规模等级	污染物指标	单位	产污系数	末端治理技术名称	排污系数
味精	玉米淀粉	发酵提取	3万～20万t/a[③]	工业废水量	t/t-产品	70.28～91.18[①]	物化＋组合生物处理	62.05～75.53[②]
							化学＋组合生物处理	64.44～78.33[②]
				化学需氧量	g/t-产品	644389.8～709013.1[①]	物化＋组合生物处理	6180.7～9857.7[②]
							化学＋组合生物处理	7242.8～11372.6[②]
				五日生化需氧量	g/t-产品	333345.1～366773[①]	物化＋组合生物处理	2097.4～3338.2[②]
							化学＋组合生物处理	2326.2～3603.1[②]
				氨氮	g/t-产品	116977.5～132015.9[①]	物化＋组合生物处理	2097.1～3360.9[②]
							化学＋组合生物处理	2381.1～3822.1[②]
			<3万t/a	工业废水量	t/t-产品	82.07～102.96[①]	物化＋组合生物处理	75.71～92.12[②]
							化学＋组合生物处理	79.99～95.90[②]
				化学需氧量	g/t-产品	707601.1～801112.4[①]	物化＋组合生物处理	10568.8～20917.5[②]
							化学＋组合生物处理	11536.4～22573.4[②]
				五日生化需氧量	g/t-产品	368046.1～418093.6[①]	物化＋组合生物处理	3372.7～6153.5[②]
							化学＋组合生物处理	3803.2～6789.1[②]
				氨氮	g/t-产品	132752.2～145811.2[①]	物化＋组合生物处理	3304.7～8687.2[②]
							化学＋组合生物处理	3558.4～9106.1[②]
		浓缩等电	3万～20万t/a[③]	工业废水量	t/t-产品	67.22～83.91[①]	物化＋组合生物处理	58.64～71.93[②]
				化学需氧量	g/t-产品	565995.9～656522.6[①]	物化＋组合生物处理	5591.1～9386.6[②]
				五日生化需氧量	g/t-产品	300860.4～347478.4[①]	物化＋组合生物处理	1843.9～2887.9[②]
				氨氮	g/t-产品	82665.5～95841.3[①]	物化＋组合生物处理	2266.3～3333.9[②]

产品名称	原料名称	工艺名称	规模等级	污染物指标	单位	产污系数	末端治理技术名称	排污系数
味精	大米	发酵提取	3万～20万t/a[③]	工业废水量	t/t-产品	74.99～93.46[①]	物化＋组合生物处理	67.21～79.91[②]
				化学需氧量	g/t-产品	656817.7～714975.5[①]	物化＋组合生物处理	7426.6～11483.6[②]
				五日生化需氧量	g/t-产品	355286.8～360769[①]	物化＋组合生物处理	2372.5～3580.1[②]
				氨氮	g/t-产品	121887.2～135564.4[①]	物化＋组合生物处理	2449.8～3807.7[②]

注：①数据来源：《第一次全国污染源普查工业污染源产排污系数手册》（第二分册）。
　　②对于味精制造行业产污系数，依企业循环利用水量状况而定。"循环率＋中水回用率"占总水量的10%以下（≤10%）者，工业废水量、化学需氧量、五日生化需氧量、氨氮等产污系数取上限；"循环率＋中水回用率"占总水量的20%以上（≥20%）者，工业废水量、化学需氧量、五日生化需氧量、氨氮等产污系数取下限；"循环率＋中水回用率"占总水量的10%～20%，工业废水量、化学需氧量、五日生化需氧量、氨氮等产污系数取中值。
　　③对于味精制造行业排污系数，依企业等电交提取后的废液（或浓缩等电提取后的废液）是否经喷浆造粒制取生物肥而定。废液全部经喷浆造粒制取生物肥的，工业废水量、化学需氧量、五日生化需氧量、氨氮等排污系数取下限；废液未全部经喷浆造粒制取生物肥的，工业废水量、化学需氧量、五日生化需氧量、氨氮等排污系数取中值；废液全部未喷浆造粒制取生物肥的，工业废水量、化学需氧量、五日生化需氧量、氨氮等排污系数取上限。
　　④味精产量大于20万t/a的大型企业全都为国家监控企业，因此，上表并未覆盖此类企业。

四、味精（谷氨酸钠）建设项目典型实例

目前，我国味精规模发酵生产企业有二十几家，各企业生产工艺、产污环节及处理措施不尽相同，为了便于阐明问题，本教材以等电离交生产工艺为例，进行味精建设项目的工程分析。

××集团有限公司年产14万t味精项目工程分析如下：

1. 工程组成

××集团有限公司年产14万t味精工程项目组成情况见表1-2-7。

2. 生产工艺流程

（1）玉米淀粉车间

玉米淀粉车间的设计规模为18万t/a（纯淀粉），采用物理分离方法，以玉米为原料生产淀粉浆。玉米经筛选后进入浸泡罐，加水和亚硫酸进行浸泡，然后由泵送至粉碎工序进行粉碎。漂流胚芽经离心机分离脱水、烘干后外售。粉碎浆经磨浆、离心分离后，产生的黄粉经沉降罐沉降得到蛋白粉，烘干后外售做饲料，淀粉浆送至糖化车间。

表 1-2-7　　××集团有限公司年产 14 万 t 味精工程项目组成情况

项目组成		主要内容及规模	备注
主体工程	淀粉车间	共有 3 个车间， 生产规模：18 万 t/a（纯淀粉）	位于淀粉厂区
	糖化车间	4 个糖化车间	位于总厂区
	发酵车间	8 个发酵车间	位于总厂区
	提取车间	8 个提取车间	位于总厂区
	精制车间	7 个精制车间， 生产规模：14 万 t/a 味精	其中 5 个位于西厂区
公辅工程	供水系统	由厂区内的深水井供应	两个厂区共有 11 眼深水井
	热电站	2×130 t/h 循环流化床锅炉，2×12MW 背压式汽轮机组	热电厂
	生活辅助设施	办公楼、职工餐厅及职工宿舍等	—
环保工程	污水处理站	污水处理站采用"游离坦壳"工艺， 设计处理规模 12 000 m³/d	预处理后排入市高新区污 水处理厂
	锅炉烟气处理系统	采用炉内添加石灰石脱硫三电场静 电除尘器除尘	通过 150 m 高烟囱排放

（2）糖化车间

淀粉糖化采用双酶法糖化工艺。来自玉米淀粉车间的淀粉乳，加水、淀粉酶调浆配料，用纯碱调 pH 至 6.4～6.5，浆液调成 15～20°Bé。喷射液化后经板式换热器冷却至 70℃以下，进入糖化罐。在 pH 4.0～4.4、温度 60℃下，加糖化酶糖化 30～40 h 后，将物料加热至 80～85℃，灭酶 30 min。糖化液用纯碱调 pH 为 4.6～4.8，经板框压滤得到还原糖含量为 30%左右的糖液，过滤出的糖渣外售做饲料。其中约 1/3 的糖液浓缩成 50%的浓糖液，作为发酵时的流加糖，另外的稀糖液作为发酵时的底糖。

（3）发酵车间

发酵车间采用生物素亚适量流加糖发酵工艺，接种配料，经严格的温度、pH 值、种龄和种量、泡沫、排气 CO_2、通风与 OD 的调节和控制，经 30 h 完成发酵，产酸率达 12%以上，发酵液体经泵送至提取车间。

（4）提取车间

该项目采用等电离交提取工艺提取谷氨酸。

① 连续等电

等电罐中连续流加发酵液及水解液，控制 pH 在 3.2±0.1，温度在 42±2℃。等电完毕后的料液进入降温罐降温，温度要求 10℃以下。

② 离心分离

降温完毕的料液进入卧螺分离机进行一次分离，分离出谷氨酸晶体和发酵母液，发酵母液送离子交换树脂以回收其中的谷氨酸。

③ 离子交换

发酵母液进入阳离子交换树脂，其中的 NH_4^+、谷氨酸都被吸附下来，离交母液用液氨中和后送清洁生产车间。吸附完毕的树脂柱进行洗脱，先后洗脱出初流分、高流分和后流分。初流分重新上柱吸附；高流分再进行等电分离，分离出谷氨酸和等电母液，等电母液重新上柱吸附；后流分用液氨调 pH 后作为洗脱液去洗脱树脂柱。

④ 树脂再生

洗脱完毕后的树脂用硫酸溶液进行清洗再生，转换为氢型树脂，供下次继续使用，工艺流程见图 1-2-8。

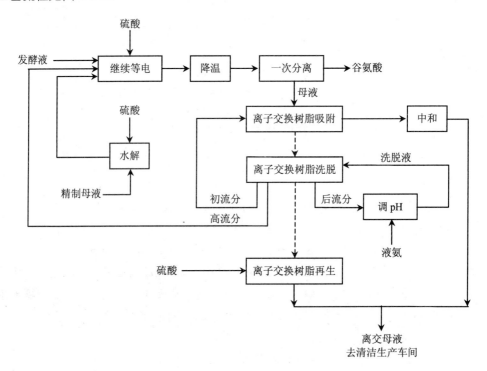

图 1-2-8   谷氨酸提取工艺流程及产污环节

该项目谷氨酸提取工艺采用等电离交工艺，酸碱消耗大、高浓度废水产生多，不利于企业清洁生产水平的进一步提高。

（5）清洁生产车间

为处理离交母液，集团建有清洁生产车间。来自提取车间的离交母液，在此进行除菌、浓缩、脱盐处理，分离出的湿菌体外售用于生产饲料，分离出的硫酸铵和最后剩余的脱盐母液外售用于生产复合肥。

① 除菌

采用热絮凝和化学絮凝剂双重作用使一次母液中的菌体絮凝，其絮凝剂用量约为

0.33%，温度为 50～55℃，加入与菌体细胞亲和性很强的纤维素助凝剂，用普通板框过滤机将菌体与清母液分离得到湿菌体和清母液。湿菌体水分小于 70%，外售用于加工饲料。

②浓缩

清母液经四效蒸发器浓缩，去除大部分水分，四效浓缩液的浓度为 14～15°Bé，蒸发凝结水（60～80℃）可作为工艺配料等用水。

③脱盐

由于硫酸铵溶解度较大，工业上采用减压蒸发结晶分离硫酸铵。再加上在蒸发结晶过程中，液体的黏度、沸点等变化较大，故采用特制的强制循环蒸发结晶器。物料蒸发结晶后，经育晶罐育晶，最后用连续离心分离机分离得到颗粒状结晶硫酸铵和脱盐母液。硫酸铵水分小于 3%，脱盐母液浓度要求大于 22°Bé 以上。

分离出的硫酸铵晶体和剩余的脱盐母液均外售用于生产复合肥。

（6）精制车间

从提取车间等电工段来的谷氨酸晶体，加水溶解，用膜碱中和，再用树脂柱除铁、钙、镁等离子并活性炭脱色后，在结晶罐内蒸发结晶，然后用离心机分离，经振动式设备干燥、筛选机筛选出成品味精。

3．主要原辅材料消耗

项目达产时主要原辅材料消耗情况见表 1-2-8。

表 1-2-8　主要原辅材料消耗情况表

序号	物料名称	单位	用量	来源
1	玉米	t/a	30.9 万	市场采购
2	液氨	t/a	6.1 万	市场采购
3	膜碱（30%）	t/a	12.1 万	市场采购
4	硫酸（98%）	t/a	10.6 万	市场采购
5	碳酸钠	t/a	149	市场采购
6	液态 SO_2	t/a	510	市场采购
7	液化酶	t/a	138	市场采购
8	糖化酶	t/a	221	市场采购
9	糖蜜	t/a	2 230	市场采购
10	无机盐	t/a	3 090	市场采购
11	消泡剂	t/a	630	市场采购
12	絮凝剂	t/a	110	市场采购
13	盐酸（30%）	t/a	3 100	市场采购
14	活性炭	t/a	780	市场采购

4．污染物产生、治理与排放

（1）废气

① 有组织废气

有组织废气主要包括：玉米淀粉车间的胚芽干燥废气、纤维干燥废气、蛋白粉干燥废气，发酵车间的发酵尾气，精制车间的味精干燥废气，热电站的锅炉烟气。

a. 干燥废气。胚芽、纤维、蛋白粉、味精等产品均用管束干燥机进行干燥，会有干燥废气排放，其主要成分为湿空气，并含有少量的粉尘。

该项目干燥废气采用低矮排气筒排放，不符合相关标准、规范的要求。

b. 发酵废气。发酵车间的发酵废气主要污染物为活菌体、CO_2 和氨气，经尾气罐高温消毒和水洗净化后通过 15 m 排气筒排放。

c. 锅炉烟气。该集团热电站配备 2 台 130 t/h 循环流化床锅炉、2 台 12 MW 背压式汽轮机组，烟气采用炉内添加石灰石脱硫、三电场静电除尘，2 台锅炉共用 1 根 150 m 高的烟囱。

该方法脱硫、除尘效率较低，难以满足日益严格的环保要求。

② 无组织废气

该项目排放的无组织废气污染物主要包括粉尘、NH_3、HCl、H_2S、SO_2、硫酸雾等。

无组织粉尘主要产生环节是玉米筛选时产生的粉尘、煤场扬尘以及厂内车辆经过所产生的道路扬尘。

NH_3 的产生环节主要是液氨储罐、发酵车间液氨的使用以及污水处理站。

H_2S 的产生环节主要是污水处理站。

HCl、硫酸雾的无组织排放较小，其产生环节主要是储罐。

SO_2 的产生环节是亚硫酸浸泡液的制备和使用过程。

（2）废水

项目产生的废水主要是工艺废水和生活污水，主要污染物为 COD、氨氮等。废水经厂内污水处理站处理后排入城市污水管网，再进入市高新区污水处理厂处理后排放，工艺流程见图 1-2-9。

（3）噪声

项目噪声的主要来源是各类压缩机、风机、粉碎机、发酵罐、离心机及机泵等。

（4）固体废物

项目产生的固体废物主要有：玉米淀粉车间产生的玉米杂物，糖化车间糖液压滤产生的糖渣，清洁生产车间产生的菌体、硫酸铵、脱盐母液，精制车间产生的废活性炭，热电站产生的炉渣、粉煤灰，污水处理站产生的污泥等。

（5）项目污染物排放汇总

建设项目达产时，其有组织废气污染物排放情况见表 1-2-9，主要污染物排放汇总情况见表 1-2-10。

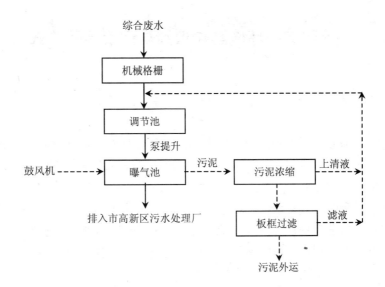

图 1-2-9 污水处理工艺流程

表 1-2-9 项目达产时有组织废气污染物排放情况

序号	项目	废气量/（m³/h）	主要污染物名称	浓度/（mg/m³）	排放量/（kg/h）
1	胚芽干燥废气	11 640	粉尘	79.1	0.92
2	纤维干燥废气	11 750	粉尘	79.0	0.93
3	蛋白粉干燥废气	11 710	粉尘	90.1	1.06
4	味精干燥废气	23 950	粉尘	31.0	0.74
5	发酵尾气	65 880	NH₃	2.0	0.13
6	锅炉烟气	368 068	SO₂	281.0	69.60
			烟尘	47.0	19.58
			NOₓ	184.0	67.72
合计	废气量：390 454.416 万 m³/a； SO₂：551.23 t/a；烟尘：155.07 t/a； 粉尘：28.91 t/a；NH₃：1.03 t/a；NOₓ：536.34 t/a				

表 1-2-10 项目达产时主要污染物排放汇总

序号	类别	污染物	单位	排放量	备注
1	废水	废水量	万 m³/a	235.29	市高新区污水处理厂处理达标后的排放量
		COD	t/a	117.65	
		氨氮	t/a	18.82	
2	废气	废气量	万 m³/a	390 454.416	包括锅炉烟气、干燥废气等
		SO₂	t/a	554.13	有组织排放、无组织排放
		NOₓ	t/a	536.34	有组织排放
		烟尘	t/a	155.07	有组织排放
		粉尘	t/a	28.91	无组织排放

第四节　环境影响识别与评价因子筛选

一、环境影响识别

实施 ISO 14 001 环境管理体系标准的核心任务是通过对组织本身活动、产品和服务中存在的环境因素进行充分的识别，并采用适当的方法进行评价，确定重大环境因素。环境管理体系的建立和实施最主要的目的是使自愿实施环境管理体系的组织通过对重要环境因素的控制来取得环境绩效，所以，环境因素的识别和重要环境因素的评价是建立和实施环境管理体系的基础和关键。对于实施环境管理体系的组织来说，只有尽可能充分地识别出环境因素才能为体系的建立打下良好基础，重要环境因素的评价则保证了环境因素控制的重点突出、方向明确。

味精行业环境影响因素涉及资源、能源、"三废"排放等方面，按照环境因素的识别评价方法，味精生产重要环境影响因素具体见表 1-2-11。

表 1-2-11　味精工业生产重要环境因素

部门	环境因素	活　　动	环境影响
全厂	蒸汽的损耗	运输、使用	能源浪费
	石棉保温材料的使用	管道设备保温	危害人的健康
	水资源的使用	工业生产过程	资源浪费
	原辅材料的浪费	工业生产过程	资源浪费
	液氨的泄漏	液氨的运输、储存、使用	大气污染
	硫酸的泄漏	硫酸的运输、储存、使用	水体污染、土壤污染
	有毒有害办公用品废弃	办公活动	土壤污染
	哈龙物质的释放	火灾	破坏臭氧层
供应	原辅材料的监控	原辅材料成分分析	资源浪费
糖化	粉尘排放	淀粉投料过程	大气污染、资源浪费
	废水中 COD 排放	增加浓缩糖液设备，提高原料的利用率	水体污染
	糖渣的回收利用	生产过程	废物利用
发酵	废水中 COD 排放	增加大容量发酵罐，生产能力提高，产酸率提高	水体污染
	甲醛的使用	对环境消毒	危害人的健康
	风的利用	生产过程	能源节约
	发酵罐染菌	生产过程	水体污染

部门	环境因素	活　动	环境影响
提取	水的浪费	冲洗废水的排放	资源浪费
	废母液的排放	离交过程	水体污染
精制	粉炭利用	发酵液的脱色	资源浪费
	粉尘排放	味精干燥、粉碎	大气污染
	半成品味精的损耗	运输吊料过程	水体污染
	粉炭排放	生产过程	土壤污染
	蒸汽的利用	结晶罐加热系统的改进	资源节约
污水站	废水超标排放	污水站废水处理	水体污染

二、污染因子识别和评价因子筛选

1. 污染因子识别

污染因子是对人类生存环境造成有害影响的污染物的泛称，它涵盖了涉及环境污染的所有范畴。例如对水体环境造成危害的有机物质（油类、洗涤剂等）和无机物质（无机盐、重金属等）；对空气质量造成危害的有毒气体（如二氧化硫、氮氧化物、有机气体等）和各种粉尘颗粒；还有对人类活动造成影响的各种废弃物、噪声、强光、热辐射、核辐射等。污染因子的筛选首先选择该项目等标排放量较大的污染物为主要污染因子，其次考虑在评价区内已造成严重污染的污染物。污染源调查中的污染因子数一般不宜多于 5 个。

本教材以味精行业为例讨论污染因子确定和评价因子筛选。味精的生产方法普遍采用发酵法，是以淀粉质原料经水解生成葡萄糖，利用谷氨酸生产菌进行碳代谢，生物合成谷氨酸后进一步中和生成味精。生产过程分为四大工序：制糖、发酵、提取、精制。国内大、中型企业都从原料生产淀粉开始，通常其项目主要污染因子如表 1-2-12 所示。

表 1-2-12　味精行业主要污染因子

主要污染源	主要污染因子			
	废水	废气	固体废弃物	噪声
锅炉		SO_2、NO_2、烟尘	煤渣、灰渣	高频
给水站	pH、COD、BOD、SS			低频
面粉车间	pH、COD、BOD、SS、NH_3-N	粉尘	石子、铁屑、下脚料	中、低频
淀粉车间	pH、COD、BOD SS、NH_3-N、SO_2	粉尘、SO_2	石子、铁屑、下脚料	中、低频
玉米油车间	COD、BOD、SS、油	正己烷	白土、有机物	低频

主要污染源	主要污染因子			
	废水	废气	固体废弃物	噪声
液化、糖化车间				中、低频
发酵车间	COD、BOD、SS	CO_2		中、低频
提取车间	pH、COD、BOD、SS、NH_3-N、SO_4^{2-}			低频
饲料车间		粉尘、异味		中、低频
硫酸铵生产车间	pH、COD、BOD、SS、NH_3-N、SO_4^{2-}	粉尘、异味、无组织氨气		低频
有机肥料车间		H_2S、SO_2、NO_2、NH_3异味、酸味、粉尘		低频
精制车间	pH、COD、BOD、SS		活性炭渣	中、低频
污水处理站	pH、COD、BOD、SS、NH_3-N、SO_4^{2-}	恶臭	污泥	中、低频
办公、食堂生活区	COD、BOD、SS、NH_3-N	油烟	生活垃圾	

2. 评价因子筛选

评价因子是指进行环境质量评价时所采用的对表征环境质量有代表性的主要污染元素，一般包括环境质量现状评价因子和环境影响预测评价因子两大类，环境质量现状评价因子是指对项目未建设以前，周边环境现状评价所需选择的因子，一般包括环境空气、地表水环境、声环境等方面的评价因子；环境影响预测评价因子是指对项目本身产生的污染对周边环境影响进行评价时所选择的因子，一般包括地表水、声环境、固体废弃物等方面的评价因子。

评价因子应具有较好的代表性，能正确、客观地反映环境质量状况。通常包括：

（1）水环境

现状评价因子：pH、COD、BOD、NH_3-N、纳污水体主要污染因子；

预测评价因子：COD、NH_3-N。

（2）空气环境

现状评价因子：H_2S、NH_3、SO_2、TSP、PM_{10}；

预测评价因子：H_2S、NH_3、SO_2、TSP、PM_{10}。

（3）声环境

现状评价因子和预测评价因子：等效连续 A 声级。

（4）固体废弃物最终处置

对一般固体废弃物分类进行资源化处理，对危险废物按照国家要求全部进行安全处置。

第五节 污染防治措施

目前，我国味精基本上以淀粉质和糖质原料（如玉米、大米、淀粉、糖蜜）通过发酵法生产，污染主要来源于提取味精后的发酵废母液，浓缩结晶遗弃的结晶母液，以及各种洗涤、消毒废水。一般每生产 1 t 味精产生 15～20 t 发酵废液。根据废水 COD 浓度的不同，可将味精发酵废液分为高浓度有机废水（废母液或离交尾液）、中浓度有机废水和低浓度有机废水三种。目前新建项目对高浓度废水主要采用物化方法进行处理，首先提取菌体蛋白，COD_{Cr} 可降低 30%～40%，SS 可降低 70%～80%。除菌体后的废水，浓缩提取硫酸铵，再利用喷浆造粒技术生产有机—无机复混肥；浓缩干燥过程产生的冷凝水掺入低浓度废水，进行后续好氧处理；中浓度废水采用厌氧生化处理，处理过程中产生大量的甲烷气体，使出水的 COD_{Cr} 下降到 1 000 mg/L 左右，随后进入低浓度废水好氧处理系统。废水经好氧处理后中，再经深度处理，去除水中剩余的少量悬浮物，进一步降低 COD_{Cr} 的值，达到工业回用水的要求，见图 1-2-10。

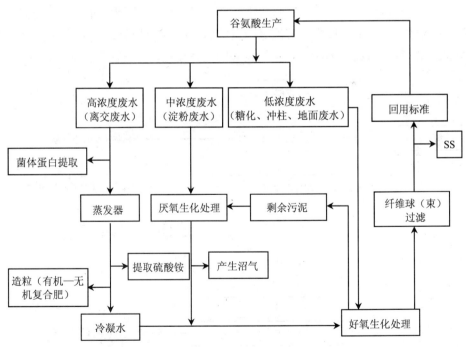

图 1-2-10 味精废水综合利用与深度处理工艺流程

一、废母液综合利用措施

味精废母液过去一直采用末端治理的技术，不但投资大，而且还不能从根本上解决问题。随着生产规模的不断扩大，味精废母液的污染日趋严重。采用味精清洁生产技术能使污泥消灭在工艺过程，并使废弃物资源化。这十分有利于经济和环境保护的协调发展，同时为发酵行业走清洁生产之路开辟了新途径。从20世纪80年代开始，有关科研单位、味精企业相继针对味精废水的特点，研究开发了一些废水综合利用和治理工艺，如发酵废母液提取谷氨酸闭路循环新工艺、发酵废母液生产饲料酵母、发酵废母液提取菌体蛋白、玉米浸泡水和谷氨酸离交尾液混合培养饲用酵母粉、发酵液去菌体浓缩等电提取谷氨酸—废母液生产有机复合肥料等，现分别介绍如下。

1. 发酵废母液提取谷氨酸闭路循环新工艺

该技术将发酵液以批次方式进入闭路循环圈，先经常温（15～20℃）等电结晶和晶体分离，获得主产品谷氨酸；结晶母液分离得到菌体（饲料高蛋白），分离菌体后的清母液浓缩，得到冷凝水排出闭路循环圈；浓缩母液脱盐，获得结晶硫酸铵，再将硫酸铵结晶母液水解过滤，得到腐殖质排出循环圈；富含谷氨酸的酸性水解滤液经脱色后代替硫酸，调节下一批次发酵液等电点结晶，物料主体构成循环。该技术为解决味精行业高浓度有机废水的污染提供了良好的处理途径，工艺流程见图1-2-11。

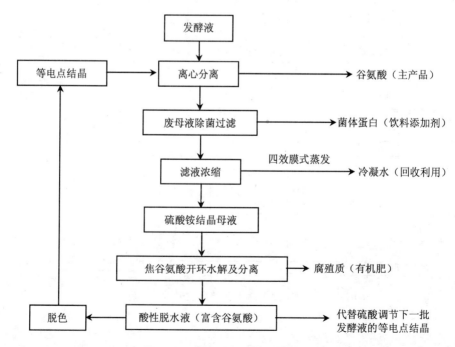

图 1-2-11 发酵液提取谷氨酸闭路循环新工艺流程

与现行提取工艺相比，该工艺有如下特点：①革新离子交换工艺，没有离交成本，同时节约大量离交用水；②改冷冻等电点结晶为常温等电点结晶，节约大量能耗；③提高谷氨酸提取率，达到95%以上；④减少废水SO_4^{2-}浓度，为末端治理创造条件；⑤冷凝水稍作处理后可循环作为工艺用水，实现废水零排放；⑥实现物料主体闭路循环，达到经济、环境和社会效益的三统一，其中可产副产物：每生产1t味精，可得到菌体蛋白（干基）0.08～0.1t，蛋白含量为75%；有机肥0.3t（与糖化和发酵水平有关）；结晶硫酸铵0.8～0.9t。

2. 发酵废母液提取菌体蛋白技术

发酵废母液的污染负荷占味精生产整个污染的90%以上。通常COD值高达50 000～70 000 mg/L，废母液中菌体0.5%～1%，占有机污染负荷的30%～35%。根据菌体的特点，采用一定方法，从发酵废母液中提取菌体蛋白，可有效降低废母液COD，处理后的废母液COD降至10 000～20 000 mg/L，去除率达70%，菌体含量为0.067%，去除率达92.6%。提取菌体蛋白常用的方法有：高速离心分离法、超滤法、絮凝（加热）沉降法等，目前在工业化生产中，易被采用的方法是高速离心法、絮凝沉降法、加热沉淀法和膜分离法。现分别介绍如下。

（1）高速离心法

高速离心法是采用高速离心分离设备，利用废水中各物质的相对密度差异，通过离心力的作用完成固液分离。国内少数味精厂引进瑞典或德国生产的离心分离机用于谷氨酸发酵液除菌，已有成熟的使用经验，且该类离心分离机的生产已经实现了国产化。该工艺能达到提取菌体和提高谷氨酸一次等电点收率的双重效果，但易损失发酵液。

（2）絮凝沉降法

絮凝沉降法是在谷氨酸母液中直接加入铝、铁等絮凝剂和高分子絮凝剂，使废水中的菌体和高分子物质聚结沉淀。沉淀物经板框压滤机压滤后干燥得到单细胞蛋白，适合作饲料添加剂。该技术的关键是找到合适的混凝剂及其相应的混凝工艺条件。由于沉降的菌体用于饲料，因此，选择的絮凝沉降剂要求无毒、无害、无异味。但是，该方法需要专用的混凝剂，运行费用较高；处理工艺复杂，总收率较低，工艺不宜放在等电点之前进行混凝除菌，难以实现同时提高谷氨酸一次等电收率。

（3）加热沉淀法

由于谷氨酸废母液的菌体主要由蛋白质组成，因此，将废液加热到一定温度，促使蛋白质变性，形成较大絮状沉淀，然后静置，使菌体和蛋白质沉淀，以达到分离菌体的目的。工艺流程如图1-2-12所示。

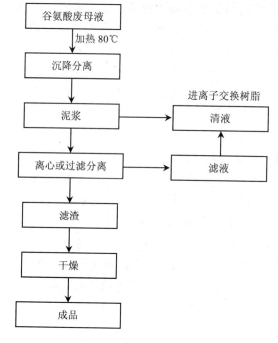

图 1-2-12   谷氨酸废母液加热絮凝菌体蛋白工艺流程

（4）膜分离法

谷氨酸菌体大小为 700～1 000 nm，比谷氨酸发酵液中同时存在的蛋白质和胶体分子大得多，可以采用膜孔为 800～1 000 nm 的高分子膜材料，利用流体的压力使溶液和尺寸远小于 800 nm 的溶质分子透过外压管状膜，菌体则被完全截留，并被高速液流冲走，实现"自净式"循环过滤，直至菌体在液流中浓度满足干燥要求时停止。该方法不仅可以解决超滤膜除菌时遇到的滤速极慢的问题，还可解决微过滤膜除菌时出现的膜必须经常反冲洗的问题。

3. 玉米浸泡水和谷氨酸离交尾液混合培养饲用酵母粉

利用玉米浸泡水和氨基酸离交尾液培养饲料酵母，通过喷雾干燥制备酵母粉，可增加企业的经济效益，同时减轻污水处理的压力，使资源得到最大化的应用，促进厂内资源经济的小循环，进一步拉长味精生产过程的产业链，产业结构得到优化，效益明显提高，增强企业抗风险能力，企业进入可持续的良性发展阶段。

将浸泡水上清液与离交尾液、玉米皮酶解液以一定比例混合投入调配并调节 pH 备用。主发酵罐进行空消后，再将调配好的料液投入发酵罐内，调节温度到 32℃，接入酵母菌种子液，喷射引入清洁空气，进行好氧培养。使酵母菌在适宜的环境条件下迅速扩大增殖，当测定菌落数达到 18 亿/mL 以上时终止培养，泵入后熟罐内后熟处理。后熟料液蒸发浓缩至固形物含量约 40%，经高速离心喷雾塔进行干燥，即可得到颗粒均匀、淡黄色、具有浓郁酵母特殊香味的粉状成品。工艺流程见图1-2-13。

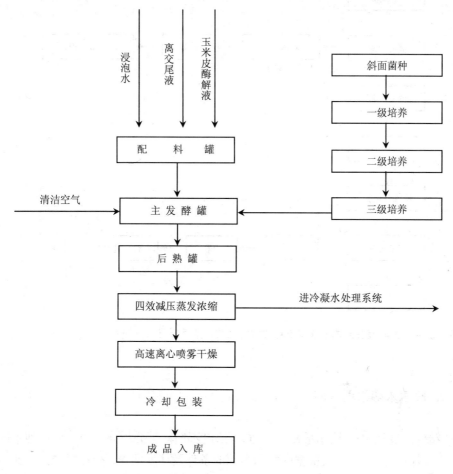

图 1-2-13　玉米浸泡水和谷氨酸离交尾液混合培养饲用酵母粉工艺流程

4．去菌体浓缩等电点提取谷氨酸—浓缩废母液制造有机肥料

谷氨酸发酵液通过絮凝剂沉淀，或膜过滤、离心机等方法分离去除菌体后，利用浓缩等电提取工艺提取谷氨酸，然后将废母液浓缩，利用喷浆造粒技术生产有机肥料，工艺流程见图1-2-14。

去菌体浓缩等电提取工艺提取谷氨酸，避免了菌体及破裂后的残片释放出的胶蛋白、核蛋白和核糖核酸等对谷氨酸提取与精制的影响，提高了谷氨酸提取收率与精制得率；同时在生产过程中提取的菌体蛋白、制备的有机复合肥，可作为高附加值产品，为企业增加一定的经济效益。

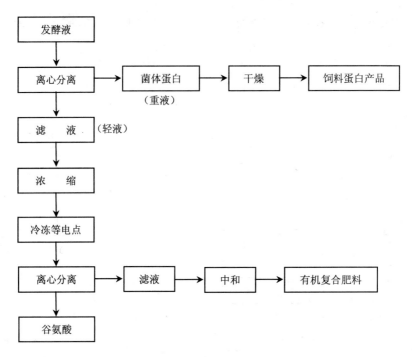

图 1-2-14　发酵液去菌体浓缩等电点提取谷氨酸—浓缩废母液生产有机复合肥料工艺流程

二、废水末端治理措施

味精生产过程中产生的废水，按 COD 浓度不同，可分为高、中、低三种不同有机废水，国内味精生产企业根据国情和当地的条件及环境要求，依据《味精工业污染物排放标准》（GB 19431—2004）制定的排放指标与技术政策，首先对高浓度有机废水（废母液或离交尾液）进行综合利用，其次对中低浓度有机废水采用厌氧—好氧生物处理技术进行末端治理，进入生物处理设施的废水控制在 COD 6 000 mg/L 以下，处理后出水水质能达到 COD 100～300 mg/L。

厌氧＋好氧生物处理系统一般包括：① 预处理，主要包括水量调节，水质均化，pH 调节、去除毒物，温度调节等；② 一级或二级厌氧消化处理；③ 好氧生物处理；④ 沼气净化和贮存。工艺流程见图 1-2-15。

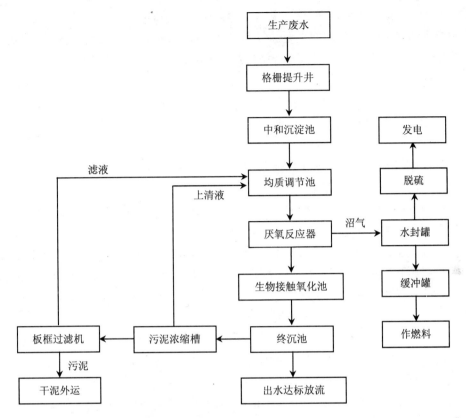

图 1-2-15 味精低浓度废水厌氧生化处理系统

第六节 清洁生产评价

环境影响评估报告书清洁生产评价，主要包括清洁生产措施分析和清洁生产水平评价，可调研发酵各行业发布的数据及企业发表的清洁生产材料，同时，可参阅国家已正式公布的清洁生产审核标准进行评价。

一、清洁生产措施

清洁生产是一种新的创造性思想，该思想将整体预防的环境战略持续应用于生产过程、产品和服务中，以增加生态效率和减少人类及环境的风险。实行清洁生产包括清洁生产过程、清洁产品和服务三个方面，即采用清洁的能源和原料，选用清洁的生产过程，生产清洁的产品。清洁生产是人类在进行生产活动时，所有的出发点都要考虑防止和减少污染的产生；对产品的全部生产过程和消费过程的每一环节，都要进行统筹考虑和控制，使所有的环节都不产生危害环境、威胁人体健康的生产过程。

味精行业实施清洁生产的主要途径和方法包括合理布置产品设计、从生产源头做好原料选择、工艺改革、节能减排、资源综合利用、技术进步、实现生命周期评估等诸多方面，可归纳如下：

（1）合理布局、调整和优化工艺条件和产品质量，以解决影响环境的"提取工艺"、污染和资源能源的浪费，以实现资源和物料的闭合循环，并在工艺过程中削减和消除废物。

（2）在原料选择时，优先选择无毒、低毒、少污染的原辅材料替代毒性较大的原辅材料，以防止原料及产品对人类和环境的危害，如玉米淀粉、硫酸、盐酸、纯碱、糖蜜及助滤剂等。一是限制强酸的使用量，减少味精中 SO_4^{2-} 离子量，二是控制原辅料在生产中易产生的污染和危害。

（3）改进生产工艺，开发新的工艺技术。采取和更新生产设备，淘汰陈旧设备，使资源和能源利用率高、原材料转化率高、污染物产生量少的新工艺和节能的先进设备，代替那些资源浪费大，污染严重的工艺设备。在生产中减少原料的浪费和污染物的产生，尽最大努力实现少废或无废生产。

（4）节能减排，节约能源和原材料，提高资源利用水平，做到物尽其用。通过能源和原材料的合理利用，使原辅材料中所有的通过生产过程，尽可能转化为味精，消除废物产生，实现清洁生产。

（5）开展资源综合利用，尽可能多地采用物料循环利用系统。如水的循环利用及重复利用，废母液的综合利用等，以达到节约用水、减少排污的目的。使废弃物减量化和无害化，减少污染物排放。

（6）领先科技进步，提高企业技术创新能力，开发、示范和推广无废、少废的清洁生产工艺和技术装备，实施清洁生产。

（7）实行清洁生产后的目标和指标。

① 实行清洁生产要根据味精生产企业全过程评价污染预防机会识别、清洁生产方案筛选，全面评价味精生产及各个单元或环节的运行管理，掌握生产过程的原材料、能源与产品污染物的输入输出情况。

② 分析识别影响资源、能源有效利用，造成废物产生，以及制约企业生态效率的原因。

③ 产生并确定企业从产品、原材料、技术工艺、生产运行管理以及废物循环利用等多途径进行综合污染预防机会、方案与实施计划。

④ 通过清洁生产对原材料要进行量的制定，其中包括能源（水、煤、电）和辅料的制定量，如要在原来先进标准基础上下降20%左右。如淀粉、水、煤、电及硫酸、纯碱、活性炭等，均要有大幅度降低。

二、清洁生产水平评价

为贯彻《中华人民共和国环境保护法》和《中华人民共和国清洁生产促进法》，保护环境，为发酵企业开展清洁生产提供技术支持和导向，国家发展改革委于 2007 年发布了《发酵工业清洁生产指标体系（试行）》，其中有柠檬酸企业定性、定量评价指标项目、权重及基准值，见表 1-2-13、表 1-2-14；环保部于 2008 年发布了《清洁生产标准—味精工业》（HJ 444—2008），见表 1-2-15。其他行业的清洁生产水平，应在进一步调研行业国内基本水平、先进水平和国际先进水平基础上确定。

表 1-2-13　柠檬酸企业清洁生产定性评价指标项目及指标分值

一级指标	指标分值	二级指标		指标分值
（1）原辅材料	15	① 淀粉　② 薯类		15
（2）生产工艺及设备要求	20	调粉浆	淀粉乳>13%	8
		液化	喷射液化、中温	5
		发酵	CIP 清洁	1
		分离	膜分离、色谱分离、离子色谱，连续离子交换色谱	3
		浓缩	多效	3
（3）符合国家政策的生产规模	10	柠檬酸年产量 3 万 t 以上		10
（4）环境管理体系建设及清洁生产审核	25	通过 ISO 9000 质量管理体系认证		3
		通过 HACCP 食品安全卫生管理体系认证		4
		通过 ISO 14000 环境管理体系认证		5
		进行清洁生产审核		5
		开展环境标志认证		2
		所有岗位进行严格培训		3
		有完善的事故、非正常生产状况应急措施		3
（5）贯彻执行环境保护法规的符合性	25	有环保规章、管理机构和有效的环境检测手段		6
		对污染物排放实行定期监测和污水排放口规范管理		6
		对各生产单位的环保状况实行月份、年度考核		6
		对污染物排放实行总量限制控制和年度考核		7

表 1-2-14　柠檬酸企业定量评价指标项目、权重及基准值

一级指标	权重值	二级指标	单位	权重值	评价基准值	
					玉米为原料	薯类为原料
（1）资源和能源消耗指标	30	原料消耗量	t/t	6	1.9	1.9
		取水量	m^3/t	8	40	40
		电耗	kW·h/t	3	1 100	1 100
		汽耗	t/t	3	5.0	5.0
		综合能耗	tce/t	10	1.1	1.0
（2）生产技术特征指标	30	淀粉糖化收率	%	4	98.5	98.5
		发酵糖酸转化率	%	4	98.0	98.0
		发酵产酸率	%	4	13.0	12.5
		柠檬酸提取收率	%	4	86.0	86.0
		精制收率	%	4	98.0	98.0
		纯淀粉出 100%柠檬酸收率	%	10	86.0	86.0
（3）资源综合利用指标	28	淀粉渣（薯类渣）生产饲料	%	5	100	100
		菌体渣生产饲料	%	5	100	100
		硫酸钙废渣利用率[①]	%	5	100	100
		冷却水重复利用率	%	5	100	100
		锅炉灰渣综合利用率	%	5	100	100
		沼气利用率	%	3	70	70
（4）污染物产生指标[②]	12	综合废水产生量	m^3/t	6	40	40
		COD 产生量	kg/t	3	400	350
		BOD 产生量	kg/t	3	300	300

注：① 如采用新型提取方法，无硫酸钙废渣产生，则硫酸钙废渣利用率取 100%。
　　② 污染物产生指标是指生产吨产品所产生的未经污染治理设施处理的污染物量。

表 1-2-15　味精工业清洁生产标准指标要求

项　　目		国际先进水平	国内先进水平	国内基本水平
一、生产技术特征指标				
1. 淀粉糖化收率/%		≥99.5	≥99.0	≥98.0
2. 发酵糖酸转化率/%		≥63.0	≥60.0	≥57.0
3. 发酵产酸率/%		≥13.5	≥12.0	≥10.0
4. 谷氨酸提取收率/%	等电离交	≥98.0	≥96.5	≥95.0
	浓缩等电	≥90.0	≥88.0	≥84.0
5. 精制收率/%		≥98.5	≥96.5	≥95.0
6. 纯淀粉出 100%味精收率/%	等电离交	≥85.4	≥78.1	≥71.2
	浓缩等电	≥78.4	≥71.2	≥62.9

项　目		国际先进水平	国内先进水平	国内基本水平
二、资源能源利用指标				
1. 取水量/（m^3/t）		≤55	≤60	≤65
2. 原料消耗量*/（t/t）	等电离交	≤1.7	≤1.9	≤2.2
	浓缩等电	≤1.9	≤2.1	≤2.3
3. 综合能耗（外购能源）/（t 标煤/t）		≤1.5	≤1.7	≤1.9
三、污染物产生指标				
1. 发酵废母液（离交尾液）产生量/（m^3/t）		≤8	≤9	≤10
2. 废水产生量/（m^3/t）		≤50	≤55	≤60
3. 化学需氧量（COD_{Cr}）产生量/（kg/t）		≤100	≤110	≤120
4. 氨氮（NH_3-N）产生量/（kg/t）		≤15	≤16.5	≤18
四、废物回收利用指标				
1. 玉米渣和淀粉渣生产饲料/%		100	100	100
2. 菌体蛋白生产饲料/%		100	100	100
3. 冷却水重复利用率/%		≥85	≥80	≥75
4. 发酵废母液综合利用率/%		100	100	100
5. 锅炉灰渣综合利用率/%		100	100	100
6. 蒸汽冷凝水利用率/%		≥70	≥60	≥50

注：*原料是指含水率为 14%的商品玉米。

三、其他行业清洁生产新技术

1. 赖氨酸行业新技术——不锈钢膜用于赖氨酸清洁生产新工艺

用于发酵生产赖氨酸的细菌菌体细小，采用传统方法难以过滤。传统工艺是将发酵液直接进入离子交换树脂，发酵液中的菌体和杂蛋白等对树脂污染严重，解析前需大量用水洗涤树脂，产生大量高浓度有机废水。另外，菌体和杂蛋白在污染树脂的同时，还降低了树脂对赖氨酸的吸附率，使部分赖氨酸漂洗水进入废水之中，降低了赖氨酸产率。

该工艺采用不锈钢膜分离系统，首先将发酵液中的菌体、固体蛋白、胶体物质等不溶物彻底去除，同时去除大部分多糖、蛋白等大分子物质，使进入离子交换树脂的料液清澈透明，为后续离子交换树脂工序提供了良好的吸附和解析条件，使后续解析工序所需的用水量和用氨量都明显减少，赖氨酸产率提高。被不锈钢膜截留的菌体和杂蛋白等用于生产高蛋白菌体饲料。赖氨酸生产新旧工艺流程的对比见图 1-2-16。

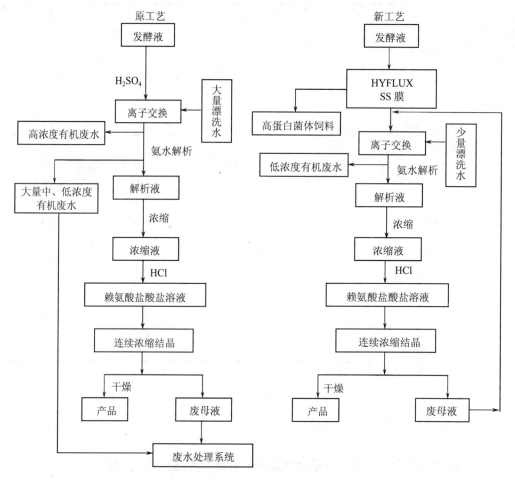

图 1-2-16　赖氨酸生产新旧工艺流程的对比

　　新工艺较旧工艺不同之处在于采用不锈钢膜过滤发酵液。其优点在于节约水资源、赖氨酸收率提高、优化树脂解析过程、降低树脂单元生产周期。

　　以平均年产 1 万 t 赖氨酸为例，采用不锈钢膜分离菌体并制得饲料。每年可生产饲料蛋白约 2 000 t，企业可收入约 600 万元，投资回收期为两年。

　　不锈钢膜新工艺将发酵液中大部分产生 BOD/COD 的物质截留，使进入离交树脂的料液杂质减少，耗用的漂洗水大量减少，同时减少了废水总量和污染程度。采用膜工艺后浓污水的 COD 值可以降低 40%～50%，稀污水的 COD 可降低 60%～70%，水量可降低 30%～40%，COD 总量降低 50%～60%。不仅有效解决了高浓度有机废水的问题，同时将污染变废为宝，产生巨大的经济效益。

2. 淀粉糖行业新技术——食用结晶葡萄糖无离子交换废水生产技术

　　该技术是将葡萄糖液蒸发浓缩工序所副产的蒸汽冷凝水，经闭式回收降温后替代一次水，用作玉米淀粉生产的淀粉精制洗涤工序的洗涤用水。

由于从蒸发浓缩工序回收的冷凝水几乎为纯水，不含阴、阳离子等杂质，电导率小于 $100\,\mu S/cm$，用其洗涤精制淀粉，可使淀粉乳的电导率降低到 $200\,\mu S/cm$ 以下，用其为原料生产的糖液质量高，几乎无阴、阳离子杂质，这样的糖液经过除渣和脱色后，可以省去离子交换除杂处理，直接进入蒸发浓缩和喷雾干燥系统加工成口服葡萄糖成品。由于省去了离子交换处理，从而消除了企业现在应用的通用技术产生废水的源头。实现了口服葡萄糖生产中蒸汽闭式回收利用和全过程无废水产生和排放的目的。

该技术革除了离子交换工序，解决离子交换带来的污染问题，同时又能保证产品质量，是口服葡萄糖生产过程中无废水排放的一种生产方法，工艺流程见图1-2-17。

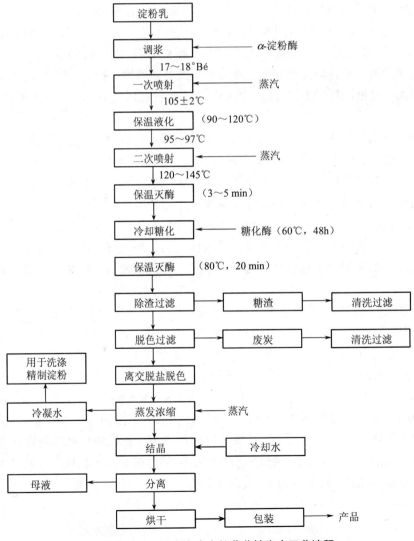

图 1-2-17　无离交废水的葡萄糖生产工艺流程

山东西王糖业有限公司采用此技术，蒸发冷凝水进行回用，取消了离交工段，大大提高了生产效率，口服葡萄糖生产能力由原来的 18 万 t 增加到 25 万 t，新增销售收入 5 000 万元，减少离交废水 40 万 m³，同时简化了操作过程，节约了生产成本。

3. 柠檬酸行业新技术

（1）连续错流变温色谱提纯柠檬酸新技术

该技术是一种采用弱酸强碱两性专用合成树脂吸附柠檬酸，而后用热水洗脱柠檬酸的错流变温色谱分离技术，其关键技术主要包括：

①柠檬酸专用吸附合成树脂，该树脂具有以下特点：对柠檬酸有很强的专一吸附能力，对无机盐，糖类物质、色素、易碳化物和其他有机酸如草酸、葡萄糖酸等则不被吸附；吸附容量大，树脂吸附柠檬酸量为 0.7～0.8 g/g 湿树脂、1.1～1.2 g/g 干树脂；不同于通常的酸、碱及有机溶剂解吸洗脱剂，该树脂是采用热水洗脱，水在不同温度时离解度将产生显著变化，当温度从 25℃上升到 85℃时，H⁺和 OH⁻的浓度可增大 30 倍，热水就代替了酸、碱，起到了改变离子交换平衡的推动作用，因此可以用 90℃左右的热水轻易地从吸附了柠檬酸的饱和树脂上将柠檬酸洗脱下来，从而无任何酸、碱污染。

②该工艺吸取了模拟移动床（SMB）分离技术，无须真正传送固相吸附剂，分离能力强，设备结构小，投资成本低，便于实现连续操作等优点，但又不同于 SMB。在 SMB 中各床层内吸附与脱附全部连通，洗脱剂贯穿整个系统推动分离，因而整个系统内温度只能是一致的。而连续变温错流色谱中吸附与脱附两部分是完全隔离的，洗脱剂仅在脱附部分内运行，因而吸附与脱附两部分可在互相不同的温度下操作。另外，此工艺还实现了柠檬酸发酵提取废液的循环发酵。用吸附步骤中的柠檬酸浓度<0.5%的吸附排出液替代发酵配料用水，可提高发酵产酸率，实现可利用资源的回收。

长期以来，柠檬酸的生产主要采用"钙盐法"分离技术，该工艺由于使用大量碳酸钙、硫酸，所以会有大量副产品硫酸钙废渣、二氧化碳废气和废水产生，严重污染环境，危害人们的身体健康，且操作过程复杂，生产成本高。连续错流变温色谱提纯柠檬酸新技术是对传统的柠檬酸生产"钙盐法"分离技术的一个重大变革，是柠檬酸生产历史上的一项重大技术创新。与传统工艺相比，该技术可缩短生产流程，提高产品收率 10%以上，提取收率大于 98%；减少生产用地、生产厂房；节省人员编制、减少运输工作量；削减了"三废"排放。以年产 5 万 t 柠檬酸后提取装置计算，每年可减少硫酸消耗约 4.5 万 t，碳酸钙约 4.5 万 t，同时减少二氧化碳排放约 2.4 万 t，废水 180 万 t，硫酸钙废渣 10 万 t。见图 1-2-18。

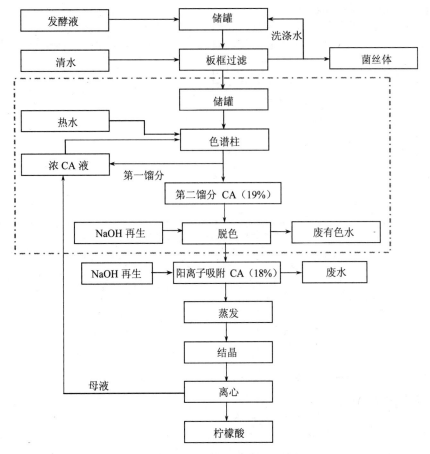

图 1-2-18 连续错流变温色谱提纯柠檬酸工艺流程

（2）"吸交法"提取柠檬酸新工艺工业化生产

"吸交法"提取柠檬酸新工艺的原理是采用交换吸附能力大、抗污染能力强的树脂对柠檬酸发酵液中的柠檬酸进行交换吸附，从而达到与发酵液中的其他杂质分离的目的，实现柠檬酸的分纯。去除硫酸钙废渣对环境造成的污染，副产品综合利用，使自然资源良性循环，具有很高的社会效益。"吸交法"新工艺使柠檬酸基本实现清洁化生产，工艺流程见图 1-2-19。

采用"吸交法"提取柠檬酸新工艺替代传统"钙盐法"生产工艺，根除了提取过程中产生的硫酸钙工业垃圾，降低了工人劳动强度，减少了环境污染，改善了整个车间及厂区的面貌；柠檬酸生产总收率达 94%以上，总产品 98%以上达到《英国药典》（1993 年版）规定标准；原"钙盐法"工艺每生产 1t 柠檬酸，同时产生 2t 硫酸钙工业垃圾，而"吸交法"工艺不仅去除了硫酸钙的产生，还可生产 0.65t 的硫酸铵副产品，与玉米蛋白渣、菌丝渣等副产品一起转变为产品出售，提高企业的经济效益，使自然资源进入良性循环的轨道。

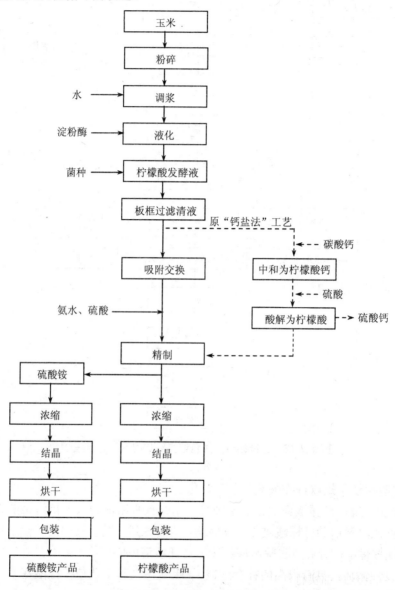

图 1-2-19   树脂"吸交法"柠檬酸生产工艺流程

（3）柠檬酸发酵废水的综合利用及沼气生物脱硫新技术

该技术利用柠檬酸废水中的 COD，通过厌氧反应器，在活性厌氧菌群的作用下，将废水中 90%以上的 COD 转化为沼气和厌氧活性颗粒污泥，同时将沼气经脱硫生化反应器后供燃气机组发电，尾气排经余热锅炉产生蒸汽，再将蒸汽用于双效溴化锂空调机组，综合利用沼气的能量，做到了热、电、冷三联供。此外，沼气中的硫化物在脱硫生化反应器中，由生物菌群将其分解为单质硫，增加企业的经济效益。工艺流程见图 1-2-20。

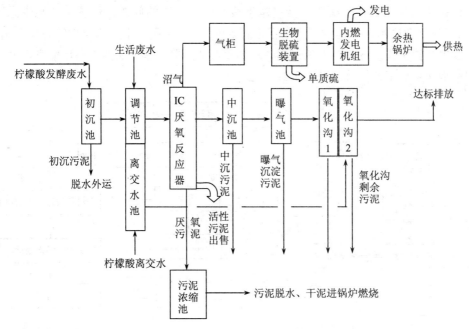

图 1-2-20 柠檬酸发酵废水的综合利用工艺流程

该技术将有机酸高浓度废水中的 COD 转化成沼气和厌氧活性颗粒污泥。沼气经生物脱硫后，用于锅炉燃烧或发电，厌氧活性颗粒污泥可作为厌氧发生器的菌源进行出售。降低了高浓度废水浓度，降低了废水治理成本，消除了环境与发展之间的矛盾，取得良好的环境效益、社会效益和经济效益。

4. 酵母行业新技术——糖蜜原料生产高活性干酵母废水治理及综合利用

该技术在吸收国内发酵行业废母液综合治理技术并结合国外酵母有机废水治理经验基础上，采取清洁生产工艺、清污分流的治理工艺，对酵母高浓度有机废水进行综合治理，具体方案如下：

首先，在企业内部实行污染物的规范化排放，在生产线上对产生高浓度有机废水的工段进行重点整改，引进先进的分离技术和设备，在污染物总量不变的情况下，减少废水量的产生，提高废水浓度，同时在排放源头实行清污分流、浓淡分开治理，减少清水的处理环节，降低处理运行成本，实现中水回用。

其次，为了降低废水的生化处理难度，提高废水可生化性，将高浓度有机废水（COD≥60 000 mg/L）从总排放废水中分离出来，蒸发浓缩后干燥造粒制成商品有机肥料，实现废物综合利用。

最后，低浓度废水采用厌氧-好氧处理技术进行生化处理，同时在生化处理后添加化学絮凝沉降物化处理，厌氧技术采用 IC 内循环厌氧反应器，好氧采用射流曝气技术。出水经沉淀后排出再次经过化学絮凝沉降处理后达标排放。

该技术的应用解决了酵母行业高浓度废水达标排放的问题，保护了当地生态环境；为发酵行业废水治理提供了一条行之有效的方法；实现了生产废弃物的综合利用，为农业生产提供优质的生物有机肥料，对调整农业用肥结构、保持生态环境良性循环起到积极作用。工艺流程见图 1-2-21。

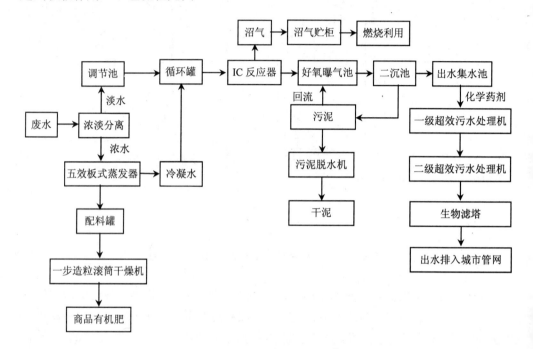

图 1-2-21   干酵母生产废水综合利用和治理工艺流程

第七节   环境影响评价应关注的问题

一、建设项目是否符合国家相关产业政策

二、厂址选择注意以下问题

（1）厂址选择必须符合国家工业布局和城市规划的要求，遵守国家有关法律、法规。

（2）厂址应靠近水量充足、水质良好的水源地。水质应符合《生活饮用水卫生标准》和生产的要求。禁止在水源地上游建厂。

（3）厂址应尽可能靠近热电供应地，要有可行的供电保证。对于中小型企业应尽可能利用社会热电站的蒸汽供应，以减少新建工厂在热力方面的投资。对于较大型企业应考虑热电联产，建自备热电站，合理利用能源，降低生产成本。

（4）厂址周围应有良好的卫生环境，周边空气质量良好，无污染源，以保证生产，尤其是发酵工序对空气的质量要求。应远离居民密集区、文物风景区、机场以及散发大量粉尘和有害气体的工厂、仓储、堆场等区域。如不能远离有严重空气污染区时，则应位于其最大频率风向的上风侧，或全年最小频率风向的下风侧。

（5）厂址应具有满足建设工程需要的工程地质条件和水文地质条件。建厂厂址的基地应该有较高的承载力和稳定性，应避免在地震断层带地区基本烈度为 9 度以上地区，易受洪水、泥石流、滑坡、土崩等危害的地区建厂。

（6）厂址应有便利的交通运输条件，生产用原料、燃料及成品等物资吞吐量较大，应尽可能靠近原有的交通运输线路，如铁路、公路、码头等，以减少建设投资。

（7）厂址宜靠近原料、燃料基地或产品主要销售地区，尽量缩短运距，并靠近储运、机修、公用工程和生活设施等方面具有良好基础和协作条件的地区。

（8）厂址附近应有生产污水、生活污水、废渣等排放的可靠排除地，并应保证新建工厂不给当地环境造成不良影响和危害。

三、工程分析

（1）从环境影响角度要求项目主要组成应完整不遗漏；改扩建应说明与现有工程的依托关系。通常被疏忽的有交通运输、酶制剂、化学品制备以及危险化学品储运等内容。

（2）熟悉生产工艺并明确污染排放点，准确计算物料平衡和水平衡。水平衡、物料平衡数据是否合理，是否体现了节水原则和符合资源综合利用要求。采用的新工艺、新技术尚需有专家评审报告。

（3）改扩建项目应描述现有工程存在的环保问题、治理措施运行效果和采取的"以新带老"措施的适宜性与可行性。

（4）工程污染流程图的排放节点、排放污染物的源强是否准确、有无遗漏。由于发酵工艺的特点，对生产设备均需定期清洗与消毒，故应关注非工况污染源强的估算。

（5）应对项目的生产过程易引起燃烧爆炸事故风险、发酵工序"染菌倒罐"事故风险以及污水处理系统事故风险进行分析并提出预防对策和应急措施。对化学品储运及使用中潜在的事故风险提出有效的管理措施和减缓事故的环境影响应急措施。

四、污染防治措施

发酵行业污染物主要来源是生产过程中产生的有机废水，发酵废水污染物浓度较高、水量大、污染物成分复杂、产生的环境问题比较突出。一般来说，要核实排放量、物理化学特性，按污染物性质分类，结合类比调查，遵照技术先进、成熟可靠、经济上要合理及现实的原则，灵活采取治理措施。

发酵过程中产生的事故，应注意结合工艺进行妥善处理。如果发酵前期染菌，可灭菌后重新利用。对后期染菌，应在提取其有效成分后，染菌液先排入事故沉淀池，经沉淀后进行污水处理。当受纳水体环境已经超过规划功能时，废水达标排放后预测结果应比现状有所改善，否则，应进一步对水进行深度处理，削减排放量。

五、清洁生产

（1）是否从原辅料、包装材料进厂把关，规范操作工序，建立一套完整的、科学的系统工程来确保产品质量。

（2）在产品开发设计时，是否考虑到增加生产运行批次规模，最大限度地利用设备，通过控制反应参数和提高自动化水平，改进或使生产流程现代化，正确设计搅拌器和优化操作温度，实施逸散渗漏检测系统，尽可能降低能耗和综合成本。

（3）是否尽可能降低原辅材料的消耗，从主料和辅料两个方面核算原材料消耗指标，设置高效回收设施，严查跑、冒、滴、漏，降低污染物的产生量。

（4）是否采用清洁生产工艺，采用无废少废设备，淘汰多废低效设备。

（5）在生产过程中，注重对物料的回收，是否做到有用物料的综合利用，将污染物消除在生产前期，尽量减少污水的产生，降低污水中有机物的含量，提高资源的利用率，减少污水处理负担和费用。

（6）是否实施节水措施，避免不必要的清洗和使生产的批量最大化以减少清洗频率。是否采用低流量、高效率的清洗设备，有效的节水、节能的工艺技术并强化节水管理，提高水的重复利用率。

（7）是否以单位产品物耗、能耗、水耗、水的重复利用率、污染物产生量和排放量等指标，同国内外同类先进生产工艺比较，技术改造和扩建项目与现有工程进行比较，定量评价工程的清洁生产水平。

（8）评价单位从污染预防、过程控制角度提出进一步实施清洁生产的建议是否可行。

第八节 典型案例

某公司年产 5 万 t 谷氨酸（一期工程规模年产 3 万 t 谷氨酸）项目环境影响报告书

1 总则

1.1 评价任务的由来（略）

1.2 编制依据（略）

1.3 评价目的、指导思想（略）

1.4 评价工作程序

评价工作程序见图 1-2-22。

1.5 环境影响因子的识别

本项目实施后受到不利影响的环境要素为自然环境方面，主要是水环境；受到有利影响的环境因素为社会、经济环境方面，主要有能源、资源的转化利用、劳动就业等方面。

根据该项目生产工艺过程、主要原辅材料的耗量、污染物排放强度、排放方式和排放去向以及所处区域的环境特征。识别本项目可能产生的环境污染因子及其影响程度，见表 1-2-16。

1.5.1 筛选依据

（1）污染因子的性质，对环境影响的程度和范围；

（2）环境质量标准中规定的评价项目；

（3）本项目所在地的环境现状及地方环保部门的要求；

（4）国家和地方颁布的环保法规及标准；

（5）具备完善有效的监测手段和分析方法。

1.5.2 评价因子筛选结果

通过对本项目污染因子的识别以及对环境可能产生不利和有利影响的程度和范围，对污染因子进一步筛选，从而确定评价因子。

（1）环境空气评价因子：SO_2、烟尘、H_2S、氨气；

（2）水体环境评价因子：COD_{Cr}、BOD_5、SS、$NH_3\text{-}N$、SO_4^{2-}、pH、硫化物；

（3）声环境评价因子：车间设备噪声、厂界噪声，作一般性影响分析；

（4）固体废弃物评价因子：各种废弃物的处置、综合利用，作一般性影响分析；

1.6 控制污染与环境保护目标

1.6.1 控制污染目标

控制污染的根本目标是依靠清洁生产来达到节能、降耗、减污的效果，通过有效的污染防治措施，使生产过程中各类污染物的排放量达到相应的排放标准，使其主要污染物的排放总量符合区域总量控制要求，以保护厂址所在区域周围大气环境、水环境、声环境和生态环境质量。

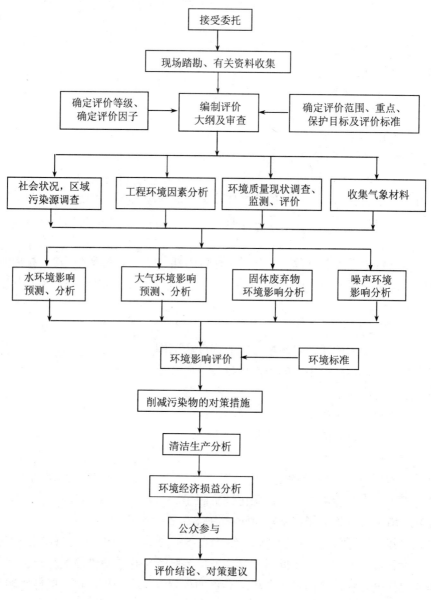

图 1-2-22　评价工作程序

表 1-2-16　环境影响因子识别

环境影响因素分类	主要影响因子	施工期			生产期						
		建材运输	施工材料堆放	工程施工	糖化车间	发酵	提取	离交车间	废水处理站	压缩机房	锅炉房
废气	烟尘										2-
	SO_2										2-
	H_2S								1-		
	NH_3								1-		
废水	pH				1-	2-	2-	2-	2-		
	BOD_5			1-	2-	2-	2-	2-	2-		1-
	SS			1-	2-	2-	2-	2-	2-		1-
	SO_4^{2-}			1-	2-	2-	2-	2-	2-		1-
	S^{2-}			1	2-	2-	2-	2-	2-		
	NH_3-N			1-	2-	2-	2-	2-	2-		
	COD			1-	2-	2-	2-	3-	2-		1-
固体废物	锅炉渣										2-
	硫酸钙								2-		
	浓缩污泥								2-		
	菌丝蛋白								2-		
	办公生活垃圾		1-	2-	1-	1-	1-	1-	1-	1-	1-
噪声	噪声										
	压缩机、泵类噪声				2-	2-	2-		2-	2-	2-
	施工噪声	2-	2-	3-							
生态破坏	土地变更										
	植被										
	水土流失										
社会环境	发展规划	1+	1+	1+	2+	2+	2+	2+	2+		
	相关产业发展	1	1+	1+	1+	1+	1+	1+	1+		
	劳动就业	2+	2+	2+	1+	1+	1+	1+	1+		

注：1—较轻影响　2——般影响　3—显著影响，"+""-"分别表示正影响和负影响。

1.6.2　环境保护目标（略）

1.7　评价标准（略）

1.8　评价项目及其工作等级（略）

1.9　评价范围及评价重点

1.9.1　评价范围

（1）地表水

（2）环境空气

（3）噪声

1.9.2 评价重点

根据建设项目的工程特点，结合项目所在区域的环境特征，确定本项目的评价重点为水体环境影响评价和废渣环境影响评价。同时加强工程分析、清洁生产和污染防治措施分析评述。

2 建设项目概况（略）

2.1 原厂概况（略）

2.2 项目概况（略）

2.2.1 项目名称及建设性质（略）

2.2.2 建设地点（略）

2.2.3 项目组成

本项目组成见表 1-2-17。

表 1-2-17　项目组成

序号	工程类别	工程名称	工程性质
1	主体工程	制糖车间	利用
		颗粒粕车间	
		酒精车间	
		流洗车间	
		糖化车间	改建
		发酵车间	
		提取车间	
		干燥车间	
2	辅助工程	锅炉房	利用
		机修车间	
		仓储设施	
		空压机房	改建
		冷冻机房	
		菌种室	
3	公用工程	给水系统	利用
		排水系统	
		酸碱站	改建
		化验室	
		污水处理站（部分）	
4	办公及生活设施		大部分利用，不足部分改建

2.3　建设规模和产品方案

该项目的一期建设规模为年产 3 万 t 谷氨酸、产品谷氨酸的质量符合（GB/T 8976—2000）的质量标准。

2.4　原辅材料及动力消耗（略）

2.5　主要经济技术指标（略）

2.6　劳动定员与工作制度（略）

2.7　平面布置（略）

2.8　运输（略）

3　区域环境概况（略）

4　项目工程分析

4.1　工艺流程

4.1.1　工艺技术路线

该项目采用发酵法生产谷氨酸，其工艺主要包括：淀粉糖化、发酵、谷氨酸提取、谷氨酸干燥四个过程，主要采用的生产工艺如下：

（1）采用双酶法制糖技术——连续液化工艺代替酸解法制糖工艺。

（2）谷氨酸发酵使用液态氨代替尿素作为氮源。

（3）谷氨酸发酵由原来的一次投糖或高糖发酵工艺，向中前期补糖和低糖流加工工艺发展。

（4）营养素：用纯生物素和部分生物素代替糖蜜和玉米浆。

（5）谷氨酸提取等电中和以硫酸代替盐酸。

（6）谷氨酸提取工艺由一次冷冻等电点改为一次冷冻等电点—离子交换法提取谷氨酸工艺。

新技术的实施，大大提高了谷氨酸生产四大收率指标（糖化转化率、发酵糖酸转化率、产酸率、提取收率）。

4.1.2　生产工艺流程

（1）工艺流程简图

该项目工艺流程简图，见图 1-2-23。

（2）工艺流程简述

①淀粉糖化工艺。

酶解法也称双酶法，这是通过淀粉酶液化和糖化酶糖化将淀粉转化为葡萄糖的工艺。双酶法可分为两步：第一步液化过程，用 α-淀粉酶将淀粉液化，转化为糊精及低聚糖，使淀粉可溶性增加。第二步是糖化，利用糖化酶将糊精或低聚糖进一步水解，转变为葡萄糖。该双酶法工艺液化和糖化工序基本上不产生高浓度有机废水，外排的仅为冷却水和冲洗水。

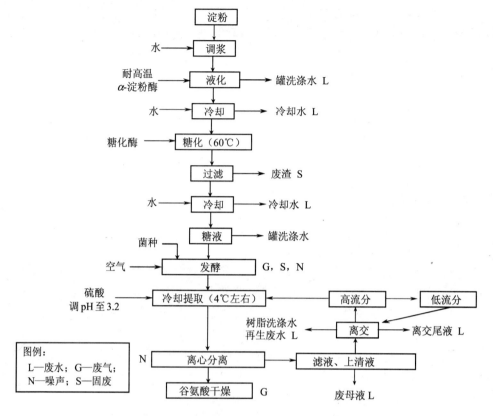

图 1-2-23　谷氨酸生产工艺流程及产污环节

②发酵工艺。

谷氨酸发酵是谷氨酸生产菌以葡萄糖为碳源,经糖酵解和三羧酸循环生成并大量积累谷氨酸。

谷氨酸生产菌经活化一级、二级、三级种子,扩大培养后接入发酵罐,在 32～38℃,pH 7.0 条件下好氧发酵 30h 左右制得谷氨酸发酵液。谷氨酸是谷氨酸生产菌的代谢调节异常化的产物。该菌种对环境条件十分敏感。谷氨酸的发酵主要有以下几个环节。

a)谷氨酸菌种的保存、分离、纯化与复壮;

b)菌种的扩大培养;

c)灭菌与空气净化;

d)发酵培养基的组成。

谷氨酸发酵培养基包括:碳源、氮源、无机盐、生长因子等。

③谷氨酸提取与分离。

发酵液中除谷氨酸外,还有其他的代谢副产物、培养基的残留物、有机色素、菌体蛋白和胶体物质等。从发酵液中提取谷氨酸的方法较多，有等电点法、离子交换法、锌盐法、钙盐法、溶剂萃取法、电渗析法。谷氨酸的分离方法应考虑工艺简单、收率高、产品纯度好、操作安全、设备精简、成本低以及环境污染小等因素。本项目采用一次冷冻等电点—离子交换法提取谷氨酸工艺，即用硫酸调节发酵液冷冻等电点，提取谷氨酸，再利用阳离子交换树脂从谷氨酸发酵液中选择性吸附谷氨酸。使发酵液中残糖及其聚合物、色素、蛋白质等非离子杂质得以分离，经洗脱浓缩，在等电条件下获取谷氨酸。

关键控制点：上柱的 pH 值、体积流速控制、树脂预热和洗脱、树脂再生。

谷氨酸的提取和分离工序是该项目废水的主要来源，即离子交换尾液和交换树脂的洗涤及再生的废液，这些废液含有高浓度的 COD、SO_4^{2-} 和 NH_3-N。

④谷氨酸干燥。

拟选用气流干燥设施对谷氨酸进行干燥。

4.2 项目设备选型

该项目为食品加工行业，按食品行业卫生要求，设备选型要求较严，基本以碳钢或不锈钢材料为主。主要设备有发酵罐、种子罐、四效蒸发器、离子交换柱以及环保设备等。

4.3 主要原辅料、燃料及其来源和储运

该项目主要原料、燃料的来源和储运详见表 1-2-18。

表 1-2-18 主要原辅料、燃料的来源和储运

	序号	名称	来源	运距及运输方式	储存方式	吨产品年耗
原辅料	1	玉米淀粉	当地	65 km 汽车	原料库	1.92 t
	2	玉米浆	当地	65 km 汽车	玉米浆桶	10.00 kg
	3	硫酸镁	当地	22 km 汽车	原料库	6.50 kg
	4	氨水	当地	90 km 汽车	氨水储罐 100 t×5	0.68 t
	5	液氨	当地	90 km 汽车	液氨储罐 50 t×6	0.29 t
	6	硫酸	当地	22 km 汽车	硫酸储罐 30 t×6	0.80 t
燃料	7	煤	当地	30 km 汽车	煤场堆放	1.00 t

4.4 公用工程

4.4.1 项目给排水

该工程一期用水量为 198 m³/h，即日用水量为 4 760 m³/d。利用原有的 8 口深井，每口井的最大出水量为 80 m³/h，完全能够满足该项目一期工程的生产用水。

该项目的排水主要来源于发酵罐的洗罐水、离交废液以及过滤清洗水、锅炉房排水等，所排废水量为 3 516 m³/d，经污水处理厂处理后经 4 km 左右的地下管道排入中干沟，水重复利用率为 62.1%。

4.4.2 供电

谷氨酸生产为连续性生产，中间不允许停电，供电要求较高，一期工程每小时最大用电量为 2100 kW·h，而原糖厂现有变压器为 3600 kVA，并且有一台 3000 kW 发电机组，可保证生产用电。

4.4.3 暖通

（1）热负荷

项目一期生产最大用汽量 30 t/h，使用压力为 3.8 MPa，采暖用汽量 0.5 t/h，使用压力 0.8 MPa。

（2）煤质资料

该项目拟采用本地煤碳，煤质分析见表 1-2-19。

表 1-2-19　煤质分析

	项目	符号	单位	设计值
工业分析	收到基水分	Mar	%	13.57
	收到基灰分	Aar	%	12.16
	干燥基挥发分	Vd	%	32.03
	收到基低位发热量	Qnet.ar	kJ/kg	19680
	全硫	St.ar	%	0.80
元素分析	碳	Car	%	55.33
	氢	Har	%	2.04
	氧	Oar	%	11.14
	氮	Nar	%	0.59

（3）供热

利用原有锅炉房三台 20 t/h 锅炉，锅炉运行压力定为 3.8 MPa，生产蒸汽温度为 450℃，用于驱动汽轮机发电，发电尾气送入分汽缸，进入车间。锅炉给水经水处理设备交换软化后进入水箱，由给水泵打入锅炉。

发酵车间内设计暖风机，蒸汽采暖，采用 NC-30 暖风机，蒸汽由设置在车间内的分汽缸引出。采暖系统为上供下回式。

设备采用原有锅炉全套配置，发酵车间采用 NC-30 暖风机 10 台；提取车间采用大 60 暖汽片 85 组，每组 4 片；干燥车间采用大 60 暖汽片取暖，干燥车间根据高度和层数决定暖气片数量。

4.4.4 消防

（1）设计依据

本工程消防部分执行《建筑设计防火规范》（GBJ 16—87）。

（2）工程特征

本厂距市消防中心 6 km，出现火情，消防车可及时赶到。进行现场救火，厂区给水管道采用厂内水塔压力及消防生产合一管道系统。

本项目的建筑物耐火等级均按一级考虑，建筑材料为非燃烧体，耐火极限为二级。

（3）厂区内道路畅通，能保证消防车辆通行并在道路旁设置消防井。

（4）消防给水

室外消防用水系统总量及其计算依据：结合本工程各车间工段的火灾危险性类别，消防最大用水量确定为 40 m³/h。

水源供水能力与专用消防设备选型：水源为本厂深水井，各车间根据需要设置泡沫灭火器若干套。

4.5　项目污染源分析

4.5.1　项目废水污染源分析

（1）废水来源

本项目废水主要来自发酵工段的离子交换尾液和发酵废母液，液化和糖化工段设备冲洗水，冷却水以及少量生活污水和锅炉排水。本项目预计废水排放量为 3 516 m³/d。

（2）项目所排废水特点

该项目生产废水是一种高浓度非持久性易降解的有机废水，其废水水质中 COD、SS 较高，但属易降解的有机废水，无其他有毒物质，可生化比 $BOD_5/COD_{Cr} \geqslant 0.3$，易于生化处理。类比分析味精行业废水，具有以下特点：

① 有机物和悬浮物菌丝体含量高、酸度大。

② NH_3-N 和 SO_4^{2-} 的含量大，对厌氧和好氧生物处理工艺具有直接和间接引起生物中毒的作用。

③ 该废水是治理难度很大的一种高浓度有机废水，其治理投资和运行费用都很高。

（3）项目生产废水水质分析

根据项目生产工艺性质和废水特征，类比调查类似味精行业项目废水水质，得到本项目废水水质估算值，见表1-2-20。

项目排放废水主要为高浓度有机废水、中低浓度有机废水，为食品行业废水，无其他有毒物质，有机物为易降解性有机物，可生化性好，易于生化处理。高浓度废水排放量 23.1 万 t/a，中低浓度废水排放量为 82.3 万 t/a，污水排放量分别占总污水排放量的 19.9%、70.9%。中低浓度废水有机负荷较低，直接进入生化（厌氧—好氧）系统处理。高浓度废水由于水质 COD_{Cr}、SS 分别高达 30 000 mg/L、12 000 mg/L。采用"气浮—浓缩硫铵—生化"处理工艺：通过对高浓度废水气浮回收废母液中的菌体蛋白，降低废水中有机物（COD_{Cr}）和悬浮物，然后经过浓缩结晶出硫酸铵，废水再和中低浓度废水、生活污水在均调池内混合后进行生化处理。混合后估算水质可生化比 $BOD_5/COD_{Cr} \geqslant 0.3$，能够满足供氧和活性污泥等所需有机负荷，废水经过生化系统是能达到很好的治理效果。

表 1-2-20 　项目废水水质及主要污染物排放情况

废水 类别	pH	COD_{Cr}/ （mg/L）	BOD_5/ （mg/L）	NH_3-N/ （mg/L）	SS/ （mg/L）	SO_4^{2-}/ （mg/L）	排放量/ （万 t/a）	占废水总 量比率/%
高浓度废水（离子交换 尾液和发酵废母液）	2.0	20 000～ 30 000	15 000～ 20 000	500～ 700	8 000～ 12 000	10 000～ 16 000	23.10	19.9
中浓度废水 （洗涤水、冲洗水）	4.5	1 000	700	2.5	150		33.15	28.6
低浓度废水 （冷却水、冷凝水）	6.8	120	70	0.5	710		49.13	42.3
锅炉水	7.5						8.92	7.6
生活水	7.0	350	170				1.65	1.6
综合废水	5.5	6 349.6	4 774.1	144.6	2 590	3 186.2		
合计							116	100

（4）项目废水污染物排放量

项目建成投产后，废水经一系列污染治理措施处理，外排废水中主要污染物产生量、排放量见表 1-2-21。

表 1-2-21 　废水产生量及排放量

污染物名称	产生量/（t/a）	去除量/（t/a）	排放量/（t/a）	去除率/%
COD_{Cr}	7 365.54	7 138.64	226.90	97.0
BOD_5	5 538.26	5 448.76	89.50	98.4
SS	3 004.40	2 921.80	82.60	97.3
SO_4^{2-}	3 696.00	3 646.40	49.60	98.7
NH_3-N	167.75	119.38	48.37	71.2

4.5.2 　项目废气污染源分析

该项目主要的废气排放源为三台 20 t/h 锅炉，年用煤量为 30 000 t，主要污染物为烟尘和 SO_2，年产生量分别是 729.6 t 和 384 t，废气经文丘里水膜除尘器处理后，烟尘和 SO_2 的年排放量分别为 29.18 t、153.6 t，通过 45 m 高烟囱排入大气。具体排放量及排放浓度见表 1-2-22。

表 1-2-22 　废气产生量、排放量及排放浓度一览表

	产生量/（t/a）	产生浓度/ （mg/m³）	排放量/（t/a）	排放浓度/ （mg/m³）	去除率/%
烟气量	26 287.9 m³/h				
烟尘	729.6	3 423.6	29.2	136.9	96
SO_2	384	2 016.1	153.6	806.4	60

该项目废气的无组织排放源主要是污水处理场产生的 H_2S 和 NH_3，排放量少，排放浓度低。

4.5.3 废渣

该项目生产废渣主要是锅炉渣以及硫酸铵和污水处理场的浓缩污泥。年产生量分别为 4648t、3300t、9000t。

4.5.4 噪声

该项目噪声源主要是空压站以及发酵罐的排气口，噪声分贝值在 90～100 dB（A）。

5 环境影响预测评价（略）。

6 污染防治措施评述

6.1 废水污染防治措施评述

（1）废水处理工艺简介

该项目废水污染治理设备充分利用现有的 $4×2.5$ 万 m^3 的氧化塘和气浮池，企业再投资 656 万元对污染处理系统进行适当改造，增加高浓度废水池、气浮刮板、浓缩池、曝气池并优化氧化塘结构，最终形成以下处理工艺：废水→气浮→浓缩→曝气→生化，污水处理工艺流程见图 1-2-24。

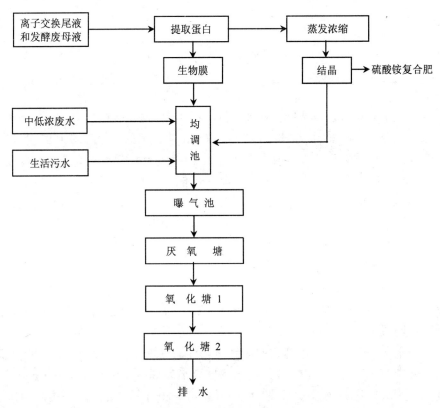

图 1-2-24　污水处理工艺流程

（2）废水治理措施可行性分析

废水处理设施及工艺设计和运行情况直接关系到建设项目污水处理排放是否达标。通过对建设单位所提供的废水处理工艺分析，并结合与味精行业生产性质相似的企业废水治理措施类比分析，企业所采取的"气浮—浓缩硫铵—曝气—生化"治理工艺，其中气浮工艺 COD 的去除率可达到 89.6%，SS 的去除率达到 96% 以上，不仅减少了废水污染物的有机负荷，而且也回收了废水中的菌体蛋白；通过浓缩硫铵工艺，SO_4^{2-} 的去除率达到 99%，浓缩出副产品硫酸铵；经过上述两个工艺，大大削减了废水中有机物、悬浮物和 SO_4^{2-}，为后续的好氧处理工艺能够满足达标排放提供了保障。各废水水质及各处理工艺污染物去除率详细情况见表 1-2-23。

表 1-2-23　各工艺处理后水质负荷

指标	高浓度废水	提取蛋白		浓缩硫铵		均调池	生化池出水水质	
	浓度/（mg/L）	浓度/（mg/L）	去除率/%	浓度/（mg/L）	去除率/%	浓度/（mg/L）	浓度/（mg/L）	去除率/%
COD_{Cr}	20 000～30 000	3 120	89.6	1 232.4	60.5	1 086.5	195.6	82
BOD_5	15 000～20 000	1 600	92	400	75	355.8	71.2	80
NH_3-N	500～700			350	50	278	41.7	85
SS	8 000～12 000	480	96	336	30	237.5	71.2	70
SO_4^{2-}	10 000～16 000			160	99	85.6	42.8	50

本项目废水处理工艺在味精行业被广泛应用，河南莲花味精集团采用与此类似的处理工艺，该企业废水 COD 进水浓度为 45 000 mg/L。国家环保总局 1997 年 12 月 5 日对该企业污水排放组织验收，成为淮河流域 19 家重点污染企业首家通过验收的企业，各项废水水质指标均低于《污水综合排放标准》（GB 8978—1996）中的味精行业的二级标准。再类比分析味精行业其他污水治理工艺，该项目的污水处理工艺只要能满足各工艺污染负荷并保证污染治理设施正常运行，就能够达到《味精工业污染物排放标准》（GB 19431—2004）表中的二级标准。

6.2　废气污染防治措施评述

（1）锅炉烟气的治理措施评述

该项目锅炉烟气的治理措施为文丘里水膜除尘器，该文丘里水膜除尘器的除尘效率为 96%，脱硫效率为 60%，经处理达标后的烟气经由 45 m 高的烟囱排入大气。

以上拟采取的烟气治理措施如能达到所设计的处理效率，则烟气中 SO_2、烟尘的排放量分别为 153.6 t/a、29.2 t/a，排放浓度分别为 806.4 mg/m³、136.9 mg/m³，能够达到《锅炉大气污染物排放标准》（GB 13271—2001）的 II 时段二类区的排放标准要求。

（2）污水处理场恶臭气体的处理方法

该项目的废水由于是高浓度的有机废水，在废水处理过程中会有少量的 H_2S，但由于 H_2S 的产生量很少，对周围环境影响很小，而且在生化池周围种植树木和花草，可进一步减弱 H_2S 对周围环境的影响。

6.3 废渣处理措施评述

（1）锅炉废渣的产生量为 4648 t/a，处置方式为出售给园区炉渣砖厂。

（2）污水处理场的菌丝蛋白产生量为 3000 t/a，全部出售。

（3）污水处理场的浓缩污泥产生量为 9000 t/a，作为生物肥料出售。

（4）污水处理场产生的硫酸铵为 3300 t/a，企业回用后生产硫酸铵复合肥。

以上针对各种不同的废渣都采取了相应的处理处置及综合利用措施，但应注意菌丝蛋白和浓缩污泥临时堆存的防渗、防流失。应在临时堆存场设顶棚、挡土坝等，以免造成二次污染。

6.4 噪声防治措施

（1）空压站的噪声防治措施首先是选用低噪设备，采取防震措施以及安装消音器，并加强空压站的隔音性和封闭性。使厂界噪声达到《工业企业厂界噪声标准》的相应标准要求。

（2）对发酵罐排气口采取加装消音器的措施使厂界噪声达到《工业企业厂界噪声标准》的相应标准要求。

7 污染物总量控制分析

7.1 污染物"三笔账"

7.1.1 废气污染物"三笔账"

该项目主要的废气排放源是三台 20 t/h 锅炉，用煤量为 30000 t/a，主要污染物为烟尘和 SO_2，年产生量分别是 729.6 t/a 和 384 t/a，废气经文丘里水膜除尘器处理后，烟尘和 SO_2 的排放量分别为 29.2 t/a 和 153.6 t/a，由 45 m 高烟囱排入大气。排放的"三笔账"见表 1-2-24。

表 1-2-24　大气污染物的"三笔账"

污染物名称	产生量/（t/a）	去除量/（t/a）	排放量/（t/a）	去除率/%
烟尘	729.6	700.4	29.2	96
SO_2	384	230.4	153.6	60

该项目废气的无组织排放源主要是污水处理场产生的 H_2S。排放量很少，排放浓度很低。

7.1.2 废水污染物"三笔账"

该项目废水的产污环节主要为发酵罐的清洗、离子交换的废液以及过滤清洗和锅炉排水，排放量为 3516 t/d，污水中 COD_{Cr}、BOD_5 值较高。经过污水处理厂处理达标后，排入中干沟。其废水污染物排放"三笔账"见表 1-2-25。

表 1-2-25 废水污染物的"三笔账"

污染物名称	产生量/（t/a）	去除量/（t/a）	排放量/（t/a）	去除率/%
COD_{Cr}	7 365.54	7 138.64	226.9	97
BOD_5	5 538.26	5 448.76	89.5	98.4
SS	3 004.4	2 921.8	82.6	97.3
SO_4^{2-}	3 696	3 646.4	49.6	98.7
NH_3-N	167.75	119.38	48.37	71.2

7.1.3 固体废弃物"三笔账"

该项目固体废弃物的产生处置或综合利用情况见表 1-2-26。

表 1-2-26 固体废弃物的"三笔账"

污染物名称	产生量/（t/a）	去除量/（t/a）	排放量/（t/a）	综合利用率/%
灰渣	4 648	4 648	0	100
菌丝蛋白	3 000	3 000	0	100
浓缩污泥	90 000	90 000	0	100
硫酸铵	3 300	3 300	0	100

7.2 污染物排放总量控制建议指标

根据污染物排放"三笔账"的计算结果，综合考虑国家排放标准、当地环保部门的控制指标及环境影响预测结果，建议技改项目污染物排放总量控制指标如表 1-2-27 所示。

表 1-2-27 污染物排放总量控制建议指标

大气污染物		废水及主要污染物	
烟尘/（t/a）	29.2	废水排放量/（万 t/a）	116
SO_2/（t/a）	153.6	COD_{Cr}	226.9
		NH_3-N	48.4

8 清洁生产分析

清洁生产是一种新的污染预防战略。清洁生产指将整体预防的环境战略持续应用于生产过程、产品和服务中，以增加生态效率和减少人类及环境的风险。其目的是通过引进先进技术和工艺设备，采用清洁原料，在生产过程中实现节省能源，降低原材料消耗，从源头减少污染物产生量，并降低末端控制投资费用，实现污染物排放的过程控制，有效地减少污染物排放量。以期达到将污染消除在生产过程中，从而减少项目建设对环境的影响。

根据本行业的特点，结合本项目的实际情况，其清洁生产从以下几方面进行分析评述。

8.1 生产技术方案和工艺水平分析

用发酵法生产谷氨酸符合当地的产业发展政策，该项目已被列入宁夏生物技术及产业发展近期规划中的重点发展计划，自治区有关部门邀请了十几位国家级著名生物工程方面的专家、学者进行论证，一致认为该项目在宁夏区应重点发展。

该项目采用发酵法生产谷氨酸，该工艺主要包括：淀粉糖化、发酵、谷氨酸提取、谷氨酸干燥四个过程，主要采用的生产工艺如下：

（1）采用双酶法制糖技术——连续液化工艺代替酸解法、酸酶法、酶酸法制糖工艺。双酶法比酸解法粉糖转化率高，残糖降低并降低污染发生量及能耗。

（2）谷氨酸发酵液流加尿素改为流加液氨可省去配制尿素复杂工序并节约能耗。

（3）谷氨酸发酵由原来的一次投糖或高糖发酵工艺，向中前期补糖和低糖流加工工艺发展。

（4）营养素：用纯生物素和部分生物素代替糖蜜和玉米浆。可省去玉米浆水解工序，减少了发酵液体积。

（5）谷氨酸提取等电中和以硫酸代替盐酸。

（6）谷氨酸提取工艺由一次冷冻等电点改为一次冷冻等电点——离子交换法提取谷氨酸工艺。可使离子交换尾液中谷氨酸含量从 $1.2\% \sim 1.5\%$ 下降到 $0.2\% \sim 0.3\%$；COD 从 $60\,000 \sim 80\,000\,mg/L$ 降至 $30\,000\,mg/L$。

新技术的实施，大大提高了谷氨酸生产四大收率指标（糖化转化率、发酵糖酸转化率、产酸率、提取收率）。符合《发酵工业环境保护行业政策、技术政策和污染防治对策》中有关要求。

8.2 清洁生产水平分析

发酵行业清洁生产除采用先进的工艺技术与设备外，还应对污染物全过程进行控制，把污染物有效地控制在生产工艺过程中，最大限度地减少污染负荷。评价清洁生产水平除比较技术经济指标外，还应与同类先进生产工艺的单位产品消耗和污染物产生指标比较。具体指标见表 1-2-28。

味精生产中单位产品耗水量最少的在 $100\,m^3$ 以内，较少的在 $100 \sim 150\,m^3$，较多的达 $500\,m^3$。该项目日用水量为 $4\,760\,m^3/d$，年总用水量为 $1\,570\,800\,m^3$，折合单位产品耗水量为 $52.36\,m^3$。水重复利用率为 62.1%，大于发酵行业水的重复利用率 60% 的水平。项目污染物生产指标统计分析见表 1-2-29。

表 1-2-28　1996—1998 年国内主要味精企业及项目技术经济指标

指标	1996 年	1997 年	1998 年	项目水平
年产大于万吨企业数	16	17	17	
糖化率/%	96.5～98.3	98.0～99.7	98.0～99.9	≥98.8
产酸率/%	8.6～10.5	8.8～10.5	9.1～9.5	≥10.0
发酵转化率/%	53.2～59.6	54.5～59.6	56.0～60.4	≥58.0
酸提取率/%	91.0～94.5	92.0～96.0	93.2～97.9	≥97.0
精制率/%	94.0～95.3	94.4～96.2	94.8～96.9	
生产成本/（万元/t）	0.86～1.14	0.82～1.00	0.75～0.90	0.60
淀粉单耗/（t/t）	1.58～1.71	1.33～1.64		1.98
综合煤耗标煤/（t/t）		1.31～2.21		1.63

表 1-2-29　污染物产生指标统计

污染物产生指标	该项目吨产品产生量/t	行业平均水平	备注
废水	35.34	117.2t	行业平均水平摘自《全国发酵行业保护和综合利用技术交流会文集》
COD_{Cr}	0.206	>250kg	
BOD_5	0.068	>100kg	
SS	0.098	>100kg	

　　由以上统计数据分析可知，该项目技术经济指标和单位产品物耗、能耗、水耗、水的重复利用率、污染物产生量和排放量等指标均优于行业平均水平。项目清洁生产水平处于全国先进水平。

　　8.3　清洁生产分析结论和建议

　　8.3.1　结论

　　综上所述，该项目采用的生产技术方案和工艺水平较先进，清洁生产处于较高水平，与同等规模、同等原料的生产线相比，该项目生产过程中减少 COD_{Cr}、BOD_5、SS 排放量 50%以上。

　　8.3.2　建议

　　虽然该项目的清洁生产水平与同行业相比处于较高水平，但其清洁生产潜力仍然很大，建议企业积极采用高科技成果，不断优化和改进生产工艺，实现生产全过程的清洁生产。

　　发酵法生产谷氨酸每提取 1t 谷氨酸需 25t 发酵母液，其废水发酵母液为高浓度废液，应在工艺过程中分别提取并加以综合利用，以减轻末端的治理。具体方法如下：

　　（1）发酵液提取谷氨酸闭路循环新工艺

　　与现有提取工艺比较有如下特点：①革新离子交换工艺，实现物料闭路循环，不再产生对环境造成严重污染的废母液；②改冷冻等电点结晶为常温等电点结晶，可节约大量能耗；③提高了谷氨酸提取率，达到95%以上；④可得到副产品：生产1 t产品可生产菌体蛋白（干基）0.1 t，蛋白含量为75%；结晶硫酸铵0.8～0.9 t；高品位有机肥0.3 t。

（2）发酵废母液提取菌体蛋白

发酵废母液的污染负荷占味精生产整个污染的90%以上。通常COD值高达50 000～70 000 mg/L，废母液中菌体占30%～35%，通常采用高速离心分离法、超滤法、絮凝（加热）沉降法等。

（3）废母液生产饲料酵母

（4）去菌种浓度等电点提取谷氨酸—浓缩废母液生产有机复合肥料

真空浓缩会出现氨挥发，使pH降低。滤液浓缩采用四效降膜式蒸发器，可使废水COD下降近80%，NH_3-N下降85%。

9 环境经济损益分析（略）

10 环境管理与监测计划（略）

11 公众参与（略）

12 环境影响评价结论及建议（略）

案例点评

国家已把农产品加工转化作为重点支持的产业，为解决"三农"问题，国家发改委正在组织利用国债扶持实施农副产品深加工专项工程。由于发酵工业产品附加值和技术含量相对较高，是实现粮食特别是玉米转化增值的有效途径。该公司利用本地丰富的玉米资源，实现农产品就地加工增值，使农民增收、企业增效、国家增税。符合国家和自治区产业发展政策。项目实施后，可安置一部分下岗职工，有利于缓解当地就业压力，具有较好的社会效益。

该项目工艺路线合理，技术成熟可靠，工艺设备先进，产品档次高，质量稳定，技术含量高。"节能、降耗、减污、增效"目标明确，采取一定措施综合利用锅炉渣、菌丝蛋白、硫酸铵及污泥，既防止了其对环境的不利影响，又实现了固体废物的综合利用，为企业带来了一定的经济效益，体现了全过程污染控制的清洁生产工艺和污染物排放总量相结合的技术原则，"三废"治理能够达标排放，对评价区域的环境质量影响不大，故该项目的建设是可行的。

参考文献

[1] 国家发改委. 关于加强玉米加工项目建设管理的紧急通知（发改工业[2006]2781号）. 2006.

[2] 国家发改委. 关于促进玉米深加工业健康发展的指导意见（发改工业[2007]2245号）. 2007.

[3]　国家发改委. 产业结构调整指导目录（2005 年版）. 2005.

[4]　国务院. 节能减排综合性工作方案. 2007.

[5]　中国发酵工业协会. 发酵工业"十一五"发展规划. 2006.

[6]　国家发改委. 食品工业"十一五"发展纲要. 2006.

[7]　国家发改委. 发酵工业技术进步与技术进步投资方向（2009—2011 年）. 2009.

[8]　国家轻工业局. 发酵工业环境保护行业政策、技术政策和污染防治对策. 2000.

[9]　国家经济贸易委员会，对外贸易经济合作部，国家环境保护总局. 禁止未达到排污标准的企业生产、出口柠檬酸产品（2002 年第 92 号公告）. 2002.

[10]　于信令. 味精工业手册. 北京：中国轻工业出版社，2009.

[11]　王凯军，秦人伟. 发酵工业废水处理. 北京：化学工业出版社，2000.

[12]　中国发酵工业协会. 第四届会员代表大会文件汇编（内部刊物）. 2009.

[13]　李建兵. 浅谈发酵类医药项目环境影响评价应注意的问题. 江西化工，2007（4）：170-172.

[14]　陶平. ISO 14001 味精行业环境因素的识别. 辽宁城乡环境科技，2002，22（4）：5-8.

[15]　邓元胜. 环境因素的识别. 工业安全与环保，2004，30（7）：8-10.

[16]　许玉琴. 酿造行业环境因素识别. 江苏调味副食品，2005，22（2）：5-7.

[17]　中国发酵工业协会. 循环经济支撑技术选编. 2006.

[18]　国家发改委. 重点行业循环经济支撑技术. 北京：中国标准出版社，2007.

[19]　宁夏回族自治区石油化工环境科学研究院. 宁夏米来生物工程有限公司年产 5 万 t 谷氨酸（一期工程年产 3 万 t 谷氨酸）项目环境影响评价报告书. 2004.

[20]　山东大学. 菱花集团退城进园、14 万 t 味精生产线搬迁改造项目环境影响评价报告书. 2010.

第三章　制糖工业

制糖工业是利用甘蔗或甜菜等农作物为原料，经过机械化、连续化、自动化的生产线，生产粗糖和成品食糖以及对粗糖和成品食糖进行精炼加工的工业行业，同时也是食品、造纸、化工、发酵、医药等多种产品的原料工业。由于蔗糖在国民经济中和粮油等一样，属于国家战略物资，因此制糖工业具有非常重要的地位。

中国制糖行业从最初的人工作坊发展到现在大规模工业化生产，经历了 100 多年的发展过程，特别是新中国成立后 50 多年的快速发展，制糖行业已经形成一支拥有原料培育、生产管理经营、糖机设备制造、人才培养和教学研究一体化的产业大军，在为国民每年提供 1000 万 t 食糖生活消费品的同时，也为国家每年提供巨额税收，为国家经济建设和社会和谐稳定作出了巨大贡献。

第一节　制糖工业概况

一、制糖工业定义

制糖工业属于农产品深加工，通过对甘蔗或者甜菜进行加工，将其中所含的蔗糖提取出来，制得结晶蔗糖，是食品工业中的基础工业。制糖工业包括糖料生产、食糖加工和综合利用三部分。食糖加工的主要品种有：原糖、白砂糖、绵白糖、精制糖、方糖、冰糖、赤砂糖、红糖和糖浆等。制糖副产品可作为饲料，而且又是造纸、发酵、化工、建材等多种产品的原料。综合利用的主要产品有：酒精、纸浆、纸、纤维板、甜菜颗粒粕饲料、酵母、柠檬酸、味精和赖氨酸等。

制糖工艺分为亚硫酸法和碳酸法，多数甘蔗糖厂采用亚硫酸法工艺，少数甘蔗糖厂采用碳酸法工艺，甜菜糖厂则全部采用碳酸法工艺。碳酸法工艺的特点：产品质量较好、工艺较复杂且环境影响因素多。亚硫酸法工艺的特点：流程较简单、投资较低、环境影响因素较少，但产品质量低于碳酸法生产工艺。

我国食糖生产销售年度约为每年 10 月 1 日至翌年的 9 月 30 日，开始生产时间南北各不相同，北方甜菜糖厂通常在 9 月底或 10 月初开机生产，南方的甘蔗糖厂中湖南省 10 月底或 11 月初开榨，广西、广东、海南等省份 11 月上旬开榨，云南省稍晚一些开榨。结束生产时间通常为翌年 3～5 月，从开始生产称为开榨，到停止生产称为停榨，一般时间为 120～150 天。

二、制糖工业现状

1. 世界食糖生产与区域布局

全世界共有产糖国家和地区 107 个，产甘蔗糖的国家分布地区较广，主要在南美洲、加勒比海地区、大洋洲、亚洲、非洲的大多数发展中国家和少数发达国家；产甜菜糖的国家主要分布在欧洲和北美洲的发达国家，少数在亚洲等地。中国、美国、日本、埃及、西班牙等少数国家既产甘蔗糖又产甜菜糖。

2008—2009 年制糖期，全世界食糖产量为 15 734.6 万 t，其中甜菜糖产量为 3 209万 t，占总产量的 20.4%，甘蔗糖产量为 12 525 万 t，占总产量的 79.6%。

产糖量在 500 万 t 以上的国家和地区主要有巴西、印度、欧盟、中国、泰国、美国、墨西哥。按照 2008—2009 年制糖期的产量统计，世界前十位的产糖国家和地区的产糖总量为 11 815.1 万 t，占世界产糖总量的 75%，所占份额见图 1-3-1。

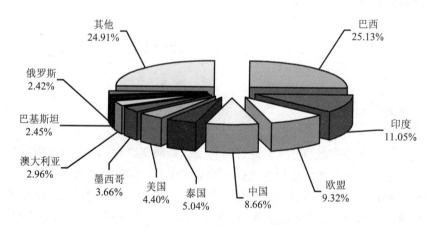

图 1-3-1   2008—2009 年制糖期前十名产糖国家和地区所占比重

目前世界食糖人均消费水平为 23.7 kg/a，亚洲各国人均消费水平为 18.2 kg/a，我国人均消费水平 11.85 kg/a。我国的人均消费水平仅相当于世界平均水平的 1/3，相当于亚洲平均水平的 2/3。

2. 我国制糖业现状

全国现有 18 个产糖省区，制糖工业由于原料关系，主要集中在甘蔗和甜菜的产区，甘蔗制糖厂主要分布在广西、广东、云南、海南等省区，其中广西、广东和云南三省区的甘蔗制糖企业数和糖产量约占全国总数的 90%；广西甘蔗制糖企业数和产量分别占全国的 33% 和 60% 以上。甜菜制糖厂主要分布在黑龙江、新疆、内蒙古、山西等省区。

目前国内有制糖厂 297 家，总制糖能力达 1 500 万 t。其中甘蔗糖厂 247 家，制糖能力约 1 370 万 t；甜菜糖厂 47 家，制糖能力约 130 万 t。

（1）我国糖业的区域布局

我国食糖生产从区域结构看，主产糖区广东、广西、云南、海南、黑龙江、新疆六省区食糖产量占全国总产量的比重达 97%，各省区糖产量占全国总产量的比例见图 1-3-2。

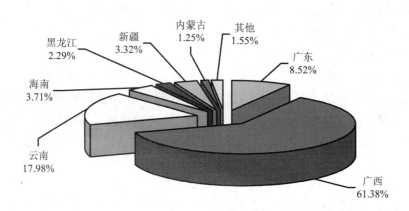

图 1-3-2　2008—2009 年制糖期我国各主要食糖产区的糖产量占糖总产量比例

（2）糖料生产状况

我国的糖料种植面积近年来不断增加，2009 年达到 2 700 万亩，种植区域相对比较集中，甘蔗产区以广西、云南、广东为主，甜菜产区以新疆、黑龙江和内蒙古为主。2008—2009 年制糖期，我国糖料种植面积为 2 700 万亩，其中甘蔗种植面积 2 374 万亩，占糖料面积的 88%；甜菜种植面积 326 万亩，约占糖料面积的 12%。

随着糖料优良品种的培育和推广、田间管理经验的积累和强化以及制糖业加大对糖料产区的扶持与支持，使得糖料的单产稳步增加。2007—2008 年制糖期甘蔗平均亩产为 4.62 t，比 10 年前增长了 16.37%，甜菜平均亩产为 2.34 t，比 10 年前增长了 62.5%。

（3）技术装备水平

我国糖业技术装备水平与发达国家相比还比较落后，主要体现在劳动生产率低、成本高、产品质量低等多个方面。生产工艺甘蔗糖厂多采用亚硫酸法生产，甜菜糖厂全部采用碳酸法生产，少数制糖厂采用离子交换树脂脱色等先进工艺生产精制白砂糖。

我国已具备自行设计、制造、安装日榨生产能力 1 万 t 甘蔗的甘蔗糖厂和日处理 6 000 t 甜菜的甜菜糖厂；研制成功了日榨甘蔗万吨压榨机、日处理 3 000 t 甜菜的连续渗出器、大型结晶罐、立式助晶机、全自动板框压滤机、无滤布真空吸滤机、强制循环煮糖罐、管道硫熏中和器及连续分离机等高效新型设备。化学助剂如杀菌剂、絮凝剂、脱色剂、除垢剂、表面活性剂的开发、研究、推广也取得进展。在自动控制方面，研制成功了压榨自控蒸发煮糖过程微机控制系统、锅炉全自动控制系统等，有效地提高了生产控制水平。

我国日榨 3 000 t 甘蔗规模的糖厂，职工平均达 600 人以上，是国外同等规模糖厂的 3～10 倍，人均产糖量 68 t，而发达国家人均为 200 t。制糖煤耗是发达国家的近两倍，耗水量是发达国家的 5～10 倍，生产水平有较大差距。

由于我国制糖业体制改革较晚，企业规模较小、技术水平落后、竞争力不强的状况一直是制约行业发展的主要因素。

（4）产品品种与质量

按照国际通行标准，我国生产的食糖属于 B 级，与 A 级糖的质量相比还有很大差距。我国甜菜糖厂的主要品种为优级绵白糖、一级绵白糖、优级白砂糖、一级白砂糖和赤砂糖，少量精制绵白糖和白砂糖。甘蔗糖厂主要品种是一级白砂糖、赤砂糖、少量优级白砂糖和精制糖。

（5）食糖消费

我国的食糖消费格局主要为民用以及工业生产用两类，其中民用消费（餐饮消费与零售等）约占 1/3，工业消费比例约占 2/3。

（6）综合利用情况

我国制糖业在综合利用方面取得了一定的成效。目前全国大部分制糖企业设有综合利用分厂或车间，综合利用产品达 80 余种。除蔗渣造纸、甜菜废丝生产颗粒粕、糖蜜制酒精和酵母等传统产品外，综合利用产品还包括蔗渣碎粒板、糖蜜发酵制甘油、活性干酵母、高级调味品等。综合利用产值占糖厂总产值的比重在不断上升，制糖企业经济效益得到提高。

三、制糖工业生产主要环境影响

制糖工业生产的污染物主要是废水、废气和废渣，其中废水是最主要污染源。

由于历史原因，制糖行业在发展的同时，没有同步进行对环境影响的治理。2000年以前，我国制糖企业"三废"污染严重，其中废水污染源是制糖企业均附设糖蜜制酒精车间，所排废醪液未能有效治理，加之制糖过程的清洁生产水平低，对污染的源头治理较差所致。近年来国家环境保护部会同相关部门组织编制各行业的污染控制技术政策和制定《制糖工业污染物排放标准及其测量方法》，通过调整产业结构，对糖蜜采用集中定点方式生产酒精、酵母等产品，以利于污染集中治理，妥善解决制糖工业的污染问题。目前大多数糖厂的酒精车间已关闭，糖蜜酒精废液的污染已得到高度控制。同时对制糖生产废水进行了大力整治，采用了废水循环回用以及对最终废水进行生化处理的措施，大幅度减少水资源的消耗和排放，减少了对环境的影响。

制糖生产的废气主要来自于热电联产、颗粒粕燃烧炉、燃硫炉排出烟气中的 CO_2、SO_2 和可吸入颗粒物等。

制糖工业固体废弃物产生量也很大，主要是煤渣、碳法滤泥等，目前糖厂对固体废弃物进行综合治理，但还存在技术水平低、难以规模化处理、污染未能得到有效治理等问题。

第二节　制糖工业环境保护相关政策与标准

一、方针政策

1.《轻工业"十二五"规划》

节能减排目标

推动制糖企业在高参数热电站和热力系统改造、余热回收利用以及清洁生产和污染减排等方面采取强有力的措施，力争"十二五"期间甘蔗糖厂和甜菜糖厂百吨糖料耗标煤分别达到 5 t 和 6.8 t，全行业 COD 排放总量在"十一五"的基础上，再降低 15%以上。努力建设资源节约、低碳环保的新型制糖产业。

《"十二五"期间制糖科技发展的重点任务》（技术进步、环保）

推进新技术、新装备应用示范，淘汰能耗高、效率低、污染重的小型落后生产装备。鼓励甘蔗制糖企业，采用半碳酸法、磷酸上浮、蔗渣活性炭和生物制糖等现代适用技术对传统制糖工艺进行改造，淘汰甘蔗制糖的传统亚硫酸法。2015 年全行业技术装备总体达到国际 20 世纪末水平，甘蔗、甜菜平均等折白砂糖产率达到 12.5%以上，产品质量和档次明显提升。

通过多效蒸发系统改造，提高蒸汽利用率；通过等压排水系统改造，减少热力损失；通过高参数热电站改造，提高锅炉以及热电效率；甜菜干法输送取代湿法输送，实现流送用水零排放；采取污染减排和废物资源化利用新技术改造糖厂用水和污水治理系统，降低行业废水和 COD、CO_2、SO_2 排放量，实现清洁生产，努力建设资源节约、低碳环保的新型糖业。

2.《食品工业"十一五"发展纲要》（2006 年 10 月）

（1）食品工业存在的问题

①高附加值产品比例偏低，品种结构不够合理；

②企业规划偏小，组织结构有待进一步优化。

（2）到2010年食品工业发展的主要目标

①单位产值能耗降低10%；

②单位工业增加值用水量降低30%；

③工业固体废物综合利用率大于80%；

④主要污染物排放总量减少10%。

（3）"十一五"时期食品工业发展的重点行业及区域布局

我国是世界上主要的食糖生产和消费大国。但是，我国制糖行业的整体技术和装备水平还比较落后，生产成本较高，产品质量不稳定，综合利用效率低，污染严重。

"十一五"时期，制糖行业按存量调整为主、增量调整为辅的方针，鼓励以大型制糖企业为核心，以资产为纽带，采取联合、收购、兼并、控股等方式组建大型制糖企业集团，促进制糖企业与内外贸企业联合，实现农工贸、内外贸一体化经营；提高工艺水平和装备的先进性；按照市场需求增加花色品种；鼓励和支持糖厂综合利用产品生产的社会化进程，集中处理制糖企业的蔗渣、甜菜废丝、糖蜜等废弃物；促进甘蔗糖和甜菜糖的协调发展，提高糖料单产和含糖率；有序发展淀粉糖，充分发挥其平衡食糖需求和调节市场的作用；推进食糖和燃料乙醇联产的战略研究，积极研究开发利用废糖蜜生产化工产品和能源替代产品。

"十一五"期末，基本形成产业布局合理、发展有序的制糖工业体系，使我国的糖业步入良性发展时期。到2010年食糖、淀粉糖产量分别达到1450万t、650万t；糖料日处理能力由现在的74万t增加到83.3万t，单一企业平均生产规模达到4.5万t/a；甘蔗糖和甜菜糖每百吨原料标准煤耗分别控制在5t和6t以下。

3.《轻工业技术进步与技术改造投资方向》（2009—2011年）

糖能联产与制糖清洁生产技术产业化：糖能联产工艺技术和制糖行业节能节水减排新工艺。

二、相关标准

《污水综合排放标准》GB 8978—1996

《制糖工业水污染物排放标准》GB 21909—2008

《保护农作物的大气污染物最高允许浓度》GB 9137—1988

《火电厂大气污染物排放标准》 GB 13223—2003

《锅炉大气污染物排放标准》 GB 13271—2001

《工业炉窑大气污染物排放标准》GB 9078—1996

《恶臭污染物排放标准》 GB 14554—1993

《工业企业厂界环境噪声排放标准》GB 12348—2008

《清洁生产标准—甘蔗制糖业》 HJ/T 186—2006

第三节 工程分析

一、概述

我国制糖生产所用原料比较单一，主要为甘蔗和甜菜，在我国南方采用甘蔗制糖，北方采用甜菜制糖。甘蔗的年产量约达到 8 000 万 t，是广西、广东、云南省的重要农作物之一。糖料一般春季生长，9、10 月份开始收获。制糖企业的原料采购和生产呈现季节性和阶段性，而产品销售则是全年进行。

我国的制糖生产，主要采用一步法制糖。生产工艺主要有亚硫酸法和碳酸法，大多数甘蔗糖厂采用亚硫酸法进行生产，少数甘蔗糖厂和所有甜菜糖厂采用碳酸法进行生产。

制糖生产是由多个化工单元组成的规模化、机械化、自动化生产线，糖厂每天生产用的原料、辅料以及产品与副产品的吞吐量都是以千吨计算的。目前全国甘蔗糖厂日处理量约为 3000t，广西甘蔗糖厂达到 5000t，每个生产期处理几十万吨或上百万吨甘蔗。主要设备有压榨或者渗出、澄清、过滤等设备及蒸发罐、结晶罐、分蜜机等，配套设备包括锅炉、汽轮机和废水处理设备等。主要固体排放物有蔗渣、滤泥和废蜜等。制糖生产过程需消耗大量水，同时燃烧蔗渣或者煤炭，产生大量废水、废气，对环境有较大的影响。

我国目前的甘蔗、甜菜生产加工全部为配套生产线，多数企业采用热电联产的动力方式，水、电、汽、运输自成一体。经过多年的不断发展，现行业已初步形成以核心产业（糖、纸、食品添加剂、饲料、电力、蒸汽）定位的循环经济工业链。核心企业通过对上下游产品的关系、技术经济可行性以及环境友好的要求，从生产工艺与装备要求、资源能源有效利用、污染物产生指标、废物回收利用指标、环境管理标准等方面实施清洁生产，根据我国国情，行业正在从污染物削减角度推动企业的产业升级，提高食糖制造过程中的科技含量，缩短与世界制糖技术水平的距离。

根据制糖工业的特点，商品白糖的生产划分为两个阶段。第一阶段是在农业上种植并收获到符合制糖加工标准的甘蔗或甜菜。第二阶段是以甘蔗或甜菜为原料，提取其中所含的蔗糖，并进行提纯加工，得到符合标准的商品白糖。要得到高质量、高效益、低成本的生产实绩，固然与工业生产技术水平紧密相连，但与农业方面的甘蔗、甜菜的种植、收获、运输、保藏质量也有重要的关系，制糖生产与甘蔗和甜菜的生产是互相促进、互相依存的。

二、制糖工程项目基本组成

通常配套的制糖企业包括制糖生产、热电联产、干粕生产等系统，制糖新建、改建、扩建工程项目的基本组成内容见表 1-3-1。

表 1-3-1　制糖工程项目基本组成

项目名称		与可行性研究的名称一致
建设性质		新建、扩建、改建
建设地点		省、市、县、具体地点
建设单位		公司、厂、筹备处
工程总投资		静态投资
计划投产时间		年、月
工程规模	现有	生产/处理能力
	本期	生产/处理能力
	规划	生产/处理能力
本期主体工程	制糖生产	生产能力、主要设备型号、台数、参数
	颗粒粕生产	生产能力、主要设备型号、台数、参数
	热电联产	出力、台数、类型、参数
辅助工程	水源	分别说明本期工程各分项（制糖系统、热电系统、循环冷却补充水、生活用水等）用水量及用水来源，本期需新增的设施及管线；现有工程已建设或投运的厂房、设备、管线等
	循环水处理系统 1	制糖流送洗涤水循环系统方式，综合考虑现有工程及本期的具体条件及布置情况，本期需建设的泵站、沉降池、管沟等内容
	循环水处理系统 2	锅炉冲灰水治理循环回用系统，要进行二级以上沉降或絮凝沉降处理，现有工程的能力，本期工程需再增设的情况
	循环水处理系统 3	机械冷却水、蒸发、煮糖喷射抽真空冷凝水等冷却循环利用系统的处理工艺与循环利用率
	厂内除灰渣、滤泥系统	除灰、渣、滤泥的方式，新建的除灰、渣、滤泥系统内容及输送方式
储运工程	铁路、公路运输	是否建设铁路专用线及原、辅材料来源、路径、规模、投资、公路运输路径
	仓储	产品、原、辅料仓储能力建设内容或改造扩建建设内容
	原、辅料堆场	堆场位置、距生产线距离、堆场特征、储存方式、库容等及运入或输出方式
	灰场及运灰方式	灰场位置、灰场特征、储存方式、用地面积等及运灰或输灰方式
环保工程	废水治理	废水处理工艺及特殊废水处理回用工程
	烟气脱硫	采用的脱硫工艺、脱硫效率、脱硫原料、副产品
	烟气脱除 NO_x	采用的脱除 NO_x 工艺、NO_x 去除率、脱除 NO_x 还原剂
	烟气脱尘	采用的除尘方式、除尘效率
环保工程	噪声治理	特殊的噪声治理工程，如冷却塔噪声治理、空冷风机平台噪声治理
	扬尘治理	特殊的扬尘治理工程（如防风网、封闭灰、煤场等）
	以新带老	如低能设备淘汰拆除情况，老厂环保设施改造、废水回用等
	其他	
配套工程	供热供水管线管网	投资及建设运行部门（单位）供热供水管线管网长度、路径
	电气出线及变电站	电气出线及主变压等级、回路，送出距离
公用工程		厂前区、生活区、绿化、进厂公路
依托内容		现有工程为本期建设预留的场地、公用设施、废水处理设施等条件及内容

做具体项目分析时应根据项目的建设性质与特点进行适当的调整。

三、生产工艺与产污环节

甘蔗制糖与甜菜制糖，其生产工序基本相似，即将甘蔗或甜菜先进行预处理，再经提取糖汁、去除杂质、蒸发浓缩、煮糖结晶，分段从结晶母液中提取糖结晶体，依产品质量标准生产商品食糖，而剩下的最终母液即为末端糖蜜（俗称废蜜）。但是两种生产工艺有所不同，产污环节的影响也有较大差异。

（一）亚硫酸法生产工艺与产污环节

通常成熟的甘蔗含糖10%～16%。现有的甘蔗制糖工艺主要采用压榨法提汁、亚硫酸法澄清，该法具有工艺成熟可靠、流程和设备比较简单等优点，整个流程可分为压榨、澄清、蒸发、煮糖、分蜜和干燥包装几个工序。

亚硫酸法制糖工艺流程见图1-3-3。

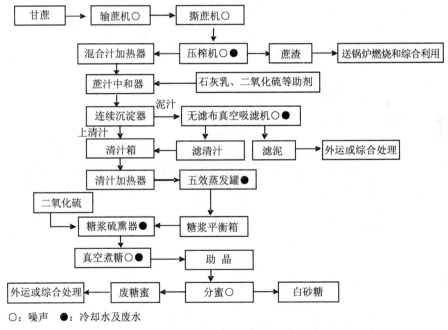

○：噪声　●：冷却水及废水

图1-3-3　亚硫酸法制糖工艺流程

1. 工艺过程简介

亚硫酸法制糖生产工艺主要包括：压榨、澄清、蒸发、煮糖等工序。

（1）压榨

将甘蔗破碎后，采用压榨的方法将蔗汁从甘蔗中压榨出来，蔗汁进入下一个工序处理，得到蔗渣，蔗渣则多数进入锅炉燃烧，产生蒸汽带动汽轮机发电，供全厂生产用。

（2）澄清

榨出的蔗汁加入石灰以及通入SO_2进行澄清，同时加入磷酸和絮凝剂，生成$CaSO_3$沉淀，经沉降池分离后，得到清汁，清汁进入下一工序处理，所得沉淀经过滤后，得到滤泥。

（3）蒸发

清汁采用加热的方式，将其中水分采用五效蒸发进行浓缩，最后在真空减压条件下得到糖浆，糖浆经过上浮处理或进行硫熏脱色后，进入下一工序处理。

（4）煮糖

糖浆在真空条件下，进一步加热浓缩，得到含有白砂糖结晶的过饱和浓缩溶液，经助晶、分蜜、干燥、筛分得到成品白砂糖。通常采用三系煮糖，最终得到赤砂糖和废蜜，废蜜通常作为酒精发酵的原料。

制糖生产工艺的标志性工序是指制糖过程中第二阶段澄清净化方法。亚硫酸法通过生成亚硫酸钙沉淀，对榨出的蔗汁进行澄清，得到亚硫酸钙滤泥。此工艺的优点是工艺和设备较简单，原材料消耗低、生产成本低、投资省且占地面积较少、滤泥可做肥料、易处理，目前在我国绝大多数的甘蔗糖厂均采用亚硫酸法制糖，少数甘蔗糖厂采用碳酸法制糖。

据目前生产水平，每生产 1 t 白糖耗甘蔗 8～11t（随甘蔗品种、栽培技术差异而不同），得到副产物见表 1-3-2。

表 1-3-2　甘蔗制糖副产物及其处理方式

副产物名称	对甘蔗比例/%	处理方式
蔗渣（含水分 50%计）	23～27	燃烧、打包造纸
糖蜜（总糖分 50%计）	2.5～4	发酵生产酒精、外卖
滤泥（亚硫酸法，水分 70%计）	1.5～2	做肥料
滤泥（碳酸法，水分 50%计）	8～9	多数填埋

2. 产污环节及污染特征

甘蔗制糖主要污染来源于生产过程压榨、澄清、蒸发、结晶等工段产生的废水，以及糖蜜进行发酵后得到的酒精废液，热电联产的锅炉烟道气，碳酸法产生的石灰窑气、炉渣、灰渣，碳酸法产生的滤泥，以及生产设备噪声等，主要包括：

（1）废水

制糖过程产生的废水包括制炼工艺排水、冷凝水、锅炉除尘冲灰水、洗罐水及地面冲洗水、生活污水和化验室用水等，细分为低浓度废水、中浓度废水、高浓度废水，其主要污染为化学耗氧量、悬浮物等。

①低浓度废水主要来自生产车间的煮糖、蒸发冷凝，真空吸滤机以及热电联产汽轮发电机等设备的冷却用水，COD通常为40～100 mg/L。

②中浓度废水来自洗滤布水、洗罐水、冲灰水、冲洗地面水、部分含油冷却水等，其COD通常为数百毫克每升。

③高浓度废水来自糖蜜生产酒精废水，其中含有大量有机物，COD可达8×10^4～12×10^4mg/L；BOD_5达4×10^4～6×10^4mg/L。

未采用无滤布真空吸滤机过滤泥汁的企业，含高浓度有机物的洗滤布水是制糖生产过程最主要的废水源，其水质COD 5 000～5 500 mg/L、SS 3 500～4 000 mg/L、BOD 2 500 mg/L左右，NH_3-N 20～25 mg/L。

目前甘蔗制糖生产，处理每吨甘蔗直排废水量为3～8 m^3，其中60%以上为冷却水，洗滤布水是甘蔗制糖工业主要污染源之一。目前，大多数亚硫酸法制糖企业已改用了无滤布真空吸滤机，可大幅度减少用水污染。

（2）废气

甘蔗糖厂废气来自热电联产锅炉废气，主要采用蔗渣作为锅炉燃料，烟道气中主要含有CO_2、TSP、PM_{10}、SO_2、NO_x。碳酸法生产有石灰窑废气，其中主要含有CO_2、粉尘等。

（3）固废

甘蔗糖厂固废主要是蔗渣、滤泥、锅炉灰渣等。

甘蔗制糖污染物特征见表1-3-3。

表1-3-3 甘蔗制糖污染物特征

成分 污染物名称		蔗糖含量/%	含水量/%	有机物（N、P等）含量/%	无机物（Na、K、Ca等）含量/%	pH值	备注
亚法滤泥		2.1～7	40～70	4.0～4.5	1.2～1.8	7±0.2	产生量对蔗比2.5%～4%
碳法滤泥		2	50	6～8	40	>10	产生量对蔗比10%
制糖废水	低浓度	COD 40～100 mg/L，SS 100 mg/L				7±0.2	冷凝水等对蔗≈1000%，循环用，占总量80%
	中浓度	COD 1 000～2 500 mg/L，SS 2 500～6 000 mg/L					洗布水（采用无滤布真空吸滤机）、冲灰水等，循环利用
糖蜜酒精废水		残糖 2%～2.5%，COD 8万～12万 mg/L；BOD_5 4万～6万 mg/L				4～4.5	对酒精约1000%
烟道气		粉尘浓度 50～150 mg/m^3，SO_2 0.1%～0.6%					燃煤锅炉
		粉尘浓度 50 mg/m^3，CO_2 8%～12%					燃蔗渣锅炉

3. 物耗、能耗和水耗

目前与国外甘蔗制糖技术相比，我国甘蔗制糖工艺技术整体还是比较落后，尤其是在能耗与水耗方面，其能耗水耗与国际水平比较数据如表 1-3-4。

表 1-3-4　我国与国际甘蔗制糖水平比较数据

项目	百吨蔗耗标准煤/t	吨蔗耗电/kW·h	吨蔗废水/m³	吨蔗 COD/kg	吨蔗悬浮物/kg
全国平均	6.0	31.3	7.8	8.6	6.1
国内先进水平	4.0	18.3	2.0	1.8	1.0
国际水平	4.0～3.1	20.0	1.6～0.8	1.0	0.3

（二）碳酸法制糖生产工艺与产污环节

通常成熟的甜菜含糖 14%～19%。由于甜菜组分与甘蔗不同，甜菜制糖厂均采用碳酸法制糖。碳酸法制糖是一种清净、效率高的制糖方法，与亚硫酸法制糖相比较，能去除糖汁中更多的非糖杂质和色素，生产出质量更高的白砂糖，且糖分回收率较高。但碳酸法工艺相对比较复杂，建厂投资大，且滤泥产量较大，难以进行规模化处理等问题。

碳法制糖工艺流程如图 1-3-4 所示。

1. 工艺过程简介

（1）甜菜预处理

以湿法输送为例。

甜菜经机械化上料装置除土后，卸入甜菜窖，经水力输送至除草除石间，除草除石后进洗菜机进行洗涤。

甜菜洗涤后经提升除铁后进切丝机，切好的菜丝进入连续渗出器。渗出液位、温度、菜水比调节采用自动控制系统。渗出的糖汁经除渣、加热后送入清净工段。渗出用水的 pH 调节至 6.0 左右回用。

废丝经压榨后送入颗粒粕车间，压粕水经除渣、加热处理后回用。这部分水的回收利用，既回收了糖分、节约了水资源，又减少了污染，同时又利于最终废水的深化治理。

流洗水经尾根回收装置回收尾根后去沉降池，回收循环使用。

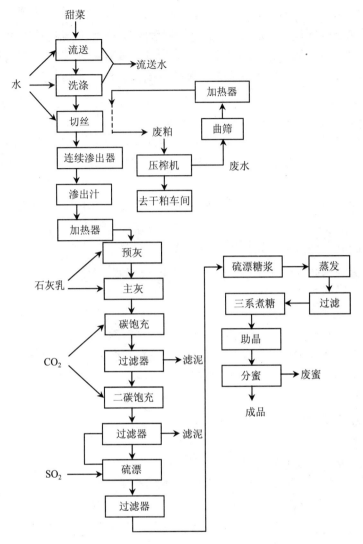

图 1-3-4　碳酸法工艺流程

（2）清净

清净工序包括加灰饱充和硫漂两个环节。

① 加灰饱充：采用双碳酸法。即利用 $Ca(OH)_2$ 和 CO_2 的理化作用对渗出汁进行净化、提纯。CaO 和 CO_2 由石灰窑产生。加灰清净包括两个主要工序，第一个工序为加灰和一碳饱充，加入石灰和通入 CO_2 对糖汁进行碳酸饱充，除去其中杂质，饱充后的一碳汁经过滤，滤泥作为固废收集；第二个工序为二碳饱充，滤清汁进入二碳饱充罐进行二次饱充，通入 CO_2 使糖汁中多余的石灰进一步沉淀分离，二碳汁经过滤，滤清汁进入下步硫漂工序，滤泥作为固废收集。

②硫漂：硫漂的主要目的是降低糖汁的色度。糖汁快速进入硫漂器中产生负压，将经过冷却的 SO_2 气体吸入，并在管道内与糖汁充分混合，迅速完成 SO_2 气体的吸收，通入糖汁中的 SO_2 气体首先溶解于水变成具有强还原性的亚硫酸，然后将有机色素还原成无色的化合物，对糖汁进行脱色。脱色后的糖汁经过滤后送入蒸发工序。

（3）蒸发

糖汁蒸发一般采用四效或五效蒸发系统。

多效蒸发方案主要优点为：蒸发系统稳定性好，温度制度合理，各效汁汽均可得到充分利用，节约了锅炉蒸汽用量，凝结水经等压排水系统排出后回收使用。

（4）煮糖

煮糖采用三段煮糖制度。根据糖浆质量和产品质量的不同，可灵活调整煮糖配料和生产流程。糖浆在真空条件下，进一步加热浓缩，得到含有白砂糖结晶的过饱和浓缩溶液，经助晶、分蜜、干燥、筛分得到成品白砂糖。

煮糖采用强制循环结晶罐，可改善罐内循环，晶粒整齐、利于分离。同时也可缩短煮糖时间，提高效率。

（5）石灰乳制备

碳法厂由于需要大量 CaO 与 CO_2，需要附设石灰窑设备及配套设施。石灰石与焦炭按一定比例在石灰窑中高温煅烧，得到 CaO 与 CO_2，CaO 加水消和所得石灰乳即可送往加灰工序；而窑内产生的气体全部由真空泵引入 CO_2 瓦斯洗涤器，用水洗涤后，供饱充使用。

2. 产污环节及污染特征

（1）废水

甜菜糖的废水大致可分为以下三大类：

第一类废水属轻度污染水，如冷却水、冷凝水等，COD 值 100～300 mg/L，此类废水经降温回收循环使用或作渗出及流送洗涤用水的补充水。

第二类废水属中度污染水，如流送洗涤水、锅炉冲灰水等，COD 值 1 500～3 000 mg/L、BOD_5 值 750～1 500 mg/L，SS 2 500～6 000 mg/L。此类废水一般采取多级沉降池或幅流沉降池等设施进行处理，上部澄清水循环使用。

第三类废水属重度有机污染水，如压粕水、滤泥水、洗滤布水等，此类废水的污染程度与制糖过程中的糖分损失息息相关，废水中的含糖量和污染数值呈正相关。其COD 3 000～8 000 mg/L、BOD_5 1 500～4 000 mg/L、SS 1 800～5 000 mg/L，其中压粕水回用于连续渗出等。

（2）固体废物产生量与综合利用

废粕：产率约为 6%对菜，目前全部生产颗粒粕，产品主要出口，部分在国内销售，做饲料或饲料添加物。

废蜜：产率为 4%～5%对菜，含 50%糖，供生产酒精等原料用。

滤泥：产生量约为 10%对菜，可做建材原辅料。

锅炉炉渣：制砖铺路等。

（3）废气

甜菜糖厂的废气主要包括：锅炉烟气、粕干燥机尾气、制糖车间饱充罐排出的废气等。

（4）物耗、能耗和水耗

目前我国甜菜制糖工艺技术装备最先进的是黑龙江省某企业，其物耗、能耗和水耗达到较先进的水平，数据如表 1-3-5 所示。

表 1-3-5 黑龙江省某制糖厂数据

名称	耗甜菜/ (t/t 糖)	石灰石 对菜比/%	焦炭对 石灰石比/%	标煤 对菜比/%	耗电/ (kW·h/t 糖)	耗新鲜水/ (t/t 糖)	耗煤 对干粕比/%
耗量	7.75	5.6	8.1	7.0	160	1.5～2.0	30～47

甜菜制糖废水主要来自原料预处理时产生的流送洗涤水、工艺过程产生的压粕水、冲洗滤泥水及其冷却水、冷凝水、洗涤水等，甜菜制糖废水污染物特征见表 1-3-6。

表 1-3-6 甜菜制糖废水污染物特征

成分 污染物名称		蔗糖 含量/%	含水 量/%	有机物 （N、P 等） 含量/%	无机物 （Na、K、Ca 等） 含量/%	pH	备注
滤泥		0.4～1.5	30～50	4～6	40	>10	产生量对菜比 10%左右
制糖废水	低浓度	COD 100～300 mg/L，SS 100～150 mg/L					冷凝水等对菜≈420%，循环用，循环比>80%
	中浓度	COD 1500～3000 mg/L，SS 2500～6000 mg/L					流送洗涤水、冲灰水等，循环用，循环比>70%
	高浓度	COD 3000～8000 mg/L，SS 1800～5000 mg/L					压粕水、滤泥水、洗滤布水等
糖蜜酒精废水		残糖 2.0%～2.5%，COD 8×10^4～12×10^4 mg/L； BOD$_5$ 4×10^4～6×10^4 mg/L				4.2～4.7	对酒精 1000%
烟道气		粉尘浓度 50～150 mg/m³，SO$_2$ 0.1%～0.6%					燃煤锅炉

3. 物耗、能耗和水耗

目前我国甜菜制糖技术与国外甜菜制糖技术相比还是比较落后，甜菜制糖其能耗和水耗与国际水平比较数据见表 1-3-7。

表 1-3-7   我国与国际甜菜制糖比较数据

项目	百吨甜菜耗标准煤/t	吨甜菜耗电/kW·h	吨甜菜废水/m³	吨甜菜COD/kg	吨甜菜悬浮物/kg
全国平均	7.5	38	6	6.54	7.5
国内先进水平	5.6	26	2.0	2.0	1.0
国际水平	3.7~2.8	20.0	1.2~0.5	0.8	0.3

四、我国糖业污染现状

制糖工业是我国废水、废弃物排放量最大的食品行业之一，也是我国每万元工业产值能耗、水耗较高的行业之一。与国际先进制糖企业相比，我国制糖企业规模小、自动化水平低、劳动生产率低、能耗较高、产品较单一、环境污染较重。在资源消耗（煤、水、电）方面，与世界先进水平有较大差距。

2008 年我国制糖工业废水排放量约为 7.03 亿 t，占总排放量的 1.2%，占国内工业废水排放量的 2.9%；COD 排放 28.93 万 t，约占总排放量的 2.2%，占工业 COD 排放量的 6.3%；年耗标煤 638 万 t。

1. 废水

制糖行业的生产特点是用水量大，同时产生不同浓度的各类废水，如表 1-3-6 所述。目前糖厂都采取了废水循环利用系统，对废水进行回收治理、循环使用，极大地减少了水的消耗，废水经生化处理后达标排放。

由于天气寒冷等原因，多数甜菜糖厂现还采用湿法输送甜菜。流送洗涤水会同甜菜洗涤水，经过幅流沉淀池处理，循环使用，但当循环回用水浓度达到一定程度时，要进行外排，形成废水，其水质主要是甜菜所带入的泥土、杂物产生悬浮物；由于洗涤过程甜菜的糖分损失，产生化学耗氧量，并且随着生产期延续及甜菜品质的差异，COD 浓度、悬浮物的浓度在不同时期发生变化。

糖厂的糖蜜酒精废醪液是糖厂最大、最主要的污染物。目前绝大多数糖厂已取消酒精车间，将废蜜直接销售，或者将糖蜜集中生产酒精，统一进行废液处理，通过生产液态肥、与炉灰滤泥混合发酵生产有机复混肥及浓缩焚烧等办法进行治理。与前些年相比较，酒精废液污染大为降低。

根据中国糖业协会 2008 年对全国制糖行业调查统计，全国制糖行业废水、COD 排放情况见表 1-3-8。

依据《制糖工业水污染物排放标准》（GB 21909—2008），目前大部分企业可以做到达标排放，但总废水量依然很大，治理控制措施还需进一步加强。

表 1-3-8 2008 年全国制糖废水、COD 排放情况

省份	产糖量/万 t	废水排放量/亿 t	COD 排放量/万 t
广西	901.2	5.379	18.57
云南	204.35	1.048	5.55
广东	131.2	0.229	0.36
海南	48.7	0.143	0.39
新疆	62.7	0.073	2.52
黑龙江	33.5	0.051	0.56
内蒙古	18.2	0.039	0.36
其他甘蔗产区	16.72	0.026	0.38
其他甜菜产区	6.16	0.042	0.24
合计	1422.73	7.03	28.93

2. 废气

糖厂的废气主要是锅炉燃煤烟道气、颗粒粕车间燃烧炉尾气、硫漂工序工艺尾气、碳酸法糖厂饱充罐和酒精发酵排放的 CO_2、颗粒粕车间粉尘、堆场扬尘。甘蔗糖厂一般用蔗渣掺少量煤燃烧后发电，其锅炉烟气经水膜除尘器治理后外排，烟气浓度和 SO_2 浓度都可有效削减并达到国家有关标准。甜菜糖厂多采用燃煤锅炉，其锅炉烟气经除尘及脱硫治理后外排。饱充罐排出的废气（主要是 CO_2）基本采用直接排放，小部分酒精车间发酵所产生的 CO_2 回收利用，大部分排空。

3. 固体废物

糖厂的固体废物主要指滤泥、灰渣等。

滤泥：亚硫酸法糖厂的滤泥主要成分为黏土、亚硫酸钙、过磷酸钙和有机质等，其肥效良好，可直接用作肥料。碳酸法糖厂的滤泥含大量的碳酸钙和难以用规模化生产去除的物质，所以基本上采取定点填埋。

废尘、灰渣：呈黑灰色，含钾等元素，可做农肥原料或改良土壤，部分作为砖厂制砖原料，也有部分定点填埋。

第四节 环境影响识别与评价因子筛选

一、环境影响识别

（一）环境影响概述

制糖在生产过程中存在着水、气、渣、声等常规污染，在原料、辅料运输及储存等过程中会产生无组织排放污染，在主体工程占地、固废储存或填埋、水源使用、废

水治理、排放等方面还存在着生态影响及社会影响等。

配套的制糖企业涵盖制糖、热电联产、综合利用生产等系统，涉及的专业和环境要素面较宽。

（二）环境影响识别要求

制糖厂环境影响识别，应首先全面分析环境影响因素，即针对制糖厂项目主体工程、辅助工程、配套工程、公用工程、环保工程等方面，根据建设前期、建设期、运营期等不同阶段存在的环境影响因素，从大气、水、固废、噪声、生态、社会经济等环境要素方面进行环境影响识别。

做好环境影响识别，要根据行业建设项目的特点，按照环评报告书的规范要求，在编制中做好项目基本组成表，保证不缺项。应充分考虑项目涉及的当地环境及环境保护要求，识别主要的环境敏感区和环境敏感指标，从自然环境和社会环境两方面识别环境影响并突出对重要的或社会关注的环境要素识别。应识别出可能导致的主要环境影响、主要环境影响因子，说明环境影响性质，判断影响程度、影响范围和可能的时间跨度。其中不可忽略的是辅助、公用、配套工程，如供水工程、原料（甘蔗、甜菜）辅料（煤、石灰石等）运输、排水设施、热网工程，这部分内容是判断环境因素识别是否全面、评价专题及评价因子确定是否合理的重要依据。

（三）不同阶段的环境影响识别

1. 施工期间环境影响识别

施工期间，人员进驻、地面挖掘、管道铺设、建筑安装以及车辆运输等都有影响环境的可能，环境影响因素较多，但以短期为主，具体见表 1-3-9。

表 1-3-9　工程施工期间环境影响识别矩阵

项目	水环境			空气环境			声环境		生活景观环境			生态环境	
	BOD_5	COD	SS	SO_2	NO_2	尘	厂内	厂外	建筑垃圾	生活垃圾	农业生态	土地利用	水土流失
地面挖掘	—	—	中	小	小	中	中	小	大	小	—	—	中
材料运输	—	—		中	中	大	中	大	小	小	—	—	
管道铺设	—	—	小			中	中	小	中	小	—	—	中
建筑安装	—	—				大	小	大	小	—	—	
施工单位	小	小	小	小	小	小	小	小	小	中			

2. 运营期间环境影响识别

技改项目完成后，由于生产活动以及原料消耗，无疑会对环境产生影响，具体见表 1-3-10。

表 1-3-10 工程运营期间环境影响识别矩阵

项目	水环境（地表、地下）			空气环境			声环境		生态环境		
	BOD$_5$	COD	SS	SO$_2$	TSP	PM$_{10}$	厂界	厂外	农业生态	土地利用	水土流失
锅炉烟囱	—	—	—	小	中	中	中	小	小	—	小
压榨车间	小	小	小	—	—	—	小	小	小	—	—
制炼车间	中	中	中	—	—	—	小	小	小	—	—
固体废弃物	—	—	中	—	—	—	—	—	小	小	—
事故排放	大	大	大	小	大	中	大	中	大	—	中

二、污染因子确定与评价因子筛选

（一）污染因子确定

污染因子的确定应在列出工程组成的基础上，根据工程组成、主要设备、附属工艺设备、环保设施等进行确定。

制糖行业通常项目主要污染因子如表 1-3-11 所示。

表 1-3-11 制糖行业主要污染因子

主要污染源	主要污染因子			
	废水	废气	固体废弃物	噪声
甘蔗预处理及压榨提汁	pH、COD、BOD、SS		蔗渣	低频
甜菜预处理及渗出提汁	pH、COD、BOD、SS		废粕	低频
制炼车间	COD、BOD	SO$_2$	滤泥、废蜜	低频
制糖循环水系统	pH、COD、BOD、SS		沉淀污泥砂	低频
锅炉、干燥用燃烧炉		SO$_2$、NO$_x$、烟尘、粉尘	煤渣、灰渣	高频
电力系统				高频
热电循环水系统	pH、COD、BOD、SS		灰渣污泥	低频
颗粒粕车间		粉尘		中、低频
酒精车间	pH、COD、BOD、SS	CO$_2$		中、低频
废水处理站	pH、COD、BOD、SS、NH$_3$-N、硫酸盐	异味 H$_2$S、NH$_3$	泥渣	中、低频
办公楼、食堂、生活区	COD、BOD、SS、NH$_3$-N	油烟	生活垃圾	

（二）主要评价因子筛选

评价因子根据排污特征与环境状况及功能要求，针对不同阶段的环境影响因素识别及工程的污染排放情况，在污染因子确定的基础上充分考虑工程特点和环境特点，以及具体项目的评价标准筛选确定。主要评价因子见表1-3-12。

表1-3-12　主要评价因子一览表

工程阶段	环境要素	评价因子
施工期	空气环境	二氧化氮、总悬浮颗粒物、二氧化硫
	水环境	悬浮物、化学需氧量、石油类
	声环境	等效声级 $L_{eq}[dB(A)]$
	固体废物	产生量、处理处置量
	生态环境	占地面积、水土流失量
运营期	空气环境	总悬浮颗粒物、PM_{10}、二氧化硫
	地表水环境	生化需氧量、悬浮物、化学需氧量、氨氮
	声环境	等效声级 $L_{eq}[dB(A)]$
	固体废物	产生量、处理处置量

三、评价项目

根据项目工程特征，环境影响识别及评价因子筛选，确定拟建项目各环境要素监测因子、评价因子及预测因子。

1. 空气环境

监测因子：二氧化硫、二氧化氮、总悬浮颗粒物、PM_{10}、恶臭。

评价因子：二氧化硫、二氧化氮、总悬浮颗粒物、PM_{10}、H_2S、NH_3。

预测因子：二氧化硫、PM_{10}。

2. 地表水环境

监测因子：pH、溶解氧、高锰酸盐指数、化学需氧量、悬浮物、生化需氧量、氨氮、硫化物、总磷、石油类、总氮。

评价因子：pH、溶解氧、高锰酸盐指数、化学需氧量、悬浮物、生化需氧量、氨氮、硫化物、总磷、石油类、总氮。

预测因子：化学需氧量、NH_3-N。

3. 声环境

连续等效A声级。

制糖建设项目主要评价因子见表1-3-13。

表 1-3-13 制糖建设项目主要评价因子

环境要素	评价类别	评价因子
地表水环境	污染源评价	pH、COD、BOD、NH$_3$-N、SS
	现状评价	pH、COD、BOD、NH$_3$-N、SS、纳污水体主要污染因子
	影响分析	pH、COD、BOD、NH$_3$-N
地下水环境	现状评价	pH、F、总硬度、总大肠菌群、氨氮、亚硝酸盐、硝酸盐、硫酸盐、溶解性总固体、高锰酸钾总数、细菌总数
	影响分析	pH、F、总硬度、总大肠菌群、氨氮、亚硝酸盐、硝酸盐、硫酸盐、溶解性总固体、高锰酸钾总数、细菌总数
大气环境	污染源评价	粉尘、烟尘、SO$_2$、NO$_x$
	现状评价	TSP、PM$_{10}$、SO$_2$、NO$_x$
	影响分析	PM$_{10}$、SO$_2$、NO$_x$
声环境	污染源评价	L_{eq}(A)
	现状评价	L_{eq}(A)
	影响分析	L_{eq}(A)
生态环境	现状评价	植被、水土流失、景观
	影响分析	植被变化、水土流失、景观影响

第五节 污染防治措施

一、废水防治措施

以清洁生产为核心，优化生产工艺，降低产品单耗指标，从源头减少污染总量。制糖生产各项工艺严格实施水平衡管理、循环控制，在各用水环节最大限度地采取回用的基础上，减排废水量；将各类用水水质、水量细化，清浊分流，分别治理，尽可能采取循环利用，减少废水排放。

（一）甘蔗糖厂

1. 对低浓度废水的处理

（1）加强抽真空水循环及水的回收利用率，强化管理减少新鲜水用量。

（2）1$^\#$、2$^\#$蒸发罐及使用 1$^\#$汁汽的加热器等汽凝水全部回锅炉做入炉水，基本保证锅炉入炉水少用或不用软化水，减少树脂再生碱、酸、盐水的排放。

（3）煮糖、蒸发、喷射抽真空的冷凝水，汽轮发电机等设备的冷却水占甘蔗制糖总废水量的 70%左右，此部分废水除温度升高外，水质无大变化，可简单处理后循环利用，可显著降低用水量和排水量。

2．对中浓度废水的处理

（1）真空吸滤机和板框压滤机洗滤布废水。通过改进清净工序工艺、设备，可减少洗布水的产生。例如，许多企业采用无滤布真空吸滤机取代有滤布吸滤机，可显著减少 COD 排放量。

对洗滤布水的治理工艺是以石灰乳中和后，进竖流式沉淀池絮凝，再经真空吸滤机、板框式压滤机，其滤液复用于压榨渗透水，余量外排，进一步处理。干滤泥（含水 30%～50%）做肥料、铺路、垫坑、水泥生产的原料和辅料。

（2）锅炉冲灰水。进行二级以上沉降或絮凝沉降处理，可去除悬浮物 90%以上，同时 COD、BOD 值也相应降低。经除尘器出来的冲灰水，悬浮物含量高达 $1\,000 \times 10^{-6}$～$10\,000 \times 10^{-6}$，经沉淀池自然沉降后，悬浮物可降到 200×10^{-6} 左右，循环回用。或再经砂滤技术处理，悬浮物能达到 20×10^{-6} 以下。

（3）压榨车间废水。采用循环池处理，经多级处理后回用，可基本解决压榨车间废水外排问题。

（二）甜菜糖厂

1．对低浓度废水的处理

将机械冷却水、蒸发、煮糖真空冷凝水等进行清浊分流、冷热分流、分级回收、冷却、自成系统，循环回用。

2．对中浓度废水的处理

（1）流送洗涤水。从源头控制甜菜带土量，配套尾根、甜菜皮捕集器回收，设置幅流沉淀池，为提高沉淀、澄清效果，可采用二级、三级沉淀，保证上清水回用，减少新水补充量。但随着循环次数的增加，污染物积累，COD 和悬浮物达到一定的控制浓度时，必须引出部分废水经生化处理后排放，同时补充等量的新水。对沉降污泥进行物理脱泥处理，实现 80%以上的流送水循环回收使用。

（2）有条件的企业可将甜菜的水力输送改为干法输送。以进一步节水和减少排污量。

（3）压粕水。建立封闭式回收系统，将压粕水除渣、灭菌后作为渗出用水回到渗出器中，基本不外排。

（4）滤泥水。更新落后的过滤设备，实施滤泥干排，实现滤泥综合利用。

（5）锅炉冲灰水。同甘蔗糖厂锅炉冲灰水的处理。

（6）洗罐废液。洗蒸发罐、结晶罐的废酸、废碱液回收，循环利用，排放时应排入流洗废水中合并处理。

（三）对高浓度废水和综合废水的处理

1．废糖蜜（橘水）

甘蔗糖蜜与甜菜糖蜜都含有相当数量的可发酵性糖，只需补充一些营养盐，便可发酵生产一系列产品。目前，糖蜜多用来生产酒精与酵母产品，但糖蜜酒精废醪液和酵母废发酵液要进行治理。

2. 糖蜜高浓度废液与综合废水

糖蜜酒精糟或其他糖蜜高浓度废液，由于污染负荷极高，含有一定量的硫酸根，采用投资大、能耗高的中和—浓缩—干燥（加入辅料）工艺，生产有机复合肥料。也可采用中和—浓缩工艺，生产商品浓缩液，用于肥料、燃料、减水剂，然后将中浓度废水，即制糖生产流送洗涤水、各段冲洗水等混合，依据废水排放标准，采用以一级、二级生化处理单元组合为主的多级治理工艺。如厌氧工艺的接触式厌氧发酵、上流式厌氧污泥床（UASB）、折流板厌氧反应器（ABR），好氧工艺的活性污泥、A/O氧化沟、接触氧化、氧化塘、物化工艺的自然沉淀、气浮、混凝沉降等。企业也可将部分达标排放废水经深度处理后回用生产。当前制糖企业的水污染严重是由于固废物综合利用规模小，未能有效治理造成的。已经制定的制糖工业污染物排放标准，明确综合利用的合理经济规模和治理方案，其污染物排放按产品所属行业的排放标准执行。

二、废气防治措施

（一）锅炉烟气治理措施

锅炉排放的废气污染物主要为烟尘、SO_2、NO_x。采用的环境空气污染防治原则是使锅炉燃煤排放的烟气污染物满足《锅炉大气污染物排放标准》（GB 13271—2001），单台出力 65 t/h 以上满足《火电厂大气污染物排放标准》（GB 13223—2003）的要求，此外，在锅炉选型和实施环境保护措施时要尽量做到技术先进和经济合理。

1. SO_2控制措施

新上锅炉或锅炉改造要同时配套建设脱硫设施。通过添加石灰石达到固硫效果。控制钙硫比，脱硫效率≥80%，确保 SO_2 排放浓度达到要求。

2. 烟尘控制措施

根据目前除尘技术的现状，采用袋式除尘器及静电除尘器均具有技术可行性。考虑掺烧石灰石脱硫工艺的特点，采用布袋除尘器，除尘效率为 99.8%。

3. NO_x控制措施

锅炉燃烧时产生的 NO_x 主要为燃料中氮生成的燃料型和空气中氮在高温下与氧反应生成的热力型。一般情况下，生成 NO_x 主要为燃料型 NO_x，其所占比例大约95%，根据相关热源工程锅炉测试资料，采用低氮燃烧技术后，NO_x 排放浓度降低。

（二）燃烧炉烟气治理措施

甜菜糖厂颗粒粕生产设有燃煤炉，单位产品煤耗约 0.6 t/h 颗粒粕。锅炉排放尾气是由燃煤产生的烟气、废粕烟尘和水蒸气组成的。废粕烟尘排放量约为颗粒粕产品的 4.94%。

1. 烟尘控制措施

对燃烧炉的烟气采用高效旋风多管式除尘器进行除尘处理，可满足国家排放限值要求。

2. SO_2 控制措施

采用石灰石-石膏法进行燃烧炉的 SO_2 脱除，该方法技术成熟，运行可靠，脱硫效率至少达 70%以上，脱硫产物可用于水泥厂的生产原料。经脱硫后烟气中 SO_2 排放浓度可满足国家排放限值要求。

（三）SO_2 工艺尾气控制

在正常的生产情况下，工艺尾气中的 SO_2 很少会发生泄漏，考虑到安全清洁生产，在硫熏（漂）工序设置 SO_2 吸收装置，对生产不正常情况下溢出的 SO_2 进行吸收。

三、废渣防治措施

甘蔗渣：用作锅炉燃料或除髓打包送综合利用企业造纸等。

甜菜粕：甜菜经渗出提取糖汁后的废菜丝，即为废粕，干粕系列产品，是理想的饲料。

滤泥：出售做农肥或建筑原辅材料或定点填埋。

灰渣：用于蔗区肥料或与滤泥等混合制水泥。

第六节　清洁生产分析

针对制糖行业目前生产排污对环境的影响，应该首先从清洁生产方面入手，通过不断改进工艺、不断改进设计等进行综合治理才能真正实现达标排放。

根据国家的清洁生产标准，建立以提高资源、能源利用率，减少污染物产生量为目标，从源头抓起，实行全过程的污染控制，将污染物最大限度地在生产过程中加以利用和消化，减少排放量，发展既有环境效益，又有经济效益的新型清洁生产模式，是制糖行业发展唯一的正确方向。

一、清洁生产措施

（1）选育优良品种，改进栽培种植技术，加强病、虫、草害防治的研究，提供高糖、高产的原料，不断降低吨糖耗甘蔗、甜菜量。

（2）甜菜糖生产采取压粕水回收等节水措施。澄清（清净）工段采用高新技术产品（设备）——无滤布真空吸滤机、隔膜板框压干机等，消除洗滤布水的产生源，实施滤泥干排。

（3）制炼车间采用多效蒸发系统，提高汁汽潜能，降低汽耗，全面回收和利用汽凝水余热。

（4）选择合理工艺技术条件，适当降低压榨渗透水用量，提高石灰乳浓度，减少过滤机的洗水量，适当提高糖浆浓度，严控煮糖用水量。

（5）采用冷凝、冷却水循环复用给水系统，提高复用次数，减少水耗，利用各种单元操作（冷却、冷凝、蒸发、加热）回收制糖生产的各种二次能源（二次冷却水、冷凝液、二次蒸汽、废热汽）。

（6）采用自动化控制系统，稳定生产过程主要技术参数，提高工效与质量。

（7）以热定电，热电联产，降低能耗，节约能源。采用节能变压器、电机、循环流化床锅炉等，所有电机、水泵使用变频控制系统。

（8）采用制糖行业清洁生产新技术《低碳低硫制糖新工艺》；《全自动连续煮糖技术》；《甜菜干法输送》；《糖厂废水循环利用与深化处理技术》。

（9）糖厂应走农业—制糖—养殖业—农业良性循环道路，有条件的糖厂应设立畜牧场和养殖场，使制糖的综合利用产品有自我消化的市场，同时提高糖厂综合利用产品的附加值。

二、清洁生产指标

由国家环境保护总局科技标准司提出，由广西壮族自治区环境保护科学研究所、中国环境科学研究院负责起草，国家环境保护总局批准，自 2006 年 10 月 1 日起实施了《清洁生产标准　甘蔗制糖业》（HJ/T 186—2006），可用于国内甘蔗制糖企业的清洁生产审核和清洁生产潜力与机会的判断，以及清洁生产绩效评定和清洁生产绩效公告制度。

HJ/T 186—2006 在达到国家和地方环境标准的基础上，根据当前的行业技术、装备水平和管理水平而制订，共分为三级。一级代表国际清洁生产先进水平，二级代表国内清洁生产先进水平，三级代表国内清洁生产基本水平。

根据清洁生产的一般要求，清洁生产指标分为生产工艺与装备要求、资源能源利用指标、产品指标、污染物产生指标（末端处理前）、废物回收利用指标和环境管理要求等六类。标准包括以上六类清洁生产指标，部分要求摘录如表 1-3-14 所示。

表 1-3-14　甘蔗制糖行业清洁生产指标（摘录）

指标		一级	二级	三级
一、自动化控制		生产过程采用自动化控制，优化工艺参数	重点工段采用自动化控制，优化工艺参数	根据实际情况采用自动化控制
二、资源能源利用指标				
总回收率/%	≥	88.0	86.0	84.0
等折白砂糖产率/%	≥	12.5	11.5	11.0
吨蔗耗新鲜水量/（m³/t）	≤	1.0	2.0	3.5
水重复利用率/%	≥	90.0	80.0	70.0
吨蔗耗电量/（kW·h/t）	≤	20.0	28.0	32.0
百吨蔗耗煤量/（t/100t）	≤	4.0	5.0	6.0
三、污染物产生指标（末端处理前）				
吨蔗废水产生量/（m³/t）	≤	1.6	2.6	4.0
吨蔗 COD_{Cr} 产生量/（kg/t）	≤	1.0	2.0	3.5
吨蔗 SS 产生量/（kg/t）	≤	0.3	1.0	1.6

第七节　环境影响评价应特别关注的问题

一、政策的符合性

（1）产业政策和行业发展规划的符合性，注意综合利用产品生产过程所产生污染物排放应执行的相关标准。

（2）明确项目属于国家明令禁止、限制还是鼓励、允许建设或投资，是否符合国家《产业结构调整指导目录》中制糖部分内容，是否已被列入国家经贸委发布的《淘汰落后生产能力、工艺和产品的目录》中的建设项目，是否符合制糖行业"十二五"规划等。

二、项目选址

（1）项目选址要符合地区总体发展规划，环境功能区划。

（2）制糖企业污染物排放主要以废水为主，取水口与排污口的位置选择合理性应予详细论证。特别关注项目地域周边自然、社会环境和环境质量状况，是否有特殊保护区，如水源地等，生态敏感与脆弱区，如红树林等，社会关注区及环境质量已达不到或接近环境功能区划要求的地区。对可能的环境影响受体，是否按环境要素分别描述并列入环境保护目标。

三、工程分析

（1）除附有制糖生产工艺流程图外，还应有综合利用和废水处理工艺流程图，生产吨食糖物料（原料、水、电、气、废水、废弃物）衡算图。

（2）对新建和扩改建项目，按清洁生产要求，应重点关注、鼓励企业采取清洁生产措施，动态实施清洁生产方案，最大限度地利用现代化高科技成果来持续改进生产设备，提高生产效率，进一步降低环境负荷和产品成本。

（3）节能措施，糖厂技改工程在设计中应尽量采用耗能少的先进工艺与技术设备，合理利用能源，采取节约能源措施，提高能源利用率。

（4）节水措施，提高生产给水的利用率。设计采用冷凝、冷却循环复用给水系统，将取水量降至最低。

（5）采用的新工艺、新技术需有专家评审论证报告。

四、清洁生产

制糖企业技改项目清洁生产，应从原料、产品、工艺技术和生产设备、废水废渣处置以及节能节水措施等几个方面进行评价。标准可参考国家环境保护总局发布的《清洁生产标准　甘蔗制糖业》（HJ/T 186—2006）。

五、环境保护措施

制糖生产主要污染物为废水和固体废物。

（1）分析不同制糖工段产生的特征污染物，应提出预防治理措施，最大限度地减少对环境的影响。尤其是废水防治措施可行性、全面稳定达标排放可靠性论证；要特别关注中高浓度废水的治理措施、达标排放技术可行性和经济合理性论证。

（2）固体废物甘蔗渣、甜菜粕、废糖蜜等应按相关规定实现综合利用，综合利用规模应符合产业政策、经济规模，产生的污染物应得到治理并满足相应法律法规与标准的要求。亚硫酸法滤泥可作为原辅材料全部得到利用；碳酸法滤泥以及锅炉炉渣应采取稳定、有效的措施进行利用、处理与处置，使其不对环境、生态造成危害。

（3）洗滤布水量较大，污染负荷较高，处理后复用于压榨渗漏水，难以全部循环利用。外排部分废水必须处理达标，并提出排污方案和综合利用方案。

（4）对新、扩、改项目，应按清洁生产要求尽可能采用无滤布真空吸滤机。

第八节　典型案例

广西某糖业公司 10000 t/d 技改工程

一、项目概况

项目性质：技术改造

建设地点：广西某糖业公司现有厂区内

项目组成：技改项目是在原有日榨 6000t 甘蔗生产能力的基础上，扩建到日榨 10000t 甘蔗的生产规模。产品方案为年产一级白砂糖 19.2 万 t。主要工程有压榨车间（甘蔗堆场、原料预处理）、制炼车间（蒸发工段、澄清工段、过滤间、成糖工段）、石灰乳化间，辅助工程有锅炉房及电力间（含主控楼）、变电站及车间动力配电、照明通信系统等。

工程投资及建设周期：项目建设投资为 15000 万元，其中环保投资 1552 万元，占总投资的 10.35%。

产业政策：

（1）限制重复新建制糖生产线。

（2）《食品工业"十五"发展规划》中对于制糖工业"十五"期间在重点产糖地区要加速实现糖料生产的机械化、水利化、良种化和规模经营。优势地区如广西、广东、云南、新疆要在调整、优化结构的基础上，扩大优势企业的规模，不断提高产品质量和生产技术水平。在糖厂资源综合利用方面，要依法关停污染严重的糖蜜酒精车间和蔗渣造纸车间，鼓励集中利用糖蜜与蔗渣，对发酵和造纸废液进行无害化处理。

二、环境概况及环境保护目标

（一）环境概况

糖厂距广西首府南宁市 34km。评价区地处低丘地带，山坡普遍为缓坡，一般在 20°以下，丘与丘之间距离宽阔，连接亦无陡坡。植被多为疏林草地。据调查，排污口下游 15km 处是国家级森林公园。评价区内无其他国家级、自治区级濒危动植物及特殊栖息地保护区、文物古迹等特殊敏感区域。

评价区域主要环境敏感目标基本情况见表 1-3-15。

表 1-3-15　评价区域主要环境敏感目标概况

序号	企业或居民点名称	方位	距离/km	基本情况
1	某水泥厂	NNE	1.1	职工 453 人
2	某屯	N	1.0	人口 362 人
3	某村	NE	1.0	人口 385 人
4	玉米研究所	SE	0.8	人口 512 人
5	机引厂宿舍	NE	0.1	人口约 200 人
6	小屯	SW	0.5	人口 1 223 人
7	农场高山队	S	1.5	人口 485 人
8	磷肥厂	NNW	0.5	目前已基本处于停产状态，人口 318 人
9	中学	NNW	0.5	教职工约 320 人
10	小学	NNW	0.3	教职工约 350 人
11	农贸集市	W	0.1	流动人口 300～500 人
12	大屯	WSW	2.0	人口 1 050 人

（二）环境保护目标

制定项目环境保护目标要综合考虑项目所在区域人口、社会经济、历史文化背景、环境质量状况等因素。本评价的具体环境保护目标见表 1-3-16。

表 1-3-16　拟建项目环境保护目标

环境介质	环境保护目标	保护级别
地表水	某江排污口下游 15 km 江段	III 类
环境空气	评价区域居民区（详见表 1-3-15）	二级
噪声	周围 200 m 范围内居民区	2 类

三、工程分析

（一）广西某糖业公司背景介绍

厂址地势平坦，总占地面积 12.42 hm²；按总图位置划分，西部为生活区，占地面积 2.07 hm²，东部为生产区，占地面积 10.35 hm²。

厂内现有压榨、制炼、动力、机修、蔗渣除髓打包间等主车间及甘蔗堆场、煤棚、成品库、五金库、电力间、循环喷水冷却池、水池、办公楼等配套设施。

采用压榨法提汁、双重亚硫酸法澄清、六罐五效压力—真空蒸发、三系煮糖等生产方法。生产工艺见图 1-3-5。

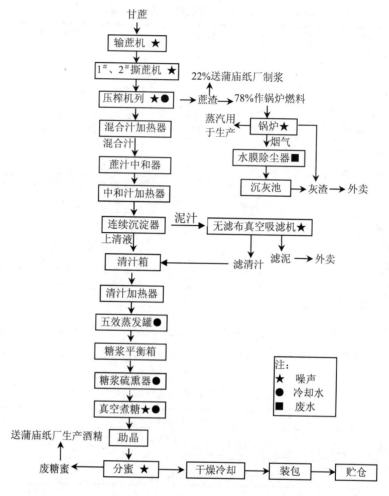

图 1-3-5　技改后生产工艺流程及排污节点

（二）技改工程分析

技改工程污染物排放以有机废水为主，其次为噪声污染和废气污染。

现有工程废水均已采取措施治理，但处理效率低，总排口水质达不到规定标准要求，循环用水率低。技改工程不仅要考虑新增项目的环境保护，还应采取"以新带老"措施，做好老污染源的治理。因此，弄清工程技改前、后污染源情况，分析废水处理方案的可行性并提出合理的替代方案是本工程分析的重点。

1. 工程用水、排水量分析

技改前全厂总用水量 159 432 m³/d，其中，新鲜用水量为 66 960 m³/d，循环用水量 92 472 m³/d；外排水量 55 464 m³/d，循环用水率 58%。技改后全厂总用水量 247 752 m³/d，其中，新鲜用水量为 60 960 m³/d，循环用水量 186 792 m³/d；外排水量 42 048 m³/d，循环用水率 75.4%。技改后全厂给排水情况见表 1-3-17 及图 1-3-6。

表 1-3-17 技改后全厂给排水平衡

| 生产车间名称 | 用水工段或用水设备名称 | 用水量 | | | 蒸发损耗/(m³/d) | 循环用水率/% | 排出量/(m³/d) | 排放去向 |
		总计/(m³/d)	新鲜水量/(m³/d)	循环用水量/(m³/d)				
压榨车间	设备轴承冷却	2 520	1 200	1 320	—	52.4	2 520	1 200 m³/d 直排入良凤江，1 320 m³/d 循环回用
	压榨渗透	1 200	—	1 200	1 200	100		随产品
制炼车间	制炼用水	7 680	7 680	—	—	—	7 680	4 800 m³/d 直排入良凤江，2 880 m³/d 回用锅炉
	蒸发冷凝器	31 200	31 200	—	—	—	31 200	进入喷水和循环冷却水池，有 9 264 m³/d 外排入良凤江，其他回用于生产
	煮糖冷凝器	129 600	12 000	117 600		90.7	129 600	
	无滤布机冷凝器	7 200	—	7 200		100	7 200	
	原有真空吸滤机	1 200	—	1 200		100	1 200	经处理后作压榨渗透水
	煮糖吸滤机冷凝器	26 400	—	26 400		100	26 400	直排入良凤江
动力车间	汽机间	13 920	1 200	12 720	1 200	91.4	12 720	循环使用
	锅炉	6 480	3 600	2 880	6 480	44.4	—	蒸汽用于生产
	锅炉冲灰、水膜除尘	16 272	—	16 272	1 200	100	15 072	处理后循环回用
其他	化水间	3 600	3 600	—	—	—	3 600	生产工艺用水
	生活用水	480	480	—	96	—	384	化粪池处理后，经下水道排入那楞河
	合计	247 752	60 960	186 792	10 176	75.4	237 576	排入良凤江的水量为 42 048 m³/d

2. 用汽量分析

热电站现有两台 65 t/h 蔗渣煤粉锅炉，2 套 B6-35/5 型背压式汽轮发电机组和设有 2 套 60 t/h 四塔式流动床的化学水处理间。技改后，全厂的正常用汽量为 203.2 t/h，在原有热电站基础上，根据全厂蒸汽负荷及汽电平衡，拟新增一台中温中压参数锅炉机组。选用 75 t/h，3.82 MPa，450℃（过热）蔗渣煤粉炉 1 台，6 000 kW，B6-3.43/0.49

型背压式汽轮机组 1 台，配 QF-6-2 型 6.3kV 发电机 1 台的热力方案。建成后总产汽 205t/h，总发电量 18 000kW，提供全厂用汽和用电需要。

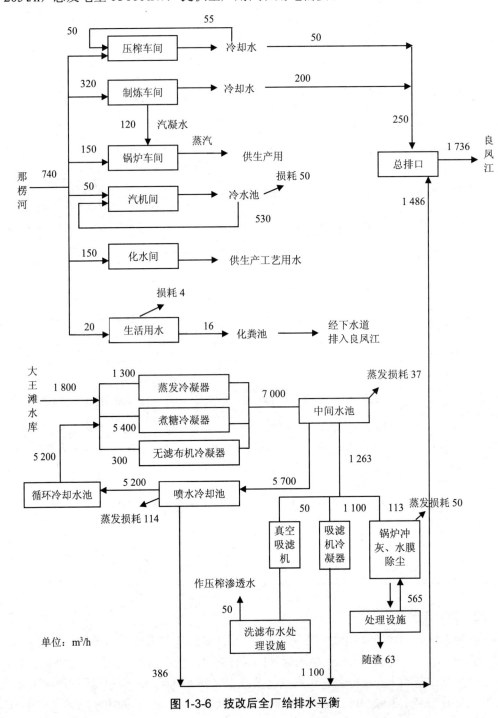

图 1-3-6　技改后全厂给排水平衡

3．燃料耗量及成分分析

锅炉运行时全部烧蔗渣，用量为 28.08 万 t/a，并贮备 3 000 t/a 燃料煤作为启炉或榨蔗不正常时备用。蔗渣、煤成分分析见表 1-3-18。

表 1-3-18　燃料成分分析

成　　分	符　号	单　位	田阳煤	甘蔗渣
碳	C^y	%	—	24.7
氢	H^y	%	—	3.1
氧	O^y	%	—	23
硫	S^y	%	0.99	0
灰分	A^y	%	39.7	1.1
水分	W^y	%	15.5	48
低位发热量	Q^y_{dw}	kJ/kg	11 590	7 955

（三）技改工程污染分析

1．工程污染源概述

技改工程采用现有工程的制糖工艺，其对环境可能产生影响的污染源和现有工程一样，主要是废水，其次是噪声、废气及废渣。

（1）废水。生产过程中排出的废水主要有：温度略为升高而污染物浓度较低的压榨车间轴承、制炼车间制炼、蒸发、煮糖冷凝器冷却水和煮糖吸滤机冷凝水；含高浓度 SS 的锅炉除尘冲灰水；含高浓度有机物的废糖蜜（橘水）、洗滤布水及少量洗罐水。技改工程将采取相应的节水措施，提高循环用水率，外排冷却、冷凝水、锅炉除尘冲灰水较技改前减少。可研方案拟增加 2 台无滤布机，保留原有 8 台真空吸滤机，洗滤布水水量维持原状，为 1200 m³/d，干燥季节可全部用于压榨渗透工段，但阴雨潮湿天气会剩余外排，从而造成对良凤江的污染。如采用无滤布机代替原有的真空吸滤机，可消除洗滤布水的产生。洗罐水回用于蒸发工段，不外排。生产中产生的废糖蜜（橘水）约 320 m³/d，贮存于 2 个 6000 m³ 贮罐中，作为蒲庙酒精厂集中生产食用酒精的原料。

（2）废气。现有工程有 2 台 65 t/h 锅炉，技改工程增加 1 台 75 t/h 锅炉，技改后全厂废气有所增加，锅炉燃料以蔗渣为主，废气的主要污染物为烟尘。锅炉烟气采用水膜除尘器净化除尘，在正常运行情况下，废气对外环境的影响较小。但除尘设施出故障不运行时，烟尘会对周围居民点、学校造成污染。

（3）废渣。废渣为蔗渣、滤泥、灰渣，现有工程剩余蔗渣除髓打包后作为制糖造纸厂生产生活及文化用纸的原料，滤泥、灰渣可用作甘蔗生产的基肥。

（4）噪声。糖厂噪声有两类：一是生产车间的设备噪声，二是运输噪声。设备噪声主要来自压榨车间压榨机、泵，制炼车间空压机、分蜜机、泵，动力车间引风机、鼓风机、汽轮机、放汽排空等。运输噪声主要是运输甘蔗车辆产生的噪声。设备噪声声强在85～116dB，运输噪声一般在65～70dB。

现有工程汽轮机排气管定时放汽、制炼车间煮糖工段空压机、分蜜机产生的噪声对周围环境的影响较明显。

2. 废水成分及污染物排放量分析

废水的水质及排放量见表1-3-19。

表1-3-19　技改后全厂废水及污染物排放情况

废水名称	指标	废水排放量/(m³/d)	CODCr 浓度/(mg/L)	排放量/(kg/d)	BOD5 浓度/(mg/L)	排放量/(kg/d)	SS 浓度/(mg/L)	排放量/(kg/d)	NH3-N 浓度/(mg/L)	排放量/(kg/d)
压榨轴承、制炼冷却水	直排	6 000	48	288	17	102	41	246	1.26	7.56
蒸发、煮糖冷却、吸滤机冷凝水	处理前	35 664	58	2 068.5	31	1 106.6	47	1 676.2	1.46	52.1
	处理后		56	1 997.2	16	570.6	33	1 176.9	1.41	50.3
	去除率		3.45%		48.4%		29.8%		3.42%	
澄清洗滤布水	处理前	1 200	5 013	6 015.6	2 483	2 979.6	3 647	4 376.4	22.9	27.5
	处理后		3 140	3 768	488	585.6	36	43.2	19.1	22.9
	去除率		37.4%		80.3%		99.0%		16.6%	
锅炉冲灰水	处理前	15 072	1 357	20 452.7	66	994.8	2 793	42 096.1	10.1	152.2
	处理后		18	271.3	4	60.2	27	406.9	6.34	95.6
	去除率		98.7%		93.9%		99.0%		37.2%	
生活污水	处理前	384	350	134.4	220	84.5	220	84.5	20	7.68
	处理后		245	94.1	154	59.1	99	38.0	18	6.91
	去除率		30%		30%		55%		10%	
总排口废水		41 664	54	2 229.5	15	621.2	34	1 411.8	1.36	56.71
外排废水合计		42 048	55	2 323.6	16	680.3	34	1 449.8	1.51	63.62
标准值（GB 8978—1996）一级标准			100		20		70		15	
达标评价			达标		达标		达标		达标	
备注		①表中为保留原有8台真空吸滤机的废水排放情况 ②表中浓度值及总排口废水排放量为2003年2月某市环境保护监测站的污染源监测结果 ③总排口废水不含生活污水 ④锅炉冲灰水、澄清洗滤布水处理后回用，不外排										

（1）压榨车间。压榨车间排放的废水主要为设备轴承冷却水，根据类比，COD_{Cr}的含量在 50 mg/L 以下，达到规定排放标准。

（2）制炼车间。制炼车间排放的废水主要为洗滤布水、煮糖吸滤机冷凝水、蒸发及煮糖外排冷却水，监测表明，主要污染物为 COD_{Cr} 和 BOD_5。洗滤布水 COD_{Cr} 4 100～6 540 mg/L，BOD_5 2 250～2 670 mg/L，吸滤机冷凝水 COD_{Cr} 53～59 mg/L，蒸发及煮糖外排冷却水 COD_{Cr} 48～61 mg/L。

（3）动力车间。动力车间排放的废水主要为锅炉冲灰水，主要污染物 SS 浓度为 2 230～3 160 mg/L。

（4）生活。厂区生活废水排放量约 384 m³/d。

采取相应的处理措施后，外排废水均达到《污水综合排放标准》（GB 8978—1996）中一级标准。

3. 废气污染物排放量分析

现有工程有 2 台 65 t/h 锅炉，技改后新增 1 台 75 t/h 锅炉，排放烟气量有所增加。采用文丘里水膜除尘器进行烟气净化，该除尘器除尘效率可达 97%，处理后烟气分别达到《锅炉大气污染物排放标准》（GB 13271—2001）二类区 I 时段标准及《火电厂大气污染物排放标准》（GB 13223—2003）第 3 时段标准。

技改后全厂废气及污染物排放情况见表 1-3-20。

表 1-3-20　技改后废气污染物排放情况

废气名称		废气排放量/（万 m³/d）	烟尘		SO₂	
			浓度/（mg/m³）	排放量/（kg/d）	浓度/（mg/m³）	排放量/（kg/d）
2 台 65 t/h 锅炉烟气	处理前	744	2 760	20 534.4	22	163.7
	处理后		121	900.2	15	111.6
标准值（GB 13271—2001 I 时段标准）			250		1 200	
75 t/h 锅炉烟气	处理前	486	3 708	18 020.9	26	12.6
	处理后		82	398.5	18	8.7
标准值（GB 13223—2003 第 3 时段标准）			200		800	
处理后合计		1 230		1 298.7		120.3
处理后达标评价			达标		达标	
备注		①2 台 65 t/h 锅炉烟气执行《锅炉大气污染物排放标准》（GB 13271—2001）二类区 I 时段标准 ②新增 75 t/h 锅炉烟气执行《火电厂大气污染物排放标准》（GB 13223—2003）第 3 时段标准				

4. 技改前后污染物排放量对比分析

技改后，由于增加一台 75 t/h 锅炉，废气及烟尘、二氧化硫排放量均有所增加，增加率分别为 65.32%、44.43%、78.44%；滤泥、灰渣、石灰渣分别增加 12 000 t/a、2 000 t/a、220 t/a。结合"以新带老"措施，提高水的循环利用率，采用无滤布真空吸滤机消除洗滤布水的产生，废水及污染物排放量将大幅度减少，废水量将削减 201.3 万 m^3/a，削减率为 24.19%；COD_{Cr}、BOD_5、SS、NH_3-N 的削减量分别为 714.9 t/a、452.2 t/a、85.6 t/a、9.3 t/a，削减率分别为 67.23%、81.60%、28.24%、49.50%。

技改前后污染物排放量对比分析详见表 1-3-21。

表 1-3-21　技改前后污染物排放情况对比

项　目		技改前	技改后			增减量
			"以新带老"措施后现有工程	技改项目	技改后	
废气	废气排放量/（万 m^3/a）	111 600	111 600	72 900	184 500	+72 900
	烟尘排放量/（t/a）	134.6	134.6	59.8	194.8	+59.8
	SO_2 排放量/（t/a）	16.7	16.7	13.1	29.8	+13.1
废水	废水排放量/（万 m^3/a）	832	378.4	252.3	630.7	−201.3
	COD_{Cr} 排放量/（t/a）	1 063.4	209.1	139.4	348.5	−714.9
	BOD_5 排放量/（t/a）	554.2	61.2	40.8	102.0	−452.2
	SS 排放量/（t/a）	303.1	130.5	87.0	217.5	−85.6
	NH_3-N 排放量/（t/a）	18.8	5.7	3.8	9.5	−9.3
固体废弃物	滤泥排放量/（t/a）	18 000	18 000	12 000	30 000	+12 000
	灰渣排放量/（t/a）	3 000	3 000	2 000	5 000	+2 000
	石灰渣排放量/（t/a）	340	340	220	560	+220
	合计/（t/a）	21 000	21 000	14 000	35 000	+14 000
备　注		"+"表示增加，"−"表示减少。废气为三台锅炉同时运行时的排放情况，全厂生产天数 150				

四、环境影响预测

（一）评价因子、范围与标准

1. 评价因子

根据工程污染特性及环境影响要素分析结果，结合工程所在地环境特征进行评价因子的筛选，确定本次评价因子为：

地表水：水温、pH、SS、DO、COD_{Mn}、COD_{Cr}、BOD_5、NH_3-N、S^{-2}、石油类 10 项；

环境空气：SO_2、NO_2、TSP；

声环境：等效声级（L_{eq}）。

2．评价范围的确定

根据项目污染物排放源强、环境特征及评价等级确定本次评价范围。

（1）地表水。地表水环境评价范围为良凤江排污口下游河段，全长 26km。

（2）环境空气。环境空气评价范围以糖厂厂区为中心，常年主导风向东北偏东风为轴向，向下风向延伸 5km，向上风向延伸 3km，横向各延伸 3km，总面积 48km²。

（3）噪声。噪声评价范围为厂址边界及附近 200m 范围内可能受影响的人口集中区。

3．评价标准

评价采用的主要标准：

（1）《污水综合排放标准》（GB 8978—1996）一级；

（2）《锅炉大气污染物排放标准》（GB 13271—2001）二类区 II 时段标准；

（3）《火电厂大气污染物排放标准》（GB 13223—2003）第 3 时段标准；

（4）《工业企业厂界噪声标准》（GB 12348—90）II 类；

（5）《地表水环境质量标准》（GB 3838—2002）III 类；

（6）《环境空气质量标准》（GB 3095—1996）二级；

（7）《城市区域环境噪声标准》（GB 3096—93）2 类；

（8）《农田灌溉水质标准》（GB 5084—92）。

（二）环境影响预测（略）

五、清洁生产分析

（一）工艺先进性

（1）技改工程采用亚硫酸法制糖工艺。此法的优点是工艺和设备比较先进和简洁，原材料消耗及生产成本低，投资较省，占地面积较少，滤泥可作肥料，易处理。

（2）技改工程澄清工段采用 2 套获国家专利认证的高新技术产品——58m² 无滤布真空吸滤机系统，消除洗滤布水的产生源。

本次技改"以新带老"，用 3 台 58m² 无滤布真空吸滤机代替原有的 8 台真空吸滤机，实现无洗滤布水排放，消除现有洗滤布水对环境的污染。

（3）技改工程增加一台 75t/h 中压蔗渣煤粉炉，一台 6000kW，6.3kV 发电机组，贯彻了"以热定电、热电联产、节约能源"原则。

（4）制炼车间采用六罐五效压力—低真空蒸发系统，提高汁汽潜能，降低汽耗。全面回收和利用汽凝水热量，合理利用热能。

（5）采用冷凝、冷却循环复用给水系统，提高生产给水利用次数，减少水耗。

（二）清洁生产水平评价

采用《甘蔗制糖业清洁生产标准（报批稿）》三级标准对本项目清洁生产水平进行评价，三级标准为国内清洁生产基本水平。评价结果见表 1-3-22。

表 1-3-22　糖厂甘蔗制糖清洁生产指标情况

项　　目		技改前	技改后	三级标准
一、资源能源利用指标				
1. 总收回率/%	≥	86.2	86.2	84.0
2. 等折白砂糖产率/%	≥	12	12	11.0
3. 吨蔗耗新鲜水量/m³	≤	9.5	6.7	3.5
4. 水重复利用率/%	≥	50	74.9	75.4
5. 吨蔗耗电量/kW·h	≤	35	35	32.0
6. 百吨蔗耗煤/t	≤	5.0	5.0	6.0
二、产品指标				
1. 产品达标率		一级品以上 98.5%	一级品以上 100%	一级品以上 100%
2. 产品包装		符合食品卫生标准的有关要求		
三、污染物产生指标（末端处理前）				
1. 吨蔗废水产生量/m³	≤	9.4	5.7	4.0
2. 吨蔗 COD_{Cr} 产生量/kg	≤	3.6	2.3	3.5
3. 吨蔗 SS 产生量/kg	≤	5.53	4.4	1.5
四、废物回收利用指标				
1. 滤泥（亚硫酸法）		18 000 t/a（滤泥水分 76%），出售给农民作肥料	30 000 t/a（滤泥水分 76%），出售给农民作肥料	不直接向环境排放，由本企业或交由其他相关方作为生产的原辅材料全部利用，同时必须避免产生二次污染
2. 蔗渣		216 000 t/a，大部分用作锅炉燃料，减少 SO_2 排放量，剩余运往公司所属蒲庙纸厂综合利用，基本可避免二次污染	360 000 t/a，大部分用作锅炉燃料，减少 SO_2 排放量，剩余运往公司所属蒲庙纸厂综合利用，基本可避免二次污染	不直接向环境排放，由本企业或交由其他相关方作为能源、生产的原辅材料全部利用，同时必须避免产生二次污染
3. 废糖蜜		10960 t/a（折 90°BX），作为公司下属蒲庙纸厂酒精生产线原材料，全部利用，基本可避免二次污染	6826 t/a（折 90°BX），作为公司下属蒲庙纸厂酒精生产线原材料，全部利用，基本可避免二次污染	不直接向环境排放，由本企业或交由其他相关方作为生产的原辅材料全部利用，同时必须避免产生二次污染
4. 灰渣		3 000 t/a，用于铺路等，基本可全部利用	5 000 t/a，用于铺路等，基本可全部利用	采取稳定、有效的措施进行处理处置，使其不会对环境、生态造成危害

技改前，总回收率、白砂糖产率、百吨蔗耗标煤量、产品达标率、产品包装、废物回收利用指标基本达到三级标准要求，但吨蔗耗新鲜水量、水重复利用率、吨蔗耗电量、污染物产生指标（末端处理前）未达到标准要求。技改后，水重复利用率、COD_{Cr} 产生量达到三级指标要求。

对照标准，拟建工程在一些方面达不到清洁生产要求，多数指标也只能达到国内清洁生产基本水平，企业尚有较大的清洁生产潜力。

（三）清洁生产方案

通过清洁生产水平分析，本报告认为技改工程应重点实施水系统清洁生产方案，详见表 1-3-23。

表 1-3-23 制糖生产过程中水系统清洁生产方案

主要工段	因素	清洁生产方案
煮糖	节约用水	• 稳定蒸发操作，保证糖浆浓度稳定，减少煮糖喷淋用水 • 热电厂做好汽平衡，确保供汽稳定 • 加强工艺管理，使工艺管理员衡算煮糖物料 • 在每个煮糖罐安装计量表 • 喷淋水经冷却后回用
甲糖分蜜	节约用水	• 严格执行甘蔗验收制度，保持甘蔗新鲜，以减少糖膏黏度 • 对设备进行改造，安装全自动筛，稳定洗水用量 • 严格工艺纪律，考核制定工艺指标执行情况，杜绝大量用水
冷凝	节约用水	• 扩建喷水冷却池，水冷却后用于制糖系统，同时可对供水起调节作用 • 安装计量设备，控制主要用水设备的用水指标
冷却	节约用水	• 压榨机，润滑系统冷却水可冷却后回用
石灰窑冷却水	节约用水	• 抽真空冷却水可循环使用一次，二次水一部分可送热电站冲灰使用

六、污染防治对策措施

（一）技改前污染防治措施分析

1. 废水

（1）洗滤布水。洗滤布水经石灰乳中和混合后，进入 $200m^3$ 竖流式沉淀池絮凝沉淀后，再经板框式压滤机处理后，滤出液复用于压榨渗透水，滤泥的含水率为75%，滤泥可出售作肥料。

洗滤布水处理工艺流程见图 1-3-7。

图 1-3-7　洗滤布水处理工艺流程

　　根据 2003 年 2 月某市环境保护监测站的污染源监测结果，该处理工艺对洗滤布水 COD 的去除率为 37%，BOD_5 的去除率为 80%，悬浮物的去除率为 99%。洗滤布水经处理后复用作压榨渗透水，干旱天气时可全部回用，但阴雨潮湿天气则有部分外排。

　　（2）制糖冷却水。蒸发及丙糖喷淋水经循环池及喷水冷却池冷却处理后，复用于乙糖冷凝、甲糖冷凝，再复用于吸滤机冷凝后排放。

　　经处理后，制炼冷却水可多次重复利用，减少废水排放量。

　　压榨冷却水经隔油池处理后汇至总排口排放。

　　（3）锅炉冲灰水。煤灰水经沉淀池通过重力沉降，水渣分离，再经 WH（B）-100 高效悬浮物分离器离心分离、吸附去除悬浮物。

　　根据 2003 年 2 月某环境保护监测站的污染源监测结果，该套设备处理冲灰水 COD 去除率为 98%，BOD_5 去除率为 94%，悬浮物的去除率为 99%。废水处理后 COD 为 18 mg/L，悬浮物为 27 mg/L，达到 GB 8978—1996 的一级标准。

　　（4）少量洗罐水。洗罐水主要来自煮糖工段，一般三天洗一次，水量较少，由于含有糖分，送回蒸发工段处理，不排放。

　　（5）橘水（废糖蜜）处置。全厂橘水产生量为 19.2 t/d，橘水是生产过程中产生的高浓度有机废水，企业设置 6 个贮罐，贮存满后，送至蒲庙酒精厂用于生产酒精。

　　（6）生活污水。经化粪池处理后排入社区下水道入那楞河。

2. 废气

　　工程废气来源于 2 台 65 t/h 锅炉烟气，采用高效文丘里水膜除尘器对烟气进行处理，除尘效率在 93%～97%，工作稳定可靠，符合《锅炉大气污染物排放标准》（GB 13271—2001）二类区 I 时段标准要求。锅炉烟气经处理后由 80 m 高烟囱排出。

3. 废渣

　　废渣有灰渣、滤泥、蔗渣及少量石灰渣，废渣的综合利用率达 100%，且在综合利用过程中不产生二次污染。

　　灰渣：每年约 3 000 t，煤灰经干化场堆放干后，全部用作铺路和供给砖厂做原料。

　　石灰渣：每年约 340 t，全部用作铺路。

　　滤泥：每年约 18 000 t，滤泥含有丰富的氮、磷，是很好的有机肥，出售给农民。

　　蔗渣：每年约 216 000 t，168 480 t 蔗渣用作锅炉燃料，剩余的 47 520 t 经除髓后送至蒲庙纸厂做原料，蔗髓作锅炉燃料。

4. 噪声

噪声的防护主要是通过改进设备降低噪声,同时在噪声比较大的车间安装了降噪的铝合金玻璃屋,降低了噪声的影响。

5. 现有工程污染治理存在的问题

(1)洗滤布水量大于压榨渗透水的需要量,正常情况下有约 300 m³/d 处理后的洗滤布水外排,且处理后的洗滤布水由于温度高于压榨渗透水的要求,生产中要加新鲜水降温,导致处理后的洗滤布水外排量加大。

(2)制炼冷却水冷却系统降温效果差,喷水冷却池面积小,循环回用率低。

(3)汽轮机排气管未采取降噪措施,用于鸣笛预报上下班时间,尽管排汽时间为 1 min 左右,每个班 1~2 次,已严重影响厂区附近中、小学教学及居民的生活。

(4)煮糖工段的空压机排气管排入隔油池引起的振动及分蜜机引起的振动,对东北面距厂界约 100 m 的机引厂第一排宿舍的居民有影响。

(二)技改后污染防治措施分析

1. 废水

(1)制糖冷却水。根据"以新带老"原则,除了沿用现有的冷却系统外,需扩建喷水冷却池,完善循环供水系统,提高循环利用率至 74.9%,外排的冷却水量约 41 664 m³/d。由于吸滤机抽气。冷凝器冷却水中生化需氧量未能达到 GB 8978—1996 中一级标准,建议经喷水冷却池处理后再排放,压榨车间的冷却水仍采用原有的隔油池处理后排放。

(2)洗滤布水。可行性研究报告提出本技改工程新增的过滤设备采用获国家专利认证的高新技术产品——无滤布真空吸滤机 2 台,保留原有的 8 台真空吸滤机,产生的洗滤布水水量在干燥季节与压榨渗透水用量基本吻合,处理后可闭路循环使用。但考虑榨季有 1/3 的时间为雨季,洗滤布水可能用不完会外排,同时从清洁生产的角度出发,本评价提出以下两个方案,见表 1-3-24。其中方案一为本评价推荐方案,方案二为备选方案。

表 1-3-24　过滤设备选型比较

项 目	内容	优点	缺点
方案一	用 3 台无滤布真空吸滤机代替原有的 8 台真空吸滤机,技改后新增 5 台无滤布真空吸滤机	无洗滤布水产生,减少生产过程的产污量	一次性投资大,约增加 240 万元
方案二(可研方案)	新增 2 台无滤布真空吸滤机,保留原有的 8 台真空吸滤机	节省投资约 240 万元	有洗滤布水产生,需配套污水处理设施,且洗滤布水有可能外排污染水环境

（3）洗罐水及锅炉冲灰水。技改后增加的洗罐水仍采用原处理办法，可做到不外排。锅炉冲灰水仍按现有的处理方式处理，即进入改造扩大后的沉灰池，经新、旧灰水分离器处理后循环使用，不外排。

（4）橘水处置。技改后橘水增至 32 t/d，仍采用贮存方式，集中送蒲庙酒精厂用于生产酒精。

（5）生活污水。现有生活污水只经化粪池处理后排入社区下水道入良凤江，未能达标排放，建议增加一套一体化生活污水处理设施进行处理达标后再排放，投资约20 万元。

（6）废水排污方案。通过以上措施，糖厂排放废水可达到 GB 8978—1996 一级标准及《农田灌溉水质标准》（GB 5084—92）。为此，本评价提出两个废水排放方案：方案一是处理后达标的废水通过总排口入良凤江，利用现有的两个拦河坝（排污口下游约 1 km 和 8 km 处）抬高水位自流至田间农灌渠进行农灌；方案二是从厂区接管通至农灌渠进行农灌。两方案的比较见表 1-3-25。其中方案一为本评价推荐方案，方案二为备选方案。

表 1-3-25　废水排污方案比较

项目	内容	优点	缺点
方案一	处理后达标的废水通过总排口入良凤江，利用现有的两个拦河坝（排污口下游约 1000 m 和 8000 m 处）抬高水位自流至田间农灌渠进行农灌	节省投资，利用那楞河降温、稀释	对良凤江水质有一定影响
方案二	从厂区接管通至农灌，管长约 10 km	对良凤江水质不产生影响	投资大，约 200 万元，且村民认为这种方式使用不放心

2. 废气

技改后新增 1 台 75 t/h 锅炉，烟气量排放有所增加。采用文丘里水膜除尘器进行锅炉烟气净化，该除尘器除尘效率可达 97%，处理后烟气达到《火电厂大气污染物排放标准》（GB 13223—2003）第 3 时段标准要求。处理后的烟气通过配套新建的 80 m 高烟囱达标排放。

3. 废渣

技改后，对废渣的利用措施如下：

甘蔗渣：产生量约为 36 万 t/a，28.08 万 t/a 用作锅炉燃料，剩余部分除髓打包后外卖。

滤泥：年滤泥产生量约为 3 万 t，出售给农民做肥料。

灰渣：每年约 5 000 t，按技改前的处置方式用于制砖、填坑或铺路，掺作水泥原料。

石灰渣：每年约 560 t，按技改前的处置方式用于铺路。

4. 噪声控制与防治措施

工程设计防治措施（略）。

在工程设计防治措施基础上，本评价建议增加以下措施：

（1）取消汽轮机排气管汽笛，改用电铃控制上下班时间。

（2）各种大型除尘系统应设置专用风机房，风机设减振垫。

（3）煮糖工段空压机采取防振措施，空压机排气管口用网罩住再排入隔油池，以减少振动；逐步淘汰振动及噪声大的上悬式分蜜机，采用连续分蜜机或噪声及振动小的新设备。

（4）辊式磨的驱动电机可采用隔声罩，强噪声车间应设置隔声操作室，操作室应设置隔声观察窗。

（5）设集中隔声控制室，采用计算机控制，提高其自动化水平，并采取巡检制，以减少工人在噪声环境中的工作时间。

（6）对个别必须在强噪声环境中工作的人员采取个人防护措施，如佩戴耳塞等。

（7）在厂区空地、边界种植绿化林带或竹林，重点在东北面，厂围墙与制炼车间煮糖工作之间的空地应植 20～30 m 宽的绿化带。

（三）污染防治措施技术可行性分析

生产废水是技改工程主要环境问题，本评价重点分析水污染防治措施的技术可行性。

（1）制糖冷却水处理措施。技改后，全厂供水将维持现有的水源取水量，厂内增加循环冷却设施，加大循环供水量，建设制糖循环供水系统，加大扩建喷水冷却池，技改后全厂循环用水率 75.4%，节约用水。据类比调查，只要池设计合理，处理效果较好，技术上是可行的。

（2）消除洗滤布水措施。本次技改除新增 2 套新型高效、环保的 58 m² 无滤布真空吸滤机系统外，再用 3 套同样的新型高效、环保的 58 m² 无滤布真空吸滤机系统替代原有的 8 台真空吸滤机，据东亚糖业股份有限公司下属的几个糖厂的实际应用表明，无滤布真空吸滤机具有改善操作环境、减轻工人劳动强度、大大减少滤泥中的含糖量、无洗滤布水产生等优点，具有较好的经济效益及环保效益。

（3）锅炉冲灰水处理措施。技改工程改造扩大沉灰池，新增 1 台灰水分离器，将锅炉冲渣除尘水处理后循环使用。现有工程实践表明，所用的这套处理设施，操作方便，去除率高，出水符合生产回用水要求，技术可行。

七、评价结论

（一）产业政策符合性论述

根据国家糖业结构调整战略部署，广西是"十五"期间西部制糖工业的发展重点。技改工程建设是以农业产业化推动工业产业化，将资源优势转化为商品优势，符合国家产业政策、扶贫工作方针和广西壮族自治区人民政府《关于进一步加快广西工业结构调整产业升级专项实施意见的通知》的要求。

（二）选址的环境可行性结论

糖厂位于县总体规划的工业区，技改项目利用糖厂现有场地，考虑已有车间布局进行总平布置，技改工程营运后，通过"以新带老"污染防治措施，使废水、废气、噪声等污染影响能得到有效控制，环境质量明显改善，污染物排放可满足区域环境功能要求。因此，从环保角度分析技改工程选址基本合理。

（三）达标排放评价结论

技改后，对新旧污染源均采取相应的治理措施后，锅炉烟气达标排放；水循环率提高至 75.4%，外排废水量减少并达标排放；降噪效果明显；甘蔗渣综合利用，滤泥、灰渣、石灰渣等固体废弃物得到合理处置。

（四）总量控制指标合理性

技改后，主要污染物排放量可满足区域环境功能要求，建议污染物排放总量控制指标：二氧化硫为 29.8 t/a，烟尘为 194.4 t/a，化学需氧量为 348.5 t/a。

（五）清洁生产水平评价结论

技改后，水重复利用率、吨蔗污染物产生量等主要指标达到《甘蔗制糖行业清洁生产标准（报批稿）》三级标准，属国内清洁生产基本水平，尚有较大的清洁生产潜力。

（六）环境质量与环境功能区要求符合性评价结论

现状监测表明，评价区环境空气质量及声环境质量能满足规定的环境质量标准要求，地表水环境超标较严重；技改后，环境空气质量及声环境质量仍然控制在规定的环境质量标准范围内，厂址周围的敏感点环境质量保持原有水平；地表水环境质量明显改善，超标河段由技改前的近 15 km 缩短为 4 km。

（七）综合评价结论

技改工程符合国家有关产业政策，选址符合邕宁县总体规划及环境功能区划要求，"以新带老"环保措施可行，废气及废水能达标排放，固体废弃物得到合理处置，厂界噪声有所下降，主要污染物未超出规定的排放总量控制指标，并基本满足区域环境容量要求，主要指标达到国内清洁生产基本水平，环境质量明显改善。因此，从环境保护角度看，项目建设是可行的。

案例点评

一、项目建设的产业政策

国家限制重复新建制糖生产线。在食品工业发展规划中对企业生产规模未加限定，仅要求规模经营；要求产糖优势地区在调整、优化结构的基础上，扩大优势企业的规模，不断提高产品质量和生产技术水平；鼓励集中综合利用糖蜜和蔗渣。

该案例属技改扩建项目。广西是我国重点产糖区，其蔗糖产量约占全国一半，国家支持优势企业通过技改扩大规模，调整产品结构优化升级以推动地区资源转化为商品优势。本项目建设符合国家产业政策与行业发展规划要求，并在报告书编制内容中得以落实体现。

二、主要环境敏感问题与减缓措施

技改扩建后项目废水和污染物排放较大，纳污水体良凤江属小河，容量小，其下游 15 km 处是良凤江国家级森林公园；厂址相邻居民点较多，易受噪声影响，这些是制约本项目建设环境可行性的主要因素。

案例中针对制约因素的核心问题，即减排废水关键的过滤设备选型方案和废水农灌排污方案，提出不同于可研报告的新方案（方案一），并作为倾向性推荐方案。该方案在技术与经济上论述是合理的，可有效回避项目建设的主要环境制约因素。

三、案例的特点

1. 工程污染分析反映了行业的特点，污染防治思路清晰。甘蔗糖生产属于农产品深加工，除了产生浓有机废水（废糖蜜）外，还有大量固体废弃物产生（蔗渣、滤泥等）。这些污染物均为可利用资源，在采取清洁生产与综合利用途径后，污染能得到有效的解决。案例中蔗渣主要用作锅炉燃料，部分外运集中造纸，糖蜜（橘水）外运集中综合利用，外排废水农灌，符合行业规划要求，可有效减轻环境的污染。

2. 环境现状调查与评价编制较规范，环境现状基本情况表述清楚。能从中准确提出项目建设的环境制约因素，并依此作为主线展开环境影响评价工作；能从中结合制糖企业季节性排污的特点，选择正常生产期制定环境监测方案，使得获得的数据能客观反映出工程污染情况，提升了环境预测结果的可信度。

3. 案例中提供的技改前后全厂给排水、污染物排放"三本账"的数据很完整，其数据细化到每个车间的每个工段，并以列表形式表述，简洁、一目了然。

4. 针对良凤江河流水文特征，选用适用的预测模型和参数，预测在不利水文条件下，四种排水方案时对下游影响范围和程度，预测结果可信。

四、案例存在的主要问题

1. 环境空气质量现状污染因子和预测评价因子均应增加 PM_{10}；当锅炉烟气除尘器运行非正常或发生事故时，预测应主要以烟尘为主。

本项目锅炉燃料为蔗渣，其组分硫含量为零，烟气中检出 SO_2，应说明硫的来源。

2. 清洁生产水平评价应与国内外同类产品先进企业相比较。在缺少同行业信息，采用《甘蔗制糖业清洁生产标准（报批稿）》进行评价时，应同时列出一、二、三级指标，案例仅与三级标准（国内清洁生产基本水平）比较是不够的。清洁生产专题评价要通过比较找出差距，找出问题关键，进而提出提高清洁生产水平的措施与建议，加大技改力度与内容。本项目清洁生产水平不能满足三级要求，说明其技改力度不够。

参考文献

[1] 陈维钧，许斯欣. 甘蔗制糖原理与技术（第一分册）[M]. 北京：中国轻工业出版社，2001.

[2] 陈维钧，许斯欣. 甘蔗制糖原理与技术（第二分册）[M]. 北京：中国轻工业出版社，2001.

[3] 陈维钧，许斯欣. 甘蔗制糖原理与技术（第三分册）[M]. 北京：中国轻工业出版社，2001.

[4] 陈维钧，许斯欣. 甘蔗制糖原理与技术（第四分册）[M]. 北京：中国轻工业出版社，2001.

[5] 黄福五，钟耀南，李扬训. 甘蔗制糖机械设备，2版[M]. 北京：中国轻工业出版社，1992.

[6] 霍汉镇. 现代制糖化学与工艺学[M]. 北京：化学工业出版社，2008.

[7] 霍汉镇. 制糖工艺与装备的新概念与新实践[M]. 广州：全国甘蔗糖业信息中心，2002.

[8] 陈其斌，周重吉. 甘蔗制糖工业手册[M]. 广州. 华南理工大学出版社，1993.

[9] 华南工学院，等. 糖厂技术装备[M]. 北京：中国轻工业出版社，1983.

[10] 金腊华，邓家泉，吴小明. 环境评价方法与实践[M]. 北京，化学工业出版社，2005.

[11] 黄广盛，李扬训，莫慧平. 甘蔗制糖工艺学，2版. 北京：中国轻工业出版社，1997.

[12] 孟庆辉，孙洪昌. 甜菜制糖生产废水处理技术研究[J]. 环境科学与管理，2009（2）.

[13] 陈贵，马玉娇. 甘蔗制糖废水污染控制研究[J]. 化学工程与装备，2008（9）.

[14] 周志萍，秦文信. 甜菜制糖废水治理的探索[J]. 中国甜菜糖业，2008（4）.

[15] 林新福. 甘蔗制糖企业生化处理废水的回收利用[J]. 广西轻工业，2010（4）.

[16] 于淑娟，张本山，李奇伟. 广东省制糖产业节能减排技术路线图介绍（上）[J]. 甘蔗糖业，2010（1）.

[17] 于淑娟，张本山，李奇伟. 广东省制糖产业节能减排技术路线图介绍（中）[J]. 甘蔗糖业，2010（2）.

[18] 李红华. 浅谈甘蔗制糖行业污染物减排措施[J]. 广西轻工业，2010（3）.

第四章　制革工业

第一节　制革工业概况

我国皮革行业历史悠久，是具有综合优势的传统产业，它包括制革、毛皮与制品、制鞋、皮具制件和皮革服装五个主体行业及与之配套的皮革机械、皮革化工、鞋用材料等行业组成。制革工业是皮革行业基础工业，与"三农"关系密切，是集富民、就业、出口创汇于一身并满足人类生活需求的行业。据统计，皮革主体行业规模以上企业直接从业人员达 500 多万人，全行业连同配套行业就业人员达 1 100 万人。皮革行业是我国出口优势型行业，2009 年全行业出口 402.3 亿美元，进出口顺差 356.7 亿美元，占我国贸易顺差总额的 18.2%。

一、制革工业产量及产品结构

我国目前已经成为世界皮革大国，其产量占世界总产量的 20%以上，据统计，2008 年规模以上的皮革、毛皮及其制品企业 7 000 多家，工业总产值 5 611.5 亿元，出口金额为 425 亿美元，是轻工业出口创汇首位，为我国出口创汇发挥着重要的作用。

据统计，改革开放 30 年我国皮革产量大幅增长，见图 1-4-1，尤其是进入 2000年以后，2001 年皮革产量达 5.59 亿 m^2；2002—2006 年中国皮革年产量增长速度最快，2006 年皮革产量达到 7.2 亿 m^2；2007 年、2008 年皮革产量有所下降，分别为6.8 亿 m^2 和 6.4 亿 m^2。

制革是整个皮革产业链中的基础行业，其产品是制鞋和革制件行业最基本原料。制革是以畜牧业副产品——动物皮张为原料进行一系列物理和化学加工而成，通过制革工业使畜牧业和屠宰业产生的废弃物得以资源再利用，附加值大大提升，变成日常生活中高档用品的原材料——皮革。2008 年我国规模以上的制革企业 788 家，工业产值为 999.1 亿元。我国制革工业原料以猪皮、牛皮和羊皮为主，按皮革面积计算，牛皮占总数的 50%，位居第一，猪皮占 25%，羊皮占 20%，其他占 5%。

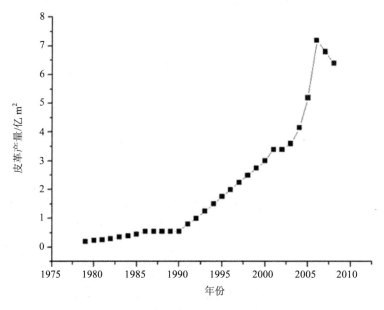

图 1-4-1　1979—2008 年中国皮革年产量增长

二、制革企业区域分布与特色经济区发展

我国制革产品以轻革为主，产区日趋集中，其中河北省、浙江省、广东省、山东省、福建省为主要皮革产区省份，2008 年上述五省皮革产量占全国皮革总产量 80%左右。我国制革行业已经呈现出以区域经济为格局的产业集群，这些产业集群已形成了从原料、加工、销售到服务一条龙的生产体系，成为行业发展的中流砥柱。目前，全国初步形成了浙江温州、四川成都武侯、重庆璧山和广东、福建等地的制鞋，浙江海宁皮革和皮革服装、河北辛集皮革服装，广东花都区狮岭镇、福建泉州、河北白沟的皮具，浙江桐乡、河北肃宁和大营、河南桑坡毛皮原料加工等特色经济区。这些特色经济区的形成，促进了产业结构的调整和增长方式的转变，同时也拉动了当地经济的发展。

三、制革工业面临的环境问题

制革工业的持续发展面临着环境污染问题的严峻挑战。制革原料动物皮在加工过程中，其胶原和毛发被分解并以蛋白质的形式进入废液中，同时，在加工过程大量使用化工材料进行化学处理，这些化工材料有各种助剂、鞣剂、复鞣剂、脱脂剂、加脂剂、涂饰剂等，其中脱毛剂硫化钠、硫氢化钠、鞣剂用的三价铬盐（Cr_2O_3）是制革工艺所不可缺少的化工材料，对环境危害严重。制革工业的主要污染源产生于制革的准备工段和鞣制工段，是污染控制和实施清洁生产的重点。

据统计，2008 年，规模以上皮革、毛皮、羽毛加工企业，工业废水排放 2.6 亿 t，占全国工业废水排放量的 1%左右，废水中 COD 排放量为 64265t，占全国工业废水 COD 排放总量（4575833t）的 1.4%；氨氮排放量为 8297.4t，占全国工业排放氨氮总量（296902.9t）的 2.8%。其中，制革行业年废水排放量约 1.2 亿 t，COD 排放量约 3 万 t，氨氮排放量约 7000t。

第二节 制革工业环境保护相关政策与标准

一、方针政策

（一）《制革行业结构调整指导意见》（工业和信息化部发布，2009 年 12 月 3 日）

《制革行业结构调整指导意见》指导思想、基本原则及任务和目标摘要如下。

1. 指导思想

全面贯彻落实科学发展观，按照构建社会主义和谐社会和走新型工业化道路的要求，发展绿色制革行业。落实《轻工业调整和振兴规划》，推进行业结构调整，改善产业布局，加强企业自主创新，促进产品优化升级，走资源节约、环境友好、工农业相互促进的可持续发展道路，把我国制革行业综合竞争力提高到一个新水平。

2. 基本原则

调整行业结构，改善产业布局。加快制革产业集聚发展，促进区域产业合理布局，淘汰落后生产能力，引导行业健康有序发展。

坚持自主创新，优化产品结构。推进行业技术进步和企业自主创新，大力支持技术改造，优化产品结构，实施品牌战略，提高企业核心竞争力。

统筹环境资源，实现协调发展。推进行业循环经济的发展，积极推广清洁化生产，加强污染治理，减少制革污染排放。

健全发展机制，完善政策措施。健全以工农联合为基础、关联产业相互促进的协调发展机制，加大政策扶持力度，营造良好发展环境。

3. 任务和目标

（1）立足国内畜牧业发展，挖掘我国原料皮资源潜力。

提高国内畜牧业水平，优化畜禽品种，推广科学养殖，集中屠宰，改善原料皮质量，提高开剥率，增加原料皮供给数量，规范原料皮市场运营机制。

（2）调整产业布局，促进行业可持续发展。

加快东部、中西部和东北三个皮革生产区域的优势互补、良性互动，合理规划区域布局，促进制革产业梯度转移；在全国培育 5～8 个承接转移的制革集中生产区，统一规划、集中制革、统一治污；鼓励制革企业进入产业定位适当、污水治理条件完善的工业园区。

（3）提高行业准入门槛，淘汰落后生产技术和能力。

淘汰落后技术和能力，到 2011 年，淘汰落后制革产能 3 000 万标张；提高行业准入门槛，杜绝新增落后生产能力，防止落后生产能力变相转移。

（4）加快自主创新，着力培育自主品牌。

增强行业技术创新、产品开发和精深加工能力，推动制革行业"两化融合"；创建具有国内外影响力的知名品牌。

（5）调整产品结构，提升产品质量水平。

进一步调整产品结构，到 2011 年高档成品革占 16%，中档成品革占 50%，适应不同消费层次的需要。

（6）大力推进节水降耗，减少制革污染排放。

进一步强化行业环保措施，加大对清洁化制革技术，末端污染治理技术，以及环境友好型皮革化学品的研发和推广力度；到 2011 年，制革行业循环用水的企业数量达到 50%，与 2007 年相比，制革单位耗水量降低 10%，COD 排放降低 10%，水循环利用率提高 10%。

（7）确保安全生产，履行社会责任。

企业要建立健全安全生产责任制，新建或改建项目安全设施要与主体工程同时设计、施工和投入使用；企业要严格履行社会责任。

4．政策措施

（1）加大畜牧业政策扶持力度，稳定原料皮供应。

（2）支持承接转移的制革集中生产区建设，创建行业发展新模式。

（3）淘汰落后产能，加大污染治理力度。

杜绝盲目投资和低水平重复建设，完善制革落后产能退出机制，环保、土地、信贷、工商等相关政策与产业政策相互衔接配合，切实淘汰落后生产能力。

（4）推动技术改造，完善自主创新环境。

把技术改造作为制革产业升级的重要手段，支持并推广一批制革清洁化生产、节水减排技术改造项目。

（5）鼓励企业参与"真皮标志生态皮革"认定，提升品牌影响力。

（二）《产业结构调整指导目录》（2011 年本）

第一类　鼓励类

制革及毛皮加工清洁生产、皮革后整饰新技术开发及关键设备制造、皮革废弃物综合利用；皮革铬鞣废液的循环利用，三价铬污泥综合利用；无灰膨胀（助）剂、无氨脱灰（助）剂、无盐浸酸（助）剂、高吸收铬鞣（助）剂、天然植物鞣剂、水性涂饰（助）剂等高档皮革用功能性化工产品开发、生产与应用。

第二类 限制类

①聚氯乙烯普通人造革生产线。

②年加工生皮能力20万标张牛皮以下的生产线，年加工蓝湿皮能力10万标张牛皮以下的生产线。

第三类 淘汰类

年加工生皮能力5万标张牛皮、年加工蓝湿皮能力3万标张牛皮以下的制革生产线。

（三）《外商投资产业指导目录》

为适应国民经济社会发展和产业结构调整的需要，国家发展和改革委员会、商务部2007年10月发布修订后《外商投资产业指导目录（2007年修订）》，自2007年12月1日起施行。

其中鼓励外商投资产业目录：

（1）皮革和毛皮清洁化技术加工。

（2）皮革后整饰新技术加工。

（3）高档皮革（沙发革、汽车坐垫革）的加工。

（四）《制革、毛皮工业污染防治技术政策》（环发[2006]38号）

1. 控制目标

鼓励采用清洁生产工艺，使用无污染、少污染原料，采用节水工艺，逐步淘汰严重污染环境的落后工艺；彻底取缔3万标张皮（折牛皮，细毛皮企业规模应酌情考虑，按自然张计算，以下同）以下的小型制革企业，推行集中制革、污染集中治理；建设和完善污水处理设施，引导开展固体废物的资源综合利用，力争使制革、毛皮工业环境污染问题得到较好解决。

新（改、扩）建制革企业应采用二级生化法处理其工艺废水，采用成熟的清洁生产工艺进行制革生产；至2010年年底之前，现有制革、毛皮废水应经过二级生化法处理，采用成熟的清洁生产技术和工艺；需制定发布更为严格的制革、毛皮工业污染物排放标准。

至2015年年底之前，力争在全行业中基本采用清洁生产技术和工艺，满足清洁生产的基本要求。

2. 清洁生产技术和工艺

（1）低盐保存、循环用盐

逐步淘汰撒盐保藏鲜皮的原皮保藏工艺，采用转鼓浸渍盐腌法，或池子浸渍盐腌法等；提倡循环使用盐。严格控制使用卤代有机类防腐剂，禁止使用含砷、汞、林丹、五氯苯酚，推广使用无毒和可生物降解的防腐剂。

（2）冷冻贮藏、直接加工

提倡原皮冷冻保藏，鼓励有条件的地方将制革厂建在大型屠宰场附近，直接加工鲜皮。

（3）低硫脱毛、保毛脱毛

根据不同的生产品种，逐步采用低硫、无硫酶脱毛及低 COD 排放的脱毛方法，提倡小液比脱毛和脱毛浸灰废液的循环使用。

（4）高效浸灰、低氨氮脱灰

利用化学及生物助剂，提高浸灰效果，循环利用浸灰液，直至取代石灰的加工工艺；逐步采用无铵盐脱灰技术。

（5）无盐浸酸、高 pH 鞣制

在鞣制过程中，逐步采用无盐浸酸（非膨胀酸浸酸）法和不浸酸铬鞣。

（6）低铬高吸收、无铬鞣制

推广白湿皮工艺，采用无污染的化工材料预鞣、剖白湿皮；提倡低铬高吸收铬鞣和无铬鞣剂替代铬鞣，在复鞣过程中不用或少用含铬复鞣剂。

（7）高效加脂、减少排放

严格禁止使用在国际上禁用的含致癌芳香胺基团的染料，使用新型复鞣、加脂材料，提高皮革对加脂剂的吸收；慎用能促进三价铬氧化为六价铬的富含双键的加脂剂。

（8）环保涂饰、绿色产品

减少甲醛及其他有害挥发物质的使用。提倡使用新型水溶型或水乳型涂饰材料，逐步替代溶剂型涂饰材料。

（9）优化助剂、利于降解

用非卤化物表面活性剂代替卤化物表面活性剂，用易生物降解的助剂代替不易降解的助剂。

3. 节水措施

（1）精确用水、杜绝浪费

加强对企业用水量的监控，不但在企业总入水口安装流量计，而且要在用水量大的设备入口安装流量计，做到按工艺精确用水；杜绝大开、大冲、大洗，用水不计量，严重浪费水资源的粗放式的用水操作行为。

（2）工艺节水、源头削减

在湿加工工段要求尽量采用小液比工艺，尽可能地改流水洗为批量封闭水洗，在保证加工需要的前提下删繁就简、合并相关工序的用水操作，降低吨皮用水量。

（3）循环用水、提高水效

加强浸灰、铬鞣工序的废液循环利用，尽量用经二级生化处理的水替代新鲜水，用于生产、厂区环境保洁及其他对用水水质要求不高的生产环节,提高水重复利用率。

4. 集中制革、污染集中治理

(1)严格防止已依法取缔的年产 3 万标张皮以下的制革企业恢复生产。

(2)现有年产 3 万~10 万标张皮的制革企业,应集中制革,污染集中治理。现有的已采取集中制革的企业,总规模不宜低于 10 万标张,建设统一的集中式能达标的污水处理设施。

(3)新(改、扩)建独立制革企业,年产量应在 10 万(含 10 万,以下同)标张皮以上。鼓励年产量在 10 万标张皮以上的制革企业集中制革,污染集中治理。

(4)制革企业比较集中的区域,需加强管理、统筹安排,必要时制定规划,并进行规划环评。

5. 废水治理工艺

(1)废水分类处理

① 提倡制革废水分类处理。对各工序产生的含较高浓度有害成分的废水可先进行预处理;可进行预处理的废水包括含硫化物的废水、脱脂废水和含铬废水,其中含铬废水必须进行预处理。

② 对含硫化物的脱毛废液可采取酸化法回收硫化氢或催化氧化法氧化硫化物。

③ 对脂肪含量较高的脱脂废水可采用酸化法回收废油脂或采用气浮法使油水分离去除脂肪。

④ 对鞣制车间含铬量高的废水,可采用合适的碱性材料和工艺使铬生成氢氧化铬沉淀,经压滤分离回收后按危险废物处理,避免铬进入综合废水处理后产生的污泥中。

(2)综合废水处理

含铬废水在进行综合废水处理之前必须先进行预处理除铬,产生的铬泥属危险废物不得与其他废水处理污泥混合处理。

对综合废水的处理,宜先调节 pH 后,加絮凝剂沉降或气浮除去悬浮物和过滤性残渣,再经过厌氧、耗氧生化方法处理。

6. 制革固体废物处置和综合利用技术

(1)采用保毛脱毛法,实现毛的回收利用;对没有回收价值的毛,可进一步水解提取其中的角蛋白,用于制作皮革化工材料、化妆品中的保湿成分、毛发营养剂或肥料。

(2)鞣制前的皮边角废料可用于制作明胶和其他产品,如水解后回收胶原蛋白制作化妆品和利用其分子链上的氨基和羧基合成表面活性剂等。

(3)蓝湿皮边角料可用于制造再生革和脱铬后提取其中的蛋白质,以作为工业蛋白的原料;未脱铬的可制作皮革化学品回用于皮革工业;未利用的按危险废物处置。

(4)从鞣制过程产生含铬废水中回收的氢氧化铬渣(铬泥),可经适当调节后制成铬鞣剂，回用于鞣制过程。若没有利用的须按危险废物处置。

（5）综合废水处理产生的含铬污泥，经鉴别为危险废物的需按危险废物处置，经鉴别为一般固体废物的按一般固体废物处置。

7. 恶臭防治

新（改、扩）建企业应远离居民区等，设置必要的防护距离；达不到防护距离要求的生产车间应封闭和通风，并对车间废气进行净化处理达标后排放。

造成周围大气环境污染的现有制革企业，应予搬迁或采取上述治理措施。

8. 鼓励研究、开发的技术

（1）鼓励开发、研制制革的清洁生产工艺和设备，特别是与提高产品质量有关的相互配套的系统化清洁生产工艺和设备，实现高效率的制革清洁生产。

（2）鼓励开发、研制在原皮保藏中的浮冰保鲜、辐射保鲜、真空保鲜技术；在脱毛工序中使用硫化钠的替代产品；在脱脂及其他湿加工工序中使用超临界液体技术和其他物理处理技术，如超声波技术；在鞣制工序中使用高 pH 铬鞣，或无毒的无机、有机鞣剂；在涂饰工序中使用粉末涂饰，淘汰有机溶剂的涂饰技术；在废水处理、废水循环利用、废弃物回收等过程中使用膜技术；在准备工序及废弃物处理过程中使用生物技术等。

（3）鼓励开发、研制低污染、易生物降解的多品种、多功能和系列化表面活性剂、鞣剂、复鞣剂、脱脂剂、加脂剂、涂饰剂等皮革化学产品。

（4）鼓励开发、研制制革生产中的节水技术和固体废物综合利用技术，尤其是制革边角料的再利用技术和制革废水处理产生污泥的综合利用技术。

（5）鼓励开发、研制投资小、能耗低、运行费用少、处理效率高的适合中国制革企业实际情况，能满足排放标准的制革废水、污泥处理技术。

（五）国家环境保护总局《关于加强含铬危险废物污染防治的通知》（环发 [2003]106 号）

含铬危险废物贮存、处置应符合《危险废物贮存污染控制标准》《危险废物填埋污染控制标准》《危险废物焚烧污染控制标准》等规定；因委托处置需转移的应办理危险废物转移联单等及其他防治铬污染的要求内容。

（六）《中国皮革行业"十一五"发展规划》（2005 年 9 月公布）

主要内容摘要如下：

"十一五"皮革行业的发展战略：

（1）为皮革、毛皮工业可持续发展做好基础性工作。

（2）合理布局，调整结构，走可持续发展道路。

① 引导我国东部沿海、中西部和东北部三个皮革生产区域互相协调发展。促进

三个区域扬长避短，相互协调，共同发展。

② 积极吸引外资，加速技术引进、消化吸收再创新，调整和优化产品结构。

③ 以市场最终消费为导向，引导企业调整产品结构。

- 制革原料以市场为导向，猪、牛、羊革并举，不断开发利用新的原料皮资源和新材料。

- 提高高档头层革的比例，充分开发利用二层革、三层革。

- 以鞋面革、服装革为主导产品，不断增加包袋革、家具革和汽车坐垫革的比重，提高皮革的技术附加值，丰富皮革的花色品种。

- 大力发展毛皮加工业，提高大宗产品（山羊、绵羊、狗、兔皮等）的染整技术，粗皮细做，增加市场需求的花色品种，进一步提高高档原料皮（水貂、蓝狐、貉等）加工技术，增加产品附加值。

（3）建立自主创新机制，加大科技投入，实施科教兴皮战略。

把增强自主创新能力作为产业发展的战略基点和调整产业结构、转变增长方式的中心环节。

（4）实施名牌战略，做好真皮标志工作，为争创国际名牌创造条件。

（5）以皮革特色区域为基础，促进产业结构调整和增长方式转变。

（6）推进节能降耗，强化环保，探索制革、毛皮集中加工新模式。

致力于建立环境友好型、资源节约型皮革产业，走循环经济的发展道路，把促进产业增长方式根本转变作为着力点。

（7）培育国内外多元化专业市场，为跨入世界皮革强国行列打好基础。

（8）加强国家及地方协会建设，促进国际交流与合作，承担皮革生产大国的权利和义务。

（9）政府及有关部门应保持产业政策的连续性，加大支持力度，确保本规划的完成。

要实现皮革强国的目标，科技创新是先导，呼吁政府在"十一五"期间加强对皮革行业基础理论研究和工艺技术、设计、环保、新材料等方面的立项，确保我国皮革科技水平挤入国际先进行列。

二、相关标准

目前，制革工业企业的水污染物排放标准执行《污水综合排放标准》（GB 8978—1996），虽然《污水综合排放标准》包括的项目十分全面，但该标准无法有效体现制革行业的污染特征与污染控制水平，已不适应现行的节能减排、污染物总量控制和清洁生产等要求，已不能满足现行的生产控制和环境管理的需要。制革工业企业大气污染物（含恶臭污染物）与环境噪声排放适用现行的国家及地方规定的相应标准，产生的固体废物的鉴别、处理和处置适用国家固体废物污染物控制标准。

《污水综合排放标准》（GB 8978—1996）（制革工业部分）见表 1-4-1。

表 1-4-1　《污水综合排放标准》（GB 8978—1996）（制革工业部分）

单位：mg/L，pH 除外

序号	污染物项目	排放限值		污染物排放监控位置
		一级	二级	
1	pH	6～9	6～9	
2	色度	50	80	排污单位排放口
3	化学需氧量（COD$_{Cr}$）	100	300	排污单位排放口
4	生化需氧量（BOD$_5$）	30	150	排污单位排放口
5	悬浮物（SS）	70	200	排污单位排放口
6	氨氮	15	25	排污单位排放口
7	动植物油	20	20	排污单位排放口
8	硫化物	1	1	排污单位排污口
9	总铬	1.5	1.5	车间排放口
10	六价铬	0.5	0.5	车间排放口

第三节　工程分析

一、概述

1. 制革工业工程分析主要内容

制革工业建设项目工程分析一般包括项目概况和工程分析两部分。工程分析以工艺过程分析为重点，但不可忽略污染物的非正常工况分析。

制革工业建设项目工程分析的内容和方法，应根据当地的环境特点、项目的环境影响评价工作等级与重点等因素，说明工程分析的内容、方法和重点。一般应包括以下主要内容：

（1）项目概况（扩建项目应同时介绍现有工程及在建工程概况），包括项目名称、建设地点、建设性质、生产规模及产品方案；项目构成（主体工程、辅助工程、公用工程和储运工程等）、厂址选择、总平面布置；项目主要原辅料及能源消耗、燃料指标参数；主要经济技术指标、主要的生产设备与环保设施，以及运输、贮存、建设进度、投资等内容。对改扩建项目，需要对现有工程的实际运行及在建工程建设中存在的问题（主要环境问题）进行分别介绍并明确拟建项目与现有工程及在建工程的依托关系。

（2）工程分析。主体生产工艺及主要工艺参数，主体工程工艺过程分析应附工艺流程图并标识主要污染物产排污部位；分析废物种类、排放方式与排放量，分析所含污染物性质、排放浓度等；编制全厂给排水平衡图、主体生产工艺物料平衡图，对原辅料中使用有毒有害化学品或易燃易爆物料，应通过物料平衡分析其最终去向。

（3）公用工程及辅助工程。对供水工程、排水工程、热电系统、化学品制备、空调制冷、空压站及采暖通风、消防等进行污染分析。

（4）污染源强估算与合理性分析。包括各生产工序工艺废水、废气、固废、噪声产生源强估算及数据合理性分析。制革行业建设项目要特别注意恶臭污染物气体的排放与控制分析。

对采用《项目可行性研究报告》和项目设计等技术文件中相关资料和数据，应通过复核、类比、核对后引用，论证环评报告书中污染源强估算的合理性。

（5）污染防治措施：（包括改扩建项目的以新带老措施）分析污染物产生负荷、污染物经处理处置后削减量及最终排放量，给出全厂污染物"三本账"核算汇总表。制革项目要重点分析废弃物的回收利用、综合利用和处理、处置方案与可行性分析。

（6）工程污染物排放达标可行性论证，以及在环境风险专题中对工程非正常工况及事故状态下污染物排放与防范及应急措施进行分析。

根据上述分析，给出拟建项目工程主体生产工艺与装备先进性或存在主要问题的结论意见。

2. 名词与定义

为了对制革工艺的加深了解，下面给出制革行业经常涉及的相关名词与定义。

皮革鞣制加工：指各种原料皮经鞣剂加工处理，使之转变成成品革的化学和机械处理操作工序。

蓝湿皮：指各种原料皮经铬鞣工艺加工后，三价铬渗入皮内与胶原羧基结合，因革坯带有蓝颜色，称为蓝湿皮。

白湿皮：指各种原料皮用预鞣材料鞣制，其皮胶原发生可逆变性后，形成的一种"皮"和"革"的中间体，称为白湿皮。常用的预鞣材料有无机金属鞣剂（铝、钛等）、有机鞣剂（醛、多酚等合成鞣剂）以及硅类化合物等。

灰碱法脱毛：指用化工原料硫化碱（硫化钠或硫氢化钠）和石灰的强碱液，脱（毁）毛的工艺操作。

酶脱毛：指用专一性强的生物催化剂酶（酶制剂），与原皮中胶原蛋白、角蛋白、脂肪等作用，使皮革脱毛的工艺操作。

脱灰：去除灰碱法脱毛后裸皮中的碱和石灰，调节裸皮的 pH，消除皮的膨胀状态，为后序软化、浸酸等创造条件。

无铵盐脱灰：用硫酸镁、氯化镁或乳酸镁等化工原料替代传统使用的硫酸铵或氯化铵等铵盐脱灰剂，避免产生氨气和氨氮所造成的环境污染。

无盐浸酸：浸酸操作时，为防止发生酸膨胀（酸肿），需加入食盐来抑制。无盐浸酸指软化裸皮不用盐而直接用不膨胀酸性化合物处理，达到常规浸酸的目的。

3. 原料皮折合牛皮标张量的计算

企业年产量以原料皮投产张数计时，计算方法：

1 张牛皮=1 标张牛皮

2 张猪皮=1 标张牛皮

6 张羊皮=1 标张牛皮

9 张山羊皮=1 标张牛皮

若企业以产品产量平方米数计时，牛皮标张计算方法：

1 张牛皮=3 m^2

4. 企业规模划分

皮革鞣制加工企业规模，进行划分情况如下：

年销售收入 2 000 万元以上的为规模企业。

国家大中小型工业企业标准中规定，从业人员在 2 000 人以上，销售额在 30 000 万元以上，资产总额在 40 000 万元以上的企业为大型企业；从业人员在 300～2 000 人，销售额在 3 000～30 000 万元，资产总额在 4 000 万～40 000 万元的企业为中型企业；从业人员在 300 人以下、销售额在 3 000 万元以下，资产总额在 4 000 万元以下的企业为小型企业。

二、制革生产工艺基本流程

由于皮革种类繁多，其品种不同，加工工艺也有很大差别。皮革加工大致分准备、鞣制和整饰三个工段，但每个工段包括很多工序，一般的皮革加工有数十道甚至上百道工序，基本工序见表 1-4-2。

表 1-4-2 轻革的生产工艺基本工序

轻革种类	轻革生产工艺的基本工序
牛皮	组批—称重—浸水—去肉—碱脱毛、浸灰—片灰皮—脱灰—软化—浸酸—鞣制—静置—剖层—削匀—复鞣—水洗—中和—填充—染色加脂—挤水—干燥—振软—封底—干燥—振软—喷中层—干燥—振软—摔软—喷顶层—成品革
猪皮	组批—称重—浸水—去肉—脱毛、浸灰—片灰皮—脱灰—软化—浸酸—鞣制—静置—剖层—削匀—复鞣—水洗—中和—填充—染色加脂—挤水—干燥—振软—补伤—封底—干燥—振软—喷中层—真空干燥—振软—摔软—喷顶层—成品革
羊皮	组批—称重—浸水—去肉—涂灰脱毛—浸灰—脱灰—软化—浸酸—鞣制—静置—削匀—复鞣—水洗—中和—填充—染色加脂—挤水—真空干燥—挂晾干燥—振软—封底—干燥—振软—喷中层—干燥—振软—摔软—喷顶层—成品革

1. 准备工段

指原料皮从浸水到浸酸之前的工序操作。其作用在于除去制革加工不需要的各种物质，使原料皮恢复到鲜皮状态，有利于化工材料的渗透和结合；除去表皮层、皮下组织层、毛根鞘、纤维间质等物质，以适度松散真皮层胶原纤维，使裸皮处于适合下工段鞣制状态。

2. 鞣制工段

指用鞣剂处理生皮使之由裸皮变成革的质变过程。鞣制工段指浸酸到鞣制（铬鞣）或植鞣。铬鞣剂中的铬全部为三价铬，三价铬为蓝色，经其鞣制后的湿革为浅蓝色，故称其为蓝湿革。

3. 整饰工段

包括湿整饰和干整饰两部分。湿整饰处理主要包括复鞣、中和、染色、加脂等，增强革的粒面紧实性，提高柔软性、丰满性和弹性，经染色赋予革特殊性能；干整饰属于皮革的干操作工段，指在皮革表面施涂一层天然或合成的高分子薄膜的过程，常辅以磨、抛、压、摔等机械加工，以提高革的质量和花色品种。

三、制革废水来源与特征

（一）来源

原料皮在物理—化学和机械加工过程中，使用了大量的化工原料，如酸、碱、盐、硫化碱、石灰、铬鞣剂、加脂剂、染料等，其中有相当部分未被利用而进入废水、废渣中，原料皮中大量的蛋白质、脂肪也转入废水、废渣中。因此，制革废水及污染物主要来自准备、鞣制和湿加工工段。资料表明，传统制革的准备工段废水排放量占制革总废水量的 70% 以上，排放的污染负荷 COD 占整个生产过程的 73%，BOD 的 88%，中性盐的 85%，固体悬浮物的 83%。鞣制工段和鞣后湿加工工段的废水排放量约占制革总废水量的 8% 和 20%。传统的盐腌法原皮贮运过程使用了大量食盐，70% 氯化物污染来自该工序。常规铬鞣的铬利用率通常为 65%～75%，大量未被吸收的铬被直接排放而造成严重环境污染和资源浪费。常规灰碱法脱毛中约有 40% 的硫化物没有得到利用，使用的石灰也大部分未被利用处于未溶状态而随制革废水排放。因此预防制革工业水污染物排放，"准备是基础，鞣制是关键"。

各工段的废水来源和污染物等有关情况见表 1-4-3。

表1-4-3　制革各工段的废水来源和污染物

		工段及污染物内容	
准备工段	废水来源	水洗、浸水、脱脂、脱毛、浸灰、脱灰、软化等工序	
	主要污染物	有机废物：污血、蛋白质、油脂等 无机废物：盐、硫化物、石灰、Na_2CO_3、氨氮等 有机化合物：表面活性剂、脱脂剂、浸水、浸灰助剂等 此外还含有大量的毛发、泥沙等固体悬浮物	
	污染物主要特征指标	COD、BOD、SS、S^{2-}、pH、油脂、氨氮、总氮	
	废水和污染负荷比例	废水排放量占制革总废水量的60%～70% 污染负荷占总排放量的70%左右，是制革废水的主要来源	
鞣制工段	废水来源	浸酸和鞣制	
	主要污染物	无机盐、三价铬、悬浮物等	
	污染物主要特征指标	COD、BOD、SS、Cr^{3+}、pH、油脂、氨氮	
	废水和污染负荷比例	废水排放量约占制革总废水量的8%	
整饰工段	废水来源	中和、复鞣、染色、加脂、喷涂、除尘等工序	
	主要污染物	色度、悬浮物、有机化合物（如表面活性剂、染料、各类复鞣剂、树脂）	
	污染物主要特征指标	COD、BOD、SS、Cr^{3+}、pH、油脂、氨氮	
	废水和污染负荷比例	废水排放量占制革总废水量的20%～30%	

（二）制革废水的特点

1. 废水污染物浓度高、色度重、组分复杂、处理难度较大

制革过程工序繁多，要经过浸水、脱脂、脱毛浸灰、脱灰、软化、浸酸、鞣制、中和、复鞣、染色加脂等工序。使用的化工材料也非常繁杂，因此制革废水中不仅含角蛋白及胶原蛋白、脂肪、染料等有机物，还含有特有的对污水处理不利的无机物，如硫化物、三价铬、氯化物及酸碱等无机物等，是一种有机物浓度高、悬浮物浓度高和色度高的废水。此外制革废水中还含有少量难以降解的物质，如单宁、木质素。制革废水中有机污染负荷以COD计浓度很高，如浸灰废液中COD可达10 000 mg/L以上，有时高达30 000～50 000 mg/L，占废水总负荷的40%左右，硫化物浓度高达3 000 mg/L以上，占废水总硫化物的90%以上。脱灰工序需要使用氯化铵或硫酸铵，使大量的氨进入水中，在脱灰废液中氨氮的浓度高达3 000～7 000 mg/L，同时在制革处理过程中进入水中的蛋白质也会部分转化为氨氮，加大了制革污水氨氮含量及处理

的难度。制革废水水质情况见表 1-4-4。

表 1-4-4 制革各工序废水水质情况

工序\指标	pH	COD_{Cr}	BOD_5	SS	色度	油脂	氨氮	S^{2-}	铬
浸水	7~8	2500~5500	1100~2500	2000~5000	150~500	1000~5000	100~200		
脱脂	11~13	3000~20000	400~700	3000~5000	3000~7000	1000~8000			
浸灰脱毛	13~14	15000~40000	5000~10000	6000~20000	2000~4000	300~800	50~100	2000~5000	
脱灰	7~9	2500~7000	2000~5000	1500~3000	50~200		3000~7000	300~600	
软化	7~8	2500~7000	2000~5000	300~700	1000~2000		1000~3000	100~200	
浸酸	2~3	3000~5000	500~1000	1000~2000	60~160		200~500		
鞣制	3~4.5	3000~7000	300~800	1000~2500	1000~3000	500~1000	100~200		500~3000
复鞣中和	5~7	3000~7000	1000~2000	300~500	500~2000		200~400		0~200
染色加脂	4~6	2500~7000	1500~3000	300~600	500~100000	400~800			
综合废水	8~10	3000~4000	1500~2000	2000~4000	600~4000	250~2000	300~600	40~100	

在传统铬鞣方法中，皮革对铬鞣剂的吸收率一般为 65%~75%，铬鞣废液中的三价铬浓度较高为 2000~4000 mg/L；随着高吸收铬鞣剂的出现，目前皮革对铬鞣剂的吸收率大大提高，可以使铬鞣废液中的铬含量降低到 1000 mg/L 以下。此外，在脱脂、软化、复鞣、染色、加脂等工序又将加脂剂、复鞣剂、助剂、染料等合成有机物带入废水，这些难生物降解的有机物增加了废水处理的难度。传统铬鞣工序工艺废液中铬含量和灰碱脱毛废液中硫化物含量很高，这两股浓废液是废水防治的重点，必须加以单独回收后综合治理。

2. 水量较大

不同种类的皮革加工，由于工艺不同所消耗的水量有很大差别。比如，一张重 5 kg 的盐湿猪皮如果加工光面革，消耗约 0.35 m³ 水，而加工猪反绒革（因水洗要求严格）

约需要 $0.52\,m^3$ 水；一张重约 25 kg 的盐湿牛皮，如果加工普通的鞋面革，需要约 $1\,m^3$ 水，而如果加工成防水革，则需要 $1.5\sim2.0\,m^3$ 水，因此折算成吨原皮耗水量差别很大。另一方面，即便是加工同样的皮革，由于操作不同或加工工艺不同，也会造成耗水量的巨大差别。一般情况下，每加工生产一张猪皮耗水 $0.3\sim0.5\,m^3$，加工生产一张羊皮耗水 $0.2\sim0.3\,m^3$，加工生产一张牛盐湿皮耗水 $1\sim1.5\,m^3$，加工生产一张水牛皮耗水 $1.5\sim2.0\,m^3$。

由于在制革以及废水治理过程中，要消耗一部分水分，因此制革废水排放量要小于耗水量，一般情况下，排放量是耗水量的 80%～85%。

3. 废水量和水质波动大

由于制革厂的工艺及各工序的操作时间相对均较固定，制革加工的废水通常是间歇式排放，且水质变化较大。

流量变化：由于皮革生产工序的不同，在每天的生产中都会出现排水高峰，通常一天里会出现 5 小时左右的高峰排水。高峰排水量可能是日平均排水量的 2～4 倍。

水质变化：制革废水水质变化大，比如制革综合废水 COD 平均值为 $3\,000\sim4\,000\,mg/L$，BOD 平均值为 $1\,500\sim2\,000\,mg/L$，但在制革的浸灰脱毛工序中 COD 和 BOD 可以达到 $30\,000\,mg/L$ 和 $10\,000\,mg/L$，是平均值的 10 倍左右；综合废水氨氮平均值为 $300\sim400\,mg/L$，而脱灰废液中高达 $5\,000\,mg/L$，是平均值的十几倍；综合废水的 pH 为 8 左右，而一天中 pH 最高可达 12～13（碱性），最低 pH 可达 3（酸性）左右。

四、制革生产中固废物及其有害废气

固废物来源于原皮的废毛、肉膜、碎皮、边角料、革屑等污泥和沉渣。据计算，加工 1t 原料皮约产生肉渣 120 kg、毛 5～7 kg、剖层废料 133 kg、废屑 57 kg、边角料 88 kg，以及磨革粉尘 3 kg。

废气除了来自锅炉烟气外，生产中使用的有机溶剂的挥发物和来自原料皮存贮、生产过程及污水处理站产生的恶臭污染物等；恶臭污染物是制革行业特征污染物。

五、制革生产工艺污染流程分析示例

典型制革企业生产过程污染物产生节点示意图，见图 1-4-2。

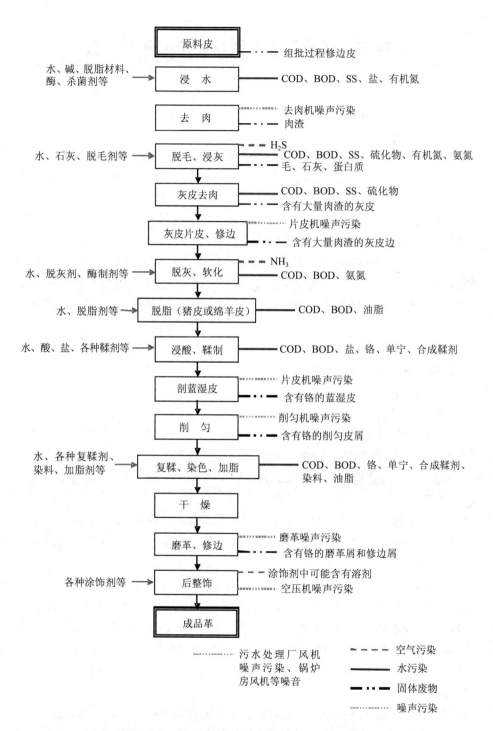

图 1-4-2 典型制革企业生产过程污染物产生节点

第四节　环境影响识别与评价因子的筛选

一、环境影响因素识别

对于制革工程项目，建设期及营运期对自然、生态和社会环境及人群生活质量都会产生一定的影响，对于这些影响因素的正确识别是环境影响评价工作的基础。建设期和营运期对自然、生态和社会环境的影响评价因子如下：

（1）自然环境的影响因素主要是：地表水质、大气环境、声环境和土地资源。

（2）生态环境的影响因素主要是：水生动植物。

（3）社会环境的影响因素主要是：景观、交通、社会经济和就业机会。

影响因素的识别指标主要通过可能性、程度、时间、影响范围和可逆性进行评判。

影响因素的识别与评价因子的筛选，可在工程污染源调查、纳污水体水质现状调查与水质监测成果基础上进行。

二、制革废水污染因子分析

1. pH

制革工艺比较繁杂，生产过程中常用到强酸强碱，如脱毛浸灰是碱性环境，pH会达到13以上，而浸酸鞣制是酸性环境，pH可以达到3以下。因此，在制革污水治理时，需要对废水pH调整到一定范围内。

2. 色度

制革废水色度较大，采用稀释法测定其稀释倍数，一般在600～3500倍；色度大主要由染色、铬鞣、植鞣和灰碱废液造成。如不处理直接排放，将致地表水产生不正常颜色而影响水质。

3. 悬浮物

制革废水的悬浮物密度高达2000～4000mg/L，主要是油脂、碎肉、皮渣、石灰、毛、泥沙，以及不同工段的污水混合时产生的蛋白絮、$Cr(OH)_3$等絮状物。如不加处理而直接排放，这些固体悬浮物可能会堵塞机泵、排水管道及排水沟。此外，大量的有机物及油脂会使地表水耗氧量增高，造成水体污染，危及水生生物的生存。

4. 氨氮和总氮

氨氮分无机氨氮和有机氨氮。无机氨氮主要来自脱灰过程中使用的无机铵盐。制革过程是对皮纤维的处理过程，而皮纤维是蛋白质，因此在制革过程中大量蛋白质进入废水中，转化成氨氮。氨氮经过硝化变成亚硝酸盐或硝酸盐，然后经过反硝化变成氮气。否则，将造成水体的富营养化。

以前，制革毛皮加工企业在已经建立的污水处理系统中，氨氮指标没有引起重视，仅注意了 COD_{Cr} 的去除；目前，制革企业采用的污水处理系统，氨氮去除率普遍较低，最多仅达 80% 左右，脱氮处理后废水中氨氮的浓度在 $60\sim120\,mg/L$，大部分企业处理后的氨氮超过 $100\,mg/L$。有效去除废水中的氨氮不但成本很高，技术角度上也存在一定难度。目前，厌氧处理是较为有效的方法，但需要较长的停留时间，从已运行的案例分析，最有效的二级 A/O 工艺可以使制革污水中的氨氮达到 $30\sim40\,mg/L$。

5. 硫化物

硫化物主要来自于灰碱法脱毛废液，少部分来自采用硫化物助剂的浸水废液及蛋白质的分解产物。含硫污泥在厌氧情况下也会释放出 H_2S 气体，对水体和人的危害极大。

6. 化学需氧量（COD）和生物需氧量（BOD）

由于制革废水中蛋白质等有机物含量较高且含有一定量的还原性物质，所以 COD 和 BOD 都很高，综合废水中 COD 含量一般为 $3\,000\sim4\,000\,mg/L$，BOD 为 $1\,500\sim2\,000\,mg/L$。若不经处理直接排放会引起地表水污染。

制革毛皮废水中的 COD 由可生物降解的 COD_B 和不能被生物降解的 COD_{NB} 组成，COD_{NB} 的大小，直接说明该废水中不可生物降解的有机物的数量。而制革废水中的 COD_{NB} 很高，可以达到 $200\,mg/L$，对于从蓝湿皮开始加工的企业更高，可以高达 $300\,mg/L$ 左右。而制革污水一般是通过生物技术处理的，如果除去 COD_{NB}，必须辅以采用其他的化学方法，但是通过化学方法除去 COD_{NB} 却往往带来新的污染。

7. 三价铬和六价铬

总铬是三价铬（Cr^{3+}）和六价铬（Cr^{6+}）集合。制革生产过程从鞣制工序到废水处理过程中的铬，理论上应是以三价铬形态存在，三价铬具有很好的鞣制性能，到目前为止还没有发现综合鞣制性能比三价铬更好的铬鞣剂，制革废水中三价铬含量一般为 $60\sim100\,mg/L$，在无强氧化剂环境下，不会以六价铬形态存在；三价铬虽比六价铬对人体直接危害小得多，但它能在环境或动植物体内产生积蓄，在特定环境中会被氧化成毒性大的六价铬，而对人体健康产生长远影响。金属铬（Cr）属于第一类重金属污染物，因此，我国法律法规对铬鞣废液有严格的要求，即铬鞣废液必须与制革综合废水分开单独处理，沉淀后重新利用，对暂尚无法利用的应交有资质的单位妥善处置或安全贮存。

8. 氯离子

动物原料皮的防腐使用工业食盐（NaCl）；动物皮的加工过程中，工业氯化铵（NH_4Cl）作为脱灰剂和软化酶制剂的激活剂；工业食盐还作为浸酸的膨胀抑制剂而被广泛使用；在加脂剂、复鞣剂和染料中也含有一定比例的氯化物，因此制革和毛皮加工业废水中的氯离子含量是比较高的。经过实际检测，加工生皮的制革废水中的氯离子含量可以达到 3 500～5 000 mg/L。

但目前，对制革和毛皮加工企业来说，尚未找到有效可行的处理氯离子的方法。清洁化生产是减少氯离子的较为有效的办法，如机械转笼除掉部分固体 NaCl、无盐少盐浸酸或者单独处理高氯废水等方法。特别是对于产生氯离子最大的盐腌保藏原皮还没有彻底的代替办法。因此对于氯离子的防治，加强对清洁化技术或污染治理技术的研究是当务之急。

9. 有害气体

制革过程中的有害气体主要是硫化氢、氨气和有机挥发物。在制革脱毛中要用硫化钠或硫氢化钠，在酸性环境下，如脱灰和浸酸时，残存在裸皮中的少部分硫离子将会变成硫化氢气体。氨气主要在脱灰过程中产生，目前脱灰主要用无机铵盐，脱灰初期是碱性环境，无机铵盐会变成氨气。在涂饰过程中，还会产生有机挥发物，主要是醛类、醇类、酯类等有机物。硫化氢、氨气、醛和有机溶剂对人体都有不同程度的危害，国家已有严格的排放标准规定。

10. 固体废物

固体废物有鞣前废物、鞣后废物、污泥。主要包括肉渣、毛、裸皮边、半成品革或成品革皮屑、修边边角余料、磨革粉尘、铬污泥和普通污泥等，如果不进行处理或综合利用，固体废物容易造成二次污染。

三、污染因子确定及评价因子筛选

（一）污染因子确定

从工程分析可知：

（1）制革废水的污染因子主要有：pH、色度、COD、BOD、SS、硫化物、总铬、氯化物、氨氮、总氮、动物油类等。

（2）大气污染因子主要有：锅炉烟气污染因子 TSP、SO_2、NO_x、PM_{10}，以及生产工艺过程排放的恶臭污染物（H_2S、NH_3）。

（3）固体废物主要有：废革边材料、革屑、铬渣、综合污水处理站污泥以及锅炉灰渣等。

（4）噪声。

（二）评价因子筛选

从环境影响角度筛选评价因子时，需考虑项目所产生污染物的排放量、影响的范围、影响的连续性、评价区域的环境质量现状、污染物总量控制因子、政府及公众关注的主要污染物和地方环境标准等。综合上述因素和以往评价经验筛选制革项目评价因子。

1. 水环境

现状评价因子：应包含上述废水各污染因子。

预测评价因子：COD、氨氮、总铬。

总量控制因子：COD、氨氮。

2. 空气环境

现状评价因子：TSP、PM_{10}、SO_2、NO_x 和恶臭。

预测因子 TSP、NO_x 和恶臭。

总量控制因子：SO_2、NO_x。

恶臭污染物为本行业特征污染因子，应预测厂界达标情况，故现状应监测厂界背景值。

3. 声环境

现状评价因子及影响评价因子：等效连续 A 声级 L_{eq}。

第五节 污染治理措施

经过二十多年的努力与发展，制革行业已经从初始快速发展阶段进入成熟发展阶段，随着国家产业政策的贯彻实施和国家环保管理力度的不断加大，行业环保意识得到明显提高。目前，规模以上制革企业均建有完善的污染治理系统，环境污染治理方面取得显著进步。但是目前，某些地区仍然存在部分不规范的小制革，他们是我国制革行业存在污染问题的主要所在。

由于我国《制革及毛皮加工工业水污染物排放标准》和《制革废水治理工程技术规范》正在制订中，本节重点介绍制革企业的污染治理技术现状，未涉及制革废水治理达标规范技术的探讨。

一、废水治理措施

制革工业产生的废水属高浓度有机废水，其特征污染物主要为三价铬、硫化物、氨氮、油脂等。为减轻综合污水处理负荷并回收有用物质，目前制革污水治理，采用对有害或可回收有用物质的废水先分隔单独预处理，然后再进行综合污水处理的方法。

（一）特殊工序废水单独预处理技术

目前单项预处理主要针对废铬鞣液、灰碱脱毛废液和脱脂废液。

1. 废铬液治理

废铬液主要来自铬鞣工序的废液和采用铬复鞣操作的废液。铬鞣操作工序中，通常 Cr_2O_3 用量为 2%，液比 2，废液含铬量为 3～4 g/L，废水量占总水量的 4%～5%；复鞣操作工序中 Cr_2O_3 用量为 1%，液比为 1～2，废液中含铬量为 1～1.5 g/L，废水量占总水量 3.5%～4.0%。铬鞣工序产生的铬污染量约占总铬污染量的 70%，复鞣工序占 25%，还有 5%左右的铬在水洗、搭马和挤水操作中流失。

废铬液回收和利用的方法很多，如减压蒸馏法、反渗透法、离子交换法、溶液萃取法、碱沉淀法以及直接循环利用等方法，目前，企业普遍应用的是碱沉淀法。

（1）碱沉淀法

①碱沉淀法原理

Cr^{3+} 在碱性水介质中存在如下形式的变化：

$$Cr^{3+} + 3OH^- \rightleftharpoons Cr(OH)_3 \downarrow \rightleftharpoons H^+ + CrO_2^- + H_2O$$

根据平衡移动原理，加酸时，平衡向生成 Cr^{3+} 的方向移动，加过量碱时，平衡向 CrO_2^- 方向移动，只有 pH 为 8.0～8.5 时，才能生成难溶的 $Cr(OH)_3$ 沉淀。含铬废液中的铬主要存在形式是硫酸铬，pH 在 4 左右时，呈稳定的蓝绿色，当加碱调整 pH 为 8.0～8.5 时，即产生 $Cr(OH)_3$ 沉淀，$Cr(OH)_3$ 在强酸性介质中，如硫酸介质中，又可生成硫酸铬，因此废铬液通过调整酸碱度回收氢氧化铬，回收来的氢氧化铬可与新鲜红矾一并在酸性条件下进行还原反应重新生成铬鞣剂可重复循环使用。

②工艺流程及操作

碱沉淀法处理废铬液工艺流程如图 1-4-3 所示。

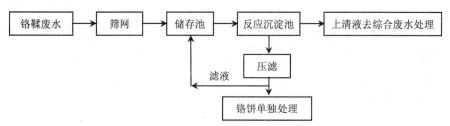

图 1-4-3　废铬液碱沉淀法工艺流程

操作注意事项：

● 废铬液筛网过滤。目的是为了滤出混入废铬液中的皮屑等较大的固体物质。

● 加碱 pH 控制。因 $Cr(OH)_3$ 是两性化合物，加碱量不足时，pH 偏低沉淀不完全，当 pH 值大于 9.0 时会有胶溶现象发生，部分 $Cr(OH)_3$ 反被溶解生成可溶性的三价铬酸盐；因此，加碱控制终点 pH 为 8.0～8.5 时，使废铬液中的铬转变成 $Cr(OH)_3$ 沉淀效果最佳。此操作一定要完全，否则未沉淀的铬会被滤出，影响总废水排放的水质。

● 将沉淀后的 $Cr(OH)_3$ 悬浮液用离心泵打入受压容器内压滤成铬饼，铬饼可单独安全存放或加强酸再循环利用。

● 上清液中的总铬含量小于 $1mg/L$ 再进综合污水处理装置，铬回收率可达99%以上。

● 沉淀剂选择。沉淀剂选择应以沉淀后沉淀物体积小和经济廉价为原则。目前企业多用 $NaOH$ 作沉淀剂；但因 $NaOH$ 是强碱，中和反应 pH 不容易控制，因此国外有许多制革企业选用 MgO 作为沉淀剂。

● 温度。在常温下加碱，其沉淀物呈细末状，使过滤缓慢。如果在加热条件下其沉淀物为絮状，温度控制在 $40℃$ 左右为宜，易过滤且滤液水质好。

（2）直接循环利用

①直接循环利用原理

铬鞣废液直接循环利用技术，20世纪70年代在国外就有研究报道，并在工厂应用，该项技术目前在国内一些制革企业进行了试验和推广应用。铬鞣废液直接循环利用主要有两种方式：一种是将铬鞣废液回用于浸酸，或浸酸铬鞣；另一种是将铬鞣废液回用于铬鞣操作。前者可以节约大量的食盐，同时铬鞣废液回用率较高，基本消除新添食盐和铬鞣废水对环境造成的污染。

②工艺流程及操作

直接循环利用废铬液工艺流程如图1-4-4所示。

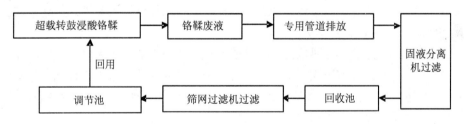

图 1-4-4 直接循环利用废铬液工艺流程

2. 灰碱脱毛废液治理

目前，在我国制革工业生产中，脱毛操作多采用硫化碱脱毛技术，由于它质量稳定可靠，生产操作简单易于控制，因此将在相当一段时期内成为我国制革工业使用的主要脱毛技术。该技术用的化工原料主要是硫化碱（硫化钠和硫氢化钠）和石灰，其废水产生量约占制革废水总量的10%。每加工一张猪皮平均产生脱毛废液 $15\sim20$ L；每加工一张牛皮平均产生脱毛废液 $65\sim70$ L；其废水污染负荷高，毒性大，硫化物含量在 $2\,000\sim4\,000$ mg/L，该废液的 COD_{Cr} 占污染总量的50%，硫化物污染占95%以上，且悬浮和浊度值都很大，是制革工业污染最为严重的废水。

　　灰碱脱毛含硫废水处理方法通常有化学沉淀法、酸吸收法和催化氧化法。

　　（1）化学沉淀法原理

　　向脱毛废液中加入可溶性化学药剂（如亚铁盐、铁盐等），在 pH＞7.0 的条件下，使其与废水中的 S^{2-} 起化学反应，生成难溶解的固体物 FeS，然后进行固液分离而除去废水中的 S^{2-}。但有部分制革企业在废水处理技术设计时，往往将硫的治理放在综合污水处理调节曝气阶段加亚铁盐完成。

　　（2）酸吸收法的原理

　　脱毛废液中的 S^{2-} 在酸性条件下产生易挥发的 H_2S，再用碱液吸收 H_2S 气体，生成硫化碱回收。反应方程式如下：

加酸生成硫化氢气体：$Na_2S + H_2SO_4 \rightleftharpoons H_2S\uparrow + Na_2SO_4$

碱液吸收：$\qquad\qquad H_2S + 2NaOH \rightleftharpoons Na_2S + 2H_2O$

$\qquad\qquad\qquad\quad H_2S + NaOH \rightleftharpoons NaHS + H_2O$

$\qquad\qquad\qquad\quad Na_2S + H_2S \rightleftharpoons 2NaHS$

　　整个反应过程，要求吸收系统完全处于负压和密闭状态，以确保 H_2S 气体不致外漏。

　　反应完毕后的残渣可直接进行板框压滤脱水。该法处理脱毛废液，其硫化物去除率可达 90%以上，COD 去除率可达 80%。

　　上述两种脱硫方法，特别是化学沉淀法除硫操作中，会产生大量的含硫污泥，部分硫化物在污泥积累且易造成二次污染，给污染的后期处置带来很大问题。为了避免产生硫化物在污泥中积累，应将废水中 S^{2-} 转变为无毒的硫酸盐/硫代硫酸盐/元素硫，催化氧化法可以实现这一目标。

　　（3）催化氧化法原理

　　催化氧化法是借助空气中的氧，在碱性条件下将 S^{2-} 氧化成元素硫及其相应 pH 的硫酸盐，或在酸性条件下将 S^{2-} 氧化成元素硫。为提高氧化反应效率，在实际操作中大多添加锰盐，如硫酸锰（$MnSO_4$）作为催化剂。反应式如下：

$$O_2 + 2S^{2-} + 2H_2O \rightleftharpoons 2S\downarrow + 4OH^- \qquad\qquad ①$$

$$2S^{2-} + 2O_2 + H_2O \rightleftharpoons S_2O_3^{2-} + 2OH^- \qquad\qquad ②$$

$$2HS^- + 2O_2 \rightleftharpoons S_2O_3^{2-} + H_2O \qquad\qquad ③$$

$$4\,S_2O_3^{2-} + 5O_2 + 4OH^- \rightleftharpoons 6SO_4^{2-} + 2S\downarrow + 2H_2O \qquad ④$$

从反应式②估算出，氧化 1 kg 硫化物需 O_2 1 kg，相当于 $3.7\,m^3$ 空气（标准大气压）。同时反应式④也消耗氧，因此必须通入过量的空气以使反应完全和较快进行。

催化氧化法应注意催化剂的用量，因为锰离子属于重金属，过量的催化剂使废水中锰离子增加，将造成二次污染。试验表明催化剂硫酸锰用量为 Na_2S 用量的 5%比较合适，即每千克 Na_2S 使用量加 50 g 硫酸锰。

在实际操作中，很多企业没有设单独的除硫工艺，但在综合废水处理开始阶段首先加亚铁盐沉淀去掉硫化物。

（4）脱毛、浸灰废液直接循环利用

脱毛、浸灰废液直接循环利用必须在实施保毛脱毛技术基础上，通过下述循环处理流程处理后直接循环回用于脱毛、浸灰工段。保毛脱毛、浸灰废液循环利用示意图见图 1-4-5。

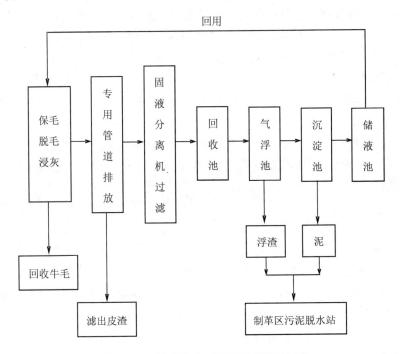

图 1-4-5 保毛脱毛、浸灰废液循环利用

3. 脱脂废液的治理

脱脂废液主要来源于猪皮制革，脱脂使用的化工材料为碳酸钠（Na_2CO_3）和脱脂剂，其废水量占制革废水总量的 4%～6%，每张猪皮平均产生脱脂废液 25～30 L，其污染负荷很高，其中含油脂量达 1%～2%，COD_{Cr} 浓度为 20 000～40 000 mg/L

（1g 油脂相当于 COD_{Cr} 值 3 000 mg/L 值），其有机污染物负荷占污染总负荷的 30%～40%。据试验统计，以每吨猪盐湿皮（含油脂 1% 的脱脂废液计），可回收混合脂肪酸 30 kg，油脂回收率可达 90%，COD_{Cr} 去除率达 90%，总氮去除率达 18%。对脱脂废液进行分隔单项治理回收油脂是一种经济和环境效益明显的治理措施。

油脂回收主要有酸提取法、离心分离法和溶剂萃取法。据有关资料介绍，当废液中油脂含量在 6 000 mg/L 以上时，采用离心分离法分离油脂是经济的。经二次离心，油脂去除率可达 95%，但离心分离技术设备投资大、运行能耗高，难以推广，目前制革企业广泛采用的是酸提取法。

酸提取法原理：含油脂的废水在酸性条件下破乳，使油水分离、分层，将分离后的油脂层回收，经加碱皂化后再经酸化水洗，最后回收得到混合脂肪酸。

实际操作中应注意酸化破乳控制条件：

（1）由于脱脂过程碱液的皂化作用，脱脂废液中油脂多处于乳化状态，即乳浊液状态。其液相—液相之间或液相—固相之间存在表面张力，为使油脂从液相中分离出来，须破坏它的乳化状态。目前制革企业使用最多的破乳剂是硫酸，它具备上述特点和要求，但对设备腐蚀性较大，设备需进行防腐蚀处理。

（2）酸化 pH 控制在 4 时，脱脂乳液破乳，油水分离，分层效果最佳。若 pH 偏高，则未达到蛋白质沉淀等电点，蛋白质不易与油脂分离，油水分离效果差；若 pH 偏低时，由于酸碱反应剧烈而产生大量 CO_2 气泡黏附在油脂上，对油水分离效果产生不良影响。

（3）反应温度控制。升高乳浊液的温度，可以降低乳化剂的吸附性，减少乳状液系统的黏度，因此在脱脂废液加硫酸破乳的同时，提高破乳反应的温度可以使破乳反应更加彻底。

（二）综合污水治理

目前，制革废水生化处理过程已成为制革废水处理系统最重要的组成部分之一。它是利用微生物的新陈代谢作用将制革废水中的有机物无机化，使制革废水经生化处理后达到国家法规标准要求和环境要求。由于微生物的新陈代谢不需要高温或高压，不需要投加催化剂或化学药剂，因此，这种污水处理方法的处理费用比较经济，运行管理比较简单，被广泛用于制革废水的二级处理。

制革废水经对废铬液、灰碱脱毛废液和脱脂废水单项预处理后，将其与其他废水混合进入综合污水处理系统，对综合污水处理通常采用的方法有：物理（机械）法、化学法和生化法三大类。

物理处理法：筛滤截留、重力分离、离心分离。

化学处理法：化学混凝、中和。

生化处理法：活性污泥法（氧化沟、SBR 等）、生物膜法（生物滤池、生物转盘、接触氧化、流化床等)。

制革的污水处理,通常是根据废水特点采用不同方法组合串联,结合使用。

1. 制革企业采用的几种典型处理技术及处理效果

(1) 氧化沟(连续循环曝气池)

氧化沟技术是目前制革企业使用最多的技术,其工艺流程见图 1-4-6。

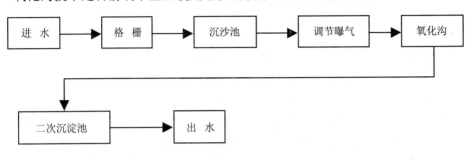

图 1-4-6 氧化沟处理工艺流程

氧化沟污水处理技术具有如下特点:工艺流程简单,构筑物少,运行与维护管理方便;可操作性强,设备可靠,维修工作量少;处理效果稳定、出水水质好,并可以实现一定程度的脱氮;基建投资省,运行费用低,能承受水量水质负荷冲击。该工艺对制革综合污水处理效果:COD 去除率可达 90% 以上、硫化物去除率达 95% 以上、动植物油去除率达 99%、色度去除率达 85%,所以氧化沟工艺越来越为污水处理工程所采用,但氧化沟工艺占地面积较大。

制革废水生物处理具有一定的特殊性,如水量、水质冲击负荷大,含有较高浓度的 Cl^-、S^{2-} 和 SO_4^{2-},会抑制微生物的活性和对有机物的降解速率,而一定数量的微生物降解物和少量铬和硫化物会带来毒性问题。因此,所选择的生物处理工艺必须同时具备耐冲击负荷的能力,既能适应高盐度引起的渗透压增高对微生物产生抵制作用带来的负面影响,又能在较长的时间内使难降解有机物得到降解和无机化。

(2) 生物膜法

生物膜法是另一种行之有效的制革废水处理方法。在生物反应器内,微生物群体附着在固体填料的表面形成一层生物膜,并让它与废水接触,使液相中溶解的有机物不断被吸附到生物膜上,利用微生物的新陈代谢分解有机物,从而达到净化废水的目的。根据废水与生物膜接触形式不同,将生物膜反应器分为生物滤池、生物转盘、生物流化床和生物接触氧化等。用于制革废水的生物膜法多是采用生物接触氧化,并多与其他工艺结合使用。以混凝沉淀+接触氧化法为例,该法工艺流程见图 1-4-7。

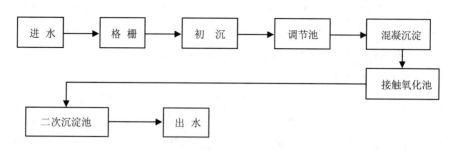

图 1-4-7　混凝沉淀+接触氧化法工艺流程

生物接触氧化法处理制革废水具有如下特点：较高的污泥负荷和较强的处理能力，由于采用人工曝气，加速了生物膜的更新，使新生的生物膜具有更好的活性；没有活性污泥中常见的污泥膨胀问题；出水水质较好且稳定；运行管理较方便。

但该技术如果维护不好，膜表面容易结团而导致表面积减少，处理效果下降；生物填料需要定期更换，重新挂膜；此外，如果布水、曝气不均匀，可能局部出现死角。

该工艺对制革综合污水处理效果：该企业应用混凝沉淀+接触氧化法 COD 去除率达 89%、硫化物去除率达 98% 以上。

（3）SBR 法

SBR 污水处理技术流程见图 1-4-8。

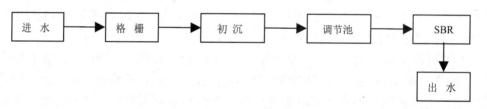

图 1-4-8　SBR 工艺流程

该技术具有如下特点：不需二沉池和污泥回流设备，造价较低，占地较少；污泥易于沉淀，一般不产生污泥膨胀现象；操作管理比较简单；耐冲击负荷能力较强；出水水质较好；SBR 工艺具有较好的脱氮效果。

该工艺对制革综合污水处理效果：SBR 工艺对 COD 去除率可达 90% 以上，SS 的去除率达 95%，氨氮的去除率达 80%。SBR 工艺对中、小型制革企业的废水处理十分适用。

2．几种正在推广的制革综合污水处理技术

（1）氧化沟+曝气生物滤池处理技术

氧化沟+曝气生物滤池处理技术工艺流程见图 1-4-9。

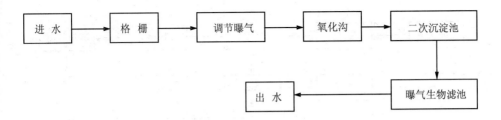

图 1-4-9 氧化沟+曝气生物滤池处理工艺流程

利用该工艺处理 1000 t 制革和毛皮加工废水，总投资约 200 万元，其中设备投资 100 万元。废水处理成本约 2.0 元/m³ 废水。

该工艺对制革和毛皮加工废水处理效果：COD 去除率大于 96%，BOD 去除率大于 98%，悬浮物去除率大于 95%，氨氮去除率大于 85%。

（2）厌氧-SBR 处理技术

厌氧-SBR 处理技术工艺流程见图 1-4-10。

图 1-4-10 制革废水厌氧-SBR 处理工艺流程

厌氧生物处理技术，对高浓度有机工业废水及废水中的不可降解有机污染物，具有较好的处理效果。由于单独采用厌氧技术，废水很难达到排放标准要求，因此还需将处理后的废水再经过好氧生物处理。

采用厌氧-SBR 法处理制革废水有如下优点：厌氧处理技术可以有效地降低皮革废水中不可降解的部分 COD_{Cr} 指标，废水再经过好氧生化处理，可以使制革废水得到有效处理；污泥发生量少，且污泥易处理，脱水性能好；可实现部分废物的资源化利用。

该工艺对制革和毛皮加工废水处理效果：COD 去除率大于 95%，BOD 去除率大于 97%，悬浮物去除率大于 90%，氨氮去除率大于 80%。

（3）二级 A/O 工艺

二级 A/O 工艺流程见图 1-4-11。

制革废水在处理过程中会将蛋白中的氮转化为水中氨氮，使水中氨氮浓度升高。A/O 工艺技术主要针对氨氮浓度高的制革废水而设计的，该技术具有以下特点：处理效果稳定，出水水质好，可以较好地实现脱氮目的；能承受水量、水质冲击负荷，可操作性强。

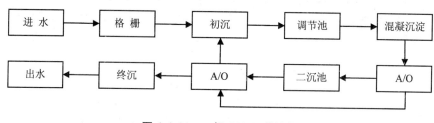

图 1-4-11   二级 A/O 工艺流程

二、固体废物治理措施

制革企业固废包括：生产过程产生的固废和污水处理产生的污泥，以及锅炉产生的炉渣等。

制革生产过程中产生的生产性固废又分成：含铬固废和不含铬固废。污水处理产生的固废，包括铬泥和综合污泥。

如制革企业生产过程产污节点分布图 1-4-2 所示，不含铬的制革生产性固废包括原料皮组批时修边下脚料、去肉时的肉渣、脱毛过程产生的毛、灰皮剖皮和修边时的下脚料等，这部分固废由于不含有铬，大部分制革厂外销用于生产明胶，制造油脂或加工蛋白粉等。

含铬的生产性固废主要来自于制革生产的剖蓝湿皮下脚料，削匀产生的革屑，磨革的革灰，以及成品革修边下脚料等。由于这部分生产性固废含有重金属铬。因此，只能作为化工原料或生产原料加以综合利用，如生产雷米帮、复鞣填充剂、再生革等。

制革综合污泥（不包括铬污泥），通常指来自制革废水处理过程产生的污泥，不包括制革生产过程产生的固体废弃物。制革综合污泥通常先经过脱水、干化处理后进行填埋、焚烧或综合利用等。

（1）填埋

填埋方法是最普遍采用的污泥处理方法，但该方法对防渗要求严格，否则容易造成二次污染，污染地下水，同时该方法占地面积大，由于目前土地资源越来越紧张，填埋方式的劣势也越来越明显，必须尽快找到合适的处理方式。

（2）焚烧

制革污泥经过压滤，水含量仍然较高，焚烧较困难，同时污泥中残留 Cr^{3+} 在焚烧高温条件下，会被氧化成毒性更大的 Cr^{6+}，从环境保护角度考虑不宜进行焚烧处理。因此焚烧也不是处理制革污泥的好方法。

（3）堆肥

制革污泥中富含 N、P、K 及微量营养元素等有机质，是很好的农肥，含氮量与生皮相当，比尿素化肥还高，而且肥效均匀长久，远超过化肥。同时，由于大量使用化肥所带来的土地板结、土质下降、环境污染等问题越来越受到国际上有关方面的重视，在众多的制革污泥处理方法中，较受推崇的是制革污泥的资源化利用。该技术采用机械强制通风法对制革污泥堆肥，并复配其他成分，制成符合一定标准的复合肥，用于土地农作物及花卉施肥，减少和消除制革污泥的污染，以推动制革污泥、城市污泥及其他有机固体废弃物的处理与处置；该技术具有很好的前景。

制革污泥强制通风堆肥工艺流程：

选料→粉碎→混合→堆置→覆盖→通风→监测→堆垛完毕→复配→检测→成品

对于制革污泥堆肥，对铬含量的要求比较严格。铬含量应达到《农用污泥中污染物控制标准》（GB 4284—84）农用污泥中污染物控制标准的规定，即不大于 1 g/kg。如果超过这个标准，制革污泥需预先进行脱铬处理，再进行堆置，以便安全农用。为了达到这个要求，建议制革厂设有单独的含铬废水回收装置或采用废铬液循环使用工艺。

（4）制沼气

根据制革污泥含有丰富的有机物质，它与优质的农家粪相比，产生的沼气热值高，甲烷含量大，燃烧充分，经分解后剩余残留物少等优点，目前，有的制革企业已经对污泥进行生物降解及稳定化处理制沼气，并得到很好的效果。该技术对于制革污泥的处理具有很好的研发和推广前景。但该技术应考虑恶臭污染及沼气脱硫工艺、脱硫剂去向和沼气储柜环境风险等问题。

制沼气工艺流程见图 1-4-12，由于生化污泥含水率高，体积庞大，因此首先应浓缩减容，然后进入污泥消化池中进行长时间的分解消化，使污泥进一步减量化、稳定化、无害化、资源化。

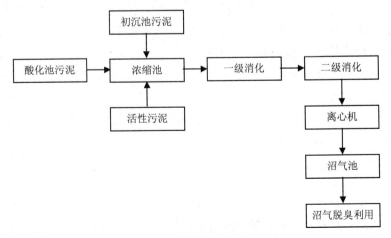

图 1-4-12 制沼气工艺流程

在污泥逐步被厌氧降解过程中，部分有机氮转化为氨氮，提高了污泥的肥效。污泥消化池采用二级消化，一级加温搅拌，二级不加温回流搅拌；污泥停留时间30天。经消化后污泥的体积降低了40%，这样不但减少了污泥的数量，还能减少用于处理污泥的设备。

产生的沼气，经收集除臭处理后供于用户，可节约大量燃煤；消化后的污泥仍含有大量有机质，可以做成基质肥料，用于农作物的生产。但该项技术目前存在投资大、技术要求与控制难度大等缺点，尚未在制革实践中得到应用。

三、其他固废物的处理技术

对含铬危险废物及含铬污泥要加大其安全处置和综合利用力度，确保得到无害化处置。含铬危险废物贮存、处置应当符合《危险废物贮存污染控制标准》（GB 18597—2001）、《危险废物填埋污染控制标准》（GB 18598—2001）和《危险废物焚烧污染控制标准》（GB 18484—2001）等规定。

制革产生的其他固废处理技术，包括综合利用和治理两方面。肉渣、毛、裸皮边等鞣前废物较易处理，容易被再利用，价值也相对较高，如肉渣可以做工业油脂，毛可以做毛刷或水解蛋白，裸皮边可以做工业明胶等。对于成品革和半成品革的削匀皮屑、修边边角余料、磨革粉尘等鞣后废物由于已经鞣制，重复再利用比鞣前较难，废革屑、边角料等可以制作再生革，也可脱铬后制作明胶、蛋白填充剂、铬鞣胶原纤维，或回收氧化铬再利用。

四、恶臭、粉尘处理技术

目前，国家对大气污染控制越来越严格，制革企业的工艺废气及厂界无组织排放执行《恶臭污染物排放标准》（GB 14554—93）；按照企业所在地空气质量功能区划执行相应的排放限值。由于标准限值非常严格，企业必须对臭气进行处理。由于制革工艺过程工序分类严格，产生的臭气是局部的，且量很少，厂房设计时就考虑建有专门的排风、除尘装置，通过工艺控制和技术改进恶臭污染是可以避免的。因此制革厂的臭气防治主要针对污水处理系统。

（一）污水处理系统臭气处理

目前，制革企业普遍接受的方法是对污水过程的曝气池、厌氧处理池等易产生臭气的反应池密封，将臭气收集，通过抽气泵，将气体通过喷淋碱液回收。回收后的硫化物重新回用于制革脱毛。

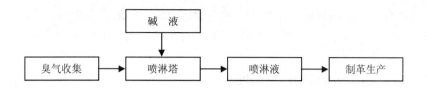

（二）污水厌氧处理前废水中硫化合物处理

制革废水首先进入酸化反应器进行厌氧接触反应，废水中的硫酸盐和硫化物被转化为硫化氢气体，废水中的有机污染物被转化为小分子的有机酸和挥发性有机酸（VFA），硫化氢气体将被分离，并被氢氧化钠溶液吸收，生成硫氢化钠（NaHS）溶液，该溶液可回用于制革脱毛生产。酸化反应器中的泥水混合物，重力流入沉淀池，沉淀后的污泥被打回到酸化反应器中，上清液重力流入厌氧消化反应器（UASB）中，小分子的有机酸和挥发性有机酸被分解转化成甲烷和二氧化碳气体，残余的硫酸盐进一步转化为硫化氢气体，UASB反应器产生的混合生物气通过吸收塔分离，分离塔中的氧化—还原液与混合生物气中的硫化氢气体反应，形成单质硫。甲烷气体收集在沼气储柜，可用于发电。

第六节 清洁生产分析

解决制革工业环境污染另一个重要途径是以防代治，即推广清洁生产工艺。清洁生产工艺的推广可以将污染控制在制革生产过程中，可以大大减轻企业污染物末端处理压力。在国家环保政策的指引下，行业主管部门、科研院校与制革企业共同努力，进行了大量的清洁生产工艺的研究工作，如"生物技术在制革中的应用及配套工程的研究"、"高效益清洁制革生产技术的研究与实施"、"灰碱液循环利用研究与实施"、"铬的高吸收及铬液循环利用"等；如国家高技术研究发展计划（"863"计划）项目："制革毛皮工业清洁生产技术"、"保毛脱毛的研究和鞣制废水的循环利用"、"制革污泥综合利用"等。一方面，随着制革企业对清洁化生产技术的重视程度提高，加大了清洁化制革技术的研发和应用。另一方面，随着皮革科技的发展，与制革配套的皮革化工和皮革机械的快速发展，涌现出越来越多的绿色化学制剂和先进机械设备，如无铵脱灰剂、高吸收铬鞣剂、水性涂饰剂、超载转鼓、Y型转鼓等，对制革清洁化技术的普及起到了很大的促进作用。

目前，我国制革清洁生产技术的研究基本上与国际同行处在同一个水平上，但是清洁生产是一个不断开发和完善的过程，需要对设备更新投资，需要较高的运行和管理控制成本。发达国家对制革生产的主要工段，如脱毛、鞣制等，大多数已实行不同程度的清洁生产，而系统化的、全过程的清洁生产尚未完全实现。我国由于资金、技术及法律规范等方面的原因，在制革工业中推广清洁生产的力度较慢，只是在部分企业部分工序采用了清洁生产工艺，尚缺乏系统化的全过程制革清洁生产示范项目。

一、鼓励采用的清洁生产制革技术

1. 鲜皮低盐或冷冻保藏、循环用盐

逐步淘汰撒盐保藏鲜皮的原皮保藏工艺，采用转鼓浸渍盐腌法或池子浸渍盐腌法等；提倡循环用盐。严格控制使用卤代有机化合物类防腐剂，禁止使用含砷、汞、林丹、五氯苯酚防腐剂，推广使用无毒和可生物降解的防腐剂。

提倡原皮冷冻保藏，鼓励有条件的地方将制革厂建在大型屠宰场附近，直接加工鲜皮。

2. 低硫、无硫保毛脱毛及浸灰废液的循环利用

根据不同的生产品种，逐步采用低硫、无硫保毛脱毛及低 COD 排放的脱毛方法，利用化学及生物助剂、提高浸灰效果、循环利用浸灰液、直接取代石灰的加工工艺和脱毛浸灰废液的循环使用工艺。

3. 低铵盐脱灰

采用低铵盐甚至无铵盐脱灰技术，减少制革废液中的氨氮含量。

4. 无盐浸酸、高吸收鞣制及铬鞣废液循环利用

在鞣制过程中，逐步采用无盐浸酸（非膨胀酸浸酸）法和高 pH 铬鞣或不浸酸铬鞣工艺；采用高吸收铬鞣剂；对铬鞣废液处理后循环利用。

5. 低铬高吸收铬鞣和无铬鞣剂

推广白湿皮工艺，采用无污染的化工材料预鞣、制白湿皮；提倡低铬高吸收铬鞣和无铬鞣替代铬鞣，在复鞣过程中不用或少用含铬复鞣剂。

6. 加脂、染色

禁止使用国际上禁用的含致癌芳香胺基团的染料；使用新型复鞣、加脂材料，提高皮革对加脂剂的吸收；慎用能促进三价铬氧化为六价铬的富含双键的加脂剂。

7. 环保涂饰、绿色产品

减少甲醛及其他有害挥发物质的使用；使用新的水溶型或水乳型涂饰材料，替代溶剂型涂饰材料。

8. 优化助剂、利于降解

用非卤化物表面活性剂代替卤化物表面活性剂，用易生物降解的助剂代替不易降解的助剂。

9. 积极采用配套设备促进清洁化制革技术的效率

皮革清洁生产技术的有效实施，除了工艺技术外，装备技术发挥着重要作用；比

如超载转鼓、Y型转鼓，能实现明显的节水效果，减少最终的废液排放量。

二、推荐制革固体废物综合利用技术

（1）回收利用保毛脱毛法产生的废毛；对没有回收价值的毛，可以进一步水解提取其中的角蛋白，用于制作皮革化工材料、化妆品中的保湿成分、毛发营养剂和肥料。

（2）鞣制前的皮边角废料可用于制作明胶和其他产品，如水解后回收胶原蛋白制作化妆品和利用其分子链上的氨基和羟基合成表面活性剂等。

（3）蓝湿皮边角料可用于制造再生革和脱铬后提取其中的蛋白质，作为工业蛋白的原料；未脱铬的可制作皮革化学品回用于皮革工业。

（4）从含铬废水中回收的氢氧化铬渣，经适当调节后，可制成铬鞣剂，回用于鞣制过程。

（5）含铬废水经过预处理除铬后，综合污水处理站所产生的活性污泥中的含铬量大大减少，含氮量达5%左右，是宝贵的有机氮资源，可作堆肥的原料。

（6）污水处理产生的污泥，经特殊工艺处理后可用于制砖、堆肥、焚烧或者制沼气。

三、制革行业清洁生产标准

1.《清洁生产标准 制革行业（猪轻革）》（HJ/T 127—2003）

表 1-4-5 制革行业（猪轻革）清洁生产标准[①]

指标		一级	二级	三级
一、资源能源利用指标				
1. 企业规模		年产猪皮30万张以上（含）		
2. 原辅材料的选择		生产猪轻革的主要原料为猪皮，脱毛、鞣制的化学原料，皮革染色用的染料及加脂剂等。选择原料的原则是无毒或低毒，与革结合紧密，利用率高，进入废水、废渣中的化学原料利于进行后处理，对人体健康和环境无负面影响或影响轻微		
3. 得革率[②]/（kg/kg原皮）		≥0.40	≥0.34	≥0.28
	粒面革	≥0.20	≥0.18	≥0.16
	二层革	≥0.10	≥0.08	≥0.06
	其他革	≥0.10	≥0.08	≥0.06
得革率[②]/（m²/m²原皮）		≥2.00	≥1.80	≥1.60
	粒面革	≥0.95	≥0.90	≥0.90
	二层革	≥0.60	≥0.55	≥0.50
	其他革	≥0.45	≥0.35	≥0.20

指标		一级	二级	三级
得革率[②]/（m²/kg 原皮）		≥0.42	≥0.39	≥0.36
	粒面革	≥0.21	≥0.20	≥0.19
	二层革	≥0.12	≥0.11	≥0.10
	其他革	≥0.09	≥0.08	≥0.07
4. 水回用率/%		≥65	≥60	≥60
5. 耗水量/（t/t 原皮）		≤47	≤52	≤62
6. 耗电量/（kW·h/t 原皮）		≤360	≤450	≤540
7. 耗煤量/（t/t 原皮）		≤0.33	≤0.35	≤0.38
8. 综合耗能/（kg 标准煤/t 原皮）		≤440	≤480	≤540
二、生产工艺指标				
1. 原皮处理				
鲜皮加工（冷冻保存）		≥50%	≥20%	—
低盐保藏（添加无毒防腐剂）		≤50%	≤80%	100%
2. 脱毛		保毛法 酶法+低硫法	酶法 低硫法	酶法 低硫法
3. 脱灰、软化		CO_2 法+酸法	酸 50%+铵盐 50%法	酸 30%+铵盐 70%法
4. 浸酸鞣制		无盐浸酸 高吸收铬鞣	低盐浸酸 高吸收铬鞣 或少铬鞣法	铬鞣废液浸酸少 鞣法
5. 复鞣、染色、加脂				
高吸收、无毒复鞣剂		100%利用	≥80%利用	≥70%利用
高吸收染料		100%利用	≥90%利用	≥70%利用
高物性、可降解加脂剂		100%利用	≥80%利用	≥60%利用
6. 涂饰				
水基涂饰原料		≥99%使用	≥95%使用	≥90%使用
甲醛占涂层固定剂总量的百分比		0	≤5%	≤10%
三、产品指标				
1. 包装		天然物料织物、可降解合成织物或可回收合成织物		
2. 产品合格率/%		≥99	≥98	≥97
四、污染物产生指标				
1. 废水产生量/（m³/t 盐湿皮）		≤45	≤50	≤60
2. COD 产生量/（kg/t 盐湿皮）		≤60	≤100	≤140
五、废物回收利用指标				
1. 原皮废料		全部回收利用	≥90%回收利用	≥80%回收利用
2. 废毛		全部回收利用	≥90%回收利用	≥80%回收利用
3. 革灰		全部回收利用	≥90%回收利用	≥80%回收利用
4. 革坯边角		全部回收利用	≥90%回收利用	≥80%回收利用

指标	一级	二级	三级
六、环境管理要求			
1. 环境法律法规标准	符合国家和地方有关环境法律、法规，污染物排放达到国家和地方排放标准、总量控制和排污许可证管理要求		
2. 环境审核	按照制革行业企业清洁生产审核指南的要求进行审核；按照 ISO 14001 建立并运行环境管理体系，环境管理手册、程序文件及作业文件齐备	按照制革行业企业清洁生产审核指南的要求进行了审核；环境管理制度健全，原始记录及统计数据齐全有效	按照制革行业企业清洁生产审核指南的要求进行了审核；环境管理制度、原始记录及统计数据基本齐全
3. 废物处理处置	对一般废物进行妥善处理；对危险废物进行无害化处理		
4. 生产过程环境管理	有原材料质检制度和原材料消耗定额管理制度，对能耗、水耗有考核，对产品合格率有考核，各种人流、物流包括人的活动区域、物品堆存区域、危险品等有明显标识、对跑冒滴漏现象能够控制		
5. 相关方环境管理	对原材料供应方、生产协作方、相关服务方等提供环境管理要求		

注：①原皮指经过盐腌制的盐湿皮，如采用鲜皮生产，换算公式为：鲜皮重量=盐湿皮重量/1.11。
　　②得革率以三种单位计，达到其中任意一种即可。

2.《清洁生产标准　制革工业（牛轻革）》(HJ 448—2008)

表 1-4-6　制革工业（牛轻革）清洁生产标准

清洁生产指标 ＼ 指标等级	一级	二级	三级
一、生产工艺与装备要求			
1. 原皮处理	鲜皮保藏（冷冻保存）占 75%，其他为低盐保藏（添加无毒杀菌剂）并循环使用盐	低温低盐保藏并循环使用盐	盐水浸渍
2. 脱毛、浸灰	无硫保毛脱毛，浸灰液循环利用	低硫保毛脱毛，浸灰液循环利用	低硫脱毛
3. 脱灰、软化	CO_2 法脱灰	无铵脱灰	低铵盐脱灰
4. 浸酸、鞣制	无盐浸酸；高吸收、高结合铬鞣及含铬液循环利用，或其他环保型的非铬鞣	低盐浸酸；少铬鞣制，含铬液循环利用	
5. 复鞣	无铬、无甲醛复鞣剂	无铬、无甲醛复鞣剂占 80%以上	无铬、无甲醛复鞣剂占 70%以上
6. 染色	高吸收染料，不使用国际上禁用的偶氮染料	高吸收染料使用 50%，不使用国际上禁用的偶氮染料	

指标等级\清洁生产指标	一级	二级	三级
7. 加脂	高吸收、无卤代有机物、可降解加脂剂	高吸收、无卤代有机物、可降解加脂剂达到90%	高吸收、无卤代有机物、可降解加脂剂达到70%
8. 涂饰	水溶性涂饰材料，不使用甲醛，不含有害重金属	水溶性涂饰材料占80%以上，不使用甲醛，不含有害重金属	

二、资源能源利用指标

		一级	二级	三级
1. 企业规模		年加工牛皮10万张以上（含）		
2. 得革率	粒面革/（m^2/m^2原料皮）	≥0.92	≥0.90	≥0.85
	二层革/（m^2/m^2原料皮）	≥0.63	≥0.60	≥0.56
3. 取水量/（m^3/m^2成品革）		≤0.32	≤0.36	≤0.40
4. 水重复利用率/%		≥65	≥50	≥35
5. 综合能耗/（kg标煤/m^2成品革）		≤2.0	≤2.2	≤2.4

三、产品指标

	一级	二级	三级
1. 包装	可降解、可回收		
2. 产品合格率/%	≥99	≥98	≥97

四、污染物产生指标（末端处理前）

		一级	二级	三级
1. 废水	废水产生量/（m^3/m^2成品革）	≤0.28	≤0.32	≤0.36
	COD产生量/（g/m^2成品革）	≤630	≤740	≤850
	氨氮产生量/（g/m^2成品革）	≤45	≤58	≤72
	总铬产生量/（g/m^2成品革）	≤3.5	≤4.8	≤7.2
2. 固体废物	皮类固体废物产生量/（kg/m^2成品革）	≤0.5	≤0.6	≤0.7

五、废物回收利用指标

	一级	二级	三级
1. 无铬废物利用率/%	≥100	≥90	≥80
2. 含铬废物利用率/%	≥75	≥70	≥65

六、环境管理要求

	一级	二级	三级
1. 环境法律法规标准	符合国家有关环境法律、法规、总量控制和排污许可证管理要求；废水排放、大气排放执行国家相关或行业标准，符合制革工业污染防治政策		
2. 环境审核	按照GB/T 24001建立并运行环境管理体系，环境管理手册、程序文件及作业文件齐备	对生产过程中的环境因素进行控制，有严格的操作规程，建立相关方管理程序、清洁生产审核制度和各种环境管理制度，特别是固体废物（包括危险废物）的转移制度	对生产过程中的主要环境因素进行控制，有操作规程，建立相关方管理程序、清洁生产审核制度和必要环境管理制度

清洁生产指标 \ 指标等级		一级	二级	三级
3. 组织机构	环境管理机构	设专门环境管理机构和专职管理人员		
	环境管理制度	健全、完善并纳入日常管理		较完善的环境管理制度
4. 生产过程环境管理	原料用量及质量	规定严格的检验、计量措施		
	生产设备的使用、维护、检修管理制度	有完善的管理制度，并严格执行	生产设备的使用、维护、检修管理制度	
	生产工艺用水、电、气管理	所有环节安装计量仪表进行计量，并制定严格定量考核制度	对主要环节安装计量仪表进行计量，并制定定量考核制度	
	环保设施管理	记录运行数据并建立环保档案		
	污染源监测系统	按照《污染源自动监控管理办法》的规定，安装污染物排放自动监控设备		
	废物处理处置	采用符合国家规定的废物处理处置方法处置废物；一般固体废物按照 GB 18599 相关规定执行；对含铬污泥等危险废物，要严格按照 GB 18597 相关规定进行危险废物管理，应交由持有危险废物经营许可证的单位进行处理；应制定并向所在地县级以上地方人民政府环境保护行政主管部门备案危险废物管理计划（包括减少危险废物产生量和危害性的措施以及危险废物贮存、利用、处置措施），向所在地县级以上地方人民政府环境保护行政主管部门申报危险废物产生种类、产生量、流向、贮存、处置等有关资料。针对危险废物的产生、收集、贮存、运输、利用、处置，应当制定意外事故防范措施和应急预案，并向所在地县级以上地方人民政府环境保护行政主管部门备案		
	厂区综合环境	管道、设备无跑冒滴漏，有可靠的防范措施；厂区给排水实行清污分流，雨污分流；厂区内道路经硬化处理；厂区内设置垃圾箱，做到日产日清		
5. 相关方环境管理		对原材料供应方、生产协作方、相关服务方提出环境管理要求		

3.《清洁生产标准 制革工业（羊革）》(HJ 560—2010)

表 1-4-7 制革工业（羊革）清洁生产标准

清洁生产指标等级		一级	二级	三级
一、生产工艺与装备要求				
1. 原料皮保藏		50%的量采用鲜皮加工（冷冻保存）	—	—
		其余 50%使用环境友好型添加剂保藏	使用环境友好型添加剂保藏	
		盐用量占其余 50%鲜皮质量的 20%以下	盐用量占全部鲜皮质量的 20%以下	盐用量占全部鲜皮质量的 20%以下
		转笼除盐，循环使用盐		

清洁生产指标等级	一级	二级	三级
2.脱毛、浸灰	无硫保毛脱毛、无硫化碱浸灰、废液循环利用	少硫保毛脱毛、少硫化碱浸灰、废液循环利用	保毛脱毛、少硫化碱浸灰
3.脱灰、软化	无铵盐法		少铵盐法
4.浸酸、鞣制	无盐浸酸、免浸酸、铬鞣废液浸酸、无铬或少铬鞣、循环利用浸酸鞣制废液、循环后最终排放的鞣制废液中三氧化二铬含量低于 500mg/L（常规液比）	低盐浸酸、免浸酸、铬鞣废液浸酸、无铬或少铬鞣、循环利用浸酸鞣制废液、循环后最终排放的鞣制废液中三氧化二铬含量低于 500 mg/L（常规液比）	低盐浸酸、无铬或少铬鞣、排放的鞣制废液中三氧化二铬含量低于 500 mg/L（常规液比）
5.复鞣	100%采用高吸收、环境友好型复鞣剂	90%以上采用高吸收、环境友好型复鞣剂	80%以上采用高吸收、环境友好型复鞣剂
6.染色	100%采用高吸收染料、配方低盐无氨水、不使用国际上禁用的偶氮染料[a]及铬媒染料等有毒染料，不含有全氟辛烷磺酸盐（PFOS）		
7.加脂	100%采用高物性高吸收高结合可降解加脂剂，不含有机卤素化合物，不含有全氟辛烷磺酸盐（PFOS）	90%以上采用高物性高吸收高结合可降解加脂剂，不含有机卤素化合物，不含有全氟辛烷磺酸盐（PFOS）	80%以上采用高物性高吸收高结合可降解加脂剂，不含有机卤素化合物，不含有全氟辛烷磺酸盐（PFOS）
8.涂饰	100%采用水基涂饰材料，不含有全氟辛烷磺酸盐（PFOS），不使用甲醛、不使用有害重金属颜料膏	90%以上采用水基涂饰材料，不含有全氟辛烷磺酸盐（PFOS），不使用甲醛、不使用有害重金属颜料膏	80%以上采用水基涂饰材料，不含有全氟辛烷磺酸盐（PFOS），不使用甲醛、不使用有害重金属颜料膏
二、资源能源利用指标			
1.企业规模	年加工羊皮[b]100 万自然张以上（含）		
2.得革率/（$m^2_{成品革}/m^2_{原料皮}$）	≥0.99	≥0.95	≥0.85
3.单位产品取水量/（m^3/m^2）	≤0.15	≤0.27	≤0.3
4.单位产品综合能耗（折标煤）/（kg/m^2）	≤1.8	≤2.4	≤3.0
三、产品指标			
1.包装	可降解或可回收物质		
2.产品合格率/%	≥99		≥98
3.产品有害物质含量	成品革中有害物质含量须符合 GB 20400—2006 及 GB/T 18885—2002 的要求		

清洁生产指标等级	一级	二级	三级
四、污染物产生指标（末端处理前）			
1.废水 单位产品废水产生量/（m^3/m^2）	≤0.12	≤0.20	≤0.27
单位产品化学需氧量（COD）产生量/（g/m^2）	≤150	≤300	≤400
单位产品氨氮产生量/（g/m^2）	≤30	≤40	≤60
单位产品总铬产生量/（g/m^2）	≤0.3	≤0.5	≤0.6
2.固体废物 单位产品皮类固体废物产生量/（kg/m^2）	≤0.4	≤0.6	≤0.8
五、废物回收利用指标			
1.工业用水重复利用率/%	≥80	≥50	≥30
2.无铬皮废物回收利用率/%	≥99		≥98
3.含铬皮废物回收利用率/%	≥85	≥80	≥70
六、环境管理要求			
1.环境法律法规标准	符合国家和地方有关环境法律、法规，污染物排放达到国家、地方、行业排放标准、总量控制和排污许可证管理要求		
2.组织机构	设立专门环境管理机构和专职管理人员，开展环保和清洁生产有关工作		
3.环境审核	按照 GB/T 24001 建立并有效运行环境管理体系，环境管理手册、程序文件及作业文件齐备，通过环境管理体系认证。按照《清洁生产审核暂行办法》的要求完成了清洁生产审核，有完善的清洁生产管理机构，并持续开展清洁生产		环境管理制度健全，原始记录及统计数据齐全有效。有严格的操作规程，对生产过程中的环境因素进行控制，建立相关方管理程序、清洁生产审核制度和各种环境管理制度，对固体废物（特别是危险废物）有严格的处理制度。按照《清洁生产审核暂行办法》的要求完成了清洁生产审核，有完善的清洁生产管理机构，并持续开展清洁生产
4.生产过程环境管理 原料用量及质量	规定严格的检验、计量控制措施，有原材料质检制度和原材料消耗定额管理制度，对产品合格率有考核		
生产设备的使用、维护、检修管理制度	有完善的管理制度，并严格执行		对主要设备有具体的管理制度，并严格执行
生产工艺用水、电、气管理	所有环节安装计量仪表进行计量，并制定严格定量考核制度		对主要环节安装计量仪表进行计量，并制定定量考核制度

清洁生产指标等级		一级	二级	三级
4. 生产过程环境管理	环保设施管理	记录运行数据并建立环保档案，所有数据要求齐全真实有效		
	污染源监测系统	按照《污染源自动监控管理办法》的规定，安装污染物排放自动监控设备。建立企业污染物排放监测制度，并开展日常污染物处理和达标排放监测。监测系统日常须运转正常，监测数据真实有效，并与抽查结果相符		
	厂区综合环境	管道、设备无跑冒滴漏，有可靠的防范措施；各种人流、物流包括人的活动区域、物品堆存区域、危险品等有明显标识；厂区给排水实行清污分流，雨污分流；对于鞣制废液等难以处理的废水能够实现单独收集和处理，对于生产过程中可能产生污染物排放或不利于工人身体健康的工序环节有妥善的环境保护措施，对于恶臭、噪声等要设置能够有效将之控制的设施，并须满足有关标准的要求；厂区内道路经硬化处理；厂区内设置垃圾箱，做到日产日清		
5. 固体废物处理处置		按照国家危险废物名录对固体废物进行鉴别，对一般废物按照GB 18599进行妥善处理，对危险废物按照GB 18597进行无害化处置。应制定并向所在地县级以上地方人民政府环境行政主管部门备案危险废物管理计划（包括减少危险废物产生量和危害性的措施以及危险废物贮存、利用、处置措施），向所在地县级以上地方人民政府环境保护行政主管部门申报危险废物产生种类、产生量、流向、贮存、处置等有关资料。应针对危险废物的产生、收集、贮存、运输、利用、处置，制定意外事故防范措施和应急预案，并向所在地县以上地方人民政府环境保护行政主管部门备案		
6. 相关方环境管理		对原材料供应方、生产协作方、相关服务方提出环境管理要求		

注：a）禁用的偶氮染料是指国际上禁用的含有或可产生致癌性芳香胺类化合物（表1-4-8）的染料。
　　b）本标准的羊皮不剖层。

表1-4-8　国际组织颁布禁用的致癌芳香胺类化合物

序号	中文名称	英文名称	CA 登录号
1	4-氨基联苯	4-Aminodiphenyl	92-67-1
2	联苯胺	Benzidine	92-87-5
3	4-氯邻甲苯胺	4-Chloro-o-Toluidine	95-69-2
4	2-萘胺	2-Naphthylamine	91-59-8
5	邻氨基偶氮甲苯	o-Amino azatoluene	97-56-3
6	2-氨基-4-硝基甲苯	2-Amino-4-Nitrotoluene	99-55-8
7	4-氯苯胺	4-Chloroaniline	106-47-8
8	2,4-二氨基苯甲醚	2,4-Diaminoanisole	615-05-4
9	4,4'-二氨基二苯甲烷	4,4'-Diaminodiphenyl Methane	101-77-9
10	3,3'-二氯联苯胺	3,3'-Dichlorobenzidine	91-94-1
11	3,3'-二甲氧基联苯胺	3,3'-Dimethoxybenzidine	119-90-4

序号	中文名称	英文名称	CA 登录号
12	3,3′-二甲基联苯胺	3,3′-Dimethylbenzidine	119-93-7
13	3,3′-二氨基-4,4′-二甲基二苯甲烷	3,3′-Dimethyl-4,4′-diaminodipheylmethane	838-88-0
14	2-甲氧基-5-甲基苯胺	p-Cresidine	120-71-8
15	4,4′-亚甲基双（2-氯苯胺）	4,4′-Methylene bis（2-Chloroaniline）	101-14-4
16	4,4′-二氨基联苯醚	4,4′-Oxydianiline	101-80-4
17	4,4′-硫苯胺	4,4′-Thiodianiline	139-65-1
18	邻甲苯胺	o-Toluidine	95-53-4
19	2,4-二氨基甲苯	2,4-Diaminotoluene	95-80-7
20	2,4,5-三甲基苯胺	2,4,5-Trimethylaniline	137-17-7
21	邻氨基苯甲醚	o-Anisidine	90-04-0
22	对氨基偶氮苯	p-Phenylaoanline	60-09-3
23	2,4-二甲基苯胺	2,4-Xylidine	95-68-1
24	2,6-二甲基苯胺	2,6-Xylidine	87-62-7

注：《染料产品中 23 中有害芳香胺的限量及测定》（GB 19601—2004）规定：染料等产品中所含表 A1 种的各项有害芳香胺的含量应 ≤ 150mg（芳香胺）/kg（产品），其中染料制品中的液状染料、涂料色浆等的有害芳香胺的限量应按其固含量进行折算。

上述的技术，代表着制革清洁生产的发展方向；制革清洁生产技术都是相对的，开发和实施制革行业清洁生产技术，不断满足社会和环境的要求是一项长期的艰巨任务。

四、清洁生产管理

制革行业污染控制策略要求实现管理与技术并举的理念，即在管理上积极推行"绿色管理"，技术上要求积极推荐清洁生产技术并注重无污染生产工艺的开发研制。

制革行业的"绿色管理"要求环境保护观念融入企业的经营管理之中，它涉及了企业管理的各个层次、各项内容，从上层决策到基层实施，从机构设置到人员培训；从产品设计、生产技术与工艺到全部生产过程的控制，处处考虑到环境保护，处处体现绿色。从而使企业适应新一轮绿色浪潮的环境保护要求，推动企业节能降耗、开拓市场，提高企业及其产品在未来市场中的生存能力和竞争力。

实现企业"绿色管理"应从以下几方面着手：

（1）把环境保护纳入企业长远发展的战略和决策中。

建立专门的"绿色管理"机构，逐步实行绿色管理，研究本企业的环保对策。变过去对环保问题消极回避为主动的参与合作，把环保投资成为推动企业节能降耗、开拓市场、实现利润的前瞻性投资。

（2）强化全过程环境管理，推行清洁生产节能减排。

全过程的环境管理包括：从产品设计时就尽量减少资源浪费和潜在污染；在生产中采用新技术、新工艺、减少有毒有害废弃物的排放；对废旧产品进行回收处理循环利用等。即在生产过程中尽量使原辅料最大限度地转化为产品，能源最有效地得到利用，废物最小量化的设计；尽量使用无毒、无害或低害的原料；采用无污染、少污染、低噪声、原材料低消耗和能源高效率的技术装备等。

（3）实现由"末端治理"到"污染预防"的转变。

（4）开发"绿色产品"实现"产品绿色化"。

产品绿色化不仅是指生产出来的产品特征，而是产品从生产到使用结束的每一个环节出发，考察企业的经营活动的特征。从广义上讲，包含了生产环境绿色化、生产过程绿色化和产品本身绿色化三层含义。制革工业的很大部分污染来自皮革化工原料，开发和应用环保型皮革化工原料，成为皮革行业治理污染的当务之急。

（5）广泛开展环保意识宣传，树立企业"绿色形象"。

由于消费者对环境污染的关注日益上升，许多企业对消费者的反映日益重视，都把拥有一种良好的环保形象视为企业的一项财富，因此，"绿色形象"不仅能为企业带来可观的经济收益，更重要的是，一个关心环保的企业能保持与政府和公众的良好关系，是企业生存与可持续发展的必要条件。

第七节　环境影响评价中应关注的问题

一、产业政策

是否属于国家明令禁止、限制、鼓励或允许建设或投资的，是否符合《制革行业产业结构调整指导意见》，是否已被列入国家经贸委发布的《淘汰落后生产能力、工艺和产品的目录》中的建设项目，是否符合《制革、毛皮工业污染防治技术政策》等。

二、建设规划、选址

从环境影响受体的角度，关注厂址周边的自然、社会环境和环境质量状况，是否涉及需特别保护地区、生态敏感与脆弱区、社会关注区和环境质量已达不到环境功能区划要求或者已经接近标准限值的地区。项目建设是否符合当地的总体发展规划、环境规划和环境功能规划；明确新建项目存在哪些环境制约因素，改扩建项目现有工程存在哪些主要环境问题，应提出环境保护方面更合理的替代方案。

三、功能区划、总图布局

在采取规定的环保措施、减免或防范各方面环境污染影响后，特别关注是否满足区域环境功能区划的要求，在非正常工况和不利气象条件下，环境质量超标频率是否在可接受的范围内；为减轻对环境保护目标的影响及防范环境风险，是否符合推行集中制革、污染集中治理的控制目标；关注总图布局是否需加以优化，总图布置是否合理。

四、清洁生产

制革生产主要污染产生于准备工段和鞣制工段，是否从源头预防环境污染、从生产全过程控制、消除或削减污染。拟建项目的物耗、能耗、水耗、单位产品的污染物产生及排放量等方面与国内外同类型先进生产工艺比较，是否达到清洁生产先进水平。

五、环境保护措施

制革废水污染物成分复杂，处理难度大，不可能仅用一种处理技术做到达标排放，首先应对脱毛含硫废液、铬鞣废液、脱脂废水等进行单独预处理；含铬废水中铬排放浓度应在车间排放口达标。制革固体废物应按规定进行回收和综合利用，并对措施进行技术可靠性论证，列举国内外已稳定运行实例的实测数据，论述环保措施实现稳定达标排放的可靠性。

六、恶臭防治

制革项目应远离社会关注区布局，设置安全的防护距离；应对生产车间废气进行净化处理，减缓恶臭污染物产生与影响，做到厂界及环境敏感点满足环境要求。

第八节 典型案例

某制革企业因扩建异地搬迁，但拟建厂址不能满足《制革厂卫生防护距离标准》（GB 18082—2000）的要求；环评中通过优化总图布置合理布局，对恶臭源加强监控与防范等措施后，通过类比定性与定量监测，预测本工程结果满足标准要求，运行期未发生扰民投诉。该案例为问题探讨，拟为人口相对密集的平原地区，因自然条件限制的厂址选择提供参考。

一、基本情况介绍

某企业成立于 1996 年，主营黄牛皮蓝湿革加工，年加工蓝湿皮 20 万张。现有工程污水处理厂设计规模为 600t/d，采用混凝沉淀＋生物接触氧化处理工艺，由于处理设施规模偏小且设备已陈旧，生产废水不能稳定达标排放，已对纳污地表水造成一定污染。2005 年公司为使企业上规模、上档次，拟在原址现有设施基础上进行扩改，拟扩建年加工 20 万张黄牛蓝湿革，新建年加工黄牛皮高档革 40 万张生产线一条。

由于原址位于规划区边缘，面积较小无扩建空间，且周边环境敏感点较多，居民又无法实现搬迁，故确定异地扩建。新址拟选距县城西北部 15 km 某镇，该镇是以发展皮毛深加工为主的贸易型中心城镇，异地扩建厂址位于镇北部 1 km，占地 100 亩，厂址周边交通方便；但厂界南 300 m 及西南 350 m 均有居民区，不能满足制革厂卫生防护距离标准要求。由于厂址地理位置优越，企业未批先建，设备已安装到位，受到环保部门处罚并责令补办环评。

二、扩建项目主要组成和生产工艺

工程主要包括蓝湿皮加工车间、成品革加工车间、原皮贮存冷库及其他辅助设施；配套新建污水处理工程（设计规模为 2000t/d），采用厌氧＋好氧＋深度三级处理工艺。制革加工为传统工艺包括准备、鞣制和整饰工段。

三、项目厂址周边环境状况

新址位于河南省某县城西北，相距 15 km，评价区夏季多南风，冬季北风为主，年均风速 3.1 m/s，地表水为过境客水，主要河流为东干渠和废黄河（属淮河流域），功能为排涝和纳污。厂址周边敏感点情况：张庄（200 人），方位西南，距厂界 350 m；北村（10 户居民），方位南，距厂界 300 m。

四、环评中遇到的问题及解决方案

（一）问题

《制革厂卫生防护距离标准》（GB 18082—2000）的要求见表 1-4-9。

表 1-4-9 制革厂卫生防护距离标准

生产规模	近五年平均风速/（m/s）		
（万张/年）	<2	2～4	>4
>20	600 m	500 m	400 m
<20	500 m	400 m	300 m

该企业年生产规模为 40 万张，近五年平均风速为 3.1 m/s，查表 1-4-9 可知，其卫生防护距离为 500 m。该企业车间已建成，生产设备已安装到位，其他土建工程尚未动工，若按现有总图布置，新建污水处理站位于厂区西南，而厂区南和西南有居民区将处于卫生防护距离范围内，需搬迁。在当地特定环境条件下，如何在不搬迁居民点条件下，使恶臭对周边居民区的影响降至最小并满足环境要求。

（二）解决方案

评价单位首先对厂区平面布置进行优化调整，企业生产车间位于厂北且已建成，保持现状。经预测，决定将污水处理站从西南调整到厂区西北部，其好处为距东干渠排口近，排水方便，可缩短集排水流程，减少基建投资；调整后污水处理站处于夏季主导风向的下风向，将办公楼和仓库等置于厂区南部；厂南的居民区距恶臭源可满足卫生防护距离 500 m 的要求。但厂址西南侧的张庄距恶臭源仍不能满足卫生防护距离标准要求（图 1-4-13）。村庄整体搬迁可能引发一定的社会问题并增加投资等，为了分析在不搬迁条件下，恶臭对居民区的影响程度，评价单位决定采取定量与定性相结合的方法，即类比类似企业确定恶臭源强，采用预测模式进行定量预测；对现有工程在特定条件下所产生臭味进行计算，并判断工程运行后对厂界及环境敏感点的影响。

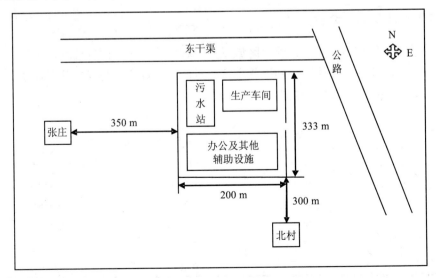

图 1-4-13 调整后的厂区周围环境示意

五、定量预测

（一）方法

恶臭源强的确定：选择本地同等规模、生产工艺相同、污水处理工艺相同的皮革加工企业作为类比调查对象，在最不利气象条件下及未采取有效治理措施情况下所测恶臭源强：H_2S 0.13 kg/h，NH_3 0.54 kg/h。

预测模式：采用《环境影响评价技术导则—大气环境》（HJ/T 2.2—93）中规定模式，在有风时（$U \geqslant 1.5$ m/s）进行计算。

大气评价标准采用《工业企业设计卫生标准》中的"居住区大气中有毒物质的最高容许浓度"；厂界大气评价标准采用《恶臭污染物排放标准》（GB 14554—93）二级标准。标准值见表 1-4-10。

表 1-4-10　空气环境质量评价标准

污染物	标准限值/（mg/m³）	备注
H_2S	0.06	《恶臭污染物排放标准》二级标准
NH_3	1.5	
H_2S	0.01	"居住区大气中有毒物质的最高容许浓度"的一次值
NH_3	0.2	

（二）预测结果及分析

据该县多年的观测资料，该评价区域以中性稳定度为主，评价选取四周厂界和张庄为关心点，以最不利条件即分别以各个关心点的上风向为主导风向进行预测，平均风速为 3.1 m/s 各关心点预测结果如表 1-4-11。

表 1-4-11　关心点预测结果表

预测点	下风向距离/m	H_2S 浓度/（mg/m³）	NH_3 浓度/（mg/m³）
西厂界	30	0.0245	0.0829
东厂界	50	0.0158	0.0568
南厂界	200	0.0048	0.0192
北厂界	15	0.0611	0.1862
西南张庄	380	0.0019	0.0098

由表 1-4-11 中可知，在未采取有效环保措施情况下，北厂界（距污染源 15m）的 H_2S 浓度超标；厂西南张庄能满足居住区大气中有毒物质的最高容许浓度的要求，但 H_2S 浓度超过了嗅觉阈值（$0.00065\,mg/m^3$）。为此必须进一步采取防治措施。

强化环保防治措施及管理：

（1）生皮进厂及时送入冷库，减少菌类繁殖发酵散发恶臭。

（2）加强污水处理站运行管理，及时清理曝气池表面结块浮团，污泥脱水后及时清运，对厂内堆场采取氯水或漂白粉液冲洗和喷晒，并做到密闭处理。

（3）在生产车间增加通风次数，生产的废弃物及时清运；排气口增设活性炭吸附装置，以去除恶臭污染物。

（4）加强厂区绿化，臭气源周围种植抗害性强的乔灌木（如夹竹桃、棕榈树等），厂界四周种植综合抗污能力强的乔木（如榕树、杧果、麻楝、女贞等），形成绿化屏障。

（5）厂区污水管设计流速应足够大，避免产生死区导致污物淤积腐败产生臭气，加强管网管理定期清淤。

（6）加强污水处理站运行管理，对易产生恶臭单元加强监控，保证正常运行。

采取上述防治措施后，恶臭源强可得到较大程度的降低。通过对本地同类规模企业，在采取措施后恶臭产生源强参数进行预测，各关心点预测结果如表 1-4-12。

表 1-4-12　关心点预测结果表

预测点	下风向距离/m	H_2S 浓度/（mg/m^3）	NH_3 浓度/（mg/m^3）
西厂界	30	0.0174	0.0581
东厂界	50	0.0112	0.0404
南厂界	200	0.0035	0.0124
北厂界	15	0.0358	0.0981
张庄	380	0.0009	0.0028
备注	H_2S 源强 0.09 kg/h　　NH_3 源强 0.30 kg/h		

从表 1-4-12 可知，厂界和各敏感点均能满足标准要求。

上述预测是在最不利条件下进行的，该区夏季主导风向为南风，环境敏感点张庄位于厂址西南，受恶臭的影响相对较小。

六、定性分析

为了避免扰民事件发生，评价单位在夏季，风速在 2.7～4.0 m/s 状况时，曾多次组织了专门针对正常运营的皮革厂现场闻味调查，分别在该厂下风向 5 m、30 m、50 m、100 m、200 m、300 m 等距离来回嗅闻，并以上风向作为对照点。由现场嗅闻统计结果可知，在下风向 30 m 范围内感觉到较强的气味（4 级），在 30～100 m 范围内很容易感觉到气味（3 级或 2～3 级），在 200 m 处气味很弱（1～2 级），在 300 m 以外基本嗅闻不到臭味。本项目西侧的环境敏感点，距恶臭产生部位 380 m，可定性为生产运营期，基本嗅闻不到臭味。

七、结论

由于受自然条件和其他因素的制约，该项目的卫生防护距离不能满足《制革厂卫生防护距离标准》的要求，恶臭气体是制革厂特征污染因子，是设定卫生防护距离的主要依据，通过对总图布局优化调整后，采用模式预测及现场闻味，对存在的问题再进一步采取强化环境管理和减缓污染环保措施，使厂界及环境敏感点特征污染因子浓度满足环境标准要求。该厂建成运营正常，到目前尚未发生扰民投诉事件。

案例点评

国家制定的卫生防护距离标准是一项涉及建设规划、工业布局、厂区平面总图布置、环境卫生、卫生工程等的综合性标准，其目的是保证工业企业项目投产后产生的污染物不致影响居民区人群身体健康。故新扩改建项目应严格按照国家的标准执行。但在实际工作中，由于受自然条件及其他因素的制约，仍存在着卫生防护距离不能满足国家标准要求的情况，特别是在平原地区人口密集，选址比较困难，需要涉及居民搬迁以及改变规划等问题，可操作性较难。本案例通过合理布局，强化运营生产管理，加强厂区及厂界绿化等措施，可有效降低恶臭对周围环境的影响，为受自然条件限制、人口较密集地区的厂址选择提供参考。但对厂内堆场采取氯水或漂白粉液冲洗和喷晒，会造成大气二次污染，该措施不可行；本案例的异地搬迁选址仅能解决当前困境，不利于企业今后长远可持续发展；制革行业扩改建项目选址非常敏感，应远离社会关注区布局。环评中应严格按当地的总体发展规划、环境保护规划和区域环境功能区划的要求进行选址合理性论证，绝不能未批先建，避免生态环境风险发生。制革企业应实施集中生产、统一冶污模式。

参考文献

[1] 国家环境保护总局环境评估中心. 建设项目环境影响技术评估指南（试行）. 北京：中国环境科学出版社，2003.

[2] 石碧，陆忠兵. 制革清洁生产技术. 北京：化学工业出版社，2004.

[3] 高忠柏，苏超英. 制革工业废水处理. 北京：化学工业出版社，2001.

[4] 商丘市环境保护科学研究所. 河南某高档革异地扩建项目环境影响评价报告书.

[5] 中国轻工总会. 高新技术与轻工业发展（内部资料），1997.

[6] 中国皮革协会，陕西科技大学. 制革行业产排污系数使用手册，2007.

[7] 《制革及毛皮加工工业水污染物排放标准》征求意见稿，2007.

第二篇
纺织

纺织工业概述

食和衣是民生的基础，纺织工业是我国重要的民生产业和支柱产业，在国民经济中起着重要作用。纺织行业是劳动就业人数最多的行业，衣着和纤维材料的使用是不可能衰退的，因此纺织行业对社会稳定起着重要作用。

纺织是利用天然和化学合成的纤维经过纺纱、织布、染色、整理等工序，再加工成社会所需要的各种产品。

纺织产品包括三大类：服装、家用纺织品和产业用纺织品。发达国家这三大类比例基本相近，我国目前还是以服装类为主，但家用纺织品和产业用纺织品正在快速发展。

纤维包括天然纤维、合成纤维和人造纤维。天然纤维包括棉、麻、丝、毛（羊、羊绒、兔、驼）等；合成纤维包括涤纶、腈纶、氨纶、锦纶、维纶、丙纶等；人造纤维是指天然的、不能直接利用的纤维和物质经过化学加工成可纺的纤维，例如采摘棉花后，留在棉籽壳内的棉短绒，由于纤维太短无法纺纱，但可以通过化学方法制成浆粕，再与二硫化碳反应后，即可纺丝成为黏胶纤维。木质素纤维也不能直接纺、织，但可采用与棉短绒相似的方法加工成黏胶纤维，此外还有醋酸纤维、蛋白质纤维（大豆纤维、牛奶纤维）等，在人造纤维中产量最大的是黏胶纤维。按中国纺织工业发展报告分类，将人造纤维和合成纤维统称为化学纤维。

一、纺织工业在经济与社会发展中的作用

纺织行业是我国传统支柱产业和民生产业，在我国 39 个行业中，地位重大，其表现在：

（1）我国是世界上纤维、服装生产最大的国家，纤维加工量占全球比重由 2000 年的 25%提高到 2008 年的 48%，服装、化纤、纱、丝、布、呢绒等产量均占世界第一。2008 年纤维加工量达 3 500 万 t，天然纤维中棉占 80%以上，约 1 030 万 t，化学纤维中涤纶占近 90%，约 2 040 万 t。2007 年：棉花产量 780 万 t；进口 250 万 t；加工总量 1 030 万 t；丝 14.5 万 t；羊毛加工量约 50 万 t（进口羊毛 33.44 万 t）；麻 28.5 万 t，其中：苎麻 8.5 万 t、亚麻 12 万 t、黄麻 8 万 t。

纺织行业按国民经济代码分类可分为纺织、服装和化学纤维三大类，31 个分支行业（棉、麻、丝、毛、涤纶、黏胶、纺纱、织布、染色、涂层、针织、服装、线带

等），是世界上纺织产品门类最齐全的行业。

（2）改革开放以来外汇顺差的83%来自纺织行业，为现代化资金积累作出重大贡献。

（3）纺织行业拥有工人2 200万，占全国产业工人的10.4%。此外还有从事原料生产，如棉花、毛、丝、麻等的工人1亿，共计1.22亿从业人员，这么大量从业的民生产业，对稳定社会起到巨大作用。

根据中国纺织工业协会所编著的《中国纺织工业发展报告》，在纺织工业内的行业分为：化纤业、棉纺织业、毛纺织业、丝绸业、麻纺织业、印染业、色织业、针织业、服装业、家用纺织品业、产业用纺织品业和纺机制造业12个行业。

在化学纤维中差别化纤维是发展重点，所谓差别化纤维是指经过化学改性或者物理改性的纤维，是对常规纤维品种的创新使其具有某些特性的纤维。目前，差别化纤维品种很多，包括高收缩纤维、复合纤维、异型纤维、抗静电纤维、抗紫外线纤维、远红外纤维、抗菌纤维、阻燃纤维、芳香纤维、负离子纤维、抗起球纤维等等，均可通过调节聚合及纺丝的工艺进行生产。由于这类功能性纤维用途愈来愈广，所以在发达国家化学纤维的差别化率达40%，而我国仅为25%，所以，国家发改委将发展差别化纤维列为鼓励发展类。

就纺织品的产量而言，我国是世界第一大国，但不是强国，因为我国主要以中低档产品为主。高科技、高产值的产品比例不高，在化学纤维中，差别化纤维比例不高。

纺织品出口产值一直占我国出口总额的20%左右，是我国出口的重要行业。2003年我国出口总额为4 384.7亿美元，进口总额为4 128.4亿美元，全年进出口顺差为255.3亿美元。而纺织品出口为804.84亿美元，进口155.86亿美元，顺差649亿美元，是全国顺差的2.54倍。我国若无纺织品的大量出口，中国外贸可能是逆差。

我国加入WTO以后，2003年纺织工业总产值同比增长22.76%，高于国内生产总值增长9.1%。特别是2005年取消配额后，尽管与欧美等发达国家在纺织品贸易上小摩擦不断，但总的趋势纺织品出口还将在相当长的时间内有较大增长。环境污染问题是制约纺织行业发展的重要因素，特别是污染较重的染整行业（俗称印染行业）、化纤行业。这些行业主要集中在少数沿海地区，致使局部地区污染严重，对这些地区进行环境影响评价时需要注意地区总量问题。

纺织工业主要环境问题是废水，而废水中废水量和COD总量的80%均来自于印染行业，所以印染行业是重点。其次是化学纤维废水占12%以上。其他污染较重的工序有洗毛、煮茧和麻脱胶等，但总量不大。

废气中黏胶废气污染较重，排放量大，其次是涂层废气，其他如棉纺厂以及自备小锅炉的烟尘。

纺织行业产生的固体废物，如废丝、废次品、半成品等绝大多数可以回收利用或降级使用，主要固体废物来自锅炉煤渣、废水处理后污泥等。

在纺织行业中，纺织是将纤维材料（棉、毛、丝、麻和化学纤维等）经机械加工成为布匹、面料、家用纺织品或产业用纺织品等，其生产过程的环境污染因素主要为噪声、粉尘、少量场地冲洗水（棉纺织有少量上浆废水）等，从行业总体而言污染较轻。服装加工等行业也都是污染较轻的行业。本书仅介绍纺织、化纤行业中对环境可能造成污染较重的部分典型行业、产品情况。并介绍一些污染非常严重的新工艺、新产品的工艺情况，如碱减量、海岛丝等，这些内容均在相应部分作了简单介绍，另外退浆、蜡染等工艺属于污染较重的工艺，进行环境评价时需要重点关注。

纺织工业，特别是印染行业，以中小企业为主，据第一次全国污染源普查，纺织企业约有100000个，但是属于统计范围以内，规模以上企业仅约50000个，因此小型的环评项目居多，应该引起注意。

2005年规模以上企业生产情况见表2-0-1。

表 2-0-1　2005 年规模以上企业生产情况

名称	总量	比 2000 年增长/平均增长
销售收入	19794 亿元（26400 亿元）	137.4%/18.9%
纤维加工量	2690 万 t	97.8%/14.6%
化学纤维	1629 万 t（涤纶占 80%）	134.2%/18.6%
棉纱	1440 万 t	118.2%/16.9%

注：摘自发改工业[2006]1072 号纺织工业"十一五"发展纲要。

2003—2004 年纺织品进出口情况见表 2-0-2。

表 2-0-2　2003—2004 年纺织品进出口情况　　　　单位：亿美元

年度	项目	进口	出口	差额	差额倍数
2003	全国	4128.40	4383.70	255.30	2.54
2003	纺织	155.86	804.84	648.98	
2004	全国	5613.60	5933.60	320.00	2.52
2004	纺织	168.04	973.85	805.81	

由表 2-0-2 可见，纺织品的出口顺差为全国总顺差的 2.5 倍，如无纺织品的顺差，我国外贸将是逆差。

2004 年我国纺织行业各项经济指标见表 2-0-3。

表 2-0-3　2004 年我国纺织行业各项经济指标

经济指标	创汇值	所占比重
纤维加工总量	2400 万 t	占世界总量＞30％
印染布产量	301.6 亿 m	
化纤产量	1425 万 t	
出口创汇	1141.9 亿美元	占全国＞21％（占全球的 17％）
全行业产品销售收入	26400 亿元	
创造工业增加值	3989 亿元	

2005 年纺织品服装出口情况为贸易总额达 1346.34 亿美元，同比增长 17.9％，占全国贸易总额的 9.47％；出口 1175.35 亿美元，增长 20.69％，占全国出口额的 15.42％；进口 170.99 亿美元，增长 1.76％，占全国进口额的 2.59％；服装贸易顺差 1004.36 亿美元，全国贸易顺差 1018 亿美元，占全国贸易顺差的 98.58％。

出口地区及比例依次为：美国（17％）、欧盟（25 国 16％）、日本（15％）、中国香港（13％）、俄罗斯和东盟（5％）、韩国（4％）、非洲（4％）。近年来俄罗斯已逐渐取代东盟，并以 56％涨幅高速增长。出口非设限地区占 73％。

出口增长迅速的同时，随着我国经济发展，人民生活水平不断提高，对纺织品的需求也在快速增长。从 2000 年到 2005 年，我国城镇人均衣着消费 500～790 元，增长 75.3％（可比增加 74.2％），农村人均衣着消费 96～132 元，增长 46.9％。另一方面，这段时间我国城市化率从 36％增加到 43％，因此纺织品消费量猛增。尽管如此，我国人均纤维消费量仍低于全球平均水平。世界人均纤维消费量在 7.5～13 kg，全球平均为 8.6 kg，美国是 33.9 kg，而我国目前只有 6.6 kg，与全球平均值还差 2 kg。仅仅这一点，纤维产品量需增加 260 万 t，所以内销前景良好。即使在 2007—2008 年金融危机期间，纺织品总量还是增长，只是增幅减缓。

印染加工是整体加工过程中重要的一部分，是承接上游纺纱、织布和下游服装加工的中间环节，也是产生废水量最多和污染最重的行业，印染企业主要集中在沿海的浙江、江苏、广东、山东、福建五省，就印染总量而言，上述五省的印染量约占全国的 90％，并且还在发展，见表 2-0-4。由于印染企业过于集中、总量有限，局部地区污染严重，在新建、扩建时，环境影响评价需要特别注意地区总量问题。如不加限制，企业的废水同样以每年 15％速度递增，仅 5 年废水量将从 16 亿 t/a 增至 32 亿 t/a，而 10 年将猛增至 64 亿 t/a，环境将无法承受！这种情况当然不可能发生，但废水量增加是可能的，因此必须慎重处置。另外，印染废水处理后回用率仅为 7％，纺织行业仅为 10％，是全国所有行业中最低的，按我国"十一五"规划工业废水排放量规定应降低 10％，而纺织工业的规划中，要求印染废水排放量，按单位产值降低 22％，不管按哪一个要求，不仅清洁生产、节约用水任务十分繁重，淘汰低档、落后产品势在必行，而且废水处理后必须回用，而印染废水回用的标准尚未制定，回用难度又大，所以任务十分艰巨，在环境影响评价中需要注意地区环境总量问题。

目前印染行业向中西部发展已经明显加快，但是这些地区废水处理技术、资金、技术、人才相对有所欠缺。一般而言对印染企业希望相对集中，废水处理从技术、管理和经济上比较有利，但是成立工业园区，需要注意当地环境容量和总量。

表 2-0-4　2008 年主要省份规模以上企业印染布生产情况表

产　地	全国	浙江	江苏	山东	广东	福建	五省合计
产量/亿 m	494.34	276.65	53.52	45.55	43.81	28.20	447.74
占全国比重/%	100	55.96	10.83	9.21	8.86	5.71	90.57

二、纺织工业的环境特征及主要污染源

纺织工业是一个庞大的体系，分为 12 个分行业，纺织工业内部项目包括天然纤维和化学纤维等几十种；产业链可以分为纺纱、织布、染整、服装，也可以分为服饰、家纺和工业用纺织品等相关项目。纤维使用还跨很多行业，鞋帽、箱包、建筑、医药、农业、森林、航空、航天、汽车、交通等行业均大量使用各种纤维材料，因此，相关行业的项目往往也会与纺织工业相关联。

纺织工业项目的环境问题，其主要特点是：

1）从总体上分析，以废水为主，其次是废气、废渣和噪声；

2）废水主要集中在染整行业（印染行业），其废水量约占整个工业的 80%，其次是化纤行业，其废水量约占 12%，并且还在增长；

3）不论是染整废水还是化纤废水，都是高浓度、难降解的有机废水；

4）染整行业的特点是以中小企业为主，规模小、数量多，其项目环境影响评价基本上都集中在县、市级，几乎没有国家级评价项目；

5）废气主要集中在化纤的黏胶、聚酯行业中，纺织产品的热定型、涂层等后整理工艺也产生一定量的工艺废气；特别是黏胶生产过程中产生的废气，其治理难度较大，同时产生恶臭是这些行业较普遍现象；

6）噪声在纺织机械，以及所有企业的动力机械所产生，但是总体上只要与周围环境保持一定安全距离一般问题较小；

7）纺织及各类纤维生产企业，其固体废物大多可以再利用，如化学纤维的短纤维、半成品、染整和服装企业的边角料等基本都是作为降级或其他利用，但是剩余的化学原料和废水处理后的污泥，属于国家危险废物名录，是需要予以关注的。

三、纺织工业发展趋势

根据《纺织工业调整和振兴规划》（国发[2009]10号），纺织工业是民生产业，是永恒的，目前我国纤维产量已占世界产量约50%，是第一大国，但不是第一强国。从今后发展趋势分析，在一段时期内，纺织工业总量仍有较大发展，但是内销比例增加，外销比例逐步减少（总量增幅降低）；加快产业结构和产品结构调整，发展高性能，新的功能性纤维。加快家用纺织品、产业用纺织品发展速度，使三大类产品产量符合市场需要，相对均衡；发展生态型产品。

在十大工业行业中，纺织行业的能耗约占4.3%，低于十大工业行业的平均能耗，据初步调查，单位产品能耗如下：服装行业能耗约1.05t标煤/t；纺织行业约0.95t标煤/t；而印染行业在2.5～3.2t标煤/t，占全部纺织行业能源的58.8%，是节能减排的重点。而在印染行业中：蒸汽的能耗占52%～55%；动力机械能耗占28%～32%；照明能耗占10%～12%；空调能耗占4%～6%。所以如何节约蒸汽的能耗是重点。

由于部分发达国家在实施低碳经济过程中，要求产品标识该产品在整体生产过程中排放的二氧化碳数量（排碳量），即所谓碳标识（图2-0-1），例如一条涤纶裤重400g，寿命2年，洗涤、烘干、熨烫92次，熨烫一次平均2min，其生命周期共排碳（二氧化碳）47kg；一条250g纯棉T恤一生排放二氧化碳7kg。对超过部分将征收高额"排碳税"，并将可能在2012年开始将对进口到欧盟的产品征收"排碳税"，因此在评价过程中，对清洁生产部分，物料和能耗平衡予以注意。

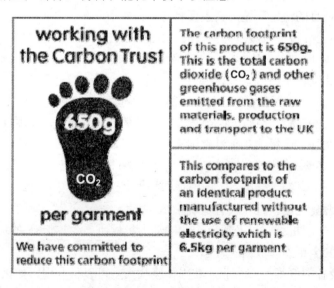

图 2-0-1　碳标识

四、纺织工业环境保护相关政策与标准

1. 方针政策

纺织工业是我国的民生产业、支柱产业，也是主要出口盈利产业。我国虽然在数量上已经成为世界上最大的生产国，但是目前纺织产品还是以中低档为主，缺乏高端产品、技术和设备，因此我国并不是纺织强国。近年来，国家为了确保纺织工业稳定发展，加快传统产业升级，加强节能减排，出台了一系列包括《纺织工业调整和振兴规划》在内的产业政策和技术政策。本节将相关内容进行了摘录。

（1）《纺织工业调整和振兴规划》（国发[2009]10 号）

国务院于 2009 年 4 月 24 日发布了《纺织工业调整和振兴规划》（以下简称《规划》），《规划》指出：纺织工业是我国国民经济的传统支柱产业和重要的民生产业。《规划》在稳定国内外市场、提高自主创新能力、加快实施技术改造、淘汰落后产能、优化区域布局、完善公共服务体系、加快自主品牌建设、提升企业竞争实力八个方面提出了目标和措施。

1）规划目标

① 节能减排取得明显成效。全行业实现单位增加值能耗年均降低 5%、水耗年均降低 7%、废水排放量年均降低 7%。

② 淘汰落后产能取得实质性进展。到 2011 年，淘汰 75 亿 m 高能耗、高水耗、技术水平低的印染能力，淘汰 230 万 t 化纤落后产能，加速淘汰棉纺、毛纺落后产能。

2）行业措施

纺纱织造行业

① 推行原料精细化、仪器化检测，提高企业电子配棉能力；推广高档精梳纱线、多种纤维混纺纱线和差别化、功能化化纤混纺、交织针织、机织面料的生产工艺；加大高支毛精纺面料、半精纺面料以及真丝、麻类高附加值产品开发力度；大力提高无卷、无接头纱、无梭布、精梳纱产品的比重，形成一批品牌效应好、市场占有率高的优质产品，进一步缩小与世界先进水平的差距。

② 棉纺行业重点淘汰新中国成立前生产的以及所有"1"字头纺纱和织造设备，如 A512 型、A513 型系列细纱机；毛纺行业重点淘汰 B250 型毛精纺机、H212 型毛织机等落后设备。

印染行业

① 以现代电子信息技术、自动化技术、生物技术为手段，推广高效短流程、无水或少水印染技术和设备，提高生产自动控制水平。重点解决印染行业自动化程度低、能耗和水耗高、环境污染严重等问题，增加新产品和高附加值产品的开发生产。企业单位增加值能耗降低 10% 以上，中水回用率达到 35% 以上；新型纤维面料、功能整理

产品等高档产品比重由目前的 20%提高到 30%左右。

②印染行业重点淘汰 74 型染整生产线、落后型号的平网印花机、热熔染色机、热风布铗拉幅机、短环烘燥定型机及其他高能耗、高水耗的落后生产工艺设备。

化学纤维行业

①推进高新技术纤维产业化和应用：加速实现高性能碳纤维、芳纶、聚苯硫醚、超高分子量聚乙烯、玄武岩纤维、聚酰亚胺、新型聚酯等高新技术纤维和复合材料的产业化。

②采用先进适用技术提升传统化纤工艺、装备及生产控制水平，实现聚酯、涤纶、黏胶、锦纶、腈纶等产品柔性化、多样化、高效生产，提高产品附加值。加快多功能、差别化纤维的研发和纺织产品一条龙的应用开发，化纤差别化率由目前的 36%提高到 50%左右。

③化纤行业重点淘汰 R531 型酸性老式黏胶纺丝机、湿法氨纶生产工艺，限制使用 2 万 t/a 以下黏胶生产线、二甲基甲酰胺（DMF）溶剂法腈纶和氨纶生产工艺、涤纶长丝锭轴长 900 mm 以下的半自动卷绕装置及间歇法聚合聚酯生产工艺设备。

（2）《关于进一步加强淘汰落后产能工作的通知》（国发[2010]7 号）

2010 年 2 月 6 日，国务院发布了《关于进一步加强淘汰落后产能工作的通知》，对电力、煤炭、钢铁、水泥、有色金属、焦炭、造纸、制革、印染等行业提出了淘汰落后产能的具体目标任务，其中纺织行业为：2011 年年底前，淘汰 74 型染整生产线、使用年限超过 15 年的前处理设备、浴比大于 1∶10 的间歇式染色设备，淘汰落后型号的印花机、热熔染色机、热风布铗拉幅机、定形机，淘汰高能耗、高水耗的落后生产工艺设备；淘汰 R531 型酸性老式黏胶纺丝机、年产 2 万 t 以下黏胶生产线、湿法及 DMF 溶剂法氨纶生产工艺、DMF 溶剂法腈纶生产工艺、涤纶长丝锭轴长 900 mm 以下的半自动卷绕设备、间歇法聚酯设备等落后化纤产能。

（3）《关于加快纺织行业结构调整促进产业升级若干意见的通知》（发改运行[2006]762 号）

《关于加快纺织行业结构调整促进产业升级若干意见的通知》（以下简称《通知》）由国家发改委等十部委于 2006 年 4 月 29 日联合颁布，《通知》指出：近年来我国纺织行业快速发展，国际竞争力明显增强，但资源、环境和贸易摩擦等制约因素加剧，行业结构性矛盾日渐突出。为保持我国纺织行业持续健康发展，就加快纺织行业结构调整，促进产业升级，颁布了该《通知》，相关的内容如下：

1）主要目标

到"十一五"末，纺织纤维加工总量达到 3 600 万 t，比"十五"末增长 35%左右；人均劳动生产率提高 60%以上；万元增加值的能源消耗下降 20%；每吨纤维耗水下降 20%。行业科技创新能力明显增强，拥有一批具有自主知识产权的关键技术和国际影响力的知名品牌；产业集中度进一步提高，形成若干具有较强国际竞争优势和影响力的大型企业和企业集团。

2）调整重点

① 加快技术结构调整，提高产品附加价值。一是加强对高技术、功能性、差别化纤维和纺织先进加工技术、清洁生产技术以及行业关键设备的研究开发，使重点纺织加工技术和装备制造达到国际先进水平。

② 加大原料结构调整，实现原料的多元化。一是加快 PX、MEG、CPL 等化纤原料建设，提高化纤原料自给率；二是加大对麻、毛、竹等非棉天然纤维及新溶剂黏胶、聚乳酸等再生资源纤维的研发和产业化推广；三是开展废旧聚酯及再生纤维的回收开发利用，提高天然及再生资源类纤维使用比重。

③ 提高纺织资源利用效率，减少环境污染。推进纺织清洁生产和节能降耗，提高资源利用效率，到 2010 年，单位产值纤维使用量下降 20%，每吨纤维耗水下降 20%。加大染整、化纤等行业废水、废气污染治理力度，减少污染物排放量，做到稳定达标排放，实现环境与社会的协调发展。

（4）《产业结构调整指导目录（2011 年本）》

1）鼓励类

① 差别化、功能性聚酯（PET）的连续共聚改性如：阳离子染料可染聚酯（CDP、ECDP）、碱溶性聚酯（COPET）、高收缩聚酯（HSPET）、阻燃聚酯、低熔点聚酯等；熔体直纺在线添加等连续化工艺生产差别化、功能性纤维（抗静电、抗紫外、有色纤维等）；智能化、超仿真等差别化、功能性聚酯及纤维生产；腈纶、锦纶、氨纶、黏胶纤维等其他化学纤维品种的差别化、功能性改性纤维生产。

② 聚对苯二甲酸丙二醇酯（PTT）、聚萘二甲酸乙二醇酯（PEN）、聚对苯二甲酸丁二醇酯（PBT）、聚丁二酸丁二酯（PBS）、聚对苯二甲酸环己烷二甲醇酯（PCT）等新型聚酯和纤维的开发、生产与应用。

③ 采用绿色、环保工艺与装备生产新溶剂法纤维素纤维（Lyocell）、细菌纤维素纤维、以竹、麻等新型可再生资源为原料的再生纤维素纤维、聚乳酸纤维（PLA）、海藻纤维、甲壳素纤维、聚羟基脂肪酸酯纤维（PHA）、动植物蛋白纤维等生物质纤维。

④ 有机和无机高性能纤维及制品的开发与生产，如：碳纤维（CF）（拉伸强度≥4 200 MPa，弹性模量≥240GPa）、芳纶（AF）、芳砜纶（PSA）、高强高模聚乙烯（超高分子量聚乙烯）纤维（UHMWPE）（纺丝生产装置单线能力≥300t/a）、聚苯硫醚纤维（PPS）、聚酰亚胺纤维（PI）、聚四氟乙烯纤维（PTFE）、聚苯并双噁唑纤维（PBO）、聚芳噁二唑纤维（POD）、玄武岩纤维（BF）、碳化硅纤维（SiCF）、高强型玻璃纤维（HT-AR）等。

⑤ 符合生态、资源综合利用与环保要求的特种动物纤维、麻纤维、竹原纤维、桑柞茧丝、彩色棉花、彩色桑蚕丝类天然纤维的加工技术与产品。

⑥ 采用紧密纺、低扭矩纺、赛络纺、嵌入式纺纱等高速、新型纺纱技术生产多品种纤维混纺纱线及采用自动络筒、细络联、集体落纱等自动化设备生产高品质纱线。

⑦ 采用高速机电一体化无梭织机、细针距大圆机等先进工艺和装备生产高支、高密、提花等高档机织、针织纺织品。

⑧ 采用酶处理、高效短流程前处理、冷轧堆前处理及染色、短流程湿蒸轧染、气流染色、小浴比染色、涂料印染、数码喷墨印花、泡沫整理等染整清洁生产技术和防水防油防污、阻燃、抗静电及多功能复合等功能性整理技术生产高档纺织面料。

⑨ 采用编织、非织造布复合、多层在线复合、长效多功能整理等高新技术，生产满足国民经济各领域需求的产业用纺织品。

⑩ 新型高技术纺织机械、关键专用基础件和计量、检测、试验仪器的开发与制造。

⑪ 高档地毯、抽纱、刺绣产品生产。

⑫ 服装企业计算机集成制造及数字化、信息化、自动化技术和装备的应用。

⑬ 纺织行业生物脱胶、无聚乙烯醇（PVA）浆料上浆、少水无水节能印染加工、"三废"高效治理与资源回收再利用技术的推广与应用。

⑭ 废旧纺织品回收再利用技术与产品生产，聚酯回收材料生产涤纶工业丝、差别化和功能性涤纶长丝等高附加价值产品。

2）限制类

① 单线产能小于 10 万 t/a 的 PET 连续聚合生产装置。

② 常规聚酯的对苯二甲酸二甲酯（DMT）法生产工艺。

③ 半连续纺黏胶长丝生产线。

④ 间歇式氨纶聚合生产装置。

⑤ 常规化纤长丝用锭轴长 1200mm 及以下的半自动卷绕设备。

⑥ 黏胶板框式过滤机。

⑦ 单线产能≤1000t/a、幅宽≤2m 的常规丙纶纺黏法非织造布生产线。

⑧ 25kg/h 以下梳棉机。

⑨ 200 钳次/min 以下的棉精梳机。

⑩ 5 万转/min 以下自排杂气流纺设备。

⑪ FA502、FA503 细纱机。

⑫ 入纬率小于 600m/min 的剑杆织机，入纬率小于 700m/min 的喷气织机，入纬率小于 900m/min 的喷水织机。

⑬ 采用聚乙烯醇浆料（PVA）上浆工艺及产品（涤棉产品，纯棉的高支高密产品除外）。

⑭ 吨原毛洗毛用水超过 20t 的洗毛工艺与设备。

⑮ 双宫丝和柞蚕丝的立式缫丝工艺与设备。

⑯ 绞纱染色工艺。

⑰ 亚氯酸钠漂白设备。

3）淘汰类

① "1" 字头成卷、梳棉、清花、并条、粗纱、细纱设备，1332 系列络筒机，1511 型有梭织机，"1" 字头整经、浆纱机等全部 "1" 字头的纺纱织造设备。

② A512、A513 系列细纱机。

③ B581、B582 型精纺细纱机，BC581、BC582 型粗纺细纱机，B591 绒线细纱机，B601、B601A 型毛捻线机，BC272、BC272B 型粗梳毛纺梳毛机，B751 型绒线成球机，B701A 型绒线摇绞机，B250、B311、B311C、B311C（CZ）、B311C（DJ）型精梳机，H112、H112A 型毛分条整经机、H212 型毛织机等毛纺织设备。

④ 1990 年以前生产、未经技术改造的各类国产毛纺细纱机。

⑤ 辊长 1 000 mm 以下的皮辊轧花机，锯片片数在 80 以下的锯齿轧花机，压力吨位在 400t 以下的皮棉打包机（不含 160t、200t 短绒棉花打包机）。

⑥ ZD647、ZD721 型自动缫丝机，D101A 型自动缫丝机，ZD681 型立缫机，DJ561 型绢精纺机，K251、K251A 型丝织机等丝绸加工设备。

⑦ Z114 型小提花机。

⑧ GE186 型提花毛圈机。

⑨ Z261 型人造毛皮机。

⑩ 未经改造的 74 型染整设备。

⑪ 蒸汽加热敞开无密闭的印染平洗槽。

（5）《外商投资产业指导目录（2007 年修订）》

中华人民共和国国家发展和改革委员会与商务部联合发布 2007 年第 57 号令《外商投资产业指导目录（2007 年修订）》，2007 年 12 月 1 日起实施，其中有关产业政策如下：

印染行业

鼓励外商投资产业目录中的 "高档织物面料的织染及后整理加工"。

锦纶纤维行业

1）鼓励外商投资产业目录

① 合成纤维原料：精对苯二甲酸、己内酰胺、尼龙 66 盐、熔纺氨纶树脂生产。

② 差别化化学纤维及芳纶、碳纤维、高强高模聚乙烯、聚苯硫醚（PPS）等高新技术化纤生产。

③ 化纤生产的节能降耗、"三废" 治理新技术。

2）限制外商投资产业目录

常规切片纺的化纤抽丝生产。

合成革行业

鼓励采用高新技术的产业用特种纺织品生产。

（6）《纺织工业"十一五"发展纲要》

国家发展和改革委员会于 2006 年 6 月 13 日发布了《纺织工业"十一五"发展纲要》，其中对化纤行业提出了结构调整的重点任务：加强产业链的优化整合力度，积极推进产学研结合，加快原料开发，提高化纤产品的开发能力；大力发展高性能纤维、差别化纤维、绿色环保纤维等新型纤维；追踪国外聚酯、涤纶最新技术，积极开发优质化、超大型化、精密化、短程化新一代国产化聚酯涤纶成套技术装备，发展锦纶大型聚合技术；加快开发腈纶多功能、差别化纤维品种开发，扩大丙纶、维纶等在非纤领域的应用，提高氨纶优质化、差别化；加强化纤企业清洁化生产和再生资源综合利用。到"十一五"末，行业整体技术和装备水平要达到 21 世纪初国际水平，新产品贡献率达到 50%，劳动生产率提高到 19 万元/（人·a），万元产值耗电比 2005 年降低 10%～15%。

棉纺织行业

大力推进技术进步和产业升级，淘汰落后设备，积极推广使用国内外先进棉纺织设备；推进高档精梳纱线、多种纤维混纺纱线和差别化、功能化化纤混纺、交织织物的生产，加大化纤使用比例；大力提升"三无一精"产品的比重；鼓励节能降耗技术设备的应用和推广。

化纤行业

加强产业链的优化整合力度，积极推进产学研结合，加快原料开发，提高化纤产品的开发能力；大力发展高性能纤维、差别化纤维、绿色环保纤维等新型纤维；追踪国外聚酯、涤纶最新技术，积极开发优质化、超大型化、精密化、短程化新一代国产化聚酯涤纶成套技术装备，发展锦纶大型聚合技术；加快开发腈纶多功能、差别化纤维品种开发，扩大丙纶、维纶等在非纤领域的应用，提高氨纶优质化、差别化；加强化纤企业清洁化生产和再生资源综合利用。

服装行业

加大、加快服装自主品牌建设，吸纳国际化设计人才，提高产品设计能力；加强产品设计和市场推广；积极寻找国际市场突破口，利用国际化营销手段，提高自有品牌出口比重，力争到 2010 年形成若干个具有国际影响力的自主知名品牌。

产业用纺织品行业

加强复合技术、功能性整理技术、整体成型技术的开发和应用，开拓产品应用领域；加强产业链集成技术的开发和应用，建成从纤维材料、纤维加工到应用开发的新型产业链，促进产业整体水平提升；重点发展新型土工合成材料、农用纺织品、生物医用纺织品、新型篷盖材料、汽车用纺织品、高技术功能性过滤材料等；大力推广节能降耗、清洁生产新技术。

印染行业

以提高印染产品质量、推行节能降耗技术、强化环境保护为原则，以现代电子技术、自动化技术、生物技术等高技术为手段，发展涂料印染、微悬浮体印染、转移印花、数码印花等无水或少水印染工艺技术，加快生态纺织品和功能性纺织品研发和生产；推行环保、节能、清洁生产印染加工技术，实现印染行业污染防治从"末端治理"向"源头预防"转变；加大环境执法力度，淘汰高耗能、高污染和废水治理达不到要求的落后工艺装备和印染企业。

针织行业

提高产品设计开发能力，重点发展高档绒类面料、弹性面料、保健型针织品、针织外穿服装、高档针织内衣、高档经编面料及花边等产品；加强差别化纤维、高性能纤维等新型原料在针织产品中的应用；大力推进技术进步和产业升级，淘汰落后设备。

毛纺织行业

加快特种动物纤维生产技术的应用研究，重点优化洗毛、制条工艺，应用新型纺纱技术；推广羊毛细化改性工艺和羊毛防缩可机洗整理技术，提高毛纺产品的质量、档次；着力加强企业废水、废物的治理和综合利用；鼓励东、西部毛纺织企业的区域合作，实现产业的协调发展。

麻纺织行业

加强麻类纤维加工及纺织工艺先进技术设备的研发，提高麻纺织技术装备水平；加强麻纺织产品的开发和创新，提高麻类家用、产业用纺织品的比重；加强麻类纤维作物优良品种的培育、推广和种植产业化发展，完善原料与纺织协调发展机制；加强各类麻纤维可纺性能开发，促进低污染、低能耗脱胶技术应用推广。

丝绸行业

不断提升丝绸产品自主设计水平，优化产品结构，开拓消费领域，加快复合型、差别化、功能化新型纤维的应用；针对丝绸印染后整理等薄弱环节，积极采用精细化、质量稳定型、高效低耗型的先进设备；大力推进节能降耗、清洁生产，着力开发效率高、短流程、小浴比、超低给液、生态环保、循环再利用等加工新技术，减少丝绸印染后整理耗水、耗能以及环境污染；深入实施"东桑西移"工程，形成东中西部各区域的优势互补、良性互动协调发展。

纺机行业

以质量和技术水平的提高，消化吸收与自主创新相结合，提高自主创新能力为目的，增强企业的可持续发展能力；引导企业以兼并、资产和资本优化重组以及战略联盟等方式，形成一批以产品生产为龙头、以工程成套为目标的企业集团，提高行业集约化生产水平；加大新型纺机技术装备攻关和产业化力度，提升我国纺机装备制造业的整体水平；发展节能、高效率、连续化、自动化、差别化和绿色环保化纤机械，开展高技术纤维、功能性纤维的技术设备攻关和产业化；在棉纺机械中广泛应用电子技术、在线检测监控等，实现高速、高产、优质、高效和节能；染整机械要重视高效短流程工艺和设备的开发，向节能、环保和自动控制方向发展。

纺织技术和装备创新

纺织新材料及先进加工技术领域主要包括：碳纤维（CF）、芳纶（AF）、芳砜纶（PSA）、聚苯硫醚（PPS）、超高强高模聚乙烯纤维（UHMWPE）等产业化研发；新型聚酯多元化技术品种聚对苯二甲酸丙二醇酯（PTT）、聚萘二甲酸乙二醇酯（PEN）、水溶性聚酯（CO-PET）等产业化研发；可降解聚乳酸纤维（PLA）、生物法多元醇及新溶剂法纤维素纤维（Lyocell）研发及产业化技术；差别化纤维及产品开发技术；年产 60 万 t 及以上新型 PTA 成套国产化技术与装备；新一代直纺涤纶超细长丝及高效新型卷绕头研发和产业化；高档复合非织造布的加工技术及其应用；新型医用防护材料的综合研究与开发；膜结构材料及新型篷盖材料的开发及应用技术；农用非织造布及化纤网的开发及应用技术；智能纺织品的开发研究。

（7）《关于纺织机械工业结构调整的指导意见》

为贯彻落实《纺织工业调整和振兴规划》（国发[2009]10 号），提高纺织机械工业竞争力，实现纺织强国提供装备技术支撑，中华人民共和国工业和信息化部于 2009 年 12 月 11 日发布了《关于纺织机械工业结构调整的指导意见》，《意见》就 2009—2011 年的纺织机械工业结构调整和技术进步，从提升自主创新能力和产品质量水平、优化产品结构、制造工艺水平明显提高三个方面提出了发展目标，并从大力提升传统纺织机械技术水平、加快新型纺织机械产品研发和产业化、积极发展节能减排型纺织机械产品、提高纺织机械专用件和配套件的制造能力、提高"两化"融合水平、促进产业组织结构调整和建立健全行业公共服务体系七个方面明确了重点任务。

（8）《纺织工业技术进步与技术改造投资方向（2009—2011 年）》

中华人民共和国工业和信息化部 2009 年 4 月 24 日发布了《纺织工业技术进步与技术改造投资方向（2009—2011 年）》（以下简称《投资方向》），相关规定如下：

高新技术纤维产业化及其应用

碳纤维千吨级（T-300、T-400、M-40、T-700）工艺及装备产业化生产及应用；碳纤维复合材料的开发及应用。芳纶 1414、芳纶Ⅲ工艺及装备产业化生产及应用；芳纶 1313 产业化水平提升，扩大应用领域。新型超高分子量聚乙烯纤维产业化生产及应用。聚苯硫醚、聚对苯基并双噁唑纤维、玄武岩纤维、聚酰亚胺等特种高性能纤维材料产业化及应用。聚对苯二甲酸丙二醇酯、聚 2,6-萘二甲酸乙二醇酯等万吨级新型聚酯及纤维产业化生产及应用。光导活性炭、离子交换、维纶 K-Ⅱ类纤维、有机和无机纳米纤维、中空纤维分离膜、医用生物特种材料等高性能纤维和高档复合材料产业化生产及应用。

生物质纤维材料产业化

溶剂法纤维素纤维国产化技术与产业化生产及应用；生物法生产丙二醇、乙二醇、1-4 丁二醇多元醇产业化生产及应用；万吨级竹浆、麻浆、速生林材浆及纤维的产业化生产及应用。

锦纶纤维行业

日产 100t 及以上锦纶大型聚合装置及功能性切片、差别化长丝的产业化生产及应用。

印染行业

具备智能化在线检测与控制能力的高质、高效、环保的印染成套设备；废水、余热的回收、回用设备，废气净化装置。

采用冷轧堆前处理、短流程前处理、酶处理、高效水洗等先进设备和工艺进行前处理改造；采用冷轧堆染色、短流程湿蒸轧染、涂料染色等先进设备和工艺对传统染色改造；采用涂料印花、数码印花、喷墨喷蜡激光制网等先进设备和工艺进行印花工艺设备改造；采用松式整理、手感整理等先进设备和工艺提高面料功能；智能化在线监测与控制工艺技术的应用。

采用印染废水清浊分流、生物滤池、膜处理、活性炭吸附等技术，进行印染废水处理和回收利用。

差别化、功能化高档纺织品印染和后整理加工；聚乳酸纤维、Modal 纤维、Lyocell 纤维、竹纤维、PTT 纤维等新型环保纤维面料的染整加工；多组分纤维面料的染整加工。

化纤行业

聚酯涤纶：采用纳米改性等新技术，开发生产功能型、环保型差别化纤维，新型多功能复合差别化长丝；采用新型聚合纺丝技术开发新一代复合超细纤维及制品产业化生产及应用；废聚酯、废丝等回料纺生产技术及应用。

黏胶：高湿模量、阻燃、甲壳素、细旦、异型、导电、抗辐射纤维及水刺、纺黏无纺布等产业化生产及应用。

腈纶：阻燃、抗静电、高吸湿、高吸水、高收缩、耐高温、抗起球、抗菌、保健、有色、异型复合及高强高模产业用纤维产业化生产及应用。

氨纶：耐热、耐氯、易染、高弹等纤维及复合技术的产业化生产及应用。

锦纶：日产 100t 及以上锦纶大型聚合装置及功能性切片、差别化长丝的产业化生产及应用。

（9）《印染行业准入条件（2010 年修订版）》（工消费[2010]第 93 号）

为加快印染行业结构调整，规范印染项目准入，推进印染行业节能减排和淘汰落后，促进印染行业可持续发展，中华人民共和国工业和信息化部对《印染行业准入条件》（发展改革委 2008 年第 14 号公告）进行了修订，于 2010 年 6 月 1 日起实施，2008 年 2 月 4 日公布的《印染行业准入条件》（国家发改委公告 2008 年第 14 号）同时废止。

《印染行业准入条件（2010 年修订版）》从生产企业布局、工艺与装备要求、质量与管理、资源消耗、环境保护与资源综合利用、安全生产与社会责任及监督管理七个方面对印染企业的建设提出要求。其中对工艺与装备要求主要有：

①新建或改扩建印染项目要采用先进的工艺技术，采用污染强度小、节能环保的设备，主要设备参数要实现在线检测和自动控制。禁止选用列入《产业结构调整指导目录》限制类、淘汰类的落后生产工艺和设备，限制采用使用年限超过 5 年以及达不到节能环保要求的二手前处理、染色设备。新建或改扩建印染生产线总体水平要接近或达到国际先进水平。

②新建或改扩建印染项目应优先选用高效、节能、低耗的连续式处理设备和工艺；连续式水洗装置要求密封性好，并配有逆流、高效漂洗及热能回收装置；间歇式染色设备浴比要能满足 1∶8 以下的工艺要求；拉幅定形设备要具有温度、湿度等主要工艺参数在线测控装置，具有废气净化和余热回收装置，箱体隔热板外表面与环境温差不大于 15℃。

③现有印染企业要加大技术改造力度，逐步淘汰使用年限超过 15 年的前处理设备、热风拉幅定形设备以及浴比大于 1∶10 的间歇式染色设备，淘汰流程长、能耗高、污染大的落后工艺。支持采用先进技术改造提升现有设备工艺水平，凡有落后生产工艺和设备的企业，必须与淘汰落后结合才可允许改扩建。

（10）《黏胶纤维行业准入条件》（工消费[2010]第 94 号）

为加快黏胶纤维行业结构调整，规范黏胶纤维建设项目准入，推进黏胶纤维行业节能减排和淘汰落后，促进黏胶纤维行业的可持续发展，中华人民共和国工业和信息化部制定了黏胶纤维行业准入条件。

《黏胶纤维行业准入条件》从生产企业布局、工艺与装备要求、质量与管理、资源消耗、环境保护与资源综合利用、安全生产与社会责任及监督管理七个方面对印染企业的建设提出要求。其中对工艺与装备要求主要有：

1）新建和改扩建黏胶纤维项目要符合《产业结构调整指导目录》的要求，采用产污强度小、节能环保的工艺和设备，鼓励生产差别化、功能化、高性能、绿色环保型产品。

2）改扩建黏胶纤维项目总生产能力要达到：连续纺黏胶长丝为年产 10000t 及以上；黏胶短纤维为年产 80000t 及以上，产品差别化率高于 30%。

3）新建和改扩建黏胶纤维生产装置要严格按照信息化与工业化相融合的要求，采用自动化程度高、运行稳定性好、生产成本低、劳动强度小、生产过程安全环保清洁的先进工艺技术和装备。

主要工艺装备和基本要求如下：

① 采用先进的连续浸渍压榨粉碎联合机，保证碱纤维素的合格组成和粉碎度。

② 采用先进的老成机，保证碱纤维素老成的温度和时间稳定。

③ 采用自动配料、加料系统，黄化过程采用程序自动控制，黄化机应有泄压设施（泄压阀门或泄压膜）等安全装置。

④ 采用先进的黏胶溶解工艺及粉碎、研磨设备，提高黏胶的溶解及过滤性能。

⑤ 采用连续自动过滤装置和废黏胶处理装置，必要时应增加先进的板框过滤装置，保证黏胶的纺丝可纺性。

⑥ 黏胶长丝纺丝机优先采用密闭性好的管中成型连续纺设备。

⑦ 黏胶短纤维纺练装备按不同品种的要求进行选择，原则上采用密闭性好、变频调速的设备。

⑧ 酸站的酸浴循环系统要采用酸浴脱气装置和废酸液回收处理装置；回收系统要采用多级闪蒸装置和芒硝结晶、焙烧制元明粉装置。

⑨ 黏胶纤维生产要采用有效的"三废"治理或回收装置。

⑩ 为严格生产的工艺控制，应全线采用 DCS 集散式自动控制系统。

4）对现有年产 2 万 t 及以下黏胶短纤维生产线实施限期逐步淘汰或技术改造，鼓励有条件的企业通过技术改造后，形成差别化、功能性、高性能的黏胶纤维生产线，差别化、功能性产品占全部产品的比重高于 50%。

（11）《印染行业废水污染防治技术政策》（环发[2001]118 号）

为防治印染废水对环境的污染，引导和规范印染行业水污染防治，原国家环境保护总局曾于 2001 年制定了《印染行业废水污染防治技术政策》。

技术政策对以天然纤维（如棉、毛、丝、麻等）、化学纤维（如涤纶、锦纶、腈纶、黏胶等）以及天然纤维和化学纤维按不同比例混纺为原料的各类纺织品前处理、染色、印花和后整理过程中产生的印染废水，从清洁生产工艺、废水治理及污染防治技术、生产工艺和技术三方面进行指导。

鼓励印染企业采用清洁生产工艺和技术，严格控制其生产过程中的用水量、排水量和产污量。积极推行 ISO 14000（环境管理）系列标准，采用现代管理方法，提高环境管理水平。鼓励印染废水治理的技术进步，印染企业应积极采用先进工艺和成熟的废水治理技术，实现稳定达标排放。

（12）《国家先进污染防治示范技术名录》（2009 年度）

2009 年 12 月 11 日，环境保护部印发了《国家先进污染防治示范技术名录》（2009 年度）和《国家鼓励发展的环境保护技术目录》（2009 年度），其中相关内容见表 2-0-5 和表 2-0-6。

（13）《国家鼓励发展的环境保护技术目录》（2009 年度）（环发[2009]146 号）

表 2-0-5　　国家先进污染防治示范技术名录（2009 年度）（摘录）

技术名称	技术内容	适用范围	发展状况	解决的技术难题
蛋白质纤维微悬浮体节能环保染色技术	采用自行研制的微悬浮体化助剂，使微悬浮体化后的染料颗粒达到纳米级，从而对纤维的吸附能力显著加强，可提高固色率 10%～30%，缩短染色时间 1/3～1/2，减少染料用量 10% 左右	毛用活性染料、酸性染料、中性染料及酸性络合染料对蛋白质纤维的染色加工	已完成工业化试验	解决各种蛋白质纤维染料的微悬浮体化，提高染料对纤维的吸附率及体系中各种相关参数的优化
涤纶织物的无助剂免水洗清洁染色工艺	该技术使用自主研发的微胶囊化分散染料，配合专用的染料萃取器，对传统的高温高压染色工艺和设备实施改造，缩短了聚酯纤维制品染色工艺流程，可使染色用水单耗下降 70%，热能消耗降低 1/3。在染色品质不低于传统染色工艺的前提下，染色后排出废水的色度、COD 和 BOD_5 达到或接近国家一级排放标准；经简单处理的染色废水可 100% 回用。采用该技术的染色设备（400kg 容量）改造费每台 10 万元，每日减少废水 180t，需处理的固体废物仅为织物重量的 2% 左右	适用于对疏水性纤维（涤纶、锦纶）及涤/棉等混纺织物的染色加工	已完成工业化试验	解决产业化过程各种织物的微胶囊材料工艺的开发与优化，提高系统稳定性

表 2-0-6　　国家鼓励发展的环境保护技术目录（2009 年度）（摘录）

技术名称	技术内容	适用范围
印染废水处理和回用技术	（1）对印染废水进行清污分流后，采用"废水－水质水量调节－生化处理－混凝沉淀－过滤－活性炭吸附－软化－出水回用"的工艺，对染色残液及初次漂洗水进行处理，处理后水质优于纺织印染生产行业用水水质标准，回用于生产。中和调节停留时间为 4.6h，生化处理时间 3.8h，沉淀池表面负荷 2.4m³/（m²·h），过滤滤速 7m/h，软化器滤速 20m/h。吨水投资 1050 元，运行费用≤0.5 元/m³ （2）该技术采用清浊分流，轻污染水（COD≤300mg/L）经"生物接触氧化－生物滤池－复合反应器－陶瓷膜处理"后回用，回用率 70%；陶瓷膜过滤浓水与其他废水合并，处理达标后排放。污染物削减 75% 以上，出水透明度＞30，色度＜25，高锰酸盐指数≤20mg/L，pH 6～9，并已使用了约 5 万 t 回用水，染色几十种织物。总体回用率 50%，吨水处理费 1.5 元 （3）该技术对各排放废水企业分别设输送泵站，送至集中污水处理厂，经预处理系统提高水质水量的稳定性后，采用物化与生化处理（调节池、水解酸化池等）→生化处理→化学处理工艺，使出水水质：pH 6.5～8.5、COD 40～70、BOD_5 8～12、SS 10～20、色度 5～10，削减率均≥80%，污泥经贮池、脱水后外运	印染行业废水处理及回用

技术名称	技术内容	适用范围
化纤碱减量废水综合处理技术	该技术提取化纤碱减量废水中的对苯二甲酸,对其粗品进行规模化生产利用,大幅削减废水的有机负荷,保障后续废水处理达标。对苯二甲酸提取率达到85%~90%,总回收率达到65%~70%	化纤碱减量废水中对苯二甲酸的回收利用
双膜法浓水循环中水回用技术	该技术是中空纤维多孔膜和反渗透膜的组合膜处理技术,原水先经中空纤维多孔膜过滤掉部分污染物,然后进入具有浓水在线增压回流和双向进水功能的反渗透膜,其中浓水在线增压回流功能利用了回流浓水的余压可达到节能的目的,双向进水功能使膜组件的两端可换用,进一步提高膜的抗污染能力。反渗透系统脱盐率≥95%	印染、电镀、皮革、钢铁等工业废水深度处理及回用

(14)《建设项目环境影响评价分类管理名录》(环境保护部令第2号)

表 2-0-7 建设项目环境影响评价分类管理名录(摘录)

项目类别	报告书	报告表	登记表
化学纤维制造	全部	—	—
纺织品制造	有洗毛、染整、脱胶工段的;产生缫丝废水、精练废水的	其他	—
服装制造	有湿法印花、染色、水洗工艺的	年加工 100 万件以上的	其他

(15)《建设项目环境影响评价文件分级审批规定》(环境保护部令第5号)

为进一步加强和规范建设项目环境影响评价文件审批,提高审批效率,明确审批权责,环保部于 2009 年 1 月 16 日发布了《建设项目环境影响评价文件分级审批规定》,随后又以 2009 年第 7 号公告发布了《环境保护部直接审批环境影响评价文件的建设项目目录(2009 年本)》和《环境保护部委托省级环境保护部门审批环境影响评价文件的建设项目目录(2009 年本)》,其中规定,日产 300t 及以上聚酯项目的环评文件属于环保部委托省级环境保护部门审批的建设项目。

2. 相关标准

除了通用性的产业及环保政策外,环境影响评价中还需执行相关的环境保护规范和标准。列举如下:

《大气污染物综合排放标准》(GB 16297—1996)

《污水综合排放标准》(GB 8978—1996)

《建筑施工场界噪声限值》(GB 12523—90)

《工业企业厂界环境噪声排放标准》(GB 12348—2008)

《一般工业固体废物贮存、处置场污染控制标准》(GB 18599—2001)

《锅炉大气污染物排放标准》(GB 13271—2001)

《恶臭污染物排放标准》（GB 14554—93）

《纺织染整工业水污染物排放标准》（GB 4287—92）

《清洁生产标准　纺织业（棉印染）》（HJ/T 185—2006）

《清洁生产标准　化纤行业（涤纶）（发布稿）》（HJ/T 429—2008）

《清洁生产标准　化纤行业（氨纶）（发布稿）》（HJ/T 359—2007）

《清洁生产标准　合成革工业》（HJ 449—2008）

《纺织染整工业废水治理工程技术规范》（HJ 471—2009）

《工业锅炉及炉窑湿法烟气脱硫工程技术规范》（HJ 462—2009）

第一章 印染

第一节 概述

印染是指以天然纤维、化学纤维及混纺纤维为原料的纺织材料（纤维、纱、线和织物）进行以化学处理为主的染色和整理过程。典型印染过程一般包括前处理、印染和后整理三个阶段。

我国是纺织印染生产大国，印染行业发展较快，加工能力位居世界首位。我国印染企业主要集中在沿海的浙江、江苏、广东、山东和福建一带，多为中小企业，大多以来料来样加工为主，产品档次低、附加值不高，在工艺技术、品种开发和经营管理上多为模仿追随，自主的品牌较少，研发创新能力差；染整设备工艺参数在线监测、在线控制技术、开发新设备、节能环保、售后服务等方面都落后于国外先进水平。

为加快印染行业结构调整，规范印染项目准入，推进印染行业节能减排和淘汰落后，促进印染行业可持续发展，印染项目的新建、扩建和技术改造应符合《印染行业准入条件（2010 修订本）》（工业和信息化部公告工消费[2010]第 93 号）要求，《准入条件》从生产企业布局、工艺与装备要求、质量与管理、资源消耗、环境保护与资源综合利用、安全生产与社会责任、监督管理七个方面对印染行业提出了准入要求。棉印染项目还应符合《清洁生产标准——纺织业（棉印染）》（HJ/T 185—2006）标准要求，其他印染项目的清洁生产要求参照《印染行业清洁生产评价指标体系（试行稿）》的水耗、能耗、水的回用率等指标要求。

本章着重对印染行业常见的原料、设备和典型的工艺过程、产污环节进行介绍，分析印染项目常用的污染源强估算方法和可行的污染防治措施，并结合实际环评工作提出当前印染行业环境影响评价应重点关注的问题，最后举案例进行分析。

第二节 工程分析

印染一般包括前处理、染色（印花）和后整理三个阶段。

染色是将染料溶解在水中，在一定的工艺条件下将染料转移到织物上，生成有色织物；印花，是通过预制好花纹的网板，将不同颜色的染料分批、依次涂在织物上形成彩色图案。

　　整理是指织物经过漂、染、印加工后为改善和提高织物品质所进行的加工工艺，如改善手感、硬挺整理、柔软整理、防缩防皱、改善白度、阻燃、防静电等。整理分机械整理和化学整理。

　　在面料进行染色、印花加工前，视工艺需要进行烧毛、煮炼、退浆、丝光、碱减量等前处理工序。

　　印染行业是纺织工业中的排污大户，主要污染形式为废水，排放量大、浓度高、难降解。废水产生于前处理、染色印花和后整理等各个过程。其中前处理废水量占印染废水总量的50%～60%，其过程主要是在碱性条件下，去除纤维或织物上所含的杂质（果胶、蜡质、浆料、油脂等），因此这部分废水中污染物含量高，但色度较低。染色和印花过程中产生的废水，主要含有剩余染料和大量残留的助剂，其中残留的助剂是产生高浓度污染物的主体。由于染色和印花废水中含有一定量的难生物降解物质，总体上看印染废水属于含有一定量有害物质并具有一定色度的有机废水，印染废水的处理是印染行业环保工作的重点。为规范纺织染整工业废水治理工程设施建设和运行，环境保护部制定了《纺织染整工业废水治理工程技术规范》（HJ 471—2009），对纺织染整工业废水治理工程设计、施工、验收和运行管理提出了技术要求。

　　印染行业污染物的产生与生产装备、原辅料及染化料、生产工艺密切相关，本节首先对常见印染原料与设备、生产工艺原理和过程、典型织物产品的工艺过程进行介绍，然后针对印染工艺全过程进行产污环节分析，最后给出了印染行业环境影响评价工作中常用的污染源强计算方法及其适用领域。

一、原料与设备

　　不同的纤维原料，采用不同的染化料、助剂、设备进行加工，其工艺过程、产生污染物的种类、数量和产生方式也不相同。

1. 纤维

　　纺织纤维主要分为天然纤维和化学纤维两大类。细分情况见图 2-1-1。

　　印染行业中较为常见的纤维有天然纤维（棉、麻、毛、丝）、再生纤维（黏胶）和合成纤维（涤纶、腈纶、锦纶、氨纶）等。

2. 染料及助剂

　　染料生产的基本原料是芳香族化合物中的苯、甲苯、萘、蒽及其他有机化合物，它们经过不同的化学反应，可以制得一系列的染料中间体，再由染料中间体合成各种类型的染料。

　　按照染料的分子结构主要可以分为偶氮染料、蒽醌染料、靛类染料、酞菁染料、硫化染料、甲川染料（菁类染料）、三芳甲烷染料、杂环染料。

　　印染行业常见的纤维品种及对应的常用染料见表 2-1-1，常用染料及化学药剂见

表 2-1-2。

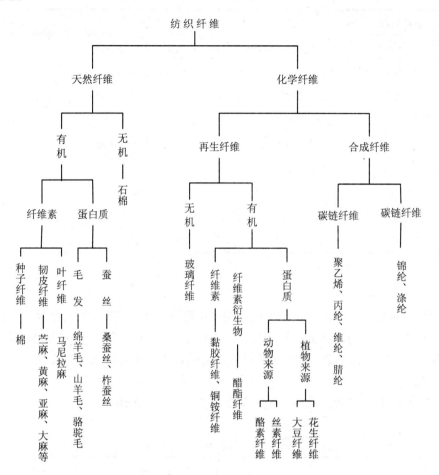

图 2-1-1　纤维的分类

表 2-1-1　主要纤维品种常用染料

纤维品种	常用染料
纤维素纤维（棉纤维、黏胶纤维、麻纤维及其混纺产品）	直接染料、活性染料、暂溶性还原染料、还原染料、硫化染料、不溶性偶氮染料
毛	酸性染料、酸性含媒染料
丝	直接染料、酸性染料、酸性含媒和活性染料
涤纶	不溶性偶氮染料、分散染料
涤棉混纺	分散/还原染料、分散/不溶性染料
腈纶	阳离子染料（即碱性染料）分散染料
腈纶羊毛混纺	阳离子染料与酸性染料先后分浴染色
维纶	直接染料、还原染料、硫化染料、酸性含媒染料
锦纶	酸性含媒染料、酸性染料、分散染料、活性染料

表 2-1-2　织物常用染料及化学药剂

染料品种	使用的主要化学药剂
直接染料	硫化钠、碳酸钠、食盐、硫酸铜、表面活性剂
硫化染料	硫化碱、重铬酸钾、食盐、硫酸钠、双氧水
分散染料	保险粉、载体、苯甲酸、一氯化苯、表面活性剂
酸性染料	硫酸钠、醋酸钠、丹宁酸、苯酚、间二苯酚、表面活性剂、醋酸
不溶性偶氮染料	烧碱、太古油、纯碱、亚硝酸钠、盐酸、醋酸钠
阳离子染料	醋酸、醋酸钠、尿素、表面活性剂
还原染料	烧碱、保险粉、重铬酸钾、双氧水、醋酸
活性染料	尿素、纯碱、碳酸氢钠、硫酸铵、表面活性剂
酸性媒料	醋酸、元明粉、重铬酸钾、表面活性剂

3.染色设备

染色机械的种类很多，按照机械运转性质可分为间歇式染色机和连续式染色机；按照染色方法可分为浸染机、卷染机、轧染机等；按被染物状态可分为织物染色机、纱线染色机、散纤维染色机等。染色过程所需的设备一般根据产品的特点及工艺要求进行选择。

按被染物状态分类的常用染色设备见表 2-1-3 及附录 B。

表 2-1-3　常用染色设备分类

设备类型	常用染色机
织物染色机	连续轧染机、卷染机、绳状染色机、溢流染色机、喷射染色机
纱线染色机	喷射式绞纱染色机、筒子纱染色机
散纤维染色机	吊筐式散纤维染色机、旋转浆式散纤维染色机、毛条染色机
其他染色机	丝绸溢流染色机、针织物染色机、成衣染色机

二、印染工艺流程

不同的纤维、织物类型，采用的染化料和生产设备不同，其印染加工过程也不尽相同。常规织物的工艺流程见表 2-1-4。

表 2-1-4　常规织物的工艺流程

纤维类型	典型织物	前处理工序*	染印工序	后整理工序*
纯棉织物	府绸	坯布→烧毛→退浆→煮炼→漂白→丝光→	染色（印花）	→柔软→轧光→拉幅→防缩→成品
合成纤维织物	涤纶长丝织物	坯布→精练→（碱减量）→（预定型）→	染色（印花）	→松式烘燥→热定型→轧纹→成品
涤棉混纺织物	涤/棉布	坯布→烧毛→退浆→煮炼→氧漂→定型→丝光→	染色（印花）	→上柔软剂拉幅→防缩→成品
毛	混纺织物	原毛→（洗毛）→（炭化）→（漂白）→纺织→烧毛→洗呢→	染色（印花）	→煮呢→烘呢→熟修→剪毛→蒸呢→成品
真丝	涤/丝混纺织物	真丝→脱胶→漂白→纺织→	染色（印花）	→抗皱→抗静电→防水拒油→阻燃→成品
麻	涤麻混纺织物	麻→脱胶→丝光→煮炼→漂白→	染色（印花）	→柔软→轧光→成品
针织物	全棉针织物	坯布→（碱缩）→（丝光）→煮炼→（漂白）→	染色（印花）	→柔软→轧光→预缩→拉幅→树脂整理→成品

注*：前处理工序中括号内为非必经工序，后整理工序一般根据产品特性选择其中的一道或多道进行处理。

1. 前处理工艺

前处理是印染加工的准备工序，目的是在坯布或纤维受损很小的条件下，除去织物上的各类杂质，使织物具有洁白、柔软和良好的润湿性能。烧毛、退浆、煮炼、漂白、丝光、退浆精练、松弛、减量等都是前处理工艺。需要注意的是，不同品种的织物，其前处理工序不同，不同企业对同种产品的加工过程次序（工序）和工艺条件也不一定相同，环评中应按照具体的项目实际情况进行具体分析，本节主要对常见工序进行介绍。前处理过程主要产生烧毛废气和退浆、煮炼、漂白、丝光、碱减量、洗毛、炭化、脱胶等前处理废水、噪声等污染物。

（1）棉及其混纺织物前处理

棉及其混纺织物前处理一般须经烧毛、退浆、煮炼、漂白、丝光等工序，涤棉混纺织物还需经热定型处理，而棉纱线则不用进行退浆处理。

①烧毛。纱线纺成后有很多松散的纤维末端露出在纱线表面，织成布匹后，在织物表面形成长短不一的绒毛。绒毛又易从布面上脱落、积聚，给印染加工带来疵病和堵塞管道等不利因素。因此，在棉织物前处理加工时必须首先除去绒毛，一般采用烧除法，烧毛过程产生烧毛废气。

②退浆。以纱为经线的织物，在织造前经过上浆处理，纤维表面的浆料影响染色浴液的性能，上浆织物需进行退浆处理，尽可能地去除坯布上浆料。退浆工艺根据上浆料不同而采用不同的退浆工艺，常用退浆工艺有酶退浆、碱退浆、氧化剂退浆。

③煮炼。煮炼是在较长时间热作用下，烧碱等煮炼剂与织物上各类杂质作用，如将脂肪蜡质皂化乳化，果胶质生成果胶酸钠盐，含氮物质水解为可溶性物，棉籽壳膨化容易洗掉，残余浆料进一步溶胀除去。为了加强烧碱的作用，在炼液中还加入亚硫酸氢钠、水玻璃、磷酸三钠和润湿剂等助剂。

④漂白。漂白织物及色泽鲜艳的浅色花布、色布类，染色前需进行漂白，以进一步除去织物上的色素。漂白剂主要有次氯酸盐、过氧化氢等氧化剂。

⑤丝光。将织物在经纬向都施加张力条件下浸轧碱液，纤维表面形成十分光滑的圆柱体，经冲洗去碱后，织物不再收缩，并获得如丝织物般的光泽，称为丝光处理。一般含有棉纤维的织物大都经过丝光处理。

⑥涤棉混纺织物的热定型处理。热定型是混纺织物的特殊工序。涤纶是热塑性纤维，当含涤纶的织物进行湿热加工时，会产生收缩变形和褶皱痕，需进行热定型处理。

⑦棉纱线的前处理。棉纱线染色前也必须去除杂质，主要进行煮炼、漂白、丝光三工序，由于棉纱线未经上浆，因此前处理不需退浆处理。

（2）涤纶织物的前处理

涤纶织物的前处理一般包括退浆精练、松弛、减量、定型等，部分增白布无需进行染色，而直接采用增白处理工艺。

①退浆精练。涤纶退浆精练的目的是除去纤维织造时加入的油剂和织造时加入的浆料、着色染料及运输和贮存过程中玷污的油迹和尘埃。常用的退浆剂是氢氧化钠或纯碱。

②松弛加工。松弛加工是将纤维纺丝、加捻织造时所产生的扭力和内应力消除，并对加捻织物产生解捻作用而形成绉效应，提高手感及织物的丰满度。大部分涤纶织物的松弛与精练是同步进行的。

③碱减量加工。碱减量加工是仿真丝绸的关键工艺之一。将涤纶放置于热碱液中，利用碱对酯键的水解作用，将涤纶大分子逐步打断，使纤维表面腐蚀组织松弛、织物弯曲及剪切特性发生明显变化，从而获得真丝绸般的柔软手感、柔和光泽和较好的悬垂性和保水性。

碱处理使纤维重量减少的比率称为减量率，其公式表示如下：

$$减量率 = \frac{碱处理前织物重量 - 碱处理后织物重量}{碱处理前织物重量} \times 100\%$$

连续式碱减量工艺流程为：缝头进布→浸轧碱液→汽蒸→热水洗→皂洗→水洗→中和→水洗。

④定型。涤纶是热塑性纤维，当含涤纶的织物进行湿热加工时，会产生收缩变形和褶皱痕，因此需进行定型处理，按工艺顺序分为预定型、中间定型、后定型。

⑤增白。目前使用较多的是荧光增白剂，将织物置于高温高压染色机的增白液中进行增白处理。

（3）蛋白质纤维织物的前处理

①羊毛的前处理。从羊身上剪下的羊毛称为原毛，原毛中除羊毛纤维外，杂质主要为羊脂、羊汗、羊的排泄物和草屑、草籽、砂土等。原毛前处理包括洗毛、炭化和漂白。洗毛的作用是除去羊毛纤维中的羊脂、羊汗及砂土等杂质；炭化的作用是去除原毛中的植物性杂质；如果加工产品为浅色或漂白品种，则需要进行漂白加工。

②蚕丝的前处理。丝织物精练的目的主要是去除丝胶（20%～30%）及油蜡、灰分、色素等杂质，因丝胶能在水中尤其是在近沸点温度的水中膨化、溶解，在有适当的酸、碱、酶等助剂存在的情况下，丝胶更容易被分解。

（4）针织物的前处理

棉针织用纱线在织造前一般不上浆，在前处理过程中，一般不进行烧毛，也不需要退浆，只进行煮炼、漂白和柔软处理。某些品种（如汗布）需要进行碱缩，以增加织物的密度和弹性。

（5）苎麻纤维的脱胶处理

苎麻中含有大量杂质，其中以多糖胶状物质为主，绝大部分需在纺纱前去除，并使苎麻的单纤维相互分离。目前工业生产中最常用的是化学脱胶法，利用强酸、强碱及氧化剂，将所含非纤维素物质溶解，得到漂白精干麻。

2. 染色工艺

染色是把纤维材料染上颜色的加工过程。它是借助染料与纤维发生物理化学或化学的结合，或者用化学方法在纤维上生成染料而使整个纺织品成为有色物体。染色过程主要产生染色残液、清洗废水、固色废水、皂洗废水和噪声等污染物。

（1）染色方法

根据染色加工对象不同，可分为织物染色、纱线染色和散纤维染色三种。其中织物染色最多，纱线染色多用于色织物和针织物，散纤维染色则主要用于混纺或厚密织物的生产，以毛纺织物为主。根据染料上染方式不同，可分为浸染（也称竭染）和轧染两种。

①浸染。浸染是将被染物浸渍于染液中，在染液与被染物的相对运动中，染料上染并固着于纤维的一种加工方法。浸染法是间歇式生产方式，广泛用于散纤维、纱线、针织物、薄织物等的染色。

浸染时，染物质量与染液体积之比称为浴比。染色浓度一般用染料质量对纤维质量的百分数来表示，即%（对纤维重）或%（对织物重）。例如，被染织物20kg，浴比1：50，染料浓度为2%（对织物重），即染液体积为1000 L，染料用量为20×2%=0.4kg。

②轧染。将织物在染液中经过短暂的（一般为几秒或几十秒）浸渍后，立即用轧辊轧压，将染液挤压进入织物的组织和空隙内，同时轧去多余的染液，使染料均匀地分布在织物上。染料的上染和固着主要通过以后的汽蒸或焙烘等处理过程来完成。轧压后织物上所带的染液量（通常称为轧余率）用下式表示：

$$轧余率 = \frac{轧后湿布质量 - 轧前干布质量}{轧前干布质量} \times 100\%$$

轧染是连续化生产，生产效率高，适用于大批量加工，通常用于织物的染色，有时也用于丝束和纱线的染色。

（2）常用染料染色工艺

染色所需的工艺过程常取决于所采用的染料，以卷染工艺为例，不同染料的一般工艺过程见表 2-1-5。

表 2-1-5　不同染料的染色工艺过程

染料类型	染色工艺	备注
直接染料	卷轴→卷染→水洗（固色处理）→冷水洗→上卷	用于棉、麻、毛、丝织物
活性染料	染色→固色→冷洗→热洗→皂洗→热洗→冷洗→上卷	用于棉、麻、毛、丝织物
不溶性偶氮染料	卷轴→卷染打底→过缸卷染显色→水洗→皂洗→水洗→上卷	用于棉、麻、合成纤维织物
还原染料	卷轴→卷染→水洗→氧化→水洗→皂洗→水洗→上卷	主要用于棉、涤棉混纺织物
分散染料	卷轴→染色→水洗→皂洗→水洗→上卷	涤纶
硫化染料	预处理→染色→水洗→氧化→水洗→皂洗→水洗→出缸	用于棉制品棉混纺布
阳离子染料	染色→水洗→氧化→水洗→皂洗→水洗→上卷	腈纶
酸性染料	卷轴→染色→水洗→皂洗→水洗→上卷	用于羊毛和真丝织物

由表 2-1-5 可以看出，不同的染料染色工艺均包含了染色、皂洗这两个过程，直接染料和活性染料需固色剂进行固色，而还原染料、硫化染料、阳离子染料需经氧化工艺，不溶性偶氮染料有显色工艺。

皂洗是为提高其颜色牢度与艳度，用肥皂或洗涤剂溶液将其表面上未经固色的染料、所用助染剂、印花浆料等在近沸条件下进行净洗的加工工艺。

固色处理是使用固色剂在织物上与染料形成不溶性有色物而提高了颜色的洗涤、汗渍牢度，有时还可提高其日晒牢度。

氧化工艺是将还原染料、硫化染料、阳离子染料进行氧化，使染料显色并固着在织物纤维上的加工工艺。

3. 印花工艺

印花是通过一定的方式将染料或涂料印制到织物上形成花纹图案的方法。织物的印花也称织物的局部染色。但染色和印花却有很多不同的地方，主要表现在：

加工介质不同。染色加工是以水为介质，一般情况下，不加任何增稠性糊料或只加少量作为防泳移剂，印花加工则需要加入糊料和染化料一起调制成印花色浆，以防止花纹的轮廓不清或花形失真而达不到图案设计的要求，防止印花后烘干时染料的泳移。

后处理工艺不同。染色加工的后处理通常是水洗、皂洗、烘干等工序，染色加工过程中，织物上的染液有较长的作用时间，染料能较充分地渗透扩散到纤维内，所以不需要其他特殊的后处理，而印花后烘干的糊料会形成一层膜，它阻止了染料向纤维内渗透扩散，有时还必须借助汽蒸来使染料从糊料内转移到纤维上（即提高染料的扩散速率）来完成着色过程，然后再进行常规的水洗、皂洗、烘干等工序。

拼色方法不同。染色极少用两种不同类型的染料进行拼色（染混纺织物时例外），而印制五彩缤纷的图案，有时用一类染料会达不到要求，所以印花时经常使用不同类型的染料进行共同印花或同浆印花。

按印花设备不同可分为：平网印花、圆网印花、滚筒印花、转移印花。按印花方法不同可分为：直接印花、防染印花、拔染印花等。印花过程主要产生水洗废水、噪声等污染物。

以常见的棉布印花为例，各种不同的工艺过程见表2-1-6。

表 2-1-6　常见的棉布印花工艺过程

工艺名称	棉布印花工艺
直接印花	印花→烘干→蒸化→水洗→皂洗→水洗→烘干
防染印花	印花→烘干→轧染→短蒸→水洗→轧酸→水洗→烘干
拔染印花	轧染→烘干→蒸化→水洗→轧烘氧化剂→印花→烘干→蒸化→水洗→皂洗→水洗→烘干
涂料印花	印花→烘干→焙烘→后处理
喷墨印花	织物前处理→烘干→喷射印花→烘干→汽蒸→水洗→烘干
转移印花	织物前处理→转移印花→水洗→烘干

（1）直接印花

直接印花是最简单且使用最普遍的一种印花工艺。由于这种方法是手工或机器将印花色浆直接印到织物上，所以叫直接印花。

（2）拔染与防染印花

将有底色的织物用含有拔染剂的色浆印花的工艺叫拔染印花。

防染印花是先印花后染色的印花方法，即在织物上先印上某种能够防止地色染料或中间体上染的防染剂，然后再经过轧染，使印有防染剂的部分呈现花纹，达到防染的目的。

（3）涂料印花

涂料印花是使用高分子化合物作为黏合剂，把颜料机械地黏附于织物上，经后期处理获得有一定弹性、耐磨、耐手搓、耐褶皱透明树脂的花纹的印花方法。涂料印花工艺简单，印花后经过热处理就可完成，不需水洗。适用于各种纤维的混纺织物。

（4）喷墨印花

喷墨印花是通过各种数字输入手段把花样图案输入计算机，经计算机分色处理后，将各种信息存入计算机控制中心，再由计算机控制各色墨喷嘴的动作，将需要印制的图案喷射在织物表面上完成印花。

（5）特殊印花工艺

烂花织物由两种不同纤维通过交织或混纺制成，其中一种纤维能被某种化学药剂破坏，而另一种纤维则不受影响，便形成特殊风格的烂花印花布。

转移印花是先将染料色料印在转移印花纸上，然后在转移印花时通过热处理使图案中染料转移到纺织品上，并固着形成图案。转移印花根据工艺过程的不同可分为热转移和冷转移。

蜡染即利用蜡的拒水性来作为防染材料，在织物上印制或手绘花纹，印后待蜡冷却，使蜡破裂而产生自然的龟裂——冰纹。

4. 后整理工艺

织物或纤维经前处理、染色、印花后，为改善和提高织物或纤维的品质，赋予其特殊功能，需进行后整理。其加工方法可分为两大类：机械后整理和化学后整理。将利用湿、热、力（张力、压力）和机械作用来完成整理目的的加工方法称为机械整理；而利用化学药剂与纤维发生化学反应，改变织物物理化学性能的称为化学整理，通常两种方法同时进行。

各种后整理工艺过程基本相似，主要产生定型废气、噪声等污染物和湿整理过程的清洗废水。

常见后整理工艺过程见表 2-1-7。

表 2-1-7　后整理工艺过程

工艺名称		常见工艺过程
一般整理	硬挺整理	浸轧浆液→预烘→拉幅烘干→（轧光）
	柔软整理	浸轧柔软剂→拉幅烘干
	定型整理	进步→拉幅机→落布
	轧光整理	浸轧浆液→拉幅烘干→轧光
	增白整理	浸轧增白剂→拉幅烘干→平洗→烘干拉幅→落布
功能性整理	防水	浸轧整理剂→拉幅烘干
	阻燃	浸轧整理剂→拉幅烘干→焙烘→水洗→烘干
	防腐	浸轧整理剂→烘干→焙烘→碱洗→水洗→烘干
	防静电	浸轧整理剂→烘干→焙烘→碱洗→水洗→烘干

（1）一般性后整理

①手感整理。硬挺整理也称为上浆整理。浆料有淀粉、淀粉制品（糊精等）以及聚乙烯醇（PVA）、聚丙烯酸等。柔软整理，目前多数采用柔软剂进行柔软整理。

②定型整理。定型整理包括定幅（拉幅）及预缩两种整理，用以消除织物在前各道工序中积存的应力，使织物内纤维能处于较适当的自然排列状态，从而减少织物的变形因素。

定幅整理是利用纤维在潮湿状态下具一定的可塑性能，在加热的同时，将织物的门幅缓缓拉宽至规定尺寸。

预缩整理可以消除织物内存在的潜在收缩，降低成品的缩水率。

③外观整理。

轧光整理：通过机械压力、温度、湿度的作用，借助纤维的可塑性，使织物表面压平，纱线压扁，提高织物表面光泽及光滑平整度。

增白整理：织物经过漂白后，往往还带有微量黄褐色色光，不易做到纯白程度，常使用增白整理。

（2）功能性后整理

在定型前加相应的助剂，或用涂料进行涂层，包括树脂整理、防水处理、阻燃处理、防污防油处理、防霉抗菌处理、抗 UV、抗静电处理等。

①抗静电整理。通过降低纤维间、纤维和金属间的摩擦力，来赋予织物抗静电性。一般采用特定的碱性润滑剂，如金属油及丁基硬脂酸盐等作为抗静电剂。

②防水拒油整理。降低织物在空气中的表面能，以便能阻挡油剂或油性玷污。

③阻燃整理。阻燃整理剂必须满足以下要求：添加适量（为 15%～20%）可获得满意的效果；耐家庭洗涤；不造成织物强度的损失；不影响到织物的手感；不造成织物色泽的改变；不影响到织物上染料的耐光牢度；织物的透气性不受影响。

④抗菌整理。抗菌整理是赋予织物特种功能的一种整理方法，抗菌整理可阻止细菌在织物表面的繁殖，赋予织物卫生、清新性，防止产生臭气，控制细菌污物的产生，改善大多数织物的手感，防止对皮肤造成刺激。

三、产污环节分析

以典型织物为例，分析主体工程的产污环节分析见表 2-1-8，印染企业辅助工程和环保工程的产污环节分析见表 2-1-9。

表 2-1-8　典型织物的产污环节

纤维类型	典型织物	前处理工序	染色印花	后整理
纯棉织物	府绸	废气：烧毛 废水：退浆、煮炼、漂白、丝光	染印废水	后整理废水 定型废气
合成纤维织物	涤纶长丝织物	废水：精练、（碱减量）、（预定型）	染印废水	定型废气
涤棉混纺织物	涤/棉布	废气：烧毛 废水：退浆、煮炼、氧漂、定型、丝光	染印废水	后整理废水 定型废气
毛	混纺织物	废水：（洗毛）、（炭化）、（漂白）、洗呢 废气：烧毛	染印废水	后整理废水 定型废气
真丝	涤/丝混纺织物	废水：脱胶、漂白	染印废水	后整理废水 定型废气
麻	涤麻混纺织物	废水：脱胶、丝光、煮炼、漂白	染印废水	后整理废水 定型废气
针织物	全棉针织物	废水：（碱缩）、（丝光）、煮炼、（漂白）	染印废水	后整理废水 定型废气

表 2-1-9　印染企业辅助工程和环保工程的产污环节

工程组成	设施名称	产污环节与污染因子
辅助工程	锅炉房	燃料烟气：SO_2、NO_x、颗粒物 脱硫除尘废水：pH、SS 设备运行噪声 燃料灰渣
	净水站	反冲洗水：pH、SS 设备运行噪声
	空压站	设备运行噪声
	冷却水循环	设备运行噪声
	生活区	生活废水：pH、COD、NH_3-N 生活垃圾
环保工程	废水处理	恶臭、污泥、噪声
	废气处理	喷淋废水：pH、COD、石油类 噪声、回收油剂

1. 废水

印染废水主要来自前处理过程的退浆废水、煮炼废水、漂白废水、丝光废水、精练废水、碱减量废水、苎麻脱胶废水、洗毛废水、蚕丝脱胶废水，染色印花过程的染色废水、皂洗废水和印花废水，后整理过程的清洗废水。

（1）前处理产生的废水

①退浆废水。在棉、麻、化纤和混纺织物的退浆废水中，含有各种浆料、浆料分解物、纤维屑、淀粉碱和各种助剂。废水呈碱性，pH 值为 12 左右。上浆以淀粉为主

的（如棉布）退浆废水，其 COD、BOD 值都很高，可生化性较好；上浆以聚乙烯醇（PVA）为主的（如涤棉经纱）退浆废水，COD 高而 BOD 低，废水可生化性较差。将聚乙烯醇退浆废水进行聚乙烯醇的回收处理，可大大降低废水的污染程度。

②煮炼废水。棉、麻天然纤维的共生物、化纤上的低聚物、油剂杂质，在煮炼时受碱、渗透剂、洗涤剂等在加热的条件下，将织物上未被退浆去除的残留浆料，经煮炼后的残液成为煮炼废水。煮炼废水呈强碱性，BOD_5、COD_{Cr} 和色度都高。

③漂白废水。根据织物的性质、加工的要求，采用的漂白剂有次氯酸钠、双氧水、亚氯酸钠等几种，由于漂白剂和助剂的不同，所产生的废水性质有所不同。

采用次氯酸钠工艺的废水含有：游离氯、氯化物、硫酸和硫化物、硫代硫酸钠等。

采用双氧水工艺的废水含有：重金属络合剂、水玻璃、碱性物、润湿剂等。

采用亚氯酸钠工艺的废水含有：亚氯酸盐、活化剂、润湿剂等。

漂白废水的色度浅、BOD_5 和 COD_{Cr} 的含量不是很高，很大一部分是清洗水。

④丝光废水。在丝光工艺上所用的氢氧化钠不会与纤维结合，所以会产生大量的含碱废水。在印染生产中都有回收碱的设备，对大部分碱进行回收→处理→蒸浓→回用处理，少部分的碱进入水中成为丝光废水，丝光废水色度低、碱性较强，BOD_5、COD_{Cr}、SS 均较高。

⑤碱减量废水。由涤纶仿真丝碱减量工序产生，主要含涤纶水解物对苯二甲酸、乙二醇等，其中对苯二甲酸含量高达 75%。碱减量废水不仅 pH 值高（一般>12），而且有机物浓度高，碱减量工序排放的废水中 COD_{Cr} 可高达 90 000 mg/L，高分子有机物及部分染料很难被生物降解，属高浓度难降解有机废水。

⑥苎麻脱胶废水。苎麻脱胶废水呈棕褐色，主要含木质素、纤维素、半纤维素以及各种胶质，pH 为 12～14，COD_{Cr} 值一般为 8 000～12 000 mg/L，色度、浊度均较高。

⑦洗毛废水。洗毛废水含大量的被表面活性剂乳化的羊毛脂及杂质，污染物浓度极高，偏碱性，可生化性较好。其废水水质一般为：COD_{Cr} 20 000～30 000 mg/L，BOD_5 8 000～12 000 mg/L，pH 为 8～9，脂类 3 000～5 000 mg/L。

⑧真丝脱胶废水。真丝脱胶废水为较高浓度的有机废水，可生物降解性能较好。浓脱胶废水污染物指标一般为 COD_{Cr} 5 000～10 000 mg/L，BOD_5 2 500～5 000 mg/L，pH 为 9.0～9.5。

（2）染色和印花废水

①染色废水。染色废水主要污染物是染料和助剂。由于不同的纤维原料和产品需要使用不同的染料、助剂和染色方法，且各种染料的上染率和染液浓度不同，染色废水水质变化很大。

染色废水的色泽一般较深，且可生化性差。其 COD_{Cr} 一般为 300～700 mg/L，BOD_5/COD_{Cr} 一般小于 0.2，色度可高达几千倍。

②印花废水。印花废水主要来自配色调浆、印花滚筒、印花筛网的冲洗废水，另外还有印花后处理时的皂洗、水洗废水。由于印花色浆中的浆料量比染料量多几倍到几十倍，故印花废水中除染料、助剂外，还含有大量印花糊料，BOD_5 和 COD_{Cr} 都较高。

（3）后整理废水

整理废水含有树脂、甲醛、表面活性剂等。整理废水数量较小，对全厂混合废水的水质水量影响也小。

（4）其他废水

印染企业除生产废水外，还应考虑辅助配套工程废水，包括净水站、软水站的反冲水，设备冷却水、蒸汽冷凝水，还有锅炉湿法脱硫液外排和生活污水等。

2. 废气

（1）供热系统燃料燃烧废气

印染企业通常会配套蒸汽锅炉、有机热载体炉，虽然近年来工业园区内的企业多采用集中供热，不建设蒸汽锅炉，但部分工艺需要温度高，需配套建设有机热载体炉，有机热载体炉可采用电、天然气、油及煤等燃料作为能源，可能会有燃烧烟气产生，污染因子为 SO_2、NO_x、烟尘，具体污染物产生情况应按实际采用的燃料进行理论计算或类比估算。

（2）烧毛废气

烧毛时利用液化气、柴油等燃料气化后燃烧，将织物表面绒毛燃烧，会产生烧毛废气。主要含有燃料及绒毛燃烧产物、NO_x、颗粒物及未完全燃烧的非甲烷总烃等污染物。

（3）定型废气

在织物后整理工序中，高温定型过程中会排出含有机物、染料助剂的油烟，特别是纱线在织造过程中添加了润滑油剂，防水、阻燃等功能性助剂，面料的后整理中染料助剂的成分更为复杂，有机混合物在受热后要分解、挥发，排出有机废气。目前，对于热定型机废气组成的研究较少，仅能从织物所使用的后整理助剂来推测废气组成。热定型工艺作为织物后整理中的最后工序，产生的废气中有机油类组成主要由纺丝油剂、后整理助剂、挥发性有机溶剂三部分组成，现将常用的成分归纳如下：

（4）废水处理恶臭

印染企业废水处理站生化处理系统产生恶臭，恶臭的主要成分为硫化氢、氨、挥发酸、硫醇类等，在废水处理站中，恶臭浓度最高处为污泥处理，逸出量最大的工段为厌氧单元，恶臭污染物多为无组织排放。

表 2-1-10 热定型机油烟废气来源

热定型机废气来源	品种名称	主要成分
纺丝油剂	和毛油	矿物油、表面活性剂 矿物油、植物油
	腈纶干法纺油剂	多种表面活性剂及特殊高分子化合物互配物
	锦油 1 号	油酸正丁酯磺酸钠（油酸正丁酯磺化后再中和）
	长丝油剂	油、非离子表面活性剂及添加剂
	短丝油剂 C	烷基聚氧乙烯醚（烷基醇与环氧乙烷加成）$RO(CH_2CH_2O)_nH$
	腈油 101	非离子表面活性剂和磷酸酯复合物
	维纶油剂 1	脂肪醇磷酸酯铵盐
	锦油 6 号	脂肪醇聚氧乙烯醚磷酸酯钠盐（五氧化二磷与脂肪醇聚氧乙烯醚酯化）
	涤纶油剂 99＃	脂肪酸聚乙二醇酯（脂肪酸与聚乙二醇酯化）
	涤纶短丝油剂 TZ-8601	非离子、阴离子表面活性剂及助剂
	涤纶短丝油剂 PN	烷基醇磷酸酯铵盐（脂肪醇磷酸酯和三乙醇胺）
	涤纶长丝油剂 BJ-DE-253	平滑剂、抗静电剂、乳化剂的复配物
	涤纶长丝油剂 DCY-1	脂肪醇聚氧丙烯聚氧乙烯醚
	LD-841 型涤纶短纤维油剂	天然脂肪醇、脂肪酸、环氧乙烷和磷酸酐
	维纶纯纺油剂 8495	非离子、阴离子表面活性剂
	丙纶油剂 BP-657	非离子表面活性剂
后整理助剂	树脂整理剂	2D 树脂（二羟甲基二羟基乙烯脲） CPU（甲基脲、甲醛、乙二醛） 无甲醛树脂整理剂（丙烯酸衍生物低聚物） 丙烯酸酯黏合剂 环氧树脂（环氧氯丙烷与乙二醇缩聚） 水溶性聚氨酯整理剂（氨基甲酸酯） 壳聚糖
	树脂整理剂	甲氧甲基三聚氰胺 1,3,5-三氧杂环庚烷
	防水与拒水整理剂	甲基含氢硅油乳液 以甲苯或醇醚为主要溶剂的可交联型聚丙烯酸酯树脂 端羟基二甲基硅氧烷乳液

热定型机废气来源	品种名称	主要成分
后整理助剂	抗静电整理剂	对苯二甲酸、乙二醇与聚乙二醇嵌段的共聚物
		改性硅氧烷有机弹性体
		聚乙二醇聚醚多胺衍生物
		聚醚改性硅油
	柔软整理剂	十八烷基乙烯脲
		有机硅表面活性剂（二甲基硅氧烷聚合）
		非离子型聚乙烯乳液
		氨基硅油
		硬脂酰胺、甲醛、尿素反应的产物
		羟基硅油乳液
		有机硅柔软剂
		烷基胺衍生物
		十八叔胺、硬脂酸、石蜡、乳化剂、水等
		脂肪酸聚氧乙烯酯
		亚甲基硫脲硬脂酰胺
		羟甲基十八碳酰胺
		聚丙烯酸酯
	其他整理剂	聚乙二醇

注：表中非离子表面活性剂主要指脂肪醇醚、脂肪醇聚氧乙烯醚、脂肪酸多元醇酯、脂肪酸聚乙二醇酯等。

3. 噪声

印染企业采用的染色设备、离心脱水机、水泵、空压机、风机和有机热载体炉、蒸汽锅炉等设备产生机械噪声及空气动力性噪声为主污染，且噪声级较高。

4. 固废

印染企业产生的固废主要有染化料、助剂的包装、残液，印花工艺的废浆料，染色工艺过程产生的废次品，导热油更换后产生的废导热油，配套污水处理站产生的废水处理污泥、供热系统产生的煤渣。

四、污染源强估算

1. 废水

废水是印染企业最主要的污染类型，废水产生量大、水质情况复杂，不同织物、不同工艺、不同原辅材料差异很大，对于印染企业废水产生量和水质的确定，可采用以下三种方法。

（1）经验排污系数法

采用公开发表的、经专家论证的资料或利用现有行业统计数据，如《纺织染整工业废水治理工程技术规范》（HJ 471—2009）中给出了染整行业的废水水量与水质的参考数据。但在采用此方法时必须注意，需要根据生产规模、工艺、设备等具体的工程特征和生产管理水平等实际情况进行必要的修正。不同织物单位产品的废水产生量可参考表 2-1-11。

表 2-1-11　不同织物的废水产生量

机织棉及棉混纺织物/ （m³/100 m）	针织棉及棉混纺织物/ （m³/t）	毛纺织物/ （m³/t）	丝绸织物/ （m³/t）
2.5～3.5	150～200	200～350	250～350

注：① 织物标幅 91.4 cm。② 不同阔幅、厚度产品采用吨纤维产生量计算印染废水量时，可参照《印染行业清洁生产评价指标体系》有关规定，《印染企业综合能耗计算导则》附录 B，根据织物阔幅和厚度进行折算。以全厂用水量估算时，废水量宜取全厂用水量的 85%。

不同织物染整废水水质可参考表 2-1-12 至表 2-1-20，麻或麻混纺织物染整废水水质可参考棉织物，麻脱胶废水水质可参考表 2-1-19，当脱胶废水和麻染整废水混合处理时，其水质按混合比例确定。

表 2-1-12　机织棉及棉混纺织物染整废水水质

产品种类	pH	色度/倍	五日生化需氧量/ （mg/L）	化学需氧量/ （mg/L）	悬浮物/ （mg/L）
纯棉染色、印花产品	9～10	200～500	300～500	1 000～2 500	200～400
棉混纺染色、印花产品	8.5～10	200～500	300～500	1 200～2 500	200～400
纯棉漂染产品	10～11	150～250	150～300	400～1 000	200～300
棉混纺漂染产品	9～11	125～250	200～300	700～1 000	100～300

表 2-1-13　针织棉及棉混纺织物染整废水水质

产品种类	pH	色度/倍	五日生化需氧量/ （mg/L）	化学需氧量/ （mg/L）	悬浮物/ （mg/L）
纯棉衣衫	9～10.5	100～500	200～350	500～850	150～300
涤棉衣衫	7.5～10.5	100～500	200～450	500～1 000	150～300
棉为主少量腈纶	9～11	100～400	150～300	400～850	150～300
弹力袜	6～7.5	100～200	100～200	400～700	100～300

表 2-1-14　毛染整废水水质

废水类型	pH	色度/倍	化学需氧量/ （mg/L）	五日生化需氧量/ （mg/L）	悬浮物/ （mg/L）
洗毛	9～10	—	15 000～30 000	6 000～12 000	8 000～12 000
炭化后中和	6～7	—	300～400	80～150	1 250～4 800
毛粗纺染色	6～7	100～200	450～850	150～300	200～500
毛精纺染色	6～7	50～80	250～400	60～180	80～300
绒线染色	6～7	100～200	200～350	50～100	100～300

表 2-1-15　缫丝废水水质

废水类型	pH	五日生化需氧量/ （mg/L）	化学需氧量/ （mg/L）	悬浮物/ （mg/L）	氨氮/ （mg/L）	水温/℃
煮茧	9	700～1 000	1 500～2 000	150～300	6～27	80
缫丝	7～8.5	70～80	150～200	80～110	—	40

表 2-1-16　丝绸染整废水水质

废水类型	pH	色度/倍	五日生化需氧量/ （mg/L）	化学需氧量/ （mg/L）	悬浮物/ （mg/L）
真丝绸炼染	7.5～8	100～200	200～300	500～800	100～150
真丝绸印花	6～7.5	50～250	150～250	400～600	100～150
混纺丝绸印花	6.5～7.5	200～500	100～200	500～700	100～150
混纺染丝	7～8.5	300～400	90～140	500～650	100～150

表 2-1-17　绢纺精练废水水质

废水类型	pH	化学需氧量/ （mg/L）	五日生化需氧量/ （mg/L）	氨氮/ （mg/L）	悬浮物/ （mg/L）
高浓度废水	9～11	4 000～5 000	2 400～3 000	—	—
低浓度废水	7～8	400～700	150～300	15～20	600～800

表 2-1-18　化学纤维染整废水水质

废水类型	化学需氧量/ （mg/L）	五日生化需氧量/ （mg/L）	悬浮物/ （mg/L）	pH	色度/倍	总氮/ （mg/L）
涤纶（含碱减量）	1 200～2 500	350～750	100～300	10～13	100～200	—
涤纶	500～800	100～150	50～100	8～10	100～200	—
腈纶	1 000～1 200	240～260	—	5～6	—	140～160

表 2-1-19　麻脱胶废水水质

工序	煮炼	浸酸	水洗	拷麻、漂白、酸洗、水洗
化学需氧量/（mg/L）	11 000～14 000	4 000～5 000	800～2 000	<100

表 2-1-20　蜡染废水水质

水质指标	pH	五日生化需氧量/ （mg/L）	化学需氧量/ （mg/L）	悬浮物/ （mg/L）	氨氮/ （mg/L）
数值	7～9	100～300	500～1 500	100～200	100～150

注：废水经一般生化处理（无脱氮工艺）后，由于尿素分解，氨氮可以升高到 200～300 mg/L。

（2）类比法

选取同类型的企业进行类比调查，要注意产品规模、生产工艺、原料、设备等的可比性。根据环评的评价等级要求，利用类比项目的历史监测统计数据，或直接进行现场监测。对类比调查获得的数据进行必要的修正后用于源强的计算。

（3）理论计算法

理论计算法可用于染色工艺过程废水产生量、净水站反冲洗水量、成分明确的废水（碱减量废水）的 COD_{Cr} 产生量等的计算。

①单台间歇式生产设备的废水产生量计算公式如下：

$$Q = M \times a \times n \times \eta$$

式中：Q——废水量，kg/d；

M——设备加工织物或纤维的重量，kg/d；

a——设备加工时的浴比，设备内液体与织物或纤维重量之比；

n——排水次数；

η——排水量占用水量的系数，%。

②碱减量废水 COD_{Cr} 产生量计算公式如下：

$$Q = M \times a \times n$$

式中：Q——废水量，kg/d；

M——设备加工织物或纤维的重量，kg/d；

a——碱减量设计的平均减量率，%；

n——污染物对 COD_{Cr} 的贡献值，g/g。

③净水站、软水站要求进行周期性的反冲洗，可采用如下公式计算：

$$单位时间内废水产生量 = \frac{单次反冲水用量}{反冲洗周期}$$

④脱硫液的外排量应根据液气比、脱硫效率、氯离子浓度等因素综合计算。

2. 废气

（1）燃料燃烧烟气

污染因子为 SO_2、NO_x、烟尘，具体产生量根据实际采用燃料情况按常规方法进行理论计算或类比估算。

（2）定型废气

定型废气因其成分较为复杂，污染因子和评价因子的确定缺乏统一的标准，目前部分地区采用了颗粒物和油烟两个指标进行控制，环评中可采用类比法对定型废气的产生和影响进行定性的分析。

（3）废水处理恶臭

废水处理站产生的恶臭，多为无组织排放，大型废水处理站恶臭污染源强可根据实测到的恶臭浓度或恶臭污染物浓度，通过"通量法"和"反推法"计算确定。小型废水处理站可采用类比方法对同类型污水处理站周边的恶臭浓度监测数据进行分析说明。

（4）烧毛废气

烧毛废气主要含有燃料及绒毛燃烧产物 NO_x、颗粒物及未完全燃烧的非甲烷总烃。烧毛过程一般采用较为清洁的柴油、天然气和液化气做燃料，污染物产生量不大，可进行简要的分析说明。

3．噪声

印染企业噪声类型主要有机械性噪声和空气动力性噪声两种。

（1）机械性噪声

生产车间内的各类泵、电机、空压机等设备工作时均产生机械性噪声，其噪声级强度在 70～90 dB。

（2）空气动力性噪声

定型机风机、冷却塔、锅炉房的风机、废水处理站曝气风机等，运行时均产生空气动力性噪声，噪声级为 75～118 dB。

4．固废

染化料的包装、残液、印花工艺的废浆料、染色工艺过程产生的废次品、废导热油等生产固废的产生量与各企业的生产工艺和管理水平相关，可根据企业（或同类型企业）的日常统计数据进行核算得出。

废水处理污泥产生量根据所采用的废水处理工艺，可参照《纺织染整工业废水治理工程技术规范》（HJ 471—2009）的经验数据进行计算。

采用活性污泥法时，产泥量可按每千克 BOD_5 产生 0.5～0.7 kg 污泥、废水处理量的 1.5%～2.0%进行计算；采用生物接触氧化法时，产泥量可按每千克 BOD_5 产生 0.4～0.5 kg 污泥进行计算；混凝沉淀处理在生物处理之后时，产泥量可按废水处理量的 3%～5%进行计算；混凝沉淀处理在生物处理之前时，产泥量可按废水处理量的 4%～6%进行计算；采用混凝气浮时，产泥量可按废水处理量的 1%～2%计算。同时，列入《国家危险废物名录》的固废应按危险废物有关规定处置。

5．工程分析实例

以棉织物的冷轧堆+轧染生产工艺为例进行介绍，生产工艺流程框图见图 2-1-2。污染环节及主要污染因子，具体见表 2-1-21。

（1）废水污染源强分析

1）生产废水

①生产废水水量估算

根据企业提供的工艺过程可知，生产废水主要产生于退煮漂前处理、丝光及染色工段，染液槽容积为 50～100L，只在更换产品种类时才将染液排放，具体生产废水产生量根据企业提供的设备类型、参数及作业情况进行估算，见表 2-1-22。

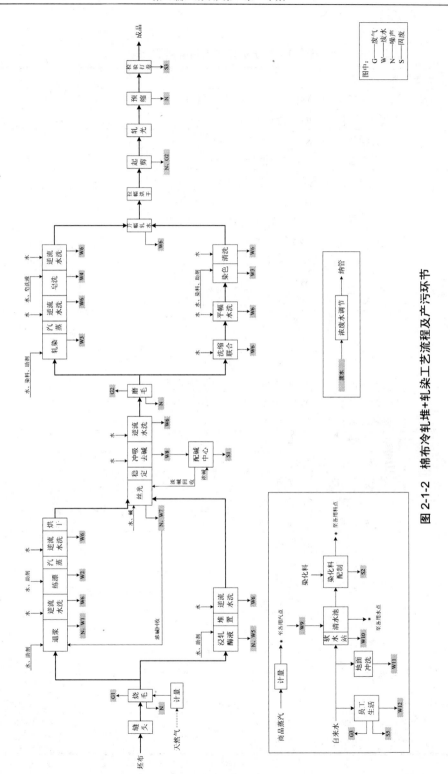

图 2-1-2　棉布冷轧堆+轧染工艺流程及产污环节

表 2-1-21　产污环节及污染因子一览表

污染类型	污染环节	主要污染因子	备注
废气	烧毛	G1 烧毛废气：NO_2、SO_2、烟尘	—
	磨毛、剪毛	G2 短纤尘：TSP	少量产品，除尘
	拉幅烘干	G3 烘燥废气	回收热量
	员工食堂	G4 食堂油烟：油烟	净化
废水	退煮漂冷轧堆	W1 退浆废水：pH、COD_{Cr}、BOD_5	—
		W2 练漂废水：pH、COD_{Cr}	—
		W3 废酶液：pH、COD_{Cr}、BOD_5	—
	丝光	W4 丝光浓碱：pH	回用至退煮漂
		W5 冲吸淡碱：pH	回收加浓，至丝光
		W6 丝光废水：pH、COD_{Cr}	—
	染色	W7 染色废水：pH、COD_{Cr}、色度	—
	设备冷却	W8 设备冷却水	净下水，回收利用
	供热	W9 蒸汽冷凝水	
	软水站	W10 反冲水：pH	
	地面冲洗	W11 地面冲洗水：COD_{Cr}、色度	—
	员工生活	W12 生活污水：COD_{Cr}、NH_3-N、BOD_5	
噪声	退煮漂联合机	N 噪声	设备运行
	丝光机	N 噪声	
	磨毛机	N 噪声	
	连续轧染机	N 噪声	
	染色机	N 噪声	
	冷轧堆机	N 噪声	
	定型机	N 噪声	
	预缩机	N 噪声	
	起剪联合机	N 噪声	
	剪毛机	N 噪声	
	洗缩联合机	N 噪声	
	平幅水洗机	N 噪声	
固废	淡碱回收	S1 滤渣	委托处置
	染化料使用	S2 包装固废	供应商回收利用
	检验	S3 边角料、废次品	收集出售
	废水处理站	S4 废水处理污泥	委托处置
	员工生活	S5 生活垃圾	委托清运

表 2-1-22　生产废水量估算表

加工工段	设备 平均公称车速或产能(m/min)或(kg/批)	设备数量/台	单批加工时间/h	生产情况 日最大加工量 万m	年生产天数(d/a)	年最大产量(万m/a)	年产量(万m/a)	加工 单元名称	染化料槽容积/L	浴比	更换次数(次/d)	水洗 水洗槽或格数/次数	水洗方式	浴比	用水量(t/h)	日最大用水量(t/d)	废水产生情况 日最大废水量(t/d)	年废水量(t/a)
退煮漂	50	1	—	7.2	260	1872	1800	退浆	100	—	1.0	3	逆流	—	7.1	171.4	154.3	38581
	50	1	—	7.2	260	1872	1800	练漂	100	—	1.0	11	逆流	—	26.2	628.3	565.6	141397
冷轧堆	35	1	—	5.0	260	1310	1200	冷漂	50	—	1.0	2	逆流	—	0.7	17.1	15.5	3686
丝光	90	1	—	13.0	260	3369.6	3000	丝光	100	—	0.0	7	逆流	—	51.4	1233.1	1109.8	256906
轧染	35	2	—	10.1	260	2620.8	2600	轧染	50	—	1.0	4	逆流	—	9.4	225.5	203.0	52361.6
	35	2	—	10.1	260	2620.8	2600	皂洗	—	—	0.0	6	逆流	—	13.6	327.2	294.5	75966.4
间染	3000	17	12.0	1.8	260	458.8	400	间染	—	4.0	1.0	2	间洗	4.0	2.0	48.0	64.8	14688
洗缩	5600	7	20.0	2.0	260	513.9	400	粗洗	—	—	—	1	间洗	3.0	0.8	20.2	18.1	3672
	15	1	—	2.2	260	561.6	400	精洗	—	—	—	5	逆流	—	12.0	288.0	259.2	48000
合计																2958.8	2684.8	635 258

　　根据表 2-1-22 中的估算结果，生产废水的年产生量约为 635258t，即平均 2443.3t/d，日最大生产废水产生量可达到 2684.8t。通过采取逆流水洗、循环回用等节水措施后，企业平均的每百米基准坯布废水量为 1.48t。

　　② 生产废水水质确定

　　生产废水水质类比同类型企业××有限公司进行确定，××有限公司主要从事各类高档棉纺织面料的染色、印花及后整理加工，生产能力 4000 万 m/a。其染色布的面料比例与本项目相近，90% 以上为棉面料，其余为混纺面料。生产工艺、设备选型与本项目基本相同，工艺采用烧毛+退煮漂一步法/冷轧堆一步法+丝光+连续轧染/间染，采用逆流漂洗；物料消耗以活性染料为主，新鲜水用水指标为 1.7t/100m，与本项目相近。因此，可参照该企业废水水质数据计算项目废水源强。

　　类比企业染色废水生产废水水质情况见表 2-1-23。

表 2-1-23　染色废水水质一览表

废水类别	pH	COD_{Cr} /（mg/L）
前处理废水	10.3～12.1	2000～2250
丝光废水	11.9～12.8	283～320
染色废水	9.2	805～832

注：在计算源强时，以上限计。

　　③ 生产废水污染源强

　　根据以上核算的生产废水量及类比水质计算，得到本项目的生产废水产生源强，具体见表 2-1-24。

表 2-1-24　生产废水污染源强一览表

废水类别	废水产生量/t		COD_{Cr} 产生量/t		
	日均	年均	产生浓度/（mg/L）	日均	年均
前处理废水	706.4	183664	2250	1.589	413.14
丝光废水	988.1	256906	320	0.316	82.16
染色废水	748.8	194688	832	0.623	161.98
合计	2443.3	635258	1033.3	2.528	657.28

注：前处理废水包括退煮漂及冷轧堆废水。

　　2）软水站反冲水

　　生产线离子交换树脂在使用一定时间后需要进行冲洗再生，再生周期约为 7d，再生时冲洗废水产生量约为处理水量的 2%，本项目原软水制备量 2602.9t/d，则本项目反冲水产生量 52.06t/d，再生水中的主要污染因子为 pH，经中和后可用作车间地面冲洗。

3）拟建项目废水源强小结

拟建项目废水污染物排放源强见表 2-1-25。

表 2-1-25　拟建项目废水污染源强统计表

序号	污染物名称	产生浓度/(mg/L)	产生量/(t/a)	排放浓度/(mg/L)	排放量/(t/a)
1	废水量	—	651 939.1	—	651 939.1
2	COD_{Cr}	1 009.8	658.356	60	39.1
3	NH_3-N	0.15	0.095	0.15	0.095

（2）废气污染源强分析

拟建项目生产过程中的废气产生环节包括烧毛时产生的烧毛废气、磨毛和起剪毛时产生的短纤维，另外拉幅烘干过程中产生的废气。

1）烧毛废气

生产过程中，前处理前，需对坯布进行烧毛，采用天然气为燃料，利用烧毛机火口火焰的温度，烧除织物表面的绒毛。

烧毛废气中的废气来源包括坯布表面的短纤维燃烧和天然气燃烧产生，其中短纤维主要为纤维素，属于天然复杂多糖，化学组成主要为碳水化合物，经焚烧后，最终产物为 CO_2 和 H_2O，不会产生有害污染物；天然气燃烧产生烟尘、SO_2 及 NO_x。

天然气燃烧的污染物产生系数参照《环境保护使用数据手册》，具体见表 2-1-26。

表 2-1-26　天然气燃烧污染物产生系数表

污染物名称	设备类别		
	电厂/（kg/10^6m³）	工业锅炉/（kg/10^6m³）	民用取暖设备/（kg/10^6m³）
颗粒物	80～240	80～240	80～240
SO_2[1]	9.6	9.6	9.6
NO_x（以 NO_2 计）	11 200[2]	1920～3 680[3]	1280～1 290[4]

注：1. 天然气平均含硫量以 4.6 kg/10^6m³ 计。
　　2. 对切向燃烧设备用 4800 kg/10^6m³，当负荷降低时要乘负荷降低系数，其值见书。
　　3. 指一般工业锅炉排放量，如大型工业锅炉，其产热量大于 104.67×10^6kJ/h，氮氧化物的排放量用电厂的取值。
　　4. 家用取暖设备取 1280，民用取暖设备取 1290。

本项目每年烧毛消耗的天然气量为 125 000 m³，风机风量为 400 m³/h，燃烧后直接由燃烧器接 15 m 高排气筒自然排放。

① 理论空气量计算

$$L = 0.047\,6[0.5CO + 0.5H_2 + 1.5H_2S + \sum (m + n/4)\,C_mH_n - O_2]$$

式中：L——燃料完全燃烧所需的理论空气量，m³/m³。

② 三原子气体容积计算

$$V_1=0.01（CO_2+CO+H_2S+\sum C_mH_n）$$

③ 烟气氮容积计算

$$V_2=0.79L+N/100$$

④ 水蒸气容积计算

$$V_3=0.01（H_2+H_2S+\sum n/2C_mH_n-O_2+0.124d）+0.0161L$$

⑤ 烟气量计算

$$V=V_1+V_2+V_3+（a-1）L$$

根据以上公式计算，根据表 2-1-25 中的污染物产生系数及本项目天然气消耗量，可计算出本项目的天然气燃烧污染物源强情况，详见表 2-1-27。

表 2-1-27　天然气燃烧污染物源强

污染物名称	产生浓度/（mg/m³）	产生量/（t/a）*	排放浓度/（mg/m³）	排放量/（t/a）
颗粒物	12.02	0.03	12.02	0.03
SO_2	0.48	1.2×10^{-3}	0.48	1.2×10^{-3}
NO_2	184.3	0.46	184.3	0.46

注：* 参照一般工业锅炉产生系数上限取值。

2）短纤维

本项目短纤维产生于磨毛和起剪过程，短纤维的产生量按同类型项目类比调查确定。根据类比调查，磨毛短纤维产生系数约为 0.65%，由磨毛机上自带的风机捕集后进入布袋除尘装置，因短纤维的长度远大于通常的粉尘，布袋的净化效率可以 100% 计，则本项目磨毛短纤维的产生量为 111.15 t/a。

起剪过程产生的短纤维由起剪机自带强力风机收集，根据类比调查，起剪短纤维产生系数约为 0.036 kg/hm（标准布幅），经布袋除尘装置过滤收集，除尘效率以 100% 计，则本项目起剪短纤维的产生量最大为 17.55 t/a。

收集后均可出售给其他企业，作为毛绒玩具等产品的填充物。

3）定型废气

本项目为纯棉及棉混纺高档面料染色，成分以纯棉为主，不可进行高温定型，温度过高会导致棉纤维烧坏，棉坯布的拉幅烘干过程的对流空气温度通常不超过 120℃，在此温度下，织物上的染料、助剂等物质不会分解或挥发形成废气污染物，因此，在拉幅烘干过程中产生的废气实际为带有水蒸气及大量热能的热空气。烘干定型废气经换热器回收热能后排放，不会对环境造成影响。

4）拟建项目废气源强小结

拟建项目废气污染源强分析结果见表2-1-28。

表2-1-28　拟建项目废气污染源强统计表

污染物名称	产生浓度/（mg/L）	产生量/（t/a）	排放浓度/（mg/L）	排放量/（t/a）
颗粒物	21.818	0.03	21.818	0.03
SO_2	0.873	$1.2×10^{-3}$	0.873	$1.2×10^{-3}$
NO_2	334.543	0.46	334.543	0.46
短纤维	—	128.7	—	0

（3）噪声污染源强分析

本项目建成投产后噪声源主要为烧毛机、丝光机、染色机、磨毛机等机械设备运作时产生的噪声。根据同类型项目××公司现有设备的监测，各主要噪声源的源强见表2-1-29。

表2-1-29　拟建项目主要噪声设备噪声级一览表

设备名称	单台噪声级/dB
烧毛机	78～81
退煮漂联合机	80～83
丝光机	85～88
轧染机	87～89
染色机	80～83
洗缩联合机	81～83
冷轧堆机	75～78
定型机	82～85
磨毛机	78～80
起毛机	77～80
剪毛机	77～80
预缩机	80～83

（4）固体废物污染源强分析

根据对拟建项目的工程分析可知，项目建成运行后，新增的主要固体废物包括丝光淡碱回收过滤过程中产生的滤渣、染化料使用过程产生的包装固废、检验过程中产生的边角料和废次品以及新增员工产生的生活垃圾。

①滤渣

丝光过程中，冲洗去碱产生的淡碱经回收处理后，重新回用于丝光及其他用碱工段的生产中。在淡碱回收过程中，将冲洗下来的淡碱浓度通常在 5%～10%，通过管道重新打到配碱中心，经过过滤去除淡碱中的杂质后，再在淡碱中加入新鲜的浓碱，提高其浓度，重新回用于丝光工序。其中过滤过程中去除的杂质即为滤渣，其成分为面料中被冲洗下来的短纤维，根据同类型企业的类比调查估算，淡碱回收产生滤渣约为 1.02 t/a。

根据《国家危险废物名录》中的规定，丝光回收的淡碱本身属于危险废物，而且危险废物物化处理过程中产生的污泥和残渣亦属危险废物，则滤渣属于危险废物，废物类别为 HW49 其他废物，废物代码 802-006-49，企业应妥善收集贮存，委托有危险废物处理资质的单位进行处置。

②包装固废

根据本项目原辅材料消耗量及其包装形式进行估算，本项目建成投产后废包装箱（桶）年产生量约为 23 万个（折合约 234 t/a），由供应商回收利用。

③边角料、废次品

项目生产过程中产生的边角料及废次品均以坯布的形式存在，其产生量根据坯布的消耗量及最终产品的量进行估算，估算结果约为 1 205.1 t/a，可以出售给废布料回收单位作为其他手工业、轻工业等的原材料进行综合利用。

④废水处理污泥

本项目轻污水经企业自建废水处理系统深度处理后回用，处理过程中会产生废水处理污泥，根据废水处理站设计资料，本项目新增污泥量为 3.8 t/d，即 988 t/a，废水处理站产生的污泥不属于《国家危险废物名录》中规定的危险废物，因此按一般工业固废委托进行安全填埋。

⑤生活垃圾

本项目职工定员 90 人，按照人均每天产生垃圾 1 kg，年工作日 260 d，本项目建成投产后生活垃圾的产生量约为 23.4 t/a，产生的生活垃圾集中定点袋装后由当地环卫部门及时上门清运。

⑥拟建项目固体废物源强小结

拟建项目固体废物源强分析结果详见表 2-1-30。

表 2-1-30　拟建项目固体废物源强统计表

固废名称	性质	产生量/（t/a）	拟处置去向
滤渣	危险废物	1.02	委托有危险废物处理资质的单位进行处置
包装固废	危险废物	234	由供应商回收利用
边角料、废次品	一般废物	1 205.1	出售综合利用
废水处理站污泥	一般废物	988	委托安全填埋
生活垃圾	生活垃圾	23.4	当地环卫部门及时上门清运

第三节 环境影响识别与评价因子筛选

一、环境影响识别

环境影响识别就是通过系统地检查拟建项目的各项"活动"与各环境要素之间的关系，识别可能的环境影响，包括环境影响因子、影响对象（环境因子）、环境影响程度和环境影响的方式。

1. 施工期污染因素识别

印染企业的施工期污染因素与一般工业项目施工期污染因素基本相同，主要有工程的建设将压占施工场地的土地和植被，破坏局部生态环境，在平整场地、地基开挖导致水土流失，建筑施工中产生施工粉尘、建筑垃圾和施工机械噪声，物料运输产生机动车尾气的扬尘，施工人员产生生活污水和生活垃圾。

2. 运营期污染因素识别

印染生产过程环境影响识别，一般采用矩阵法，识别的主要内容为主体工程、配套的辅助工程和环保工程产生的主要污染物对各环境因子产生的影响，对印染行业的主要环境影响识别结果如表 2-1-31 所示，具体项目应根据实际生产工艺、工程组成及设备配置情况进行分析。

表 2-1-31 常规织物印染项目环境影响识别

工程组成	生产线	工段	环境影响因素及污染因子	环境因子			
				环境空气	水环境	声环境	固废
主体工程	前处理	烧毛	烧毛废气	□	△	△	—
		退浆	退浆废水：pH、COD、色度 机器运行噪声	—	■	□	△
		煮炼	煮炼废水：pH、COD、色度 机器运行噪声	—	■	□	△
		漂白	漂白废水：pH、COD、色度 机器运行噪声	—	■	□	△
		丝光	丝光废水：pH、COD、色度 机器运行噪声	—	■	□	△
		脱胶	脱胶废水：pH、COD、色度 机器运行噪声	—	■	□	△
		碱减量	碱减量废水：pH、COD、色度机器运行噪声	—	■	□	△
		洗毛	洗毛废水：pH、COD、色度 机器运行噪声	—	■	□	△
		炭化	炭化废水：pH、COD、色度 机器运行噪声	—	■	□	△

工程组成	生产线	工段	环境影响因素及污染因子	环境因子			
				环境空气	水环境	声环境	固废
主体工程	印染	染色	染色废水：pH、COD、色度 机器运行噪声	—	■	□	△
		印花	印花废水：pH、COD、色度 机器运行噪声	—	■	□	△
		清洗	清洗废水：pH、COD、色度 机器运行噪声	—	■	□	—
		脱水	清洗废水：pH、COD、色度 机器运行噪声	—	■	□	—
		固色	清洗废水：pH、COD、色度 机器运行噪声	—	■	□	△
		烘干	机器运行噪声	□	—	□	—
	后整理	上浆	机器运行噪声	—	■	△	△
		柔软	印花废水：pH、COD 定型烘干废气 机器运行噪声	■	—	□	△
		定型、 预缩	清洗废水：pH、COD 定型废气 机器运行噪声	□	—	□	△
		增白	清洗废水：pH、COD、色度 定型烘干废气 机器运行噪声	■	■	□	△
辅助工程	锅炉房	锅炉	燃料烟气：SO$_2$、NO$_x$、颗粒物 脱硫除尘废水：pH、SS 设备运行噪声 燃料灰渣	■	△	■	□
	净水站	水泵	反冲洗水：pH、SS 设备运行噪声	—	□	■	—
	空压站	空压机	设备运行噪声	—	—	■	—
	冷却水 循环	冷却塔	设备运行噪声	—	—	■	—
	生活区	员工 生活	生活废水：pH、COD、NH$_3$-N 生活垃圾	—	□	□	□
环保工程	废水 处理	废水站	恶臭、污泥、噪声	■	—	■	■
	废气 处理	定型废 气处理	喷淋废水：pH、COD、石油类 噪声、回收油剂	□	□	□	□

注：■表示主要影响，□表示次要影响，△表示轻微影响，—表示无相关性。

3. 退役期污染因素识别

印染企业的退役期污染因素与一般工业项目施工期污染因素基本相同，主要识别内容为生产车间残留染化料，污水处理站残留的废水、污泥，企业占地内部受污染的土壤，生产设备拆除的处置，建筑拆除过程中产生施工粉尘、建筑垃圾和施工机械噪声，物料运输产生机动车尾气的扬尘，施工人员产生生活污水和生活垃圾。

二、评价因子筛选

评价因子应在环境污染因素及项目污染因子确定的基础上，根据具体项目的工程特点、环境特点和评价要求进行筛选确定。

1. 现状评价因子

环境空气：TSP（PM_{10}）、SO_2、NO_2。

地表水环境：pH、DO、COD_{Cr}、BOD_5、NH_3-N、TP、SS、石油类、色度等。

声环境：等效连续 A 声级。

2. 影响评价因子

空气环境：根据燃料情况选择 SO_2、烟尘、NO_2、恶臭。

地表水环境：pH、COD_{Cr}、BOD、色度、NH_3-N、总磷（尿素使用时，NH_3-N 作为评价因子，使用含磷原料，P 作为评价因子，一般情况下 N、P 可不进行评价）。

声环境：等效连续 A 声级。

第四节　污染防治措施

一、废水污染防治措施

1. 各类印染废水的处理工艺

印染废水处理一般采用生物处理为主、物化处理为辅的综合处理工艺。处理单元由预处理（格栅、中和、调节），水解酸化，好氧生物处理（活性污泥法、生物膜法等），化学混凝或混凝气浮等组成。主要处理单元对 COD_{Cr}、BOD_5 和色度的去除率与处理水质、相关的设计参数和处理设备等有关，各处理工艺去除率见表 2-1-32。

根据《纺织染整工业废水治理工程技术规范》（HJ 471—2009），各类印染废水可选用的处理工艺如下。

表 2-1-32　各处理工艺去除率　　　　　　　　　　　　单位：%

项目	水解酸化	好氧生物处理		混凝沉淀或混凝气浮（生化前）	混凝沉淀或混凝气浮（生化后）
		活性污泥法	生物膜法		
COD_{Cr}	15～35	60～75	55～70	30～60	10～20
BOD_5	10～30	90～95	85～95	15～40	10～20
色度	30～80	35～50	35～50	40～50	20～40

（1）棉及棉混纺印染废水

①混合废水处理工艺

格栅→pH 调整→调节池→水解酸化→好氧生物处理→物化处理。

对于原水 COD 1 000～1 500 mg/L 的废水，经处理后废水可达到《纺织染整工业水污染物排放标准》中的一级标准，而对于浓度更高废水则需采取增加前处理或采取分质收集预处理再混合处理的方法才能达到排放要求。

②废水分质收集处理工艺

煮炼、退浆等高浓度废水经厌氧或水解酸化后再与其他废水混合处理；丝光废水经碱回收或利用后再与其他废水混合处理。

（2）毛染整废水

格栅→调节池→水解酸化→好氧生物处理。

毛纺织废水分为洗毛废水和毛染整废水。对于既有洗毛废水又有毛染整废水的企业，可以采取洗毛废水先回收羊毛脂再采用初沉＋厌氧生物处理，然后混入染整废水合并进行好氧生物处理，处理后出水进入城镇污水处理厂；或经好氧生物处理后再进行后续物化处理，从而可达到一级标准排放。

（3）丝绸染整废水

格栅→调节池→水解酸化→好氧生物处理。

绢纺精练废水：格栅→凉水池（可回收热量）→调节池→厌氧生物处理→好氧生物处理。

制丝废水分为汰头废水和缫丝废水，一般采取分质处理，汰头废水先用气浮处理后再采取厌氧处理，然后再与缫丝废水、染整废水，处理工艺：格栅、栅网→调节池→好氧生物处理→沉淀或气浮，经处理后废水可达一级标准排放。

缫丝废水应先回收丝胶等有价值物质再进行处理。

（4）麻染整废水

格栅→沉沙池→pH 调整→厌氧生物处理→水解酸化→好氧生物处理→物化处理→生物滤池。

若麻脱胶废水比例较高，则应单独进行厌氧生物处理或者物化处理后再与染整废水混合处理。

（5）涤纶印染废水

①含碱减量废水

一般对碱减量废水先进行预处理，回收苯二甲酸后再和染色废水混合，然后经物化处理和好氧生物处理后可达标排放，或经好氧生物处理后排入城镇污水处理厂。

②其他印染废水

一般生产时使用的染料主要为分散染料，分散染料为不溶性有机物，采用物化处理即可得到满意的处理效果，一部分企业可达排管要求，从而可排入城镇污水处理厂。需排放环境水体的则进一步采取水解及好氧处理工艺，方可达标排放。

（6）其他废水

蜡染和部分使用尿素的工艺废水含氮量较高，应采用脱氮工艺或加强生化污泥回流比。个别采用磷酸钠为助剂的工艺，则宜清浊分流，在浓废水中加氢氧化钙溶液沉淀磷酸钙。

对含碱浓度 40～50g/L 的丝光废液，应设置碱回收装置，实现再回用；含碱浓度 10g/L 左右的丝光废液应在生产过程中套用，套用后的废水宜采用低流量连续进水方式进入调节池，以保证水质稳定。

当要求执行特别排放限值时，应进行深度处理，深度处理可采用吸附法、离子交换法、高级氧化法、生物法、膜法等一种或几种处理单元的组合，具体项目应在中试基础进行选择。

2. 废水处理回用

当废水处理后尾水排入环境敏感地区；地方环保部门另有较严格要求和需要回用时，需进行深度处理。深度处理工艺应根据排放要求或回用水水质要求，在常规处理和深度处理合并统筹考虑。

回用处理后出水水质必须符合印染生产用水水质要求。由于不同的产品种类和生产设备，对印染生产用水水质会有差异，所以，在印染废水作为生产工艺回用水时，必须按工厂和实际要求确定回用水水质。一般地，印染生产用水水质项目有：透明度、色度、pH 值、铁、锰、悬浮物、硬度等，回用水水质要求是参照《印染企业设计规定》（FJT 103—84）（试行）而提出。回用于漂洗水的水质要求见表 2-1-33，回用于染色工艺的水质要求见表 2-1-34，当有特殊要求和新规定时应按要求和规定执行。

表 2-1-33 漂洗用回用水水质

序号	项目	标准值	序号	项目	标准值
1	色度（稀释倍数）	25	6	透明度/cm	≥30
2	总硬度（CaCO$_3$ 计，mg/L）	450	7	悬浮物/（mg/L）	≤30
3	pH	6.0～9.0	8	化学需氧量/（mg/L）	≤50
4	铁/（mg/L）	0.2～0.3	9	电导率/（μS/cm）	≤1 500
5	锰/（mg/L）	≤0.2			

表 2-1-34　染色用水水质

序号	项目	标准值	序号	项目	标准值
1	色度（倍）	≤10	5	锰/（mg/L）	≤0.1
2	透明度/cm	≥30	6	悬浮物/（mg/L）	≤10
3	pH	6.5～8.5	7	总硬度（碳酸钙计，mg/L）	（见注）
4	铁/（mg/L）	≤0.1			

注：原水硬度小于150mg/L 可全部用于生产。原水硬度在150～325mg/L，大部分可用于生产，但溶解性染料应使用小于或等于17.5mg/L的软水，皂洗和碱液用水硬度最高为150mg/L。喷射冷凝器冷却水一般采用总硬度小于或等于17.5mg/L的软水。

　　回用水处理宜采用物化处理或生物处理和物化处理相结合的工艺，以物化处理为主的处理工艺应包括混凝沉淀、过滤和消毒处理等工序。生物处理和物化处理相结合的处理工艺应包括好氧生物处理、混凝沉淀、过滤和消毒处理等工序。

　　当以二级生物处理达标排放的印染废水作为回用水水源时，宜采用深度生物处理和物化处理相结合的处理工艺，包括微生物处理、混凝沉淀、过滤和消毒处理工序。

　　回用水处理系统中的生物处理和深度生物处理一般采用生物膜法，如生物接触氧化法、曝气生物滤池法、生物活性炭等。

　　当对回用水水质有更高要求时，可根据水质要求增加一种或几种深度处理单元。深度处理单元包括除铁、除锰、活性炭吸附、臭氧氧化、离子交换、微滤、超滤、反渗透和膜生物反应器等。离子交换、臭氧氧化、反渗透等技术单元对污染物的去除率，可参照表 2-1-35。

表 2-1-35　深度处理技术单元的去除率　　　　单位：%

项目	离子交换	臭氧氧化	反渗透
BOD_5	25～50	20～30	≥50
COD_{Cr}	25～50	≥50	≥50
SS	≥50	—	≥50
氨氮	≥50	—	≥50
总磷	—	—	≥50
色度	—	≥70	≥50
浊度	—	—	≥50

注：原水硬度小于150mg/L 可全部用于生产。原水硬度在150～325mg/L，大部分可用于生产，但溶解性染料应使用小于或等于17.5mg/L的软水，皂洗和碱液用水硬度最高为150mg/L。喷射冷凝器冷却水一般采用总硬度小于或等于17.5mg/L的软水。

　　出于安全和卫生考虑，回用水必须消毒。印染工厂回用水处理设施同给水工程相比，规模较小，管理较简易，一般不推荐采用液氯消毒。近几年来，紫外线消毒在国内水处理工程中逐渐应用。一般推荐二氧化氯、紫外线等消毒。

二、废气防治措施

1. 定型废气防治措施

定型机安装集气罩进行收集，通过定型废气处理装置进行处理，去除定型废气中的纤维尘和油类物质，回收热能，并通过15m高排气筒由屋顶排放。

目前热定型机废气处理工艺主要有力学方式、过滤式、静电式和喷淋式，余热回收的主要方式是通过"气-气"热交换，从排出的热废气中将热能回收到热定型机内。

表2-1-36　热定型机废气处理方法及方法特点

处理方法	方法特点
力学方法	主要有重力法、惯性力法、离心力法。由于油烟粒径分布广，该方法对较细粒径烟气处理能力非常弱，净化效果低下
过滤吸附法	利用某些特殊材质的滤布对油烟的吸附，达到油烟去除效果，存在过滤纸（网）要求高、更换（或清洗）频繁，系统阻力大、处理量小等缺点
喷淋法（湿法）	烟气经过加有洗涤液的水幕完成净化，洗涤液消耗增加了运行费用，且洗涤废液排出造成二次污染
静电法	已成熟运用于除尘技术，但由于油烟的强黏性，静电式净化器运行一段时间后，电场上会黏附一层厚厚的油渍和纤维，极难清洗，阴、阳极板就会降低甚至失去吸附作用，导致油烟去除率下降

浙江开发的"YL定型机废气处理系统"，集喷雾、沉降、复喷水幕过滤和物理吸附等技术于一体，使废气中的纤维、油脂、染化料、水污染物等，通过高效水幕，喷淋在水中，然后流入隔油池进行油水分离、矿物油回收，废水排入废水处理池，净化气体通过特殊装置排向外界，废热回用，总颗粒物的去除率达到85%，油烟去除率达到80%以上。广州开发高压静电方式的定型废气处理系统，废气收集率达到95%以上，总颗粒物的去除率达到98%，油烟去除率达到95%，去除效率比水喷淋技术要高，但整体的占地面积大，投资维护成本较高，不适用于一般的印染企业。另外，一些合资或外资企业的定型机带有原装处理装置，处理效率比较高，例如德国西门子定型机废气处理设施，它能够回收热量，使有机污染物冷却沉淀、分离，效果最好，但价格十分昂贵。

2．废水处理站恶臭防治措施

（1）合理布局

将恶臭主要发生源尽可能地布置在远离拟建址附近的敏感点，以保证环境敏感点在防护距离之外而不受影响。

（2）控制恶臭散发

对于可实施加盖处理的工段进行加盖处理，或将恶臭气体收集后采用离子除臭法、生物除臭法和化学除臭法进行除臭。

（3）加强管理

污泥浓缩后及时进行清运，减少堆存，在各种池体停产检修时，池底积泥会裸露出来散发臭气，应采取及时清除污泥的措施来防止臭气的影响。

三、其他污染防治措施

1. 噪声防治措施

印染企业噪声防治首选的方法是合理地安排车间的布置，如在污水处理站靠近厂界一侧布置污水站的管理运行用房。

控制噪声污染的工程措施以隔声降噪为主，如将噪声较低的印染设备和对采光要求不高的工段布置在靠近厂界的车间，并减少靠近厂界车间的门、窗等透声体的布设，利用墙体的隔声效果，减少对厂界的噪声影响。对锅炉风机、空压机及废水处理站风机，应设置独立机房，必要时加装消声器。对电机、泵等产生机械性噪声的设备，要做好基础减振措施，必要时安装隔声罩进行控制。

2. 固废防治措施

（1）一般固废

燃煤锅炉产生的燃煤灰渣，原水净水站干化后的污泥一般可进行综合利用。生活垃圾委托当地环卫部门及时上门有偿清运。

（2）危险废物

在染料、涂料及助剂等原辅材料的包装固废，在更换导热油时亦会产生大量的废导热油，污水处理过程产生的污泥，根据《国家危险废物名录》中的相关规定，这部分含有染料、颜料等残余物的废弃包装物包装固废及废导热油均属于危险废物，编号分别为 HW12、HW08，对于这部分包装固废，企业应妥善收集后，委托有危废处理资质的单位进行处置，同时，企业应加强危险废物的分类收集、贮存，设置专用的危废储存间，地面应做防渗处理，避免因日晒雨淋产生二次污染。

第五节　清洁生产分析

一、清洁生产指标

印染行业已发布的清洁生产标准为《清洁生产标准—纺织业（棉印染）》（HJ/T 185—2006），各指标要求见表 2-1-37，该标准主要从生产工业与装备要求、资源能源利用指标、污染物产生指标、产品指标和环境管理要求等五个方面给出了分级技术指标，环评可利用这些指标进行清洁生产审核、清洁生产潜力与机会的判断和清洁生产绩效的评定，该标准将技术指标共分为三级。一级代表国际清洁生产先进水平，二级代表国内清洁生产先进水平，三级代表国内清洁生产基本水平。

表 2-1-37 纺织行业（棉印染）清洁生产指标要求

指标	一级	二级	三级
一、生产工艺与装备要求			
1.总体要求	企业所采用的生产工艺与装备不得在《淘汰落后生产能力、工艺和产品的目录》之列，应符合国家产业政策、技术政策和发展方向		
	采用最佳的清洁生产工艺和先进设备，设备全部实现自动化	采用最佳的清洁生产工艺和先进设备，主要设备实现自动化	采用清洁生产工艺和设备，主要生产工艺先进，部分设备实现自动化
2.前处理工艺和设备	①采用低碱或无碱工艺，选用高效助剂；②采用少用水工艺；③使用先进的连续式前处理设备；④有碱回收设备	①采用低碱或无碱工艺，选用高效助剂；②采用少用水工艺；③使用先进的连续式前处理设备；④使用间歇式的前处理设备，并有碱回收装置	①采用通常的前处理工艺；②采用少用水工艺；③部分使用先进的连续式前处理设备；④使用间歇式的前处理设备，并有碱回收装置
3.染色工艺和设备	①采用不用水或少用水（小浴比）的染色工艺，使用高吸尽率染料及环保型染料和助剂；②使用先进的连续式染色设备并具有逆流水洗装置；③使用先进的间歇式染色设备并进行清水回用；④使用高效水洗设备	①采用不用水或少用水（小浴比）的染色工艺，使用高吸尽率染料及环保型染料和助剂；②部分使用先进的连续式染色设备并具有逆流漂洗装置；③部分使用先进的间歇式染色设备并进行清水回用；④使用高效水洗设备	①大部分采用少用水（小浴比）的染色工艺，部分使用高吸尽率染料及环保型染料和助剂；②部分使用连续式染色设备；③部分使用间歇式染色设备并进行清水回用；④部分使用高效水洗设备
4.印花工艺和设备	①采用少用水或不用水的印花工艺，使用高吸尽率染料及环保型染料和助剂；②采用先进的制版制网技术及设备；③采用无版印花工艺及设备；④采用先进的调浆、高效蒸发和高效水洗设备	①采用少用水或不用水的印花工艺，使用高吸尽率染料及环保型染料和助剂；②部分采用先进的制版制网技术及设备；③部分采用无版印花技术及设备；④采用先进的调浆、高效蒸发和高效水洗设备	①大部分采用少用水或不用水的印花工艺，大部分使用高吸尽率染料及环保型染料和助剂；②部分采用制版制网技术及设备；③部分采用无版印花技术及设备；④部分采用先进的调浆、高效蒸发和高效水洗设备
5.整理工艺与设备	采用先进的无污染整理工艺，使用环保型整理剂	采用无污染整理工艺，使用环保型整理剂	大部分采用无污染整理工艺，大部分使用环保型整理剂
6.规模	棉机织印染企业设计生产能力≥1 000 万 m/a 棉针织印染企业设计生产能力≥1 600 t/a		

指标	一级	二级	三级
二、资源能源利用指标			
1.原辅材料的选择	①坯布上的浆料为可生物降解型；②选用对人体无害的环保型染料和助剂；③选用高吸尽率的染料，减少对环境的污染		①大部分坯布上的浆料为可生物降解型；②大部分采用对人体无害的环保型染料和助剂；③大部分选用高吸尽率的染料，减少对环境的污染
2. 取水量			
机织印染产品/（t/100 m）①	≤2.0	≤3.0	≤3.8
针织印染产品/（t/t）②	≤100	≤150	≤200
3. 用电量			
机织印染产品/（kWh/100 m）③	≤25	≤30	≤39
针织印染产品/（kWh/t）④	≤800	≤1 000	≤1 200
4.耗标煤量			
机织印染产品/（kg/100 m）⑤	≤35	≤50	≤60
针织印染产品/（kg/t）⑥	≤1 000	≤1 500	≤1 800
三、污染物产生指标			
1. 废水产生量			
机织印染产品/（t/100 m）⑦	≤1.6	≤2.4	≤3.0
针织印染产品/（t/t）⑧	≤80	≤120	≤160
2. COD 产生量			
机织印染产品/（kg/100 m）⑨	≤1.4	≤2.0	≤2.5
针织印染产品/（kg/t）⑩	≤50	≤75	≤100
四、产品指标			
1. 生态纺织品	①全面开展生态纺织品的开发和认证工作；②全部达到 Oko-Tex Standard 100 的要求	①已进行生态纺织品的开发和认证工作；②基本达到 Oko-Tex Standard 100 的要求，全部达到 HJBZ 30 生态纺织品的要求	①基本为传统产品，准备开展生态纺织品的认证工作；②部分产品达到 HJBZ 30 生态纺织品的要求
2. 产品合格率/%（连续三年）	99.5	98	96

指标	一级	二级	三级
五、环境管理要求			
1. 环境法律法规标准	符合国家和地方有关环境法律、法规，污染物排放达到国家和地方排放标准、总量控制和排污许可证管理要求		
2. 环境审核	按照纺织业的企业清洁生产审核指南的要求进行了审核；按照 GB/T 24001 建立并运行环境管理体系，环境管理手册、程序文件及作业文件齐备	按照纺织业的企业清洁生产审核指南的要求进行了审核；环境管理制度健全，原始记录及统计数据齐全有效	按照纺织业的企业清洁生产审核指南的要求进行了审核；环境管理制度、原始记录及统计数据基本齐全
3. 废物处理处置	对一般废物进行妥善处理，对危险废物按有关标准进行安全处置		
4. 生产过程环境管理	实现生产装置密闭化。生产线或生产单元均安装计量统计装置，实现连续化显示统计，对水耗、能耗有考核。实现生产过程自动化，生产车间整洁，完全杜绝跑、冒、滴、漏现象	生产线或生产单元安装计量统计装置，对水耗、能耗有考核。建立管理考核制度和统计数据系统。实现主要生产过程自动化，生产车间整洁，完全杜绝跑、冒、滴、漏现象	生产线或生产单元装置安装计量统计装置，对水耗、能耗有考核。建立管理考核制度和统计数据系统。生产车间整洁，能够杜绝跑、冒、滴、漏现象
5. 相关方环境管理	要求提供的原辅材料，应对人体健康没有任何损害，并在生长和生产过程中对生态环境没有负面影响；要求坯布生产所使用的浆料，采用易降解的浆料，限制或不用难降解浆料，减少对环境的污染；要求提供绿色环保型和高吸尽率的染料和助剂，减少环境的污染；要求提供无毒、无害和易于降解或回收利用的包装材料		

注：①指 100m 布的取水量；②指吨布的取水量；③指 100m 布的用电量；④指吨布的用电量；⑤指 100m 布的耗煤量；⑥指吨布的耗煤量；⑦指 100m 布的废水产生量；⑧指吨布的废水产生量；⑨指 100m 布的 COD 产生量；⑩指吨布的 COD 产生量。

　　国家发改委于 2007 年 11 月 29 日发布了《纺织印染行业清洁生产评价指标体系（试行）》（以下简称《指标体系》），《指标体系》适用于印染行业企业的清洁生产审核，包括由前处理（烧毛、退浆、煮炼、漂白、丝光等）、染色、印花和后整理四部分组成的纺织印染企业的清洁生产审核、清洁生产绩效评定和清洁生产绩效公告制度。《指标体系》依据综合评价所得分值将企业清洁生产等级划分为两级，即代表国内先进水平的"清洁生产先进企业"和代表国内一般水平的"清洁生产企业"。

　　已发布清洁生产标准的棉印染行业的应按照《清洁生产标准—纺织业（棉印染）》（HJ/T 185—2006）标准进行清洁生产水平分析，未发布清洁生产标准的其他印染行业可参照《纺织印染行业清洁生产评价指标体系》进行清洁生产评价。

二、清洁生产措施

1. 节约用水工艺

（1）小浴比工艺

染色用水量随着加工方式、工艺浴比和设备不同有很大变化，除了轧染、冷轧堆染色（适宜棉及其混纺织物的少污染工艺）的用水量较低、轧蒸和小浴比工艺（可低至 1：5）都有较好的节水效果。浸染工艺若采用一浴法染色，漂染二浴二步法改为一浴一步法、重复使用染浴中的染液（可以节约 5%～10%的染料、65%～80%的助剂）、减少冲洗量都可以实现节水染色。

（2）印花工艺

有转移印花（适宜涤纶织物的无水印花工艺）和涂料印花（适宜棉、化纤及其混纺织物的印花与染色两种）。

（3）逆流漂洗工艺

在连续式生产工艺中的连续多道清洗可采用逆流漂洗工艺。

2．减少污染物排放工艺

纤维素酶法水洗牛仔织物（适宜棉织物）。

高效活性染料代替普通活性染料（适宜棉织物）。

淀粉酶法退浆（适宜棉织物）。

3．回收、回用工艺

超滤法回收合成浆料、染料（适宜回收涤纶退浆废水中的聚乙烯醇、棉织物染色使用的还原性染料等）。

丝光淡碱回收（适宜棉织物的资源回收）。

洗毛废水中提取羊毛脂（适宜毛织物的资源回收）。

涤纶仿真丝绸印染工艺碱减量工段废碱液回用（适宜涤纶织物的生产资源回收）。

丝胶蛋白的回收（适宜于蚕丝脱胶后产生的丝胶蛋白回收）。

4．环保染化料

绿化环保型染色料应满足如下要求：不含致癌物质，目前已知具有致癌作用的染料为 24 种芳香胺染料；不使人体产生过敏过用；不含有环境荷尔蒙。染料生产中涉及许多环境荷尔蒙，如多氯联苯、对硝基甲苯、多氯二苯并呋喃、2,4 二氯苯酚等；对重金属的品种和含量有严格的限制。目前，德国已强制规定禁止使用含有砷、锑、铅、汞、镉等重金属的染料和助剂；不含对环境有污染的化学物质。对环境产生危害的化学物质有 170 多种，主要指挥发性有机化合物、含氯载体等可吸附有机卤化物以及有变异性化学物质和持久性有机污染物；对甲醛的含量有严格的限制。目前普遍认为甲醛是对人体的细胞危害很大并可能产生癌变的物质。

5．废水回用工艺

漂白和丝光清洗水回用于精练。

练漂碱性废水回用于锅炉烟气脱硫。

第六节　环境影响评价应关注的问题

除一般工业项目环评需关注的选址规划符合性、公众参与等问题外，印染项目环境影响评价需着重关注具有行业特征的问题如下。

一、准入条件符合性分析

为了规范印染行业建设，促进结构调整、保护环境，减少污染，实现印染行业可持续发展，《印染行业准入条件（2010 年修改版）》于 2010 年 4 月 11 日由国家工业和信息化部公告发布。《印染行业准入条件（2010 年修改版）》对生产企业布局、生产工艺和装备、资源消耗、环境保护和资源综合利用等几方面提出了新的要求，环评要准确分析印染项目的单位产品能耗、水重复利用率、新鲜水取水量等准入条件要求，分析、指导建设单位在建设项目中严格按《印染行业准入条件》的要求组织实施，使之符合产业结构调整和节能减排的要求。避免重复投资，造成资源浪费和产能过剩。

二、产能匹配性及工艺先进性分析

随着各项产业政策对生产设备、工艺先进性及节能减排要求的提高，在实际的环保管理过程中，因印染企业的生产特点，较难对实际的产能进行监管，较行之有效的监管措施是对染色设备的数量、型号进行核实、控制。部分不符合各项产业政策要求的项目会以批大建小、批新建旧等形式出现，为防止低水平的重复建设，需对报批的生产规模与生产设备进行产能匹配分析、对所采用的生产设备和生产工艺先进性进行专题分析，使项目所采用的设备数据与所申报的规模相匹配，并具有较高的先进性。

三、污染物总量控制

印染行业废水产生量巨大，控制并削减印染行业的污染物排放量是节能减排工作的主要任务之一，需按照各地环境保护主管部门设定的目标要求严格执行"增产不增污"或"增产减污"，对拟建项目的污染物排放总量进行区域平衡。环评中重点关注项目总量指标的来源及指标值。对现有企业，通常总量指标即为企业排污许可证上的污染物排放量；对应新项目或新企业，总量指标来源于区域环境削减或排污交易。另需注意《印染行业准入条件（2010 年修改版）》要求缺少环境容量地区，要限制发展印染项目，新建或改扩建项目要与淘汰区域内落后产能相结合。工业园区外企业要逐步搬迁入园，原地改扩建项目，不得增加污染物排放量。

四、废水处理技术的可靠性

印染企业生产产品多种多样，相同的机械设备可满足多种产品染色的需要，不同染化料的使用，造成所产生的废水水质较为复杂，因此，应综合考虑拟生产产品的废水水质特征，对废水处理方案的合理有效性进行分析，尤其是对高浓度难降解有机废水和特征污染因子的去除需进行着重分析。

五、废水处理回用的可行性分析

随着节能减排工作的进一步深入开展，印染行业的中水回用要求已逐渐成为项目是否可行的约束性指标，因此，需着重对中水回用系统的水质处理经济、技术可达性和水量回用平衡两方面进行分析。

六、选址和布局的合理性分析

近年来，为了促进污染集中治理、节能减排、总量控制，对工业项目建设设置了进工业功能区块、集中供热、废水预处理后纳管集中处理等前置条件。区域基础设施是否完善，项目依托的环保设施是否符合环保要求，周边是否有特殊保护区、生态敏感与脆弱区、社会关注区等，选址合理性是需着重分析的内容。

部分印染企业染整项目与纺织项目共同实施，在总平布局设计时，应综合考虑周边的环境敏感因素，对纺织车间、锅炉房、废水预处理站等产生高噪声、恶臭的单元进行协调布局，以减轻对周边环境的影响。

第七节　典型案例

一、项目概况

1. 基本情况

项目名称：某公司年产 2000t 散毛染色、400 万 m 毛纺织造及后整理项目

建设性质：新建

总 投 资：4900 万美元

产品方案及生产规模

企业产品方案见表 2-1-38。

表 2-1-38 产品方案及生产规模

序号	产品名称	规格型号	产量	备注
1	散毛染色	—	2000t/a	用于粗纺
2	粗纺呢绒织造	宽幅 1.7～1.9m	400 万 m/a	用于后整理
3	高档面料后整理	宽幅 1.7～1.9m	400 万 m/a	最后产品

2．公用工程

（1）给水

企业生产用水、生活用水均由经济开发区自来水管网供水，自来水经企业净水站，净化后进入蓄水池中，用于生产，净化能力为 1000t/d（共 4 台，其中 2 台备用），净水站工艺流程为自来水→离子交换装置→清水池→生产车间。

（2）排水

企业排水采用雨污分流、废污分流制，雨水经收集后排入雨水管网；生产废水经厂内调节池后、生活污水中粪便废水经化粪池处理、食堂含油废水经隔油池处理后接入区域污水收集管网，送污水处理有限公司，预处理后通过某排水工程污水管网送城市污水处理厂达标处理后排入周边水体。

（3）供热

项目不设蒸汽锅炉。项目用热由开发区集中供给商品蒸汽，其用汽量约为 30000t/a。

二、环境功能区划、评价标准、环境敏感保护目标（略）

三、设备、工艺先进性分析（略）

四、主要设备产能匹配性分析

本项目主要生产设备配置与产能的匹配性分析详见表 2-1-39。

表 2-1-39 主要设备与产能匹配性分析一览表

设备名称	单台额定生产能力	数量	合计额定生产能力	项目设计规模	设备负荷
散毛染缸	200kg/批	4 台×6 批/d	2538t/a	2000t/a	78.8%
	100kg/批	4 台×6 批/d			
	50kg/批	3 台×6 批/d			
	20kg/批	3 台×6 批/d			
剑杆织机	250m/d	60 台	450 万 m/a	400 万 m/a	88.9%
洗缩联合机	550m/h	3 台×8h/d	475 万 m/a	400 万 m/a	84.2%
起剪联合机	40m/min	1 台×8h/d	576 万 m/a	400 万 m/a	69.4%

五、生产工艺

生产过程包括散毛染色、纺织及后整理三个部分，分别安排在三个不同的车间内进行，具体工艺过程详见图 2-1-3 至图 2-1-5。

1. 散毛染色

散毛染色过程详见图 2-1-3。

2. 纺织

纺织过程具体见图 2-1-4。

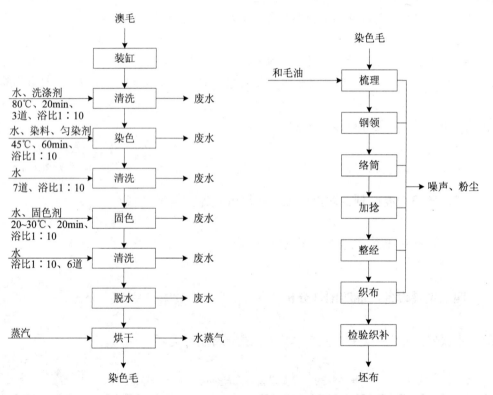

图 2-1-3　散毛染色工艺流程　　　　图 2-1-4　纺织工艺流程

3. 后整理

面料的后整理过程详见图 2-1-5。

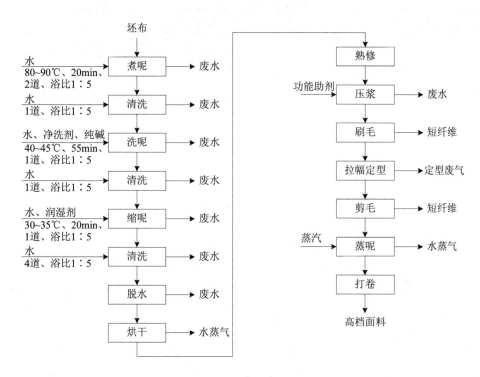

图 2-1-5　后整理工艺流程

六、污染物产生环节及污染因子

根据企业不同生产单元、不同产品的工艺及设备条件，主要污染环节情况详见表 2-1-40。

表 2-1-40　各生产单元污染产生情况一览表

生产单元	产污环节	主要污染因子	备注
散毛染色	染前清洗	清洗废水：pH、COD_{Cr}、NH_3-N、SS 等	染色废水
	染色	染色残液：pH、COD_{Cr}、SS、色度等	
	染后清洗	清洗废水：pH、COD_{Cr}、SS、色度等	
	固色	固色残液：pH、COD_{Cr}、SS、色度等	
	固后清洗	清洗废水：pH、COD_{Cr}、NH_3-N、SS、色度等	
	脱水		
	烘干	水蒸气	—

生产单元	产污环节	主要污染因子	备注
纺织	梳理	噪声 纤尘：羊毛短纤维	—
	钢领		
	络筒		
	加捻		
	整经		
	织布		
后整理	煮呢	煮呢废液：pH、COD_{Cr}、SS 等	整理废水
	煮后清洗	清洗废水：pH、COD_{Cr}、SS 等	
	洗呢	洗呢废液：pH、COD_{Cr}、SS 等	
	洗后清洗	清洗废水：pH、COD_{Cr}、SS 等	
	缩呢	缩呢废液：pH、COD_{Cr}、SS 等	
	缩后清洗	清洗废水：pH、COD_{Cr}、SS 等	
	脱水		
后整理	压浆	压浆废液：pH、COD_{Cr}、SS 等	—
	刷毛	纤尘：羊毛短纤维	—
	拉幅定型	定型废气：油、颗粒物	—
	剪毛	纤尘：羊毛短纤维	—
	蒸呢	水蒸气	—
	打卷	噪声	—
配套	原料使用	包装固废	
	净水站	再生水、噪声	
	设备冷却系统	设备冷却水（回用）	—
	蒸汽使用	蒸汽冷凝水（回用）	—
	企业食堂	油烟废气	
	地面冲洗	地面冲洗废水	
	员工生活	生活污水、生活垃圾	—

表2-1-41 主要污染因子一览表

污染类别	生产单元	主要污染因子	备注
废气	纺织	纺织纤尘：羊毛短纤维	收集
	后整理	刷毛纤尘：羊毛短纤维	收集
		拉幅定型：定型废气	净化后排放
		剪毛纤尘：羊毛短纤维	收集
	食堂	油烟废气	净化后排放
废水	散毛染色	染色废水：pH、COD_{Cr}、NH_3-N、SS、色度等	收集预处理后，委托处理
	后整理	整理废水：pH、COD_{Cr}、NH_3-N、SS等	
	压浆	压浆废液：COD_{Cr}、SS	
	净水站	再生水：pH	
	地面冲洗	地面冲洗水：pH、COD_{Cr}、SS等	
	食堂	含油废水：COD_{Cr}、动植物油	
	员工生活	生活污水：COD_{Cr}、SS、NH_3-N等	
	设备冷却	冷却水	回用
	蒸汽使用	蒸汽冷凝水	回用
固废	原料使用	包装固废	供应商回收
	配套除尘	羊毛短纤维	回收利用
	废水过滤	羊毛短纤维	
	员工生活	生活垃圾	环卫清运

七、污染源强分析

1. 废水

根据对项目的生产工艺分析可知，项目产生的废水包括散毛染色产生的染色废水、后整理产生的整理废水、净水站再生水、地面冲洗水、冷却水、蒸汽冷凝水、员工日常的盥洗、冲厕及食堂含油废水等。生产废水的主要污染因子为pH、色度、COD_{Cr}、BOD_5和SS等；生活污水主要污染因子为COD_{Cr}、NH_3-N、SS等。

（1）印染废水

为了解本项目染色废水及整理废水的水质、水量情况，采用同类型企业粗纺面料生产线废水作为类比对象进行监测。

同时根据对监测期间的产品、染料使用种类及所采用的染色、整理工艺调查可知，其生产情况与本项目基本相同，虽然染色、整理过程中的浴比不同，但染料、助剂使用及配比接近，因此，该项目具有可比性，本评价中各股废水的水质可以根据类比项目进行确定。监测期间类比企业的生产、染料使用情况及废水产生情况详见表2-1-42。

表 2-1-42　某公司监测期间生产、产污情况统计表

工段	染料使用情况	产品产量	单位产品污染量	备注
散毛染色	媒介绿蓝 媒介黄、蓝、上青 弱酸艳蓝 RAW 弱酸绿 GS 中性黄、青、灰 活性黄、翠蓝、蓝	7435 kg	废水量（浴比 1：20）：59.2L/kg COD$_{Cr}$：48 g/kg NH$_3$-N：0.64 g/kg BOD$_5$：22.3 g/kg SS：8.8 g/kg	以三个日班计
后整理	净洗剂 纯碱 液碱 功能助剂等	4500 m （2687 kg）	废水（浴比 1：8）：118.7L/m （237.4L/kg） COD$_{Cr}$：309.5 g/kg NH$_3$-N：0.3 g/kg BOD$_5$：135.7 g/kg	

1）水质

染色废水及整理废水均为间歇性排放，在白班各工段排水时采取 10min 间隔采 1 次水样，连续采 8h 样，共监测 3d，对每天所采水样的水质平均值（pH 为范围）进行统计，具体统计结果详见表 2-1-43。

表 2-1-43　某公司散染、整理废水水质监测结果统计表　　　　单位：mg/L

采样点	采样时间	废水水质					
		pH	色度/倍	氨氮	COD$_{Cr}$	BOD$_5$	SS
散染废水排放口	第一天	5.0～6.0	320	17.31	710.55	346.5	75
	第二天	5.0～6.5	1024	10.24	931.2	413.18	332
	第三天	6.0～6.5	1024	4.87	791.9	368.24	36
	平均	5.0～6.5	789	10.8	811.2	376	148
整理废水排放口	第一天	7.0～8.5	128	1.63	509	167.34	52.5
	第二天	6.8～8.5	512	1.76	2131.2	791.30	385
	第三天	7.0～8.5	512	0.43	1271.2	756.24	219
	平均	6.8～8.5	384	1.27	1303.8	571.63	218.8

2）水量

本项目生产的毛纺染色产品，使用洗净的散毛，不需要前处理，废水的产生环节为散毛车间的染色和整理车间的整理工段，大部分为清洗废水。

① 根据类比计算

根据对同类型项目的调查可知，在实际操作中，染色浴比 1：20，后整理浴比为 1：8，废水产生系数分别为 59.2 L/kg 产品、237.4 L/kg 产品，而根据企业提供的资料，

本项目所采用的散纤染色机浴比为1：10；后整理工段煮呢机及洗缩联合机等设备浴比均为1：5。

根据同类型项目的单位产品废水产生系数，再根据浴比进行折算，在本项目的生产规模下，废水产生量约为385550t/a，即1285.2t/d。

②根据设备工艺估算

根据企业提供的各道工序的不同工艺情况，从工艺、设备的角度对本项目生产用水量的估算结果详见表2-1-44。

表 2-1-44　印染废水产生情况一览表

序号	车间	工艺				产能/(t/d)[①]		用水/(t/d)			废水[②]				去向
		工序	操作次数	浴比	时间/(h/批)	日均	日最高	日均	日最高	说明	类别	日均量/(t/d)	日最高/(t/d)	年废水量/(t/a)	
1	散纤染色	清洗	3	1：10	4	6.7	8.46	201	253.8	第3道清洗水用于下一批染色前的首道清洗	染色废水	814.05	1027.89	244215	经调节池调节匀质后,委托处理
2		染色	1	1：10				67	84.6						
3		清洗	7	1：10				469	592.2	第7道清洗水用于下一批染色后的首道清洗					
4		固色	1	1：10				67	84.6						
5		清洗	6	1：10				402	507.6	第6道清洗水用于下一批固色后的首道清洗					
6	后整理	煮呢	2	1：5	8	6.7	7.2	67	72		整理废水	301.5	324	90450	
7		清洗	1	1：5				33.5	36						
8		洗呢	1	1：5				33.5	36						
9		清洗	1	1：5				33.5	36						
10		缩呢	1	1：5				33.5	36						
11		清洗	4	1：5				134	144						
	合计							1541	1882.8			1115.55	1351.89	334665	

注：①产能按照产品的折重表示；②生产过程中，水的损耗量以10%计。

本项目年染散毛量为 2 000 t，并用染色后的散毛进行 400 万 m 高档面料生产，则平均每天染色加工 6.7 t，日均用水量为 1 541 t/d，年为 46.23 万 t；由本项目的工艺可知，通常整个生产过程持续 4 h/批，若企业设备满负荷运转，则日最高可生产 6 批/d，折 8.46 t/d，若以每批最大用水量进行估算，则本项目的日最高用水量为 1 882.8 t。

考虑水分因挥发、烘干等的损耗，其生产废水的产生系数以 90% 计，则本项目的印染废水年均废水量为 33.47 万 t，日均废水量为 1 115.55 t。

由以上分析可知，根据同类型项目类比计算得到的水量比根据设备工艺估算得到的废水量稍大，考虑到两个项目浴比及废水回用程度的不同，可以认为两种计算得到的水量是比较接近的，但考虑到本项目在设备、工艺及管理上较类比项目先进，本项目废水量将根据设备工艺估算结果确定。

根据以上水量数据，计算企业达产后每百米坯布的平均排水量，印染单元排放的废水量为 334 665 t/a，印染行业每百米坯布（布幅以 914 mm 计）平均排水量 q（t/hm 坯布）可按下式计算：

$$q = \frac{0.914}{L \times W} Q$$

式中：Q —— 废水年排放量，t/a；

W —— 坯布年加工量，hm/a，实为 40 000；

L —— 产品布幅，m，根据折算为 1.8 m。

根据以上计算可知，通过采取一系列的循环、回用等节水措施后，企业平均的每百米坯布废水量为 4.25 t。

项目印染废水及废水污染物的产生情况，详见表 2-1-45。

表 2-1-45　印染废水污染物产生情况一览表

污染因子	染色废水		整理废水		混合	
	产生浓度/（mg/L）	产生量/（t/a）	产生浓度/（mg/L）	产生量/（t/a）	产生浓度/（mg/L）	产生量/（t/a）
废水	—	244 215	—	90 450	—	334 665
pH	6~10.5	—	6.8~8.5	—	6~10.5	—
色度（倍）	789		384		584	
COD_{Cr}	811.2	198.11	1 303.8	117.93	944.35	316.04
BOD_5	376	91.82	571.63	51.7	428.85	143.52
NH_3-N	10.8	2.64	1.27	0.11	8.22	2.75
SS	148	36.14	218.8	19.79	167.12	55.93

（2）其他废水（略）

企业建成投产后，其废水及废水污染物源强详见表 2-1-46。

表 2-1-46　企业整体废水污染源强汇总表

污染因子	产生		纳管		排环境	
	浓度/ (mg/L)	产生量/ (t/a)	浓度/ (mg/L)	纳管量/ (t/a)	浓度/ (mg/L)	排放量/ (t/a)
废水	—	360 015	—	360 015	—	360 015
pH	6～9	—	6～9	—	6～9	—
色度	<500（倍）	—	<150（倍）	—	30（倍）	—
COD_{Cr}	904.24	325.54	500	180	60	21.6
BOD_5	401.84	144.67	300	108	20	7.2
NH_3-N	8.28	2.98	8.28	2.98	6.3	2.98
SS	169.6	61.08	169.6	61.08	20	7.2

（3）水平衡图（略）

2. 废气（略）

3. 噪声（略）

4. 固废（略）

八、环境质量现状评价（略）

九、施工期环境影响评价（略）

十、环境影响分析

1. 废水纳管可行性分析

（1）纳管可行性分析

本项目生产废水经厂内调节池匀质后，直接接入污水收集管网，送某污水处理有限公司预处理。

某污水处理有限公司是某经济开发区二期纺织印染产业园的基础设施配套工程，专门为园区内纺织印染企业配套服务，根据该污水处理有限公司工程环境影响报告，该污水处理厂设计废水进水水质为 pH 10～11、COD_{Cr} 1 200 mg/L，根据该公司与纳污企业的协议，废水纳管 COD_{Cr} 不大于 2 500 mg/L。

本项目生产废水综合水质为 904.24 mg/L，符合该污水处理厂设计进水和污水处理厂纳管水质要求。本项目计划以 2008 年 12 月建成投产，因此，时间上基本可以衔接。

本项目废水经某污水处理有限公司处理后接入开发区污水管网，送城市污水处理厂处理，综上所述，本项目废水接管基本可行。

（2）企业废水对污水处理厂的影响

①废水对某污水处理有限公司的影响分析

根据某污水处理有限公司项目环境影响报告书，该公司废水处理工艺能够满足印染区块废水处理到三级标准入管的要求。该项目为经济开发区纺织产业园的配套项目，要进管的企业均分布在污水厂周围，离污水厂距离都很短，因此各企业废水均能顺利按本项目进行处理。某污水处理有限公司本身就是针对周边各印染企业废水的专项污水处理厂，其工艺预计处理效果见表 2-1-47。

表 2-1-47　废水预计处理效果表

处理单元	指标	COD_{Cr} / (mg/L)	BOD_5 / (mg/L)	SS / (mg/L)	氨氮/ (mg/L)	pH	色度/倍
格栅井	进水	800～1 200	—	—	—	—	—
	出水	1 000	250	350	<10	9	400
	去除率/%	—	—	—	—	—	—
水解酸化池	出水	800	260	300	10	6.5～8	245
	去除率/%	20	−5	15	—	—	39
好氧/二沉	出水	520	160	240	<10	6.5～8	122
	去除率/%	35	40	20	—	—	50
混凝/沉淀	出水	416	144	120	<10	6.5～8	61
	去除率/%	20	10	50	—	—	50

由表 2-1-47 可知，在满足工艺进水条件的情况下，某污水处理有限公司工艺能够满足印染区块废水处理到三级标准入管的要求，NH_3-N、色度能满足《污水排入城市下水道水质标准》（CJ 3082—1999），因此本项目废水接入某污水处理有限公司处理不会对其处理系统产生大的冲击影响。

②废水对城市污水处理厂的影响分析

根据某城市污水处理厂现有工程的处理工艺、处理能力及目前的运行状况可知，本项目正常排放情况下，污水处理厂有能力接纳本项目废水并处理至《城镇污水处理厂污染物排放标准》（GB 18918—2002）中一级标准的 B 标准后达标排放周边水体；由于项目废水量不大，相对污水处理厂处理能力来说比例较小，因此，项目废水事故排放时对污水处理厂的冲击影响也不大。

2．环境空气影响分析（略）

3．声环境影响分析（略）

4．固体废物影响分析（略）

十一、环境风险评价（略）

十二、清洁生产分析

1. 清洁生产水平分析（略）
2. 清洁生产持续改进方案

必须积极采取清洁生产措施，进行源头削减，变末端治理为全过程减污。结合本项目实际情况，本环评建议该厂采取如下清洁生产措施：

（1）加强宣传、管理，完善清洁生产岗位责任制

清洁生产是对生产全过程的污染控制，牵涉到企业中的各个部门和全体员工，因此，全面开展清洁生产的宣传十分重要。可采用培训、印发资料、互相讨论等方式使清洁生产深入人心；管理上可设立清洁生产小组、制定清洁生产措施，实施清洁生产和经济责任制挂钩等方式推行清洁生产。

（2）积极采用先进工艺及设备

使用先进设备，有利于降低生产能耗以及提高产品质量，对设备基本要求是：先进，自动化程度高，生产连续性好；性能可靠，环保节能（噪声源强低）；操作方便，适应性强；适合小批量、多品种生产；缩短染色工艺流程，减少染色时染料用量和废水外排量；清洗工段须按照自动计量，同时设立水槽液位自动控制装置，以提高水的利用率，减少废水外排量。

（3）积极提倡回收、回用工艺

部分染色、清洗废水的回用。染色、清洗是本项目建成投产后产生废水最多的工序，建议厂方采用先进的染色废水回用设备，对染色废水进行回用。

（4）改进生产安排，平衡水量水质

水量水质随时间变化大是造成本项目废水处理难的主要原因之一，通过对其他企业的调查发现，染色车间即染色机同时开工时，往往同时排水，这样对污水处理站造成很大的负荷冲击，影响了其处理效率，因此，建议企业合理调整生产安排，尽可能做到几台染色机交叉排水，使其排水在一天中各时段均匀分配，尽量减少综合废水的水量、水质变化。

（5）实施清洁生产审计

推进企业清洁生产审计，能使企业行之有效地推行清洁生产。通过清洁生产审计，能够核对企业单元操作中原料、产品、水耗、能耗等因素，从而确定污染物的来源、数量和类型，进而制定污染削减目标，提出相应的技术措施。实施清洁生产审计还能提高企业管理水平，最终提高企业的产品质量和经济效益。

（6）完善企业内部管理，减少物料消耗

实践证明，通过加强企业管理、可以大幅降低原料及燃料的耗用量。据估计，通

过实施成本控制法、落实成本控制责任制,可以降低成本15%左右。建议企业内部实施如下管理:

企业内部积极开展ISO 14000环境管理体系认证,对产品从开发、设计、加工、流通、使用、报废处理到再生利用整个生命周期实施评定制度,然后对其中每个环节进行资源和环境影响分析,通过不断审核和评价使该体系有效运作。同时,企业在争取认证和保持认证的过程中可以达到提高企业内部环保意识,实施绿色经营,改善管理水平,提高生产效率和经济效益,增强防治污染能力,保证产品绿色质量的目的,最终使企业国际竞争力大为增强,信誉度提高,获得冲破国际贸易中"绿色贸易壁垒"的通行证。

建立严格的管理制度,落实岗位责任制,加强生产中的现场管理。

加强生产管理和设备维修,及时检修、更换破损的管道、机泵、阀门和污染治理设备,尽量减少和防止生产过程中的跑、冒、滴、漏和事故性排放。

各生产设备均应安装用水、用汽和化学药剂计量装置;对单位产品实行用料考核,并与职工的经济效益挂钩,以减少物料消耗,降低生产成本,削减污染物排放量。

毛纺服装生产企业是耗汽、耗水大户,必须合理使用能源,控制蒸汽质量和均匀度,防止蒸汽过量。

对染色过程使用的染料、助剂的投配量进行试验,在确保产品质量的前提下,确定原材料的最佳投入量,避免物料的浪费。

十三、总量平衡分析

根据对企业达产后的污染源强分析,本项目的总量控制污染物详见表2-1-48。

表2-1-48　本项目总量控制污染物排放情况

污染物名称	纳管量/（t/a）	最终排放量/（t/a）
废水量	360 015	360 015
COD_{Cr}	325.54	21.6
NH_3-N	2.98	2.98

根据环保主管部门确定的污染物总量平衡方案,其污染物总量一部分利用关停的××丝绸印染厂总量,不足部分由环保局从关停的某印染厂收回的总量内调剂。具体方案见表2-1-49。

表 2-1-49　本项目总量平衡表　　　　　　　单位：t/a

污染物	本项目排环境总量	1：1.5 环境削减量	原有排污总量	可调剂的总量	本项目区域调剂量
废水量	360 015	540 000	121 000	688 000	419 000
COD_{Cr}	21.6	32.4	7.26	68.8	25.14
NH_3-N	2.98	4.47	1.82	10.32	2.65

由表 2-1-49 可知，本项目污染物 COD_{Cr}、NH_3-N 总量按 1：1.5 进行环境削减后，在公司原有总量的基础上，分别尚需调剂 25.14t/a、2.65t/a，而关停的某印染厂可调剂的 COD_{Cr} 总量为 68.8t/a、NH_3-N 为 10.32t/a，则本项目 COD_{Cr}、NH_3-N 总量可以在区域内调剂解决，并经环保局核准确认，而本项目不使用含磷原料，污染物中不会有总磷的排放。

十四、污染防治对策

1. 废气污染防治对策（略）

2. 废水污染防治对策

废水处理系统，调节池总容量 6 000t/d，对项目浓污水、轻污水分质处理，浓污水经调节池匀质后，接入印染区块污水处理厂；轻污水经处理系统深度处理后回用，设计规模为 3 000t/d，处理系统采用先生化、后物化的处理工艺，该工艺技术成熟、操作简单、安全可靠，主要构筑物包括调节池、水解酸化池、二沉池、气浮池、过滤器、回用水池等，并预留膜处理装置位置，其中，深度处理单元为独立两套 1 500t/d 处理组，水量少时可分别单独运行，考虑到今后回用到染色工段，需要对回用水中的盐度进行去除，企业预留了两套膜处理装置的位置。废水处理系统设计进、出水水质详见表 2-1-50。

表 2-1-50　设计进出水水质　　　　　　　单位：mg/L

废水名称	PH（无量纲）	COD_{Cr}	BOD_5	SS	色度
进水水质	6～9	1 000	400	400	400
出水水质	6.5～8.5	60	10	70	50

废水处理系统各主要构筑物预处理效果详见表 2-1-51。

3. 噪声防治措施（略）

4. 固废防治措施（略）

表 2-1-51　废水预处理系统处理效果一览表　　　　　　　　　单位：mg/L

项　目		pH（无量纲）	COD$_{Cr}$	BOD$_5$	SS	色度
调节池		6～9	1 000	400	400	400
水解酸化池	出　水	6～8	800	360	400	200
	去除率	—	20%	10%	—	50%
A/O 池	出　水	6～8	144	18	80	100
	去除率	—	82%	95%	80%	50%
混凝气浮池	出　水	6～8	86	16	16	40
	去除率	—	40%	10%	80%	80%
过滤器	出　水	6～8	51.6	9.6	—	—
	去除率	—	40%	40%	—	—
回用标准		6.5～8.5	60	10	70	50

十五、公众参与（略）

十六、产业导向、规划布局及选址合理性分析（略）

十七、环评总结论（略）

案例点评

① 该案例为新建印染生产项目，符合国家产业政策，属于产生较重的水污染物项目，项目在建设用地作了相应调整后，可以符合规划的要求，为项目建设与周边环境和谐共处、规避环境潜在风险，提供了保证。

② 工程分析采用类比法估算源强，对类比企业的产品、染料助剂使用情况、生产工艺、浴比、污染源强等进行了调查分析，说明了类比调查资料的适用性，并根据项目的工艺情况对废水量进行复核计算，选取更优的结果进行后续的预测分析。

③ 环评对生产设备的生产能力与申报的设计规模进行了产能匹配性分析，使项目的设备配置更符合设计规模的要求，为环境保护主管部门提供切实的管理依据。

④ 在总量控制方面，该环评以点对点的方式明确地分析了总量调剂来源、平衡方式，为总量管理提供了明确的数据。

⑤ 印染行业主要产生废水，项目对废水的纳管可行性和环境影响进行了较为全面的分析，但缺乏依托治理设施是否正常运行的数据支持。

⑥ 项目对清洁生产进行了分析，但缺乏针对性的持续改进方案。

⑦ 废水回用需进一步从废水回用各环节的水质要求、水量平衡、废水处理措施的适用性等几方面来综合分析。

第二章　织物涂层

第一节　概述

所谓织物涂层，即在织物表面（基布）均匀地涂敷一层或多层高分子成膜物（涂层剂），使其产生不同功能的一种织物表面加工技术。织物涂层作为一种织物加工技术，有悠久的历史，古代涂桐油的布雨伞就是一个典型。而织物涂层作为一种新型的加工工业门类，是从 20 世纪 30—40 年代开始的，随着新型合成高分子材料的出现，各种新功能、新技术的开发，织物涂层的发展非常迅速。通过织物涂层可以赋予织物的外观和内在功能产生变化，如增加织物外观珠光效果、反光效果、皮革外观效果、特殊花纹等；提高织物手感舒适性、弹性回复性、防皱性能等；增加防水、防油、防风、防污、防酸碱、防辐射、防霉抗蛀、防紫外线和远红外线辐射等功能。目前织物涂层已成为纺织行业重要的发展方向之一。

织物涂层用到的涂层剂（或称为涂层材料、涂层胶）通常是高分子化合物或弹性体，主要为聚氨酯（PU）、聚氯乙烯（PVC）、聚丙烯酸酯（PA）和聚烯烃（如聚乙烯 PE、聚丙烯 PP）等合成树脂，而基布可以是涤纶、锦纶、维纶、棉、黏胶等纤维制成的机织物、针织物和非织造布。

织物涂层加工方式可分为湿法涂层、干法直接涂层和干法转移涂层。广义的织物涂层，也包括层压、压延等直接成型工艺。有时候一种产品往往需要多种生产工艺进行组合生产。人们有时将织物涂层技术归入纺织品后整理技术中，称为涂层整理。有时人们又把涂层织物看成是一种复合材料，因为在有的涂层织物中，织物只起支撑作用，对功能的贡献主要依赖高分子涂层膜。

织物涂层产品种类繁多，而且用途范围十分广泛。其产品在服装、制鞋、箱包、篷盖布、装饰布、汽车、家具等领域得到广泛的应用。据 20 世纪 90 年代统计，织物涂层产品已占纺织品总量的 20%，涂层整理剂消耗量已达到纺织助剂总量的 60%（以重量计）。织物涂层产品主要应用领域见图 2-2-1。

合成革、人造革是以一种材料为基材，在上面涂覆一层或多层合成树脂（包括各种添加剂）制成的一种外观似皮革的产品，也是织物涂层的代表性产品，广泛应用于生产生活各领域。在以往的资料中，对合成革、人造革少见严格的区分。2008 年 8 月实施的《合成革与人造革工业污染物排放标准》（GB 21902—2008）则作了如下定义：

（1）合成革是指以人工合成方式在以织布、无纺布（不织布）、皮革等材料的基布上形成聚氨酯树脂的膜层或类似皮革的结构，外观像天然皮革的一种材料。

（2）人造革是指以人工合成方式在以织布、无纺布（不织布）等材料的基布（也包括没有基布）上形成聚氯乙烯等树脂的膜层或类似皮革的结构，外观像天然皮革的一种材料。

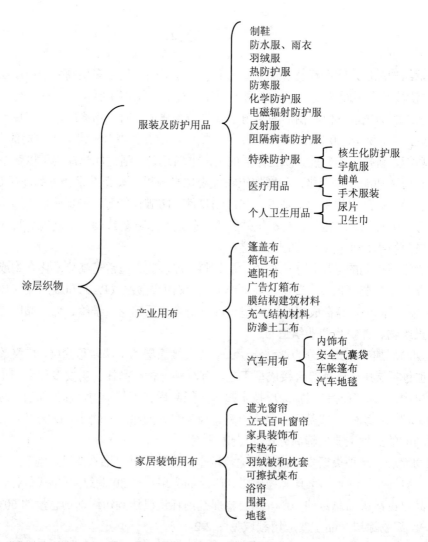

图 2-2-1 织物涂层产品主要应用领域

国外从 20 世纪 30—50 年代开始生产 PVC 人造革（聚氯乙烯—PVC，一般认为属于第一代人工皮革），60 年代开始生产 PU 合成革（聚氨酯—PU，为第二代人工皮革），70年代开始生产超细纤维合成革（简称"超纤"，为第三代人工皮革）。

我国从20世纪50年代末开始生产PVC人造革，在1983年开始生产第二代合成革，1994年开始生产第三代超细纤维合成革。近几年来，我国合成革工业迅猛发展，目前已经成为世界合成革生产大国、消费大国和进出口贸易大国。我国人造革与合成革生产企业主要分布在浙江、江苏、广东、福建和山东等沿海省市。浙江、江苏、广东地区的人造革企业占全国约80%，如温州合成革之都、江苏盛泽、江阴地区、广东高明、浙江丽水合成革工业园区、河北雄县合成革基地、辽宁合成革工业园。改革开放以来，随着国外先进工艺设备的相继引进，我国合成革行业技术状况、产品、档次都有较大提高，压延法、干法PU/PVC、湿法PU等合成革生产技术发展迅猛。目前，全国拥有近200万产业大军，共有人造革与合成革企业2000多家，上千条生产线，是塑料行业重点发展的产业。

与许多主要工业一样，织物涂层生产带来的环境问题也比较严重，主要是溶剂废气、增塑剂废气产生的污染问题、含DMF废水带来的污染问题、加工过程的高能耗问题，以及废旧品回收困难等问题。我国对纺织涂层行业发展有明确的产业政策要求，以指导纺织涂层行业健康、高水平地发展。

第二节 工程分析

织物涂层加工的污染产生情况与所使用的涂层剂、溶剂、助剂、涂层加工方法以及生产过程控制有密切关系，本节主要对原料、设备、生产工艺、配套设施等内容进行简介，并以PU合成革、PVC人造革为例，介绍涂层行业生产过程的污染物产生和排放情况。

一、原料与设备

（一）生产原料

织物涂层的主要原辅料包括涂层剂、基布和添加的溶剂、助剂，这也是织物涂层加工污染物的主要来源。调查清楚项目生产所用原辅材料的组成和理化特性，才能结合工艺条件去分析它们在加工中是否会转变成废气、废水、固体废物以及转变的环节，这是工程分析的基础工作之一。织物涂层行业的环评，要重点了解涂层剂的溶剂类型、添加溶剂的种类数量，以及在加热烘干工艺下挥发逸出成为废气的助剂。

1. 涂层剂

涂层剂的分类方法很多。按化学结构分类主要有：聚丙烯酸酯类（PA）、聚氨酯类（PU）、聚氯乙烯类（PVC）、有机硅类、合成橡胶类，还有聚四氟乙烯、聚酰胺、聚酯、聚乙烯、聚丙烯和蛋白质类。

按使用的介质分可为溶剂型和水分散型两种：

溶剂型具有耐水压高，成膜性好，烘燥快，含固量低等优点，但同时又有渗透性强、手感粗硬、毒性大、易着火，溶剂需回收且回收费用高的缺陷。

与溶剂型相比，水分散型无毒、不燃、安全，成本低、不需回收，可制造厚涂产品，有利于有色涂层产品的生产，涂层亲水性好；其缺点是耐水压低，烘燥慢，在长丝织物上粘着较难。

由于涂层工艺及焙烘条件的不同，又有干式涂层胶和湿式涂层胶、低温交联涂层胶和高温交联涂层胶之分。

目前常用的涂层剂主要有：聚氨酯类涂层剂（溶剂型、水分散型）、聚丙烯酸酯类涂层剂（溶剂型、水分散型）、聚氯乙烯类树脂（普通型树脂和特种 PVC 树脂）。

（1）聚氨酯类涂层剂（PU）

聚氨酯全称为聚氨基甲酸酯，简称 PU 胶，是分子结构中含有 -NHCOO- 单元的高分子化合物。

聚氨酯类涂层剂是当今发展的主要种类，它的优势在于：① 涂层柔软并有弹性；② 涂层强度好，可用于很薄的涂层；③ 涂层多孔性，具有透湿和通气性能；④ 耐磨、耐湿、耐干洗。其不足在于：① 成本较高；② 耐气候性差；③ 遇水、遇热、遇碱要水解。

PU 涂层剂商品分类见图 2-2-2：

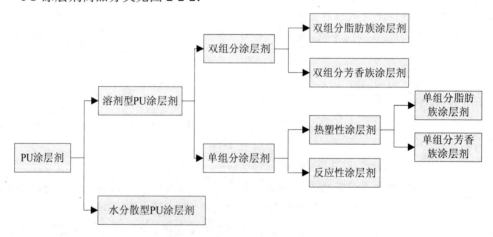

图 2-2-2　PU 涂层剂商品分类

PU 涂层剂分为溶剂型和水分散型，其中的热塑性树脂（料粒）除用作涂层剂外，也可研磨成粉末作为黏合剂，或者挤压成膜用于织物层压工艺。

● 溶剂型 PU 涂层剂可分为双组分涂层剂和单组分涂层剂。

- 所谓双组分涂层剂,即这类涂层剂有预聚物和交联剂两种成分,涂层整理时,反应形成热固性网状薄膜。双组分涂层剂可用于直接涂层工艺,也可作为转移涂层工艺的黏结层(常用 DMF 作溶剂)。
- 单组分 PU 涂层剂不需要交联剂,因其分子量相对较高,硬段较多,较难溶解在一般有机溶剂中,但可溶于 DMF 等极性大的有机溶剂中。单组分涂层剂主要用于湿法涂层工艺,也可作为转移涂层工艺的皮层或黏结层,但不能用于直接涂层工艺。
- 水分散型 PU 涂层剂通常用于干法涂层,以水做分散剂,在使用时要加增稠剂。
- 单组分、双组分和水分散型是 PU 涂层剂的三代产品,但目前水分散型涂层剂的成膜性能尚不如溶剂型的,涂层剂商品中仍然以溶剂型为主,其中单组分超过了双组分。

(2)聚丙烯酸酯类涂层胶(简称 PA)

聚丙烯酸酯类织物涂层胶是目前常用的涂层胶之一,其优点是:耐日光、气候牢度好、不易泛黄、透明度、共容性好,有利于生产有色涂层产品,耐洗性好、黏着力强、成本较低。其缺点是:弹性差、易褶皱、表面光洁度差、手感较差。最初的聚丙烯酸酯类涂层胶属于单纯防水型,通过不断改进,目前的品种具有防水、透湿、阻燃等多种功能。聚丙烯酸酯类涂层胶一般由硬组分(如聚丙烯酸甲酯等)和软组分(如聚丙烯酸丁酯等)共聚而成。

- PA 涂层剂可分为溶剂型和水分散型。
- 溶剂型 PA 涂层剂含有约 80%的甲苯或乙酸乙酯溶剂,有逐渐被水分散型取代的趋势。
- 水分散型 PA 涂层剂又可分为普通型、高固含量型、超微乳液型和泡沫型。普通型在烘干时蒸发水量大,能耗高,而高固含量型则蒸发水量小,且可满足高上胶量涂层布的需要。超微乳液型和泡沫型兼具溶剂型和水分散型 PA 涂层剂的优点,在室温下即可成膜,皮膜光洁、安全无污染。

(3)聚氯乙烯类涂层剂(简称 PVC)

聚氯乙烯是无色、无臭、无味的白色粉末,分子式:$[C_2H_3Cl]_n$,分子量:36 500~93 750,玻璃化温度为 87℃,溶解温度为 210℃,耐化学性优良,有自熄性,离火能自熄,电绝缘性优良,常温下可耐任何浓度的盐酸,耐 90%以下的硫酸、50%~60%的硝酸以及 20%以下的烧碱;耐油性优,可耐各种醇类,但可溶于酮类溶液剂中,本身无毒,但其单体氯乙烯具有一定的毒性。

聚氯乙烯树脂一般分为普通型树脂和特种 PVC 树脂。前者约占总产量的 90%,后者包括 PVC 糊状树脂、掺混树脂、氯乙烯—醋酸乙酯共聚树脂等,约占总产量的 10%。直接涂层加工中采用较多的是糊状树脂,也可采用掺混树脂,压延贴合法 PVC

涂层，主要采用普通型树脂。PVC涂层织物适合制作篷盖布、防雨布、汽车及家用装饰布、箱包、家具面料、鞋面革、广告灯箱布等。

用PVC树脂进行涂层或制造人造革时，要添加多种助剂。主要有增塑剂、稳定剂、润滑剂、填料、着色剂等。

表2-2-1　常用纺织涂层剂

涂层剂	剂型	固含量/%	特点	缺点	用途
聚氨酯类	溶剂型	>30	皮膜强度高、黏着力大有弹性、手感柔软、不发黏、耐洗、耐寒、耐磨	耐候性差、聚醚类遇水、遇碱分解、价高	衣料、人造革
	水分散型	30～40			
聚丙烯酸酯类	溶剂型	10～30	耐光、耐候、透明耐水洗、黏合性好、价廉	抗渗水压低、耐磨性耐寒性较差、手感差	伞布、遮阳帐篷、雨衣、背包
	水分散型	30～60			
聚氯乙烯类	溶剂型乳液型	>20	耐燃、抗化学品好、耐寒、黏结强度大、价廉	泛黄、易老化、耐候、耐磨损欠佳	窗帘、帐篷、台布、壁饰材料
硅酮弹性体	溶剂型乳液型		织物弹性好、耐水解、耐候、耐寒	黏合性较差、常与其他涂层拼用	同上
聚四氟乙烯	溶剂型		耐热、耐药品、拒水、耐候性极佳	价贵	运动服、睡袋帐篷、雨具、登山用品
合成掺胶	溶剂型乳液型	30～40	弹性好、价廉	耐候性好、耐臭氧性差	橡胶布

2. 溶剂

织物涂层生产常用溶剂有DMF、甲苯、丁酮、丙酮、乙酸乙酯、乙酸丁酯等，这里介绍一下目前最常用的溶剂DMF的理化性质和毒理性。.

DMF（N，N-二甲基甲酰胺）

分子结构式：

$$H—\overset{\overset{\displaystyle O}{\|}}{C}—N\underset{CH_3}{\overset{CH_3}{<}}$$

性状：无色透明液体，易燃，有氨的气味。分子量73.09，密度0.9487，熔点-61℃，沸点149℃，闪点57.78℃，蒸气压351 Pa（20℃）、9.402 mmHg柱（40℃）、黏度0.796 mPa·s（25℃），折射率1.4304。溶于水、乙醇、乙醚、丙酮、苯和三氯甲烷，由于溶解能力很强，被称为万能有机溶剂。

毒性：大鼠经口LD_{50}为5000 mg/kg，小鼠经口LD_{50}为3750 mg/kg。我国《工作场所有害因素职业接触限值》（GBZ 2.1—2007）规定职业接触推荐的每个工作日（工作8h）的时间加权平均浓度为20 mg/m³。

3. 助剂

织物涂层用到的助剂有：增塑剂、稳定剂（热稳定剂、光稳定剂）、润滑剂、发泡剂、发泡促进剂、填料、着色剂、防水解剂等。其中增塑剂 DOP 在发泡工序挥发的废气污染比较严重。

4. 基布

涂层织物用到最多的是机织物，通常针织物不能用于直接涂层，但可进行转移涂层。非织造布大多数情况下不能用于直接涂层。基布材料包括棉、聚酯纤维、尼龙纤维、聚乙烯、聚丙烯、芳纶纤维、玻璃纤维等。

（二）设备

从环评的角度去看，设备是工艺污染物产生的具体节点，一台（套）设备或生产线通常是由一系列设备部件组成的，通过分析具体部件的工艺原理、工艺条件、物料的流转和转变，才能从源头上控制污染物的产生。

根据织物涂层工艺分类，涂层设备也可分为湿法涂层设备、干法转移涂层设备、干法直接涂层设备、层压机、压延机、后处理设备（印花机、磨毛机、植绒机、轧纹机等）。

1. 湿法涂层线

该工艺主要加工设备有制浆设备、湿法线、烘箱、冷却、卷取装置、DMF 回收装置等，可以生产超细纤维无纺布贝斯（半成品革）、起毛布贝斯和各类机织布贝斯等品种。

一条湿法生产线主要包括发送台、张力组、预热轮组、含浸槽、凝固槽、三轮预热轮组、压光机组、升降式含浸轧液轮组、含浸涂布机、凝固槽、水洗槽、四轮预热轮组、烫平冷却轮、中心卷取机等。其设备简图见图 2-2-3。

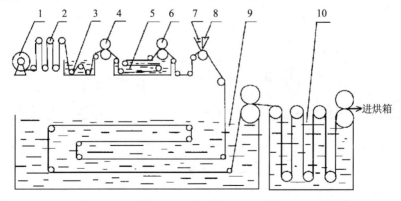

1—储布架；2—张力组；3—含浸槽；4—压力辊；5—预凝槽；
6—压力辊；7—刮刀；8—含浸涂布机；9—凝固槽；10—水洗槽

图 2-2-3　湿法涂层线设备简图

2. 干法转移涂层线

目前国内转移涂层主要采用离型纸生产工艺。该工艺主要加工设备有离型纸检验机、转移涂层线、成品检验机等，该工艺可以生产无纺布基、各类尼龙布基、起毛布基、针织布基、各类机织布基为底基的合成革。

一条转移涂层线主要包括发送台、接纸台、储料架、张力控制组、刀式涂布机、第一烘箱、辊轮预热轮组、发泡炉（第二烘箱）、贴合发送台、四辊轮冷却轮、贴合机、第三烘箱、中心卷取机、分离裁耳装置、对边卷取机等。其设备简图见图 2-2-4。

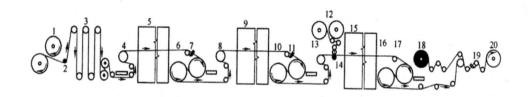

1—离型纸退卷机；2—压纸机；3—储存器；4—第一涂头；5—第一烘箱；6，10，16—冷却辊；

7，11，17，19—导辊；8—第二涂头；9—第二烘箱；12—基布退卷机；13—第三涂头；

14—贴合辊；15—第三烘箱；18—涂层织物卷绕机；20—离型纸卷绕机

图 2-2-4　转移联合涂层机

3. 干法直接涂层线

干法直接涂层机一般由退卷装置、涂层机（又称涂层头）、烘燥热处理机、冷却装置、卷绕装置等组成。设备简图见图 2-2-5。

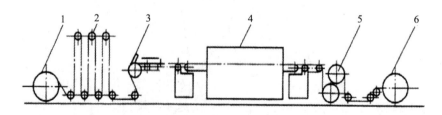

1—退卷架；2—张力装置；3—涂布器；4—烘燥机；5—冷却辊；6—卷绕装置

图 2-2-5　直接涂层机

二、生产工艺和产污环节

织物涂层生产工艺可分为湿法涂层、干法涂层（直接涂层、转移涂层）和直接成型（压延、层压）工艺、后处理工艺以及超纤生产的特殊工艺。涂层方式要根据产品要求和所用涂层剂的特性来选择，涂层方式和涂层剂、溶剂、加工成品之间的选用关系参见表 2-2-2。

选用不同的涂层工艺和涂层剂类型，排放的有机溶剂废气也不尽相同。通过核实建设单位提供的所选用涂层剂的溶剂类型、涂层剂配方与其采用的涂层工艺、基布的匹配性，可进一步验证所提供资料的准确性，从而在环评中准确分析有机废气污染源。

表 2-2-2　干法、湿法涂层工艺

序号	涂层方式		适用的涂层剂	适用的涂层剂溶剂类型	加工成品举例
1	干法涂层	直接涂层	PU	溶剂型[①]（含 DMF、甲苯、丙酮、丁酮等），水分散型	服装面料、装饰织物、产业用布
			PA	溶剂型、水分散型（包括 PA 泡沫涂层剂[②]）	
			PVC	PVC 树脂和增塑剂	防水油布、防护服装、休闲产品
			硅橡胶、丁腈橡胶、橡塑混炼胶等	—	安全气囊、劳动防护服
		转移涂层	PU	溶剂型，水分散型	主要用于服装、制鞋、家具面料
			PVC	PVC 树脂和增塑剂	主要用于箱包布
			PA	溶剂型（含甲苯、乙酸乙酯），也适用水分散型	座椅装饰
2	湿法涂层		PU	适用溶剂型（含 DMF）	人造麂皮、光面革（仿真皮革）

注：① 干法涂层，PU 涂层剂的溶剂配方有传统三组分溶剂（甲苯、DMF、丁酮）、二组分溶剂（DMF、丁酮），也有改进的以 DMF 溶剂为主、辅以少量丙酮、丁酮的配方。
　　② 泡沫涂层剂主要含反应性聚丙烯酸酯涂层剂、发泡剂、泡沫稳定剂和少量水，以空气为稀释剂，泡沫涂层系统属于水系介质。

表 2-2-3　直接成型工艺

涂层方式			适用的涂层树脂	溶剂或黏合剂类型	加工成品类型
直接成型	压延法		PVC	PVC 树脂和增塑剂	服装、制鞋、家具面料
	层压法涂层	热熔法	PVC、热塑性 PU 料粒	—	高强度工程织物
		黏合剂法※	PU	聚氨酯黏合剂	服装面料、装饰织物、医用防护服
			乙烯与乙酸乙酯共聚物、聚酰胺、聚酯	热熔体黏合剂（热熔膜）	
			聚乙烯、聚丙烯、聚酰胺、聚酯、聚氨酯、乙烯与乙酸乙酯共聚物	粉末黏合剂	黏合衬布、汽车内饰布
				黏合膜黏合剂	鞋类、服装、家具布
			PU、PA、聚乙烯醇	水分散型黏合剂	
			PU、PA、橡胶	溶剂型黏合剂	汽车内饰布
		焰熔法	聚氨酯泡沫薄片焰熔法已被禁止，目前适用于在熔融中不释放污染物的热塑性材料，如使用聚乙烯泡沫体（水系介质）		

※注：黏合剂种类按市场份额由大到小排序。

以下主要以合成革为例，介绍生产工艺、配套辅助工程相关工艺和产污环节。图 2-2-6 是数种织物涂层工艺组合生产得到的 PU 合成革产品的微观结构图。

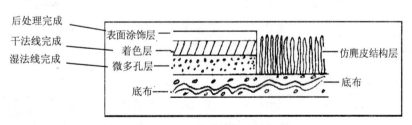

图 2-2-6　PU 合成革微观结构图

（一）PU 湿法涂层工艺

湿法涂层是将基布经 PU 涂层剂（以 DMF 为溶剂）涂刷或浸渍后，在溶液中凝固形成连续的微孔结构，再经过磨毛或压花、轧光等后加工工序制成的产品。湿法涂层产品性能优异，是公认的高档涂层织物。

1. 主要工序工艺说明

（1）预含浸：基布进入含浸槽，经多次浸轧 PU 浆料，在预凝固槽进行预凝固。预含浸的作用是对基布进行整理，改善基布纤维渗透性能，有利于 PU 树脂与 DMF 溶剂在基布中与布料更好地均匀黏合。预含浸工序在常温下进行，六辊烫平的工作温度控制在 120℃左右。

（2）涂布：基布在涂布机上加入涂布工作浆进行常温涂布，并通过刮刀将多余的背面浆液刮去，有的设备配备轧辊以控制涂布量。

（3）凝固、水洗、烘干：利用 DMF 易溶于水的特性，使涂层中溶剂 DMF 进入水中，使 PU 树脂凝固于基布表面形成一层皮膜，再经过水洗尽量去除皮膜中剩余DMF，形成紧密附着在底布上的微多孔层。凝固槽浴液控制为 15%～25% DMF 水溶液（不同的浓度可以得到不同规格的半成品）。凝固温度约 35℃，冬天可适当加温，但不宜超过 40℃。凝固后基布送入水洗槽进行水洗（可采用逆流水洗）脱除残留DMF。水洗液一般利用 DMF 回收的蒸出水经吹脱二甲胺后的回用水。水洗后进行挤压水分、辊筒干燥、烘箱烘干皮膜，辊筒冷却后得产品，或进行后处理加工，或作为半成品革（贝斯或底坯）继续去干法线进行涂层。

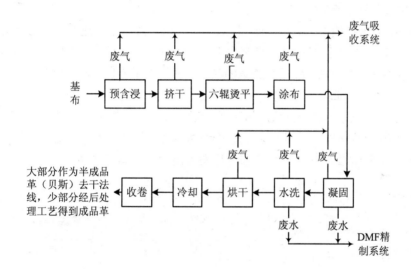

图 2-2-7 PU 湿法涂层工艺流程

2. 产污环节和污染物来源

湿法涂层产污环节主要有含浸、涂布、凝固、烘干加热、传输过程等。

生产废气来源：预含浸槽中 PU 浆料中 DMF 浓度达 90%，凝固槽浴液在更换前DMF 浓度可达 15%～25%，涂布浆料浓度可达 50%左右，在常温和加热情况下，这些环节都会有 DMF 废气挥发，此外还有辊筒干燥产生的 DMF 废气、烘箱烘干过程产生的 DMF 废气。上述环节都需要采取废气收集治理措施，少量未能收集废气则无组织排放。

生产废水来源：因涂层剂中的 DMF 溶解在凝固槽浴液和水洗槽中，产生含浓度20%左右的 DMF 废水，该部分废水送 DMF 精制回收系统进行处理。

固废物来源：凝固槽定期清洗会产生清理污泥。

（二）PU 干法转移涂层工艺

干法转移涂层一般以离型纸为载体，将干法 PU 树脂浆料涂刮在其上（一般涂刮1～3次），继而进入烘箱，烘干除去树脂中的溶剂得到 PU 皮膜，然后将贝斯（或底坯）和 PU 皮膜挤压贴合、烘干形成合成革制品，最后将离型纸与合成革分离得到成品。必要时还要经过印刷、磨皮、压花、捽软、揉纹、水揉等后处理加工，得到具有自然花纹、手感柔软，酷似天然真皮的合成革产品。

传统的干法 PU 树脂浆料采用三组分溶剂（甲苯、DMF、丁酮）或二组分溶剂（DMF、丁酮）的配方，现在也有改进型溶剂配方（以 DMF 溶剂为主，辅以少量丙酮、丁酮等溶剂）和水分散型。

1. 主要工序工艺说明

（1）离型纸涂布：放入离型纸，加入干法浆料在离型纸上进行常温涂布。然后把涂布的离型纸送入加长型封闭式烘箱烘干至半干状态，烘干温度由低逐步升高，最高温度控制在 160～170℃。根据合成革的品种、质量要求不同，离型纸的涂布一般为 2 次（面涂、底涂），最多有 3 次。

（2）贴合、烘干：把湿法线半成品革（或底坯）与半烘干的离型纸涂布层进行热压贴合，挤压后送入烘箱内烘干熟化，温度控制在 160～170℃。辊筒冷却（辊筒内注冷却水，夏天需要冷冻机进行冷却）后剥去离型纸，即得成品。

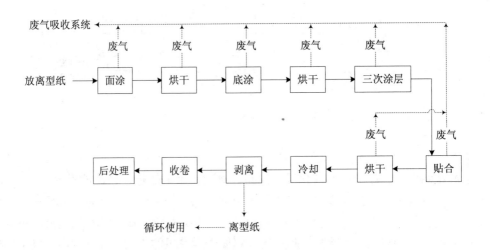

图 2-2-8　PU 革干法转移涂层工艺流程

2. 产污环节和污染物来源

干法线产污环节主要为涂布和烘干工序。

生产废气来源：因为面涂和底涂浆料中 DMF 溶剂浓度可达 40%～50%，在涂布机、涂敷区域、烘箱、涂敷区域与烘箱之间的贴合与传输区域都会有 DMF 废气挥发，其他溶剂废气视具体配方而定，一般有甲苯、丁酮以及丙酮、乙酸乙酯、乙酸丁酯等废气。废气挥发环节应采取收集治理措施，少量未收集废气则无组织排放。

固废物来源：剥离的离型纸可重复使用，若离型纸破损则成为固废。

生产废水来源：干法线不会生产废水，废水主要来源于车间地面清洁冲洗水。

（三）PA 干法直接涂层工艺

干法直接涂层即不依靠媒介，直接把涂层剂涂在基布上，然后经烘干成膜，使涂层剂和基布黏合，是应用比较普遍、工艺比较简单的一种涂层加工方法。烘干温度一般为 90～95℃，也有 120～130℃的。溶剂型涂层剂烘熔温度需 140℃以上，水分散型涂层剂需 160℃以上，这由涂层剂中添加的交联剂所决定。适用的涂层剂有 PA、PU，还适用于 PVC、硅橡胶、丁腈橡胶、橡塑混炼胶等。如图 2-2-9 所示工艺选用了 PA 泡沫涂层剂（水性涂层剂），故又可称为泡沫涂层工艺。

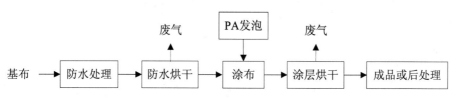

图 2-2-9　PA 干法直接涂层工艺流程

1. 主要工序工艺说明

（1）配料、发泡：采用 PA 泡沫涂层剂，配料添加阻燃剂、交联剂等助剂，某些配方中会添加低浓度氨水调节 pH 值；配料完成后对 PA 胶进行发泡，即对 PA 胶进行搅拌产生空气泡，使得 PA 胶具有更强的黏附作用。

（2）防水处理：对基布作防水处理，用低浓度含氟防水剂进行轻度防水处理，可以防止涂布时发生渗胶。

（3）刮涂、烘干：用刮刀把 PA 胶涂到基布上，送入烘箱，140℃下烘干，在交联剂作用下使乳液状配料塑化。

视工艺要求，也可以重复涂布其他功能性涂层剂，或进一步作后处理加工。

2. 产污环节和污染物来源

直接涂层产污环节主要为涂布和烘干工序。在涂布机、涂敷区域、烘箱、涂敷区域与烘箱之间的传输区域都会有废气逸出。

生产废气来源：若采用溶剂型涂层剂，则在涂布及涂层烘干工序有溶剂废气挥发；若涂层剂配方中有氨水，则还有氨气挥发。废气产生情况视涂层剂和助剂配方而定，根据废气污染情况确定应采取的防治措施。

生产废水、固体废物来源：生产中基本无生产废水、固体废物产生。

（四）直接成型工艺

织物涂层的直接成型工艺主要包括压延法、层压法。

1. 压延法

压延法是 PVC 人造革主要的生产工艺，它是将炼塑后的物料通过四辊压延机，在强大的压力下，压延成薄膜，然后和基布贴合的工艺。

该工艺主要产污环节为配料投料、开炼和发泡，主要污染物为配投料粉尘（主要为 PVC 等原料配料、投料产尘）、开炼废气（主要为水蒸气以及少量氯乙烯单体）和发泡工序废气（主要为增塑剂 DOP 废气、PVC 分解产生少量氯化氢）。

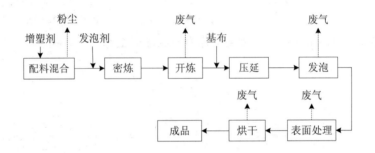

图 2-2-10　PVC 压延工艺流程

2. 层压

层压法，即在基布上施加一层黏合剂，再覆上一层薄膜或其他材料，加热加压，形成一个复合织物；或者薄膜本身即是黏合材料，把基布与其他材料黏合在一起。

该类工艺可使用的黏合剂主要有 PU 黏合剂、热熔体黏合剂、粉末黏合剂、黏合膜黏合剂、水分散型黏合剂、溶剂型黏合剂，除溶剂型黏合剂外其他均不含溶剂，所以层压工艺总体上污染物排放较少。

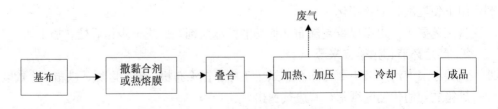

图 2-2-11　层压工艺流程

（五）超细纤维合成革贝斯生产的特殊工艺

超细纤维合成革主要用于服装、鞋面材料。超纤贝斯生产一般包括超细纤维无纺布生产、PU 湿法涂层、两种组分的分离等工艺过程。两种组分材料的分离方法，有甲苯抽出法和碱减量法两种。目前我国超纤合成革生产企业不多，大部分采用甲苯抽出法。生产流程从聚己内酰胺干切片、聚乙烯干切片纺丝开始，采用复合纺丝、高密度针刺、湿法涂层、用甲苯做溶剂抽出聚乙烯制成束状超细纤维及干燥、柔软、磨毛、干式造面等工艺技术。该工艺中，湿法涂层工序为典型的织物涂层工艺。

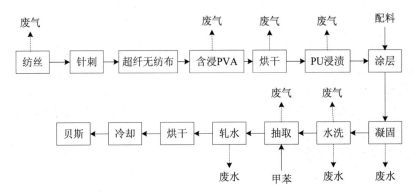

图 2-2-12 甲苯抽出法超细纤维合成革贝斯生产工艺流程示意图

（六）后处理工艺

后处理工艺是合成革发展的一个重要方向，后处理工艺种类繁多并不断地有所更新，大多采用同皮革后处理和纺织品有关加工处理相似的工艺。包括表面涂饰（包括喷涂）、印刷、压花、磨皮、干揉、湿揉、植绒等。

后处理工序所使用的辅料主要有丙烯酸树脂、油墨、光亮剂、三版处理剂、增光剂、消光剂、颜料等辅助化学药剂。辅料中溶剂基本都是 DMF、丙酮、丁酮等物质，其含量不尽相同，而且配制工作浆时，需要用溶剂进行稀释，根据辅料中各溶剂成分含量的不同，来确定相应溶剂的补加量。稀释溶剂一般采用丁酮、DMF、丙酮、乙酸乙酯、乙酸丁酯、环己酮等溶剂。

可以看出，后处理加工主要产生喷涂（喷光）、植绒、印刷等工序的溶剂废气和磨皮粉尘、湿揉废水。产生的溶剂废气应收集治理有组织排放。

（七）生产辅助工程及配套废气治理工程

1. 配料间

配料间也是溶剂废气产生环节之一，配料所需原料主要有各类涂层树脂、溶剂、增塑剂、稳定剂、润滑剂、发泡剂、发泡促进剂、填料、着色剂等。溶剂型涂层剂的配料不可避免会产生溶剂废气，粉尘也是配料间污染物之一，采取密封配制罐和废气收集装置可以减少和控制废气污染。配料间挥发的溶剂废气应收集治理有组织排放。PU 湿法线配料真空脱泡需接水环真空泵，真空泵废水含 DMF，应送精制回收系统回收。

2．储罐呼吸尾气

DMF、丁酮可采用储罐储存。储罐在进料储存、放料使用过程及外界温度、压力变化时，均会从呼吸阀排放尾气，呈无组织形式排放，由于 DMF 蒸气压不大（351Pa，20℃），挥发量也较小。其他溶剂用量不大，一般采取桶装。

3．有机热载体锅炉

工艺用热可采用普通蒸汽锅炉供热，但普遍使用有机载体加热炉，相应的有锅炉烟气、热媒废气排放。

4．冷却系统

当冷却塔采用精馏回收水作为冷却水时，水中的 DMF、二甲胺会随冷却塔鼓风逸出排放到大气中。

5．涂层废气喷淋吸收系统

湿法线废气喷淋吸收系统主要是利用 DMF 易溶于水的特性，用水来喷淋吸收DMF，吸收效率在 90%～98%。当吸收水 DMF 浓度达 20%左右时，送 DMF 废水储罐，供 DMF 精制回收系统处理，吸收用水为新鲜水。

干法线废气喷淋吸收系统主要分为两部分：第一部分是吸收 DMF，原理同湿法线废气喷淋吸收系统；在用水吸收 DMF 后，尾气进行冷冻降温，以去除水汽，提高活性炭的吸附效率；第二部分是采用活性炭吸附剩余的 DMF 废气以及丁酮等其他有机溶剂。吸收用水为 DMF 精制回收系统的塔顶脱胺水。冷凝水作为废水排放。

后处理工序、配料间收集的溶剂废气可与涂层线废气一并吸收治理，或单独设喷淋吸收系统。

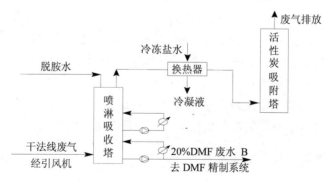

图 2-2-13　PU 革干法线废气喷淋吸收系统示意图

6. DMF 精制回收系统

PU 革湿法线 DMF 废水及 DMF 喷淋吸收废水（A）、PU 革干法线 DMF 喷淋吸收废水（B）、后处理线 DMF 喷淋吸收废水（C）与其他含 DMF 的废水在储罐暂存，经泵送入 DMF 精制回收系统。DMF 精制回收系统设计采用三塔蒸馏装置，可得到精制 DMF，精制 DMF 大部分回用于生产、剩余部分出售。

DMF 原料中本身含有微量的二甲胺等恶臭物质，同时在精制回收过程 DMF 遇热也会分解产生二甲胺。根据二甲胺含量及热分解率估算，二甲胺产生量较大，若不对废气中二甲胺进行治理，会对周围环境空气造成严重的恶臭污染。因此，各精馏塔塔顶产品（水、丁酮）经冷凝后，通过热提脱胺去除水中的二甲胺。经处理后循环水中二甲胺含量明显降低，故可将大部分塔顶冷凝水送回湿法线进行回用，其余部分接入 PU 干法线喷淋吸收系统，作为喷淋吸收水。塔顶冷凝水中吹脱的二甲胺废气经引风机送锅炉焚烧。

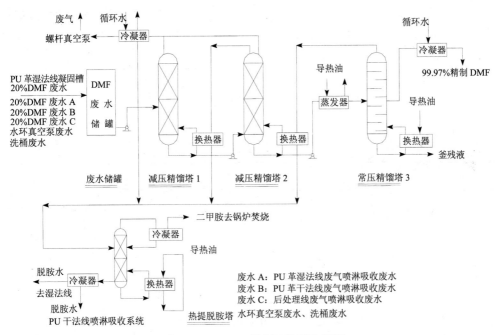

图 2-2-14　DMF 精制回收系统示例

上述织物涂层加工的污染因素汇总见表 2-2-4。

表 2-2-4   织物涂层生产污染因素分析

工艺或设施		废水	废气	固废	噪声
涂层工艺设备	湿法涂层	凝固槽废水 废气喷淋吸收废水 地面冲洗水	有组织、无组织 DMF 等溶剂废气	边角料 凝固槽清理污泥	生产线、加料泵 鼓（引）风机
	干法转移涂层	废气喷淋吸收废水	有组织、无组织 DMF 等溶剂废气	边角料、废离型纸、 废活性炭	生产线、加料泵 鼓（引）风机
	干法直接涂层		溶剂废气	边角料	生产线、风机
	压延法		配投料粉尘、开炼 废气、增塑剂废气	边角料	生产线、风机
	层压法		溶剂废气	边角料	生产线、风机
	后处理线	洗桶废水 水鞣废水	有组织、无组织 DMF 等溶剂废气、 粉尘	边角料、磨毛除尘渣	空压机、喷浆机、 三版处理机
生产辅助工程	配料过程	洗桶废水	无组织 DMF、 VOCs 废气、粉尘	废原料桶、残渣	搅拌机、鼓风机
	DMF 精制回收系统	洗塔废水	真空泵尾气	釜底残渣 回收的 DMF	引风机、水泵
	冷却塔	—	—	—	鼓风机
	机修车间	含油废水	—	废维修品等	机械设备
储罐区		—	无组织废气	—	—
废水处理站		—	恶臭	污水处理污泥	水泵、风机
生活辅助工程		生活污水	油烟废气	生活垃圾	—

三、污染物源分析

织物涂层加工中，污染物主要来源于有机溶剂、树脂、黏结剂、增塑剂及其他含有机物的原材料，除少量残留在产品中，大都在加工环节排放。加工过程主要污染类型是废气，主要为挥发性有机物排放。在加工过程中要大量应用各种树脂（聚氯乙烯类树脂 PVC、聚氨酯类树脂 PU、聚丙烯酸酯类 PA 等），还要使用各类化学品：常用溶剂有二甲基甲酰胺（DMF）、丁酮（MEK）、丙酮、苯、甲苯（TOL）、二甲苯、乙酸乙酯（EA）、乙酸丁酯等；常用增塑剂主要有邻苯二甲酸二辛酯（DOP）、邻苯二甲酸二丁酯（DBP）；在生产配方中还需加入各种稳定剂、发泡剂等助剂。这些化学品在涂层加工过程会产生大量废气、废水和固体废弃物。本节主要概述织物涂层行业特有的废水、废气等污染物的产生和排放情况。

（一）废气污染源

PU 湿法工艺物料中的大部分 DMF（估计占 93%～98%）进入水中，进入废气部分经收集喷淋吸收后大部分（90%～98%）也进入水中。

PU 干法工艺目前普遍采用 DMF、甲苯、丁酮等有机溶剂，在加工过程中几乎全部形成废气。其中 DMF 已有成熟的回收治理技术，但甲苯、丁酮等有机物受治理成本限制，开展治理的企业较少。据有关资料，合成革行业实测治理前 DMF 最大值可达 7500 mg/m³，根据物料衡算，加强废气收集并治理后，收集的风量将增加，治理前 DMF 的浓度为 1500～3000 mg/m³，其他 VOCs 为 1000～2500 mg/m³。通过调整工艺和配方，减少非 DMF 溶剂的使用，甚至全部使用 DMF，治理前 DMF 的浓度为 2000～3500 mg/m³，其他 VOCs 则可控制在 1200 mg/m³ 以下。

DMF 精馏系统废气最主要的是脱胺塔废气，污染物为 DMF 和二甲胺。据有关资料，传统的脱胺塔风量较小，二甲胺实测浓度可以达到 623～2080 mg/m³，采用大风量冷却塔改装的脱胺塔，二甲胺浓度在 100 mg/m³ 左右。现有的进一步治理方法有两种：通到锅炉的湿法除尘器进行中和吸收，或者直接进锅炉燃烧，可以取得一定治理效果。

PVC 工艺废气主要污染物为增塑剂废气、投配料粉尘、开炼废气。人造革行业增塑剂废气平均浓度为 1300～1500 mg/m³。PVC 受热会分解产生氯化氢，但采用稳定剂可以有效控制 PVC 分解，一般情况下氯化氢产生量较小。

后处理加工主要产生喷涂（喷光）、植绒、印刷等工序的溶剂废气和磨皮粉尘，配料间也是溶剂废气产生环节之一，此外还有 DMF 精馏回收系统的二甲胺废气、螺杆真空泵尾气、储罐废气等。

污染源强估算：

织物涂层废气污染源确定方法主要采用物料平衡法，也可采用有效的类比数据。废气收集率、新建废气和废水治理设施的净化效率可类比确定，污染源强估算采用类比法时必须充分说明拟建项目与类比对象的可比性，包括生产规模、生产工艺、原辅料、生产装备以及生产管理等。类比法得到的数据再根据工程特点和生产管理等实际情况，采用物料平衡法做必要的修正。物料衡算具体过程可参见本章典型案例。

另外在污染源分析时应注意涂层工艺和涂层剂类型的选用不同，有机溶剂废气的排放也不尽相同。通过核实建设单位提供的所选用涂层剂的溶剂类型、涂层剂配方与其采用的涂层工艺、基布的匹配性，可进一步验证所提供资料的准确性和完整性，从而在环评中准确分析有机废气污染源，提出针对性的防治措施。

对一些老污染源，应调查涂层生产线的废气收集系统是否全面、设置是否合理，这关系到废气收集效果和废气无组织排放量的核定。有些规模较小的企业，环保意识不强，在配料间、传输区域不设集气装置，或收集效率较差，无组织排放量较大，并且造成周边环境污染。

（二）废水污染源

涂层工艺废水中 DMF 是最有代表性的特征污染物，治理前废水中的 DMF 浓度一般为 1 000 mg/L 以上，最高的可达 8 000 mg/L 左右。DMF 废水主要来源为湿法涂层凝固槽废水、DMF 废气喷淋吸收水和设备清洗水、配料间水环真空泵废水。采取 DMF 精馏回收、废水回用措施后，环境影响较小。但若企业生产规模较小，不设 DMF 精馏回收装置，则高浓度的 DMF 废水将是主要污染物，此类废水 COD 高，可生化性较差（$BOD_5/COD < 0.3$），且 DMF 治理分解后产生较高浓度的氨氮，处理难度较大，需要进行专门的脱氮处理，环评需提出可行的治理达标排放措施。

（三）固废污染源

固体废物主要包括凝固槽清理污泥、设备清理污泥、废水处理污泥、废涂层浆料、精馏残渣、废离型纸、边角料等。

（四）噪声污染源

噪声主要来自引风机、搅拌机、真空泵、冷冻机组、冷却塔、锅炉房等，噪声值在 75～90 dB。

第三节　环境影响识别与评价因子筛选

环境影响识别方法和评价因子识别、筛选应遵循的原则可参见前面有关篇章。织物涂层行业排放的污染物以有机气体污染物为主，根据工艺不同还有废水和固体废物。以下按本章第二节工程分析所举例，简介环境影响识别和评价因子筛选结果。

一、环境影响识别

环境影响识别就是通过系统地检查拟建项目的各项"活动"与各环境要素之间的关系，识别可能的环境影响，包括环境影响因子、影响对象（环境因子）、环境影响程度和环境影响的方式。

一般工业项目的污染因子、环境因子、环境影响程度明确，如有明确的废水、污染物等产生，通过工程分析即可得出，只需追踪识别其对环境的影响方式。织物涂层行业环境影响因素归纳见表 2-2-5。施工期和退役期环境影响识别在此不作介绍。

1. 环境空气影响因素

表 2-2-5 织物涂层行业环境空气影响因素

工程组成	工艺或设施	产污环节	主要污染因子
主体工程	PU 湿法涂层线	含浸、涂布、凝固、烘干加热、传输过程	有机溶剂（DMF）
	PU 干法转移涂层线	涂布、烘干、传输过程	有机溶剂（DMF、苯、甲苯、二甲苯、丁酮等）
	PA 干法直接涂层线	涂布、烘干、传输过程	有机溶剂（甲苯、乙酸乙酯）、氨气
	PVC 压延线	配料投料、开炼、发泡	粉尘、增塑剂烟雾（DOP 等）、氯乙烯、氯化氢
	超纤（甲苯抽出）生产线	湿法涂层：含浸、涂布、凝固、烘干加热、传输；甲苯抽取	有机溶剂（DMF、甲苯等）
	后处理线	喷涂、植绒、印刷、磨皮、湿揉	有机溶剂（DMF、苯、甲苯、二甲苯、丁酮、乙酸丁酯等）、颗粒物
辅助工程	配料间	投料、搅拌、存放	DMF、VOCs、粉尘
	有机热载体加热炉	烟道烟气	SO_2、NO_2、烟尘、热载体废气
	冷却塔	冷却塔鼓风（采用精馏回收水作为冷却水时）	DMF、二甲胺
	储罐	大小呼吸	有机溶剂（DMF、甲苯、二甲苯、丁酮、乙酸乙酯等）
环保工程	DMF 精馏回收塔	热提脱胺塔、真空泵尾气	DMF、二甲胺
	废水处理	处理时挥发	恶臭

2. 水环境影响因素

水污染物的产生同工艺有关，有些工艺并不产生废水。产生废水的工艺或设施见表 2-2-6。

表 2-2-6 织物涂层行业水环境影响因素

工程组成	工艺或设施	产污环节	主要污染因子
主体工程	PU 湿法涂层线	浸水槽、凝固槽、水洗槽等工艺废水和清洗水、设备清洗水	COD、DMF、阴离子表面活性剂、SS、氨氮
	PU 干法转移涂层线	基本不产生工艺废水	
	PA 干法直接涂层线	基本不产生工艺废水	
	PVC 压延线	基本不产生工艺废水	
	超纤（甲苯抽出）生产线	水封水、甲苯回收水	甲苯、DMF、COD
	后处理（湿揉）线	湿揉废水、洗涤废水	COD、色度、有机溶剂、阴离子表面活性剂、SS

工程组成	工艺或设施	产污环节	主要污染因子
辅助工程	配料间	设备清洗废水、真空泵出水、	DMF、SS、COD
	有机热载体加热炉	锅炉废气治理废水	COD、SS
	冷却塔	冷却水的非定期排放	同所用水有关，一般为：DMF、SS、COD
	生活设施	员工生活废水	COD、SS、NH$_3$-N
环保工程	DMF 精馏塔	湿法工艺精馏塔的塔顶水、DMF 回收废水储罐（池）的非定期排放、清洗水、洗塔废水	DMF、SS、COD
	废气净化治理	水洗涤式废气净化治理水	COD、有机溶剂、SS

3. 声环境和固废影响因素

表 2-2-7 织物涂层行业声环境和固废影响因素

工程组成	工艺或设施	固废		噪声	
		产污环节	主要污染因子	产污环节	主要污染因子
主体工程	PU 湿法涂层线	凝固槽、废水站	边角料、设备清理污泥、废水处理污泥	生产线、加料泵、风机	机械噪声
	PU 干法转移涂层线	生产线、废气吸收装置	边角料、废离型纸、废活性炭	生产线、加料泵、风机	
	PA 干法直接涂层线	生产线	边角料、	生产线、加料泵、风机	
	PVC 压延线	生产线	边角料	生产线、风机	
	超纤（甲苯抽出）生产线	生产线	废丝、纺丝废渣	生产线、风机	
	后处理（湿揉）线	磨毛机	磨毛除尘渣、废原料包装	空压机、喷浆机、三版处理机	
辅助工程	配料间	配料机	废有机残渣	搅拌机、风机、真空泵	
	锅炉房	锅炉	燃料废渣	鼓风机	
	冷却塔	—	—	风机	
	生活设施	职工生活	生活垃圾	—	
环保工程	废水处理站	压滤	水处理污泥	水泵、风机	
	DMF 精馏塔	精馏	精馏残渣	引风机、水泵、真空泵	

4. 清单法识别环境影响因素

工业项目的环境影响识别方法主要包括清单法（核查表法）和矩阵法，采用清单法识别织物涂层行业环境影响因素见表 2-2-8。

表 2-2-8　织物涂层行业环境影响识别表

环境要素	污染因子	原料运输	原料贮存	生产过程	职工生活	产品运输	废气治理	废水处理
水	pH 值			▲				
	COD_{Cr}			▲	▲		▲	
	BOD_5			▲	▲		▲	
	氨氮			▲	▲			
	石油类			▲				
	SS			▲				
	DMF			▲			▲	
	阴离子表面活性剂			▲				
	甲苯			▲				
气	DMF		▲	▲			▲	
	二甲胺			▲			▲	
	苯	▲		▲			▲	
	甲苯	▲		▲			▲	
	二甲苯	▲		▲			▲	
	VOCs			▲			▲	
	丁酮	▲		▲			▲	
	乙酸乙酯	▲		▲			▲	
	乙酸丁酯	▲		▲			▲	
	氨气			▲			▲	
	DOP			▲			▲	
	氯乙烯			▲			▲	
	氯化氢			▲			▲	
	恶臭			▲				▲
	颗粒物			▲			▲	
	SO_2			▲			▲	
	NO_2			▲			▲	
	烟尘			▲			▲	
	热载体废气			▲			▲	
声	噪声	▲		▲		▲	▲	▲
固废	边角料			▲				
	生产废物			▲				
	包装固废		▲					
	水处理污泥							▲
	精馏残渣							▲
	生活垃圾				▲			

二、评价因子筛选

评价因子应在环境影响识别的基础上,根据具体项目的工程特点和周围环境状况对污染因子进行筛选确定。织物涂层行业的主要评价因子见表 2-2-9。

表 2-2-9   织物涂层行业的主要评价因子

环境要素＼评价因子类别	现状评价因子	环境影响评价因子	总量控制因子
空气环境	常规因子:SO_2、PM_{10}、TSP、PM_{10} 特征因子:DMF、甲苯、丁酮、VOCs、二甲胺	常规因子:SO_2、烟尘、NO_2 特征因子:DMF、甲苯、丁酮、VOCs、二甲胺	SO_2、特征因子
水环境	常规因子:pH 值、高锰酸盐指数、COD_{Cr}、DO、BOD_5、石油类、NH_3-N、TP 特征因子:DMF、甲苯及其他特征因子	COD_{Cr}、DMF、甲苯及其他特征因子	COD_{Cr}、NH_3-N、特征因子
声环境	L_{Aeq}	L_{Aeq}	—
固体废物	—	一般固废、危险废物	—

注:根据项目具体情况确定空气环境评价因子。

第四节   污染防治措施

涂层织物加工过程中污染物排放与加工方式有关,也与具体工艺、配方组成有关。一定工艺的配方往往可以被更改,所以其产生的具体污染物也并不固定。如聚氯乙烯人造革加工过程主要产生含有增塑剂的废气,而聚氨酯合成革加工过程主要产生含有 DMF 的废气和废水,不同的后处理加工过程(如印刷、表面涂饰、磨皮、抛光)也会产生各类含有 DMF、丁酮等溶剂的废气和粉尘。

一、废气防治措施

(一)行业废气治理简述

我国涂层企业主要集中在江苏盛泽和浙江温州一带,盛泽以直接涂层为主,生产各种功能织物,温州以生产仿皮织物为主。根据对浙江温州部分合成革企业的调查,大部分合成革企业将 PU 革干法线、湿法线产生的 DMF 废气收集后去 DMF 喷淋吸收塔进行 DMF 水喷淋吸收，喷淋废水及湿法线废水一起送入 DMF 精馏塔精馏回收 DMF 并回用于生产，精馏塔蒸出的水冷凝后经二甲胺吹脱后回用于湿法线、干法线及半 PU 线的喷淋吸收。合成革企业的车间通风基本采用自然通风，也有采用机械通风。根据温州 2 家合成革企业的监测，车间通风次数控制在 8 次/h 以上，DMF 车间浓度在 5.0～17 mg/m³，可以符合《工作场所有害因素职业接触限值》（GBZ 2.1—2007）的相关规定。

目前，合成革企业的污染治理存在的问题主要有：

1．丁酮、甲苯的治理问题

PU 革干法工艺生产排放的废气是合成革行业最大的污染源，如果不经过治理，所用的有机溶剂几乎全部排放。PU 革干法工艺所用的溶剂目前普遍采用 DMF、甲苯、丁酮等。其中 DMF 已有成熟的回收治理技术，但甲苯、丁酮等有机物的治理受成本的限制，国内合成革企业普遍没有针对丁酮、甲苯采取治理或回收措施，导致丁酮、甲苯等溶剂大量排放，既污染环境又造成物料浪费。

2．DMF 喷淋吸收塔尾气甲苯超标

就目前 DMF 喷淋吸收塔处置水平看（根据温州 3 家合成革企业的监测数据），吸收塔尾气中 DMF 排放浓度在 3.5～19.3 mg/m³，DMF 吸收效率在 90%～98%，但是出口废气中甲苯浓度严重超标。

3．后处理线的废气治理问题

后处理工艺种类较多，产生有机废气的后处理工艺有表面涂饰、印刷、压花、植绒等。所用溶剂为丙酮、丁酮、环己酮、乙酸乙酯、乙酸丁酯等挥发性有机物（VOCs），水喷淋效果不大。后处理工艺废气回收难度很大，治理成本较高，很少有企业实施有效治理，大部分企业采取直接排放。但使用的有机溶剂较少，总体排放量相对较少。

《合成革与人造革工业污染物排放标准》（GB 21902 — 2008）对 DMF、苯、甲苯、二甲苯和挥发性有机物 VOCs、颗粒物等大气污染物排放限值做了相关规定，可按表 2-2-10 的技术路线确定废气污染防治措施。

表 2-2-10　人造革合成革废气污染排放控制技术路线

生产工艺设施	污染排放控制技术路线
所有工艺	在产生有机废气的主要部位，必须进行废气收集，废气应有组织排放
聚氨酯干法工艺	1．对 DMF 进行回收治理，主要治理方式为水喷淋回收 2．调整工艺配方，减少非 DMF 溶剂使用，或对除 DMF 外的 VOC 进行末端治理 3．控制 VOC 的排放总量，增加低排放产品的比例
聚氨酯湿法工艺	对废气中 DMF 进行收集，并回收治理，主要治理方式为水喷淋回收
聚氯乙烯相关工艺	经冷却的静电回收治理、湿法治理或两级治理
二甲基甲酰胺精馏系统	1．集中排放废气 2．脱胺塔废气二甲胺等有机物需进行一定的控制或治理
后处理工艺	1．减少溶剂的使用 2．控制 VOC 的排放总量，尽量少采用多道排放 VOC 的后处理工艺 3．对挥发性有机物进行末端治理

（二）DMF 等溶剂废气防治措施

1. 废气收集系统

DMF 等溶剂废气治理关键在于做好收集措施。

PU 革干法线应在配料区、涂布机、涂敷区域、涂敷区域与烘箱之间的贴合与传输区域均设有包围型集气装置，收集挥发的 DMF（干法 PU 树脂溶剂）废气，封闭式烘箱自带集气管道，溶剂废气最终送入 DMF 废气喷淋吸收系统。

PU 革湿法线应在预含浸槽及六辊烫平处设置密封装置并连接包围型集气罩，涂布机、涂敷区和凝固槽上方设可视的包围型集气罩，封闭式烘箱自带集气管道，收集废气送入 DMF 废气喷淋吸收系统。

配料间内设集中抽吸风装置，对挥发的溶剂废气进行收集。PU 革湿法线配料采用密封配制罐，放料口周围设软性围幕，并设吸风管，浆料桶加盖后输送至生产线。PU 革干法线配料，浆料车搅拌时加盖，盖内挥发的溶剂废气抽风收集。收集的废气送 DMF 废气喷淋吸收系统。

后处理工序产生含 DMF 的废气也应收集后送 DMF 废气喷淋吸收系统。

2. 废气吸收治理

PU 合成革企业废气防治措施系统见图 2-2-15（来自典型案例环评）。

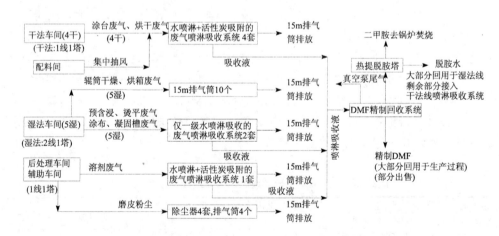

图 2-2-15 PU 合成革企业 DMF 及丁酮、二甲胺废气防治措施系统图

PU 革湿法线、干法线采用水喷淋吸收 DMF 的方法，技术上比较成熟，回收效率稳定可靠，而且有一定的经济效益，经测算治理回收收益大致能够抵消运行费用或稍有结余，所以企业会有一定的主动性实施回收治理。

用活性炭来吸收 VOCs 及废气中残留的 DMF，这种方法得到了有关专家的认可，而且用活性炭吸附处理有机废气，在化工行业应用广泛，只要加强管理，及时更换活性炭,确保吸附效率,则使活性炭吸附效率 99%也是可以达到的。

(三)其他废气防治措施

1. 增塑剂 DOP 废气防治措施

PVC 干法涂层和 PVC 压延法涂层主要废气为发泡工段增塑剂废气,产生大量的 DOP 油雾。经过一般静电回收治理后,实测废气中增塑剂的平均浓度为 400 mg/m³ 左右。目前的一般静电回收治理效果并不理想,但如果采用进一步的冷却静电回收、湿法治理或两级治理,其排放浓度可以达到较低的水平。江苏江阴的部分企业已经采用这些进一步处理的方法,发泡工段上方设有集气罩,DOP 油雾收集后进入 DOP 回收塔,首先通过冷凝器,冷凝后 DOP 油雾进入静电除雾室进行去除,根据浙江某企业的运行经验,在正常运行条件下,DOP 回收塔处理效率可达 98%以上。

2. 二甲胺废气防治措施

DMF 原料中本身含有微量的二甲胺等恶臭物质,同时在精制回收过程 DMF 遇热也会发生分解产生二甲胺。二甲胺废气的治理方法应用较为普遍的有冷凝法、燃烧法、稀释法及化学法,其中高温燃烧法最为彻底。冷凝法、稀释法去除效果较难保证,化学法较为复杂。

化学法工艺流程为:热提脱胺产生的二甲胺废气收集后,直接进入稀硫酸贮槽进行中和反应,贮槽内设有 2 个气体分布器,以提高中和效果。初步反应后,气体再进入喷淋系统进行洗涤。喷淋系统是一个简单的小型吸收塔,内装有高效填料,以稀硫酸为吸收剂,外用循环泵进行循环喷淋,以进一步提高吸收效率。

若采用高温燃烧法处理,可将脱胺塔顶冷凝水中吹脱的二甲胺废气经引风机送锅炉焚烧,但需分析彻底燃烧的工艺参数能否得到保障。

3. 甲苯、丁酮废气防治措施

DMF 溶剂中含甲苯和丁酮等其他有机挥发料,所以在烘干工序中因 DMF、甲苯和丁酮等挥发而形成工艺废气。DMF 可通过水喷淋吸收与空气分离,但甲苯和丁酮则进一步经活性炭吸附装置或催化燃烧装置净化,或采用甲苯、丁酮回收装置净化后才能达标排放。

4. 后处理工艺有机溶剂废气防治措施

选用密闭喷涂设计的喷浆干燥机、辊涂机及三版印刷处理机等先进后处理设备,喷浆干燥机、辊涂机及三版印刷处理机均设立单独工作间,在涂饰区域、印刷区域、烘箱以及涂饰(印刷)区域同烘箱之间的传输区域均应设置包围型集气罩(半密闭罩、密闭罩),保持工作间负压操作,确保车间空气环境,同时将有机溶剂废气送 DMF 废气喷淋吸收系统。

5. 粉尘防治措施

磨毛(磨纹)工艺产生的磨毛粉尘,通过布袋除尘器除尘后经不低于 15 m 的排气筒排放。配料及投料产生粉尘可收集后经脉冲式布袋除尘器除尘。

二、其他污染物的防治措施

（一）含 DMF 废水防治措施

在合成革生产过程中，由于在基布含浸、凝固工序中使用了大量的有机溶剂，废水中含有 DMF、甲苯、丁酮、二甲胺等有机物，废水 COD 高，可生化性较差（BOD_5/COD <0.3）。针对合成革废水的特点，废水处理工艺可采用"厌氧和好氧"相结合的处理工艺路线，厌氧工艺采用水解酸化技术，好氧工艺采用生物接触氧化法技术。另外根据合成革生产废水的性质和排放标准执行情况，可选择生化出水采用化学混凝法和机械过滤作为三级深度处理工艺，从而进一步削减污水中 COD、SS、色度等污染物。但 DMF 治理分解后产生较高浓度的氨氮，处理难度较大，需要进行专门的脱氮处理，才能达到《污水综合排放标准》的要求。

（二）固废防治措施

精馏残渣、废有机残渣、废活性炭、废水处理污泥、废包装材料与废溶剂清理抹布、设备（凝固槽）清理污泥属于危险废物，此外废离型纸、磨毛除尘渣、废革边角料、废维修品属一般工业固废。暂存场所应按《一般工业固体废物贮存、处置场污染控制标准》和《危险废物贮存污染控制标准》要求进行设置。严格履行国家和地方政府环保部门关于有毒有害固废转移的规定，确保各种固废依法进行处置。

（三）噪声防治措施

真空泵、其他水泵等应设单独隔声罩；冷冻机组须设立独立机房，机房内墙采用吸声材料，并安装隔声门窗；采用低噪型冷却塔，机组由隔声屏障围护，进风侧加消声百叶，顶部风机加阻抗式复合消声器；引（鼓）风机采用低噪轴流型风机，在进出口设消声器；空压机应设独立机房或隔声间。

第五节　清洁生产分析

（一）清洁生产标准

目前已发布的与织物涂层行业相关的清洁生产标准是《清洁生产标准　合成革工业》（HJ 449—2008），于 2009 年 2 月起实施。其他涂层产品行业尚无清洁生产标准。在环评中应根据清洁生产分析的要求，从生产工艺装备、资源能源利用指标、产品指标、污染物产生指标（末端处理前）、废物回收利用指标等几个方面对项目的清洁生产水平进行分析。

表 2-2-11 合成革工业清洁生产标准指标要求

指标		一级	二级	三级
一、生产工艺与装备要求				
1.原料		不使用甲苯、二甲苯等有毒有害溶剂	甲苯、二甲苯等有毒有害溶剂使用率≤10%	甲苯、二甲苯等有毒有害溶剂使用率≤20%
2.溶剂处理	干法	水洗喷淋回收 + 吸附回收	水洗喷淋回收	
	湿法	采用精馏回收等工艺回收		
二、资源能源利用指标				
1.取水量（m^3/t）	干法	≤3.0	≤3.5	≤4.0
	湿法	≤7	≤8	≤9
2.综合能耗（外购能源）（t标煤/t）		≤1.2	≤1.4	≤1.6
三、污染物产生指标				
1.废水产生量（m^3/t）	干法	≤2.7	≤3.0	≤3.5
	湿法	≤6	≤7	≤8
2.COD_{Cr}产生量（kg/t）	干法	≤4	≤5.5	≤7
	湿法	≤18	≤25	≤32
3.废水中DMF产生量（kg/t）	干法	≤0.24	≤0.29	≤0.35
	湿法	≤1.08	≤1.33	≤1.60
四、废物回收利用指标				
1.溶剂回收率	干法	≤90%	≤80%	≤70%
	湿法	≤92%	≤82%	≤72%
2.水重复利用率		≤75%	≤70%	≤65%
五、环境管理要求				
1.环境法律法规标准		符合国家和地方有关环境法律、法规，污染物排放达到国家和地方排放标准、总量控制和排污许可证管理要求		
2.组织机构		设专门环境管理机构和专职管理人员		
		健全、完善并纳入日常管理		较完善的环境管理制度
3.环境审核		按照《清洁生产审核暂行办法》要求进行了清洁生产审核，并全部实施了无费、低费方案		

指标		一级	二级	三级
4.生产过程环境管理	原料用量及性质	规定严格的检验、计量控制措施		
	生产设备的使用、维护、检修管理制度	有完善的管理制度，并严格执行	对主要设备有具体的管理制度，并严格执行	
	生产工艺用水、电、气管理	所有环节安装计量仪表进行计量	对主要环节安装计量仪表进行计量，并制定定量考核制度	
	环保设施管理	记录运行数据并建立环保档案		
	污染源监测系统	按照国家和地方的有关规定，安装主要污染物排放自动监控设备，并保证企业端设备正常运行，自动监测数据应与地方环保局或环保部监测数据网络连接，实时上报		
5.固体废物处理处置		对一般废物进行妥善处理，对危险废物按照有关要求进行无害化处置。应制定并向所在地县级以上地方人民政府环境行政主管部门备案危险废物管理计划（包括减少危险废物产生量和危害性的措施以及危险废物贮存、利用、处置措施），向所在地县级以上地方人民政府环境保护行政主管部门申报危险废物产生种类、产生量、流向、贮存、处置等有关资料。应针对危险废物的产生、收集、贮存、运输、利用、处置，制定意外事故防范措施和应急预案，并向所在地县以上地方人民政府环境保护行政主管部门备案		
6.相关方环境管理		对原材料供应方、生产协作方、相关服务方提出环境管理要求		

（二）清洁生产和循环经济要求

与许多主要工业一样，织物涂层生产带来的环境问题也比较严重，主要是溶剂废气、增塑剂废气的污染问题、加工过程的高能耗问题，以及涂层剂难回收的缺点。环境影响评价应按照清洁生产和循环经济要求，关注上述问题。现有行业加工技术研发资料对解决上述问题的方法和思路主要如下：

1. 溶剂废气问题

涂层剂根据采用的介质不同，可分为溶剂型和水分散型两种。水分散型涂层剂无毒、不燃、安全、成本低、不需回收，可制造厚涂产品，有利于有色涂层产品的生产、涂层亲水性好，缺点是耐水压低、烘燥慢，成膜性能不如溶剂型产品。因此，进一步研发提高水分散型涂层剂性能，在生产过程中用水分散型涂层剂代替溶剂型涂层剂，对减少环境污染以及对人体的危害，有重要的意义。

2. 回收问题

现代城市垃圾处理，主要是填埋和焚烧，但它们都有污染物扩散的危险，最好的办法是回收利用。由于涂层剂和基布不是同一种物质，且不易分离，导致涂层织物产品普遍存在回收困难。从材料循环利用出发，目前的解决思路有：①使用全烯烃材料，即生产由聚乙烯或聚丙烯涂层的聚乙烯或聚丙烯织物。全烯烃比聚氯乙烯涂层的聚酯容易回收；②用水性聚氨酯对聚氨酯织物涂层。涂层织物由同种材料制成，更便于回收。此外，从可生物降解角度出发的采用可生物降解的涂层剂和天然材料制成的基布。

3. 能耗问题

干法涂层和湿法涂层生产中烘干工序需要消耗大量热能，层压涂层黏合剂法中，除水分散型黏合剂外，其他黏合剂都不含水或只含少量的水。因此推广无溶剂、低能耗的层压工艺有利于节能减排。另外，开发和研究低温交联型涂层剂，能降低加工温度，可节省能源，简化设备。

第六节　环境影响评价应关注的问题

一、产业政策

国家现行产业政策鼓励：高档纺织品生产、印染和后整理加工；采用高新技术的产业用特种纺织品生产；同时对聚氯乙烯普通人造革生产线实施限制。涂层织物应用领域广泛，环评应注意分析项目生产的涂层织物在使用的材料、生产技术、功能应用等方面与产业政策的符合性分析。

二、选址

（1）织物涂层生产排放的废气种类较多，对周围环境会产生一定的污染，应与敏感区保持一定的大气环境防护距离，并宜在三类工业用地上建设生产。但使用水性涂层剂的项目，在明确无其他有害废气同时排放前提下可以另作分析。环评应仔细核定环境空气影响评价等级，计算大气环境防护距离和卫生防护距离，分析防护距离内有无环境空气敏感点并提出相应措施。

（2）近年来，各地都建设了许多开发区、特色工业园区等，将同类企业集中在一起生产，同类污染叠加影响明显增加，但是，建设项目的环评往往会忽视整个评价区域内主要或重要的同类污染物叠加影响，尤其是特征污染物的叠加影响，使环境影响预测结果的可靠性大打折扣。对拟建于织物涂层生产企业集中地区的建设项目，环境空气影响预测分析时应充分考虑同类型污染源的叠加影响，在充分调研周边同类企业废气排放情况的基础上，分析废气污染物排放，尤其是特征污染物排放与环境容量的关系。

（3）搞清环境质量现状是进行准确环境影响预测的基础，特征污染物的监测已得到重视，但特征污染物的环境标准值一般较低，一些特征污染物的监测分析方法最低检出限与环境标准值在一个水平，甚至高于标准值，造成环境现状特征污染物监测从数据看为未检出，实际已超环境标准，或已在标准范围内，给环境现状评价、影响预测评价带来不可靠的信息。在做特征污染物监测计划时，要将监测分析方法的检出限作为重点关注内容之一，防止监测数据无效或不能可靠地反映环境实际水平。

三、工程分析

（1）污染源分析时应注意涂层工艺和涂层剂类型的选用不同，有机溶剂废气的排放也不尽相同。通过核实建设单位提供的所选用涂层剂的溶剂类型、涂层剂配方与其采用的涂层工艺、基布的匹配性，可进一步验证所提供资料的准确性，从而在环评中准确分析有机废气污染源，提出针对性的防治措施。

（2）完善的废气收集系统、合理的收集效率，是废气得到有效治理和控制的前提，通常废气治理工艺的经济技术达标性排放是环评重点关注的对象，但往往忽视了废气收集系统、收集效率，收集率的确定缺乏依据，出现有组织废气达标排放，但周围环境空气污染严重的现象不在少数，原因就是无组织排放未得到有效控制。织物涂层建设项目废气收集率、新建废气治理设施净化效率可通过类比确定，必须充分说明拟建项目与类比对象的可比性，包括生产规模、生产工艺、原辅料、生产装备以及生产管理等。类比法得到的数据应根据工程特点和生产管理等实际情况，做必要的修正。

四、防治措施

（1）我国较多合成革企业规模较小，在污染防治上的投入，特别是 DMF 废水精馏回收装置的投入对小企业来讲成本压力很大，不愿搞回收。若采取污染物末端处理，则要消耗资源能源，增加环境压力，同时也是一种浪费。遇到这类情况，若同类企业分布集中，可以尝试数个邻近的企业合建或合用 DMF 精馏回收装置的办法。若不具备合建条件，单独建设回收装置经济又上不可行，只能采取末端治理时，则环评应根据排放标准提出适用的废水治理工艺，并注意对 DMF 治理分解后产生的较高浓度氨氮进行专门的脱氮处理。

（2）《合成革与人造革工业污染物排放标准》（GB 21902 — 2008）附录 A 对有机废气收集装置的位置和技术要求做了详细规定，环评在分析企业现有废气防治措施和提出相关措施时应予参照。

第七节 典型案例

某公司年产 2 200 万 m PU 合成革建设项目

本章以某公司年产 2 200 万 m PU 合成革建设项目作为典型案例。该项目采用先湿法后干法的复合式工艺生产合成革，复合式工艺生产的合成革外观及内在性能与天然皮革十分相似，比单纯湿法、干法生产的 PU 合成革产品质量更好、更稳定，是目前合成革行业较为先进的技术，为大多数厂家所采用。

一、项目概况

表 2-2-12　建设项目概况（摘录）

		项目名称	年产 2 200 万 m PU 合成革建设项目		
		建设单位	某公司	建设性质	新建
		工程内容及生产规模	新上 5 湿 4 干 PU 革生产线，形成年产 2 200 万 m PU 合成革生产能力。另外可出售 99.97%精制 DMF 约 6 403.915 t/a。 合成革的门幅为 1 370 mm±200 mm（约 54 英寸），按 1 370 mm 门幅计，则项目合成革产品面积为 3 104 万 m²		
		主要建筑及生产安排	厂区主要建筑有湿法车间、干法车间、后处理车间 1～3、辅助车间 1～2、配料间、锅炉房、倒班宿舍楼、综合楼、机修配电室、储罐区与循环水系统等露天设施及其他配套辅助工程等		
		生产组织	劳动定员 400 人，三班制生产，年生产天数 300 d，有效操作时间 6 000 h		
配套工程	公用工程	供水	由园区供水管网提供，项目日用水量达 48 127.411 t/a		
		排水	实行雨污分流，雨水接入雨水管网，污水接入企业污水处理站		
		供热	工程近期设 2 台 600 万千卡/时燃煤导热油锅炉（1 用 1 备）及 1 台 800 万千卡/时燃煤导热油锅炉，导热油采用 320#导热油。远期采用园区集中供汽		
		原料运输与储藏	陆运。DMF、丁酮等采用储罐存放，采用泵提升、管路输送		
		循环系统	配套 10 套 200 t/h 冷却塔、4 套 100 t/h 冷却塔，实现生产用水闭路循环使用。		
		冷冻系统	配套 2 台 30 万千卡/时冷冻装置，为干湿法生产线、废气喷淋吸收系统的冷冻与冷凝配套		
		通风设计	以自然通风为主，辅以机械通风		
	环保工程	喷淋吸收	共 8 套喷淋吸收系统（湿法线 2 套、干法线 4 套、后处理线 2 套），DMF、丁酮废气进行水喷淋吸收及活性炭吸附，设计水喷淋吸收 DMF 效率约 98.5%、活性炭吸附效率约 99%		
		DMF 精制回收	1 套 18 t/h 三塔 DMF 精馏装置，DMF 设计回收效率 99.66%，蒸出水经热提脱胺塔处理后大部分回用于湿法线		
		锅炉烟气治理	锅炉烟气采用双碱法旋流塔板脱硫除尘装置，设计除尘效率≥95%，脱硫效率≥90%，并设有沉灰池，及时清灰；炉渣经过水冷滚动冷渣器冷却后，送至渣场，综合利用		
		污水处理站	建设 150 t/d 废水处理站，废水处理至三级标准纳入园区污水处理厂		

注：1 千卡=4.186 8 千焦。

项目主要生产设备见表 2-2-13、原辅材料消耗见表 2-2-14。

表 2-2-13　主要生产设备一览表（摘录）

序号	设备名称	规格	数量/（台/套）	备注
1	JF-028 PU 湿法生产线	门幅 1 800 mm	5 条	湿法线
2	JF-CC9-16-3 PU 干法生产线	门幅 1 800 mm	4 条	干法线
3	验布机		3	干、湿法线配套设备
4	开布机		4	
5	成品检验机		12	
6	验纸机		6	
7	三版印刷处理机		6	后处理线
8	喷涂生产线（喷浆干燥机）	GPTSP3-180	2	
9	压花机		8	
10	平板压花机		2	
11	定型机	1800	2	
12	磨皮机	三辊	1	
13	水鞣机		5	
14	干揉机		100	
15	烫光机		2	
16	抛光机		4	
17	辊涂机		4	
18	铂烫机		2	
19	湿法搅拌机		15	配料
20	干法搅拌机		4	
21	真空脱泡机		8	
22	真空搅拌机		2	
23	水环真空泵	WLW－100	2	
24	空压机	10 m³/min	4	辅助设备
25	冷冻机	30 万千卡*/h	2	
26	燃煤导热油锅炉	600 万千卡/h	2（1 用 1 备）	
		800 万千卡/h	1	

序号	设备名称	规格	数量/（台/套）	备注
27	DMF 三塔精制回收系统	18 t/h	1	配套环保工程
28	DMF 喷淋吸收系统		8	
29	热提吹胺塔		1	
30	锅炉烟气治理装置		3	
31	冷却塔	200 t/h	10	
		100 t/h	4	
32	DMF 废水罐（1000 m³）	Φ10.0×13.5	3	储罐区
33	塔顶水罐（1000 m³）	Φ10.0×13.5	1	
34	DMF 成品罐（200 m³）	Φ6.0×7.5	2	
35	丁酮储罐（50 m³）	Φ3.0×7.5	2	

*注：1 千卡=4.1868 千焦。

表 2-2-14　主要原辅材料消耗（按各生产线计）

物料名称	规格	年消耗量/（t/a）	贮存方式	备注
湿法 PU 树脂	PU30%	7980.00	铁桶堆放	5 条 PU 革湿法线
DMF 循环量		9074.667	储罐	
木质粉		3178.667	袋装垛存	
碳酸钙		3178.667	袋装垛存	
颜料		39.733	袋装垛存	
干法 PU 树脂	PU30%	2776.536	铁桶堆放	4 条 PU 革干法线
DMF 循环量		2256.552	储罐	
丁酮等		138.827	储罐	
颜料		13.88	袋装垛存	
离型纸	4180 万 m/a	4840	卷装垛存	
辅料（折纯量）	增光剂、消光剂、颜料、油墨等	300.0	铁桶堆放	后处理线
DMF 循环量		30.0	储罐	
丁酮、乙酸乙酯、醋酸丁酯等		210.0	铁桶堆放	
DMF 循环量		22.546	储罐	配料过程
320# 导热油		50 吨/次（3～5 年更换）	铁桶堆放	
燃煤	S1.0%	13 000	煤堆场	公用工程
DMF 排放量		4.164（环境排放）	—	

二、工程分析

（一）生产工艺

项目生产工艺主要为 PU 湿法涂层、PU 干法转移涂层、后处理工序，详见本章图 2-2-6、图 2-2-7 及工艺介绍。

（二）物料平衡

湿法线物料平衡见图 2-2-16，干法线物料平衡见图 2-2-17，DMF 精制回收系统的物料平衡见图 2-2-18，主要溶剂和水平衡见图 2-2-19～图 2-2-21。

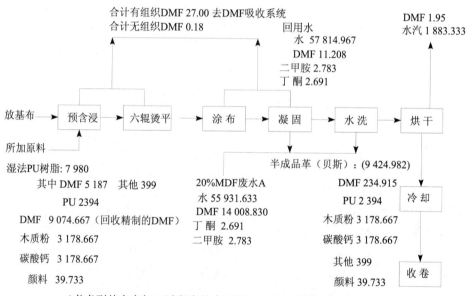

（考虑到基布在加工过程中基本不变，因此总物料平衡中予以省略）

图 2-2-16　湿法 PU 革生产线物料平衡图（单位：t/a）

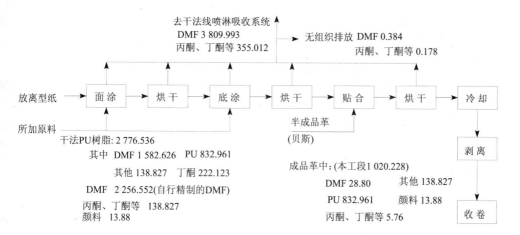

图 2-2-17 PU 革干法线物料平衡图（单位：t/a）

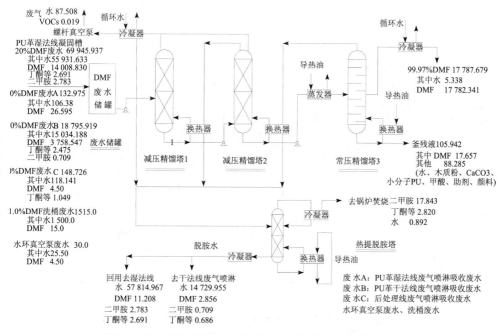

图 2-2-18 DMF 精制回收系统的物料平衡图（单位：t/a）

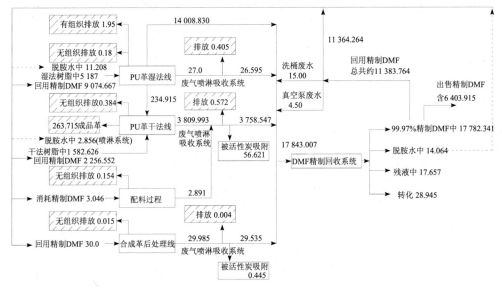

图 2-2-19　DMF 物料平衡图（单位：t/a）

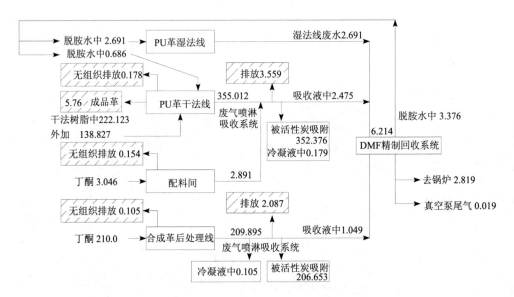

图 2-2-20　项目丙酮、丁酮等 VOCs 物料平衡图（单位：t/a）

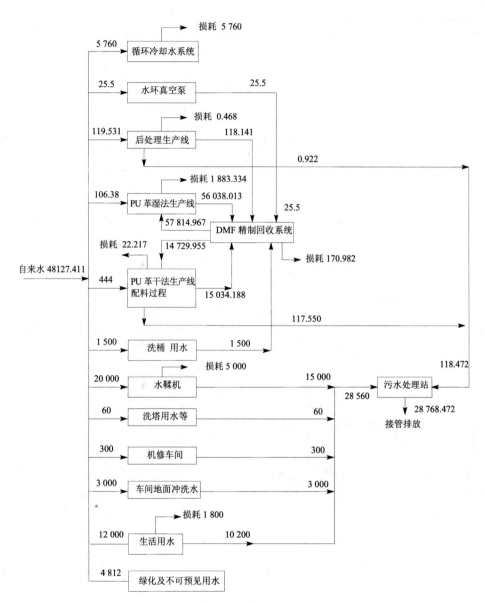

图 2-2-21 全厂水平衡图（单位：t/a）

（三）污染源分析

项目主要污染物产生排放情况汇总详见表2-2-15。

表 2-2-15　项目污染物产生与排放情况汇总表

名称	种类	排放部位		产生量/（t/a）	排放量/（t/a）	排放速率/（kg/h）
废气	DMF 废气	5 条 PU 革湿法线	辊筒干燥、烘箱烘干 废气量	39 000 万 m³/a	39 000 万 m³/a	—
			DMF	1.95	1.95	0.325
			2 个废气喷淋吸收塔 废气量	18 000 万 m³/a	18 000 万 m³/a	—
			DMF	27.0	0.405	0.067 5
			湿法车间	0.18 无组织	0.18 无组织	0.03
		4 条 PU 革干法线	4 个废气喷淋吸收塔 废气量	75 600 万 m³/a	75 600 万 m³/a	—
			DMF	3 812.885	0.572	0.095
			干法车间	0.384 无组织	0.384 无组织	0.064
		后处理车间 1、2	2 个废气喷淋吸收塔 废气量	56 160 万 m³/a	56 160 万 m³/a	—
			DMF	29.985	0.004	0.001
			后处理车间 1～2	0.015 无组织	0.015 无组织	0.003
		配料过程	1 个废气喷淋吸收塔	—	—	—
			配料间	0.154 无组织	0.154 无组织	0.106
		DMF 储罐		0.50 无组织	0.50 无组织	0.083
		小计		3 873.053	4.164	0.775
废气	VOCs	4 条 PU 革干法线	4 个废气喷淋吸收塔 废气量	75 600 万 m³/a	75 600 万 m³/a	—
			VOCs	357.904	3.559	0.593
			干法车间	0.178 无组织	0.178 无组织	0.03
		后处理车间 1、2	2 个废气喷淋吸收塔 废气量	56 160 万 m³/a	56 160 万 m³/a	—
			VOCs	209.895	2.087	0.348
			后处理车间	0.105 无组织	0.105 无组织	0.018
		真空泵废气	废气量	50.5 万 m³/a	50.5 万 m³/a	—
		精馏塔螺杆真空泵	VOCs	0.019	0.019	0.004
		脱胺塔出口（进锅炉）	VOCs	2.819	0	0
		配料间	VOCs	0.154 无组织	0.154 无组织	0.106
		丁酮储罐		0.50 无组织	0.50 无组织	0.083
		小计		571.574	6.602	1.182
	二甲胺	热提脱胺塔（进锅炉）		17.843	0	—
	工业粉尘	配料（配料间，无组织）		0.50 无组织	0.50 无组织	0.18
		磨纹、磨毛工序（后处理车间 3）		10	1.0	0.33
		小计		10.5	1.5	0.413
	燃煤烟气	锅炉房	烟气量	19 500 万 m³/a	19 500 万 m³/a	—
			烟尘	253.5	12.675	2.113
			SO₂	208	20.8	3.467
废水		废水量		11.923 万	2.868 万	—
	COD*	接管量		20.616	14.339	—
		排环境量		20.616	4.302	—
	NH₃-N*	接管量		0.306	0.306	—
		排环境量		0.306	0.717	—
固废		工业固废		41.844	0	
		生活垃圾		60	0	

注：*废水 COD、NH₃-N 仅计排放废水。

表 2-2-16 项目废水产生情况汇总

废水名称	排放部位	产生量		废水水质	排放去向
		t/d	t/a		
PU 革湿法线废水	凝固槽等	233.15	6.994 万	20%DMF	去 DMF 精制回收
PU 革湿法线喷淋吸收废水	喷淋吸收系统	0.443	132.975	20%DMF	去 DMF 精制回收
PU 革干法线喷淋吸收废水	喷淋吸收系统	62.653	1.879 万	20%DMF	去 DMF 精制回收
后处理线喷淋吸收废水	喷淋吸收系统	0.496	148.726	20%DMF	去 DMF 精制回收
水鞣废水	水鞣机	50	1.50 万	$COD_{Cr}400\sim1\,200\,mg/L$	间歇排放
洗桶废水	配料工段	5.05	1515	$COD_{Cr}1\,000\sim2\,000\,mg/L$	去 DMF 精制回收
真空泵废水	湿法配料间	0.085	30.0	$COD_{Cr}300\sim500\,mg/L$	去 DMF 精制回收
冷凝废水	喷淋吸收系统	0.395	118.472	$COD_{Cr}5\,000\sim7\,000\,mg/L$	间歇排放
洗塔废水	精馏塔	10 t/次	60	$COD_{Cr}10\,000\sim15\,000\,mg/L$	1 次/2 个月
地面冲洗水	湿法车间	10	3000	$COD_{Cr}1\,000\sim2\,000\,mg/L$	间歇排放
机修含油废水	机修车间	1.0	300	$COD_{Cr}800\sim1\,000\,mg/L$	间歇排放
生活污水	职工生活	34	10200	$COD_{Cr}200\sim400\,mg/L$	间歇排放
水膜除尘水	锅炉房	—	—	—	循环使用少量外排
合计		407.244	11.923 万	—	—

表 2-2-17 项目主要噪声设备及噪声级情况汇总

序号	设备名称	所在位置	噪声级/dB	备注
1	引风机	各集气部位	85.7	测量点距离测量设备 1.0m，且为单个设备噪声值
2	搅拌机	配料混合	75～78	
3	真空泵	DMF 精制回收	80.0	
4	冷冻机组	制冷工段	85.5	
5	喷淋吸收装置风机	喷淋吸收系统	85.7	
6	冷却塔	—	75～80	
7	湿法线	—	83.9	平均噪声
8	干法线	—	86.9	
9	锅炉房	—	93.0	

表 2-2-18　项目固废产生及处置情况汇总

车间	废物名称	产生量/（t/a）	属性	处置方式
锅炉房	燃煤灰渣	1 735	一般固废	送砖厂制砖
后处理车间3	磨毛除尘渣	22.5	一般固废	综合利用
干法车间	废革边角料	20	一般固废	综合利用
DMF回收装置	精馏残渣	105.942	危险废物	集中收集后送某市危险废物处置中心处置
湿法车间	设备清理污泥	10	危险废物	危险废物处置中心处置
喷淋吸收塔（干法车间、后处理车间1、2）	废活性炭	4 000	一般固废	由原料厂家回收利用
干法车间	废离型纸	50	一般固废	造纸厂综合利用
仓库、车间等	废包装材料	30	一般固废 危险废物	原料厂回收利用 某市危险废物处置中心处置
后处理车间1、3	废溶剂清理抹布	5.0	危险废物	集中收集后送某市危险废物处置中心处置
废水处理站	废水处理污泥	12	危险废物	
洗桶	废有机残渣	7	一般固废	回用于配料
机修车间	废维修品	70	一般固废	出售
机修车间	废乳化液	2	危险废物	集中收集后送某市危险废物处置中心处置
DMF成品罐	DMF副产品	6 403.915	一般固废	出售
职工生活	生活垃圾	60	—	园区环卫部门清运处置

三、环境功能区划、评价标准、环境敏感保护目标（略）

（一）环境功能区划

1. 水环境

根据《浙江省水功能区水环境功能区划分方案》，项目周围水体属Ⅲ类水质一般工业用水功能区，周围海域属一般工业用水区，海水水质属第三类。

2. 空气环境

根据《浙江省空气质量功能区划分方案》，项目所在区域属二类空气环境功能区。

3. 声环境

项目所在区域并未进行噪声环境功能区划，经当地环保部门确认项目周围声环境属3类功能区。

4. 生态环境

根据《某市生态环境功能区规划（报批稿）》（2007.9），项目地处某市东部区块综合产业发展生态环境功能小区，该小区属重点准入区，生态服务功能为工业发展，建设开发活动环境保护要求：重点发展高档次、上规模、低污染的医化企业，如低污染的化学原料药、海洋化工、生物制药等，逐步淘汰技术落后、消耗高、污染严重、竞争力不强的中间体产品，禁止合成农药项目。

（二）评价标准（略）

（三）环境状况（略）

（四）环境敏感保护目标

表 2-2-19　项目主要保护目标一览表

序号	环境要素	保护目标		方位	距离/km	备注
1	空气环境	1	道村	E	1.6	2427 人
		2	新建村	NE	1.8	2419 人
		3	呑村	NE	2.7	2383 人
2	水环境	河流		W	6.3	III类功能区
		海域		S	0.2	三类海域

（五）评价因子

表 2-2-20　项目评价因子

环境要素	现状评价因子	预测评价因子
水环境	pH、COD_{Mn}、COD_{Cr}、BOD_5、石油类、氨氮、总磷	接管可行性分析
空气环境	NO_2、SO_2、TSP、乙酸乙酯、苯、甲苯、二甲苯、DMF、丙酮、臭气浓度	SO_2、PM_{10}、DMF
声环境	L_{Aeq}	L_{Aeq}

（六）评价范围及评价等级（略）

四、空气环境质量影响分析（从略）

1. 关于预测污染源的几点说明

（1）预测因子 SO_2：预测污染源包括评价范围内目前正在试生产的 2 家企业锅炉烟气源、还有拟建的 3 个项目的锅炉烟气源。

（2）预测因子 PM_{10}：预测污染源包括评价范围内 4 家企业的二期工程工艺粉尘排放源（一期工程已投产），2 家企业的工艺粉尘排放源及锅炉烟气源、还有拟建的 3 个项目的工艺粉尘排放源及锅炉烟气源。

（3）预测因子 DMF：预测污染源包括评价范围内 4 家企业的二期工程工艺 DMF 废气排放源（一期工程已投产），2 家企业的工艺 DMF 废气排放源、还有拟建的 3 个项目的工艺 DMF 废气排放源。

2. 空气环境影响评价结论（从略）

（1）从现状监测数据分析，基地环境空气未受到明显污染，项目周围空气环境质量现状良好；从空间污染分布看，园区内恶臭浓度相对于浦下村、厂横村等敏感点的监测浓度偏高，说明园区内空气环境质量存在一定的污染。

（2）项目干法车间、配料间、储罐区大气环境防护距离分别为 104m、150m、123m，结合厂区总平面布置图，按厂界来设置大气环境防护距离：东厂界 107m、南厂界 0m、西厂界 36m、北厂界 88m。大气环境防护距离范围内均为规划工业用地，无居住人群。各无组织排放源 DMF 卫生防护距离为 50~400m，按厂界来控制的企业卫生防护距离：东厂界外 308m，南厂界外 310m，西厂界外 350m，北厂界外 334m。周围环境敏感点与项目地块的最近距离均在 1.6km 以上，因此，项目周围环境能满足项目大气环境防护距离和卫生防护距离要求，防护距离提请园区管委会及市有关部门进行备案，控制环境敏感项目在防护距离内的建设。

（3）受园区已进驻和拟进驻各企业 DMF 废气排放累积效应的影响，区域空气环境质量将明显下降，园区不宜新上有 DMF 污染的合成革等项目，否则区域空气环境质量将得不到保障。

五、污染防治措施（从略）

表 2-2-21　建设项目拟采取的防治措施汇总

内容类型	排放源	污染物	防治措施	备注
大气污染物	湿法车间（5湿）	DMF	①5 条湿法线对预含浸、烫平工序进行废气收集，涂布、凝固槽进行废气收集，收集后送 2 套水喷淋吸收系统；	排气筒 2 个达标排放
			②5 条湿法线的辊筒干燥、烘箱烘干废气通过 10 个 15m 排气筒排放；	排气筒 10 个达标排放
	干法车间（4干）	DMF VOCs	4 条干法线：对涂布、烘箱烘干废气进行集中收集，收集后送 4 套水喷淋吸收+活性炭吸附系统，吸收 DMF，去除丁酮；（其中 1 套需接入配料间的 DMF、VOCs 废气）	排气筒 4 个达标排放

内容类型	排放源	污染物	防治措施	备注
大气污染物	后处理车间1、2	DMF VOCs	烘干产生的溶剂废气集中收集后送2套废气喷淋吸收系统	排气筒2个达标排放
	后处理车间3	粉尘	1台磨皮机的粉尘收集后经过1套布袋除尘器处理后经1个15 m排气筒排放，除尘效率90%以上	排气筒1个达标排放
	配料间	DMF VOCs	①采用密封配制罐（湿法线）及半敞开的配料形式（干法线），配套车间吸风装置及集中抽吸风装置，送干法车间其中1套废气喷淋吸收系统；②改善投料方式，减少粉尘飘逸	—
	精馏塔	VOCs	①螺杆真空泵尾气从15 m排气筒排放；②脱胺后的二甲胺集中送锅炉焚烧	排气筒1个达标排放
	导热油锅炉	SO_2 烟尘	①经过3套双碱法旋流板塔水膜脱硫除尘装置　处理通过45 m烟囱排放，设计除尘率95%，脱硫率90%；②控制含硫率小于1.0%	45 m烟囱1个达标排放
	其他	粉尘 储罐呼吸气	①对浆料桶、罐加盖、加封塑料薄膜等措施输送到生产线，减少溶剂挥发。②储罐呼吸阀采用液封设计等	减少对周围环境影响
水污染物	生产废水 生活废水	COD_{Cr} NH_3-N	①清污分流、雨污分流；②建设150 t/d废水处理站；③生产用水循环使用与综合利用	至三级标准后接管排放
固体废物			①煤渣、除尘渣及时送制砖厂进行制砖；②磨毛（纹）除尘渣收集后送相关企业进行综合利用；③废离型纸收集后出售给相关造纸企业进行综合利用；④DMF精馏残渣、设备清理污泥、废水处理污泥、废乳化液等收集后送固废处理单位处置；⑤废革边角料收集后尽量进行综合利用，无法利用的由某市固废处理中心填埋；⑥废包装材料，尽量由原料厂家进行回收利用，不能回收利用的与废溶剂清理抹布及时送某市固废处理中心处置；⑦废活性炭由原料厂家进行回收；废金属品出售给金属回收公司进行综合利用；废有机残渣回用于配料过程；⑧副产品DMF等出售给相关企业进行综合利用；⑨生活垃圾由园区环卫部门定期清运处置；⑩设立固废临时堆场	符合环保政策要求
噪声			选用优质低噪设备，对噪声设备进行隔声降噪处理，注意设备维护，加强厂区绿化	厂界达标

六、产业导向、规划布局及选址合理性分析

（一）产业导向符合性分析

项目采用先进技术生产高档PU合成革，生产的合成革产品技术含量高，质量好，具有天然真皮的微观结构和性能，其强度和牢固度又优于天然真皮，产品应用广泛，

具有较好的经济效益及发展前景。对照国家《产业结构调整指导目录（2005年本）》《关于加强全省工业项目新增污染控制的意见》及《浙江省制造业产业发展导向目录（2008年本）》，项目产品及工艺技术不属于国家、省级的各项淘汰与限制类，因此项目建设符合国家、省级产业政策的要求。

（二）规划布局符合性分析（略）

（三）项目选址合理性及平面布置分析

1. 项目选址合理性分析

通过对拟建区域地表水、空气和声环境质量现状的监测，目前区域内河水水质现状较差，但本项目废水进入污水管网，由园区污水处理厂统一达标处理后排放台州湾，不排入园区内河，故对园区内河无不良影响；空气、声环境质量能满足相应的功能区要求，并具有一定的环境容量，其为项目的实施提供了前提条件。项目地块与周围保护对象（10多个村庄）距离较远（最近距离在1.6km），根据预测结果，废气污染物对周围环境及敏感点的影响不大，而且环境特性符合项目大气环境防护距离和卫生防护距离要求。

因此，本评价认为建设项目选址基本合理。

2. 平面布置合理性分析

本评价认为项目总平面布置具有以下特点：

（1）厂区可分为生产区、仓储等辅助工程，分布较为合理，在建筑周围设有环行消防通道，可到达所有建筑，符合消防、卫生等有关要求。

（2）厂区靠园区道路东、南侧均设有出入口，运输及交通组织较为便利。整个厂区管理、生产、科研和生活服务布局合理，生产线安排顺畅，互不交叉干扰。

（3）项目按厂界控制的大气环境防护距离和卫生防护距离范围内均为规划工业用地，无居住人群，周围环境敏感点与项目地块的最近距离均在1.6km以上。

因此，本评价认为项目厂区总平面布置基本合理。

案例点评

（一）特点

（1）该案例为采用先进技术生产高档PU合成革，符合国家现行产业政策。工程分析细致介绍了PU合成革的生产工艺，对PU合成革主要污染物DMF、丁酮溶剂做了详细的物料平衡分析。参照环评分析，使企业和环保管理部门能够清楚地了解主要污染物的排污节点、排放源强、排放方式和污染控制措施等情况。

（2）织物涂层用到的涂层剂和助剂、基布品种繁多。环评期间，通过对比专业资料，核实了建设单位提供的所选用涂层剂的溶剂类型、涂层剂配方与其采用的涂层工艺、基布的匹配性，从而防止了在污染源分析时可能出现的漏项。

（3）环评系统分析了 DMF 废气收集装置、废气喷淋吸收、含 DMF 废水精馏回收、废水循环回用等措施，污染防治措施有针对性，可操作性强。

（4）工程建设地同类 PU 合成革企业集聚，环评充分收集了园区已引进企业的污染源资料，在环境影响预测计算时，充分考虑了园区同类污染源的叠加影响。环评充分选取了 PU 合成革行业主要空气特征污染物进行现状监测，环境质量现状监测显示各类特征污染物浓度均低于标准限值，环境质量良好。但环评预测分析结果表明，因园区已引进较多合成革企业，受各企业 DMF 废气排放累积效应的影响，这些企业达产后，在现有预测排放源强情况下，今后区域空气环境质量将明显下降，环评提出园区不宜再新上有 DMF 污染的合成革等项目的建议，为园区管理部门的经济发展和环境保护决策提供了参考。

（二）有待进一步提高、完善的地方

（1）环评已提出各精馏塔塔顶冷凝水经热提脱胺后可将大部分塔顶冷凝水送回湿法线进行回用，其余部分作为 PU 干法线废气喷淋吸收水。如进一步分析还能发现，湿法线喷淋吸收废水等 DMF 浓度较低的废水，可考虑收集后作为湿法线凝固槽、水洗槽补充水，而后处理线喷淋吸收废水、水环真空泵废水、洗桶废水收集后也可接入干法线（包括配料过程）作为废气喷淋吸收用水，从而深入贯彻"循环使用、一水多用"的原则。

（2）对于环评预测的各合成革企业达产后，园区环境空气中 DMF 浓度将明显增加的情况，有待进一步阐述解决的方法和措施。比如可分析环评所引用的周围污染源资料，其废气源强所对应的 DMF 废气收集率、废气吸收净化措施是否还有改进提高的余地，改进后能在多大程度上减缓预测超标情况。此外可结合清洁生产中提到的减少溶剂型 PU 树脂的使用，改用水分散型 PU 树脂的措施和实例，进一步分析水分散型 PU 树脂与已引进企业生产设备的相容性及建设改造的成本，分析替代方案的经济技术可行性；并进一步分析是否可在替代使用水分散型 PU 树脂的前提下，继续引进新的合成革企业落户，对新引进企业还有哪些限制性要求，从而为管理部门提供决策依据。

第三章　涤纶纤维

第一节　概述

涤纶是合成纤维中的一个重要品种,是世界上产量最大、应用最广泛的合成纤维品种,也是所有纺织纤维中加工总量最多的化纤品种,目前涤纶占世界合成纤维产量的60%以上。它是以精对苯二甲酸(PTA)或对苯二甲酸二甲酯(DMT)和乙二醇(MEG)为原料经酯化或酯交换和缩聚反应而制得的成纤高聚物——聚对苯二甲酸乙二醇酯(PET),经纺丝和后处理制成的纤维。

涤纶的用途很广,大量用于衣料、床上用品、各种装饰布料、国防军工特殊织物等纺织品以及其他工业用纤维制品。涤纶具有极优良的定型性能,涤纶纱线或织物经过定型后生成的平挺、蓬松形态或褶裥等,在使用中经多次洗涤,仍能经久不变。

涤纶一直是我国化纤工业发展的重点,经过近 20 年的发展,我国现已成为世界上涤纶产量最大的国家。尤其是近 10 年来我国涤纶生产发展迅速,生产能力、产量年均增长速度在化纤中一直遥遥领先。由于涤纶在价格、性能上的优势,其对腈纶和锦纶的部分应用领域有替代的可能,同时在经济和人口不断增长、天然纤维产量增长受制约的情况下,涤纶性能又最接近天然纤维,因此,近年来随着国内经济持续快速增长和国内居民消费能力的不断提高,我国涤纶消费量呈稳步增长态势,国内涤纶短纤维的需求量也不断增长。2000 年,国内涤纶表观消费量为 612.7 万 t,2008 年达到 2 040 万 t,2000—2008 年消费量年均增长 17%。中国涤纶系列产品产能以惊人的速度增长着,涤纶纤维产能的迅速增长,使得中国正逐渐发展成为世界涤纶类产品的重要加工基地。

第二节　工程分析

涤纶纤维的生产过程包括聚酯的制备和涤纶的生产(即纺丝)两部分。

生产 PET 的反应过程主要包括两步:以对苯二甲酸(PTA)为原料生产对苯二甲酸双羟乙酯(BHET)和 BHET 缩聚生成 PET。PTA 与 EG 酯化过程中不断脱出水,体系由非均相向均相转化,在过程由酯化向缩聚过渡中,体系逐渐增稠,并不断脱出 EG,最终生成较高黏度的 PET 熔体。在酯化过程中,不断脱出分离体系中的水,在缩聚过程中从高黏物料中不断脱出 EG，以及 PET 熔体在高真空下连续放料等，是工艺处理和操作控制的关键。

涤纶纤维的纺丝成形可分为切片纺丝和直接纺丝两种方法。切片纺丝法是将缩聚工序制得的聚酯熔体经铸带、切粒和纺前干燥之后，采用螺杆挤出机将切片熔化成为熔体再进行纺丝。直接纺丝法可省去铸带、切粒干燥和熔化过程，将聚合釜中的熔体直接送入纺丝机，这种方法不但可以提高自动化程度，又能获得高度均匀的产品。由于每增加一个加工工序，必然要多消耗加工能量、劳动力和原材料，因此切片间接纺与熔体直接纺相比，不仅增加了一次投资的费用，而且其维持正常生产的加工成本也会相应增加。所以在同等的内外部条件下，熔体直接纺生产加工制造涤纶，比切片间接纺具有更低的差别化成本和更大的盈利空间。目前涤纶纤维生产大多采用熔体直接纺丝成形法。

根据 2008 年 8 月 15 日《建设项目环境影响评价分类管理名录》（环境保护部 2 号令），所有化学纤维制造项目均须编制环境影响报告书。新建、扩建和改建项目必须在产能上符合国家产业政策要求，清洁生产水平应采用《清洁生产标准 化纤行业（涤纶）（发布稿）》（HJ/T 429—2008）中相关指标进行评价。根据 2008 年 12 月 11日《建设项目环境影响评价文件分级审批规定》（环境保护部 5 号令）及《环境保护部委托省级环境保护部门审批环境影响评价文件的建设项目目录（2009 年本）》（环境保护部 2009 年第 7 号公告），涉及聚酯制备的涤纶化纤项目属于环境保护部委托省级环境保护部门审批的建设项目。

一、生产方法

按对苯二甲酸为原料生产对苯二甲酸双羟乙酯（BHET）的不同方法，聚酯的生产工艺路线可分为三种：酯交换法（DMT 法）、直接酯化法（PTA 法）和直接加成法。DMT 法是采用对苯二甲酸二甲酯（DMT）与乙二醇（EG）进行酯交换反应，然后缩聚成为聚酯（PET）。PTA 法采用高纯度的精对苯二甲酸（PTA）或中纯度对苯二甲酸（MTA）与乙二醇（EG）直接酯化，缩聚成聚酯。直接加成法采用 PTA 与环氧乙烷（EO）直接加成，然后缩聚成聚酯。

由于 PTA 法与 DMT 法相比，具有原料消耗低、乙二醇回收系统较小、不消耗甲醇也不副产甲醇、生产较安全、流程短、工程投资低、公用工程消耗及生产成本较低、反应速度平缓、生产控制比较稳定等优点，目前世界聚酯生产中大多采用 PTA 法，DMT 法已被淘汰。

（一）聚酯的制备

1. BHET 合成
BHET 合成方法有三种：酯交换法、直接酯化法和直接加成法。

（1）酯交换法

酯交换法是先将 PTA 与甲醇反应，生成粗对苯二甲酸二甲酯（粗 DMT），经精制提纯后，再与乙二醇（EG）进行酯交换反应，得纯度较高的 BHET。化学反应式如下：

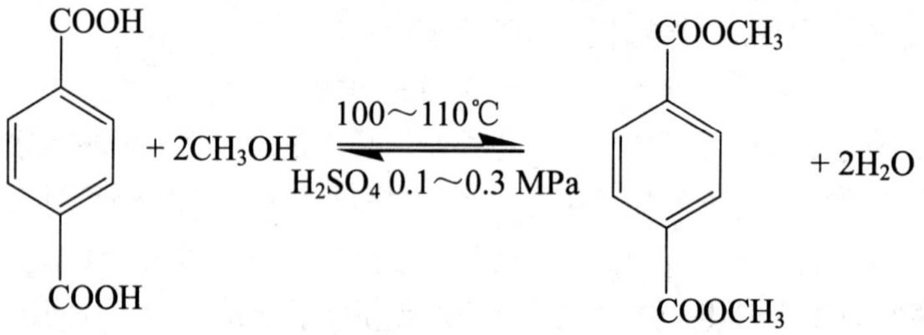

酯交换法工艺历史悠久，但由于存在工艺过程长、设备多、投资大、消耗和副产大量甲醇、回收量大、能耗高等缺点，因此在《产业结构调整指导目录（2005 年本）》中列入限制类。

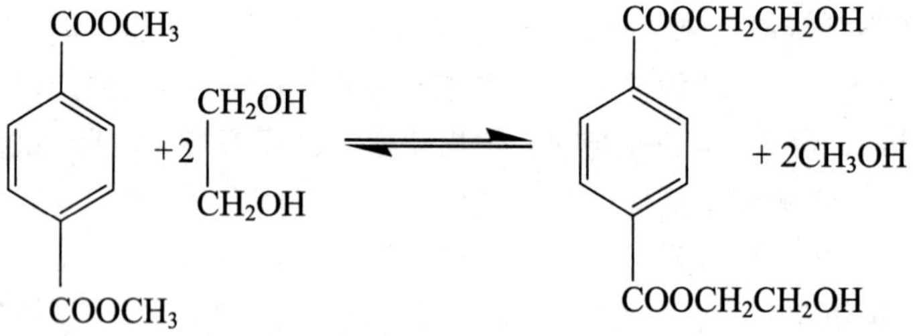

（2）直接酯化法

直接酯化法是以 PTA 和乙二醇为原料直接酯化脱水合成单体 BHET。化学反应式如下：

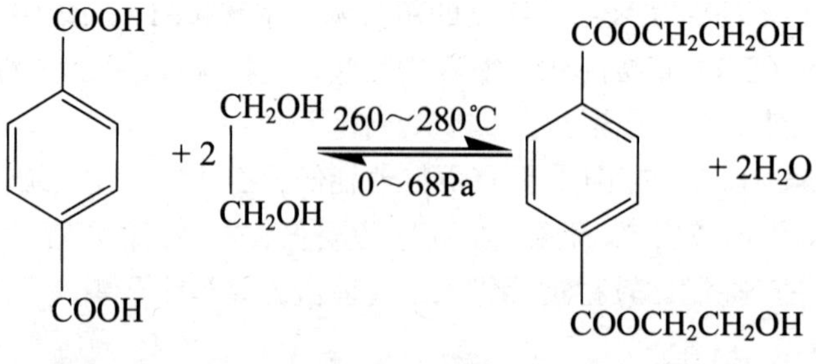

直接酯化法与酯交换法相比，具有原料消耗低、乙二醇回收系统较小、不副产甲醇、生产较安全、流程短、工程投资低、公用工程消耗及生产成本较低、反应速度平缓、生产控制比较稳定等优点，自 20 世纪 80 年代起已成为聚酯的主要工艺和首选技术路线，目前世界聚酯生产中大多采用此法。

（3）直接加成法

直接加成法采用 PTA 和环氧乙烷（EO）直接加成生成 BHET。化学反应式如下：

直接加成法的优点是，生产过程较短，可省掉环氧乙烷合成乙二醇的生产工序，设备利用率高，辅助设备少，产品纯度高，易于精制。缺点是，环氧乙烷与 PTA 的加成反应需在 2～3 MPa 压力下进行，对设备要求苛刻，但由于环氧乙烷沸点低（11℃），易燃易爆，贮存和生产危险性大，因而影响该法的广泛使用。

2．缩聚

在一定条件下，BHET 分子彼此间多次缩合，不断释放出 EG 而生成 PET。化学反应式如下：

缩聚生产工艺可分为间歇法缩聚和连续法缩聚。

间歇法缩聚工艺通常在间歇酯交换生成的 BHET 中加入缩聚催化剂和热稳定剂，并经高温（230～240℃）常压蒸出乙二醇，再用氮气压送入缩聚釜进行缩聚反应。物料在缩聚釜内的反应分两个阶段控制，前段是低真空（绝压约 5.3 kPa）缩聚，后段是高真空（绝压小于 6.6 Pa）缩聚。两段反应的温度均需严格控制，通常前段在 250～260℃，后段在 270～280℃。当反应物料达到一定的表观黏度，即可打开缩聚釜出料，熔体经铸带头铸条，冷却后由切粒机切成一定规格的粒子（聚酯切片）供纺丝用。

连续法缩聚是将上述各个步骤连接起来，物料在连续流动过程中完成缩聚反应，具体生产工艺流程因设备选型以及缩聚分段方法和相互衔接方式等不同差异很大。连续缩聚流程的共同特点是物料在连续进料和出料的流动过程中完成缩聚反应。随着缩聚反应的进行，物料的性质和状态发生连续变化，需分段进行工艺控制，采用多个反应器串联设备。缩聚过程通常分为三个阶段：

初始阶段：单体 BHET 缩合开始形成聚酯分子链。这一阶段单体和低聚物浓度较大，逆反应速度很小，主要是有效控制反应条件下单体和低聚物逸出体系。此阶段通称为常压缩聚阶段。

中期阶段：聚酯分子链继续增长，形成可逆平衡。这一阶段，为有利于低分子 EG 逸出，需抽真空减压，通称为低真空阶段。

终期阶段：缩聚产物几近达到给定的聚合度（或黏度），即将达到反应终点。由于此时体系物料熔体黏度很高，缩聚反应生成的低分子物（EG 等）难以逸出，而且传质、传热效果很差，因此必须相应提高温度，适度搅拌，使熔体表面不断更新，并进一步提高真空度，以达到预期的缩聚终点，终止反应。

在缩聚过程中，伴随着乙二醇脱水生成乙醛的副反应；另外，乙二醇还会缩合反应生成二甘醇、二噁烷等。副反应化学反应方程如下：

$$\begin{array}{c} CH_2OH \\ | \\ CH_2OH \end{array} \longrightarrow CH_3CHO + H_2O$$

$$3HOCH_2CH_2OH \longrightarrow HOCH_2CH_2OCH_2CH_2OCH_2CH_2OH + 2H_2O$$

$$2 \begin{array}{c} CH_2OH \\ | \\ CH_2OH \end{array} \longrightarrow \text{（二噁烷）} + 2H_2O$$

（二）涤纶的生产

涤纶的生产主要采用熔体纺丝法。因为聚对苯二甲酸乙二酯（PET）属于结晶性高聚物，其熔点低于热分解温度。熔体纺丝法的基本过程包括：熔体的制备、熔体自喷丝孔挤出、熔体细流的拉长变细同时冷却固化，以及纺出丝条的上油和卷绕。熔体纺丝过程中，固体高聚物形成初生纤维属物态变化，即固体高聚物在高温下熔融转变为流动的黏流体，并在压力下挤出喷丝孔，在冷却气流作用下凝固为固态丝条的过程。在纺丝过程中，熔体细流的运动速度连续增加，丝条不断变细，温度逐渐下降，聚合物大分子在拉伸张力作用下不断改变其聚集状态，形成具有一定结构和性质的固态纤维，再卷绕到筒管上或贮放于盛丝桶中。常规纺丝方法获得低取向度的初生纤维，须再经过拉伸、热定型等后处理，才能成为具有实用价值的成品纤维。现代的纺丝技术可将后加工过程并入纺丝工序，成为纺丝—拉伸—卷绕联合的纺丝方法，而获得具有高取向和结晶结构的成品纤维。

二、原料与设备

1. 生产原料

（1）聚酯生产原料

表 2-3-1 聚酯装置主要原材料规格

原料名称	项目		指标	项目	指标
精对苯二甲酸（PTA）	分子式		HOOC(C$_6$H$_4$)COOH	分子量	166.13 kg/kmol
	外观		白色粉末	酸值	675±2 mg KOH/g
	4-羧基苯甲醛		≤25μg/g	对甲基苯甲酸	≤150μg/g
	重金属含量		≤5μg/g	铁含量	≤2μg/g
	灰分含量		≤10μg/g	有机酸	200μg/g
	水含量		≤0.1%（质量分数）	色相（12% in 2NKOH）	≤10 APHA
	堆积密度		860 kg/m^3	平均粒径（M=95～120μm）	M±10 μm
	粒度分布	通过 040 μm	≤ 20%（质量分数）		
		通过 250 μm	≥ 94%（质量分数）		
		大于 500 μm	0%（质量分数）		
乙二醇	分子式		HOCH$_2$CH$_2$OH	分子量	62.07 kg/kmol
	外观		无色透明液体	酸值（以硫酸计）	≤10 mg/kg
	沸程		196～198 ℃	游离酸	0.40 mval/kg
	水含量		0.15%（质量分数）	醛含量（以甲醛计）	≤8 mg/kg
	二甘醇含量		≤0.08%（质量分数）	灰分含量	≤10μg/g
	铁含量		≤0.1μg/g	氯化物含量（以 Cl 计）	≤0.2μg/g
	水含量		≤0.1%（质量分数）	密度	1 115.0～1 115.6 kg/m^3
	折射指数		1.4316～1.4320	色相 加热前	≤5 APHA
				沸煮 4 h 后	≤20 APHA
	紫外线透过率	≥220 nm	0%（质量分数）		
		≥275 nm	90%（质量分数）		
		≥350 nm	98%（质量分数）		
乙二醇锑	分子式		Sb(OC$_2$H$_4$O)$_3$	分子量	423.56 kg/kmol
	比重		0.90～0.98	Sb 含量	56.0%～58.5%（质量分数）
	氯化物含量		≤0.01%（质量分数）	硫酸盐含量	≤0.01%（质量分数）
	铁含量		≤0.001%（质量分数）	干燥减量	≤0.5%（质量分数）
二氧化钛	分子量		79.90	外观	白色粉末
	TiO$_2$含量		≥ 98%（质量分数）	H$_2$O 含量	≤0.5%（质量分数）
	pH 值		7.0±0.5	铁（以 Fe$_2$O$_3$ 计）	≤0.01%（质量分数）
	筛余		≤ 0.03%（质量分数）	平均粒径	0.2～0.3 μm
	粗大粒子		≤10%（质量分数）	在 MEG 中分散性	良好

（2）纺丝原料

纺丝主要原料是聚酯熔体，可以由聚酯装置直接供给，也可由聚酯切片熔融得到。其他辅助材料主要是纺丝油剂、纸管、包装袋（箱）、气相热媒等。

2．生产设备

（1）聚酯装置生产设备

聚酯装置主要生产设备包括酯化反应器、缩聚反应器、熔体过滤器、刮板冷凝器、乙二醇蒸汽喷射泵，另外还有工艺塔、工艺废水汽提塔、切粒机系统、切片包装系统，辅助生产设备包括物料储存、计量、输送系统、供热系统以及单体回收系统等。

（2）纺丝生产设备

涤纶纺丝的生产设备包括熔体出料泵、熔体过滤器、增压泵、熔体冷却器、静态混合器、纺丝箱体、计量泵、纺丝组件、纺丝甬道、高速卷绕机、油剂调配槽、纺丝机、热媒泵、热媒蒸发器、组件清洗系统等组成。

三、生产工艺

（一）聚酯生产工艺

聚酯生产工艺路线有以 PTA 为原料的直接酯化法和以 DMT 为原料的酯交换法。酯交换法生产聚酯现已被淘汰。

直接酯化法连续工艺主要有德国吉玛公司（Zimmer）、美国杜邦公司（DuPont）、瑞士伊文达公司（Inventa）和日本钟纺公司（Kanebo）等几家技术。其中吉玛、伊文达、钟纺技术为五釜流程，近年来也开发出四釜流程，杜邦则采用三釜流程，这两种工艺各具特色。两者缩聚工艺基本相似，区别在于酯化工艺，目前中国纺织工业设计院的国产化聚酯设备采用四釜流程较多，可取代国外引进技术，在国内得到普遍应用。现以中国纺织工业设计院的"一头两尾"四釜流程为例，介绍聚酯生产工艺，其生产工艺流程框图及排污节点图见图 2-3-1。

工艺过程说明如下：

1．PTA 卸料及输送系统

外购 PTA 卸料并贮存在原料库中，提升至 PTA 卸料料斗拆包卸料，经 PTA 供料料斗及输送系统输送至聚酯装置的 PTA 料仓中。

2．浆料配制

原料 PTA 和 EG 以及催化剂溶液按规定比例连续送入浆料配制槽中，由特殊设计的搅拌器使之充分混合并配制为恒定摩尔比的浆料。配制完成的浆料采用浆料输送泵输送至第一酯化反应器中。

3. 酯化反应

酯化反应共设置两台反应器，物料进入第一酯化反应器中，在搅拌下进行反应，由内盘管和夹套进行加热与保温。通过控制酯化反应器的液位，反应物料在压力差的作用下从第一酯化反应器自流进入第二酯化反应器的外室，并由其内室出料。

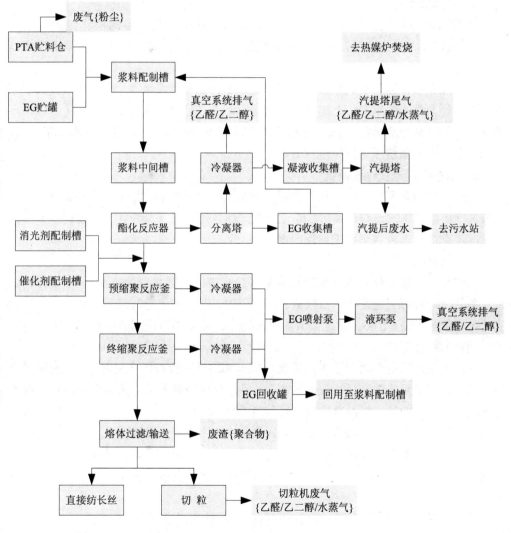

图 2-3-1 聚酯工艺流程及"三废"排放点图

第一酯化反应器的酯化率约为 91%，第二酯化反应器的酯化率约为 96.5%。通过调节酯化反应的温度、压力、液位和乙二醇的回流量等，可以控制反应的酯化率，同时保证装置的稳定运转。每台酯化反应器都设置了两套料位计，确保反应器中物料料位始终处于正确的监控之下。

酯化反应生成的水和原料乙二醇蒸发后进入工艺塔进行处理,其中重组分乙二醇从塔釜出料,采用乙二醇输送泵送回到第一、第二酯化反应器中;轻组分在塔顶空气冷凝器中冷凝,即酯化反应生成的工艺废水,送至废水汽提系统进行汽提处理。不凝气(主要是乙醛)经空气喷射泵送热媒炉焚烧。

4. 预缩聚反应

预缩聚反应系统,设置两台预缩聚反应器。预缩聚反应器的操作压力控制在 $10 \sim 100 \, \text{mbar}$,使用乙二醇蒸汽喷射泵和液环真空泵产生真空,并与终缩聚反应器共用。

在预缩聚反应器及其真空设备之间设置刮板冷凝器,采用乙二醇喷淋,捕集汽相中的夹带物,并使汽相中的大部分乙二醇冷凝。乙二醇凝液收集在液封槽中,以循环冷却水作为冷却介质,通过冷却器降低温度后循环使用。因乙二醇凝液中水含量较高,可送入酯化反应系统工艺塔中进行分离。

5. 预聚物输送及过滤系统

预缩聚反应器反应生成的预聚物经熔体夹套三通阀出料、预聚物出料泵(俗称齿轮泵)增压、熔体三通阀汇集后,通过双联式熔体过滤器(双并联可在线切换)过滤去除其中杂质后,输送至终缩聚反应器中。

6. 终缩聚反应

预缩聚物料被连续送入终缩聚反应器(卧式带组合圆盘型反应器),在搅拌和高真空条件下,就可到达最终产品质量。控制压力、温度和停留时间到适当水平,使黏度 $[\eta]$ 达到 $0.62 \sim 0.66$。通过调节热媒的温度,可以调节反应器中物料温度,控制出口物料的特性黏度。

乙二醇蒸汽喷射泵组用于为预缩聚反应器和终缩聚反应器产生真空。它的第一级喷射吸入终缩聚反应器刮板冷凝器的尾气,附加喷射级吸入第二预缩聚反应器刮板冷凝器的尾气,它的第三级混合冷凝器尾气压力约 $10 \, \text{kPa}$,用液环泵作为排气级。通过调节补充的吸入乙二醇蒸汽量,控制吸入真空度。乙二醇蒸发器用于产生乙二醇蒸汽供喷射泵使用,蒸汽凝液收集在乙二醇液封罐,乙二醇输送泵则把凝液送回至乙二醇蒸发器循环使用。新鲜乙二醇通过计量加入到乙二醇蒸发器以提高喷射乙二醇蒸汽的质量。

通过计量把新鲜乙二醇加入到终缩聚反应器的刮板冷凝器中,提高冷凝效果。这部分凝液的含水量低,可直接送到乙二醇收集罐作回用。由于终缩聚反应器的操作压力低(约 $1 \, \text{mbar}$),要求喷淋乙二醇的温度较低,因此冷却器需要用冷冻水作冷却介质。

7. 熔体输送和过滤系统

终缩聚反应器反应的物料经熔体三通阀出料、熔体出料泵(俗称齿轮泵)增压、经熔体三通阀汇集后,通过双联式熔体过滤器(可在线切换)过滤去除其中的凝聚粒子和杂质等，通过特殊设计的熔体分配系统，送熔体直接纺装置。当下游装置停车，改细旦品种或降负荷时，多余熔体部分送切片生产系统铸带切粒。

8. 切片生产

高温和高黏度的聚合物自熔体电动多通阀分配后，分别进入切粒系统和直接纺涤纶长丝装置。每台终缩聚反应器后分别设置两条切粒生产线，当其中一台切粒生产线维修时，另外一台切粒生产线的生产能力可承担切粒系统生产线全部负荷。

聚合物通过铸带头规则排列的孔挤出成型后，以带条状通过导流板，采用除盐水作为冷却介质，带条状的聚合物被除盐水冷却和固化。冷却固化的条状聚合物被牵入切粒机，根据要求，在水下把聚合物带条切成颗粒状，即聚酯切片。

聚酯切片与除盐水的混合物通过分离器除去水分后，其中切片进入干燥器，用过的除盐水经过滤后返回至除盐水储槽。干燥机中先除去切片中的大部分水分，剩余的水在表面干燥机中被分离去除。最后形成的结块将通过离心干燥机前安装的分离器筛出。聚酯切片通过振动筛中把其中的异型粒子（超长和粉末等）分离，合格切片被收集在中间料斗中。

除盐水循环泵把除盐水通过冷却器分送到切粒机，循环使用。为了保证生产切片时除盐水的消耗量值最低，除盐水被过滤并冷却后，又被循环送入至切粒系统。

9. 切片包装

把切片收集在两个切片中间料斗中，并经简易切片包装系统包装后储存。

10. 乙二醇分配及催化剂配制

乙二醇分配：来自原料罐区乙二醇储罐的新鲜乙二醇经输送泵进入聚酯装置，经新鲜乙二醇过滤器过滤后分配至各个使用点。

催化剂配制：在催化剂配制罐及搅拌状态下将催化剂溶于乙二醇中，经过滤器过滤后送入催化剂供料罐，然后采用催化剂输送泵将其连续地以特定比例送入到浆料调配罐中。

11. 消光剂配制

二氧化钛是纤维级聚酯切片常用消光剂。新鲜乙二醇经流量计计量后送入消光剂配制槽，将袋装二氧化钛加入到配制槽中搅拌，混合一段时间后将悬浮液送入二氧化钛研磨机进行第一次研磨，然后进入消光剂循环槽，第二次研磨，研磨后将悬浮液送入消光剂稀释槽。

新鲜乙二醇通过流量计计量后加入到稀释槽中，悬浮液被稀释到规定的浓度后送入消光剂中间贮槽，至少要存放 2 h 以上以便脱活性，取样分析合格后，悬浮液在氮气压力作用下经过滤器过滤后进入消光剂供料槽中，由计量泵连续定量地送入第二酯化反应器。

12. 酯化废水汽提系统

酯化反应生成水 COD 含量较高（原水 COD_{Cr}25 000～30 000 mg/L），目前普遍采

用汽提预处理工艺，将酯化水通过与水蒸气的直接接触，使废水中的挥发性物质按一定比例扩散脱除，从而达到降低废水中 COD 含量和脱除废水中醛类等物质（会杀死生化处理中的微生物）。

酯化废水汽提预处理工艺流程见图 2-3-2。

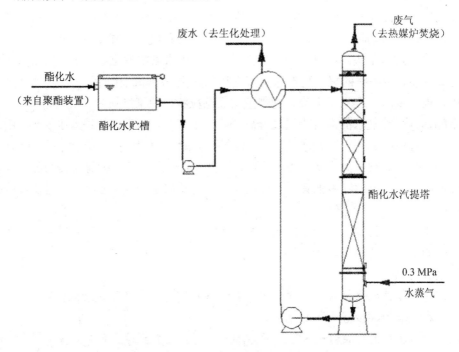

图 2-3-2　酯化废水汽提预处理工艺流程

自聚酯装置工艺塔（精馏塔）塔顶冷凝器的酯化废水（其中水 98.5%、乙醛 0.83%、乙二醇 0.5%，其他 0.17%）进入在废水收集罐中，用泵将废水经换热器加热并送至汽提塔上部，废水由塔顶自上而下流经填料，与由塔底部送进的 0.3MPa 水蒸气逆流相向，水蒸气把废水中的乙醛等易挥发组分脱除形成废气（气体成分：水蒸气 90%、乙醛 9%、其他 1%），废气由汽提塔塔顶排出送至热媒炉焚烧处理，脱除乙醛等易挥发组分后的废水（COD_{Cr} 降至 4 000～5 000 mg/L）由塔底排出，由泵经换热器冷却后进入污水处理系统。

13. 热媒系统

一次热媒系统：主要包括热媒储罐、热媒充填泵、热媒炉、热媒循环泵、尾气排放烟囱等组成。热媒储罐用于储存聚酯装置热媒系统的热媒，热媒输送泵的作用，一是用于聚酯装置开车时向二次热媒回路充填冷的热媒；二是补充在长时间运行后热媒系统因泄漏和蒸发所致的损失；三是在紧急/事故/停车状况时收集热媒站一次热媒系统的热媒并输送至热媒储罐贮存。

　　热媒循环泵用来循环聚酯装置和直接纺涤纶长丝装置一次热媒系统和热媒炉等封闭系统中的热媒。在热媒加热炉内，热媒通过燃料燃烧获得恒定的出口温度约325℃。

　　为平衡热媒温度升高而产生的体积膨胀，设置热媒膨胀槽以平衡体积变化量。在热媒站设置热媒收集槽，在停车或遇到其他紧急情况时，接收聚酯装置排放的热媒。

　　二次热媒系统：送至聚酯装置中每个供热回路循环的热媒称为二次热媒。通过调节进入每个二次回路的一次热媒量，可以控制二次热媒的温度（290℃左右），实现工艺上对每个设备不同温度的要求。

14．过滤器清洗

　　采用高温水解法清洗聚酯装置预聚物和终聚物过滤器滤芯，即过热蒸汽解聚方式。过滤器滤芯先在解聚槽中用过热蒸汽解聚，然后是热碱洗、热水洗，再用5～15 MPa高压水洗，最后是超声波处理，鼓泡检验。聚酯熔体过滤器清洗工艺流程见图2-3-3。

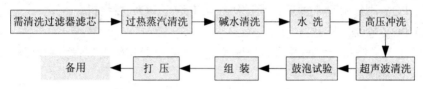

图2-3-3　聚酯熔体过滤器清洗工艺流程

（二）纺丝工艺

　　涤纶纤维的纺丝成型可分为切片纺丝和直接纺丝两种方法。切片纺丝法是将缩聚工序制得的聚酯熔体经铸带、切粒和纺前干燥之后，采用螺杆挤出机将切片熔化成为熔体再进行纺丝。直接纺丝法可省去铸带、切粒干燥和熔化过程，将聚合釜中的熔体直接送入纺丝机，这种方法不但可以提高过程的自动化程度，又能获得高度均匀的产品。

　　熔体直接纺长丝装置工艺简图见图2-3-4。

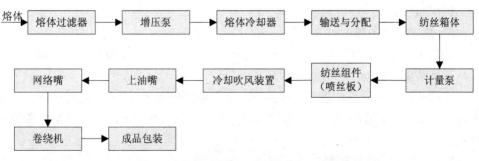

图2-3-4　熔体直接纺长丝装置生产工艺简图

生产过程文字说明如下：

1. 熔体输送及分配系统

从聚酯装置最终缩聚反应器出来的熔体经出料泵、熔体过滤器、带有热媒保温的熔体夹套管输送，再由分配阀分配至各纺丝箱体，为了满足纺丝所需要的熔体压力，在熔体管道中设置有增压泵；为了克服熔体经过增压泵后所产生的温升，保证熔体的质量，增压泵后设有熔体冷却器。熔体在进入纺丝箱体前先通过静态混合器，保证聚酯熔体在进入纺丝时的温度和黏度均匀。

2. POY 和 FDY 纺丝

自熔体分配系统来的聚酯熔体以一定温度进入由汽相热媒保温的纺丝箱体，经计量泵定量后送至纺丝组件，熔体在纺丝组件处被再次过滤和均化后挤出喷丝板，进入侧吹风室被一定温湿度的侧吹风冷却固化为丝束。FDY 直接通过纺丝甬道送至 FDY 卷绕机，POY 则经喷嘴上油后，通过纺丝甬道送至 POY 卷绕机。

（1）POY 卷绕

丝束进入卷绕机后，经过一对冷导丝辊，丝束经导丝辊调整张力和丝路，在卷绕头上高速卷绕成 POY 丝饼。

每对导丝辊自带电机和变频器。每个卷绕位与一个纺丝位对应，卷绕头能自动切换。在导丝辊之间设有网络喷嘴。卷绕头前设有检丝器，用于检测丝束断头、激活切断器、丝束收集装置和吸丝系统。落筒计时器通过控制卷绕时间控制卷装重量。

（2）FDY 卷绕

由纺丝甬道来的丝束经罗拉上油器上油后，进入加热的第一牵伸辊和加热的第二牵伸辊，在两辊之间完成全牵伸。牵伸后的丝束经网络喷嘴加网络后，在高速卷绕头上形成丝筒。卷绕头前设有检丝器，用于检测丝束断头、激活切断器、丝束收集装置和吸废丝系统。

3. 分级包装

放于筒子车上的 POY 成品丝饼，分别经物检、外观检验、分级后，按产品品种及其等级，分别用大纸箱包装，采用人工装箱、人工捆扎、称重、贴标记后，输送至成品库房码放。

4. 热媒加热系统

夹套工艺管线、熔体分配阀、增压泵和熔体分配管线均由液相热媒保温，液相热媒从聚酯装置之辅助生产装置供给。

纺丝箱体和部分熔体管线由热媒蒸发器产生的汽相热媒加热。使用过的汽相热媒通过冷凝器、溢流管线后回到热媒蒸发器。汽相热媒系统保证所有纺丝箱体和组件温度相同。

5. 纺丝油剂配制系统

桶泵将浓纺丝油剂送入纺丝油剂计量槽。除盐水经计量后注入纺丝油剂配制槽，开搅拌，将浓纺丝油剂从纺丝油剂计量槽中放至配制槽中，经检验合格后的稀释纺丝油剂靠重力送至纺丝油剂贮存槽。油剂靠重力由油剂贮存槽至卷绕纺丝油剂进料槽，由油剂计量泵送丝束上油装置。

6. 纺丝组件清洗系统

纺丝组件需要定期清洗（一般 0.5～2 个月）。从纺丝机更换下来的纺丝组件立即在组件分解台上进行分解，纺丝组件及喷丝板送真空煅烧装置煅烧清洗，清洗后的喷丝板放入超声波清洗装置进一步清洗，经过超声波清洗以后，喷丝板用压缩空气吹干，经镜检合格后分别放入塑料袋封存备用，在组件组装台上与清洗干净的纺丝组件组装后送组件预热炉预热备用。纺丝组件清洗工艺流程见图 2-3-5。

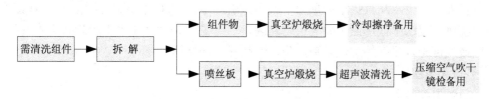

图 2-3-5 纺丝组件清洗工艺流程

真空煅烧炉炉温高于聚合物的熔点，组件内的废聚物在高温下（350～400℃）裂解，形成废渣单独收集。煅烧清洗去除废聚物的组件再用压缩空气吹扫干净，喷丝板经显微镜检验合格后重新组装使用。

四、产污环节分析

（一）废气

1. 有组织废气

（1）锅炉和热媒炉烟气

锅炉和热媒炉烟气污染物产生和排放源强与燃料种类、炉型选择和燃料品质等因素有关，可采用实测法、系数估算法和经验公式计算法进行估算，主要污染因子为 SO_2、NO_x 和烟尘。

（2）乙二醇液封槽废气

聚酯装置是密闭、连续操作运行的，有组织废气主要来自于真空系统排空。预缩聚和终缩聚反应器共用的乙二醇蒸汽喷射泵、乙二醇蒸发器等真空系统都是通过乙二醇液封槽排放口排放。

缩聚过程中，酯化单体不断缩聚反应并不断脱出乙二醇，并且伴随有乙二醇脱水生成乙醛等副反应，预缩聚和终缩聚反应器有尾气产生，该股废气中的主要成分是乙醛、乙二醇和水蒸气，经洗涤塔水喷淋洗涤后也是通过乙二醇液封槽排放口排放的。洗涤塔洗涤废水和酯化反应废水一起通过汽提装置。

（3）切粒机排放废气

终缩聚反应器反应的物料除了直接输送至纺丝装置以外，其余部分分配到切粒系统。聚酯切片与除盐水直接混合冷却固化，通过分离器除去大部分水分后，切片进入干燥器，再除去切片中残余的水分，有干燥废气产生，主要成分是水蒸气，含有少量对苯二甲酸（TA）和乙二醇（EG）、乙醛等有机物。

（4）汽提塔尾气

聚酯装置产生的生产废水（酯化废水和缩聚反应尾气洗涤废水）采用蒸汽汽提的方法预处理，废水从汽提塔塔顶向下喷淋，引入 0.3MPaG 的低压蒸汽，废水和蒸汽充分接触，废水中低沸点主要有机物乙醛、二噁烷等杂质从废水中脱除并进入气相，该股废气可送入热媒炉焚烧处理，最后经热媒炉烟囱排放。

2．无组织废气

（1）聚酯装置

乙二醇既是酯化反应原料，又是缩聚反应生成物，乙醛是缩聚副反应产物，聚酯装置投料、反应、输送过程均在密封的反应釜和管道中进行，但是设备阀门、管道连接以及废水转移过程还是有少量无组织挥发。

（2）PTA 粉尘

PTA 卸料输送过程中，会有少量粉尘产生。

（3）纺丝油剂废气

涤纶丝在上油、拉伸、卷绕和加弹过程中需要使用油剂（主要成分是矿物油和表面活性剂，添加剂为烃类物质），在纺丝中起到润滑和消除静电等作用。绝大部分流失的油剂在配制、输送、上油等过程中以无组织的形式挥发，少量流失在油剂槽清洗废水中进入污水处理系统。纺丝油剂废气可根据油剂平衡计算得到。

（4）热媒循环系统废气

热媒在生产装置运行过程中均在密闭的储罐、循环泵、填充泵、管道中周转，一般管道和阀门连接采用焊接，密闭性能较好，但正常生产时，在热媒炉进出口、阀门端口、过滤器进出口、泵进出口、收集槽罐进出口，仍有微量的废气渗出。

（5）乙二醇储罐废气

乙二醇在装卸、贮存过程中贮罐有大小呼吸无组织挥发，可采用公式计算法进行估算，详见第四章锦纶纤维相关内容。

（6）污水处理站恶臭

污水站产生臭气主要来自废水中各种有机物的挥发、某些有机物生物分解后的产物，主要产生于污水在输送、调节、生化过程，主要污染因子为氨、硫化氢等恶臭气体。

（二）废水

生产工艺废水主要来自聚酯装置，废水产生环节如下：

（1）酯化废水：酯化反应产生的废水，经蒸汽汽提预处理后，废水中低沸点主要有机物乙醛、二噁烷等杂质从废水中脱除并进入气相，剩余塔釜冷凝液进入污水处理装置。缩聚反应不凝尾气经空气喷射泵送热媒炉直接焚烧，没有尾气洗涤废水。液环泵采用乙二醇密封，无废水产生。

（2）铸带冷却水：从终聚反应釜出来的熔体直接输送至纺丝装置，当下游装置停车，改细旦品种或降负荷时，多余熔体部分送切片生产系统铸带切粒，采用熔体和除盐水直接混合冷却固化，通过分离器和干燥器去除水分，用过的除盐冷却水经过滤后返回至除盐水储槽循环使用，部分排放。如采用聚酯切片纺丝，则无该股废水。

（3）过滤器清洗废水：熔体过滤器采用碱液高温水解法清洗，再用软水水洗，清洗的碱液可以重复使用，不能再使用的废碱液排入污水处理站，主要污染因子是 pH、水解预聚物分解成对苯二甲酸（TA）和乙二醇（EG）等有机物。

（4）污染区雨水：生产装置、罐区和油剂废气排气筒周围收集的雨水。

（5）其余废水：地面冲洗水、生活污水。

涤纶制造行业产排污系数参见表 2-3-2。

（三）固废

聚酯装置正常生产过程中不产生工艺废渣，仅在装置开车和停车、过滤器清洗、取样检测、铸带头及切粒机更换等时产生少量废聚合物，均为间歇式排放。

纺丝装置生产过程固废产生环节如下：

（1）纺丝喷丝板清洗以真空炉煅烧为主，有少量熔体废渣。

（2）纺丝油剂废气收集后经油烟净化设施处理后排放，产生废油剂。

（3）纺丝装置产生的废丝出售，可作为填充物或降解后做涂料。

另外还有产品废包装、煤渣、中水回用深度净化废膜和废石英砂、生活垃圾等。污水处理污泥可按一般工业固废处置。

（四）噪声

涤纶生产项目噪声主要有三种：机械性噪声、空气动力性噪声和交通噪声。

（1）机械性噪声

生产车间内的各类泵、电机、纺丝系统、卷绕机以及辅助配套工程的冷却塔、冷冻机、制氮系统等设备工作时均产生机械性噪声，其噪声级强度在 80~95 dB。

（2）空气动力性噪声

抽吸风机、压缩空气站和氮气站的空气压缩机、有机热载体炉的风机等，运行时均产生空气动力性噪声，噪声级为 72～90 dB。

（3）交通噪声

涤纶生产项目物料运输量较大，装卸作业区的噪声是不可忽略的。

表 2-3-2　涤纶制造行业产排污系数表

产品名称	原料名称	工艺名称	规模	污染物指标	单位	产污系数	参考范围	末端治理技术	排污系数	参考范围
涤纶长丝	精对苯二甲酸及乙二醇	酯化-缩聚-纺丝-卷绕-成品	大	工业废水量	t/t-产品	3	2～4	化学+生物	3	2～3
								厌氧/好氧生物组合工艺	3	2～3
								物化+生物	2	2～3
				COD$_{Cr}$	mg/L-产品	2372	1660～3084	化学+生物	171	120～223
								厌氧/好氧生物组合工艺	179	125～233
								物化+生物	155	109～202
			中	工业废水量	t/t-产品	3	2～4	化学+生物	3	2～4
								厌氧/好氧生物组合工艺	3	2～4
								物化+生物	3	2～4
				COD$_{Cr}$	mg/L-产品	2148	1504～2792	化学+生物	480	336～624
								厌氧/好氧生物组合工艺	178	125～232
								物化+生物	167	117～217
涤纶短纤维	精对苯二甲酸及乙二醇	聚合-纺丝	全部	工业废水量	t/t-产品	3	2～4	化学+生物	3	2～4
				COD$_{Cr}$	mg/L-产品	1962	1373～2551	化学+生物	178	125～231
聚酯切片	精对苯二甲酸及乙二醇	聚合-切粒	全部	工业废水量	t/t-产品	1	1～2	厌氧/好氧生物组合工艺	1	1～2
				COD$_{Cr}$	mg/L-产品	2269	1588～2950	厌氧/好氧生物组合工艺	172	120～223
涤纶长丝	聚酯切片	熔融-纺丝	全部	工业废水量	t/t-产品	2	1～3	化学+生物	2	1～2
				COD$_{Cr}$	mg/L-产品	658	461～855	化学+生物	105	73～136
涤纶短纤维	聚酯切片	熔融-纺丝	全部	工业废水量	t/t-产品	2	1～2	化学+生物	2	1～2
				COD$_{Cr}$	mg/L-产品	605	424～787	化学+生物	114	80～148
再生涤纶短纤维	回收聚酯瓶片等	清洗-熔融-纺丝	全部	工业废水量	t/t-产品	9	6～11	物化+生物	8	6～11
				COD$_{Cr}$	mg/L-产品	2347	1643～3051	物化+生物	177	124～230

第三节 环境影响识别和评价因子筛选

一、环境影响识别

涤纶项目的环境影响因素应根据工程组成、生产工艺和设备、产排污环节分析进行识别，一般可按表 2-3-3 进行识别。

表 2-3-3 主要环境要素识别表

工程组成		设备（设施）	环境影响因素	评价因子
主体工程	聚酯装置	PTA 卸、投料	废气	粉尘
		乙二醇液封槽	真空系统废气	乙醛、乙二醇
		切粒机	干燥废气	粉尘、乙醛、乙二醇、TA
			废聚合物	固废
		汽提塔	汽提废气	乙醛、乙二醇、二噁烷
		酯化反应器	酯化废水	COD_{Cr}
		熔体过滤器	清洗废水	COD_{Cr}、SS
			滤渣	固废
		真空系统	尾气洗涤废水*	COD_{Cr}
		取样口	废渣	固废
		各类动设备	噪声	L_{eq}（A）
		地面冲洗水	废水	COD_{Cr}
	纺丝车间	纺丝组件清洗	清洗废水	COD_{Cr}、SS
			废渣	固废
		纺丝生产线	油剂废气	非甲烷总烃
			噪声	L_{eq}（A）
			废丝	固废
			油烟治理设施	废油剂
		油剂调配槽	清洗废水	COD_{Cr}、石油类

工程组成		设备（设施）	环境影响因素	评价因子
辅助工程	罐区	乙二醇贮罐	大、小呼吸废气	乙二醇
		初期雨水	废水	COD_{Cr}
	纯水站	纯水制备	反冲水	pH、SS
			废滤袋、滤芯、滤料、废膜	固废
	有机热载体炉及锅炉	燃料燃烧	烟气排放	SO_2、NO_2、烟尘
			炉底灰渣	固废
		脱硫除尘系统	脱硫石膏	固废
		引风机	噪声	L_{eq}（A）
		热媒系统	废热媒	固废
辅助工程	空压站	空压机	噪声	L_{eq}（A）
	氮站	制氮机	噪声	L_{eq}（A）
	冷冻机组	压缩机	噪声	L_{eq}（A）
	冷却水循环系统	冷却塔	噪声	L_{eq}（A）
	实验室	化验	废水	pH、COD_{Cr}
环保工程	废水处理站	水泵及风机	噪声	L_{eq}（A）
		调节池、厌（兼）氧处理	废气	H_2S、NH_3、臭气浓度
		中水回用系统		
		尾水	废水	COD_{Cr}、NH_3-N
其他	职工	生活污水	废水	COD_{Cr}
		生活垃圾	固废	固废

注：*如真空尾气送热媒炉焚烧则无洗涤废水产生。

二、评价因子的筛选

（一）污染因子确定

1. 废气

废气主要来自于聚酯制备过程中有组织或无组织排放的有机废气，热媒炉和供热锅炉烟气。

主要的污染因子有：SO_2、NO_x、烟（粉）尘、乙二醇、乙醛、非甲烷总烃、对苯二甲酸等。

2. 废水

废水主要来自工艺过程中的酯化废水、组件清洗废水等。

主要的污染因子有：COD$_{Cr}$、BOD$_5$、SS、NH$_3$-N、乙醛、乙二醇、石油类等。

3．废渣和噪声

废渣主要来自热电站的锅炉燃煤产生的煤渣、聚合反应过程中产生的低聚体，聚合物凝块以及开停车时残次品、纺丝过程中铸带头、铸带粒产生的废聚合物。

各类动设备如风机、空压机、卷绕机等设备运行产生的噪声。

（二）评价因子的筛选

涤纶纤维生产行业的主要评价因子见表 2-3-4。

表 2-3-4　涤纶纤维生产行业的主要评价因子

评价因子类别	大气环境	地表水环境	声环境	固体废物
现状评价因子	SO$_2$、NO$_2$、TSP 或 PM$_{10}$、乙二醇、乙醛、非甲烷总烃	COD$_{Cr}$、COD$_{Mn}$、DO、pH、石油类、NH$_3$-N、TP、SS	等效连续 A 声级	各类固废产生量
预测评价因子	SO$_2$、烟尘、乙醛	COD$_{Cr}$	—	

第四节　污染防治措施

一、废气污染防治措施

（一）锅炉及热媒炉燃煤烟气治理

锅炉及热媒炉燃煤烟气治理要根据选用炉型、燃煤煤质、运行工况及项目所在地区的实际情况采用适宜的脱硫和除尘治理措施，总体须满足达标排放要求、总量控制要求和环保管理要求。

在实际工作中，可根据煤炭消耗量、煤质检测结果、热媒炉参数以及设计脱硫除尘效率，计算得到热媒炉燃煤烟气污染物排放浓度和速率，对照《锅炉大气污染物排放标准》（GB 13271—2001）中的相应标准限值进行达标评价，并可通过同类设施的类比调查等方法对脱硫除尘设施的效率进行论证。

（二）煤场灰场扬尘控制

煤场灰场扬尘控制措施也必须结合当地的气象条件等实际情况提出，煤场灰场扬尘控制措施可参考有关资料，在此不再赘述。

（三）工艺废气治理

1. 聚酯装置

（1）缩聚尾气

缩聚反应有尾气产生，废气中的主要成分是乙醛、乙二醇和水蒸气。由于缩聚反应系统处于真空状态，因此缩聚反应釜废气经洗涤塔水喷淋洗涤后通过真空系统的乙二醇液封槽排放口排放。

（2）汽提塔尾气

聚酯装置是连续生产的，汽提塔尾气也是连续排放的，汽提塔尾气中的乙醛污染物体积分数很高，乙醛体积分数可达9%左右。

焚烧处理是最彻底的废气处理方法，一般认为热焚烧的污染物去除率可达99.5%以上。焚烧法一般适合连续生产的有组织废气，热值较低情况下需要补充外加热源处理，能耗情况是影响焚烧法处置的主要因素。

根据对聚酯企业的调查，将汽提塔尾气引入热媒炉焚烧处理是最直接、最简单、最经济的处理方案，不仅能革除废气污染因子，而且取得了一定的节能效果。

由于汽提塔尾气中乙醛含量高，近年来也有部分聚酯生产企业对汽提塔尾气中的乙醛和乙二醇进行回收，在降低乙醛排放量的同时，在经济上也取得了一定的效益。

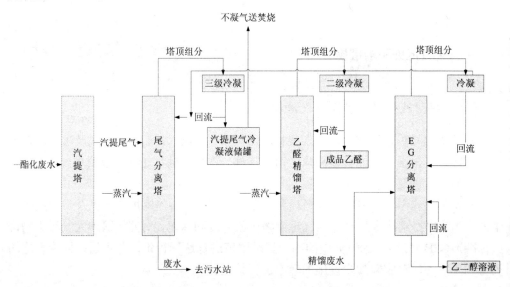

图 2-3-6　酯化废水汽提及乙醛/乙二醇回收系统工艺流程

（3）乙二醇液封废气

从乙二醇液封槽排放的废气有：聚酯装置真空系统排气、预缩聚和终缩聚反应器尾气。其中缩聚反应器尾气是先经洗涤塔水喷淋洗涤后进入乙二醇液封槽的，因此废气中乙醛等污染因子的浓度已大大降低，排气筒乙醛排放浓度和排放速率均可做到达标排放。

2．纺丝装置

纺丝装置的废气主要是油剂废气，纺丝生产线上油工序应设集风罩进行收集，油剂烟雾经管道汇总，经油烟净化器处理后，由排烟风机排出室外。目前已有厂家专业生产纺织油剂废气静电除油雾回收系统，经处理后可做到达标排放。油剂烟雾去除效率可通过设计资料及类比调查确定。

3．无组织废气防治措施

（1）由于真空系统传统上常采用水冲泵、水喷射泵，因此一般水溶性物质多数溶解于废水中，而不溶性的气体绝大部分成为废气排放。聚酯装置的真空系统采用乙二醇喷射泵和液环泵，泵后进行冷凝。

液环泵是直接使用乙二醇作为真空泵的循环介质，废气中的乙二醇、乙醛在泵体中气液混合后溶于介质中，真空系统的乙二醇属于整个聚酯装置乙二醇回用系统的组成部分，没有水冲泵等废水的排放，减少了废气无组织排放。

（2）罐区物料卸料时的大呼吸、物料贮存时的小呼吸也是废气无组织排放的重要来源。因此除严格按照贮存条件要求以外，在乙二醇装卸时，在储罐口设置气相平衡管以隔除大呼吸。由于乙二醇沸点较高，因此在罐顶设置水喷淋，可以在气温较高的季节减少小呼吸带出的乙二醇。

（3）PTA 粉尘

PTA 投入料仓时会产生大量扬尘，通过排气管和投料口散发，因此可在放空管口引出风管，接脉冲袋式除尘器，脉冲袋式除尘器后面接离心风机，通过风机做功使料仓形成负压，投料时 PTA 粉因吸入料仓粉尘不会向外扬起。PTA 粉粒随气流进入布袋除尘器，脉冲冲击布袋落下的粉尘通过星形电动阀回入料仓。

4．污水站废气

污水站产生的臭气主要来自废水中各种有机物的挥发、某些有机物生物分解后的产物，主要产生于污水输送、调节、生化过程。污水站厌氧可采用密闭式厌氧反应器，厌氧沼气收集后采用内藏式小火炬焚烧处理，调节池、兼氧池等构筑物加盖，废气收集后经第一级氯酸钠水溶液喷淋吸收，再经第二级碱液吸收两级洗涤除臭处理，以减轻污水处理过程产生的恶臭气体排放对环境的不利影响。

二、废水污染防治措施

聚酯装置的酯化废水是一种高浓度的化工有机废水，B/C 比为 0.4～0.5，可生化性较好，废水中大部分是低分子乙二醇、乙醛等，也含有一定量的杂环烷类、酯类和低聚物等，废水的处理难点也就是这些杂环烷类、低聚物等大分子有机物。纺丝废水浓度中等，但含有少量的油类物质，需在车间内进行破乳及隔油的预处理。

1. 聚酯废水预处理系统

聚酯反应生成的工艺废水（COD_{Cr} 质量浓度高达 25 000～30 000 mg/L），且含有较高浓度的甲醛、乙醛等，B/C 在 0.3 以下，含有的乙醛毒性强，对生化反应有抑制、毒副作用，若直接进入污水站将严重影响厌氧反应器的处理效率。

对聚酯工艺废水（酯化废水和缩聚反应尾气洗涤废水）采用蒸汽汽提的方法进行预处理。废水从汽提塔塔顶向下喷淋，引入低压蒸汽，废水和蒸汽充分接触，废水中的低沸点主要有机物乙醛、二噁烷等杂质从废水中脱除并进入气相，该股废气送入热媒炉焚烧处理，最后经热媒炉烟囱排放。聚酯工艺高浓度废水原水水质 COD_{Cr} 25 000～30 000 mg/L，经汽提后出水水质 COD_{Cr} 在 4 000～5 000 mg/L，汽提 COD_{Cr} 去除效率约为 80%，影响后续生化处理的乙醛基本被完全提取，废水浓度降低且稳定，使得厌氧反应器的处理效率大幅度提升。

2. 废水生化处理系统

聚酯废水处理方法较多，但国内外大多数企业采用生化或物化－生化方法对其进行处理。现将国内聚酯废水处理工艺、方法概括为：

（1）活性污泥处理工艺

①普通活性污泥处理工艺。处理聚酯生产废水的流程如下：

废水→pH 调节→调节池→曝气池→沉淀池→出水

该法存在对水质、水量变化比较敏感，不耐有机负荷冲击，产泥量大，处理麻烦且费用较高，易污泥膨胀，占地面积大等缺点。

采用普通活性污泥法、生物接触氧化法 COD 的去除率一般可达到 82%～92%，但若要求出水达《污水综合排放标准》一级排放标准尚有一定难度。

②PACT 法。通过对普通活性污泥和活性污泥中添加活性炭粉末的 PACT 工艺对比发现，相同条件下 PACT 工艺处理效率比普通活性污泥工艺大约提高了 38.2%。

③生物滤塔－生物流化床工艺。从瑞士伊文塔公司引进的聚酯废水处理技术是采用生物滤塔—生物膜法进行处理的。

废水→pH 调节→生物滤塔（兼氧）→流化床反应器（好氧）→净化器→排放

该法处理负荷高、氧化能力强、处理效果好、能耐有机负荷的冲击、污泥量少、占地面积小，但一次性投资大，运行费用较高。生物滤塔流化床反应器需定期补充 N、P 营养。此工艺 COD 的去除率可达到 96%。

④氧化沟—厌氧—生物接触氧化法流程如下：

废水→氧化沟→兼氧池→厌氧池→接触氧化池→沉淀池→过滤池→排放

氧化沟中废水呈推流式，又呈完全混合式运行，COD 去除率约 52%，兼氧池 COD 去除率达 30%，厌氧池 COD 去除率达 40%。两段好氧接触氧化池 COD 去除率可达 70%。

（2）厌氧处理工艺

涤纶生产工艺废水中含有相当数量的难降解有机物，采用厌氧方式对其进行预处理，可有效地改善废水的可生物降解性，有利于后续好氧生物处理。

①UASB 工艺。目前，上流式厌氧污泥床（UASB）在高浓度有机废水处理中已得到广泛应用。华南师范大学开发了用于聚酯废水厌氧处理的 UASB 反应器，COD 去除率可达 28.3%，并使废水的可生物降解性得到有效提高。

②UASB-AF 工艺处理流程如下：

废水→调节池→气浮→UASB→AF 厌氧池→接触氧化→二沉池→砂滤→出水

整个工艺中，UASB-AF 为关键处理单元。

③酸化水解—HCR 接触氧化。在处理聚酯废水时，可采用先对高浓度的废水进行酸化水解预处理，再将其与聚酯生产过程中产生的喷射泵废水、生活污水混合，混合废水经 HCR（Hight Efficient Compact Reactor）、接触氧化、混凝气浮处理后可回用于生产中。此工艺的关键在于高浓度废水的酸化水解预处理和高效HCR 反应器，空气氧的利用率达到 30%～50%，工艺参数如若控制恰当，COD 总去除率可达 97%左右。

④兼性厌氧（生物膜氧化沟）—厌氧—好氧（生物接触氧化）工艺。工艺流程为：隔油→兼性厌氧（生物膜氧化沟）→厌氧→两级好氧生物接触氧化→过滤。COD 去除率 95.4%，BOD 去除率 98.5%，可以达到《污水综合排放标准》一级排放标准。

（3）物化—生化组合处理工艺

①凝聚—过滤—蒸馏—生物接触氧化工艺。含低分子树脂的酯化废水在一定的 pH 下，投加 $FeSO_4$、$KAl(SO_4)_2$、$FeCl_3$、$Ca(OH)_2$ 等无机絮凝剂和有机絮凝剂进行预处理，使其中非水溶性的树脂凝聚，同时去除部分其他杂质。经过过滤、蒸馏、预处理再与冲洗水混合，用回流水稀释后，进行二级生物接触氧化处理，出水可达二级排放标准。

②汽提—厌氧酸化—好氧—活性炭塔工艺。高浓度的酯化废水先单独经汽提填料塔，通过水蒸气和空气汽提，再与其他生产废水混合进行厌氧、生物接触氧化处理，出水再经活性炭塔吸附和混合微生物降解作用后排放。该工艺操作简单，适应 pH 变化较广（6～9），处理效果好，总 COD 去除率为 80%～95%，且数年不外排污泥，解决了麻烦的剩余污泥处理问题。

3. 废水回用系统

由于涤纶生产废水经预处理和生化处理后水质较好，因此从节约水资源、减少排污量的角度考虑，尤其对于缺水地区和区域水环境功能不能达标地区而言，实施废水回用方案是有必要的。所采取的废水回用技术须从技术经济方面进行必选和论证后确定。

根据国内外废水回用深度处理技术发展的情况，目前应用较为普遍的技术方法有以下三种：

（1）生物处理法：利用水中微生物的吸附、氧化分解污水中的有机物，从而达到去除污水中溶解性有机物的目的，一般好氧处理较多。

（2）物理化学处理法：以混凝沉淀（气浮）技术及活性炭吸附相结合为基本方式。

（3）膜分离：一般采用超滤（微滤）加反渗透膜处理，优点是 SS、COD_{Cr}、可溶性盐类等去除率很高，占地面积少。

下面以超滤 + 反渗透双膜联合深度净化处理工艺为例进行说明，流程见图 2-3-7。

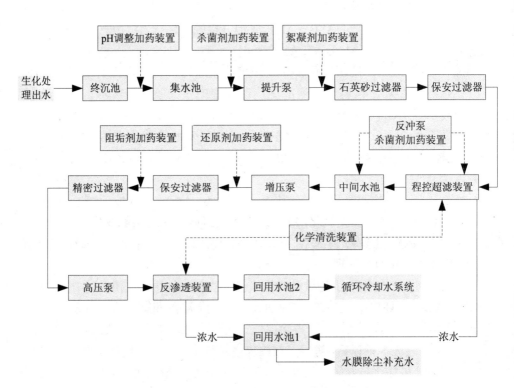

图 2-3-7　废水回用深度处理工艺流程（供参考）

污水站废水经生物接触氧化、斜管沉淀和加药气浮，出水悬浮物含量仍较高，因此首先进入终沉池沉淀；然后出水进入集水池，经泵提升后进入石英砂过滤器过滤处理；过滤水进入程控超滤装置进行二级过滤，超滤过滤水进入中间水池，超滤浓水进入回用水池 1；进入中间水池的超滤过滤水经高压泵提升后进入反渗透装置，出水进入回用水池 2，反渗透浓水进入回用水池 1；回用水池 1 供水膜除尘补充水使用剩余纳管排放；回用水池 2 供循环冷却水补充水使用。整个处理过程分为预处理装置、程控超滤装置和反渗透装置三大部分，具体组成情况见表 2-3-5。

表 2-3-5　废水回用废水深度处理工艺组成（供参考）

序号	系统	功能	组成部分	
			名称	作用
1	预处理装置	去除原水中悬浮物、浊度，保证后续超滤和反渗透设备正常运行	pH 调整加药装置	调整来源污水站排放废水 pH，以满足废水回用处理系统的进水要求
			杀菌剂加药装置	杀灭原水中的细菌及微生物，防止其对后续膜元件的侵害
			提升泵	提供动力源
			絮凝剂加药装置	使原水中的细小胶体、颗粒等杂质形成絮凝体，从而在后续石英砂过滤器中被过滤掉，提高过滤效果，降低废水浊度
			石英砂过滤器	去除进水中的悬浮物、胶体等杂质，降低进水浊度和 SDI 值
			保安过滤器	将石英砂过滤器的产水中的沉淀物、颗粒物等截留，防止水中细微颗粒进入超滤装置
2	程控超滤装置	进一步去除原水中的悬浮物、胶体、有机物，降低浊度，保证后续反渗透装置正常运行	程控超滤装置	作为反渗透前处理工艺，可提高反渗透的进水水质，预防反渗透的胶体污染和微生物污染，提高反渗透膜的单位渗透通量，提高反渗透系统的回收率
			反冲泵	清除超滤膜表面的沉积物
			杀菌剂加药装置	杀灭截留于超滤膜元件中的细菌及微生物
			化学清洗装置	清除超滤膜表面积累的污染物，防止超滤装置性能（产水量和脱盐率）下降、装置进出口压差升高
3	反渗透装置	去除水中绝大多数溶解固体，去除绝大部分无机盐类、有机物和微生物	增压泵	增压输送提供动力源
			还原剂加药装置	在反渗透装置进水中投加还原剂，还原进水中剩余氧化剂，保证反渗透装置安全运行
			保安过滤器	将反渗透装置进水中的沉淀物、颗粒物等截留，防止水中细微颗粒进入反渗透装置
			阻垢剂加药装置	防止反渗透装置浓水侧结垢
			精密过滤器	将反渗透装置进水中的沉淀物、颗粒物等截留，防止水中细微颗粒进入反渗透装置
			高压泵	增压输送为反渗透装置提供动力源
			反渗透装置	阻挡所有溶解性盐及分子量大于 100 的有机物，允许水分子透过
			化学清洗装置	清除反渗透膜表面积累的污染物，防止反渗透装置性能（产水量和脱盐率）下降、装置进出口压差升高

反渗透过滤水可回用至循环冷却水补充,超滤和反渗透浓水可回用至热媒炉脱硫除尘系统蒸发损耗补充。

三、噪声污染防治措施

针对涤纶生产项目特征,在噪声污染防治方面需要关注以下几点:

(1)纺丝车间为空调环境密闭设计,正常运行时门窗基本不开启,环评中须根据厂界和声环境敏感点达标的要求,对厂房隔声量提出要求。

(2)在声源的布局上,将高噪声的生产车间(如空压机房、冷冻机房等)布置在厂区中部,将噪声大的设备设置在车间中央,以减轻噪声对厂界的影响。

(3)室外风机、空压机、冷冻机、冷却塔等设备往往会导致厂界或敏感点噪声超标,因此必须从型号上分析其是否属于低噪设备并提出要求,从声源上降低设备本身噪声。

(4)对空压站和冷冻站房等,为降低设备高噪声影响要建设良好隔声效果的站房,安装隔声窗、加装吸声材料,避免露天布置。空压机必须配备相应的高效消声器,机座应设减振垫;消声器需加强维修或更换。

(5)对主要生产设备的传动装置做好润滑,加强设备的维护,确保设备处于良好的运转状态,杜绝因设备不正常运转而产生的高噪声现象。

四、固废污染控制措施

(1)聚酯装置过滤器清洗废渣、取样口排放废渣、铸带头及切粒机更换废渣、纺丝喷丝板清洗煅烧废渣和纺丝废油剂等,须委托有危险废物经营资质的单位综合利用。

(2)纺丝装置产生的废丝出售,可作为填充物或降解后做涂料。

(3)污水处理污泥不含重金属、染料等,应属一般工业废弃物,可填埋。

(4)热媒炉煤渣属于一般工业固体废物,出售综合利用。

(5)生活垃圾应由环卫部门负责清运处置。

第五节　清洁生产分析

《清洁生产标准—化纤行业(涤纶)》(HJ/T 429—2008)于2008年8月1日开始实施,适用于采用对苯二甲酸直接酯化法生产聚酯和以聚酯为原料生产涤纶纤维的企业的环境影响评价。该标准从生产工艺与装备要求、资源能源利用指标、产品指标、污染物产生指标、废物回收利用指标和管理要求等几个方面制定了具体的指标要求。

其主要内容见表 2-3-6。

表 2-3-6 化纤行业（涤纶）清洁生产标准指标要求*

指　标		一级	二级	三级
一、生产工艺与装备水平				
1.生产过程控制		采用集散型控制系统（DCS）进行生产控制和管理		
2.聚酯酯化水处理		蒸汽汽提	通风汽提	排入预处理
3.聚酯工艺尾气处理		二次利用		
4.聚酯乙二醇分离塔塔顶蒸汽		能源回收利用	做喷射蒸汽使用或制冷	直接冷凝
二、资源能源利用指标				
1.对二苯甲酸单耗/（t/tPET)		≤0.858	≤0.86	≤0.865
2.乙二醇单耗/（t/tPET)		≤0.334	≤0.335	≤0.338
3.聚酯单耗/（kg/t)	长丝	POY≤1010	POY≤1015	POY≤1020
		FDY≤1015	FDY≤1020	FDY≤1025
	工业长丝	≤1030	≤1050	≤1065
	短纤维	≤1010	≤1020	≤1025
4.新水量单耗/（t/t)	聚酯	≤0.9	≤1.5	≤1.7
	涤纶	≤4.0	≤7.0	≤12.0
5.综合能耗/（kg标煤/t)	连续聚酯	≤150	≤165	≤180
	非连续聚酯	≤165	≤180	≤200
	涤纶长丝	≤220	≤270	≤330
	工业长丝	≤360	≤380	≤400
	涤纶短纤维	≤160	≤180	≤200
	切片纺	≤250	≤270	≤300
三、产品指标				
产品一级品率/%		≥99	≥97	≥95
四、污染物产生指标（末端治理前）				
1.废水产生量/（t/t)	聚酯	≤0.30	≤0.70	≤0.90
	涤纶	≤1.2	≤1.4	≤1.6
2. COD_{Cr} 产生量/（kg/t)	聚酯	≤2.3	≤4.0	≤8.0
	涤纶	≤1.8	≤2.0	≤2.3
3. VOC 产生量/（kg/t）*	聚酯	≤0.35	≤0.40	≤0.45
	长丝	≤0.04	≤0.06	≤0.10
	短纤维	≤0.54	≤0.77	≤0.90
4. SO_2 产生量/（kg/t)		≤0.70	≤0.90	≤1.20
5.废丝、废料产生量/（kg/t)		≤10	≤20	≤25

指　标	一级	二级	三级
五、废物回收指标			
1.乙二醇回收率/%		100	
2.废丝、废料回收利用率/%		100	
3.三甘醇废液回收利用率/%		100	
六、环境管理要求			
1.环境法律法规标准	符合国家和地方有关环境法律、法规，污染物排放达到国家和地方排放标准、总量控制和排污许可证管理要求		
2.环境管理与清洁生产审核	按照"清洁生产审核暂行办法"的要求进行清洁生产审核，并全部实施了无、低费方案。通过 GB/T 24001 环境管理体系认证	按照 "清洁生产审核暂行办法"的要求进行清洁生产审核，并全部实施了无、低费方案。按照 GB/T 24001 建立并运行环境管理体系，环境管理手册、程序文件及作业文件齐全	按照"清洁生产审核暂行办法"的要求进行清洁生产审核，并全部实施了无、低费方案。环境管理制度健全，原始记录及统计数据齐全真实
3.生产过程环境管理	有原材料质检制度和原材料消耗定额管理制度，安装计量仪表，对能耗及物耗严格定量考核，聚酯热媒炉使用无硫或低硫燃料，对噪声进行控制等，应有污染事故的应急预案，节能减排成绩优异，成为行业的标杆	有原材料质检制度和原材料消耗定额管理制度，安装计量仪表，对主要环节的物耗、能耗有计量，聚酯热媒炉使用无硫或低硫燃料，对噪声进行控制，应有污染事故的应急预案，节能减排成绩良好	对能耗及物耗有考核，聚酯热媒炉使用无硫或低硫燃料，对噪声进行控制，应有污染事故的应急预案，节能减排合格
4.固体废物处理处置	1.对一般废物按有关规定进行资源化、减量化处理； 2.对危险废物按有关规定进行无害化处理	1.对一般废物按有关规定进行减量化处理； 2.对危险废物按有关规定进行无害化处理	1.对一般废物按有关规定进行妥善处理； 2.对危险废物按有关规定进行无害化处理
5.相关方环境管理	1.要求相关方在生产过程中，遵守国家和地方的环境法律法规； 2.优先选择生产过程满足环保要求的相关方； 3.相关方定期提供环境保护部门出具的环境行为证明； 4.对相关方提出的投诉和建议，能够积极处理，并把处理信息及时反馈给相关方	1.要求相关方在生产过程中，遵守国家和地方的环境法律法规； 2.优先选择生产过程满足环保要求的相关方； 3.对相关方提出的投诉和建议，能够积极处理，并把处理信息及时反馈给相关方	1.要求相关方在生产过程中，遵守国家和地方的环境法律法规； 2.优先选择生产过程满足环保要求的相关方

注：*为参考指标
　　一级代表国际清洁生产先进水平、二级代表国内先进水平、三级代表国内基本水平。

《纺织工业"十一五"发展规划》中提出四项约束性指标：吨纤维耗电量比 2005 年降低 10%、单位产值的纤维使用量比 2005 年降低 20%、吨纤维耗水量比 2005 年降低 20%、单位产值的污水排放量比 2005 年降低 22%。

第六节　环境影响评价应关注的问题

（1）我国与化纤行业有关的产业政策和环保技术政策比较多，且变化更新较快，因此在环评中应全面收集化纤行业各项政策，注重分析涤纶纤维生产项目与产业政策和环保政策的相符性。

（2）应根据项目组成，按主体工程、辅助工程、环保工程及其他配套设施分别分析各产污环节的污染源强，注意做好总物料平衡、乙二醇平衡、油剂平衡和水平衡。要细化辅助工序，如组件清洗方式、油剂配制等的描述和分析。

（3）注重清洁生产比较分析，确保项目采用的生产技术为国内先进技术，不采用淘汰工艺和设备。要注意区域配套设施，特别是区域集中供热及污水集中处理对于清洁生产指标分析的影响，客观评价项目清洁生产水平。清洁生产指标的计算要与工程分析内容保持一致。

（4）污染防治方面应注意污水站废气的收集和治理措施，以及纺丝油剂的收集和回收措施。由于聚酯废水处理难度不大，因此应提倡聚酯生产企业对废水进行深度处理回用，对于缺水地区或水环境功能不达标地区的建设项目，废水回用尤为必要。

（5）含聚酯制备的涤纶纤维生产属三类工业，应在三类工业用地区块内建设生产。

（6）由于各大涤纶生产企业均有各自的生产工艺，各生产工艺都具有自身的特点，污染物产生源强也有所差异，因此在涤纶项目环境影响评价过程中应根据项目特点进行分析。

第七节　典型案例

某化纤有限公司年产 36 万 t 涤纶功能性纤维项目

一、项目概况

（1）项目性质：新建。

（2）项目概况：新建项目位于某工业区内，总用地面积 276 亩①。项目总投资 8.5 亿

---

① 1 亩=666.67 m²。

元，环保投资合计 1210 万元，环保投资占总投资的 1.42%。聚酯装置和纺丝装置的年操作时间均为 333 天，日操作时间 24h，全年操作 8000h，新增劳动总定员 1308 人。

（3）建设内容：聚酯装置和直接纺涤纶长丝主要生产装置，辅助生产装置和公用工程装置，以及生化处理污水站、中水回用深度水装置、酯化反应废水汽提塔预处理装置、聚酯尾气热媒炉焚烧系统、热媒炉尾气处理装置等环保工程装置。

新建项目各组成部分的主要内容见表 2-3-7。

表 2-3-7　新建项目组成一览表

组成	主项名称		主要内容
主体工程	聚酯装置		设计能力 1200t/d，操作时间 333 d/a，操作弹性 50%～110%
			PTA 卸料及输送系统设计能力 2×35t/h，保护介质为氮气
			浆料配制系统
		酯化反应	包括第一酯化反应（酯化率约为 91%），配一台反应器，设计 Q=800 t/h； 第二酯化反应（酯化率约为 96.5%），配一台反应器，设计 Q=800 t/h； 工艺塔（乙二醇分离系统）一座，ϕ3 m； 事故乙二醇收集槽
		预缩聚反应	预缩聚反应器，配两台反应器，设计 Q=800 t/h；预缩聚输送及过滤系统
		终缩聚反应	终缩聚反应器，配两台反应器，设计 Q=800 t/h；乙二醇蒸汽喷射系统；乙二醇收集槽；熔体输送及过滤系统
		切片生产及包装	配置大规模的切片生产线是为了保证生产连续性，实际绝大部分聚酯熔体直接纺丝。 切片生产设计能力 13 万 t/a
	涤纶长丝装置		熔体输送及分配系统；纺丝系统（包括卷绕及分级包装、热媒加热系统、油剂调配系统、组件清洗系统）；共有 20 条纺丝生产线，其中 FDY 为 6 条纺丝生产线，POY 为 14 条纺丝生产线
辅助工程	生产供水系统		由工业区市政供水管网供给，用水量约 283 m³/h。 采用碳钢管道，供水压力 0.3～0.4 MPa，供水温度为常温
	循环冷却水系统		循环冷却水量 12 000 m³/h，采用逆流式玻璃钢冷却塔（8 台，2500 m³/h）
	除盐水制备		除盐水制备装置 1 套，处理规模 15 m³/h
	空气压缩系统		1.1 MPa：4 台 36 m³/min、1.3 MPa 的螺杆式空压机。 0.9 MPa：5 台 45 m³/min、1.0 MPa 的螺杆式空压机。 0.6 MPa：6 台 170 m³/min、0.8 MPa 的离心式空压机
	氮气系统		普氮系统：1 台 150 m³/h 的 PSA 制氮装置； 纯氮系统：1 台 10 m³ 液氮储槽和 1 台 150 m³/h 的空温式汽化器
	一次热媒系统		热媒炉：Q=1200 万 kcal[①]/h×4，η≥70%；烟囱：1 支，D=1m、H=50m； 热媒卧式储罐：1×350 m³；余热锅炉 2.5 t/h×4，蒸汽温度 160℃，压力 0.8MPa
	过滤器清洗系统		采用高温水解法清洗熔体过滤器滤芯。 工作温度 350～400℃，清洗时间 3～4 h
	原料及化工罐区		乙二醇储罐：2×2 000 m³，立式拱顶罐，在中辰厂区建设罐区，经乙二醇输送泵送至聚酯装置各用户

---

① 1 kcal=4.186 8 kJ。

组成	主项名称	主要内容
环保设施	污水处理站	聚酯浓废水汽提预处理，对后续混合废水采取厌氧+好氧生物处理方法；设计处理规模：厌氧处理（浓废水）450 t/d，好氧处理（厌氧后浓废水+一般稀废水）900 t/d
	中水回用废水深度处理装置	经预酸化池、曝气生物滤池生化，生物滤池出水由增压泵送至石英砂过滤器、超滤装置和反渗透装置，出水经杀菌消毒后流至回用水池 2，再由供水泵送至循环冷却水补充用水点；超滤和反渗透浓水流至回用水池 1，再由供水泵送至热媒炉脱硫除尘装置补充用水点。中水回用率 85%，中水回用量 600 t/d
	酯化反应废水汽提塔预处理装置	采用蒸汽汽提的方法，使废水中低沸点主要有机物乙醛、二噁烷等杂质从废水中脱除并进入气相；该尾气送入热媒炉焚烧处理，最后经热媒炉烟囱排放。经汽提后出水水质 COD_{Cr} 约在 5 000 mg/L 以下，汽提效率为 80%，乙醛基本被完全提取
	聚酯尾气焚烧系统（热媒炉）	热焚烧乙醛和乙二醇污染物去除率可达 99.5% 以上
	热媒炉尾气处理装置	4 台热媒燃煤热媒炉合用一根烟囱，高度为 50 m；燃煤烟气采用钠钙双碱法旋流板塔湿法脱硫技术，预计脱硫效率可达到 80% 以上，除尘效率可达到 99% 以上
依托工程	运输	本项目涉及的运输全部由上海佳港物流有限公司（该公司经营许可证见附件）负责运入厂内；燃煤由供煤单位负责运输进厂，原材料与燃煤运输均不在本次环评范围内
	桐乡城市污水处理有限公司	现有处理规模 5 万 t/d，目前实际处理量约 3.5 万 t/d；设计进水水质 COD_{Cr} 500 mg/L，设计出水水质达到《城镇污水处理厂污染物排放标准》（GB 18918—2002）中一级标准的 B 标准，目前排入莲花桥港，远期接入桐乡市污水处理尾水排江工程

二、工程分析

（一）生产工艺（略）

（二）物料平衡

（1）总物料平衡
聚酯生产装置总物料平衡见表 2-3-8，纺丝生产装置总物料平衡见表 2-3-9。

表 2-3-8   聚酯生产装置总物料平衡

投入			产出			
序号	物料名称	数量/（t/a）	序号	物料名称		数量/（t/a）
1	PTA	308 500	1	纤维级聚酯熔体和切片		360 000
2	EG	119 880	2	聚酯熔体（长丝）和切片次等品		1 155
3	乙二醇锑	133	3	反应生成水		67 500
4	二氧化钛	1 152	4	汽提塔尾气（焚烧前）		699.72
				其中	乙醛	693
					乙二醇	6.72
			5	其他废气（液封槽废气/切片机废气/无组织废气）		5.88
				其中	乙醛	1.09
					乙二醇	1.79
					粉尘	3.0
			6	熔体过滤器煅烧聚合废物		18
			7	废水中流失		286.4
5	合计	429 665	8	合计		429 665

表 2-3-9   纺丝生产装置物料平衡

投入			产出		
序号	物料名称	数量/（t/a）	序号	物料名称	数量/（t/a）
1	聚酯熔体	360 000	1	POY 产品	208 625
2	纺丝油剂	2 595	2	FDY 产品	150 583
			3	废丝	3 282
			4	喷丝板煅烧聚合废物	6.4
			5	油烟净化器回收废油剂	29.04
			6	油剂废气（有组织和无组织）	51.56
			7	废水中流失	18
3	合计	362 595	8	合 计	362 595

（2）水平衡

新建项目水平衡见表 2-3-10 和图 2-3-8。

表 2-3-10 新建项目水平衡

	用水				排水			备注
序号	项目		水量/(t/d)	序号	项目	水量/(t/d)	去向	
1	职工生活用水	自来水	130	1	生活污水	110	污水站	损耗 20t/d
2	聚酯装置	自来水	尾气洗涤过滤器清洗	143	2	废水	476	污水站	聚酯反应生成水 203t/d
		除盐水	切片冷却汽提蒸汽	130					
3	长丝装置	自来水	配制槽清洗	44	3	废水	87	污水站	产品带出水 87t/d
		除盐水	油剂调配	130					
4	除盐水制备系统	自来水		360	4	除盐水制备浓水	100	厂区绿化	制备除盐水 260t/d
5	热媒站（脱硫除尘）	超滤/反渗透浓水		155	5	—	—	—	蒸发损耗 155t/d
6	余热锅炉	自来水		10	6	—	—	—	蒸发损耗 10t/d
7	冷冻水补水（聚酯装置/动力站）	自来水		480	7	—	—	—	蒸发损耗 480t/d
8	长丝装置空调补水	自来水		648	8	清下水	108	雨水管网	蒸发损耗 540t/d
9	循环冷却水补水	自来水		4956	9	清下水	1300	雨水管网	蒸发损耗 4100t/d
		超滤/反渗透过滤水		444					
		小　计		5400					
10	合　计	自来水用量		6771	10	初期雨水	32	污水站	
		中水用量（包括超滤/反渗透浓水和过滤水）		599	11	合计	进入污水站	705	最终回用 599t/d、排放环境 106t/d
							清下水	1408	其中回用至热媒站 240t/d

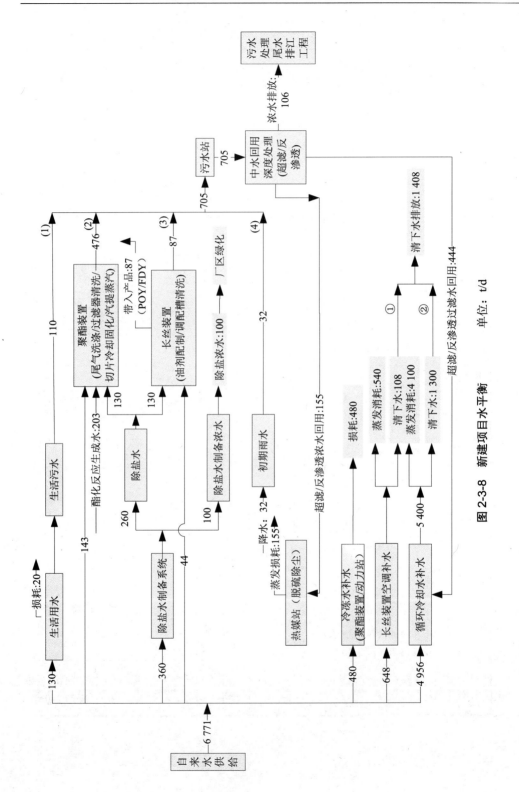

图 2-3-8 新建项目水平衡

单位：t/d

（3）乙二醇平衡

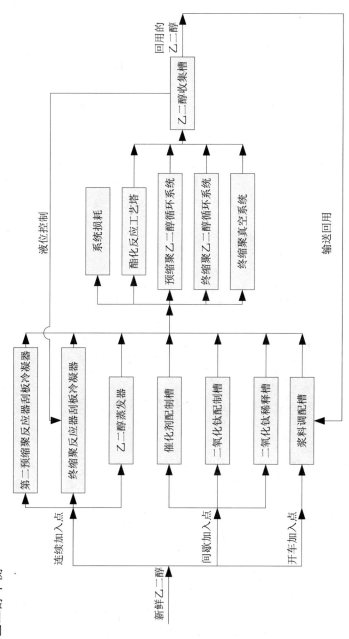

图 2-3-9 聚酯装置乙二醇投入、回用、损耗基本途径

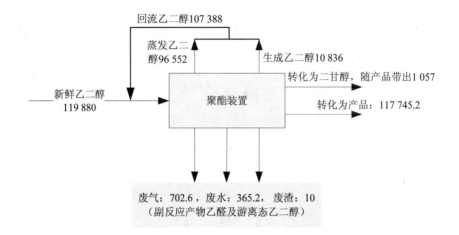

图 2-3-10   乙二醇物料平衡   单位：t/a

（4）油剂平衡

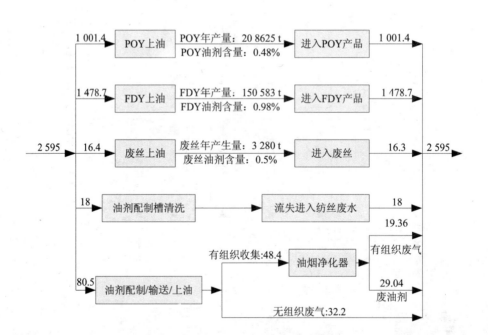

图 2-3-11   纺丝油剂物料平衡   单位：t/a（标出除外）

案例点评

（一）特点

（1）该案例工程组成交代清楚，生产工艺过程描述较为细致。物料平衡较为全面，包括聚酯装置物料平衡、纺丝装置物料平衡、水平衡、乙二醇平衡、纺丝油剂平衡、废水回用平衡等，为污染源强的确定提供了充分的依据。

（2）厂址区域地表水环境质量不能达到功能区要求成为该项目最大的环境制约因素，该案例在提出废水回用措施的基础上，利用区域污水排江工程的实施，解决了项目的制约因素。

（二）案例存在主要问题

（1）尽管各类平衡比较齐全，但是乙二醇平衡、纺丝油剂平衡等仅用图表示，未按照一图一表的要求，应在图后列表。

（2）《清洁生产标准—化纤行业（涤纶）》（HJ/T 429—2008）中 VOC 产生量指标未进行评价。

第四章　锦纶纤维

第一节　概述

锦纶纤维，学名聚酰氨（Polyamide，PA）纤维，是分子主链上含有重复酰胺基团-[NHCO]-的聚合物用做纤维时的总称，国际上称为尼龙或耐纶（Nylon），由于锦州化纤厂是我国首家合成聚酰氨纤维的工厂，因此国内将其定名为"锦纶"。按照国际通行标准，锦纶根据聚合单体的碳原子数不同来命名，如聚己二酰己二胺可记为锦纶 66。

锦纶纤维是世界上最早投入工业化生产的合成纤维，也是合成纤维的一个主要品种。其种类很多，根据大分子链的化学组成，常见的锦纶纤维包括脂肪族 PA（如锦纶 6、锦纶 66）、脂环族 PA（如聚十二烷二酰对二环己基甲烷二胺纤维）和芳香族 PA（如锦纶 6T、锦纶 MXD6），不常见的锦纶纤维有锦纶 3、锦纶 4、锦纶 8 和锦纶 9 等。通过对常规品种锦纶的化学改性或物理变形，使其具有某一特性，可得到差别化锦纶。

锦纶性能优良，被广泛地应用于人们生活和社会经济的各个方面，其主要用途可分为三大领域：衣料服装、产业用布和装饰地毯。目前在国内外市场上最为常见、占绝对主导地位的锦纶纤维为锦纶 6 和锦纶 66，我国以锦纶 6 为主。锦纶 6 较多地用做织物原料、衣料服装；锦纶 66 多作为工业用丝，主要用于汽车轮胎、帘子布等。锦纶 6 也可做帘子布，但其质量低于锦纶 66。

锦纶 6 和锦纶 66 的特性见表 2-4-1。

表 2-4-1　锦纶 6 纤维和锦纶 66 纤维的主要性能

指标\纤维品种		锦纶 6 纤维			锦纶 66 纤维	
		短纤维	长丝		长丝	
			普通	强力	普通	强力
断裂强度/(cN/dtex)	干	4.2~5.9	4.4~5.7	5.7~7.7	4.9~5.7	5.7~7.7
	湿	3.5~5.0	3.7~5.2	5.2~6.5	4.0~5.3	4.9~6.9
干湿强度化/%		83~90	84~92	84~92	90~95	85~90
钩结强度/%干强		65~85	75~95	70~90	75~95	70~90
打结强度/%干强		—	80~90	70~80	80~90	60~70

指标＼纤维品种		锦纶 6 纤维			锦纶 66 纤维	
		短纤维	长丝		长丝	
			普通	强力	普通	强力
伸度/%	干	38～50	28～42	16～25	26～40	16～24
	湿	40～53	36～52	20～30	30～52	21～28
回弹率/%（伸长 3%时）		95～100	98～100	98～100	95～100	98～100
弹性模量/（GN/m²）		0.98～2.45	1.96～4.41	2.75～5.00	2.30～3.11	3.66～4.38
比　重		1.14			1.14	
吸湿性/%	湿度 65%时	3.5～5.0			3.4～3.8	
	湿度 95%时	8.0～9.0			5.8～6.1	
耐热性		软化点：180℃ 熔点：215～220℃ 熔融、同时慢慢燃烧，无自燃性			软化点：235℃ 熔点：245℃ 在 150℃时保持 5h 变黄	
耐热候性（室外曝露）		长期曝晒，强度下降，易于变黄，比聚酰胺 88 尚差			长期曝露，强度降低，颜色变黄	
耐酸性		在浓盐酸、浓硫酸、浓硝酸中部分分解，同时溶化			5%盐酸煮沸分解，在冷浓硫酸、硝酸、硫酸中部分分解并溶解	
耐碱性		在浓烧碱中强度几乎不降低			在浓烧碱中强度几乎不降低	
耐溶剂性（对溶剂：醇、四氯乙烯、醚、苯、丙酮、汽油）		有良好抵抗性			有良好抵抗性	
染色性		一般用分散染料和酸性染料，其他染料也可使用			用分散染料和碱性染料较好，也可用其他染料	
介电性	比电阻/（Ω·cm）	4.9×10⁹			4.1×10¹⁰	
	介电常数	3.5～6.4			4.1（60 周）	
耐电蛀霉菌性		耐蛀不腐			耐蛀不腐	

近年来，锦纶在休闲服装面料、高档针织布、弹性织物等领域应用越来越广泛。国际上对锦纶纤维的需求量，除 2009 年因受全球金融危机影响同比略有减少外，以往每年对锦纶纤维的需求量都保持在 15%的年增长率，锦纶差别化、功能化纤维的需求量年增长率更是达到 30%。我国无论是锦纶原料，还是锦纶纤维的进口量都在逐年增加。

国家发改委公布的《纺织工业"十一五"发展纲要》指出，到"十一五"末，我国化纤年产量将从 2005 年的 1629 万 t 提高到 2400 万 t，同时提出化纤行业"十一五"期间发展的重点任务是：加快化纤产品的开发能力；大力发展高性能纤维、差别化纤维、绿色环保纤维等新型纤维。

第二节　工程分析

按我国的国民经济行业分类，锦纶纤维行业，是指由聚己内酰胺和锦纶 66 盐为主要原料，生产合成纤维的活动。广义上的锦纶纤维行业还应包括锦纶由单体制成聚合体的聚合过程。本章介绍的锦纶纤维行业包括聚合和纺丝两个生产过程。

锦纶纤维生产过程中的污染物产生情况主要与工艺、设备、原辅材料及污染控制措施密切相关，对环境的污染类型以工艺废气为主，废气特征污染因子为己内酰胺单体及其低聚物，目前主要采取收集—萃取浓缩的方式，对工艺废气中的己内酰胺单体及其低聚物进行回收利用，可有效降低物耗及污染物排放，符合清洁生产及循环经济要求。锦纶纤维项目在新建、扩建和改建时，应注意符合国家产业政策中关于生产规模和差别化产品的相关规定。

一、生产方法

1. 聚合生产方法

（1）锦纶 6 聚合生产方法

工业生产中均采用连续法聚合己内酰胺生产锦纶 6，主要工艺路线包括常压连续聚合和两段连续聚合工艺。其反应过程包括水解开环、缩合和加成聚合三个步骤，所涉及的反应式如下：

单体开环：$(CH_2)_5CONH+H_2O=H_2N(CH_2)_5COOH$

缩合：$H(NH(CH_2)_5CO)_nOH+H(NH(CH_2)_5CO)_mOH=H(NH(CH_2)_5CO)_{m+n}OH+H_2O$

加成：$(CH_2)_5CONH+H(NH(CH_2)_5CO)_nOH=H(NH(CH_2)_5CO)_{n+1}OH$

（2）锦纶 66 聚合的生产方法

锦纶 66 工业化之初，采用锦纶 66 盐水溶液间歇法生产锦纶 66：先将等摩尔己二胺与己二酸中和制成己二酰己二胺盐，再进行聚合反应。经过改进，有些工艺省去了成盐工序，直接采用锦纶 66 盐进行聚合，实现了锦纶 66 盐连续高压熔融聚合。目前，连续聚合工业化生产稳定、应用广泛；而间歇法生产，由于反应容易控制、工艺成熟，现虽仍有采用，但仅用于生产特殊产品、试验品和生产装置能力小于 4500t/a 的小装置中。另外，还有非水溶液聚合、熔融单体或熔融盐直接聚合和界面聚合等方法，但使用较少。

生产过程的反应方程式如下：

$$H_2N(CH_2)_6NH_2+HOOC(CH_2)_4COOH=H-[HN(CH_2)_6NHOC(CH_2)_4CO]_n-OH+(2n-1)H_2O$$

2. 纺丝方法

锦纶 6 和锦纶 66 纤维均采用熔体纺丝法生产（只有特殊类型的耐高温和改性锦纶纤维除外），熔体纺丝分为直接纺丝法和间接（切片）纺丝法。

直接纺丝法，是连续聚合装置生产出的高聚物熔体经管道直接输送给纺丝机进行生产的方法，目前大多数锦纶 66 纤维生产装置采用直接纺丝法。间接纺丝法，是将连续聚合或间歇聚合装置生产出的高聚物，先制成切片，切片经干燥后再熔融纺丝的方法；锦纶 6 纤维大多采用间接纺丝法生产。

二、原料与设备

1. 生产原料

（1）己内酰胺

锦纶 6 可以由 ω-氨基己酸聚合制得，也可以由己内酰胺开环聚合制得。由于己内酰胺的制造和精制提纯方法均比 ω-氨基己酸简单，因此，在大规模工业生产上，均采用己内酰胺作为原料。

己内酰胺分子式 $C_6H_{11}NO$，相对分子量 113.16，结构式为 $\begin{matrix}(CH_2)_5 \!-\! CO \\ NH\end{matrix}$，己内酰胺在常温下为白色粉末或片状结晶，熔点 69.2℃，沸点 262.5℃，密度 1.023 kg/L（70℃），折射率 1.4965（31℃），具有吸水性，易溶于水、乙醇、乙醚、丙酮、氯仿及苯等溶剂，略带叔胺类化合物的气味。

目前己内酰胺所采用的工业生产方法主要有四类：

① 环己烷氧化制环己酮，与羟胺肟化生成环己酮肟，经 Beckmann 重排得己内酰胺。

② 苯酚加氢，生成的环己醇再脱氢制环己酮，经肟化和 Beckmann 重排得己内酰胺。

③ 甲苯氧化制苯甲酸，加氢得环己烷羧酸，与亚硝酰硫酸反应生成己内酰胺。

④ 环己烷与亚硝酰氯发生光亚硝化反应生成环己酮肟，经 Beckmann 重排得己内酰胺。

以上几种不同工艺路线的产品质量指标见表 2-4-2。

表 2-4-2　几种不同工艺路线的产品质量指标

工艺 指标	DSM 法	Allied 法	Inventa 法	光亚硝化 PNC
凝固点/℃	>68.8	—	69.0	>69.0
色度	<5	<1	<10	<5
高锰酸钾值	>1000	Us 基准 >7	>1000	>1000
挥发性碱含量/（mg/kg）	<0.8	<20	100	<5.0
含铁量/（mg/kg）	—	<1.0	0.10	<0.1
游离酸含量/（mg/kg）	—	—	—	<0.02
游离碱盐含量/（mg/kg）	<0.05	0~0.40	—	<0.20
含水率/%	<0.10	<0.10	0.05	<0.20
环己酮肟含量/（mg/kg）	—	<10	—	—

注：DSM 法：环己烷氧化-HPO 法制羟胺工艺；Inventa 法：环己烷贫氧氧化-Rasching 法制羟胺工艺；Allied 法：苯酚一次催化加氢制环己酮-Rasching 法制羟胺工艺。

我国 1980 年公布的己内酰胺成品规格标准见表 2-4-3。

表 2-4-3   我国 1980 年公布的己内酰胺成品规格标准

指标名称	指标		
	一级	二级	三级
高锰酸钾值	≥6 000	≥2 500	≥1 000
凝固点/℃	≥68.8	≥68.5	≥68.00
挥发性碱含量/（mg/kg）	≤1.00	≤1.60	≤2.00
50%水溶液颜色（号）	≤9	≤8	≤10
25%水溶液的透光率/%	≥88	≥96	—
机械杂质含量/（mg/kg）	≤5	≤5	≤10
稳定性试验（号）	≤20	≤40	—
含铁量/（mg/kg）	≤1.0	≤2.0	—
外观	白色片状固体，无可见杂质		

（2）锦纶 66 盐（己二酰己二胺盐）

锦纶 66 是以锦纶 66 盐为原料进行聚合得到的，锦纶 66 盐分子式为 $C_{12}H_{26}O_4N_2$，相对分子质量 262.35，结构式为 $^+H_3N(CH_2)NH_2 \cdot HOOC(CH_2)_4COO^-$，锦纶 66 盐是无臭、无腐蚀、略带氨味的白色或微黄色宝石状单斜晶系结晶。熔点为 193～197℃，密度 1.201 g/cm³，折射率（30℃）1.429～1.583（50%水溶液），升华温度 78℃，水中溶解率（50℃）54 g/mL。

目前锦纶 66 盐的制备方法主要有两种：

① 水溶液法：以水为溶剂，等摩尔的己二胺和己二酸在水溶液中进行中和，制成 50%锦纶 66 盐水溶液，再经蒸发、脱水、浓缩、结晶、干燥，最终得到固体锦纶66 盐。

② 溶剂结晶法：以甲醇或乙醇为溶剂，经中和、结晶、离心分离、洗涤，制得固体锦纶 66 盐。

我国生产锦纶 66 盐的企业主要有辽阳石油化纤公司和神马集团公司两家，合计生产能力约 105 000 t/a，在锦纶 66 盐生产过程中，除一部分锦纶 66 盐水溶液直接用于企业自身的锦纶 66 纤维生产外，其余制成锦纶 66 盐晶体出售。国内外部分锦纶66 盐生产企业的质量指标详见表 2-4-4。

表 2-4-4　国内外部分企业锦纶 66 盐的质量指标

指标名称	德国	美国 Celanese	法国 Rhdne-poulenc	中国辽化	
				一级	二级
外观	白色结晶粉末				
pH 值	7.00±0.10（10%水溶液）	7.55～7.80	7.50～7.80	7.00～8.00（10g/10mL 水溶液）	7.00～8.50（10g/10mL 水溶液）
含水率（质量分数）/%	≤2.00	—	0.40	≤0.40	≤1.00
总挥发碱	≤0.30mmol（L.kg）	≤0.30 mg/kg	9.50mL	9.5mL	15mL
可还原氮（以 HNO_3 计）/（mg/kg）	—	—	35	35	50
含灰量/（mg/kg）	≤4.0	≤10	15	0.50	50
含铁量/（mg/kg）	≤0.10	≤1.00	0.50	6	20
硝酸含量/（mg/kg）	≤1.00	—	6	15（以 HNO_3 计）	150（以 HNO_3 计）
色度（APHA）	≤8	15		15（Hazen）	

（3）助剂

锦纶纤维生产过程中除了己内酰胺、锦纶 66 盐等主要原料外，另外还需添加稳定剂、消光剂、纺丝油剂等助剂。

稳定剂的作用是控制聚合反应生成物的分子量，锦纶纤维生产中常用的分子量稳定剂为乙酸和己二酸；为改善纤维表面过强的光学反射，聚合过程中添加消光剂，使入射光产生散射而被消除极光，降低透明度、增加白度，锦纶纤维生产中常用的消光剂为二氧化钛；锦纶纤维在纺丝加工过程中因不断摩擦而产生静电，必须使用纺丝油剂以防止或消除静电积累，同时赋予纤维以柔软、平滑等特性，使其顺利通过后道工序，纺丝油剂通常是由矿物油、合成脂和天然的动植物脂或合成脂肪醇、脂肪酸、脂肪酸酯及其衍生物经化学加工制得，如蓖麻油。

2. 生产设备

（1）锦纶聚合生产设备

锦纶 6 及锦纶 66 的聚合生产过程中最关键的设备均为管式反应器，工业上称为 VK 管，另外还有脱水泡罩塔、切粒机、萃取塔、干燥塔。辅助生产设备包括物料储存（如液体己内酰胺的保温储罐）、物料计量、输送系统、供热系统以及单体回收系统等。

（2）锦纶纺丝生产设备

锦纶 6 及锦纶 66 纤维均采用熔体纺丝法生产，除锦纶 6 因采用间接纺丝而需增加一套纺丝熔体制备系统外（熔融炉栅或螺杆挤压机），两种纺丝生产工艺过程基本相同，生产的关键设备包括纺丝箱体、计量泵、纺丝组件（由喷丝板、分配板、过滤材料等组成）、丝条冷却装置、上油装置、卷绕装置等。

三、生产工艺

锦纶纤维生产企业的生产形式主要有以下几种：

① 原料单体—聚合—纺丝—锦纶纤维，从原料单体一直到最终产品连续生产，中间无切片生产工序。

② 原料单体—聚合切片—商业切片，企业仅生产锦纶切片，销售商品切片。

③ 商业切片—纺丝—锦纶纤维，以商业切片为原料进行纺丝，生产锦纶纤维。

锦纶66纤维多采用连续生产，即第①种形式；而锦纶6纤维多采用间接生产，即第②、③种形式。在实际锦纶纤维生产中，由于②与③生产组织相对独立，可分别单独成为一个项目，亦可成为一个整体项目。下面主要以锦纶6纤维的生产工艺为例进行介绍。

1. 聚合工艺

工业生产上，锦纶6的聚合过程多采用连续聚合工艺，目前成功开发连续聚合工艺的有 EMS、Zimmer、Domo、PE 等公司，所谓连续，是指聚合、切片、萃取、干燥、包装等工序连续进行，锦纶6典型连续聚合工艺流程及产污环节见图2-4-1。

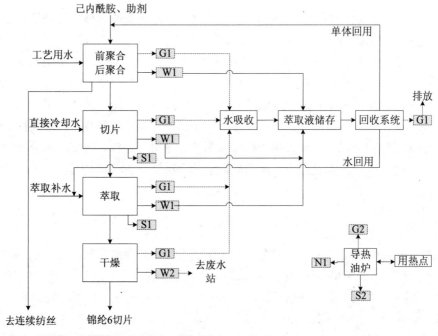

图中：G为废气；W为废水；S为固废；N为噪声

图 2-4-1　锦纶 6 典型连续聚合工艺流程及产污环节

（1）聚合、切片

前聚合反应器采取加压操作，压力为 0.25MPa（绝对压力），熔融的己内酰胺在换热器中经热媒液体加热至设计温度后进入前聚合反应器，前聚合反应器的列管换热器和夹套采用热媒加热，物料经加热迅速升温至设计温度并进行水解开环反应。在前聚合反应器下段，由于聚合、加聚反应的进行，物料温度继续升高，然后利用齿轮泵将物料排出，送到后聚合反应器。

后聚合反应器顶部的内置汽包和夹套均采用热媒加热。后聚合反应器的压力为 0.045MPa（绝对压力），由于减压，物料进入后聚合反应器后闪蒸出多余的水分，温度也相应降低。后聚合反应器中部设有一个列管换热器，下段有半管夹套。列管换热器管间和伴管夹套中为液体热媒，液体热媒导出聚合的反应热，使熔体温度保持在 254℃左右。熔体从后聚合反应器底部经齿轮泵送至铸带头挤出带条，带条在水下切粒机中冷却、切片，或者经管道直接送往纺丝。

（2）萃取

初生切片含有 8%～10%的单体和低聚物，如果不除去这些单体和低聚物，将严重影响锦纶 6 的力学性能，工业上用水做萃取剂将己内酰胺单体和其低聚物从切片中萃取出来。

萃取设备为立式多级萃取塔，塔顶循环水温 110℃，进水温度 95℃，萃取时间 17～18h，浴比 1∶1～1.2，水中单体质量分数为 8%～10%，切片中单体质量分数为 0.2%～0.5%。

（3）连续干燥

萃取后的锦纶 6 切片经机械脱水后仍含水 10%～15%，必须通过干燥使切片含水量控制在 0.08%，首先离心去除表面附着水，再进行干燥。为保证干燥过程中切片不被氧化，一般采用塔式干燥器，用热 N_2（含 $O_2 < 5\mu L/L$）做干燥介质。

热 N_2 分别从干燥塔上部和下部进入，上部进入的热 N_2 用于除去切片表面的水分，并使切片温度达到干燥温度；下部热 N_2 则将切片内的水分移出。两股 N_2 从塔顶离开后，一部分经加热后进入塔上部，另一部分进入冷却塔，排出吸收的水分并降至露点；再被塔顶排出的热 N_2 预热，然后进入净化器，通过加氢除去微量氧再循环使用。干燥温度控制在 110～120℃，干燥时间约 24h。

2. 纤维生产工艺

熔体纺丝成型包括以下几个过程：纺丝熔体的制备；熔体通过喷丝板微孔挤出形成熔体细流；熔体细流的拉伸、冷却、固化，形成纤维；纤维的上油给湿和拉伸卷绕。另外，锦纶 6 纤维长丝、短丝及差别化纤维生产在纺丝控制条件上略有区别。典型的熔体纺丝工艺流程及产污环节见图 2-4-2。

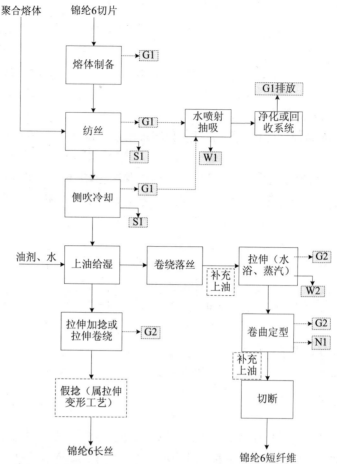

图中：G为废气；W为废水；S为固废；N为噪声

图 2-4-2 锦纶 6 典型的纺丝工艺流程及产污环节

（1）熔体制备

采用间接纺丝工艺生产时，需先将锦纶 6 切片通过熔融设备制成熔体并达到所要求的温度，同时尽可能避免高聚物在高温下的热分解。根据不同原理工作的熔融设备有两种，一种是熔融炉栅，另一种是螺杆挤压机。前者为美国 20 世纪 30 年代末研制的，70 年代以后，已普遍采用螺杆挤压机。

（2）纺丝、侧吹冷却、上油给湿

纤维纺丝的关键设备为纺丝箱，纺丝箱基本组成包括联苯加热箱、纺丝计量泵、纺丝组件三部分。联苯加热箱的加热方式有两种：一种是每个箱体独立用电加热箱体中的液体联苯，另一种是用联苯蒸汽发生炉产生的蒸汽集中加热各个箱体。

熔体经分配管道进入纺丝箱，均匀分配至每一个计量泵，使熔体在管道内的滞留时间保持一致，并确保各部位的熔体具有相同的压力和温度。熔体经计量泵提压后，送至纺丝组件并经喷丝板挤出成初生纤维。

挤出的丝条通过侧吹风冷却固化。

固化后的丝条经上油嘴均匀上油后由甬道落下，进入牵伸卷绕间。

（3）纤维后加工

根据最终产品的不同，可分为长丝和短纤维，在后加工阶段有所区别，但总体来说都是通过拉伸改变强度及结构性能。拉伸包括冷拉伸和热拉伸，拉伸后，通过假捻后形成锦纶 6 长丝，通过卷曲、定型、切断形成锦纶 6 短纤维。

四、产污环节及污染源分析

锦纶纤维生产过程中的主要污染物类型为废气，其次为废水和噪声，而主要的废气污染物为原料单体及低聚物。本章以完整的锦纶 6 纤维生产过程为例，分析污染源情况。

1. 废气

（1）己内酰胺单体及其低聚物

己内酰胺单体及其低聚物是锦纶 6 纤维生产过程中的主要废气污染物，其产生环节主要包括以下几部分：

①聚合过程

聚合过程的前聚合反应器中，己内酰胺单体及其低聚物在高温下部分会随水蒸气由放空管排放，后聚合反应器连接脱水泡罩塔，少量己内酰胺单体及其低聚物随不凝气排放；切片冷却水直接与物料接触、萃取工序采用水作为萃取介质，水中含有的己内酰胺单体及其低聚物少量会从水中逸出；干燥工序亦会有少量己内酰胺单体及其低聚物与放空的保护气体 N_2 一同排放。

一般来说以上几部分己内酰胺单体及其低聚物废气的产生点可由封闭管路引至水吸收净化系统，经水吸收后有组织排放。但由于工艺设备的先进程度存在差异，具体项目的废气收集情况应根据实际具体分析。

②纺丝过程

喷丝时，因熔体形态、结构发生了急剧变化，比表面积大幅增加，原先被包裹在熔体中的残留己内酰胺单体及其低聚物在喷丝嘴处会以废气形式排放，通常喷丝板下方配置有单体抽吸装置用以收集大部分逸出的废气，一小部分车间内无组织排放；收集后用水进行吸收，待水中己内酰胺单体及其低聚物的质量分数达到 6%～10% 后，即可由单体回收装置回收利用。

③其他

固体己内酰胺熔融、液体己内酰胺（采用 N_2 保护，保温储存）储罐在物料进出时均会排放少量己内酰胺单体。

对于己内酰胺单体及其低聚物废气的产生源强，可采用以下方法估算。

①类比法

类比法，是根据与拟建项目类同的现有项目实测数据进行污染源强估算。但采用此法时，应充分分析两者的可比性，包括生产规模、生产工艺、原辅料、生产装备以及生产管理等。类比法也常用单位产品的经验排污系数估算污染源强，采用经验排污系数法时要注意掌握生产工艺、化学反应、生产管理以及原辅料的成分和消耗定额等情况。对类比法得到的数据要根据工程特点和生产管理等实际情况进行必要的修正。

②物料衡算法

目前锦纶 6 聚合生产技术装备较成熟，各环节物料投加、反应步骤、反应条件控制、反应得率及各环节产物的组分指标较明确，且参加反应的物料及产物相对比较简单，可以根据全厂或各生产环节的物料投入产出情况，进行污染源强估算。

③经验公式计算

如罐区己内酰胺单体无组织排放（包括储罐卸料及储存时的大小呼吸气），通常采用的计算方法主要有美国国家环保局（EPA）推荐的经验公式、美国石油学会（API）经验公式和中国石油化工系统（CPCC）编制的经验公式。但根据以上经验公式在我国环境影响评价中的实际应用情况来看，计算拱顶罐呼吸气时通常采用 CPCC 公式，而浮顶罐计算建议采用 EPA 公式及其对应软件 TANK4。

（2）其他废气

①油剂废气

油剂废气由纺丝过程中的拉伸、热定型等工序产生，通常根据油剂的消耗量及最终纤维上所含的油剂量进行油剂平衡计算，估算油剂废气的产生量。

②锅炉烟气

锦纶生产通常配有蒸汽锅炉、有机热载体炉，近年来提倡节能减排、集中供热，许多企业已取消蒸汽锅炉，但用于工艺的有机热载体炉仍然存在，有机热载体炉能源包括电、天然气、油及煤等，可能还会有燃烧烟气产生，污染因子为 SO_2、NO_x、烟尘，具体产生量应按实际燃料类别、燃料组分和消耗情况进行计算。

另外，在热媒使用过程中，管道接口、阀门及检修时会产生少许泄漏。

2. 废水

（1）生产废水

生产中的废水包括脱水泡罩塔脱除的工艺水、切片冷却水、萃取水、工艺废气吸收水、干燥离心废水、纺丝组件清洗废水、单体抽吸水喷射泵非平衡排水；另外，短纤维生产中可能存在拉伸水浴排水。其中，脱水泡罩塔脱除的工艺水、切片冷却水、萃取水、工艺废气吸收水均为含己内酰胺单体及其低聚物的废水，浓度较高，工业生产中通常在进行单体回收后，作为萃取水重新回用。

干燥离心废水因其己内酰胺浓度低，回收价值不高，通常经废水处理站处理后排放，水量可按类比确定或根据工艺设计提供的参数确定。

纺丝组件上残留的聚合物通常采用真空炉煅烧处理后，再用水清洗，从而产生一定量的清洗废水，清洗频率为1～2个月，废水经处理后排放。

单体抽吸水喷射泵非平衡排水产生量较少，水中含有少量己内酰胺单体及其低聚物，水量按同类项目类比确定，经废水处理站处理后排放。

短纤维拉伸水浴通常为长流水，排水较难定量分析，应根据项目实际设计情况进行估算，其污染物主要包括石油类、表面活性剂等。

（2）其他废水

其他废水还包括纯水站反冲水、化验室废水以及员工的生活污水。废水排放量应根据项目的具体工艺设计、设备的实际情况及实际员工人数进行分析估算。

3．噪声

锦纶生产项目噪声类型主要有两种：机械性噪声和空气动力性噪声。

（1）机械性噪声

生产车间内的各类泵、电机、纺丝系统、卷绕机以及辅助配套工程的冷却塔、冷冻机、制氮系统等设备工作时均产生机械性噪声，其噪声级强度在80～95 dB。

（2）空气动力性噪声

抽吸风机、压缩空气站和氮气站的空气压缩机、有机热载体炉的风机，运行时均产生空气动力性噪声，噪声级为72～90 dB。

4．固废

按固废性质，可划分为一般固废和危险废物。

（1）一般固废

一般固废包括切粒过程中产生的废切片，萃取过程萃取水中的粉状颗粒物，纺丝过程中过滤器切换和喷丝板、侧吹风网板中形成的废料块及废丝等，实际计算中按类比法或物料衡算确定，工业生产中可回收利用。

废水处理站污泥应按处理规模、处理工艺进行核算；员工的生活垃圾按人数、食宿情况核算，通常取每人每天0.8～1.5 kg。

（2）危险废物

热媒在使用一段时间后，其导热性能降低，需要进行更换，更换周期通常为3～5年，产生的废热媒属于危险废物，废物类别为HW08废矿物油，应交由有资质的单位进行处置或回收。

第三节　环境影响识别和评价因子筛选

一、环境影响识别

通过前面的工程分析，锦纶生产过程的污染源、污染因子已明确，锦纶生产对环境的影响只需分析其影响方式即可。以锦纶 6 纤维生产为例，其环境影响识别归纳见表 2-4-5。

表 2-4-5　锦纶 6 纤维生产环境影响识别

工程组成		环境影响因素		污染因子	备注
主体工程	聚合车间	熔融、聚合过程	排气	己内酰胺（含低聚物，下同）	可收集
		脱水泡罩塔	工艺水	COD_{Cr}、NH_3-N、己内酰胺	可回收单体
			不凝汽	己内酰胺	可收集
		切片	冷却水	COD_{Cr}、NH_3-N、己内酰胺	可回收单体
			废气	己内酰胺	可收集
		萃取	萃取水	COD_{Cr}、NH_3-N、己内酰胺	可回收单体
			废气	己内酰胺	可收集
		干燥废气	N_2 排空	己内酰胺	可收集
		干燥离心排水	离心水	COD_{Cr}、NH_3-N、己内酰胺	—
		单体回收系统	排气	己内酰胺	—
	纺丝车间	喷丝、工序	逸出废气	己内酰胺	可收集
		纺丝组件清洗	清洗废水	COD_{Cr}、NH_3-N、SS	—
		单体抽吸装置	非平衡排水	COD_{Cr}、NH_3-N、己内酰胺	—
		拉伸（水浴）	拉伸废气	油剂	—
			溢流排水	石油类、表面活性剂	—
		热定型	排气	油剂、噪声	—
辅助工程	液体己内酰胺贮罐	原料装卸	大呼吸	己内酰胺	—
	纯水站	反冲洗	反冲水	pH、SS	—
	有机热载体炉	燃料燃烧	烟气排放	烟尘、SO_2、NO_2	—
			炉底灰渣	灰渣	—
		引风机	风机运行	噪声	—
		热媒	更换	废热媒	—

工程组成		环境影响因素		污染因子	备注
辅助工程	空压站	空压机	运行	噪声	—
	氮站	设备	运行	噪声	—
	冷冻机组	压缩机	运行	噪声	—
	冷却水循环系统	冷却塔	运行	噪声	—
	实验室	化验	废水排放	pH	—
环保工程	废水处理站	水泵及风机	运行	噪声	—
		厌氧或兼氧处理	运行	臭气	—
		尾水	排放	pH、COD_{Cr}、$NH_3\text{-}N$、BOD_5、SS、石油类	—
	其他	根据实际设置的环保工程的工艺、原料等具体情况分析			

二、评价因子筛选

评价因子应在环境影响识别的基础上，根据项目的工程特点和周围环境状况对污染因子进行筛选确定。以锦纶 6 纤维生产项目为例进行评价因子筛选，评价因子筛选结果如下：

1. 环境现状评价因子

（1）环境空气

常规评价因子：SO_2、NO_2、PM_{10}、TSP

特征评价因子：己内酰胺、油剂（非甲烷总烃）

（2）地表水环境

常规评价因子：pH、DO、COD_{Cr}、BOD_5、$NH_3\text{-}N$、TP、SS、石油类等

特征评价因子：己内酰胺

（3）声环境

等效连续 A 声级

2. 环境影响评价因子

（1）环境空气

常规评价因子：根据燃料情况选择 SO_2、烟尘、NO_2

特征评价因子：己内酰胺、油剂（非甲烷总烃）

（2）地表水环境

常规评价因子：COD_{Cr}

特征污染因子：己内酰胺

（3）声环境

等效连续 A 声级

第四节　污染防治措施

一、己内酰胺废气治理

对于生产过程中产生的己内酰胺的单体及其低聚物废气，应以回收利用为前提，如不回收处理，不仅增加单体消耗，而且加重环境污染，对于工业上可行的工艺而言，单体回收是必要的。

1. 己内酰胺单体及其低聚物废气处理

聚合过程中各工序产生的己内酰胺单体及其低聚物废气可经封闭管路收集后用水吸收；喷丝板下方配套单体抽吸装置，经水喷射泵系统抽出己内酰胺单体及其低聚物废气，进入水吸收净化系统。

抽吸回收装置主要是利用水喷射真空泵的原理，用软水循环喷射产生的负压将含己内酰胺单体的废气吸入，单体迅速冷凝而溶解于水中，随着这一过程的不断进行，循环水中己内酰胺浓度不断增高，当达到一定浓度后送闪蒸系统浓缩回收己内酰胺单体。由于己内酰胺溶于水（20℃水中溶解度为 100g 水溶解 82g 己内酰胺），而且沸点高达 270℃，采用水循环喷射可借助水的冷凝作用及己内酰胺的水溶性，从而确保己内酰胺废气的去除率达到 90%以上。

通常，含有锦纶 6 聚合生产线的企业，工艺中带有单体及低聚物的收集回收系统，而仅有纺丝生产线的企业，通常设备仅带有抽吸装置，需另行配置己内酰胺单体及其低聚物废气的水吸收净化系统；当吸收水中己内酰胺质量分数达到 6%～10%后可出售用于单体回收。

2. 己内酰胺单体回收

从吸收水、切片冷却水及萃取水中回收单体，一般采用先蒸发浓缩，后蒸馏回收己内酰胺的工艺路线。在采用传统的蒸发—减压蒸馏回收己内酰胺单体的锦纶 6 聚合装置中，每吨锦纶 6 切片的己内酰胺单耗不低于 1030kg。近年来，国际上专业从事锦纶 6 工程设计的企业开发的工艺，普遍将吸收水浓缩后直接回用于聚合工序，单体单耗下降到 1000kg，接近理论值。

各企业开发的己内酰胺回收工艺各有特点，主要包括先蒸发后浓缩回收单体和浓缩液直接回用两条途径，目前的工艺提供商多采用第二种方法，如意大利 NOY 公司、德国 Aquafil Engineering 公司、德国 PE 公司等。

PE 工艺已在德国拜耳公司、俄罗斯某公司以及我国得到商业化应用，其中拜耳公司于 2001 年建成年产锦纶 6 万～10 万 t 四条生产线。该公司位于德国勒丁根东北部，其生产线排放的 CPL 环境浓度远低于德国标准，其物耗控制在 0.998 t/t。PE 公司开发的浓缩液裂解回用工艺流程见图 2-4-3。

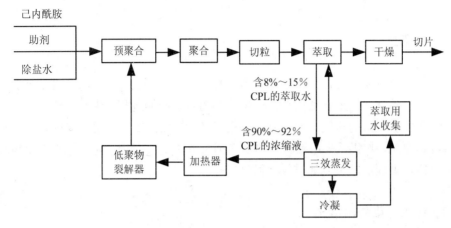

图 2-4-3　PE 公司己内酰胺浓缩液裂解回收工艺流程

该工艺在 2MPa 高压下将环状低聚物裂解为线性低聚物后，与新鲜己内酰胺一起参加聚合反应。浓缩液开环聚合工艺的显著特点是转化率高，可萃取物含量低，萃取物中己内酰胺单体含量高，环状二聚体含量相对较低，产品质量好，物耗低，其单体切片己内酰胺消耗量可达到 0.996～1.001 t/t 的水平。

根据 PE 公司资料，含 10% 己内酰胺的萃取水经三效闪蒸后己内酰胺质量分数可提高到 90%～92%，浓缩液直接送裂解器裂解，无残渣产生；而常规工艺精馏后会产生 30% 的残液残渣（主要成分为二聚体），不能回收，则原料中共计有 3%（10%×30%）的己内酰胺将无法回收，故常规工艺己内酰胺消耗量通常为 1030 kg/t。表 2-4-6 列出了 PE 公司聚合工艺与传统工艺切片的可萃取物含量比较。

表 2-4-6　PE 公司聚合工艺与传统工艺切片的可萃取物含量比较

己内酰胺	路线	可萃取物/%	可萃取物组成/%			
			单体	二聚体	三聚体	四聚体等
100%回收	PE	9.9	81.8	8.3	4.8	5.1
	传统	11.2	72.1	16.3	4.9	6.7
50%回收 50%新鲜	PE	9.7	85.5	5.1	4.5	4.9
	传统	10.5	76.9	12.2	4.5	6.5
100%新鲜	PE	9.6	89.8	2.2	3.8	4.2
	传统	10.0	84.3	4.8	4.4	6.5

另外,对于车间的无组织己内酰胺废气,可以考虑减少车间自然通风面积、加大车间的机械通风量,集中收集、经水吸收后高空排放,变无组织排放为有组织排放。

对原料罐区产生的少量无组织己内酰胺废气,应加强罐区科学管理,尽量降低无组织装卸过程中产生的废气。

二、油剂废气

纺丝油剂废气主要在拉伸、热定型等工序产生,因国内纺丝企业以小企业居多,配套油剂废气治理系统的企业较少。通常拉伸为多道拉伸过程,生产线长,收集有难度,可在产生量较大的热辊拉伸上方设置集气装置;而热定型在定型机中进行,易设置废气收集系统,收集后采用油气分离器对捕集的油剂废气进行除油处理,如静电式油烟净化器,处理后的废气通过排气筒高空排放。

三、废水污染防治措施

锦纶企业外排的废水主要包括干燥离心废水、纺丝组件清洗废水、化验室废水、纯水站反冲水及生活污水等。另外,根据生产工艺不同,短纤维生产会有少量拉伸水浴废水排放。通常,对于己内酰胺浓度高的萃取、切片水,应先回收其中的单体后再进行处理,但实际中部分企业也存在未回收单体而直接进废水处理站的情况。

锦纶 6 生产废水中己内酰胺、COD_{Cr}、NH_3-N 浓度较高,国内主要采用的废水处理工艺有 A/O 工艺和生化+气浮等。扬州某化工厂使用生化+气浮工艺处理其生产废水,其进水 COD_{Cr} 在 1 500 mg/L 左右,经水解酸化+好氧+气浮工艺处理后,出水在 100 mg/L 以下,COD_{Cr} 去除率可达到 93%。某锦纶 6 纤维生产企业排水中主要为萃取、切片水,使用水解酸化+反硝化+分段曝气工艺处理其生产废水,处理工艺流程见图 2-4-4,废水处理系统处理效果见表 2-4-7。

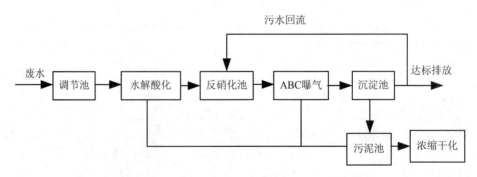

图 2-4-4　某锦纶 6 纤维生产企业废水处理工艺流程

表 2-4-7 废水处理系统处理效果

运行历 时/h	pH 值		CODCr /（mg/L）			NH₃-N/（mg/L）	
	进水	出水	进水	出水	去除率/%	进水	出水
32	6.5	7	1 530	121	92.1	12.5	84
40	6.5	7	810	79.2	90.2	10.6	74.5
52	6.5	7	541	20	96.3	18.4	86.4
60	6.5	7	2 352	59	97.0	11.7	83.7
65	6.5	7	2 640	67.8	97.0	12.7	79.4
70	6.5	7	1 993	41.8	97.9	17.8	17.4
75	6.5	7	1 526	56.3	96.0	14.7	5.0
80	6.5	7	1 348	30.4	98.0	15.0	13.0
85	6.5	7	563	75	86.7	7.0	11.2
90	6.5	7	1 756	47.2	97.4	17.2	5.3
95	6.5	7	1 456	37.6	97.3	8.5	4.9

由表 2-4-7 可看出，对 COD_{Cr}、NH_3-N 浓度高的锦纶废水采用水解酸化+反硝化+分段曝气工艺，其出水 COD_{Cr}、NH_3-N 可达标，但废水的 NH_3-N 变化比较复杂，己内酰胺降解可使废水 NH_3-N 浓度骤增，关键是工艺系统污泥硝化细菌的培养。

从国内的青岛中达化纤有限公司、扬州有机化工厂、金轮集团等公司锦纶生产废水处理效果来看，以 A/O 工艺为主体来处理锦纶生产工艺废水是可行的。己内酰胺可生化性较好，在 A/O 与 A/A/O 工艺好氧兼氧环境下其水解生成小分子有机物和 NH_3-N，可较好得到去除。

四、其他污染防治措施

1. 噪声污染防治

锦纶行业的噪声为次要污染类型，应根据实际设备的噪声级、设备布置及影响程度提出合理的噪声污染防治措施。建议可采取的措施如下：

① 加强车间的隔声减震，同时应在其内壁和顶部敷设吸声材料，墙体采用双层隔声结构（如双层彩钢板，中间空隙 12 cm，填充防热、隔声材料），窗采用中空玻璃窗，门采用双道隔声门，一般情况下关闭门窗。

② 在满足生产需要的前提下，选用低噪声的设备和机械，对水泵、空压机等高噪声设备安装减震装置、消声器，设立隔声罩。主要噪声源治理措施见表 2-4-8。

③ 加强噪声设备的维护管理，避免因不正常运行所导致的噪声增大。

表 2-4-8　主要噪声源治理措施

序号	设备名称	治理措施
1	纺丝机	车间内壁和顶部敷设吸声材料，墙体采用双层隔声结构，隔声量达到 30 dB 以上
2	空压机	设减震垫、隔音间
3	冷冻机	双层门窗隔音，设减震垫
4	水泵	设减震垫、隔音间
5	风机	进出口安装消声器

2. 固废污染控制措施

① 生产过程中产生的废切片、废丝和废料块可回收利用。

② 根据废包装材料（筒管、包装材料）、废热媒等的性质，危险废物应委托有危险废物处置资质的单位处理，部分可由供货厂家回收利用。

③ 企业应做好妥善的分类收集工作，统一管理；各种固废严禁露天堆放，以免日晒雨淋造成二次污染；危险废物贮存应设置专门的贮存场所，地面做好防渗防腐处理。

第五节　清洁生产分析

目前我国已发布了涤纶、腈纶、维纶等清洁生产标准，但尚未发布锦纶纤维清洁生产标准。在环评中应根据清洁生产分析的总体要求，从生产工艺装备、资源能源利用指标、产品指标、污染物产生指标（末端处理前）、废物回收利用指标等几个方面对项目的清洁生产水平进行分析。本章以锦纶 6 纤维长丝生产项目为例进行说明。

一、生产工艺与装备要求

1. 聚合工艺

目前工业上应用较多的锦纶 6 生产工艺主要有 EMS、Zimmer、Domo、PE 等，各工艺均较成熟，且各有特点。各种工艺的主要特性比较见表 2-4-9。

表 2-4-9　锦纶 6 主要生产工艺比较

工艺	EMS	Zimmer	Domo	PE
方法	2-step	2-step	1-step	2-step
产量/（t/d）	50（1 线）	65（1 线）	127（4 线）	65（2 线）
前聚合	有	有	无	有
CPL 预热	无	有	有	有
VK 搅拌器	有	无	有	无

2. 纺丝工艺

锦纶长丝工艺路线可以分为四种：常规纺（UDY）、高速纺（POY）、高速纺一步法（FDY）和超高速纺（HOY）。

UDY 工艺纺速低，所得的卷绕丝取向较低，剩余牵伸倍数较高，成品的"三不匀"（纤度、强度和深度）较突出，同时由于纺速低、工序多、设备单台产量低、占地面积大、产品成本高，随着高速纺丝技术的迅速发展，该工艺已逐步被淘汰。POY工艺是利用纺丝过程中的大变形和大应力，使从喷丝孔挤出的高聚物熔体在冷却、固化的同时发生取向、结晶化的近代纺丝法，该工艺与 UDY 工艺相比较有明显的优点：生产能力大大提高，POY 丝有较高的取向度、稳定性好、可以较长时间贮存，单耗和能耗比 UDY 低，最终产品的物理机械性能、染色均匀性均得到提高，但由于 DT机加工速度低（600～1 000 m/min），因此部分抵消了 POY 工艺料高速纺的优势。

FDY、HOY 工艺均是在 POY 工艺的基础上发展起来的新工艺，其中 FDY 由于是在同一台机器上完成高速纺、拉伸和蒸汽定型，因此这一工艺也称为 H4S 技术。该工艺设备紧凑、流程缩短、效率高、产品质量好，可直接用于高速整经机和高速喷水织机的经、纬线，很受后道用户欢迎。我国从 20 世纪 80 年代引入该技术与设备以来，经过多年实践，证明该工艺先进、成熟、可靠。

HOY、FDY 纺丝生产线工艺特点见表 2-4-10。

表 2-4-10　HOY、FDY 纺丝生产线工艺特点

生产线	工艺	特点
HOY 线	高速纺丝、卷绕工艺	产品能在较长时间下贮存、运输，后加工灵活性较大
FDY 线	纺牵联合卷绕工艺	流程短，质量高，占地少，灵活高效、节能低耗、环境污染小

二、资源能源利用指标

锦纶 6 纤维生产过程中，不同工艺在物耗、能耗方面的差别较大，分析时，可进行横向及纵向的比较分析。部分锦纶 6 生产工艺能耗比较见表 2-4-11。

表 2-4-11　锦纶 6 生产工艺能耗比较

工艺	EMS	Zimmer	Domo	PE
方法	2-step	2-step	1-step	2-step
总耗电/（kW·h/t）	437	375	344	240
总耗气/（kg/t）	0.367	0.612	0.870	0.046
聚合部分耗电	312	244	212	166
冷却水耗电	27	55	67	26
干燥部分耗电	65	126	62	46

另外，在整个生产过程中均需用到热媒以对聚合反应、纺丝等过程提供稳定、可靠的热量，化纤企业常用热媒包括氢化三联苯、Gilotherm-TH、Therm-S-300、YD-300、导生等。热媒通常为各类矿物油，具有一定毒害性，因此在选择热媒时，应优先考虑选择低毒或无毒的产品。部分常用热媒的毒性测试结果见表2-4-12。

表2-4-12　部分常用热媒毒性测试结果

名称	LD_{50}／（g/kg）	灌服后毒性反应	按急性毒性分类
氢化三联苯	13.2	浑身毛湿润、念结、群集、少动、滞呆	实际无毒
Gilotherm-TH（法国）	3.08	步履蹒跚、四肢无力、抽搐、呼吸困难、小便失禁	低毒
Therm-S-300（日本）	2.9	步态不稳、呼吸急促、阵发性抽搐	低毒
YD-300（中国）	4.9	滞呆厌食，个别动物恶心、呕吐和抽搐	低毒
导生（联苯—联苯醚混合物）	2.3	步态不稳、呼吸急促、阵发性抽搐	低毒

三、产品指标

锦纶纤维产品主要执行《锦纶66浸胶帘子布》（GB/T 9101—2002）、《锦纶6轮胎浸胶帘子布》（GB 9102—2003）、《锦纶牵伸丝质量标准》（GB/T 16603—1996）、《锦纶6短纤维》（FZ/T 52002—1991）、《锦纶弹力丝》（FZ/T 54007—1996）以及国家标准《合成纤维丝织物》（GB/T 17253　1998）中的技术要求和分等规定。

四、污染物产生指标（末端处理前）

从设备工艺设备的配置、加热方式的不同、水循环利用、物料回收利用率等方面分析，如纺丝机配套有单体抽吸装置，可将纺丝过程随熔体逸出的大部分己内酰胺废气捕集，并采用水吸收处理，以减少己内酰胺废气的排放；热媒系统及螺杆挤压机、热辊等加热采用电加热，减少了污染物的排放；纺丝箱体建议采用新型环保热媒，比联苯—联苯醚环保、安全。

五、废物回收利用指标

废物回收利用指标是衡量工艺先进性、清洁生产水平高低的一项重要指标，废物回收利用率高低，直接关系到企业物料消耗、产品产量的高低及污染物排放量的多少，有利于减少企业的生产成本和降低对环境的危害。

锦纶 6 生产过程中应分析聚合及喷丝工段是否配备己内酰胺单体及其低聚物的收集、回收利用系统，其效率如何；纺丝各工段是否配置油剂废气捕集和回收净化系统；废切片、废丝和废料块是否进行回收利用等。

第六节　环境影响评价应关注的问题

一、产业政策的符合性

我国对锦纶纤维行业有相关的产业政策要求，鼓励纤维的差别化、功能化及高技术纤维的开发，同时鼓励上规模的锦纶聚合切片的生产，因此，锦纶纤维企业在投资决策时应注意产品种类及规模要求是否符合国家产业政策的规定，避免重复投资，造成资源浪费和产能过剩。

二、与相关规划的相符性

项目建设要与当地的总体规划、生态功能区规划、环境功能区规划等规划相容，还要注意项目选址与相邻区块规划的相容性，近年来，随着经济建设的快速发展、城市化进程的推进，区域总体规划局部调整的情况较普遍，如功能区块调整，将局部工业区块调整为住宅区块等，因此环评中要注意掌握最新的规划。锦纶纤维生产属三类工业，主要污染是废气，应与敏感区保持一定的大气环境防护距离，宜在三类工业用地区块上建设生产。

三、区域基础设施建设、运行情况

近年来，为了有利于污染集中治理、节能减排、总量控制，对工业项目建设设置了进工业区、集中供热、废水预处理后纳管集中处理等前置条件，因而基础设施是否完善，关系到项目辅助设备（如锅炉）的配置和废水处理程度等。因此，对项目所在区域的基础设施建设和运行情况应进行详细调查。

四、原辅料的主要成分、规格、来源

采用不同原辅料，其产污情况不同，特别应注意差别化锦纶纤维生产时，由于添加了其他的化学品，可能会有相应的特征污染物产生。另外，若利用回收的废品做原料生产纤维，应注意废品分拣、清洗等前处理工序，因其中会有大量清洗废水、固废物产生，废品熔融纺丝过程废气、臭气污染也较大，需要引起重视。

五、喷丝组件清洗方式

在生产过程中，喷丝组件将定期清洗，清洗有两种方式：采用有机溶剂浸洗—清水清洗，该清洗方式将有清洗废液、清洗废水、有机废气产生；采用真空炉焚烧—超声波清洗，该清洗方式有焚烧废气产生，但清洗废水有机物浓度不高。

六、废气污染防治措施是否合理、有效

聚合、纺丝过程的己内酰胺单体及其低聚物废气是否得到有效收集并回收利用，尤其关注废气收集系统、收集率。

纺丝油剂废气是否得到有效收集处理，关注纺丝车间拉伸、热定型等过程油剂废气的收集系统、收集率。

七、是否采取了有效可行的清洁生产措施

萃取水、切片直接冷却水及废气吸收水是否得到有效收集，并回收其中的己内酰胺单体、低聚物；经回收处理的废水是否循环回用不外排。

第七节　典型案例

某公司年产 2 万 t 锦纶 6（聚酰胺）差别化纤维项目

一、项目概况

项目总投资：2600 万美元，其中环保投资 330 万，占总投资的 1.7%。

项目性质：新建

项目组成：主体工程包括切片厂房、FDY 纤维车间、HOY 纤维车间，辅助配套工程及公用工程包括熔融车间装置、液体原料罐区、原料临时堆栈、办公楼、生活楼、氮站、冷却水循环系统、软水站、空压站和制冷站等，具体工程组成及设备配置情况见表 2-4-13 和表 2-4-14。

表 2-4-13 工程组成表

工程类别	工程组成	备注
主体工程	切片厂房	1 幢 7 层
	FDY 纤维车间	1 幢 3~5 层
	HOY 纤维车间	1 幢 3 层
辅助工程	熔融车间装置	1 幢 1 层建筑，580 m²
	液体原料罐区	580 m²
	原料临时堆栈	3 290 m²
	办公楼	1 幢 18 层
	生活楼	1 幢 5~7 层
公用工程	氮站	配置 360 制氮机组 4 套，液氮供给一套
	冷却水循环系统	制冷站设有两套循环水系统：循环水量 995 m³/h，配套 B2550S 型玻璃钢冷却塔 2 台；空压站设有冷却循环水系统两套：循环水量为 104 m³/h，配套 B275S 型玻璃钢冷却塔 2 台
	软水站	三套软水给水系统，其设计流量为 4 m³/h 2 m³/h，2 m³/h
	空压站	ZR450 水冷螺杆空气压缩机 6 台、MD1800W 吸附式干燥机 6 台
	制冷站	6 台制冷量为 150 万 kcal/h 溴化锂冷水机组（四用二备）
	供电	市政电网供电
	供热	由杭联热电有限公司供汽，天然气加热热媒
	给水	市政供水，通过一根 DN150 给水管引入

表 2-4-14 主要设备一览表

序号	设备名称	单位	数量	相关情况
一、切片生产设备				
1	己内酰胺熔融系统	套	2	欧洲进口
2	TiO₂ 配制系统	套	2	欧洲进口
3	添加剂配制系统	套	2	欧洲进口
4	LC/添加剂计量系统	套	1	欧洲进口
5	连续聚合系统	台	2	欧洲进口
6	切片制造系统	台	2	国产
7	连续萃取系统	台	1	国产
8	连续干燥系统	台	1	国产
9	切片输送及贮存系统	台	1	国产
10	萃取水蒸发系统	台	2	国产
11	脱水泡罩塔	台	2	国产
12	切片输送干燥	台	2	国产
13	干切片料仓	台	2	国产
14	组件清洗	台	2	国产
15	油剂调配	台	2	国产
16	物检及化验设备	套	1	国产
17	VK 管（反应器）	台	2	国产
18	熔体过滤器	台	2	国产

序号	设备名称	单位	数量	相关情况
二、HOY 纤维生产线设备				
1	输送机	套	1	瑞士 MAB PVD-50/150-SP 脉冲输送机，能力 4.5 t/h
2	螺杆挤压机	套	6	瑞士立达 E1.120-3M 型，能力 0.48 t/h
3	HOY 纺丝机	套	3	德国巴马格，每套 16 位，每位 6 饼，8 位 1 个箱体
		套	3	瑞士立达生产，日本村田组装，每套 16 位，每位 6 饼，8 位 1 个箱体
4	三氢联苯循环加热系统	套	6	巴马格纺丝机配套，1 个箱体 1 套，每套储量约 300 kg
		套	3	瑞士立达纺丝机配套，2 个箱体 1 套，每套储量约 600 kg
5	单体抽吸装置	套	24	纺丝机配套，4 位 1 套；配套设置 SCH-80-25 型循环泵 3 台（2 开 1 备）、7 m³ 储罐 1 个
6	上油机	套	6	纺丝机配套，每条线 1 套
7	导丝盘	套	96	纺丝机配套，每位 1 套
8	网络器	套	96	纺丝机配套，每位 1 套
9	HOY 卷绕机	套	3	德国巴马格，每套 16 位，每位 6 饼，CW6T-920/6 型拨叉式横动全自动卷绕头
		套	3	日本村田，每套 16 位，每位 6 饼，741 型全自动卷绕头
10	包装设备	套	1	人工打包
三、锦纶 FDY 生产线				
1	螺杆挤压机	套	26	4 个箱体共用 1 套
2	FDY 纺丝机	套	2	德国巴马格，每套 52 位，每位 12 饼，2 位 1 个箱体
		套	2	日本 TMT，每套 52 位，每位 12 饼，2 位 1 个箱体
3	三氢联苯循环加热系统	套	26	巴马格纺丝机配套，2 个箱体 1 套，每套储量约 300 kg
		套	26	日本 TMT 纺丝机配套，2 个箱体 1 套，每套储量约 300 kg
4	单体抽吸装置	套	52	纺丝机配套，4 位 1 套；配套设置 SCH-80-25 型循环泵 10 台（9 开 1 备）、20 m³ 储罐 1 个
5	上油机	套	4	纺丝机配套，每条线 1 套
6	导丝盘	套	208	纺丝机配套，每位 1 套
7	热辊	套	208	纺丝机配套，每位 1 套
8	网络器	套	208	纺丝机配套，每位 1 套
9	FDY 卷绕机	套	2	德国巴马格，每套 52 位，每位 12 饼，CW6T-920/12 型拨叉式横动全自动卷绕头
		套	2	日本 TMT，每套 52 位，每位 12 饼，Ati615R/12 型全自动卷绕头
10	包装设备	套	1	

二、工程分析

1. 工程分析

（1）生产工艺

项目以己内酰胺（CPL）为原料进行熔融、聚合、萃取、干燥，生产差别化锦纶切片，通过添加 TiO_2 等化学品及后加工来实现产品的功能差别化。其中聚合生产工艺采用德国 PE 研发的最新工艺技术，差别化锦纶 6（聚酰胺）FDY 切片生产工艺流程见图 2-4-5，锦纶 6 FDY 及 HOY 纤维生产工艺流程见图 2-4-6，FDY 生产线工艺流程与 HOY 大致相同，主要区别在以下几个方面：

① FDY 生产线纺丝温度比 HOY 要高，通常控制在 270～280℃；卷绕速度也比 HOY 要高，一般为 5 000～6 000 m/min；其他相应的参数也不相同。

② FDY 生产线丝束上油后除了需进行冷拉伸导丝外，还需经热辊拉伸定型。热辊使用电加热。

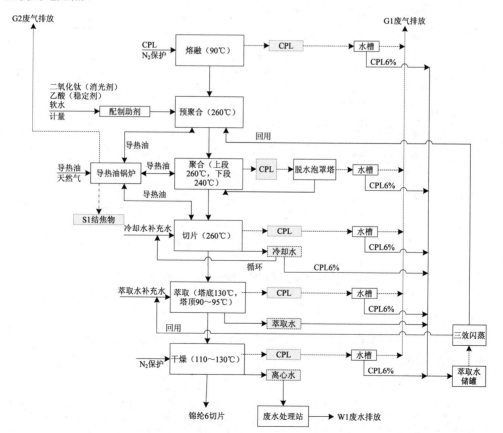

图 2-4-5 差别化锦纶 6（聚酰胺）FDY 切片生产工艺流程

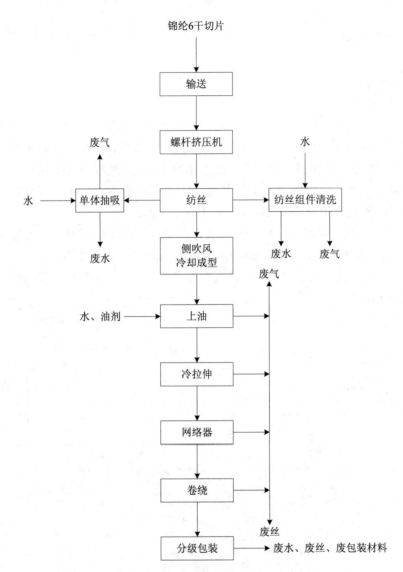

图 2-4-6　锦纶 6HOY 纤维生产线工艺流程

（2）物料平衡

生产过程物料平衡框图见图 2-4-7～图 2-4-9、表 2-4-15 和表 2-4-16，企业全厂水平衡见图 2-4-10。

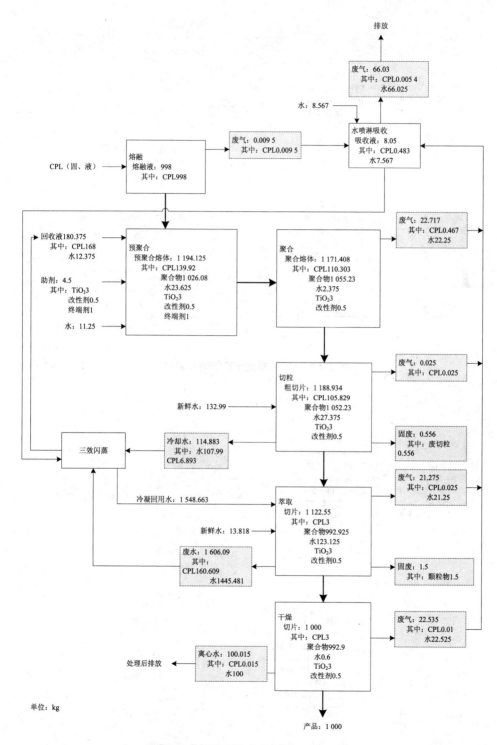

图 2-4-7 锦纶 6 聚合生产物料平衡框图

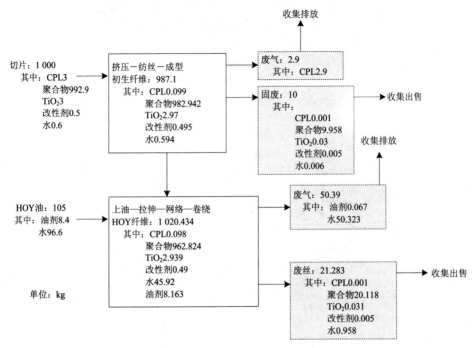

图 2-4-8　HOY 纺丝生产物料平衡框图

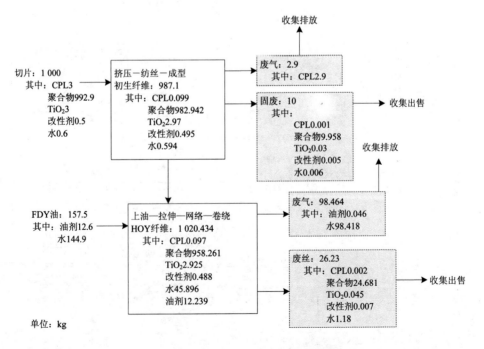

图 2-4-9　FDY 纺丝生产物料平衡框图

表 2-4-15 单位产品 CPL 平衡表

生产过程	投入/kg	产品中/kg	损耗/kg
切片	998	995.9	废气有组织排放：0.0054
			废水处理排放：0.015
			固废中带走：2.08
小计	998	998	
HOY 纺丝	995.9	962.922	废气有组织排放：2.871
			废气无组织排放：0.029
			固废中带走：30.078
小计	995.9	995.9	
FDY 纺丝	995.9	958.358	废气有组织排放：2.871
			废气无组织排放：0.029
			固废中带走：34.642
小计	995.9	995.9	

表 2-4-16 单位产品油剂平衡表

生产过程	投入/kg	产品中/kg	损耗/kg
HOY 纺丝	8.4	8.163	废气有组织排放：0.067
			固废中带走：0.17
小计	8.4	8.4	
FDY 纺丝	12.6	12.239	废气有组织排放：0.046
			固废中带走：0.315
小计	12.6	12.6	

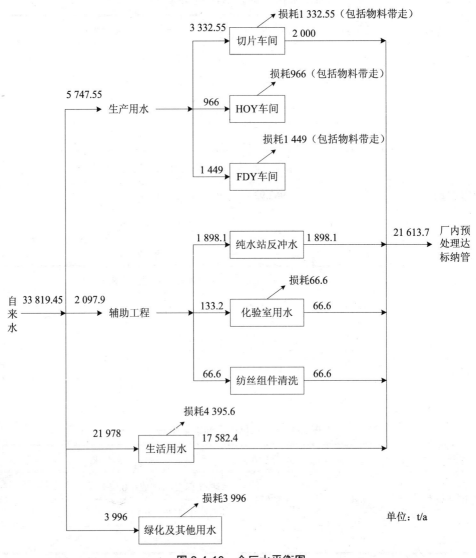

图 2-4-10　全厂水平衡图

2. 工程污染源分析

项目生产过程中最主要的污染类型为废气，噪声为次要污染类型，另有少量废水和固体废物。具体污染因子分析详见表 2-4-17，项目主要污染物产生、排放量见表 2-4-18。

表 2-4-17 污染环节及主要污染因子一览表

污染类型	排放源		主要污染因子	备注
废气	聚合	熔融	己内酰胺单体（含低聚物，下同）	废气经单体抽吸装置收集通入水槽中，经水吸收后高空排放
		聚合	己内酰胺单体	
		切片	己内酰胺单体	
		萃取	己内酰胺单体	
		干燥	己内酰胺单体	
	纺丝	纺丝	己内酰胺单体	喷丝板下方采用单体抽吸装置收集，收集后用水吸收后高空排放
		上油	纺织油剂	经抽吸装置捕集后，先以油气分离器隔油后，再经高空排放
		冷拉伸	纺织油剂	
		网络器	纺织油剂	
		卷绕	纺织油剂	
		纺丝组件	真空煅烧废气：CO_2 等	经同一个排气筒排放
		燃气有机热载体炉	燃气废气：CO_2、NO_x 等	
	辅助	罐区	己内酰胺单体	—
		食堂	食堂油烟	经油烟净化装置净化后，屋顶排放
废水	聚合	工艺脱水	COD_{Cr}、NH_3-N、己内酰胺	经三效闪蒸后，回用于萃取用水
	切片	废气吸收	COD_{Cr}、NH_3-N、己内酰胺	
		萃取水	COD_{Cr}、NH_3-N、己内酰胺	
		干燥离心	COD_{Cr}、NH_3-N、己内酰胺	排入废水处理系统
		冷却水	—	循环使用
	纺丝	组件清洗	COD_{Cr}、SS	
	辅助	纯水制备	COD_{Cr}、pH、SS	排入废水处理系统
		化验	COD_{Cr}	
		员工生活	COD_{Cr}、NH_3-N、SS	
噪声	设备		噪声	—
固废	切片纺丝	切片	废切片	收集后出售
		萃取	颗粒物	
		纺丝	废料块、废丝	
	辅助	包装	废包装材料	
		化验	废活性炭	委托处理
		加热	废导热油	委托处理
		员工生活	生活垃圾	委托处理

表 2-4-18　项目主要污染物产生、排放量

污染类型	污染物名称	产生量/（t/a）	最终排放量/（t/a）
废气	CPL	126.968	2.653
	油剂	8.071	3.874
废水	废水量	21 614	21 614
	COD_{Cr}	10.292	1.297
	$NH_3\text{-}N$	0.72	0.324
固废	废料	1 391.38	0
	废包装材料	240	0
	废活性炭	10	0
	废导热油	19.2 t/5 a	0
	生活垃圾	146.52	0
噪声	噪声	70～100 dB	

三、环境功能区划及评价工作

1. 环境功能区划

（1）地表水环境功能区划

项目废水最终纳污水体为钱塘江三堡船闸～老盐仓段，根据《浙江省水功能水环境功能区划方案》，该段水域水环境功能属Ⅲ类水质多功能区，水功能区类别为景观、渔业用水区。

（2）环境空气

根据杭州市环境空气质量功能区规划，项目拟建地所在区域属环境空气质量二类功能区。

（3）声环境

项目拟建地位于杭州经济技术开发区，根据《杭州市〈区环境噪声标准〉适用区域划分图》，声环境属 3 类标准适用区。

2. 评价标准（略）

3. 环境状况

（1）自然环境概况（略）。

（2）社会环境概况（略）。

（3）环境质量现状（略）。

4. 环境敏感保护目标（从略）。

项目大气环境主要保护目标见表 2-4-19。

表 2-4-19　大气环境主要保护对象

序号	名称	方位	距离/m	规模	敏感性描述	保护级别
1	杭州市实验外国语学校（中学部）	NNE	650	27 个教学班，1 000 余名学生	废气敏感	空气二级声 2 类
2	浙江省东方医院（下沙院区）	NNE	550	占地面积 52 亩，建筑面积为 2.56 万 m²		
3	育英学院	NNE	690	5 个系 1 个部，共有师生 5 000 人		
4	高教园区	N	1340	规划面积 10.91 km²，15 所高校，15 万在校大学生		
5	出口加工区生活区	SE	800	属柏杨街道，目前有邻里小区等居住区		
6	娃哈哈集团	SW	350	隔 5 号大街及 10 号大街，主要生产奶、果汁、饮料和水		
7	顶益食品	SE	300	隔 7 号大街及 10 号大街，主要生产方便面		
8	中萃食品	E	160	隔 7 号大街及市政公司，主要饮料仓库		

5. 评价因子

（1）环境质量现状评价因子

环境空气质量现状评价因子：SO_2、NO_2、PM_{10}、己内酰胺；

水环境质量现状评价因子：pH、DO、COD_{Cr}、NH_3-N；

声环境质量现状评价因子：L_{Aeq}。

（2）环境影响评价因子

环境空气影响评价因子：己内酰胺、油烟；

水环境影响评价因子：COD_{Cr}、NH_3-N。

声环境质量影响评价因子：L_{Aeq}。

6. 评价范围及评价等级（略）

四、环境影响评价（略）

五、污染防治措施（略）

六、清洁生产水平分析（略）

七、评价结论

1. 产业政策符合性分析

项目属于国家发改委《产业结构调整指导目录（2005 年本）》鼓励类中第 17 项

"纺织"领域的第 3 条"各种差别化、功能化化学纤维、高技术纤维生产"的项目，是国家重点鼓励发展的产品和技术。

符合《关于加快纺织行业结构调整促进产业升级若干意见的通知》中加强化纤产业链的优化整合力度，积极推进产学研结合，加快原料开发，提高化纤产品的开发能力；大力发展高性能纤维、差别化纤维、绿色环保纤维等新型纤维的要求。同时，该项目不属于浙江省人民政府办公厅浙政办发[2005]87 号《浙江省人民政府办公厅转发省发改委等部门关于加强全省工业项目新增污染控制意见的通知》中禁止和限制发展项目。

项目建设符合国家的产业政策和产业导向。

2．城市总体规划及环境功能区符合性分析

项目拟建于杭州经济技术开发区，用地性质为工业用地，符合杭州市、开发区的总体规划及开发区的总体规划。另根据最新发布的《浙江省地表水功能区水环境功能区划分方案》《杭州市〈区域环境噪声标准〉适用区域划分图》及浙江省、杭州市环境空气质量功能区划，项目拟建地所在区域环境空气属二类功能区，声环境属 3 类功能区，最终纳污水体钱塘江三堡船闸—老盐仓段属Ⅲ类水质多功能区，项目建设与上述方面均是相符的。同时项目拟建地属于重点准入区，符合《杭州市生态环境功能区规划》。

3．清洁生产原则符合性分析（略）

4．达标排放符合性分析（略）

5．污染物总量控制符合性分析

项目建成后，COD_{Cr} 排放总量为 8.166 t/a（纳管量）、1.297 t/a（排环境量），氨氮排放总量为 0.72 t/a（纳管量）、0.324 t/a（排环境量），COD_{Cr}、氨氮排放总量可在区域内平衡解决。

6．环境质量符合性分析

项目投产后，生产废水和生活污水一起经预处理达到三级排放标准后纳入开发区污水管网，送七格污水处理厂统一处理达《城镇污水处理厂污染物排放标准》（GB 18918—2002）的一级标准的 B 标准要求后排入钱塘江，项目废水排放量很小，不会影响纳污水体水环境质量。从特征污染因子实测结果看，与本项目相关的己内酰胺环境本底浓度较好，有环境容量；项目废气排放不会对周边环境造成明显影响。本项目对周边环境影响不大，周边近距离无噪声敏感目标。因此，项目实施能维持现有环境质量，符合维持环境质量原则。

案例点评

一、特点

（1）该案例为新建差别化锦纶纤维生产项目，属国家鼓励项目，符合国家现行产业政策。但项目中涉及切片聚合工段，属化工类性质，考虑到本项目属复合型项目，

环评中应重视土地利用性质的符合性分析，明确项目应建设在开发区 3 类工业用地上，为项目建设与周边环境和谐共处、规避环境潜在风险，提供了保证。

（2）工程分析详细描述了 FDY、HOY 差别化纤维生产工艺及相关工艺参数，从各工序、生产设备着手，分析污染物产生节点，并根据物料平衡，理论估算得出工艺废气、生产废水和固废的污染源强。

（3）项目工艺废气、生产废水中特征污染因子为单体己内酰胺，环评中将己内酰胺识别为评价因子，并对环境空气进行了己内酰胺背景浓度监测。在我国还没有相关环境标准的情况下，参照苏联大气环境标准进行了环境影响预测分析，较好地回答了项目特征污染物己内酰胺单体对周围空气环境的影响。

（4）对废水分质收集、分质处理回用做了理论可行性分析，并开展了同类型企业废水处理回用类比调研，较充分地论证说明了本项目废水分质收集处理循环回用、部分达标排放的可行性，所提废水污染防治措施有针对性，可操作性强。

（5）清洁生产分析论述到位，具有针对性。

二、有待进一步完善的地方

（1）如能对生产原辅料的规格、来源加以说明，分析明确低聚物的主要成分，可为理论分析计算污染源强提供更可靠的基础保证。

（2）污染源强估算如能采用同类型类比监测调查数据对物料平衡理论计算结果进行校核，可有效提高源强确定的准确性。

（3）进一步描述说明废气收集系统和各部位废气收集率，会对废气达标处理排放环境影响小的结论有更强的支持力。

（4）如能完善各股废水的水质、水量描述，明确生产中各回用水部位的生产用水水质要求，则对废水分质处理大部分循环回用的可行性依据就更充分了。

第五章　氨纶纤维

第一节　概述

　　氨纶是聚氨酯纤维在国内的商品名称，国际上的商品名称为"Spandex"，它是由氨基甲酸酯嵌段共聚物组成的聚氨酯纤维，其全称为聚氨基甲酸酯纤维，是一种高弹性合成纤维，含有85%以上组分的聚氨基甲酸酯，具有很高的强度、良好的回弹性与耐磨性等特点，是一种重要的服装材料。氨纶多为白色不透明的消光型长丝，横截面由于生产工艺的不同而呈现不同的形状。干纺氨纶的横截面为圆形、椭圆形和花生形；湿纺氨纶主要为粗大的叶形及不规则形状，并且各丝条之间在纵向形成不规则的黏结点；熔纺氨纶主要为圆形截面的单丝或复丝。

　　氨纶首先由德国拜耳（Bayer）公司于1937年研究成功，但当时未能实现工业规模生产。1958年美国杜邦公司也研制出这种纤维，并实现了工业化生产。氨纶纤维共有两个品种：一种是芳香双异氨酸酶和含有羟基的聚酯链段的镶嵌共聚物（简称聚酯型氨纶），另一种是芳香双异氰酸酯与含有羟基的聚醚链段的镶嵌共聚物（简称聚醚型氨纶）。世界上工业化氨纶纺丝方法有干法纺丝、湿法纺丝、化学反应纺丝和熔融挤压纺丝。干法纺丝技术是当前氨纶工业生产最普遍的方法，典型代表是杜邦公司的Lycra（莱卡）纤维和拜耳公司的Dorhstan纤维。湿法纺丝法的代表是日本富士纺公司的Fujibo纤维。美国环球公司的Glospan纤维由化学反应法纺丝制得。熔融挤压法纺丝于近年兴起，具有代表性的纤维品种是日清纺公司的Mobilon、钟纺公司的LubeB和可乐丽公司的Rexe纤维f3。

　　我国氨纶生产起步于20世纪80年代末，2001年以来，在市场需求强劲和高利润的驱动下，我国氨纶产业迅速发展，2008年国内氨纶总产能已经达到31.21万t。2008年下半年以来，受全球金融危机的影响，加上国内外氨纶行业产能大幅扩张，氨纶需求减弱，氨纶行业利润大幅下滑。随着下游用户对氨纶的需求越来越个性化（这些需求包括耐氯、易染、耐高温、超细旦、纳米、生物降解、可回收等），开发差异化、功能化新产品将是氨纶行业的重点发展方向。

第二节 工程分析

氨纶纤维的生产过程可分为聚合和纺丝两个阶段。

聚合是氨纶生产的头道工序，聚氨酯的合成分两步完成：首先将分子量为 1000～3500 的聚合物二醇（聚酯二醇或聚醚二醇）与二异氰酸酯进行反应（摩尔比为 1∶2），生成分子两端含有异氰酸酯基（—NCO）的预聚物。第二步使链扩展，即用低分子量的含有活泼氢原子的双官能团化合物如二元胺做链增长剂，与等摩尔的预聚物继续反应，生成相对分子量在 20000～50000 的线型聚氨酯嵌段共聚物。

一、生产方法

（一）聚合生产方法

氨纶是以聚合物二醇和二异氰酸酯为主原料，以 1∶2 的摩尔比进行预聚合反应，再与链增长剂丙二胺进行链扩展反应，达到一定聚合度后加入链终止剂停止链扩展，制得符合纺丝要求的纺丝原液。上述的预聚合反应、链扩展反应均在溶剂 DMAC（或 DMF）存在下进行。

聚氨酯的聚合过程包括预聚、交联和扩链等阶段。

1. 预聚

一般将适当过量的二异氰酸酯与聚醚二醇先反应生成异氰酸端基预聚物。二异氰酸酯与二元醇反应就形成线型嵌段聚氨酯，异氰酸酯构成硬段，聚醚二醇构成软段。

2. 扩链、交联

（1）扩链

预聚体用二醇作扩链剂，生成氨基甲酸酯连接键；也可用二元胺作扩链剂，生成双取代脲基连接键。最常用的二醇扩链剂是 1,4-丁二醇。

（2）交联

以多元醇或多元胺作交联剂，生成端基为异氰酸酯的氨基甲酸酯交联；当端基为异氰酸酯的氨基甲酸酯交联，继续与羟基反应，则生成交联度更大的氨基甲酸酯交联。

聚合反应原理如下：

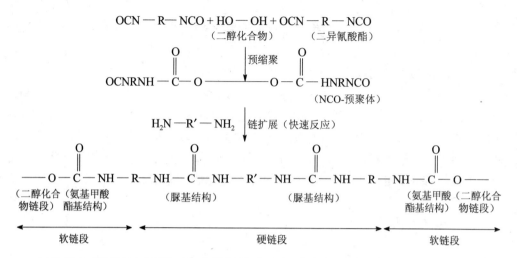

氨纶纺丝原液聚合过程可分为连续聚合和间歇聚合两种。连续聚合过程是原料聚合物二醇和二异氰酸酯在溶剂 DMAC（或 DMF）的存在下进行连续的预聚合，然后再泵入连续聚合反应器中进行连续聚合反应，聚合反应完成后泵入纺丝原液贮罐，进行纺丝。

间歇聚合是指原料聚合物二醇和二异氰酸酯在溶剂的存在下，首先在预聚合反应釜中进行预聚合，预聚合完成后再泵入聚合反应釜中进行聚合反应，生产过程的预聚合和聚合反应均在反应釜中间歇进行。

连续聚合工艺较复杂，设备投资较大，但产品质量稳定，均匀性较好。

（二）纺丝生产方法

氨纶工业化纺丝生产工艺有四种，即干法纺丝、湿法纺丝、反应纺丝法和熔融挤压纺丝法。

干法纺丝，是将预聚物加链增长剂等制成聚合物，聚合物溶液细流压入热的惰性气体（如氮气等），将溶剂脱出成型。聚醚与二异氰酸酯以 1：2 的摩尔比在一定的反应温度及时间条件下形成预聚物，预聚物经溶剂混合溶解后，再加入二胺进行链增长反应，形成嵌段共聚物溶液，再经混合、过滤、脱泡等工序，制成性能均匀一致的纺丝原液。然后用计量泵定量均匀地压入纺丝头。在压力的作用下，纺丝液从喷丝板毛细孔中被挤出形成丝条细流，并进入甬道。甬道中充有热空气，使丝条细流中的溶剂迅速挥发，并被空气带走，丝条浓度不断提高直至凝固，与此同时丝条细流被拉伸变细，最后被卷绕成一定的卷装。

湿法纺丝，首先用与干法纺丝类似的方法制成嵌段共聚物溶液，溶液经纺前准备送至纺丝机并通过计量泵压入喷丝头。从喷丝板毛细孔中压出的原液细流进入凝固浴。凝固浴以温水（90℃以下）为凝固介质，原液细流中的溶剂向凝固浴扩散，原液细流中聚合物的浓度不断提高，于是高聚物在凝固浴中析出形成纤维，再经洗涤干燥后进行卷绕。

反应法纺丝亦称化学纺丝法，由单体或预聚物形成高聚物的反应过程与成纤过程同时进行。氨纶的反应纺丝，是将两端含有二异氰酸酯的聚醚或聚酯预聚物溶液，经喷丝头压出进入凝固浴，与凝固浴中的链增长剂反应，生成初生纤维。初生纤维卷绕后还应在加压的水中进行硬化处理，使初生纤维内部未起反应的部分进行交联，从而转变为具有三维结构的聚氨酯嵌段共聚物。

熔融挤压法纺丝是利用高聚物熔融的流体进行纤维成形的一种方法。原则上讲，凡能熔融且不发生明显分解的成纤高聚物都可采用熔融纺丝方法。但对氨纶生产，熔融纺丝只能适用于热稳定性良好的聚氨酯嵌段共聚物，如由 4,4-甲基二苯二异氰酸酯和 1,4-丁二醇缩聚所获得的聚氨酯嵌段共聚物等。

湿法纺丝工艺因流程复杂、纺丝速度较低、生产成本高和产生的污水量大等缺点，正在逐步退出氨纶生产领域。反应法纺丝生产工艺复杂，国内尚无氨纶生产企业采用此工艺生产。熔融挤压法纺丝工艺随着切片制造技术、纺丝技术和氨纶应用技术的进步，以其工艺灵活、投资费用低又无 DMAC 或 DMF 废气污染的优点，有着广阔的发展前景；但该工艺生产的氨纶纤维品质与干法纺丝相比，目前尚有较大的差距。干法纺丝是目前国内外绝大多数氨纶生产企业所采用的工艺，干法纺丝具有生产工艺流程较简单和生产的氨纶产品品质优良等优点。四种不同工艺比较见表 2-5-1。

表 2-5-1　四种不同纺丝工艺情况

纺丝技术	聚氨酯纺丝液制备	纺丝工艺条件	成形条件与截面形状	代表性厂商及品牌	投资评价
干法	高黏度弹性体溶液，质量分数约30%，溶剂：二甲基酰胺或二甲基乙酰胺（DMF、DMAC），黏度：100～200Pa·s	v_{sp}: 200～600 m/min d_{pf}: 8～20 dtex	热空气甬道圆形或豆形截面	Lycra：美国杜邦；Dorlastan：德国拜耳；烟台、连云港	纺速高，设备费用较湿法低，经济性较好，技术成熟，广泛使用
湿法	纺丝溶液制备同干法	v_{sp}: 50～150 m/min 适合生产高纤度纤维	水凝固浴，水温85℃左右，不规则形截面	Espantex：日本富士纺，广东鹤山氨纶	投资较大，成本高（溶剂回收量大），技术成熟
反应法	分段加成反应中的第一步，预聚体制成溶液，经喷孔后的细液进入凝固浴	v_{sp}: 50～150m/min	含有链增长剂的凝固浴皮芯结构形状	Glospan：美国环球	设备投资和湿法相似，成本较高，很少厂家使用
熔融挤压法	同一般熔融纺丝法熔体制备	v_{sp}: 200～800 m/min	侧吹风冷却凝固圆形截面	Kanebo：日本钟纺	投资省、成本低、无污染，但原料要求高（要求热稳定性好）

注：v_{sp}：卷取速度；d_{pf}：纤度。

二、原料与设备

1. 生产原料

氨纶的原料种类繁多，常用的主要有异氰酸酯、聚合物二醇、扩链剂及一些添加剂等。

制备聚氨酯通常使用线性结构的、二官能度的、平均相对分子量为 800～3 000 的聚合物二醇。聚合物二醇有聚酯二醇和聚醚二醇等。

（1）聚酯二醇

聚酯二醇有聚己二酸乙二醇酯、聚己二酸丙二醇酯、聚己二酸丁二醇酯等。二元酸和二元醇在加热条件下，缩聚生成聚酯二醇和水。在聚酯二醇合成中，一般二元醇过量 5%～20%mol。反应原理如下式：

$$(n+1)R(OH)_2+nR'(COOH)_2 \longrightarrow HO-RO\left[\begin{array}{c}C-R'-C-O\\ \| \quad\quad \|\\ O \quad\quad O\end{array}\right]_n R-OH + 2nH_2O$$

（2）聚醚二醇

聚醚即聚醚多元醇，也称为聚烷醚或聚氧化烯烃。用于合成聚氨酯的聚醚二醇有两种：一种是聚氧化烯烃（又称为聚烯醚二醇），另一种是聚四氢呋喃二醇（又称聚四亚甲基醚二醇和多缩正丁醇）。聚醚二醇是在活泼氢化物作为起始剂和催化剂的条件下，由环氧化合物开环聚合制取。常用的环氧化合物有环氧乙烷、环氧丙烷和四氢呋喃等。由一种环氧化合物单体合成的聚醚称为均聚醚，由两种或两种以上的环氧化合物单体合成的聚醚称为共聚醚。

聚氧乙烯又称聚氧化乙烯醚，是用环氧乙烷为原料，在水和碱催化剂存在的条件下聚合而成的，化学反应式如下：

$$nH_2C-CH_2 \xrightarrow{H_2O} H\left[OCH_2-CH_2\right]_n OH$$

聚四氢呋喃二醇（PTMG）是用四氢呋喃与醋酐在固体催化剂作用下在反应塔中发生聚合反应，得到 PTMG 二醋酸酯（PTMEA），然后在甲醇和甲醇钠存在的情况下进行酯基转移反应，生成 PTMG 和醋酸甲酯。化学反应式如下：

$$(n+2)\ \text{四氢呋喃} + \text{醋酐} \xrightarrow{Cat} AcO\text{-}(CH_2)_4[O(CH_2)_4]_n\text{-}O\text{-}(CH_2)_4\text{-}OAc$$

PTMEA

$$AcO\text{-}(CH_2)_4[O(CH_2)_4]_n\text{-}O\text{-}(CH_2)_4\text{-}OAc + 2CH_3OH \xrightarrow{\text{Cat}}$$

PTMEA

$$HO\text{-}(CH_2)_4[O(CH_2)_4]_n\text{-}O\text{-}(CH_2)_4\text{-}OH + 2H_3C\overset{\overset{\displaystyle O}{\|}}{C}\text{-}C\text{-}O\text{-}CH_3$$

PTMG   醋酸甲酯

按所用催化剂不同，PTMG 生产工艺流程也各不相同。传统工艺采用氟磺酸均相催化剂，另外还有采用杂多酸催化剂工艺和非均相催化工艺。

（3）异氰酸酯

异氰酸酯是合成聚氨酯的重要原料，它种类有很多，常用的有甲苯二异氰酸酯（TDI）、二苯基甲烷二异氰酸酯（MDI）、萘二异氰酸酯（NDI）和六亚甲基二异氰酸酯（HDI）等。

甲苯二异氰酸酯是以甲苯为原料，在硫酸和硝酸的作用下硝化生成二硝基甲苯，再将二硝基甲苯溶于甲醇中，在 Raney 镍催化剂条件和 15～10 MPa 的氢气压力下加氢，使二硝基甲苯还原生成甲苯二胺（TDA），最后经光气化制备 TDI。

目前全球流行的 MDI 生产方法基本是以苯胺为原料，经光气法以后再还原形成粗品的 MDI 产品，再经分馏装置，分离出纯 MDI 和聚合 MDI。由于光气具有巨大的危害性，所以许多企业都在积极研制新的合成工艺以取代光气法生产，如碳酸二甲酯法，但是目前这些方法还只是在小试车间内有成功的案例，尚无法应用于大规模的生产。

（4）N,N-二甲基乙酰胺（N,N-Dimethylacetamide）

简称 DMAC，分子式 $CH_3CON(CH_3)_2$。二甲基乙酰胺能溶解多种化合物，能与水、醚、酮、酯等完全互溶，具有热稳定性高、不易水解、腐蚀性低、毒性小等特点，用途广泛。二甲基乙酰胺对多种树脂，尤其是聚氨酯树脂、聚酰亚胺树脂具有良好的溶解能力，主要用做耐热合成纤维、塑料薄膜、涂料、医药、丙烯腈纺丝的溶剂。目前国外多用于生产聚酰亚胺薄膜、可溶性聚酰亚胺、聚酰亚胺-聚全氟乙丙烯复合薄膜、聚酰亚胺（铝）薄膜、可溶性聚酰亚胺模塑粉等；国内主要用做高分子合成纤维纺丝和其他有机合成的优良极性溶剂。

在有机合成中，二甲基乙酰胺是极好的催化剂，可使环化、卤化、氰化、烷基化和脱氢等反应加速，且能提高主要产物收率。在部分医药和农药生产中，也可采用二甲基乙酰胺作为溶剂或助催化剂，与传统有机溶剂相比，其对产品质量和收率均有提高作用。

目前二甲基乙酰胺工业化路线按原料分主要有醋酐法、乙酰氯法和醋酸法。醋酐法以醋酐为原料，与二甲胺气相反应而得到产品，目前国内主要采用该法生产；乙酰氯法由二甲胺与乙酰氯反应而得到产品，该工艺特点是采用先进的催化反应精馏技术，可强化反应、降低能耗，分离效果和产品收率大大提高，工艺过程简化，且与醋酐法相比生产成本有所降低；醋酸法是醋酸与二甲胺在催化剂存在下进行缩合反应得到产品，国内成功采用催化精馏技术直接合成，反应热得以利用，反应过程中的能耗降低，同时由于反应与精馏在同一设备中完成，工艺流程大大缩短。另外，值得关注的是国外二甲基甲酰胺工业化生产多采用先进的一氧化碳/二甲胺一步合成法，在该工艺路线中经常得到一些二甲基乙酰胺。

（5）扩链剂与其他添加剂

合成聚氨酯时，不但使用聚合物二醇、二异氰酸酯，还需要扩链剂、扩链交联剂（或交联剂）和添加剂等。

扩链剂是指二元醇和二元胺，在化学反应中起分子链增长的作用。扩链交联剂是指三官能度以上的多元醇和多元胺及烯丙基多元醇，在聚氨酯化学反应中其既起扩链作用，又使聚氨酯分子形成交联。一般来说，低分子二元醇只起扩链作用，很少起交联作用；而二元胺有时起扩链作用，有时起交联作用。官能度或活泼氢个数大于2的多元醇、二胺、醇胺等化合物与含有异氰酸酯的预聚体反应，既能起到扩链剂的作用，又能起到交联剂的作用。合成聚氨酯用的扩链剂和交联剂如表2-5-2所示。

表2-5-2　合成聚氨酯用的扩链剂和交联剂

扩链剂	1,4-丁二醇（最常用）、乙二醇、丙二醇、1,6-己二醇、1,4-环己二醇、氢醌（β-羟乙基）双醚（HQEE）、氢化双醚A、对苯二酸二羟乙酯（BHET）、间苯二酚二羟乙基醚（HER）、α-甘油烯丙基醚、TMP单烯丙基醚、缩水甘油烯丙基醚
扩链交联剂	MOCA、MDA、DD-1604、DMTDA、DETDA、MCDEA等二胺，三羟基甲基丙烷（TMP）、丙三醇等多元醇；MDI三聚体、C-MDI多异氰酸酯、乙醇胺、二乙醇胺、三乙醇胺、三异丙醇胺
交联剂	过氧化氢二异丙苯、硫黄、甲醛

合成聚氨酯时还需要加入添加剂，如催化剂、水解稳定剂、阻燃剂、溶剂、抗黏剂、抗氧化剂、抗静电剂、光稳定剂和增塑剂等。

异氰酸酯具有高度的不饱和性，碳原子显示正电性，氮原子显示负电性，原则上具有一定的亲核或亲电性。最有价值的碱性催化剂是叔胺类化合物，最有价值的有机催化剂是有机锡化合物。除有机锡外，还有非锡金属有机化合物对聚氨酯的合成也有催化作用，如辛酸锌、辛酸铅、环烷酸锌、环烷酸钴、乙酰丙酮铁、醋酸苯汞和丙酸苯汞等。

2．生产设备

（1）聚合生产设备

氨纶聚合主要生产设备包括：PTMG/MDI预混合器、预聚合反应器、第二聚合反应器、扩链反应釜、添加剂计量槽、聚合物混合器、聚合物再反应槽和DMAC/DMF精制系统等。

（2）纺丝生产设备

氨纶纺丝主要生产设备包括：原液过滤器、脱泡装置、纺丝槽、纺丝甬道、喷丝板及组件、卷绕机及卷绕头、组件清洗系统、热媒炉系统等。

三、生产工艺

氨纶生产的工艺流程主要包括聚合、纺丝和 DMAC/DMF 精制回收三大部分。以连续聚合、干法纺丝为例说明氨纶生产过程。

（一）聚合生产工艺

原料准备：氨纶生产的主要原料 PTMG 和 MDI 在常温下作为固体运输和生产时应首先将其熔化，PTMG 以液态保温由槽车送入厂区的 PTMG 储罐，其管道及储罐均有伴热，保持温度在 47℃左右，生产加料时用泵把 PTMG 打入预聚合反应釜。MDI 以固态的形式运到厂内，冷藏在-5℃以下的 MDI 仓库中，生产时把 MDI 原料铁桶在热水熔化器内熔化后，用泵打入车间内的 MDI 大贮槽，储槽及管道均有伴热，控制温度在 47℃左右，再用泵打入预聚合反应器。

为保证 PTMG 和 MDI 的纯净，其贮槽均用氮封。MDI 在熔化状态下不太稳定，贮存时间不能太长，外购的 MDI 原料铁桶贮存在-5℃的冷库内。PTMG 则是相对稳定的物料，贮存时间没有太多限制。

预聚物的制备：将主原料聚醚二醇（PTMG）、二苯甲烷二异氰酸酯（MDI）和溶剂 DMAC/DMF 按一定的比例泵入预聚合反应釜中进行混合反应，随时测定聚合物的—NCO 基，以控制反应温度。在一定的温度条件下制得预聚物，在低温条件下储存。

把预聚物和链增长剂混合二胺连续泵入聚合反应器，形成聚氨酯高聚物，同时根据产品的要求，加入辅助添加剂如抗氧化剂、防变黄剂、抗紫外线剂等和溶剂 DMAC/DMF，反应过程中进行黏度自动跟踪监测，适时加入链终止剂，配制成符合纺丝要求的纤维级聚氨酯溶液，在贮罐中供纺丝工段使用。

（二）纺丝生产工艺

纺丝卷绕：纤维级聚氨酯溶液经过滤去除微量残渣后，再经过真空脱泡，由脱泡器出料泵打入纺丝槽中均质，然后由纺丝槽出料泵送到纺丝齿轮泵加压，经纺丝组件喷成丝，垂直流下，并在纺丝箱体中用热风使原液中的溶剂 DMAC/DMF 挥发，干燥的丝即为氨纶纤维。氨纶纤维经卷绕机假捻器、上油、导丝、卷绕成丝筒，达一定重量后即成成品氨纶丝。

含有溶剂的热风经纺丝热媒冷却器冷凝回收溶剂后循环使用，回收的溶剂收集到溶剂接收槽中，泵入粗 DMAC/DMF 贮罐，送溶剂回收精制工序精馏回收 DMAC/DMF。

后处理和组件清洗：后处理是对中粗旦丝的氨纶消除卷绕牵引所残留的内引力，在湿热处理器中用蒸汽对氨纶丝进行湿热定型，再去产品包装。

组件清洗是对喷丝板等易堵部件，利用溶剂 DMAC/DMF 及超声波等手段进行处理，以确保生产过程的正常替换。

氨纶生产工艺流程见图 2-5-1。

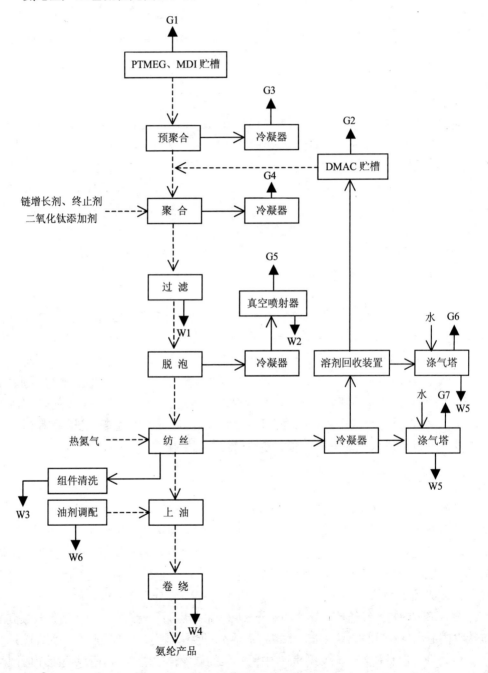

图 2-5-1　氨纶生产工艺流程

（三）DMAC/DMF 精制回收工艺

在纺丝过程中冷凝回收的溶剂 DMAC/DMF 中含水、醋酸、甲酸、固体残渣等杂质，需要进行精制后才可能回用于聚合生产，DMAC/DMF 精制主要采用二塔或三塔回收工艺。DMAC/DMF 精制三塔回收工艺流程见图 2-5-2。

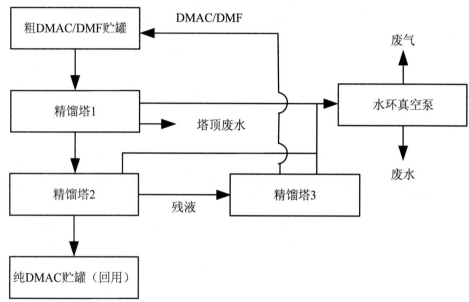

图 2-5-2 DMAC/DMF 精制回收工艺流程

工艺流程简述如下：

纺丝通道出来的热风系统经冷凝收集粗 DMAC/DMF，后者进入 DMAC/DMF 粗品贮罐。粗 DMAC/DMF 进入精制装置的精馏塔 1，在水环真空泵操作条件下，粗 DMAC/DMF 中的水分及低沸物从塔顶蒸出，塔釜出料为剩余的高沸物，进入精馏塔2，精馏段中上部出料的是精制的 DMAC/DMF，经冷却后送入溶剂罐供生产使用，塔底出料为高聚物，进入精馏塔 3 进一步精馏，蒸出的 DMAC/DMF 送入粗 DMAC/DMF罐，塔底残液外送有资质的单位处置。三座精馏塔均在真空状态下运转，由水环真空泵提供真空。水环真空泵的用水循环使用，定期更换，排水和精馏塔 1 的塔顶废水送污水处理站处理。

四、产污环节及源强估算

氨纶生产综合了化工、化纤和纺织生产中的很多内容及特点，聚合工段、热媒系统、组件清洗和精制工段等为化工工艺，而纺丝、卷绕为典型的化纤纺丝生产工艺。

其对原辅材料、生产设备等使用较多，生产中还需要水、电、汽等能源，因此，必将产生废气、废水、噪声、固废等污染物。

（一）废气

1. 工艺废气

氨纶生产过程的工艺废气产污环节见表 2-5-3。

表 2-5-3　氨纶生产过程的工艺废气产污环节

序号	内　　容
G1	PTMEG、MDI 贮槽泄压尾气
G2	DMAC 贮槽泄压尾气
G3	预聚合釜惰性气体保护尾气经低温冷凝器回收溶剂后排放的气体
G4	聚合釜惰性气体保护尾气经低温冷凝器回收溶剂后排放的气体
G5	聚合纺丝液在真空脱泡抽出尾气经低温冷凝后排放的气体
G6	工艺中回收的 DMAC 溶剂在溶剂回收精制工段中进行脱水和净化，少量的塔顶不凝气经水洗塔洗涤后排入大气
G7	聚合纺丝液在纺丝机中遇高温氮气加热，其中的 DMAC 溶剂全部随氮气排出，在纺丝机上方的低温冷凝器冷凝回收后，氮气大部分循环使用，少量外排的气体经水洗塔洗涤，排放含 DMAC 的尾气

DMAC/DMF 是氨纶生产过程的主要污染源。在氨纶生产装置中，聚合、过滤、脱泡和纺丝、组件清洗、DMAC/DMF 回收精制过程均有 DMAC/DMF 废气产生，其中在聚合和纺丝车间里，微量的 DMAC/DMF 废气在生产过程中以无组织的形式逸出在纺丝甬道和车间中；但是整个生产车间是处于密闭状态的，生产车间与外环境之间有缓冲间、双层门窗，整个车间均处于微负压状态，车间内的空气通过空调系统，最终以有组织的形式在车间屋顶上方排出。氨纶生产车间基本上处于密闭和微负压状态，生产车间包括聚合车间和纺丝车间内的各类设施均以空调的排气方式在车间大楼的屋顶风机排气口排出废气。

在纺丝过程中，纤维级聚氨酯和溶剂从喷丝板孔中喷出，在空气热风吹送下，DMAC/DMF 迅速吹脱，进入冷凝吸收器中被回收，冷凝下来的 DMAC/DMF 送入粗 DMAC/DMF 贮罐，由 DMAC/DMF 精制车间精制 DMAC/DMF 后回用于生产；冷凝后的尾气经热交换器加热后重复用于热风吹脱，纺丝生产中的热风是循环利用的，不排入环境中。聚合反应釜和连续反应器的放空管经水喷淋吸收微量 DMAC/DMF 后，吸收水送 DMAC/DMF 精制车间，尾气在车间屋顶排放。组件清洗时先用溶剂 DMAC/DMF 对喷丝板、过滤器等纺丝组件进行清洗，然后用清水清洗。组件清洗槽上方安装有集气装置，废气经集气后在车间屋顶排放。

因此，聚合、纺丝、组件清洗等工序的废气是以有组织的形式连续排放的。废气中主要的污染因子是 DMAC/DMF；同时在聚合工序，废气中还含有微量的 MDI。

同样，DMAC/DMF 精制系统也是在真空状态下运行，废气通过真空系统排气筒排放。

聚合、纺丝和组件清洗的工序中的废气源强，宜采用类比调查与物料平衡相结合的方式确定。

2. DMAC/DMF 罐区废气

DMAC/DMF 在装卸、贮存过程中贮罐有大小呼吸废气，可采用公式计算法进行估算，详见第四章锦纶纤维相关内容。

3. 锅炉和热媒炉烟气

锅炉和热媒炉烟气污染物产生和排放源强与燃料种类、炉型选择和燃料品质等因素有关，可采用实测法、系数估算法和经验公式计算法进行估算，主要污染因子为 SO_2、NO_x 和烟尘。

4. 纺丝油剂废气

油剂废气由纺丝过程中的拉伸、热定型等工序产生，油剂废气产生量通常根据油剂的消耗量及最终纤维上所含的油剂量进行油剂平衡计算，进而估算油剂废气的产生量。

(二) 废水

1. 生产废水

氨纶项目的生产废水产污环节见表 2-5-4。

表 2-5-4　生产废水产污环节

序号	内　　容
S1	聚合纺丝液过滤器定期清洗产生洗涤废水
S2	聚合纺丝液真空脱泡采用汽水喷射泵，热水循环使用，热水槽排放少量废水
S3	改变产品规格时，需更换喷丝头，用溶剂和碱液清洗喷丝头上的残余树脂，产生清洗废水
S4	后处理卷绕工序产生少量废水
S5	溶剂精制回收的洗气塔采用软水洗涤尾气中的 DMAC，洗涤水循环使用，排放部分废水
S6	氨纶卷绕过程需要上油，使用专用油剂。该油剂为乳油，使用前需加水调配，调配槽清洗时产生少量清洗废水

2. 其他废水

其他废水还包括纯水站反冲水、化验室废水以及员工的生活污水。废水排放量应根据项目的具体工艺设计、设备的实际情况及实际员工人数进行分析估算。

氨纶纤维制造行业产排污系数可参考表 2-5-5。

表 2-5-5　氨纶纤维制造行业产排污系数表

产品名称	原料名称	工艺名称	规模	污染物指标	产污系数	产污系数参考范围	末端治理技术	排污系数	参考范围
涤纶短纤维	PTMG（聚四亚甲酰醚）、MDI（4,4'-二苯基亚甲基二异氰酸酯）	聚合-纺丝（溶剂DMAC/DMF）	全部	工业废水量/（t/t 产品）	13	9～17	化学+生物	12	8～15
							厌氧/好氧生物组合工艺	12	8～16
				CODcr/（mg/L 产品）	621	435～807	化学+生物	99	69～129
							厌氧/好氧生物组合工艺	169	118～220

（三）噪声

氨纶生产项目噪声类型主要有两种：机械性噪声和空气动力性噪声。

1. 机械性噪声

生产车间内的各类泵、电机、纺丝系统、卷绕机以及辅助配套工程的冷却塔、冷冻机、制氮系统等设备工作时均产生机械性噪声，其噪声级强度在 80～95 dB。

2. 空气动力性噪声

抽吸风机、压缩空气站和氮气站的空气压缩机、有机热载体炉的风机等，运行时均产生空气动力性噪声，噪声级为 72～90 dB。

（四）固废

按固废性质分，可划分为一般固废和危险废物。

（1）一般固废

一般固废包括纺丝产生的废丝、锅炉和热媒炉煤渣、废纸箱、废水处理站污泥等。

（2）危险废物

DMAC/DMF 精制残液（渣）、过滤、组件清洗残渣、MDI 包装桶及其他盛装有毒有害物料的包装材料均属于危险废物。

第三节　环境影响识别和评价因子筛选

一、环境影响识别

氨纶项目的环境影响因素应根据工程组成、生产工艺和设备、产排污环节进行分析和识别，一般可按表 2-5-6 进行识别。

表2-5-6 主要环境要素识别表

工程组成		设备（设施）	环境影响因素	评价因子
主体工程	聚合车间	聚合风机	废气	DMAC/DMF、MDI
	纺丝车间	纺丝风机	废气	DMAC/DMF
		脱泡真空泵	废气	DMAC/DMF、二甲胺
			废水	COD$_{Cr}$、氨氮
		组件清洗	废气	DMAC/DMF
			废水	COD$_{Cr}$、氨氮
		甬道间风机	废气	DMAC/DMF
	DMAC/DMF 精制	真空泵	废气	DMAC/DMF、二甲胺
			废水	COD$_{Cr}$、氨氮
辅助工程	罐区	DMAC/DMF 贮罐	大、小呼吸废气	DMAC/DMF
		初期雨水	废水	COD$_{Cr}$、氨氮
	纯水站	纯水制备	反冲水	pH、SS
			废滤袋、滤芯、滤料、废膜	固废
	锅炉	燃料燃烧	烟气排放	SO$_2$、NO$_2$、烟尘
			炉底灰渣	固废
		脱硫除尘系统	脱硫石膏	固废
		引风机	噪声	L_{eq}（A）
		热媒系统	废热媒	固废
	空压站	空压机	噪声	L_{eq}（A）
	氮站	制氮机	噪声	L_{eq}（A）
	冷冻站	冷冻机	噪声	L_{eq}（A）
	冷却水循环系统	冷却塔	噪声	L_{eq}（A）
	实验室	化验	废水	pH、COD$_{Cr}$
环保工程	废水处理站	水泵及风机	噪声	L_{eq}（A）
		调节池、厌（兼）氧处理	废气	二甲胺、NH$_3$、臭气浓度
		尾水	废水	COD$_{Cr}$、NH$_3$-N
其他	职工	生活污水	废水	COD$_{Cr}$
		生活垃圾	固废	固废

二、评价因子筛选

近年新建氨纶厂多以二甲基乙酰胺（DMAC/DMF）为溶剂，此时氨纶纤维生产行业的主要评价因子见表2-5-7。

表 2-5-7　氨纶纤维生产行业的主要评价因子

评价因子类别	大气环境	地表水环境	声环境	固体废弃物
现状评价因子	TSP、SO$_2$、NO$_2$、DMAC/DMF	COD$_{Cr}$、COD$_{Mn}$、DO、pH、、TP、SS、NH$_3$-N	L_{eq}（A）	各类固废产生量
预测因子	SO$_2$、烟尘、DMAC/DMF	COD$_{Cr}$、NH$_3$-N	L_{eq}（A）	
总量控制因子	SO$_2$、烟尘	COD$_{Cr}$、NH$_3$-N		

第四节　污染防治措施

一、废气污染防治措施

（一）锅炉及热媒炉燃煤烟气治理

锅炉及热媒炉燃煤烟气治理要根据选用炉型、燃煤煤质、运行工况及项目所在地区的实际情况采用适宜的脱硫和除尘治理措施，总体须满足达标排放要求、总量控制要求和环保管理要求。

在实际工作中，可根据煤炭消耗量、煤质检测结果、热媒炉参数以及设计脱硫除尘效率，计算得到燃煤热媒炉烟气污染物排放浓度和速率，对照《锅炉大气污染物排放标准》（GB 13271—2001）中的相应标准限值进行评价，并可通过同类设施的类比调查等方法对脱硫除尘设施的效率进行论证。

（二）煤场灰场扬尘控制

煤场灰场扬尘控制措施也必须结合当地的气象条件等实际情况提出，煤场灰场扬尘控制措施可参考有关资料，在此不再赘述。

（三）工艺废气治理

1. 无组织废气

生产过程中产生的无组织排放废气量的大小，与生产系统的密闭性和生产管理有密切关系，有效的末端治理对策，关键是通过系统的密闭化从源头进行控制。本项目在满足工艺要求的前提下，主要生产车间（聚合车间、纺丝车间、卷绕间、组件清洗间等）采用密闭的空调系统，主车间窗户采用密闭的双层窗，进出车间的通道均用密封防火门及隔离间进行隔离，整个车间处于微负压状态，可基本防止无组织废气的排放。

DMAC/DMF 精制系统为负压工况，正常状况下无无组织废气排放。

DMAC/DMF 罐区废气可利用罐结构形式选择、设置气相平衡管等方式控制储罐大小呼吸排放。

2. 空调系统排气

聚合装置、纺丝装置的废气均通过空调系统排气从屋顶风机排出，其中主要污染物为 DMAC/DMF。由于空调排风系统风量大，污染物浓度低，可直接通过风机排风口排放（高度 15m 以上）。

3. 热风循环系统排气

干法纺丝的纺丝甬道间的热风需要量较大，大部分热风循环使用，对于少量外排的废气，采用水喷淋的方式对热风中的 DMAC/DMF 进行洗涤吸收，吸收后的废水送 DMAC/DMF 精制系统进行回收，尾气高空排放。

4. 真空泵排气

真空脱泡工序和 DMAC/DMF 精制系统真空泵排气排放前经低温冷凝后，再经水洗塔水洗后排空。

5. 污水处理站废气处理

污水处理站的调节池、厌氧池等处易产生恶臭气体，因此调节池、厌氧池必须密封加盖并设有集气措施，经水喷淋后通过 15m 高的排气筒排放。

二、废水污染防治措施

氨纶废水主要污染物为 DMAC/DMF 有机溶剂，由于废水中 DMAC/DMF 浓度较高，采用单一的好氧生化处理的工艺处理不具有经济、高效性，因此不宜直接进行好氧处理。但是，二甲基乙酰氨在厌氧条件下，通过发酵细菌较容易甲烷化：

$$R\text{-}NH_3 \rightarrow NH_3 + CH_4$$

或生成乙醇、乙酸、甲醇和甲酸等中间产物：

$$R\text{-}NH_3 \rightarrow NH_3 + CH_3COOH$$

这类中间产物能直接为活性微生物利用消化，故采用"厌氧＋好氧"相结合的生化处理工艺。

废水采用"厌氧＋好氧"相结合的生化处理工艺还具有其必然性。氨纶生产废水中氨氮初始浓度并不高，但 DMAC/DMF 在生化处理过程中有机胺分解会产生氨氮，而导致出水中氨氮浓度较进水中氨氮浓度高，该类物质在好氧处理时转化为 NO_2^-，而在厌氧（反硝化）条件下，NO_3^- 及 NO_2^- 在反硝化细菌作用下作为电子受体还原转化为 N_2：

$$NO_3^- + COD \longrightarrow N_2 + CO_2 + H_2O$$

因此采用厌氧处理可保证氨氮的高去除率。

据了解,目前国内外氨纶生产企业的废水处理大都采用的处理工艺是厌氧+好氧,并且取得了较好的处理效果。如连云港市氨纶厂和辽源得亨股份有限公司的氨纶纤维污水处理:厌氧过程、好氧过程完成后,整个过程对 DMAC/DMF 的总体去除率能够达到95%左右,对 COD 的总体去除效率均能够达到75%以上,对 BOD、SS 的总体去除效率均能达到80%以上。工艺流程见图 2-5-3。

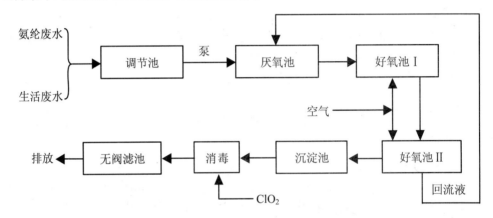

图 2-5-3　废水处理工艺流程简图

各股废水进入调节池调节水量并均化水质。然后送入厌氧池,在厌氧池中发生厌氧降解。厌氧降解一般可分为以下四个阶段:

(1)水解阶段:高分子有机物因相对分子质量巨大,不能透过细胞膜,因此不可能为细菌直接利用,在此阶段被细菌胞外酶分解为小分子。

(2)发酵(酸化)阶段:上述小分子的化合物在发酵细菌(酸化菌,主要有梭状芽孢杆菌和拟杆菌)的细胞内转化为更为简单的化合物并分泌到细胞外。此阶段的主要产物为挥发性脂肪酸、醇类、乳酸、CO_2、H_2、H_2S 等,酸化菌也利用部分物质合成新的细胞物质。

(3)产乙酸阶段:此阶段过程中,上一阶段的产物被进一步转化为乙酸、H_2、碳酸以及新的细胞物质。

(4)产甲烷阶段:此阶段乙酸、H_2、碳酸、甲酸、甲醇等转化为甲烷、二氧化碳和新的细胞物质。

厌氧处理出水进入好氧池进行好氧处理。厌氧处理后未最终甲烷化的中间产物其生化性有了提高。同时水的氨氮在硝化细菌的消化作用下转化为 NO_3^- 及 NO_2^-。

为保证氨氮的高去除率,高硝化率是必需的必要条件。由于硝化细菌只能在长污泥龄（＞20d）的污泥中存在，因此好氧处理采用接触氧化的工艺。

好氧消化液（好氧出水）部分回流至厌氧系统，在反硝化细菌的利用下，硝酸盐反硝化为 N_2，在好氧系统中吹脱，最终达到去除氨氮的目的。

好氧出水混合液经沉淀分离，上清液经消毒过滤降低浊度后排放。

三、噪声污染防治措施

针对氨纶生产项目的特征，在噪声污染防治方面需要关注以下几点：

（1）纺丝车间为空调环境密闭设计，正常运行时门窗基本不开启，环评中须根据厂界和声环境敏感点达标的要求，对厂房隔声量提出要求。

（2）在声源的布局上，将高噪声的生产车间（如空压机房、冷冻机房等）布置在厂区中部，将噪声大的设备设置在车间中央，以减轻噪声对厂界的影响。

（3）室外风机、空压机、冷冻机、冷却塔等设备往往会导致厂界或敏感点噪声超标，因此必须从型号上分析其是否属于低噪设备并提出要求，从声源上降低设备本身噪声。

（4）对空压站和冷冻站房等高噪声设备要建立良好隔声效果的站房，安装隔声窗、加装吸声材料，避免露天布置。空压机必须配备相应的高效消声器，机座应设减振垫，消声器需加强维修或更换。

（5）对主要生产设备的传动装置做好润滑，加强设备的维护，确保设备处于良好的运转状态，杜绝因设备不正常运转而产生的高噪声现象。

四、固废污染控制措施

（1）DMAC/DMF 精制残液（渣）、过滤、组件清洗残渣、MDI 包装桶及其他盛装有毒有害物料的包装材料属于危险废物，须委托有危险废物经营资质的单位综合利用。

（2）纺丝装置产生的废丝可出售综合利用。

（3）污水处理污泥不含重金属、染料等，应属一般工业废弃物，可填埋。

（4）热媒炉煤渣属于一般废物，出售综合利用。

（5）生活垃圾应由环卫部门负责清运处置。

第五节 清洁生产分析

氨纶生产技术以美国杜邦公司最先进，清洁生产水平也最高。日本是生产氨纶较早的国家，其生产技术也较先进，我国引进的氨纶生产技术大多来自日本。

日本的氨纶生产企业各有其自身的生产工艺特点，如东丽—杜邦公司作为日本最大的氨纶生产商，采用的是杜邦技术；东洋纺开发出自有技术产权的干法生产技术；日本睿光株式会社和我国郑州中远氨纶工程技术有限公司联合开发成功的干法纺氨纶技术等等。以下是对东洋纺、日清纺、睿光氨纶生产在能耗、原料消耗方面的比较，见表 2-5-8、表 2-5-9。

表 2-5-8　吨丝能耗、水、气消耗表

序号	名称	东洋纺	日清纺	睿光氨纶	杜邦
1	电/（kW·h）	4 800	10 667	6 500	4 600
2	蒸汽/t	35	12	12	10
3	压缩空气/m^3	5 000	9 000	2 400	—
4	水/t	105	17	60	—
5	燃料油/kcal	5.5×10^6	18×10^6	8.1×10^6	—
6	氮气/m^3	280	9 720	60	—

表 2-5-9　吨丝主要原材料消耗表

序号	名称	东洋纺	日清纺	睿光氨纶	杜邦
1	PTMG/kg	769.5	865	793	780
2	MDI/kg	197.5	210	187	170
3	扩链剂 CF/kg	29.2	20	16.5	—
4	扩链剂 CT/kg	60.0	4	2.0	—
5	溶剂/kg	201.5（DMF）	45（DMAC）	49.8（DMAC）	40（DMAC）
6	添加剂/kg	121.0	25	34	—
7	油剂/kg	90.7	80	70	—

原国家环境保护总局 2007 年 8 月发布了环境保护行业标准《清洁生产标准—化纤行业（氨纶）》（HJ/T 359—2007）。

第六节　环境影响评价应关注的问题

（1）氨纶纤维生产属三类工业，应在三类工业用地区块上建设生产，并与敏感区保持一定的大气环境防护距离。

（2）由于氨纶生产废水中含 DMAC/DMF，原水中氨氮浓度不高，但在污水处理过程中有机胺会分解，导致废水中氨氮浓度升高，因此在污水处理方案选择的时候，必须重点考虑脱氮功能，避免出水氨氮浓度超标。

（3）污水处理过程产生的臭气影响是不可忽视的，对于厌氧沼气、调节池废气应采取有效的收集治理措施。

第七节　典型案例

某纺织科技有限公司年产 4500t 差别化氨纶项目

一、关于 DMAC 标准说明

本评价中特征污染物 DMAC 执行标准，经国内外大量文献信息（包括上网查询）检索，均未查到相应标准。本评价中采用的标准具体来源描述如下：DMAC 评价标准采用多介质环境目标值（MEG）确定，多介质环境目标值为美国环境保护局（EPA）工业环境实验推算出来的化学物质或其降解产物在环境介质（空气、水、土壤）中的含量及排放量的限定值。预计化学物质的量在不超过 MEG 时，不会对周围人群及生态系统产生有害影响。

MEG 包括周围环境目标值（Ambinet MEG，AMEG）和排放环境目标（Discharge MEG，DMEG）。AMEG 表示化学物质在环境介质中可以容许的最大浓度，生物体与这种浓度的化学物质最终接触都不会受其有害影响。DMEG 是指生物体与排放流短期接触时，排放流中化学物质的容许浓度。预期不高于此浓度的污染物不会对人或生态系统产生不可逆转的有害影响。DMEG 实际上是排放流中未被稀释的公害物质的最大容许浓度。在该浓度下，化学物质引起的急性毒性作用最小。

AMEG 主要由经验数据推算，其所依据的毒理学数据主要有以下几种：

- 阈限值：美国政府工业卫生学专家会议（ACGIH）制定的车间空气容许浓度，DMAC 的阈限值为 10×10^{-6}（$38.9 \, mg/m^3$）。
- 推荐值：国家职业安全的卫生研究院（NIOSH）制定的车间空气最高浓度推荐值为 10×10^{-6}（$38.9 \, mg/m^3$）。
- LD_{50}：半数致死剂量，DMAC 的大鼠经口 LD_{50} 为 $5000 \, mg/kg$。

① 以对健康影响为依据的空气介质周围环境目标值（$AMEG_{AH}$）

$$AMEG_{AH}（\mu g/m^3）=0.01 \times [(8 \times 5)/(24 \times 7)] \times 阈限值（mg/m^3）\times 10^3 = 0.09 \, mg/m^3$$

② 以对健康影响为依据的空气介质排放环境目标值（$DMEG_{AH}$）

$$DMEG_{AH}（\mu g/m^3）=45 \times LD_{50}=225000 \mu g/m^3=225 \, mg/m^3$$

取 $200 \, mg/m^3$ 作为有组织排放的浓度标准。

二、新建项目工程分析

1. 项目概况

（1）项目性质：新建。

（2）建设地点：某工业园区。

（3）建设规模：年产 4500 t 差别化氨纶。

（4）投资：19000 万元。

（5）建设内容：主体工程为年产 4500 t 氨纶生产车间一座，包括聚合和纺丝车间。辅助工程为氨纶生产配套的 DMAC 回收精制装置，规模为 50 t/d。公用工程为锅炉房（包括 4 t/h 蒸汽锅炉 1 台，350 万大卡/h 导热油炉 1 台），动力车间（包括空压机、冷冻机、制氮机），污水预处理站等，其他包括化验楼、办公楼、员工食堂等后勤服务设施管理机构。项目组成见表 2-5-10。

（6）占地面积：122201.51 m² （约 180 亩）。

（7）员工人数和工作制度：员工人数 200 人，年工作日 330 d。

表 2-5-10　项目组成表

类别	项目名称	内　　　容
主体工程	4500 t/a 差别化氨纶项目	4500 t/a 差别化氨纶生产车间一座 包括连续聚合装置和纺丝生产线
辅助工程和公用工程	DMAC 精制装置	与 4500 t/a 氨纶配套的 DMAC 精制回收装置
	锅炉车间	4 t/h 燃煤蒸汽锅炉一台 350 万大卡/h 燃煤导热油锅炉一台 锅炉车间烟囱高 35 m
	动力车间	空压机、冷冻机、制氮机、纯水制备装置、循环水系统
	仓库和贮罐区	PTMG 贮罐 150 m³ 一只，200 m³ 一只
环保工程	污水处理站	厌氧+好氧+沉淀，处理能力 500 t/d
	锅炉废气处理	双碱法旋流板塔脱硫除尘装置
	煤堆场防护	煤堆场加设顶棚，四周彩钢板护围
	固废暂存	按规范建设危险废物暂存设施
办公生活区		办公楼、食堂、倒班宿舍、化验室等

2. 工程分析

（1）氨纶生产工艺路线简述（略）。

（2）主要生产设备：4500 t/a 差别化氨纶的主要生产设备见表 2-5-11。

表 2-5-11 4 500 t/a 氨纶主要生产设备

序号	设备名称	数量	规模型号	主要材料	备 注
聚合生产线					
1	PTMG/MDI 预混合器	1	A/B/C 三段	SUS304	进口
2	预聚合反应器 A	1	SL 成套	SUS304	进口
3	预聚合反应器 B	3	SMX 管道、成套	SUS304	进口
4	扩链反应釜	1	高速搅拌	SUS304	进口
5	添加剂添加混合槽	1	夹套，1 000L	SUS304	—
6	聚合物混合器	1	成套，SMX	SUS304+SS316	进口
7	聚合物再反应槽	5	夹套	SUS304+SS41	—
8	纺丝槽	2		SUS304	
9	各类泵	53	—	—	进口
10	各类过滤器	12	—	—	进口
11	各类搅拌器	16	—	—	
12	各类储槽	42	—	—	
13	换热器、冷却器	3	—	—	进口
纺丝生产线					
14	纺丝甬道 1	35	48E 专用	SS400	—
15	纺丝甬道 2	15	32E 专用	SS400	—
16	纺丝甬道 3	25	32E 专用	SS400	—
17	纺丝齿轮泵及驱动单元	150	—	SUS	进口
18	纺丝过滤器	150	烛式 40 μm	—	进口
19	喷丝板及组件	2 960	—	SUS304	进口
20	卷绕机及卷绕头	75 套	—	SUS304	进口
21	假捻器	40	—	SUS304	进口
22	油剂槽及油机泵	15	—	—	进口
23	各类泵	14	—	—	—
24	各类贮槽	5	—	—	—
25	DMAC 回收冷却器	15	翅片	SUS304	—
26	SM 换热器	3	翅片	SUS304	—
DMAC 精制设施					
27	塔 1	1	填料	SUS304	—
28	塔 2	1	板式	SUS304/SUS316L	—
29	塔 3	1	填料	SCS313/SUS304	—
30	各类泵	26	—	—	—
31	各类过滤器	6	—	—	—
32	各类热交换器	5	—	—	—
33	各类储罐	18	—	—	—

序号	设备名称	数量	规模型号	主要材料	备　注
组件清洗					
34	超声波清洗机	1	立式	SUS304	进口
35	清洗池	10	立式	SUS304	—
36	烘箱	3	箱式，蒸汽加热	SUS304/SS400	—
公用工程					
37	冷媒机组	2	螺杆乙二醇机组	550 kW	—
38	冷水机组	2	离心机组	3 000 kW	—
39	冷却塔	9	中温型	250 m³/h	—
40	导热油炉	1开1备	燃煤型	4 500 kW	—
41	空压机	2	无油润滑螺杆	30 m³/min	—
42	制氮机	2	变压吸附式	80 m³/min	—
43	脱盐水系统	1	3 m³/h	—	—
44	冷库	1	180 m², −5℃	MDI 贮存用	—
45	废水处理站	1	300 m³/d	—	—

（3）原辅材料消耗（略）。

（4）类别调查和结果描述。

本项目的类比调查以浙江某氨纶生产企业的工业园区一、二期项目为例。该公司的一期项目生产规模为3 000 t/a 高透明度氨纶，二期项目是3 000 t/a 差别化氨纶，该项目一、二期建成后，省环境监测中心站分别对其进行竣工环保验收，本次类比数据以该项目一、二期的竣工环保验收监测报告为基础简述如下：

① 废气污染源。氨纶生产车间基本上处于密闭和微负压条件，生产车间包括聚合车间和纺丝车间内的各类设施均以空调的排气方式在车间大楼的屋顶风机排气口排出，主要包括聚合风机、纺丝风机、组件清洗风机和甬道间风机。根据二期项目的废气监测污染源结果及汇总表（略），6 000 t/a 氨纶生产过程的聚合纺丝车间废气排放量为 MDI 0.074 t/a，DMAC 24.08 t/a，精制装置区 DMAC 的排放量为 1.17 t/a，二甲胺的排放量为 0.222 t/a。折算成氨纶产品的废气排放量为 MDI 0.012 kg/t，聚合纺丝车间 DMAC 为 4.013 kg/t，精制装置 DMAC 为 0.195 kg/t，二甲胺 0.019 kg/t。

② 废水污染源。氨纶生产过程的废水污染源主要有纺丝过程的脱泡真空系统排水、组件清洗废水、DMAC 精制塔顶废水、水环泵废水、车间地面冲洗废水、垫定型废水、纯水制备废水和员工生活污水等，其中塔顶废水、组件清洗废水和水环泵废水的污染物浓度较高，但水量较小，真空脱泡废水的水量较大，但污染物浓度较低。6 000 t/a 氨纶废水排放量为 90 m³/d。

③ 固废物。6 000 t/a 氨纶项目的固废产生量及处置情况见表 2-5-12。

表 2-5-12　固废产生量及处置

固废名称	产生量/（t/a)	处置方式
残 液	200	委托处置
残 渣	90	焚烧
废 丝	90	综合利用
废纸箱等	10	回收利用、出售
污 泥	6	焚烧
煤 渣	3 600	综合利用
生活垃圾	30	市政环卫部门

④ 噪声。主要噪声设备的监测结果见表 2-5-13。

表 2-5-13　主要设备的监测结果

序号	声源设备名称	声源时间特性	L_{eq}/dB
1	冷冻机	连续	101.6
2	屋顶风机	连续	95.2
3	制氮装置	连续	90.2
4	空压机	连续	97.1
5	冷媒循环水泵	连续	93.1
6	空 调	间隙	95.0
7	离心风机	连续	96.4
8	污水站泵房	连续	100.8

（5）物料平衡和水平衡

① 总物平衡。根据同类企业的类比调查成果和本项目技术提供方的有关技术参数，4 500 t/a 差别化氨纶生产的总物料平衡见表 2-5-14。

表 2-5-14　4 500 t/a 差别化氨纶生产的物料平衡

投　料　量			产　出　量			
物料名称	单耗/（kg/t)	年消耗量/（t/a)	物料名称		产生量/（kg/t)	年产生量/（t/a)
PTMG	783.3	3 524	氨纶		1 000	4 500
MDI	176.8	795.6	回收 DMAC		1 905	8 572.5
DMAC	1 950	8 775	废气中	DMAC	4.294	19.323
链增长剂	18.4	82.8		MDI	0.012	0.054
				二甲胺	0.037	0.167
添加剂	33.2	149.4		油烟气	2.517	11.326
油剂	55	247.5	废水中（DMAC、聚合物等）		50.78	228.51
—			精制残液		19.8	89.1
—			过滤渣		13.68	61.56
—			组件清洗残渣		0.78	3.51
—			废丝		19.8	89.1
合计	3 016.7	13 575.15	合计		3 016.17	13 575.15

② DMAC 平衡。氨纶生产过程的 DMAC 平衡见图 2-5-4。氨纶生产中 DMAC 的单耗为 45 kg/t 产品，其中以废气形式排放量为 4.294 kg，分解成气态二甲胺 0.037 kg，在废水中排放 7.589 kg，在固废中流失 24.08 kg，产品带走 9 kg，DMAC 的回收率为 97.7%。

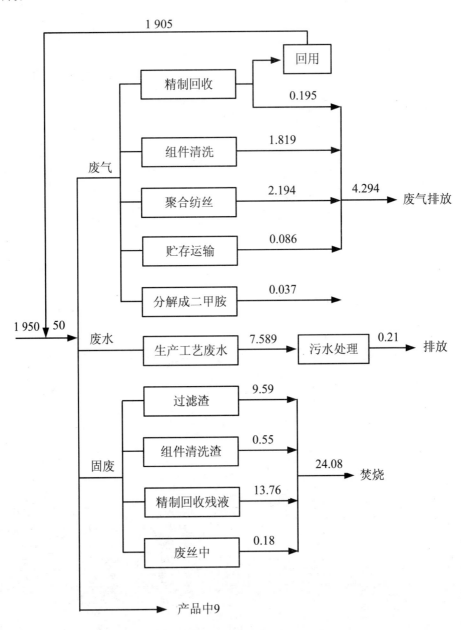

图 2-5-4　DMAC 物料平衡示意图（单位：kg/t 产品）

③ 水平衡。4500t/a 氨纶项目的水平衡见图 2-5-5。每吨氨纶的新鲜水消耗量为 29.5t，废水产生量 25.8t，工艺用水回用率 80.3%。

根据氨纶企业的调查和工艺要求，污水处理达标后主要回用于纺丝喷射泵用水和 DMAC 精制水环泵用水，水质要求为 pH 6～9，COD≤100mg/L，NH₃-N≤15mg/L。

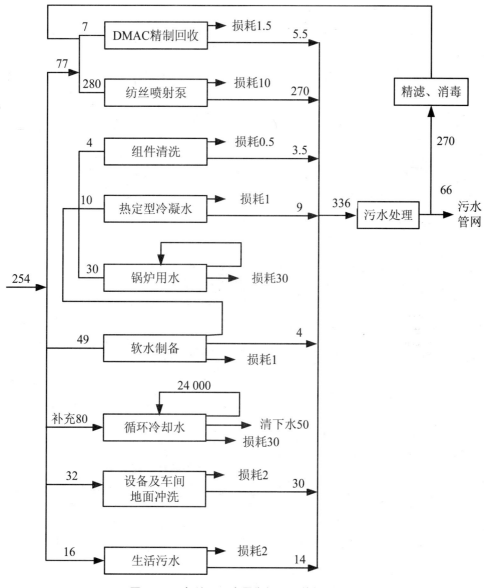

图 2-5-5 氨纶项目水平衡框图（单位：t/d）

（6）污染源强分析与汇总

①废气污染物。聚合、纺丝和组件清洗工序的废气排放量分析，采用类比调查的方式，以本省某氨纶生产企业二期6 000 t/a差别化氨纶生产线的竣工环境保护监测作为类比的依据。DMAC精制装置的废气排放量也参照该企业的数据，贮罐DMAC排放量根据经验公式估算（略）。

根据DMAC储罐的设计参数，DMAC的大小呼吸气排放量为0.387 t/a。4 500 t/a差别化氨纶的废气污染物排放量及排放特征见表2-5-15。

表2-5-15　废气污染物的排放量及排放特征

污染物	DMAC			MDI	二甲胺
排放部位	氨纶车间屋顶（聚合、纺丝、组件）	精制装置	贮　　运	氨纶车间屋顶（聚合）	精制装置
排放量/（t/a）	18.059	0.878	0.387	0.054	0.167
排放特征	有组织、连续	无组织、连续	无组织、连续	有组织、连续	无组织、连续

②废水污染物。氨纶项目的废水主要有纺丝喷射泵废水、组件清洗废水、DMAC精制水环泵废水和热定型冷凝水、车间设备冲洗废水等，各股废水的水质水量分析见表2-5-16。本项目废水经厂内预处理达三级标准后排入工业园区污水处理厂，经处理达一级标准后排放，厂界排放量和环境排放量见表2-5-17。

表2-5-16　本项目废水污染源强分析

废水来源	水量/（t/d）	COD浓度/（mg/L）	COD总量/（kg/d）
精制废水	5.5	5 000	27.5
组件清洗	3.5	10 100	35.35
纺丝喷射泵	270	200	54
设备、车间地面冲洗	30	500	15
其他废水	13	200	2.6
生活污水	14	350	4.9
合　计	336	415	139.35

表2-5-17　本项目废水污染源排放量

废水污染物	产生量	厂界排放量	外环境排放量	削减量
水量/（万t/a）	11.088	2.178	2.178	8.91
COD/（t/a）	45.986	10.89	1.089	44.897
NH_3-N/（t/a）	3.881	0.762	0.109	3.772

③ 固废（略）。

④ 公用工程污染源分析。

1）燃煤烟气：350万大卡/h热煤炉和4t/h蒸汽锅炉，预计年耗煤量13 000t，按该地区商品煤含硫率0.8%，燃煤烟气采用双碱法旋流板塔脱硫除尘装置，除尘率96%，脱硫率75%，燃煤烟废气的产生量和处理后的排放量见表2-5-18。

表2-5-18　燃煤废气产生量和排放量

污染物	产生量	排放量	去除率
SO_2/（t/a）	166.4	41.6	75%
烟尘/（t/a）	560	22.4	96%

2）食堂油烟（略）。

（7）污染物排放量汇总（略）

三、清洁生产水平分析

根据国家环境保护总局2007年8月发布的环境保护行业标准《清洁生产标准—化纤行业（氨纶）》（HJ/T 359—2007）。该标准把清洁生产水平分为三级，一级为国际清洁生产先进水平，二级为国内清洁生产先进水平，三级为国内清洁生产基本水平，氨纶项目清洁生产指标见表2-5-19。

表2-5-19　氨纶项目清洁生产指标

清洁生产指标等级	一级	二级	三级	本项目指标	本项目等级
一、生产工艺与装备要求					
1.原料贮存	有机物料贮藏在密封的容器中；易被氧化的物质用氮气保护；使用清洁能源	有机物料贮藏在密封的容器中；易被氧化的物质用氮气保护	有机物料基本贮藏在密封的容器中；易被氧化的物质用氮气保护	有机物料密封贮存，易被氧化物质用氮气保护	二级
2.原料准备	全部使用散装MDI/散装PTMG/散装DMAC	使用散装MDI/散装PTMG/散装DMAC或MF达到50%	使用散装MDI/散装PTMG/散装DMAC或DMF达到30%	PTMG和DMAC采用散装	二级
3.聚合	使用变频电机控制；利用液位差输送原料；放空总管上加装水喷淋等装置以回收DMAC	使用变频电机控制；放空总管上加装水喷淋等装置以回收DMF或DMAC	采用合适的电机	使用变频电机，放空总管上加装水喷淋回收DMAC	二级

清洁生产指标等级	一级	二级	三级	本项目指标	本项目等级
4.废液贮运	密封贮运精制废液、废渣,通过管道直接打入DMAC精制贮槽	密封贮运精制废液、废渣,通过管道直接打入DMAC精制贮槽	密封贮运精制废液、废渣,手工加入DMF或DMAC精制贮槽	密封贮运废液废渣,通过管道直接打入DMAC精制贮槽	一级
5.自动控制	聚合、纺丝、精制、后处理及辅助系统全部采用精度、可靠性、扩展灵活性较高的集散控制系统(DCS)以及有精制残液固化装置	大部分采用了集散控制系统(DCS)和溶剂回收的节能设备	大部分采用了集散控制系统(DCS)和溶剂回收的节能设备	采用集散控制系统(DCS)和溶剂回收的节能设备	二级
6.公用工程(电源、供热设施、冷却装置、空调等)节能要求	全部采用新型节能配电压器,先进节电、节能新技术、新设备和新材料	大部分采用新型节能配电压器,先进节电、节能新技术、新设备和新材料	采用较先进的节能设备	全部采用新型节能新技术、新设备、新材料	一级
7.事故性泄漏防范装置	具备消防自动报警、自动喷淋、消防水收集系统			消防自动报警、自动喷淋、消防水收集系统	一级
二、资源能源利用指标					
1.原辅材料的选择	在保证质量的前提下,优先使用安全性、健康型、环保型的物质,并且其生产过程对生态环境和人体健康无明显影响,可循环利用和再生性较好的溶剂DMAC	在保证质量的前提下,优先使用安全性、健康型、环保型的物质,并且其生产过程对生态环境和人体健康无明显影响,可循环利用和再生性较好的溶剂DMAC或DMF	在保证质量的前提下,优先使用安全性、健康型、环保型的物质,并且其生产过程对生态环境和人体健康无明显影响,可循环利用和再生性较好,溶剂使用量不超过设计量	在保证质量的前提下,优先使用安全性、健康型、环保型的物质,并且其生产过程对生态环境和人体健康无明显影响,可循环利用和再生性较好的溶剂DMAC	一级
2.原辅材料的利用率/%	≥90	≥85	≥80	96.3	一级
3.原辅料消耗量:下机氨纶丝总消耗/(kg/t)	≤1100	≤1200	≤1250	1111.7	二级
4.耗新鲜水量/(t/t)	≤40	≤60	≤110	19	一级
5.能(电/煤/油/气)耗(t标煤/万元产值)	≤0.5	≤1.0	≤1.2	≤1.0	二级

清洁生产指标等级	一级	二级	三级	本项目指标	本项目等级
三、产品指标					
1.包装	氨纶丝包装采用有利于回收再利用的纸箱				二级
2.产品合格率/%	≥99.0	≥98.0	≥96.0		二级
四、污染物产生指标（末端处理前）					
1.废水　废水产生量/（t/t）	≤15	≤35	≤70	24.7	二级
1.废水　COD_{Cr}产生量/（kg/t）	≤6.0	≤28	≤140	12.4	二级
1.废水　DMF或DMAC产生量/（kg/t）	DMAC≤4	DMF≤11 DMAC≤8	DMF≤11 DMAC≤8	4.3	二级
2.废气　DMF或DMAC产生量/（kg/t）	DMAC≤4	DMF≤11 DMAC≤8	DMF≤11 DMAC≤8	4.3	二级
2.废气　SO_2/（kg/t）	≤12	≤20	≤30	29.5	三级
2.废气　烟尘/（kg/t）	≤2	≤3	≤5	4.69	三级
3.固体废物　废丝/（kg/t）	≤10	≤20	≤25	19.8	二级
3.固体废物　废液/（kg/t）	≤15	≤20	≤40	19.8	二级
3.固体废物　废渣/（kg/t）	≤8	≤15	≤20	14.4	二级
五、废物回收利用指标					
1.溶剂回收率/%	≥99	≥95	≥90	97.7	二级
2.工艺用水回用率/%	≥85	≥80	≥75	81	二级
3.固体废物处置途径　废液/废渣	80%以上的废物回收利用，其他按国家有关危险废物管理规定，委托有资质的单位进行处理，防止了二次污染	定量利用，或按国家有关危险废物管理规定，委托有资质的单位进行处理，防止了二次污染	按国家有关危险废物管理规定，委托有资质的单位进行处理，不得随意外排	定量利用，或按国家有关危险废物管理规定，委托有资质的单位进行处理，防止了二次污染	二级
3.固体废物处置途径　废丝	全部回收利用			全部回收利用	二级

对照本项目的具体指标，本项目的主要指标处于二级水平，部分指标到达一级水平，总体上来说，该公司清洁生产水平处于二级国内先进水平。

四、污染防治对策（略）

五、评价结论

（1）产业政策的符合性。根据国家发改委令第 40 号《产业结构调整指导目录（2005 年本）》，鼓励类十七纺织第 3 项"各种差别化、功能化化学纤维、高技术纤维生产"，本次建设项目差别化氨纶属于产业政策中的鼓励类项目，因此符合产业政策。

（2）规划的符合性。根据生态环境功能区划，本项目拟建区域属于重点准入区，因此符合生态环境功能区划，拟建地块又位于工业园区，是当地今后工业发展的重点区域，因此符合城镇总体规划。但是根据工业区控制性规划，拟建地块为一类工业用地，显然本项目不是属于一类工业而是三类工业，因此，规划建设部门应对该地块的性质进行规划调整。

（3）清洁生产原则的符合性。本项目的清洁生产主要指标达到《清洁生产标准—化学纤维氨纶》中的一级或二级标准，符合清洁生产的原则。

（4）污染物达标排放原则的符合性。氨纶项目的特征污染物 DMAC 可以做到达标排放，锅炉烟气采用双碱法脱硫除尘处理后也可以达标排放，废水经厂内预处理达标后排入天子湖工业园区污水处理厂，经分析可以稳定达标。因此本项目符合污染物达标排放的原则。

（5）维持环境质量原则的符合性。本项目生产过程产生的污染物经处理后可以做到达标排放，废气排入不含对周围环境产生明显的影响，废水经厂内处理达标后排入天子湖工业园区污水处理厂，对纳污水体也不会产生明显影响，因此本项目的建设符合维持当地环境质量的原则。

（6）总量控制原则的符合性。本项目所需的污染物排放总量由县环保局在县域内调剂解决，因此符合总量控制的原则。

（7）公众参与原则的符合性。根据公众调查和公示结果，项目周围的公众个人和团体均表示支持本项目的建设，因此符合公众参与的原则。

（8）环境风险原则的符合性。根据分析，本项目没有重大危险源，生产过程的环境风险均可以得到有效的防范和控制，本项目的环境风险相对较小。

（9）综合结论。该项目符合国家的产业政策，建设地块符合城市总体规划和用地规划，建设项目采用先进的生产工艺和设备，符合清洁生产的原则，所产生的污染物经处理后可以做到达标排放，不会对周围环境产生明显影响，本项目的总量指标可以得到落实，公众调查表明项目周围公众支持本项目的建设，因此就环保角度而言，在用地规划调整的前提下，本项目在拟建地块建设是可行的。

六、案例点评

1. 案例特点

（1）该案例采用类比同类生产装置的方法来确定拟建项目污染源强，类比监测调查内容比较丰富，并结合总物料平衡、水平衡、DMAC 平衡对污染源强进行校核，使源强的确定依据比较充分。

（2）较为细致地调查了类比对象的排污情况，为确定新建项目污染源强奠定了基础。

（3）详细解释了 DMAC 环境标准和排放标准的确定过程和依据，确定的标准值具有一定的合理性。

2. 案例需要完善的地方

（1）政策符合性分析不够深入细致，应收集行业相关环保政策和产业政策进行符合性分析。

（2）辅助工序（如生产工艺描述）不够详细。

（3）由于未采取集中供热，因此 SO_2 和烟尘的清洁生产水平仅达到三级，对此应提出集中供热清洁生产建议。

第六章　黏胶纤维

第一节　概述

一、性能

黏胶纤维是以棉短绒或木纤维作为基本原料，经纤维素黄酸酯溶液纺制而成的。黏胶纤维所制成的服饰，具有手感好、颜色鲜艳、价格相对低廉的特点，是源于天然而优于天然的再生纤维素纤维，是纺织工业原料的重要材料之一。

棉短绒是残留在棉籽壳内无法用于纺丝的短绒，将棉籽经过粉碎等工艺后使棉籽壳与短绒分离，可使棉籽中的棉纤维得到充分利用。

另一类是以木材作为原料，对于用做黏胶纤维原料的木纤维的要求不高，因此采用海南、云南等热带、亚热带地区的速生木材即可，北方松树等也是原料来源。

棉纤维或木纤维主要成分是纤维素，纤维素基环含有三个羟基，其中两个是仲羟基（在第二和第三个碳原子上），另一个是伯羟基（在第六个碳原子上）。仲羟基，特别是第二个碳原子上的羟基呈现出有明显的离解度的酸性性质。因此在一定程度上，可把纤维素看作为酸性很弱的多缩酸。但是由于它的存在而表现出耐热性和热稳定性等基本性质有所提高。

所有这三个羟基尽管也存在某些差别，但都具备这些基团特有的反应能力，尤其在生成简单的酯类（甲基纤维素、乙基纤维素、羟甲基纤维素）和复杂的酯类（纤维素醋酸酯、纤维素硝酸酯）方面。纤维素的羟基还具有生成二硫化碳酸的酸式酯，即纤维素黄酸酯的能力，这是采用黏胶法生产化学纤维的依据。

黏胶纤维具有一系列良好的物理机械性能和符合卫生要求的性质。黏胶纤维最大的特点是与天然纤维棉的某些性质极为相似，如吸湿性好、容易染色、抗静电、易于纺织加工、制成的织物花色鲜艳、穿着舒适，尤其适合在气候炎热的地区穿着。它的纤度和长度，可以按照用途的要求而调节，这一点又优于棉纤维。与合成纤维混纺方面，黏胶纤维也优于棉纤维。

二、用途

黏胶纤维不仅可以在数量上补充天然纤维的不足，而且在质量的某些方面也优于天然纤维和合成纤维。它不仅可以作为衣着用料，丰富纺织品的花色品种，而且在工业、农业、国防和科学研究等方面都有广泛的用途。

1. 民用方面

黏胶纤维在民用方面主要是利用它的吸湿性好、容易染色、抗静电，易于纺织加工等特性。可以纯纺，也可以与棉、毛、麻、丝及各种纤维混纺或交织。普通黏胶短纤维的各种织物质地细密柔软，手感光滑，透气性好，穿着舒适，染色或印花后色泽鲜艳，色牢度好，宜于做内衣、外衣及各种装饰织物。此外，普通黏胶短纤维还广泛用于非织造织物。普通黏胶长丝织物的质地轻薄、光滑、柔软，能染成鲜艳的色彩。除了适用于医疗外，还广泛地用作被面和装饰织物。

普通黏胶纤维织物的缺陷是牢度较差，特别是下水后膨胀发硬，经不起刚烈揉搓，织物的缩水率高，弹性和耐磨性较差，服装穿着后易于变形。近年来发展的高湿模量黏胶纤维具有高强度、低伸度、高湿模量和耐碱性等特点，克服了普通黏胶纤维的缺陷。它的织物在坚牢度、耐水洗性、抗皱性和形态稳定性等方面更接近于优质棉，能赋予织物美观大方的品质和多彩的风格，是一种优良的纺织原料。高卷曲、高湿模量黏胶纤维具有良好的覆盖力、好的手感、好的膨松性以及好的纺织加工性能。

变性的黏胶纤维具有多种纺织用途。和聚丙烯腈或聚乙烯醇复合的黏胶纤维，具有毛一样的手感和膨体特性，适于制造西服、毛毯、地毯和铺饰织物。具有扁平形状和粗糙手感的"稻草丝"和空心纤维，有比重小、覆盖力大等特性，适于编织女帽、提包及各种装饰用具。

2. 工业和医疗方面

黏胶纤维在工业方面的应用，主要是利用它具有强度高、耐热性能好和能够进行化学改性等特性。黏胶帘子线的强度高，受热后强度损失小，价格低廉，在轮胎工业中占有重要地位。新型的高强度、高模量黏胶帘子线，特别适用于制造辐射状结构的轮胎，这种轮胎具有寿命长、安全、平稳、适应性强等特点；强力黏胶纤维还用于制造绳索、运输带及各种工业用织物，如帆布、塑料涂层织物等。

与丙烯酸接枝的黏胶纤维具有很高的离子交换能力，可用于从废液中回收贵重金属如金、银和汞等。

用疏水性或疏油性乳液浸透处理过的黏胶纤维或其织物，具有良好的疏水性或疏油性，在工业部门中被用来制造工作服和防护织物及帐篷、船帆等。

含有各种阻燃剂的黏胶纤维，具有良好的阻燃效果，可在高温和防火的工业部门中应用。

用黏胶纤维制成的止血纤维、纱布、绷带及医用床单、被服等，在医疗卫生部门有着广泛的用途。

3. 其他方面

黏胶纤维在国防和科研等部门主要是用来制造具有特殊性能的新型纤维。

黏胶纤维在 3 000℃下碳化处理，制得碳素纤维，具有高强度和极高的模量，它与环氧树脂等造成的复合材料，可用于代替高性能喷气式飞机和空间技术中所用的大部分金属。

由黏胶与硅酸钠共纺的原丝，经特殊处理制得的陶瓷纤维，作为耐高温酚醛树脂的增强材料，可用于液体推进火箭马达、喷气机喷嘴和空间重返大气层装置的防热罩等。

三、国内外企业生产黏胶纤维的情况

黏胶纤维是一类历史悠久、技术成熟、产量巨大、品种繁多、用途广泛的化学纤维。黏胶纤维仅迟于纤维素硝酸酯纤维，是最古老的化学纤维品种之一。在 1891 年，克罗斯（Cross）、贝文（Bevan）和比德尔（Beadle）等首先制成纤维素黄酸钠溶液，由于这种溶液的黏度大，因此命名为"黏胶"。黏胶遇酸后，纤维素又重新析出。根据这一原理，在 1893 年发展出一种制备化学纤维的方法，由这种方法制成的纤维叫"黏胶纤维"。到 1905 年，米勒尔（Muller）等发明了一种稀硫酸和硫酸盐组成的凝固浴，实现了黏胶纤维的工业化生产。

几十年来，黏胶纤维生产不断发展和完善。在 20 世纪 30 年代末期，出现了强力黏胶纤维；50 年代初期，高性能（高湿模量）类黏胶纤维实现工业化；到了 60 年代初期，黏胶纤维的发展达到了高峰，其产量达到化学纤维总产量的 80%以上。从 60 年代中期起，除高性能纤维外，它的发展已趋平稳，到 1968 年，其产量开始落后于合成纤维。在黏胶纤维中短纤维的产量约占 2/3，其余 1/3 是黏胶长丝和强力丝。

在我国，黏胶纤维工业是个新兴的工业部门。新中国成立前，只有两个规模很小、设备残缺的小厂，技术力量十分薄弱。新中国成立后，黏胶纤维工业得到迅速发展。根据中国纺织工业协会统计中心的统计，2002 年黏胶纤维的产量为 68.21 万 t，同比增长 12.08%。2005—2006 年又建设了几个大黏胶厂。

目前我国黏胶行业已经形成了拥有自主的技术和相当的产能，在世界上也占较重要地位，它的产生与发展在纺织工业发展历程中有着重要的意义。

国家鼓励能够替代有毒且易燃的二硫化碳的新工艺（例如甲基吗啉）。目前低污染黏胶生产工艺已经开发，作为"十二五"时期的重点项目，正积极推行之中，但由于大规模工业性生产尚在试验之中，本书暂不涉及，在环评中如果遇到，对新工艺分析应给予特别注意。

第二节 工程分析

黏胶纤维的原料和成品，其化学组成都是纤维素，仅仅是形态、结构以及物理机械性质发生了变化。黏胶纤维的生产，首先将不可纺的棉短绒（或木纤维）制成浆粕；通过化学的和机械的方法，将浆粕中很短的纤维制成各种形态（连续的或短段的、粗的或细的、圆的或扁的）并具有所要求的品质、适合各种用途的纤维成品。浆粕生产过程与造纸浆粕基本一致，只是纺丝的要求更高。目前多数浆粕生产和黏胶生产不在同一工厂。黏胶长丝和黏胶短丝虽仅在纺丝部分有差异，但产生污染量相差很大，应予分别考虑。

浆粕的生产工艺流程图见图 2-6-1，黏胶长丝的生产工艺流程图见图 2-6-2，黏胶短丝的生产工艺流程图见图 2-6-3。

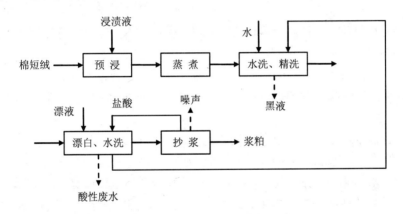

图 2-6-1 浆粕生产工艺流程图

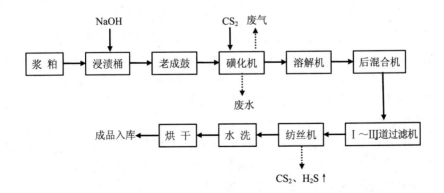

图 2-6-2 黏胶长丝生产工艺流程图

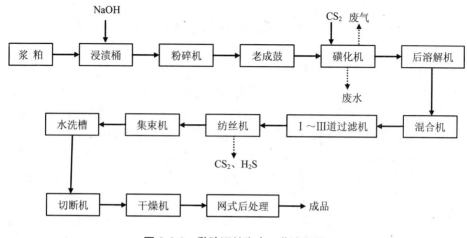

图 2-6-3　黏胶短丝生产工艺流程图

各种黏胶纤维，不论采用何种浆粕原料和生产设备，其生产的基本过程都是相似的，都必须经过下列四个过程：

（1）黏胶的制备：包括浆粕的制备、碱纤维素的制备、纤维素磺酸酯的制备及溶解等。纤维素磺酸酯的制备是将碱纤维素与二硫化碳进行磺化反应生成黏胶原液，然后纺丝。

（2）黏胶的纺前准备：包括黏胶的混合、过滤和脱泡等。

（3）纤维的成形：黏胶经过计量和纺前过滤后，通过喷丝孔，形成多根黏胶细流，进入凝固浴而固化成丝条，其后丝条经过塑化拉伸和受丝卷取等。黏胶原液通过喷丝头细孔成丝束，在凝固液中再生为纤维（可纺性），同时释放出二硫化碳，部分转化为硫化氢及硫，凝固液由硫酸、硫酸钠和硫酸锌按一定比例配制而成。从短丝二浴可回收 40%～50%的二硫化碳。

（4）纤维的后处理：包括纤维的水洗、脱硫、漂白、酸洗上油、干燥等。黏胶长丝还要进行加捻、络丝、分级、包装等加工；黏胶短丝则需经切断打包等。

由此可见，黏胶纤维的生产过程主要分为两步：一是将棉短绒或木纤维制成浆粕；二是将浆粕制成黏胶纤维。由于第一步，浆粕的制备与造纸工艺基本相同，只是黏胶的浆粕最后要纺丝，其技术要求比造纸的要求高，关于浆粕生产工艺过程在此不做介绍。

在黏胶纤维的原辅材料中，二硫化碳（CS_2）是燃点较低的易燃易爆的危险品，另一反应副产物 H_2S 也是有毒气体。所以黏胶纤维生产工艺的关键在于对磺化过程中加入的二硫化碳的回收利用以及产生的 CS_2 和 H_2S 的处理。

表 2-6-1 国外五家公司工艺技术比较

公司名称	特点
瑞士 毛雷尔	间歇式批量浸渍、夹网压榨；卧式老成鼓，干法磺化，KKF 自动网过滤，完整的 CS_2 回收系统
奥地利 兰精	一次高压压榨、五层输送带式的皮带老成；干法磺化，KKF 自动网过滤，有 CS_2 回收装置，湿浆浸渍，KKF 滤机专利所有权单位
美国 康泰司	C、B、X 是先进的连续带式磺化机，生产效率高、生产条件严格，必须保证高度连续化，不允许中断生产，黏胶过滤采用板框式自动反洗压滤机，头道黏胶回收，二、三道黏胶不反洗回收。CS_2 回收系统不完整。控制系统先进，并有湿浆浸渍技术
意大利 斯尼亚	浸压粉机、老成机基本上与美国康泰司相似，具有特色的是芬达式过滤机，效率较高，二道过滤用板框式压滤机，完整的 CS_2 回收系统
印度 格拉西姆	黏胶生产技术水平中等，具有特色的格拉西姆式连续过滤，CS_2 回收系统不完整，有 100%桉木浆原料生产短纤维经验

需要说明，以上是工艺技术，目前这些技术已经有很大改进，并且我国均能自己生产设备。

浆粕生产过程产生的污染与造纸工业基本相同，但纺丝用浆粕要求比造纸高，主要污染物是黑液。具体处理措施见造纸行业环境影响评价。这里需要强调的是：以木材为原料的木浆粕，其黑液热值较高，约为 3 700 大卡；而以棉短绒为原料的棉浆黑液，其热值仅 2 600 大卡，在黏胶生产中棉浆是主要原料，在黑液碱回收处理中，年产 4 万 t 浆粕，能量难以平衡，这一点与木浆粕不同。

黏胶纤维生产经历复杂的多段反应过程，需用大量的化工原料。有纤维素、二硫化碳、烧碱、硫酸、硫酸锌、硫酸钠、油剂、表面活性剂及其他试剂等。每生产 1t 黏胶纤维，通常需用化工料 3.5t。除纤维素及部分油剂进入产品外，其余的化工料最后都以"三废"的形式排放，严重污染环境，影响工农业生产，危害人体健康。

特别是在黏胶纤维的生产过程中作为磺化剂的二硫化碳，其纯品是一种无色、有折光、易挥发无异臭的液体。二硫化碳极易燃烧，几乎不溶于水，溶于苛性碱和硫化碱，能与乙醇、醚、苯、氯仿、四氯化碳、油脂以任何比例混溶，其腐蚀性强，且具有毒性，对人体的影响较大，属于危险品。因此黏胶生产企业不仅需要进行环境影响评价，还必须进行风险评价。

解决黏胶生产中的"三废"问题，是关系到黏胶纤维工业本身的生存和发展的重要问题。黏胶纤维生产中的"三废"种类及成分如下所述。

一、废气

黏胶纤维生产的每一工艺过程，几乎都有废气产生。据估计，每生产 1t 黏胶长丝，排放硫化物 324kg 左右；每生产 1t 黏胶短丝，排放硫化物 175kg 左右。排放的

硫化物以 CS_2 为主,还含有少量 H_2S。其车间风量每小时约为十几万到几十万立方米,每立方米气体中含有的硫化物约十几毫克,主要是硫化氢、二硫化碳,还有少量二氧化硫、甲硫醇等。CS_2 对人体有毒性,H_2S 具有臭鸡蛋味,对人体具有强烈刺激性和毒性。甲硫醇是一种重气味化合物,黏胶纤维厂的臭味大多由它造成。废气通过 80~120 m 排气塔排放。

二、废水

黏胶纤维是产生污染比较大的一种产品。废水有两股:原液生产过程中产生的碱性废水和纺丝过程中产生的酸性废水,两股废水混合后为酸性,同时废水中还含锌、硫化物,处理有一定难度。废气含有硫化氢、二硫化碳,有恶臭,国内废气处理实际效果不理想、稳定达标的不多,所以新建项目应对废气治理部分予以关注。

生产 1t 黏胶纤维,长丝和短丝排放废水量相差很大。短丝一般排水 230t,约产生 172t 废水和 56t 清下水,而长丝一般排水 600t,约产生 370t 废水和 190t 清下水。实际浓度根据工艺和操作会有所变化,近年我国节水技术发展迅速,已有许多实例,废水产生量远低于上述数据,环评时应该调查核实。废水按其成分和性质,可分为碱性废水、酸性废水和中性废水。

(1)碱性废水含有烧碱、低聚合度纤维素、半纤维素、硫化物及各种变性剂等,且化学需氧量(COD 负荷)也较高。来源于:

原液工段:碱回收、沉淀废碱液、滤布、废胶槽以及机械或地面的洗涤水。

纺丝工段:换滤器及喷头时黏胶落入的水;滤器、喷头的洗涤水。

后处理工段:脱硫的废碱液及其洗涤水。

(2)酸性废水含有 H_2SO_4、Na_2SO_4、$ZnSO_4$、H_2S、CS_2、痕量硫黄及其他硫化物、油剂及表面活性剂等。来源于:

纺丝工段:离心纺丝的去酸水、强力丝纺丝的二浴废水、短纤维集束拉伸浴(二浴)废水、纺丝机的洗涤水等。

酸站:酸浴过滤器、蒸发器、结晶器、储酸槽等的污水及洗涤水。

后处理工段:酸洗废水。

(3)中性废水来源于:

酸站:蒸发器、结晶器的冷凝器和冷冻站排出水(洁净水)。

后处理工段:上油废水。

黏胶纤维废水中含有多种有毒害性物质,其中锌的危害性最大,在浓度为 10 mg/L 的情况下,被试验的许多种淡水植物表现出中毒症状。低浓度的锌对供幼鱼食用的浮游生物有强烈毒害性。其次是废水中硫化物对鱼类的危害。硫化物的浓度在 10~25 mg/L 范围内,对很多种淡水鱼类都是致命的。

三、废渣

黏胶纤维生产中的废渣主要有废丝、污泥和废煤渣等。

（1）废丝：黏胶纤维废丝包括酸性废丝（来源于纺丝工段、短纤的集束拉伸工段）、中性的湿废丝（来源于后处理工段）和干的废丝（来源于干燥工段、长丝和强力丝的纺织加工各工段和分析、检验室）。

（2）污泥：黏胶纤维厂污泥主要来源于污水处理厂（一级沉淀池和二级沉淀池等）和各车间内外下水道。污泥中含有大量微细纤维，中和沉淀的 $Ca(OH)_2$、$Zn(OH)_2$、痕量硫黄、多硫化物如 H_2S、CS_2 等，此外，根据废水处理方法不同，沉淀物中还可能含有其他一些有机或无机化合物。

（3）废煤渣：主要来自锅炉房的煤渣。

第三节　环境影响识别与评价因子的筛选

一、环境影响识别

环境影响识别包括：建设期、运行期和服务期满以后的环境影响识别。一般黏胶项目仅考虑建设期、运行期的环境影响识别。

影响因素包括对水环境、空气环境和声环境等方面。

建设期：对环境产生影响的人为活动主要包括：土地平整、土方挖掘、基础处理、建筑施工、建材运输、生产设备、公用设备的安装调试等，主要考虑噪声、振动、废气、废水、固体废物等因素。

运行期：黏胶企业项目影响环境的因素主要是废水、废气、固体废物和机械设备的噪声及其对周边影响。在环境影响识别过程中首先要做好工程分析，详细列出工程项目的工艺、生产设备、公用及动力设备，做好物料平衡、水平衡和能源平衡。

一般需要将施工期、运行期的各种开发活动对资源、自然环境、生态环境、社会环境（包括人体健康的影响）列一张环境影响识别表，表征其对环境产生正影响、负影响；长期影响、短期影响以及影响的大小。

二、污染因子确定与评价因子筛选

1. 污染因子确定

废水主要污染因子为：现状评价主要考虑受纳水体，一般考虑 COD、BOD_5、

NH_3-N、总磷、pH、SS 和高锰酸盐指数等，影响评价则主要选择 COD、BOD_5 和特征因子 Zn^{2+}、S^{2+}等，也有少量二硫化碳。由于二硫化碳微溶于水，而沉积于水沟底部，如因故表层无水，二硫化碳遇火可能爆炸，风险评价时应予以注意。

废气主要特征污染因子是二硫化碳、硫化氢等恶臭气体，通常均有锅炉，所以评价因子包括：SO_2、NO_x、PM_{10} 等。

固体废物主要包括废丝等，一般均能回收；另外回收硫酸钠纯度等原因，一般也有些问题。

设备的噪声。

2. 评价因子筛选

评价因子筛选主要根据染整生产特点进行。

水环境影响因子，对现状评价一般可选择 COD、BOD_5、NH_3-N、总磷、pH、SS 和高锰酸盐指数等；而影响评价因子，除了以上因子外，还需考虑特征因子色度等。

空气环境评价因子，锅炉废气选择 SO_2、NO_x、PM_{10} 等特征污染因子是二硫化碳、硫化氢等恶臭气体。

固体废物是工程情况予以考虑。

声环境现状和影响评价因子采用连续等效 A 声级。

第四节　污染防治措施

黏胶纤维"三废"治理的原则，大致可归纳为以下几方面：

一、废水治理

从目前我国情况看，废水治理基本能够达标，关键是掌握好加药混凝、生化处理。其难点在于加碱沉淀锌时实验室掌握在 2 mg/L 是可以的，但工程上有些困难，一般 5mg/L，取决于运行水平。治理可注意以下几方面：

浓淡分流，清浊分流。按系统将废水或废气分为清浊、浓淡不同部分，按不同方法进行回收、处理或排放，以减少处理设备的负荷。

如将含锌高的集束二浴废水或离心纺丝去酸水与其他酸性废水分开以回收锌及处理；将 H_2S、CS_2 含量高的塑化拉伸机、纺丝机、磺化机等部位的排气与其他部位的排气分开处理。

根据本厂本地区工业"三废"排放情况，进行合并处理，达到以废治废的目的。例如利用酸性废水中和碱性废水；用煤灰渣堆吸收与净化废水；以制浆厂废碱黑液或电石厂的电石渣中和黏胶纤维厂的酸性废水。

综合利用，变废为利。在治理"三废"，解决环境污染的前提下，尽可能考虑结合平衡，从"三废"中回收有用物质或制造出有利用价值的产物，以获得较好的经济效益。如从废气中回收硫黄，从废水中回收锌，从蒸煮棉浆黑液中回收碱或利用黑液制胡敏酸铵肥料，利用黏胶废丝制造充填材料或复合材料的增强材料等。

二、减少和消除黏胶纤维"三废"的途径

解决黏胶纤维生产中"三废"的污染问题，最根本的途径是减少或消除污染源。主要是：

（1）采用新工艺以降低 CS_2 的用量。目前制造黏胶方面可采用的新工艺有二次浸渍法、连续磺化法和低温磺化法等。

（2）建立强化的循环密闭生产系统。加强水、CS_2、碱液、酸浴的循环回用，并在使用和循环过程中加强密闭，最大限度减少污染。如采用碱纤维素的连续磺化、黏胶连续过滤及反洗，连续纺丝、酸浴的连续过滤及反洗，酸浴的闪蒸及连续结晶等。在生产过程中加强设备及管道的密闭，加强操作或维修管理，防止 CS_2、碱液、黏胶、酸浴、废水及废气等的"跑、冒、滴、漏"。这是减少污染的重要途径。

（3）研究采用新溶剂体系纺丝法。采用新溶剂体系直接溶解纤维素纺制人造纤维，废除 CS_2，避免多段化学反应，消除或减少污染源。

第五节　清洁生产分析

黏胶生产的清洁生产，首先决定于生产工艺、设备。其次是设备使用时间及管理水平。一般而言，目前世界上几大黏胶生产设备，其能耗、物耗、水耗以及环保指标虽然稍有差别，但是总体上包括经济指标基本相似，所以在市场上能够同时存在，用二硫化碳进行磺化的工艺本身，决定了它的污染程度。我国实践证明，只要重视环保，废水治理是能够达标的。目前主要问题在于废气的治理，根据资料废气治理目前有两大技术可以解决：生化技术和催化氧化技术均能治理达标。同时应该指出，两种技术用于不同的纺丝工艺：如兰精公司的生化技术多用于半连续纺（大多数我国现有工艺），因为箱内纺丝废气浓度低，适合此法；而毛雷尔公司的催化氧化多适用于连续纺，因为管内纺丝废气浓度高，适合此法。现在两公司都有处理高浓度和低浓度的技术，我国最近已经引进多套设备，但均未调试好，同时国内也进行了大量研究，尚待结果。

近年开发的 Lyocell 纤维是以甲基吗啉替代二硫化碳的一种环境友好再生纤维。国内也已研究开发，开始进行中试型生产。

2010 年我国工业和信息化部颁布了《黏胶纤维行业准入条件》（工消费[2010]第94 号）。准入条件规定："严禁新建黏胶长丝项目。严格控制新建黏胶短纤维项目，

新建项目必须具备通过自主开发替代传统棉浆、木浆等新型原料，并实现浆粕、纤维一体化，或拥有与新建生产能力相配套的原料基地等条件。鼓励和支持现有黏胶短纤维生产企业整体搬迁进入工业园区"，并且"改扩建黏胶纤维项目总生产能力要达到：连续纺黏胶长丝为年产 10000 t 及以上；黏胶短纤维为年产 80000 t 及以上，产品差别化率高于 30%"。

第六节　环境影响评价应关注的问题

黏胶是纺织行业中污染较大的一种产品，属于总体需要控制的项目，环境影响评价时应重点关注废水治理措施是否落实以及废气治理措施的成熟性、可靠性。建设项目周围相当距离内不应有居民区等环境敏感点，以防止污染事件发生。

① 注意建设地是否符合当地的发展规划，周边是否有特殊保护区、居民区、生态敏感与脆弱区、社会关注区等。

② 注意与世界各类黏胶生产工艺的清洁生产比较分析，确保项目采用的生产技术为国家先进技术，不使用淘汰设备。

③ 对黏胶生产过程，由于二硫化碳易引起燃烧、爆炸事故风险，进行风险分析，提出预防对策和应对措施。

第七节　典型案例

河南某化纤股份有限公司调整产品结构改产 3000 t/a 黏胶长丝项目环境影响报告书。

一、项目概况

河南某化纤股份有限公司是国家重点支持的国有企业之一，也是黏胶纤维生产中的骨干企业。本次技改项目，被列入 1999 年第二批国债专项资金项目，属于国家重点技术改造项目。随着我国加入世贸组织步伐的加快，纺织行业面临着机遇与挑战，按市场需求调整产品结构解困扭亏，显得尤为重要；同时，我国环境保护工作的"一控双达标"实施期限即将到来，化纤行业是重污染行业，对治理污染、保护环境有着不可推卸的责任。本次技改项目，力求通过产品结构调整和废水处理设施的全面改造达到经济效益增长和环境的改善。本次技改项目为压缩黏胶短丝产量 5000 t/a，建设黏胶长丝生产线 3000 t/a，为了摸清技改项目完成后全厂生产过程中污染物排放的总体变化状况，以及对周围环境质量状况的影响。

二、工程分析

在分析了全厂生产、产品的情况后提出本次技改工程内容。

1. 产品方案

根据本工程选择的纺丝机的性能，技改项目初步确定的产品纤度及产量如下：

66 dtex	100 t/a
83 dtex	500 t/a
133 dtex	1 500 t/a
166 dtex	500 t/a
333 dtex	400 t/a

项目投产后，根据国际、国内市场需求情况进行生产。

2. 工程内容

技改工程以现有工程为依托，在对一短丝压缩产量 5 000 t/a 的基础上建设，项目总投资 24 500 万元，其中环保投资约 6 000 万元。

工程建设内容及对现有工程的依托关系见表 2-6-2。

表 2-6-2　技改工程项目组成情况表

工程	主要工程内容	主要设备及设施
新建设施	黏胶准备车间	混合机、中间筒、送胶泵、过滤机、脱泡筒、连续脱泡塔、离心脱水机、浸液加热器、真空泵、纺丝泵等
	纺丝车间	R535-B 纺丝机、淋洗机、烘干机、络筒机
	酸站车间	酸浴贮槽、丝束过滤器、酸浴蒸发装置、高位槽、酸浴加热器等
依托现有工程	原液车间	喂粕机、浸渍筒、压榨机、粉碎机、老成箱、磺化机、后溶解机、风冷系统等
	供电	本工程完成后增加用电量 1 554×10⁴kW·h，现有工程有余量，可以满足使用
	供水	日用水量 4 500 m³/d（含循环补充水），用水量不增
	供气	增加用气量 10.5 t/h，现有工程设施可以满足，增加燃煤 10 000 t/a
	冷冻	现有 930kW 供冷能力，项目实施后用冷量减少 151kW，只调整供冷系统
污染治理设施	废气	新建 120m 排气塔一座
	废水	①新建中和除锌处理设施，规模 18 000 m³/d，去除锌、COD ②新建黑液压渣提取回用设施，黑液中和处理设施，规模 6 300 m³/d ③新建污泥脱水设施 ④对现有污水处理设施改造，包括曝气设备、管线、灰浆预沉池、混凝池等

3. 技改工程生产工艺及设备选型

（1）生产工艺

技改工程 3 000t/a 黏胶长丝生产工艺与现有工程基本相同，只是部分地改造了工艺、设备（见后述），其工艺流程为：

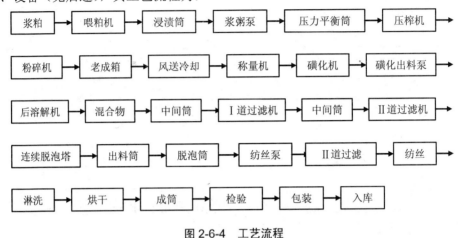

图 2-6-4　工艺流程

（2）设备选型

本项目选择国内普遍采用且先进、成熟、稳定、可靠的设备型号，设备选型情况见表 2-6-3。

表 2-6-3　技改项目设备表

序号	设备名称	型号	安装台数	备注
1	喂粕机	R091	1	利用现有生产设备
2	浸渍桶	R021	1	利用现有生产设备
3	浆粥泵	R031	1	利用现有生产设备
4	压力平衡桶	R041	1	利用现有生产设备
5	压榨机	R051	1	利用现有生产设备
6	粉碎机	R071	1	利用现有生产设备
7	老成箱	—	1	利用现有生产设备
8	风冷系统	—	—	利用现有生产设备
9	称量机	PCS-3	1	利用现有生产设备
10	磺化机	R152	4	利用现有生产设备
11	磺化机出料泵	R216	2	利用现有生产设备
12	后溶解机	R224	4	利用现有生产设备
13	后溶解机出料泵	R211A	4	利用现有生产设备
14	后溶解机研磨泵	R181	4	利用现有生产设备

序号	设备名称	型号	安装台数	备注
15	混合机	R161	1	国产
16	混合机出料泵	R211A	2	国产
17	中间筒	R237B	1	国产
18	一道过滤送胶泵	R211A	2	国产
19	一道过滤机	R241	7	国产
20	中间筒	R234A	2	国产
21	二道过滤送胶泵	R211A	2	国产
22	二道过滤机	R241	4	国产
23	脱泡筒	R237B	16	国产
24	连续脱泡塔	R236	1	国产
25	油压机	R252	2	国产
26	洗布机	XG2000	1	国产
27	离心脱水机	SS-1000	2	国产
28	浸液加热器	TR022B	1	利用现有生产设备
29	冲洗液加热器	TR022B	1	利用现有生产设备
30	废胶回收桶	—	1	自制
31	真空泵	SZ-3	1	国产
32	活塞泵	W5-1	2	国产
33	纺丝泵	R212B	2	国产
34	三道过滤机	R242	10	国产
35	纺丝机	R535B（72 锭）	96	左右手各 48 台，国产
36	淋洗机	R611A	2	自制
37	烘干机	R662	2	自制
38	络筒机	R701	26	国产
39	酸浴贮槽	$30\,m^3$	4	自制
40	酸浴输送泵	CZ150-400B	4	国产
41	丝束过滤器	—	11	自制
42	酸浴蒸发装置	LUR4 623.5 t/h	3	国产
43	液滴分离器	JV198	1	自制
44	浓硫酸中间贮槽	JV203	1	自制
45	浓硫酸补加槽	JV204	2	自制
46	高位槽	$V=13\ m^3$	2	自制
47	酸浴加热器	JX-03 $F=18\ m^2$	6	自制

（3）技改项目工艺及设备选型的特点

① 改黏胶制造过程中的"一次浸渍"为"二次浸渍"，其工艺流程和改造前后原料消耗情况见表 2-6-4。

表 2-6-4　浸渍工艺及原料消耗对比表　　　　单位：kg/t 成品

	一次浸渍	二次浸渍	减少%
浆粕	1 065	1 048	1.6
NaOH	651	471	27.6
H_2SO_4	968	728	24.8
$ZnSO_4$	44	40	9
CS_2	174	159	14.9

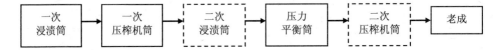

注：虚线框内为新增设备。

② 酸浴过滤改用丝束过滤器。

③ 真空芒硝结晶机取代夹套冷却搅拌芒硝结晶机。

④ 在浆粕生产工序增加黑液压渣提取回用设备使碱液得以循环利用，从而降低 NaOH 的投入量。

⑤ 纺丝工序应用 R535B 型纺丝机，改进后的纺丝速度可从 85 m/min 提高到 95～100 m/min。

4．主要技术经济指标

技改项目主要技术经济指标见表 2-6-5。

表 2-6-5　项目主要技术经济指标

序号	名称	单位	指标	备注
1	产品：黏胶长丝	t/a	3 000	年工作 333 d
2	浆粕 甲纤 98%（含水 10%）	t/a	3 150	
3	主要化工料			
	1.烧碱（折含 100%）	t/a	2 109	
	2.二硫化碳	t/a	918	
	3.硫酸（折含 100%）	t/a	3 711	
	4.硫酸锌	t/a	168	
	5.油剂	t/a	24	
4	燃料：煤	t/a	20 400	增加燃煤 10 000 t/a

序号	名称	单位	指标	备注
5	公用工程			
	1.水：	m³/d	4 500	
	其中：（1）工业水	m³/d	1 185	
	（2）软水	m³/d	3 315	
	2.电	万 kW·h	2 645	
	3.蒸汽（平均）	t/h	20	平均量
	4.冷量	kW	289.5	
	5.压缩空气	m³/h	184	
6	废水排出量	m³/d	2 760	
7	运输量			
	其中：运进量	t/a	36 579	
	运出量	t/a	10 120	
8	定员	人	653	不含职能部门管理人员
9	建设总投资	万元	24 500	含铺底流动资金 750 万元
	其中：固定资产投资	万元	23 750	含投资方向调节税 128 万元
10	年销售收入	万元/a	11 018	达产年含外汇 675 万美元
11	销售税金	万元/a	324	平均年
12	销售利润	万元/a	3 797	平均年
13	总成本	万元/a	6 725	平均年
14	财务内部收益率：税前	%	16.29	项目含"三废"治理投资时
	税后	%	13.09	
	税前	%	24.64	项目不含"三废"治理投资时
	税后	%	21.20	
15	投资利润率	%	14.69	平均年
16	投资利税率	%	15.95	平均年
17	投资回收期：税前	年	6.92	含建设期
	税后	年	7.41	
18	贷款偿还期	年	6.54	含建设期
19	盈亏平衡点	%	36.72	

案例点评

本项目为技改工程，淘汰市场上已经饱和的短丝产量 5 000 t/a，扩建产值高、市场需求量大的 3 000 t/a 黏胶长丝半连续纺工程，因此环评过程中必须把原有生产情况、削减产量部分和新建部分，以及他们之间的关系分析清楚。

第七章　腈纶纤维

第一节　概述

腈纶即聚丙烯腈纤维是一种含聚丙烯腈或丙烯腈组分大于 85%的共聚物制得的合成纤维。国外由于采取的工艺不同，各公司的产品有自己的专利，因此聚丙烯腈纤维的名称也不同。如美国杜邦公司采用 DMF 干法生产的聚丙烯腈纤维的商品名称为奥纶(orlon)；意大利期尼亚公司采用 DMF 一步法湿纺工艺生产的聚丙烯腈纤维的商品名称为维利克纶（Velicren）；美国氰胺公司生产的聚丙烯腈纤维的商品名称为克莱丝纶(Creslon)；日本东丽公司生产的聚丙烯腈纤维的商品名称为东丽纶(Toraylon)。腈纶由于具有优良的柔软性、优越的耐光性和耐辐射性、蓬松性和染色性等特点，与羊毛非常相似，有"合成羊毛"之称。而其价格远低于羊毛，所以在纺织行业得到了广泛应用。

1939 年就有关于用聚丙烯腈制取纤维的专利报道，直到 1950 年美国杜邦公司采用 DMF 干法工艺，腈纶的生产才实现工业化。20 世纪 50 年代腈纶工业发展得很慢，世界腈纶总产量不到 10 万 t，这是由于当时丙烯腈的生产成本太高，限制了腈纶的发展。60 年代初，美国 Sohio 公司发明了丙烯氨氧化法制备丙烯腈，为腈纶生产提供了价廉丰富的原料，并完成了多种溶剂的研究和生产技术的改进，使腈纶工业迅猛发展。1987年，世界腈纶年产量达到 250 万 t。80 年代后期，由于常规腈纶市场趋向饱和，腈纶产品向高附加值、多功能、差别化方面发展，设备开工率不足，世界腈纶产量呈下降趋势。1989 年世界腈纶总产量为 230 万 t，占世界合纤总产量（1557 万 t）的 14.8%，1990年世界腈纶产量为 232 万 t，但近年腈纶生产又有发展势头，我国也新增多条生产线。

目前腈纶生产工业化的方法较多，可用 8 种有机或无机溶剂，十余条不同生产线路生产腈纶，大部分方法在国内都有实例。

《产业结构调整指导目录》中鼓励"丙烯腈的生产技术和成套设备"，限制"新建10 万 t/a 以下丙烯腈装置"。

第二节　工程分析

聚丙烯腈的熔点高于分解温度，加热到 220～230℃时软化同时发生分解，所以腈纶纺丝不能采用熔融法，而只能采用溶液法，即将聚丙烯腈先溶于溶剂形成纺丝原液，然后再在纺丝过程中脱除溶剂形成纤维。

腈纶的生产工艺种类很多，按聚合方法分类有水相悬浮聚合法和溶液聚合法。水相悬浮聚合是以水为介质进行的聚合反应，所得聚合体不溶于反应体系，需将聚合体颗粒分离出来，再溶于适当溶剂成为均相体系才能供纺丝用，所以这种方法又称二步法。溶液聚合是在能溶解聚合体的溶剂中进行的均相聚合，聚合产物可直接供纺丝用，所以这种方法又称一步法（图 2-7-1）。按纺丝工艺脱除溶剂的方法不同又可分为干法和湿法。湿法纺丝的凝固浴是有机溶剂或无机溶剂的水溶液。纺丝原液进入凝固浴后，原液细流的表层首先与凝固浴接触而很快凝固成一薄层，凝固浴中的凝固剂（水）不断通过这一皮层扩散至细流内部，而细流中的溶剂通过皮层扩散至凝固浴中。随着扩散的不断进行，皮层不断增厚，最终聚丙烯腈从溶液中沉淀析出形成初生纤维。干法纺丝的成形原理是纺丝原液自喷丝孔出来后进入含有高温 N_2-DMF 混合蒸汽的甬道，由于热交换的作用，使原液细流温度上升，当细流表面温度达到溶剂沸点时，便开始蒸发，细流内部的溶剂则不断扩散至表面而蒸发。由于溶剂的蒸发，使原液细流中的高聚物浓度增加最终固化为丝条。

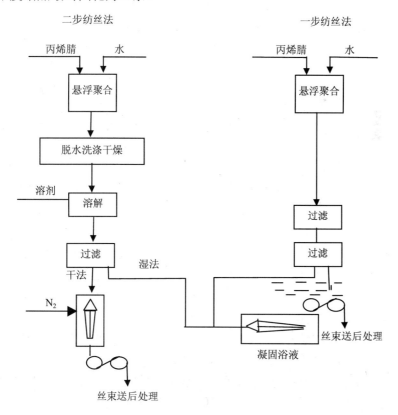

图 2-7-1 腈纶生产二种工艺过程

因制备聚丙烯腈溶液——原液的方法、采用溶剂的种类以及纺丝工艺不同，目前已有十二种生产组合实现了工业化（表2-7-1）。聚丙烯腈溶液的干湿法纺丝、冻胶纺丝以及在增塑条件下熔法纺丝也已取得成功，腈纶已成为合成纤维中生产工艺路线最多的一个品种。按所采用的溶剂不同可分为有机溶剂和无机溶剂两大类。已实现工业生产的有机溶剂共有五种：二甲基甲酰胺（DMF）、二甲基乙酰胺（DMAC）、二甲基亚砜（DMSO）、碳酸乙二酯（EC）和丙酮（ACT）；无机溶剂共有三种：硫氰酸钠（NaSCN）、硝酸（HNO$_3$）和氯化锌（ZnCl$_2$）的浓水溶液。

表 2-7-1   腈纶生产工艺路线

聚合	纺丝	溶剂	产品举例	产量序*
水相（二步法）	干纺	二甲基甲酰胺	Orlon（美）	2
		丙酮	Venel（美）	12
		硫氰酸钠	Exlan（日）	6
		硝酸	Cashmilon（日）	4
	湿纺	二甲基甲酰胺	Dolan（德）	5
		二甲基乙酰胺	Acrilon（美）	1
		丙酮	Kanecaron（日）	10
		碳酸乙二酯	Melena（罗）	11
溶液（一步法）	湿纺	硫氰酸钠	Courtelle（英）	3
		氯化锌	Baslon（日）	9
		二甲基亚砜	Toraylon（日）	8
		二甲基甲酰胺	Kanebo（日）	7

注：*指该种溶剂生产方法居世界总产量的名次。

一步纺丝法是指制得聚丙烯腈后直接纺丝，二步纺丝法是指先制得聚丙烯腈半成品，再将聚丙烯腈溶解于溶剂后纺丝制得聚丙烯腈纤维。一般来说，二步法的纺丝质量优于一步法。

我国腈纶的研制工作开始于1958年。上海、北京、吉林等地曾先后对硫氰酸钠、硝酸、二甲基甲酰胺和二甲基亚砜等溶剂的湿法纺丝工艺进行研究，并建立了3～300t/a的中间试验厂，但限于丙烯腈来源及设备制造等原因，未能扩大生产。随着国内石油化工的发展，20世纪60年代中期，兰州化纤厂从英国科托兹公司（Courtaulds Co.）引进了硫氰酸钠一步法技术，实现了工业化生产。70年代，我国在消化、吸收引进技术的基础上，对硫氰酸钠一步法工艺和设备作了发展和改进，建设了一批不同规模的腈纶厂，使国内腈纶工业初具规模。80年代，为解决国内需求矛盾，改变腈纶工艺路线单一、品种较少的矛盾，国家决定在"七五"、"八五"期间加速发展腈纶。1984年，大庆石化腈纶厂从美国氰胺公司引进了NaSCN二步法技术；1986年，抚顺与淄博从美国杜邦公司引进了干法技术。形成了多种工艺路线并存的格局。2003年，我国腈纶产量为 62.86 万 t，仅次于涤纶。

表 2-7-2 我国腈纶生产工艺路线情况

厂名	生产能力/万 t	工艺技术路线	技术来源
兰州某腈纶厂	1.4	NaSCN 溶剂，一步法湿纺	引进 Courtaulds Co.技术
上海某腈纶厂（一）	5.2	NaSCN 溶剂，一步法湿纺	消化兰化技术
上海某腈纶厂（二）	0.23	NaSCN 溶剂，一步法湿纺	自行开发
上海某腈纶厂（三）	2.0	NaSCN 溶剂，二步法湿纺	1993 年 4 月试车
大庆某腈纶厂（一）	0.5	NaSCN 溶剂，一步法湿纺	自行开发
大庆某腈纶厂（二）	5.0	NaSCN 溶剂，二步法湿纺	A.C.C.公司技术
淄博某腈纶厂（一）	0.5	NaSCN 溶剂，一步法湿纺	自行开发
淄博某腈纶厂（二）	4.5	DMF 溶剂，二步法干纺	Du Pont 技术
茂名某腈纶厂（一）	0.15	NaSCN 溶剂，一步法湿纺	自行开发
茂名某腈纶厂（二）	3.0	DMF 溶剂，二步法干纺	Du Pont 技术
抚顺某腈纶厂（一）	0.12	NaSCN 溶剂，一步法湿纺	自行开发
抚顺某腈纶厂（二）	3.0	DMF 溶剂，二步法干纺	Du Pont 技术
榆次某腈纶厂	0.28	DMSO 溶剂，一步法湿纺	自行开发
秦皇岛某腈纶厂	3.0	DMF 溶剂，二步法干纺	Du Pont 技术
浙江某腈纶厂	3.0	DMF 溶剂，二步法干纺	Du Pont 技术
安庆某腈纶厂	5.0	NaSCN 溶剂，二步法湿纺	A.C.C. 技术
吉林某腈纶厂	20	DMAC 溶剂，二步法湿纺	意大利蒙特公司
宁波某腈纶厂	5	DMAC 溶剂，二步法湿纺	日本三菱公司

第三节　环境影响识别与评价因子筛选

腈纶生产由于所用溶剂不同，产生的污染物也各有不同。主要的特征污染物是其生产所用的溶剂。

一、环境影响识别

环境影响识别包括：建设期、运行期和服务期满以后的环境影响识别。一般腈纶项目仅考虑建设期、运行期的环境影响识别。

影响因素包括对水环境、空气环境和声环境等方面。

建设期：对环境产生影响的人为活动主要包括：土地平整、土方挖掘、基础处理、建筑施工、建材运输、生产设备、公用设备的安装调试等，主要考虑噪声、振动、废气、废水、固体废物等因素。

运行期：腈纶企业项目，影响环境的因素主要是废水、废气、固体废物和机械设备的噪声及其对周边影响。在环境影响识别过程中首先要做好工程分析，详细列出工程项目的工艺、生产设备、公用及动力设备，做好物料平衡、水平衡和能源平衡。

一般需要将施工期、运行期的各种开发活动对环境、资源、自然环境、生态环境、社会环境（包括人体健康的影响）列一张环境影响识别表，表征其对环境产生正影响、负影响；长期影响、短期影响以及影响的大小。

二、污染因子确定与评价因子筛选

1. 污染因子确定

（1）废气

废气主要来自于热电站的锅炉燃煤产生的烟气、丙烯腈原料贮罐中丙烯腈气体的无组织排放以及溶剂气体的排放。

主要的污染因子有：SO_2、烟尘、氮氧化物、丙烯腈、溶剂（DMF、DMAC）等。

（2）废水

废水主要来自工艺过程中的清洗废水、管道冲洗水等。

主要的污染因子有：COD_{Cr}、BOD_5、SS、$NH_3\text{-}N$、TP、丙烯腈、溶剂（DMF、DMAC）等。

（3）废渣和噪声

废渣主要来自锅炉燃煤产生的煤渣、聚合反应过程中产生的废聚合物、废滤布、开停车时残次品、纺丝过程中产生的废聚合物、原料包装袋等。

主要的噪声污染设备有空压机、鼓风机、纺丝机、冷却塔、各类泵等。

2. 评价因子的筛选

腈纶纤维生产行业的主要评价因子见表 2-7-3。

表 2-7-3　腈纶纤维生产行业的主要评价因子

评价因子类别	大气环境	地表水环境	声环境	固体废弃物
现状评价因子	TSP、SO_2、NO_2、$DMAC^*$、丙烯腈等	COD_{Cr}、COD_{Mn}、DO、pH、$NH_3\text{-}N$、TP、SS、DMF^*、$DMAC^*$、丙烯腈、$NaSCN^*$	等效A声级	各类固废产生量
预测因子	SO_2、烟尘 $DMAC^*$、丙烯腈等	COD_{Cr}、$DMAC^*$、丙烯腈等		—
总量控制因子	SO_2、烟尘	COD_{Cr}、SS		工业固废排放量

注 1. 带*者根据纺丝溶剂而定；
　　2. 如果溶剂为硫氰酸钠（NaSCN）不需列入评价因子。

第四节 污染防治措施

腈纶生产过程中产生的污染物质相对其他纤维来说较少，污水浓度较低。

腈纶废水的特点是 NH_3-N 浓度较高，在用生化处理废水的过程中必须添加反硝化工艺，以保证废水达标排放。

为了有效防止丙烯腈原料贮罐中气体的无组织排放，贮罐口可采用 N_2 封口。

生产过程中产生的各种固体废弃物大多为有机物，可进行焚烧处理。

有关腈纶工艺技术发展趋向如下：

（1）各条路线日臻完善合理，熔纺可望工业化

自 20 世纪 50 年代腈纶多条技术路线形成对峙局面以来，各条路线在竞争中都不断采用新技术，使各自的技术更加完善合理，但至今没有出现重大的"革命性"变化。因此，腈纶生产发展的重点是节能降耗、减少污染，通过改性赋予腈纶新性能。腈纶熔融纺丝可望实现工业化。

（2）设备密闭化，生产趋向低消耗、轻污染

高效密闭的生产设备使腈纶生产实现了无跑、冒、滴、漏。多效闪蒸装置使溶剂回收效率提高，能耗下降。如爱克斯纶公司的 NaSCN 消耗已降低到 3kg/t 腈纶。钟纺公司 DWF 回收率达 99.9%，其单耗已下降到 35kg/t 腈纶。Montefiber 腈纶能耗最低，每吨 3.3 dtex 丝束耗电 550kW·h、脱盐水 10t、蒸汽 8t（工艺用）。

（3）把新品种新技术开发纳入腈纶发展规划

要把发展高附加值、差别化、功能化腈纶作为提高腈纶竞争力的手段，加快从数量型向质量品种型转化的步伐。采用 NaSCN 二步法工艺，有利于差别化纤维开发。目前国内高缩、随机复合、超细（0.9～1、1 dtex）、增白、有色、亲水等品种已有一定开发基础，要组织好市场开拓，及时形成规模生产。抗静电、阻燃、抗起球、异形及碳纤维原丝等品种，市场需求大，可以列为 2000 年前首先产业化的品种。抗菌、防污、中空、离子交换、耐热等功能纤维，可作为技术贮备，在 2000 年以后陆续实现工业化。

为克服腈纶溶液纺丝能耗高、环境污染大的弱点，国外不少厂商都在开展腈纶熔法纺丝研究，主要是改变组分，加入大量增塑单体，使聚合物熔点下降。

第五节 清洁生产分析

目前国内外腈纶生产工艺以丙烯腈为单体原料进行聚合，各种生产工艺所采用的溶剂不同，主要有硫氰酸钠（NaSCN）、二甲基甲酰胺（DMF）、二甲基乙酰胺（DMAC）等。我国采用较多的是 DMAC 溶剂法。

　　以硫氰酸钠（NaSCN）为溶剂，其优点是没有毒性，对环境造成的污染较小，但有较强的腐蚀性，对生产设备的耐腐蚀要求高。DMF 和 DMAC 溶解能力强，在生产工艺中较稳定，但有一定的毒性，对环境造成的影响较大。各种工艺的比较见表 2-7-4。

表 2-7-4　不同工艺比较

		NaSCN 一步法	NaSCN 二步法	NaSCN 二步法	DMAC 二步法	DMF 一步法
工艺特点	技术来源	国内先进	Exlan 技术	ACC	Mansanto	Snia 技术
	共聚物组成	三元	二元	二元	二元	三元
	反应	溶液	水相	水相	水相	溶液
	转化率/%	65	85	85	85	50
	流程	短	中	长	长	短
	溶剂回收	复杂	较简单	较简单	简单	简单
	原液浓度/%	13	11.5	13.3	24	25
	黏度/Pa·s	4	4	5	6	6
设备特点	聚合釜容积/m³	8	5.5	7.2	10	55
	单釜生产能力/（t/d）	24	36	50	42	45
	聚合釜材料	SUS316L	AL	AL	SS	SS
	纺丝线最高速/（m/min）	75	180	220	60	80
	纺丝线能力/（t/d）	24	40	33	10	45
单耗	总单体/（kg/t）	1 035	1 013	1 016	998	1 010
	溶剂/（kg/t）	21	7	10	23	42
	电/（kW·h/t）	1 200	710	800	800	830
	蒸汽/（t/t）	15	9	13	8	8.5
	纯水/（t/t）	25	31	15	12	—
	N_2/（m³/t）	0	1	0.3	35	8

	NaSCN 一步法	NaSCN 二步法	NaSCN 二步法	DMAC 二步法	DMF 一步法
环 境 影 响	纺丝、溶剂回收过程有单体逸出，生产污水中 AN 含量高，产品中含 0.08%。对后加工无影响	纺丝、溶剂回收过程无单体逸出，生产污水中 AN 含量低，产品中含 0.03%。对后加工无影响	纺丝、溶剂回收过程无单体逸出，生产污水中 AN 含量低，产品中含 0.03%。对后加工无影响	纺丝、后处理有 DMAC 溶剂逸出，生产污水中含 AN、DMAC，产品中含 0.8%。DMAC 后加工时逸出	纺丝、后处理有 DMF 溶剂逸出，生产污水中含 AN、DMF，产品中 0.8%DMF 后加工时逸出
产 品 质 量	丝束平整性差，染色不匀率高，批间相湿性差，毛条加工质量稍差	丝束平整，染色性稳定，粉末少，可混批后加工反映质量好	丝束平整，仅能染浅色，粉末较少，可混批，后加工反映质量较好	丝束平整，仅能染浅色，粉末较少，可混批，后加工反映质量较好	可染深色，后加工反映质量尚可

目前国内外有多种腈纶生产工艺路线，按溶剂来分，主要有硫氰酸钠（NaSCN）、二甲基甲酰胺（DMF）、二甲基乙酰胺（DMAC）、二甲基亚砜（DMSO）、丙酮、碳酸乙烯酯（EC）、硝酸（HNO_3）和氯化锌（$ZnCl_2$）等，但大多采用前三种，即以硫氰酸钠（NaSCN）为溶剂的一步法、二步法，以二甲基甲酰胺（DMF）、二甲基乙酰胺（DMAC）为溶剂的有机湿法和干法路线。各种溶剂路线一步法制备纺丝原液的比较如下：

（1）各种溶剂路线的生产能力

生产聚丙烯腈的七种溶剂路线中，硫氰酸钠溶剂用量最少，大约是 4kg/t，其他方法溶剂用量是 4～30 kg/t。二甲基甲酰胺法用得最多（其干、湿法共占聚丙烯腈纤维总生产能力的 41%），碳酸乙酯法的生产量最低。

（2）各种溶剂对聚丙烯腈的溶解能力

各种溶剂对聚丙烯腈的溶解能力有如下次序：DMF＞DMAC＞DMSO＞EC＞NaSCN＞HNO_3＞$ZnCl_2$

利用上述溶剂制得纺丝原液的黏度次序恰与其溶解能力相反。各种溶剂路线制得纺丝原液的浓度和凝固条件如表 2-7-5 所示。

表 2-7-5　各种溶剂路线制得纺丝原液的浓度和凝固条件

溶剂	纺丝原液浓度/%	分子量/万	凝固浴组成/%	凝固浴温度/℃
100%DMF	17～25	5～8	40～60 DMF-H_2O	5～25
100%DMAC	20	6～7	40～65 DMAC-H_2O	20～30
100%DASO	20	5～8	50 DMSO-H_2O	10～40
85%～90%EC	15～20	5～6	20～40 EC-H_2O	40～90
50%NaSCN	10～15	5～8	10～15 NaSCN-H_2O	0～20
70%HNO_3	13～18	5～8	30 HNO_3-H_2O	3
54%$ZnCl_2$	10	5～8	14, ZnCl-1, NaCl-H_2O	25

（3）各种溶剂路线的评价

各种溶剂路线的优缺点如表 2-7-6 所示。

表 2-7-6　各种溶剂路线的评价

溶剂	优点	缺点
硫氰酸钠	①聚合速度快，分子量易控制，聚合一小时即可达 80%转化率 ②硫氰酸钠不易挥发，不吸湿，制得的纺丝原液稳定，可保存一年以上仍能纺丝 ③可连续聚合直接纺丝 ④溶剂价格低廉易得，消耗定额低	①溶解能力低，纺丝原液浓度 13%左右 ②腐蚀性强，设备要求含钼不锈钢 ③溶剂回收工艺复杂，投资较高
二甲基甲酰胺	①溶解能力最高，纺丝原液可达 25%，制得的纺丝原液可湿法纺丝也可干法纺丝 ②可连续聚合直接纺丝 ③聚合转化率高，单体耗量少，能源消耗低 ④溶剂回收过程简单	①溶剂本身有一定的毒性 ②DMF 极易吸水，影响原液稳定性，要求 DMF 含水不能高于 0.5% ③DMF 在高温（80℃以上），被水解生成二甲基胺，并能与 PAN 反应生成脒化合物，使原液颜色变暗纤维出现黄色
二甲基乙酰胺	①溶解能力最高，纺丝原液可达 25%，制得的纺丝原液可湿法纺丝也可干法纺丝 ②高的热稳定性和化学稳定性 ③可连续聚合直接纺丝 ④聚合转化率高，单体耗量少，能源消耗低 ⑤溶剂回收过程简单	①溶剂本身有毒性 ②在水溶液中稳定，但有酸、碱存在时会促使水解 ③价格较高
二甲基亚砜	①溶解能力较好，纺丝原液浓度可到 20% ②聚合转化率高，聚合物的分子量也较高 ③DMSO 对设备的腐蚀性较小，回收工艺简单 ④制得的纤维的强度弹性手感等质量好	①溶剂吸湿性强，易使纺丝原液胶冻 ②溶剂易氧化分解而变色（棕色）影响纤维的白度 ③易挥发，高温时部分分解，溶剂消耗定额高
硝酸	①转化率高，可达 95%以上 ②溶剂的溶解能力较强，纺丝原液的浓度可达 16% ③溶剂价廉易得，成本低 ④纤维一般作为碳纤维的原丝	①纺丝原液脒化现象严重 ②纤维白度较差 ③聚合温度较低。若温度升高到 60℃，易发生爆炸，所以聚合釜要有防爆措施 ④聚合在 10～15℃进行，纺丝在 0℃左右进行，所需冷冻量较大
氯化锌	①聚合速度快，转化率高，可省去脱单体工序 ②可以连续聚合直接纺丝	①氯化锌水溶液易使 PAN 发生水解，故纺丝原液不稳定，纺丝原液浓度低 ②溶剂的腐蚀性较强，设备需要用钛钢或硅铸铁

第六节 环境影响评价应关注的问题

腈纶是纺织行业中污染较大的一种产品，环境影响评价时应重点关注废水治理措施是否落实以及废气治理措施的成熟性、可靠性。建设项目周围相当距离内不应有居民区等环境敏感点，以防止污染事件发生，如果溶剂是 DMF 或 DMAC，对溶剂需要加强分析。

（1）注意项目建设地是否符合当地的发展规划。

（2）注意与世界各类腈纶生产工艺进行清洁生产比较分析，确保项目采用的生产技术为国家先进技术，不采用淘汰的工艺和设备。

（3）腈纶生产过程，原料丙烯腈，溶剂 DMF 或 DMAC 为有机危险品，进行风险分析时，提出预防对策和应对措施，这些液体化学品的运输路线、码头是否具有资质都需要进行分析。

第七节 典型案例

某外国腈纶有限公司拟在我国某地建立年产 10 万 t 差别化腈纶项目的环境影响报告书

一、项目概况

本项目是由某外国腈纶有限公司在中国某市独资新建的项目，生产规模为 10 万 t/a 差别化腈纶，一期建设规模为 6 万 t/a，投资 1.1 亿美元；二期建设规模为 4 万 t/a，其项目总投资为 1.6 亿美元。建设地点为某市一化工区内。

二、风险评价

1. 国内外相关事故调查

国内案例：浙江中外合资某化工有限公司 ABS 一期工程生产过程中，1998 年 12 月 17 日晚，AN（丙烯腈）开始进料（此次进料 AN 为 1500t，进料前 AN 罐液位为 31.50%），至 18 日晚 22 点左右时液位已有 89%。巡查人员发现在 AN 罐的上部焊缝处有一小漏点（距地面高约 15m），AN 正呈小股喷射状泄漏至处理好为止，泄漏时间约 8 小时。

根据对化工类企业风险事故的原因分析，发生事故的原因主要有以下几种：①阀门管线的泄漏；②操作失误；③仪表、电器失灵；④突沸、反应失控；⑤雷击、自然灾害；⑥泵、设备故障。

国外资料调查，世界上 95 个国家在 1987 年以前的 20～25 年内登记的化学事故中，事故来源中工艺过程事故占 33.0%，贮存事故占 23.1%，运输事故占 35.2%；从事故原因看机械故障事故占 34.2%，人为因素占 22.85%。从发展趋势看，20 世纪 90 年代以来，随着防灾技术水平的提高，影响很大的灾害性事故发生频率有所降低。

2. 选定评价标准

本项目的风险以社会风险为表征，即事故发生概率与事故造成人员受伤和死亡之间关系。以最大可信事故为计算对象，求出死亡事故频率（FAFR）为风险表征值，定义为 108 工作小时内死亡人数，并与行业统计值比较，确定风险可接受水平。该风险接受水平定为评价标准。

本评价采用如下风险值（FAFR）作为可接受水平，见表 2-7-7。

表 2-7-7　风险评价标准（FAFR）

参考值		评价标准（FAFR）
国别	化工行业 FAFR	
美国	3	3.5
英国	4	（8.33×10^{-5} 人死亡/a）
中国	70 年代 4.2，80 年代 3.7	

3. 本项目危险物质分析

按照《环境风险评价实用技术和方法》（以下简称"方法"）规定，在进行化工项目潜在危害分析时，首先要评价有害物质，确定项目中哪些物质属应该进行危险性评价的，以及毒物危害程度的分级。根据"方法"规定，毒物危害程度分级如表 2-7-8 所示，对本项目主要原辅材料进行了毒性危险评价，评价结果列于表 2-7-9。同时在表 2-7-10 中列出主要物料易燃、易爆特征，在表 2-7-11 中列出主要物料毒性特征。

表 2-7-8　有毒危险物质分级表

指标		分　级			
		I（极度危害）	II（高度危害）	III（中度危害）	IV（轻度危害）
危害中毒	吸入 LC_{50} /（mg/m^3）	< 200	200～	2 000～	>2 000
	经皮 LD_{50} /（mg/kg）	< 100	100～	500～	>2 500
	经口 LD_{50} /（mg/kg）	< 25	25～	500～	>5 000

指标	分 级			
	I （极度危害）	II （高度危害）	III （中度危害）	IV （轻度危害）
急性中毒 发病状况	生产中易发生中毒，后果严重	生产中可发生中毒，预后良好	偶可发生中毒	迄今未见中毒，但有急性影响
慢性中毒 患病状况	患病率高 （≥5%）	患病率较高（≤5%）或症状发生率高（≥20%）	偶有中毒病例发生或症状发生率较高（≥10%）	无慢性中毒而有慢性影响
慢性中毒后果	脱离接触后，继续进展或不能治愈	脱离接触后，可基本治愈	脱离接触后，可恢复，不致严重后果	脱离接触后，自行恢复，无不良后果
致癌性	人体致癌物	可疑人体致癌物	实验动物致癌物	无致癌物
最高容许浓度/（mg/m³）	<0.1	0.1～	1.0～	>1

表 2-7-9 本项目主要原辅材料的物化性质和毒性

物质名称（项目用途）	AN（原料）	MA（原料）	AV（原料）
消耗量/（t/a）	84 720	8 472	8 472
毒性判别参数	LD_{50}（经口） 93 mg/kg	LD_{50}（经口） 277 mg/kg	LD_{50}（经口） 2 920 mg/kg
危害程度分级	II级高度危害	II级高度危害	III级中度危害

从表 2-7-9 中看出，本项目主要物质中无一属于极度危害物质，丙烯腈和丙烯酸甲酯毒性较大，属于高度危害，醋酸乙烯属于中度危害。同时从表 2-7-10 中看出，丙烯腈的闪点只有−1℃，属于极易燃易爆物质，因此，本评价考虑以丙烯腈为主要风险评价因子，同时兼顾其他物质的事故风险。

表 2-7-10 主要危险物料易燃、易爆特征

材料名称		AN	MA	AV
熔点/℃		−83.5	−76.5	−93.2
沸点/℃		77	80.3	73
闪点/℃		−1.1	−3	−8
自燃温度/℃		481	425	402
爆炸极限 （体积分数）/%	上限	17	25	13.4
	下限	3.0	2.2	2.6
水中溶解度/20℃		7 g/100 ml	4.94	微溶
火灾		极易燃	易燃	易燃
爆炸		蒸汽/空气混合物有爆炸性，在聚合时有着火和爆炸危险	其蒸汽与空气可形成爆炸性混合物，遇明火、高热能引起燃烧爆炸	蒸汽能与空气形成爆炸性混合物

表 2-7-11　主要危险物料毒性特征

物料名称	AN	AV
吸入	腹泻，头晕，头痛，疲劳，恶心，呕吐，虚弱，震颤及动作不协调	有剧烈的刺激，引起咳嗽
皮肤	可以被吸收！类似二级水疱的皮肤烧伤	长期反复接触会产生脱脂现象
眼睛	蒸汽会被吸收！发红，疼痛，视力模糊，催泪	有强烈刺激作用
摄食	腹痛，头痛，恶心，气短，呕吐，虚弱	具麻醉和全身毒性作用
职业接触限值	最高允许浓度 0.5 mg/m³	
环境数据	该物质对环境可能有害；应对鱼类给予特别注意	

4. 潜在危险分析

项目潜在风险以丙烯腈泄漏潜在危险分析为主。丙烯腈为第一聚合单体，在聚合成为腈纶前的运输、贮存、聚合过程以单体的形式存在，一旦聚合反应发生后即不存在毒害性。丙烯腈原料为进口，运输的方式是采用轮船运送到某港口码头，然后通过管道输送至码头上的贮罐内。装有丙烯腈原料的贮罐从码头至厂区的运输采用公路运输方式。贮罐内的单体进入聚合釜进行水相反应，随后便以聚合物的形式存在。从以上过程来看，轮船运输相对碰撞风险小，港口码头靠近海岸，管道输送距离短，管道泄漏的风险小。车辆运输过程中采用全封闭的贮罐，此外根据国家《汽车危险货物运输规则》有关规定，为使化学危险品丙烯腈运输避开市区、居民稠密区、政府机关等重要地区和重要场所，建设项目拟采用新的运输线路组织其丙烯腈运输。即从危险品码头经过新塘公路穿过某市经济开发区直接进入化工区内（考虑到要穿过部分居民住宅，建议运输车辆定期检查、悬挂危险品标志、夜间行驶）。工艺过程中只有在聚合工序以单体形式存在，涉及的反应设备少，流程短，工艺过程的泄漏风险相对小，而且该化学危险品专用码头的危险分析不在本项目评价范围内。丙烯腈常态下以液态形式存在，丙烯腈易溶于水，聚合反应又为水相聚合，泄漏风险较气态小。

从以上的分析可以判断，丙烯腈发生泄漏的概率是很低的。但由于丙烯腈作为高度危害物质，又具易燃易爆性质，一旦发生泄漏，后果非常严重，可能造成人民生命财产的损失。因此，本工程在设计、施工和运行过程中把安全生产始终放在首位。

另外要指出的是，聚合干燥工序排放废气中含聚合物浮尘（PAN），属易燃易爆物质，生产时存在爆炸的风险。在生产中尽可能减少"面条"状聚合物在干燥机中的破碎粉化，在挤压机出口的聚合物中加入适量的水，保持其聚合物含湿量。操作中，增加清扫次数，避免死角处浮尘积聚，停留过长时间。聚合物浮尘浓度在爆炸极限以外，爆炸的风险是很小的。

5. 大气泄漏评述

有毒物质泄漏到大气中有两种可能，一种是储存罐有裂缝或破裂，另一种是自动控制失效，又可分为正常操作与非正常操作两种情况下的泄漏。故障树见图 2-7-2。

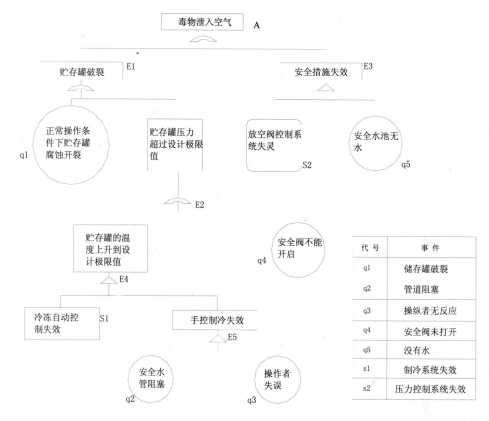

图 2-7-2 挥发性有毒物质泄入大气的故障树

预测事故污染物排放量有一定难度，它与事故性质、生产工况、破损面积以及防范措施等有关。这里只能对有一定发生概率，对环境影响较大的事故进行估算。根据本项目具体情况假设：典型事故为因 AN 输送车辆或贮罐破裂而发生的 AN 泄漏事件。

按"方法"规定，这种破裂情况，裂缝长度为管径的 20%～100%，按这种长度的裂口计算，AN 排放速率为 0.0013～0.005 kg/s，估计 0.5 h 处理完事故，排放 AN 总量为 2.34～9.0 kg。

事故排放预测模式选用《大气环境影响评价技术导则》（HJ 2.2—2008）中建议的非正常排放模式：有效源高为 H_e，平均风向轴为 X 轴，源强为 Q（mg/s），非正常排放时间为 T，则 t 时刻地面任一点（X，Y）的浓度按下式计算：

$$C_a = \frac{Q}{\pi U \sigma_y \omega_z} \exp\left(-\frac{Y^2}{2\sigma_y^2} - \frac{H^2}{2\sigma_z^2}\right) \quad G1$$

$$G1 = \begin{cases} \phi(\dfrac{U_t - X}{\sigma_z}) + \phi(\dfrac{X}{\sigma_z}) & t \leqslant T \\[3mm] \phi(\dfrac{U_t - X}{\sigma_z}) - \phi(\dfrac{U_t - UT - X}{\sigma_z}) & t > T \end{cases}$$

式中：$\sigma_x = \gamma_1 X^a_1$

$$\sigma_y = \gamma_1 X^a_1 + \frac{a_y}{4.3}$$

$$\omega_z = \gamma_2 X^a_2 + \frac{\overline{H}}{2.15}$$

t——扩散时间；

T——非正常排放时间。

各指数、系数的定值见《大气环境影响评价技术导则》附录B。

在NE风向和D级稳定度时，AN贮罐破裂事故排放对周围环境的影响预测结果见图2-7-3。

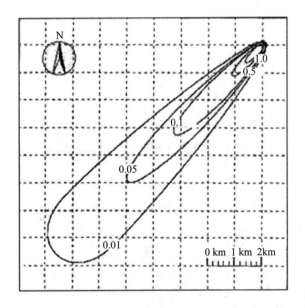

图 2-7-3　AN 地面叠加浓度分布（NE 风向，D 级稳定度）

结果表明，污染物 AN 的最大落地浓度为 13.95 mg/m³，位于 NE 下风向 10 m 以内，对照标准限值（0.05 mg/m³），下风向有约 6.1 万 m²（650×95 m）的污染超标范围，将严重影响厂界外环境，严重时将导致人员伤亡事故。故厂方一定要十分重视日常管理工作，制订严格的操作规程，加强管理，杜绝此类污染事故的发生。

案例点评

本项目生产原料丙烯腈（AN）是危险液态化工品，调查了国内有关企业发生过丙烯腈泄漏 8 小时的事故。因此评价报告书中重点在写风险评价一章，调查运输码头有无装卸危险品资质，现场实际情况，从码头到企业可以有几条运输路线，运输路线周围情况、敏感点、行人、车辆在 24 小时内分布情况等，提出了运输路线、运输时间，注意事项，企业内储存仓库建设要求及储存量等，提供建设方。

第八章　芳砜纶纤维

第一节　概述

芳砜纶纤维（Polysulfonamide Fiber），又称聚砜酰胺，简称 PSA，商品名为特安纶。芳砜纶是研究与开发热防护服的理想材料。它是由二氨基二苯砜与对苯二甲酰氯在二甲基乙酰胺溶液中通过低温缩聚而成，其化学结构中含有芳环、砜基及酰胺基等有机官能团。芳砜纶在国防军工和现代工业上有着重要的用途，是我国急需的高科技纤维。

芳砜纶纤维具有优异的耐热性和热稳定性，在 250℃和 300℃时的强度保持率分别为 70%、50%，即使在 350℃的高温下，依然保持 38%的强度。芳砜纶在 250℃和 300℃热空气中处理 100 小时后的强度保持率分别为 90%和 80%。可见，其耐热性和热稳定性优异，可在 200℃的温度下长期使用。

芳砜纶与一般纺织纤维类似，可用普通设备加工成纱线、机织布、针织布、非织造布等，其密度为 1.42 g/cm^3，其制成的热防护服不会笨重，不会妨碍穿着者的行动。芳砜纶具有良好的防水透湿，其回潮率为 6.28%，其制成的热防护服具有一定的热湿传递能力，以利于人体热量散失和汗液蒸发，具有较低的生理负荷，对着装者发挥功效十分有利。芳砜纶具有良好的染色性能，在常用的高温高压条件下即可染色，面料的后整理成本较低，十分适合应用于防护服领域。而且芳砜纶具有良好的服用性能，如一定的拉伸强度、撕破强度、耐磨性和耐洗性等。

耐高温芳砜纶项目是我国化纤工业"十一五"规划重点扶持发展的高技术项目，并列入纺织行业"十一五"重点攻克的 28 项关键技术项目之中，其研发及产业化推广对我们建设"纺织强国"的目标具有重要意义，这类项目只要做好环保工作，属于鼓励项目。

《产业结构调整指导目录（2005 年本）》中鼓励"航空航天用新型材料开发及生产"。

另一类高强度、高模量、耐高温纤维是芳纶纤维，全称为"聚对苯二甲酰对苯二胺"，英文为 Aramid fiber（杜邦公司的商品名为 Kevlar），是一种新型高科技合成纤维，具有超高强度、高模量和耐高温、耐酸耐碱、重量轻等优良性能。芳纶主要分为两种，对位芳酰胺纤维（PPTA）和间位芳酰胺纤维（PMIA）。

芳纶 1414 的发现被认为是材料界发展的一个的重要里程碑。芳纶 1414 有极高的强度，大于 28 g/旦，是优质钢材的 5～6 倍，模量是钢材或玻璃纤维的 2～3 倍，韧性是钢材的 2 倍，而重量仅为钢材的 1/5，可以作为防弹服。

芳纶 1313 最突出的特点就是耐高温性能好，可在 220℃高温下长期使用而不老化，其电气性能与机械性能的有效性可保持 10 年之久，而且尺寸稳定性极佳，在 250℃左右的热收缩率仅为 1%，短时间暴露于 300℃高温中也不会收缩、脆化、软化或者熔融，只在 370℃以上的强温下才开始分解，400℃左右开始碳化，如此高的热稳定性在目前有机耐温纤维中是绝无仅有的。其优良的阻燃性，可以作为消防和森林救火人员的防护服。

在我国烟台、成都等地已经生产，并且发展趋势较快，是国家鼓励发展的项目。

第二节 工程分析

芳砜纶制造工艺复杂，对产品的质量要求高，目前只有少数几个发达国家能生产这类纤维，我国已经开始生产。芳砜纶是由二氨基二苯砜、对苯二甲酰氯以及对苯二甲酰氯为原料，经聚合、纺丝加工而成。目前成熟的生产工艺路线主要有：聚合：低温溶液缩聚法、界面缩聚法。纺丝：湿法纺丝、干法纺丝。

芳香族聚酰胺具有较高的熔点甚至不熔，所以必须采用低温溶液缩聚法或界面缩聚法合成。其中，界面缩聚法反应速度快，缩聚时间短，工艺控制难度较大，而且聚合物须经过水洗、过滤、烘干，再溶解于另一种溶剂才能纺丝，因而工艺路线长，占地多，设备复杂，增加溶剂回收的难度和设备成本。低温溶液缩聚法是均相聚合，制得聚合体分子量分散性小，工艺路线较短，溶剂耗用量少，生产经济简便。

干法纺丝纺速高，设备密封性好，纺丝溶剂易于回收，纤维质量较好，适宜纺长丝。但是单机产量低，耗电高，纺丝设备复杂，生产成本较高。湿法纺丝喷丝头孔数多，产量高，可直接利用低温溶液缩聚而成的聚合物溶液纺丝，工艺简单，易于操作。

以上海纺织（集团）公司年产 1000t 芳砜纶耐高温纤维产业化项目为例。该项目由聚合车间、纺丝车间、回收车间、罐区等部分组成，总投资为 13 906 万元。主要工艺设备如表 2-8-1。

表 2-8-1　主要工艺设备

序号	设备名称	数量/台	序号	设备名称	数量/台
1	粉体计量输送装置	3	15	上油机	2
2	TPC 熔融加热机	1	16	干燥机	1
3	反应搅拌器	4	17	热拉伸机	3
4	搅拌器	8	18	拉伸加热器	1
5	预缩聚循环泵	2	19	热定型机	1
6	预缩聚换热器	1	20	落丝装置	1
7	高速剪切机	2	21	卷曲装置	1
8	中和装置	1	22	切断装置	1
9	脱泡塔	1	23	打包装置	1
10	纺丝计量泵	30	24	叶片过滤机	4
11	喷丝板	120	25	萃取塔	1
12	纺丝机	5	26	精馏塔	1
13	牵伸机	4	27	汽提塔	1
14	水洗机	1			

其生产工艺流程图如图 2-8-1。

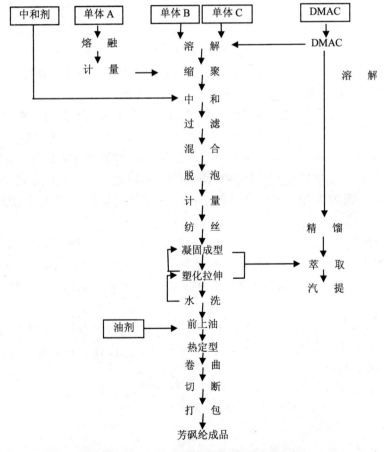

图 2-8-1　芳砜纶纤维生产工艺流程图

第三节 环境影响识别与评价因子筛选

芳砜纶在生产和贮存过程中，均会有部分作为废气散逸至大气中，并在生产过程中有部分进入废水中。

一、环境影响识别

环境影响识别包括：建设期、运行期和服务期满以后的环境影响识别。一般芳砜纶项目仅考虑建设期、运行期的环境影响识别。

影响因素包括水环境、空气环境和声环境等方面。

建设期：对环境产生影响的人为活动主要包括：土地平整、土方挖掘、基础处理、建筑施工、建材运输、生产设备、公用设备的安装调试等，主要考虑噪声、振动、废气、废水、固体废物等因素。

运行期：芳砜纶企业项目，影响环境的因素主要是废水、废气、固体废物、异味和机械设备的噪声及其对周边影响。在环境影响识别过程中首先要做好工程分析，详细列出工程项目的工艺、生产设备，公用及动力设备，做好物料平衡、水平衡和能源平衡。

一般需要将施工期、运行期的各种开发活动对环境、资源、自然环境、生态环境、社会环境（包括人体健康的影响）列一张环境影响识别表，表征其对环境产生正影响、负影响；长期影响、短期影响以及影响的大小。

二、污染因子确定与评价因子的筛选

1. 污染因子确定

（1）废气

废气主要来自于聚合过程的板框过滤等过程，主要成分为二甲基乙酰胺（DMAC），纺丝车间的干燥、热拉伸、热定型过程中，附在丝束上的油剂会挥发，回收车间的氯仿分相器会有少量废气逸出。

主要的污染因子有：二甲基乙酰胺、脂肪酸和脂肪醇、氯仿（$CHCl_3$）等。

（2）废水

废水主要来自聚合工段中脱泡真空泵密封，纺丝工段中前上油槽产生的废水、热定型产生的废水，回收工段中汽提塔底部产生的废水，以及地面车间冲洗水等。

主要的污染因子有：COD_{Cr}、BOD_5、SS、NH_3-N 等。

（3）废渣和噪声

废渣主要来自过滤设备产生的废滤布、纺丝过程中产生的废丝废胶等废聚合物、原料包装袋等。

主要的噪声污染设备有切断机、卷曲机、真空泵、各种风机等。

2．评价因子的筛选

芳砜纶纤维生产行业的主要评价因子见表 2-8-2。

表 2-8-2　芳砜纶纤维生产行业的主要评价因子

评价因子类别	大气环境	地表水环境	声环境	固体废弃物
现状评价因子	SO_2、NO_2、PM_{10}、脂肪酸和脂肪醇等	COD_{Cr}、COD_{Mn}、SS、BOD_5、NH_3-N、DMAC	等效 A 声级	各类固废产生量
预测因子	$CHCl_3$、DMAC、烟尘	COD_{Cr}、DMAC		—
总量控制因子	SO_2、烟尘	COD_{Cr}、SS		工业固废排放量

第四节　污染防治措施

一、废气控制措施

聚合车间废气主要含 DMAC，废气靠强制通风排放。

纺丝车间废气主要含 DMAC 和纺丝油剂，纺丝油剂主要成分为脂肪酸和脂肪醇，车间内设置吸风罩，集中后废气通过高排气口排放。

回收车间废气主要含 DMAC 和三氯甲烷，作为萃取剂的三氯甲烷在冷凝后重复使用，在分相器排出的三氯甲烷经集中后通过排风装置从排气筒排放。

二、废水控制措施

该项目采用低温溶液缩聚、湿法纺丝工艺，并采用先萃取后精馏的分离技术，以降低能耗，降低污水的排放。

三、噪声控制措施

主要的噪声源是切断机、卷曲机、真空泵、各种风机等，治理措施有：

（1）在满足工艺生产的前提下，选用噪声低的设备；

（2）利用建筑物、构筑物来阻隔声波的传播，设备安装时设置避振垫，风口安装消声器等。

工艺中产生的废水,经拟建的废水处理设施处理后,各项污染物的排放浓度要符合排放标准要求。废气主要污染因子三氯甲烷国内没有相关的排放标准,可参照前西德 1972 年制定的空气质量控制技术规范进行分析。

第五节 清洁生产分析

该项目属于新产品、新技术,在工艺设计时就融入了清洁生产的理念,具体措施如下:

(1)封闭式的生产设计方案

项目生产中使用了二甲基乙酰胺(DMAC)溶剂、酰氯单体、酰胺单体和氯仿溶剂,酰氯单体、酰胺单体以及生产过程产生的 $CaCl_2$ 皆为固体物料,反应投料的转化率达到了 100%。生产的聚合体产品为无毒产品,生产设计中实施封闭式,如聚合设备采用氮封、脱泡真空泵等采用水封。

(2)高效率的洗涤设备

纺丝工艺中采用了两种方式的多道喷淋水洗工艺,选用了喷淋设备和喷淋水洗机设备,使经纤维水洗后洗涤水中 DMAC 含量$<50\,mg/m^3$。

(3)DAMC 溶液回收处理工艺

在纺丝中处理的溶剂以及洗涤后的低浓度含 DAMC 洗涤水,通过集液后全部输送进行回收处理,回收后的溶剂循环使用。对 DAMC 水溶液通过过滤、萃取、精馏和汽提进行回收处理,回收处理的理论回收率达到 99.62%的技术水平,大大减少污染物的排放量。

(4)氯仿循环使用技术

作为萃取剂的氯仿经萃取塔萃取后,其中萃取相经蒸馏塔蒸馏,经冷凝后的氯仿送回到氯仿贮槽,未被冷凝的氯仿经加水后送回到萃余液相槽;萃余相经汽提塔汽提后,再经分相器分相,其中氯仿送回到氯仿贮槽,水相送回到萃余液相槽。

(5)无滴漏的输送设备选型和设备配置

对输送设备再生产运行过程中产生的滴漏问题,设备选型采用无泄漏屏蔽泵,并配置备用泵。

经过以上的清洁生产措施,本项目生产过程中产生的废水、废气的排放量相对较小,大大减轻了末端处理量,减轻了处理压力。

第六节 环境影响评价应关注的问题

芳砜纶项目的建设必须注意其规模、生产能力、生产技术等;在环评报告书编写过程中应关注:该项目清洁生产的评价、水环境容量可容纳程度、废水处理技术的可靠性、附近居民点的情况、公众调查结果等，还要注意：

① 项目建设地是否符合当地的发展规划、选址的合理性。

② 清洁生产分析，单位产量污染物量。

第七节　典型案例

某纺织（集团）有限公司年产 1000t 芳砜纶耐高温纤维产业化项目（第一期）环境影响报告书

一、项目概况

耐高温纤维属于高性能纤维，不仅在航空、航天等领域有极其重要的用途，而且其应用已扩展到建筑、环保、电子、机械、防护等众多领域。耐高温纤维应用最广的是间位芳香族聚酰胺纤维（简称芳纶-1313 纤维），美国杜邦公司的间位芳纶产品 Nomex 纤维代表了当今世界的先进水平。

芳砜纶是某纺织（集团）公司自行研制开发，并拥有自主知识产权的高科技纤维。科技人员在研制芳砜纶时，改变了国际上其他公司所采用的以间苯二胺为第二单体的传统工艺路线，创造性地引入了对苯结构和砜基，使这种分子结构比标准型的间位芳纶性能更优异。

某市纺织科学研究院和该市合成纤维研究所是国内最早研究间位芳纶的单位。该市合成纤维研究所承建的年产 50t 芳砜纶中试项目，于 2003 年 6 月安装完毕，目前该中试生产线运转正常，产能和产品质量均已达到或超过设计要求，产品已开始供应市场，受到国内外客户的普遍欢迎，需要扩大为工业化生产。

本项目产品规模为 1000t 芳砜纶耐高温纤维，总投资为 13 906 万元。拟建于该市经济开发区内。

二、工程分析

1. 工艺技术特点简介

芳砜纶是以对苯二甲酰氯（TPC）和 3,3′二氨基二苯砜（3,3,-DDS）及 4,4′二氨基二苯砜（4,4,-DDS）为原料，经聚合、纺丝加工而成。目前成熟的生产工艺路线主要有：聚合：低温溶液缩聚法、界面缩聚法。纺丝：湿法纺丝、干法纺丝。

芳香族聚酰胺具有较高的熔点甚至不熔，所以必须采用低温溶液缩聚法或界面缩聚法合成。其中界面缩聚法反应速度快，缩聚时间短，工艺控制难度较大，而且聚合物须经过水洗、过滤、烘干，再溶解于另一种溶剂才能纺丝，因而工艺路线长，占地多，设备复杂，增加了溶剂回收的难度和设备成本。低温溶液缩聚法是均相聚合，制得的聚合体分子量分散性较小，且可直接制备纺丝浆液，工艺路线较短，溶剂耗用量少，生产经济简便。

干法纺丝具有纺速高，设备密闭性好，纺丝溶剂易于回收，纤维质量较好的优点，适宜纺长丝。但是单机产量低，耗电高，纺丝设备复杂，生产成本较高；而湿法纺丝喷丝头孔数多，产量高，可直接利用低温溶液缩聚而成的聚合物溶液纺丝，工艺简单，易于操作，适宜纺短纤维。

所以本项目采用的是低温溶液缩聚、湿法纺丝工艺。反应方程式如下：

（1）聚合反应

反应方程式如下：

$$0.75n \ \ H_2N\!-\!\!\langle\ \rangle\!-\!SO_2\!-\!\!\langle\ \rangle\!-\!NH_2 \ + \ 0.25n \ \ H_2N\!-\!\langle\ \rangle\!-\!SO_2\!-\!\langle\ \rangle\!-\!NH_2 \ + \ n\,ClO\!-\!\langle\ \rangle\!-\!COCl$$

（3,3'-DDS，0.75mol%）　　　　　（3,3'-DDS，0.25mol%）　　　（TPC）

$$\longrightarrow \!\!-\!\!\left[HN\!-\!\!\langle\ \rangle\!-\!SO_2\!-\!\!\langle\ \rangle\!-\!NHCO\!-\!\!\langle\ \rangle\!-\!CO\right]\!\!-\!\!\left[HN\!-\!\langle\ \rangle\!-\!SO_2\!-\!\langle\ \rangle\!-\!NHCO\!-\!\langle\ \rangle\!-\!CO\right]\!\!-\! + 2n\,HCl$$

$-10\sim10℃$　　　　　　　　　　　　　　　　$0.75n$　　　　　　　　　　　$0.25n$

DMAC 溶剂中　　　　　　　　PSA　　　　　　　　　　　　　　（HCl）

（2）中和反应

$$2HCl + Ca(OH)_2 \xrightarrow[\text{DMAC溶剂中}]{20\sim60℃} CaCl_2 + 2H_2O$$

本项目采用的工艺技术路线是芳砜纶生产较为成熟的一种方法，对产量小于 5000t 的芳砜纶厂尤为适合。该工艺获得的纤维具有高阻燃性，低沸水收缩率和高强度保持率。

2．工艺流程及排污分析

（1）聚合车间工艺流程及排污分析

原料制备：单体 4,4'-二氨基二苯砜及 3,3'-二氨基二苯砜和溶剂二甲基乙酰胺经过计量后，以恒定比例送入溶解釜中充分混合溶解后，送入溶液中间釜，该釜既是冷却釜又是混合釜，单体对苯二甲酰氯熔融后，经过过滤、计量分别送至预缩聚釜和后缩聚釜。

- 缩聚：反应单体和溶剂在装有搅拌器和冷却夹套的聚合釜中发生缩聚反应，生成由酰胺基和砜基相互连接的对位苯基和间位苯基所构成的线性大分子，同时有副产物 HCl 产生。
- 中和：含 HCl 的酸性聚合物浆液送至中和釜经 Ca(OH)$_2$ 中和、过滤后送至混合釜。
- 混合、脱泡：浆液在混合釜充分混合后，经过滤送至浆液中间釜。脱泡采用真空连续脱泡,纺丝液由上部送入,以薄层形式连续地流过脱泡塔中的伞板,在高真空下连续、迅速地排除气泡。脱泡后的原液经过缓冲桶,纺前加热器加热后送到纺丝车间。

聚合车间污染源情况:

- 废水:在脱泡过程采用真空泵连续脱泡,脱泡真空泵的密封水作为废水(W1)排放,废水量为 7.2 m³/d。另外,还有一些地面冲洗水(W6)产生,产生量为 3.0 m³/d。
- 废气:聚合过程在密闭状态下进行,但板框过滤等过程中会有一些二甲基乙酰胺(G1)散逸。
- 固废:DDS 过滤器,会产生废滤布(S1),主要含 DDS,产生量为 192 kg/a。板框过滤机,会产生废滤布(S1),主要含聚合物、DMAC 等,产生量为 57 600 kg/a。调配浆液过滤机,会产生废滤布(S1),主要含聚合物、DMAC 等,产生量为 2 400 kg/a。
- 噪声:脱泡用真空泵(N3)会产生噪声,噪声强度约为 80 dB(A)。

(2)纺丝车间工艺流程及排污分析

- 纺丝:纺丝原液经过计量泵、烓形过滤器、喷丝头进入凝固浴,脱除溶剂凝固成初生纤维,从每个喷丝头出来的连续丝条,排列成连续的丝束,进入第二凝固浴槽。凝固液来自后道拉伸工段,凝固浴不断循环保持稳定的浓度和温度,多余的凝固液送至回收单元回收。
- 拉伸:离开凝固浴的丝束,通过出丝牵引机,依次进入三道拉伸浴槽,在含溶剂的水浴中进行塑化拉伸,以提高纤维的机械性能。

工艺流程简图见图 2-8-2。

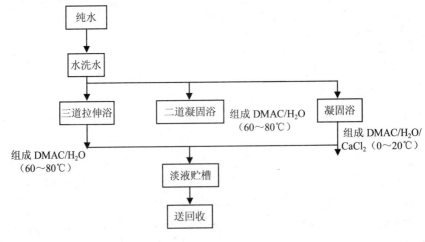

图 2-8-2　工艺流程简图

- 水洗：拉伸后的丝束用脱盐水洗涤除去残存的溶剂，含溶剂的废水收集后输送到拉伸浴液调配槽，供拉伸工段使用。
- 上油、干燥：丝束水洗后进入前上油槽上油，使纤维润滑、柔软，以改善其加工性能，再经前道干燥张力调节器进入前道干燥机干燥。
- 高温拉伸、热定型：丝束经过烘干后引至热拉伸加热器（电加热）在300℃以上的高温下进行拉伸，随后再进入热定型加热器，消除丝束的内应力，进一步改善其物理机械性能。
- 后上油、后道干燥：丝束经后上油浴槽上油后进入后道干燥机干燥。
- 卷曲：干燥后的丝束经卷曲加热器加热后进入卷曲机，使纤维具有持久卷曲以增加纺织加工所需的抱合力。
- 集束：离开卷曲机的丝束经丝束输送机、铺丝机收集在运送小车中，送至集束架集束。
- 切断、打包：集束后的丝束经喷雾上油机上油后送至切断机得到规定长度的短纤维，在风送进入打包机捆扎成包，包装好的短纤维送入成品仓库贮存。

纺丝车间污染源情况：

- 废水：前上油槽产生废水（W2），含有脂肪酸和脂肪醇成分的纺丝油剂，排放量为 2.4 m^3/d。热定型导辊机冷却过程产生废水（W3），主要是设备冷却废水，含少量油，排放量为 7.2 m^3/d。卷曲机冷却过程产生废水（W4），主要是设备冷却废水，含少量油，排放量为 7.2 m^3/d。另外，还有一些地面冲洗水（W7）产生，产生量为 1.0 m^3/d。

注：喷丝头、拉丝主件、拉丝管等清洗水回到淡液贮槽，不排放。

- 废气：丝束上会有一些二甲基乙酰胺（G1）散逸。经上油后的丝束进入前道干燥机干燥，经过烘干后再引至热拉伸加热器在300℃以上的高温下进行拉伸，随后再进入热定型加热器定型。丝束经后上油浴槽上油后再进入后道干燥机干燥。在这些干燥、热拉伸、热定型过程中，附在丝束上的油剂会挥发，产生废气（G2），油剂的成分主要含脂肪酸和脂肪醇。
- 固废：烓形滤器，会产生废滤布（S1），主要含聚合物、DMAC，产生量为 11 520 kg/a。凝固液粗滤器、凝固液过滤机使用后，会产生废滤布（S1），主要含凝固液，产生量为 840 kg/a。水洗机过滤网过滤后，会把丝束上的杂质滤掉，这些留在过滤网上的杂质成为废渣（S2），主要含聚合物，产生量为 120 kg/a。初生纤维经喷丝板喷丝后，喷丝板上的浆液凝固后会产生废胶（S3），产生量为 2 400 kg/a。丝束经前上油机上油后，粘在前上油机上地丝束凝固会产生废胶（S3），产生量为 30 000 kg/a。丝束经切断机切断后，规定长度的短纤维作为成品打包贮存，不成规格的废丝（S4）则作为固废处理，产生量为 60 000 kg/a。

- 噪声：切断机（N1）会产生噪声，噪声强度约为 85 dB（A）。卷曲机（N2）会产生噪声，噪声强度约为 85 dB（A）。废气排放用风机（N4）会产生噪声，噪声强度为 80～90 dB（A）。

（3）回收车间工艺流程及排污分析

- 工艺流程：来自纺丝工段的回收溶剂收集后，首先进入萃取槽，萃取剂为氯仿（CHCl₃）。萃取分离后的有机相送到蒸馏塔，溶剂 DMAc 由塔底出料，冷却后送至聚合工段 DMAC 贮槽；水相则进入汽提塔，废水由塔底排出送至污水处理。蒸馏塔和汽提塔顶部冷凝、分离出的氯仿再回用。蒸馏塔顶部冷凝下来的再回到萃取塔。

回收车间污染源情况：

- 废水：经蒸馏后的水相再进入汽提塔，汽提后底部产生废水（W5），主要含二甲基乙酰胺（DMAC），排放量为 112.8 m³/d。另外，还有一些地面冲洗水（W8）产生，产生量为 1.0 m³/d。
- 废气：分相器会有少量废气（G3）逸出，主要含氯仿（CHCl₃）；蒸馏塔蒸馏时有少量废气（G1）逸出，主要含二甲基乙酰胺（DMAC）。
- 固废：CHCl₃ 过滤器，会产生废滤布（S1），主要含 CHCl₃，产生量为 192 kg/a。回收液过滤器，会产生废滤布（S1），主要含二甲基乙酰胺（DMAC），产生量为 600 kg/a。
- 噪声：输液用真空泵（N3）会产生噪声，噪声强度约为 80 dB（A）。废气排放用风机（N4）会产生噪声，噪声强度为 80～90 dB（A）。

（4）其他部门排污情况分析

- 废水：化验室有一些洗涤废水（W9）产生，产生量为 1.1 m³/d，为间歇排放。精密室有一些洗涤废水（W10）产生，产生量为 1.1 m³/d，为间歇排放。
- 废气：贮罐区，所有的贮罐均采用氮封，但不可避免有极少量有机废气（G4）挥发，贮罐为露天安放，故废气通过自然通风排除。在拟建的废水处理设施的位置，会有少量恶臭气体（G5）产生。
- 噪声：空压机（N5）、冷冻机（N6）、冷却塔（N7）会产生噪声。
- 固废：废水处理设施会产生一定量的污泥（S5）。

项目工艺流程及污染节点简图见图 2-8-3。

案例点评

在工程分析中必须将工艺、产、排污节点分析清楚，做好物料（包括水平衡）和能源平衡，才能分析清楚，做好影响评价，本报告工程分析工艺流程及污染节点以图的形式并附有数据（另列）较为清楚。

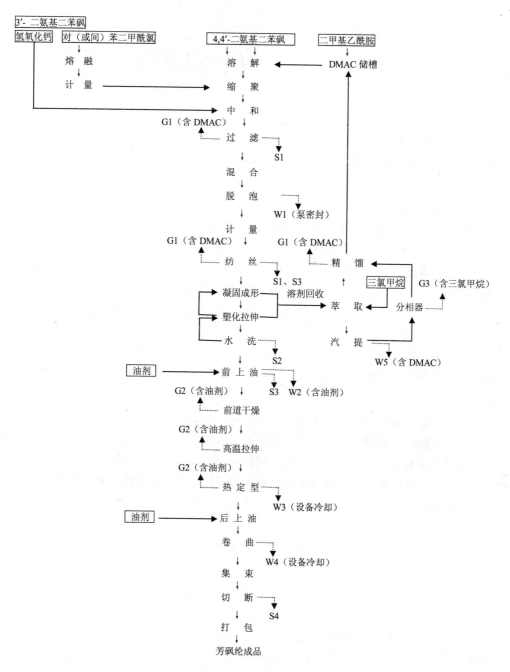

注：W——废水，G——废气，S——固废

图 2-8-3　工艺流程及污染节点简图

第九章 新纤维纺织品简介

新的纺织品开发是转向高科技、功能和智能以及环保型产品，开发这些产品是一个系统工程，包括新纤维生产、新型纺织和染整加工，乃至服装设计及加工的一体化开发。目前新纤维开发非常迅速，大量新品种出现，有的还处于研发或试生产阶段，有的已经实现小量工业化生产。

新纤维的开发途径包括化学、物理和生物技术多种方法，特别是应用这些技术的复合方法。从设计和合成新的高分子材料开始到控制纤维的高次结构（超分子和形态结构），或者通过现代化学、物理和生物技术手段对现有的纤维进行改性或修饰，以得到高新性能、功能和智能性，以及环保性的新纤维。

新纤维仍然可分天然、化学和改性纤维三大类。其中发展最快的是化学纤维，有再生和合成纤维两大类。

新合成纤维发展大致可分四个阶段，第一阶段是以新高聚物，例如，聚酰胺和聚酯为原料仿制蚕丝等天然纤维；第二阶段是模仿天然纤维的形态结构（截面和外表）；第三阶段则是模仿天然产品，例如桃皮绒和麂皮绒；第四阶段是将所有的技术进行有机结合，以获得最好性能，甚至超天然产品的纺织品。

新合成纤维品种很多，除了目前最重要的超细纤维、聚乳酸（PLA）纤维，还包括聚对苯二甲酸丙二酯（PTT）、聚氨酯纤维、蜘蛛丝等，它们都由新的高分子物制成。此外，改变纤维的形态结构可以制得许多异性纤维。在纤维中加入各种功能化合物或纳米材料，又可以制得各种功能纤维或纳米纤维。

第一节 再生蛋白质纤维

再生蛋白质纤维包括许多种，如大豆、蚕丝和蚕蛹蛋白质纤维和动物毛再生蛋白质纤维等。

大豆资源丰富，豆粕价格便宜，从豆粕中可提取大豆蛋白。大豆蛋白的综合利用是农副产品深加工和废物利用的一条良好途径。20 世纪 40 年代，人们曾经探索过利用大豆蛋白等蛋白质制造再生蛋白质纤维，以部分取代羊毛和蚕丝等天然蛋白质纤维，但再生大豆蛋白纤维存在强度低、沸水收缩率高等缺点，影响其使用价值。为克服这些缺点，研究人员采用了将大豆蛋白与其他天然高聚物和合成高聚物进行共混纺丝的方法获得新的含大豆蛋白的化学纤维。

2000 年，中国专利报道了采用化学和生物方法处理大豆渣提取的球状蛋白，混和其他高分子物（例如 PVA）及添加剂，再进行湿法纺丝的方法。当年这种大豆蛋白/聚乙烯醇共混纤维在河南省实现了工业化生产。如今，大豆蛋白/聚乙烯醇共混纤维因其具有手感柔软、吸湿导湿性好、穿着舒适等优点已经引起了纺织工业界的极大关注。我国生产的这种大豆蛋白/聚乙烯醇共混纤维是由 20% 的大豆蛋白和 80% 的聚乙烯醇组成，商业上简称大豆纤维。

大豆纤维实质上是一种多组分复合纤维，性能较好，特别是其中蛋白质组成是综合利用天然可再生和降解的大豆而得到的，最主要的氨基酸组成是谷氨酸和天门冬氨酸，有发展前途。

目前生产的大豆蛋白纤维是短纤维，截面呈腰子形、不规则哑铃形或花生形，大豆纤维的纵向或表面有不光滑沟槽，纤维中存在较大的空隙。其中蛋白质含量为 23%～25%，其余主要为 PVA，蛋白质主要是不连续的团块状分散在连续的 PVA 介质中。这种组成和结构具有较好吸湿性和透气性。由于大豆蛋白质本身易泛黄，纤维呈米黄色，且较难漂白。耐干热性较好，但耐湿热性差，在 100℃ 以上的水浴中收缩较大，这和聚乙烯醇纤维类似。另外，它耐酸性较好，耐碱稍差，其中的蛋白质易水解，PVA 也易溶胀。

由于大豆纤维原料丰富（大豆渣），属于资源二次利用，产品性能良好，柔软舒适，染色性能好，色彩鲜艳，前途很好，只是目前生产成本价格稍高，影响推广，一旦成本降低，有望成为产量较大的面料。

大豆纤维的化学组成和形态结构对其染色性能有着很大影响。酸性染料、1∶2 型的金属络合染料、活性染料是目前大豆纤维染色所用的主要染料，大豆纤维的氨基酸组成见表 2-9-1。

表 2-9-1　大豆纤维的氨基酸组成

氨基酸名称		百分含量/%	氨基酸名称		百分含量/%
天冬氨酸	Asp	2.39	异亮氨酸	Ihe	1.13
苏氨酸	Thr	0.67	亮氨酸	Leu	1.85
丝氨酸	Ser	0.66	酪氨酸	Tyr	0
谷氨酸	Glu	4.59	苯丙氨酸	Phe	1.20
脯氨酸	Pro	0.63	鸟氨酸	ORN	
乙氨酸	Gly	0.90	赖氨酸	Lys	0.95
丙氨酸	Ala	0.93	氨	NH₃	
胱氨酸	Cys	0.07	组氨酸	His	0.40
缬氨酸	Val	1.17	色氨酸	Try	
甲硫氨酸	Met	0.25	精氨酸	Arg	1.64
合 计					19.43

第二节　蚕蛹蛋白质纤维

蚕蛹蛋白质纤维也是一种再生蛋白质复合纤维。其生产方法是利用化学和生物技术先制得蚕蛹酪素，再制成蛹蛋白纺丝液，然后与黏胶纺丝原液共混，经湿法纺丝制得蛹蛋白质与纤维素的复合纤维。蛹蛋白主要分布在纤维外层，内芯为纤维素，这种纤维外层完全保留蛋白质纤维的特点，蛋白质含量为15%左右，其余为纤维素。这种纤维的蛋白质是动物蛋白质，对人体健康有益，纤维的吸湿性、可降解性很好，并且完全不用石油产品做原料，属环境友好的一种纤维，适合于制绿色纺织品，目前已小批量生产。

由于蚕蛹蛋白质主要分布在纤维外层，数量较少，在分离、纯化和纺丝加工过程中容易溶胀脱落。氨基酸组成中的氨基数量较少，因此结合染料的能力大大降低，即使吸附大量酸性染料，染料也容易随蛋白质一起在湿热和摩擦状态下脱落。此外，相当一部分染料也吸附在纤维内层的纤维素组成中，牢度较差。

第三节　转基因纤维

基因工程是最重要的生物技术之一，它在纺织工业，特别是新纤维制造和培育方面取得了很大进展。在转基因纤维中，受到国内外最为关注的要数转基因蜘蛛丝。

人们发现蜘蛛丝是一种性能特别好的蛋白丝，其强力是钢的5倍，弹性是尼龙纤维的2倍，有些蜘蛛丝的强力和弹性还要更高。蜘蛛丝的另一个特点是耐湿和耐低温性能好，湿强力基本不降低，在−40℃时仍有较好弹性。

不同种类的蜘蛛丝性能有差异，即使同只蜘蛛吐出的丝也不同，在蜘蛛丝网中至少包括三种类型的丝：捕捉丝、辐条状或径向丝和圆周网丝。研究蜘蛛丝的超分子结构发现，它是由原纤丝束组成，原纤是由几个厚度为120nm的微原纤组成，微原纤则是由蜘蛛丝蛋白质高分子组成。蜘蛛丝也是一种天然蛋白质纤维，与羊毛角朊蛋白相似，具有α-螺旋结构。氨基酸分析表明，蜘蛛丝中含有相当多的谷氨酸，而通常只有在柞蚕丝中才含有谷氨酸。

蜘蛛丝是由三组喷嘴喷射形成的，这三对喷嘴确保了每根蜘蛛丝是由两股丝组成，这和蚕丝结构类似，但蚕丝由丝胶将两根长丝黏合在一起，而蜘蛛丝则没有黏性，通过喷丝嘴可以控制丝的直径、强力和弹性，形成不同种类的蜘蛛丝，至少可形成三种，有时达七种以上。

蜘蛛丝的优良强力和弹性是和它的特殊超分子结构分不开的。喷丝孔喷出的线形物质是由多种α-氨基酸分子链组成的所谓β-分子薄片，这些分子薄片可以相互折叠，形成结晶体，这些结晶依次嵌入一种有螺旋形氨基酸分子链形成的、具有类似橡胶弹性的细胞介质中，这种结构为蜘蛛丝提供了高弹性和强力的基础。

蜘蛛丝本身呈金黄色，在显微镜下观察，丝内部透明且无空隙，截面为圆形，外面无丝胶，在水中会发生膨胀，长度方向则发生收缩，在碱性条件下黄色加深，在酸性条件下强力和弹性会有一定程度降低，但总的来说和蚕丝相似较不耐碱。

蜘蛛丝的线密度随种类而不同，大多数在 0.74～1.16 dtex。因此，它是一种很好的纺织原料，有重要的应用前景，例如在军事（防弹衣等）、航空航天（服装等）、建筑（结构材料等）、医疗保健（生物材料）以及高档衣料等领域。但直接由蜘蛛得到蜘蛛丝是不现实的，通过转基因技术可得到蜘蛛丝蛋白，再由人工纺成丝。制备转基因蜘蛛丝蛋白有三条途径，一是利用动物，例如奶牛或奶羊生产转基因蜘蛛丝蛋白，二是利用微生物制得，三是利用植物生产。

目前，据说第一种途径已得到可供纺丝的蛋白质。不论哪种方法获得的转基因蜘蛛蛋白，经过一定的纺丝工艺，有望得到性能接近天然蜘蛛丝的再生蛋白质纤维。

第四节　聚乳酸（PLA）纤维

PLA 纤维的原料是淀粉。日本钟纺公司利用美国 CDP 公司生产的聚乳酸树脂，于 1994 年开发出商品名为 Lactron 的纤维，1998 年又开发出该纤维的系列产品。它是由玉米淀粉发酵制得的乳酸经过聚合，得到聚乳酸后，再经熔融纺丝生产的聚乳酸纤维，也有人称为玉米纤维。由于其原料为淀粉，纤维又可生化降解，最终分解物是 CO_2 和 H_2O，在光合作用下又可生成淀粉，所以不会影响地球的生态平衡，是一种名副其实的环保纤维。

玉米纤维制造的关键技术是由玉米制取葡萄糖和乳酸。聚乳酸制取途径有两种：一是高温、高真空的溶剂法，除去水分靠溶剂，主要生产中低分子量的聚乳酸，二是在较温和条件下采用非溶剂方法去除水分，先制取中间产物环状的丙内酯（二聚物），真空蒸馏提纯后，再开环聚合成聚乳酸，此法可生产分子量范围比较宽的聚乳酸。

乳酸的一个重要特征是存在两种旋光异构形态。发酵法提取的乳酸含有 99.5% 的 L 型异构体，即左旋异构体，其他方法可制得 D 型即右旋异构体。因此环状丙内酯有三种潜在的旋光异构状态，开环聚合得到的是一个聚合物"族"，它含有不同比例的旋光异构体，所制得的聚合物性能有所不同。如果 L 型的聚合物比例较高，可用来制取透明晶体；如果 D 型聚合物比例较高（＞15%），则可制取非晶体，同分异构体比例不同，其聚合物的其他性能也不同。例如软化点，非晶体型的为 60℃ 左右，晶体型的则高达 175℃。纺制纤维的聚乳酸主要由 L 型乳酸制得，属结晶型，软化点较高，约 175℃。其纤维视原料不同，熔点为 130～175℃，玻璃化温度较低，约为 57℃，所以对温度比较敏感。

　　聚乳酸纤维的基本化学组成是—$[OH(CH_3)C]_n$—，分子链中没有强极性基，存在较多的酯基，碳链上还存在等距排列的甲基。当这种纤维主要由 L 型乳酸聚合成时，容易结晶（分子链规整性强，侧链短），但分子间作用力不强，所以熔点和 T_g 较低，对温度敏感。适用的染料是分散染料，但由于纤维组成和结构不同于 PET 纤维，染色能差别很大。总体上看，染色温度低，难染深，牢度较差，对碱和温度更敏感。

　　由于 PLA 纤维分子链中不存在苯环等芳基，只存在较多酯基，结晶度又较高，所以只是那些分子较简单特别是呈线形，分子存在较多酯基、羟基、卤素原子和氨基等极性基团的染料有较高的亲和力。这些染料易扩散进纤维内，并通过偶极力或氢键与纤维分子结合。一些分子虽然较简单，但缺少上述基团的染料，或者分子体积较大的染料结合能力较差，不易进入纤维，因此亲和力比 PET 纤维低，平衡吸附量也低。不少染料的饱和吸附量只有在 PET 纤维时的 1/6 左右（100℃染色），这就导致染色提升性和染色效率低。PLA 纤维对光折射率较 PET 纤维低（PLA 为 1.40，PET 为 1.58）。所以说，在纤维上染料浓度相同时，PLA 纤维得色应比 PET 纤维深。

　　许多 PET 纤维染色用染料在 PLA 纤维上的牢度也不高，尤其是耐光牢度。原因之一是 PLA 纤维具有较高的 UV 透射率，在 370～240 nm 的波长范围内，透射率比 PET 纤维高得多。因此紫外线较容易透入 PLA 纤维内，使染料发生光褪色或变色。

　　PLA 纤维吸湿性不高，不易在水中溶胀，所以染色后经过合理洗涤，染色湿牢度可以达到很高。不过如果染后水洗工艺不合理，或者后整理时处理温度太高，或者存在一些有不良作用的整理剂时，则会明显降低湿牢度和摩擦牢度，因为 PLA 纤维 T_g 低，染料扩散速度快，容易泳移到纤维表面，降低染色牢度。

　　和醋酯纤维、聚酰胺纤维情况类似，PLA 纤维染色产品，一些蓝色的蒽醌结构染料的烟熏牢度也较差，这可能也是由于这种纤维的光透射率较高，烟气容易扩散纤维。

　　这种纤维的 T_g 较低，起始染色温度可低，它在 70℃ 以下几乎不上染，但在 80℃ 后上染加快，最高染色温度在 100～110℃。在最高温度保温时间不宜太长，以免纤维损伤，通常保温 20～30 min 即可，因为在这一温度时染料扩散速度很快，足以达到最高上染率。PLA 纤维在高温湿热状态下加工时间太长，会引起纤维结晶增长，改变纤维的染色性，上染速率和最高上染量均下降。

　　PLA 纤维是一种脂肪族聚酯纤维，对碱特别敏感，很容易水解损伤，所以不能在碱性浴中染色。事实上，在酸性浴中，纤维也会发生明显的水解损伤。在碱性和较强酸性浴中纤维的强力和延伸性均会降低，染色以 pH 值 5～6 较适合，这也和 PET 纤维染色不同，后者以 4.5～5 较合适。

　　染后的洗涤对染色产品色光牢度影响也很大，原因也是在于这种纤维的 T_g 较低，洗涤都是在高于 T_g 以上进行的（PLA 纤维 T_g 较高，洗涤温度通常低于 T_g）。所以洗涤不应在强碱性和过高温度下进行，否则会引起纤维损伤，并引起染料褪色和变色。染后洗涤温度一般为 $60\sim65℃$，最好在中性浴，时间宜短，不宜用烧碱保险还原清洗。

PLA 纤维是一类热塑纤维，定形式的温度张力对纤维的染色性能影响很大，最高处理温度不超过 130℃，定形处理时间宜短，以 $30\sim45\,s$ 为宜。

第五节　聚对苯二甲酸丙二酯（PTT）纤维

常规聚酯纤维（PET）虽然性能优良，它已是合成纤维中最重要的一个品种，但也存在一些不足，以丙二醇代替乙二醇制得的 PTT 纤维，由于在分子链中多了一个亚甲基，分子柔顺性增加，纤维变得更加柔软，耐磨性也有所提高。特别是它的熔点明显降低，商品的熔点只有 227℃左右，玻璃化温度也明显降低，因此用分散染料的染色温度也随之降低。PET 纤维的最快上染温度为 $100\sim110℃$，而 PTT 纤维则是90℃左右，因此它可以在常压下 100℃染色，这就大大简化了染色工艺，不必采用高温高压染色设备。

由于化学结构的变化，适用这种纤维的分散染料不同于 PET 纤维染色的染料。同时由于染料在纤维中的扩散速度较快，而且对温度较 PET 纤维敏感，因此这种纤维染色的湿牢度相对差些。

第六节　聚氨酯纤维

聚氨酯纤维早已广泛用于服装等纺织品，近年来产量迅速增加，我国是增长最快的国家。全世界的产量在 2001 年达到 20 万 t，我国在 2003 年 9 月产能已达 6.328t，2003 年底将超过 8 万 t。聚氨酯纤维除了产量增加快外，品种增加也非常快，许多新型聚氨酯纤维不断涌现。

聚氨酯纤维的主要化学组成是聚氨基甲酸酯，而且它是由所谓软链段和硬链段组成的嵌段共聚物。它是一种有"区段"结构的弹性良好的纤维，硬链由异氰酸酯与二胺化合物反应形成，段间可形成氢键，结构紧密，软链由二羟基化合物（聚醚二醇或聚酯二醇）组成，段间分子作用力弱，分子中基本不具有离子基和强极性基，例如 $-OH$、$-NH_2$ 等。因此聚氨酯纤维染色只适用于分散、中性等染料，而且染料主要进入无定形结构的软链段区，上染率不高，而且染料容易解吸，色牢度很差。染色温度低，熔点一般在 50℃以下，玻璃化温度一般为 $-50\sim-70℃$（聚醚型）和 $25\sim45$℃（聚酯型）。为了改善染色性能。一些商品在分子链中或纺丝液中加入了可和染料结合的组成。

第七节　Lyocell 系列纤维

Lyocell（英国 Courtaulds 公司称 Tencel）纤维选用无毒溶剂（N-甲基吗啉氧化物和水），采用闭合方式生产，对环境影响很小，被称为"绿色"纤维。这种纤维的物理机械性能都优于黏胶纤维，也容易染色。

Lyocell 纤维的纤维素聚合度较高，结晶度和取向度也高，容易原纤化，适合制绒类织物，但是也给纺织品在染整加工和服用过程中带来许多问题。为了克服原纤化的缺点，后来开发了 Tencel A100 纤维，它是在纺丝过程中施加交联剂进行交联，以减少原纤化。染色物的表面色深可达未丝光棉的二倍，上染速度增快，匀染性降低，移染性变差，染色重现性也差。

Lyocell 品种还在不断扩大，特别是开发功能性的纤维。ALCERU-Schwarza 公司生产的 Seacell 纤维就是用 Lyocell 纤维生产工艺生产的抗菌功能性纤维，它在纺丝时加入了海藻细粉，这种纤维吸附金属离子能力很强，吸附银、锌、铜等杀菌金属后，具有很强的杀菌能力。

Lyocell 纤维在上海已开始工业化生产，生产规模正逐步扩大。

第八节　Carbacell 纤维

Carbacell 是纤维素氨基甲酸酯纤维，它也改变了传统黏胶纤维的生产工艺，不用有毒的 CS_2，改用无毒的尿素与纤维在碱性溶液中反应，形成可溶性的纤维素氨基甲酸酯，然后纺丝、再生凝固得到一种新的再生纤维素纤维。这也是一种应用环保工艺生产的再生纤维素纤维，目前已在工业化试生产。

这种纤维的结构和黏胶及 Lyocell 纤维均不同，其截面是紧密的椭圆形，和 Lyocell相比，它具有很多微孔结构，孔径为 10～100 nm，因此有很好的染色性，而且它没有明显的皮芯结构特征，结晶度为 36%～47%。Carbacell 和 Lyocell 纤维不同点主要是不容易原纤化。而且无定形区的取向度低，所以上染速度快，匀染和移染性比 Lyocell纤维好，它和黏胶、Lyocell 纤维一样，适用活性染料染色，深染性好。

第九节　防微波辐射纤维

防微波辐射纤维是指对电磁波具有反射性能的纤维。微波是一种频率很高的电磁波，人们在工作和生活中学会利用微波的同时，也给人类带来了一定的危害。长期受到微波辐射的工作人员，其收缩压、心率、血小板和白血球的免疫功能等都会受到一定程度的影响，并会引起神经衰弱、眼晶体混浊等症状。金属材料是理想的防微波辐射的材料，但因为笨重很少有人穿着。

一般利用金属纤维与其他纤维混纺成纱，再织成布，成为具有良好防辐射效果的防微波织物。其中所用的金属纤维既可以是纯粹由无机金属材料制成的纤维（如不锈钢纤维），也可以是在金属纤维的表面涂一层塑料后制成的纤维，还可以是外包金属的镀金属纤维（如镀铝、镀锌、镀铜、镀镍、镀银的聚酯维、玻璃纤维等）。由这种纤维制成的防电磁波辐射的织物具有防微波辐射性能好、质轻、柔韧性好等优点，是一种比较理想的微波防护面料，微波透射量仅为入射量的十万分之一。这种防护面料主要用作微波防护服和微波屏蔽材料等。

第十节　防 X 射线纤维

防 X 射线纤维是指对 X 射线具有防护功能的纤维。X 射线常用于医疗器械检查人体内脏的某些疾病或用于工业产品的质量检测，相关工作人员长期接触 X 射线会对自身的性腺、乳腺、红骨髓等产生伤害，若超过一定剂量还会造成白血病、骨肿瘤等疾病，给人的生命带来严重威胁。防 X 射线的材料一般是含铅玻璃、有机玻璃及橡胶等制品。采用这些防护产品，不仅笨重，而且其中的铅氧化物还有一定毒性，会对环境产生一定程度的污染。

新型防 X 射线的纤维是利用聚丙烯和固体 X 射线屏蔽剂材料复合制成的。成品纤维的线密度在 2.2 dtex 以上，纤维的断裂强度可达 20～30 cN/tex 左右，断裂伸长率为 5%～25%。由防 X 射线纤维制成的具有一定厚度的非制造布对 X 射线的屏蔽率随着 X 射线仪上管压的增加而下降，而它的屏蔽率又随非织造布平方米重量的增加而有一定程度的上升。

以聚丙烯为基础制成的防 X 射线纤维做成的非织造布，对中低能量的 X 射线具有较好屏蔽效果。当用于防护服的非织造布的定重在 $600 \, g/m^2$ 以上时，对中低能 X 射线的屏蔽率可达到 70%以上。调节织物的厚度或增加层数可提高防护服的屏蔽率。

第十一节　防中子辐射纤维

防中子辐射纤维是指对中子流具有突出抗辐射性能的特种合成纤维，在高能辐射下它仍能保持较好的机械性能和电气性能，并同时具有良好的耐高温和抗燃性能。中子虽不带电荷，但具有很强的穿透力，它在空气和其他物质中，可以传播更远的距离，对人体产生的危害比相同剂量的 X 射线更为严重。由防中子辐射纤维制成的屏蔽，其作用就是要将快速中子减速和将慢速（热）中子吸收。

通常的中子辐射防护服装只能对中、低能中子防护有效。日木将锂和硼的化合物粉末与聚乙烯树脂共聚后，采用熔融皮芯复合纺丝工艺研制了防中子辐射材料，纤维的强度可达 20～30 cN/tex，断裂伸长为 21%～32%。由于纤维中铿或硼化合物的含量高达纤维重量的 30%，因而具有较好的防护中子辐射效果，可加工成机织物和非织造布，定重为 430 g/m² 的机织物的热中子屏蔽率可达 40%，常用于医院放疗室内医生与病人的防护。国内采用硼化合物、重金属化合物与聚丙烯等共混后熔纺制成皮芯型防中子、防 X 射线纤维。纤维中的碳化硼含量可达 35%，纤维强度可达 23～27 cN/tex，断裂伸长达 20%～40%，可加工成针织物、机织物和非织造布，用在原子能反应堆周围，可使中子辐射防护屏蔽率达到 44%以上。

第十二节　具有吸湿排汗功能的异型、中空聚酯纤维 Dacron

随着当今社会飞速发展和科学技术的进步，以及人们生活水平的提高和社会物质的不断丰富，人们从单纯的追求外观、审美要求向追求穿着舒适性转化。原来的普通合成纤维已经不适应人们穿着舒适的要求，因此，新型合成纤维应运而生，以三异（即异截面、异纤度、异收缩）为代表的差别化纤维更是蓬勃发展。杜邦公司发明的具有吸湿排汗功能的异型、中空聚酯纤维 Dacron 就是这些新合纤的一种。由这种纤维制成的一种高功能面料称为柯梦丝（Coolmax）。Coolmax 功能面料具有良好的吸湿排汗和透气性，衣物可以很快干爽，穿着舒适，容易打理。

Coolmax 功能性纤维面料是由杜邦公司的 Dacron 纤维制造而得，Dacron 纤维是中空涤纶纤维，它不仅截面形状是独特的四管状，而且是中空纤维，纤维的管壁可以透气，这样就在面料内形成了很好的毛细网络。正是由于这种纤维的独特物理结构，造就了它的吸湿、排汗、透气特性，使面料可随时将皮肤上的汗湿抽离皮肤，传输到面料表面，从而迅速蒸发，使皮肤保持干爽和舒适。因此，由 Dacron 纤维制成的 Coolmax 功能性面料，给衣物带来了一场全新的变革。

Coolmax 功能性纤维面料的干燥率差不多是棉的 2 倍。正因为如此，Coolmax 面料用在大运动量的场合，可以使皮肤表面的蒸发加速。如果用于运动服，可以使皮肤保持持续干爽，减少体能消耗，增强运动员的表现及耐力。

1. 工艺流程：翻缝→烧毛→退浆→漂白→染色→后整理

2. 工艺条件的确定

（1）烧毛

Coolmax 织物同 T/C 纤维织物一样，在织造时有不同程度的茸毛存在，需要进行烧毛处理。

（2）退浆

Coolmax 与棉交织物中，棉纤维的含杂程度较高，如果去除不净就会降低织物的毛效和手感，直接影响织物的上染率、匀染性，且成品色光暗淡。因此织物必须进行退浆、煮炼处理，以去除杂质。由于 Coolmax 纤维是四管道中空纤维，在纤维的化学结构中酯键有一定的化学反应能力，对碱剂的水解比较敏感。因此，碱的浓度、温度和时间对退浆、煮炼有较大的影响。

NaOH 用量对煮炼效果的影响见表 2-9-2。

表 2-9-2　NaOH 用量对煮炼效果的影响

NaOH/（g/L）		2	4	6	8	10	12
温度/℃		95	95	95	95	95	95
时间/min		40	40	40	40	40	40
白度		67.3	72.6	74	78.2	80.9	85.8
去杂		一般	较好	好	好	好	好
毛效/（cm/min）	经	7.6	8.2	10.4	10.6	11.0	11.4
	纬	11.8	11.4	10.5	10.1	9.6	8.9
手感		较好	好	好	好	好	好
强力损失/%	经	0.1	0.3	0.5	0.5	0.6	1.03
	纬	2.4	5.3	8.9	10.7	14.6	19.5

表中的试验结果表明，随着 NaOH 用量的增加，织物去杂、白度均趋上升，而织物强力有所下降，其中经向强力即棉纤维强力下降不多，但织物的纬向强力即 Coolmax 功能性纤维，当 NaOH 用量达到 4g/L 以上时，强力损失明显。另外，试验结果还表明，随着 NaOH 用量的增加，纬向 Coolmax 功能性纤维的毛效有所下降。综合各项指标可知，用 NaOH 处理 Coolmax 功能性纤维织物必须在实际生产中严格控制其用量才能保证产品质量。

传统的煮炼工艺，都是在接近 100℃ 的温度里长时间处理，显然会导致 Coolmax 功能纤维的降解，从而影响其强力等其他性能，生产中应对此足够重视。

（3）漂白

低浓度碱虽然能使织物的毛效达到要求，但由于棉纤维煮炼不够，布面仍有棉籽壳与泛黄现象，故最好采取氧漂工艺。

（4）热定型

Coolmax 与棉纤维混纺后，在染色前要进行预定型，这是整个染整工艺中关键的一道工序。定型工艺的选择直接关系到成品的表观质量、物理形态稳定以及色泽均匀等问题。

考虑到 Coolmax 纤维本身具有良好的吸湿排汗性能，所以定型工艺温度不宜太高。试验发现，温度太高可导致布面手感粗糙，悬垂性差。因此，生产 Coolmax 织物时，应根据织物的特点适当调整超喂量和控制温度与时间。

（5）染色

Coolmax 纤维作为改性的聚酯纤维，可以采用分散染料进行染色。并且，无论是溢流还是长车热熔法染色，都与通常的涤纶纤维染色工艺相近。

（6）整理

Coolmax 纤维织物由于其特有的吸湿排汗功能，在选择柔软剂时，应选择亲水性柔软剂，以免损害其吸湿排汗功能。

第十三节　酪蛋白纤维

酪蛋白纤维是根据蚕丝天然蛋白质纤维的吐丝原理，利用仿生学制成的高蛋白质纤维，俗称牛奶蛋白纤维，是再生蛋白纤维的一种。它是将液态牛奶去水、脱脂、并糅合研制成酪蛋白浆，再经湿纺新工艺及高科技手段处理而成。最先由日本东洋纺公司通过蛋白和丙烯腈接枝共聚反应制得，商品名为"Chinon"。"Chinon"具有真丝的外观和手感，尤以良好的导湿性和速干性而闻名，织成的织物舒适、轻盈。

我国牛奶乳酪的资源丰富，再加上机械设备自动化、材质的优良化，为开发牛奶纤维提供了有利条件。近几年全国各地已有很多单位进行了各种工艺路线的短纤维和长丝的研究，取得了一些成果。中国纺织大学与上海三枪集团有限公司合作研制酪蛋白纤维，并完成了合格的实验室研究；江苏红豆实业股份有限公司成功开发酪蛋白丝T恤衫；上海正家牛奶丝服饰有限公司独立开发研制的"正家"酪蛋白纤维经上海出入境检验检疫局测定为纯牛奶丝，牛奶丝面料研发取得成功。

酪蛋白纤维是继第一代天然纤维与第二代合成纤维之后的第三代新型纤维。它的强度比棉和蚕丝高，接近涤纶，特别是吸湿后仍保持很高的强度，湿强远高于蚕丝。其防霉、防蛀性能比羊毛好，并且具有天然的抑菌功能。牛奶中所含的蛋白质与人体皮肤最为协调，用酪蛋白纤维制成的服装不仅有牛奶的滑润，而且轻盈、柔软、透气，具有真丝般的手感、柔和优雅的光泽，同时具有极好的保温性、导湿性和速干性。它和蚕丝一样具有丝鸣感，集美丽、舒适、方便于一体。

对比酪蛋白纤维与常用纤维的强伸度，其强度仅低于涤纶，与蚕丝和腈纶相当；初始模量与棉、蚕丝相当，高于腈纶，足够提供成纱强力；纤维的伸长较小，纱线和织物的尺寸稳定性好；回潮率较高。

酪蛋白纤维的性质决定了它的纺纱难度，但只要合理地设计工艺，在实践中不断改进，其可纺性能可以得到提高。

1. 梳棉工艺

根据酪蛋白纤维的性能，采用增加含油、降低静电等措施。喷入 30%浓度的静电剂，闷包 32 h 后，经抽样检测，纤维的物理指标有很大改善，纤维静电减小并具有一定的湿度，给后工序的生产带来有利条件。工艺为道夫 20 r/min，锡林 300 r/min，刺辊 800 r/min，盖板速度 80 mm/min，制得生条的定量 19.5 g/5 m。

2. 预并条工艺

酪蛋白纤维丝生条在混并前经过预并，用 8 根喂入，牵伸倍数 8.12，以提高纤维的平伸度和降低质量不匀，减少与精梳棉条间的质量差异，改善生条质量，制得的预并条定量为 17.38 g/5 m。

第十四节 "ShinUp"涤纶/锦纶双组分纤维

日本 Kuraray 公司推出一种具有永久除臭功能的面料。这种面料用"ShinUp"涤纶/锦纶双组分纤维制成。纤维芯是普通涤纶，鞘是含有光除臭剂的锦纶。它通过化学中和、光催化作用，呈现复合的和持久的除臭功效。由于光催化作用不会达到饱和点，所以只要存在有害气体，它都会起作用。它对烟味、汗味、腐烂气味、宠物气味都有效，只要混入 30%的这种纤维面料就有除臭效果。其主要用途有运动装、医院或食品加工用服装等。

第十五节 异型纤维—多沟槽纤维

CTATEX 是由中国纺织科学研究院最新推出的干爽、舒适性纺织产品，它综合了棉的舒适性和涤纶的快干性，具有较好的市场前景。

CTATEX 的秘密源自于特殊设计的多沟槽纤维和独特的面料设计及后整理方法。选用专门开发的异型纤维，利用其异型断面在纵向形成的特殊沟槽产生超强的毛细虹吸现象，将人体汗水迅速吸收、传输，从而达到快干效果，使纱线与肌肤接触时倍感干爽柔软与舒适。同时，高异形度的纤维断面结构和蓬松的纱线结构，可使 CTATEX 的透气性大大增加，再也不会有湿闷贴身的感觉，能始终保持织物与肌肤间的干爽，达到快速吸湿排汗、提高舒适性的目的，是运动、休闲、家居服饰的理想选择。

独特的多沟槽截面结构，使 CTATEX 具有很好的吸湿速干性能。以 30 s 后水滴在布面的扩散面积作比较，CTATEX 是棉的 1.9 倍、尼龙的 3.4 倍、常规 PET 的 14.2 倍。常温通风房间内（25℃，湿度 65%），滴水 0.5 g 后面料的干燥时间，纯棉需要 67 min，涤纶需要 45 min，而 CTATEX 仅需要 35 min。

异形断面结构和特殊整理方法，使 CTATEX 蓬松而且更加透气，快速释放皮肤产生的汗气，同时外层清凉空气能够透入里层，不会让人有丝毫湿热的感觉。高异形度结构，使其单纤维间隙较一般纤维高。CTATEX 比普通涤纶体积重量减轻 23%，使穿着更轻松、更舒适。

第十六节　T400 纯涤纤维

高档弹性军服面料是美国杜邦公司开发的一种新型面料,主要是纬向织入一种叫 T400 的弹性纤维。T400 纯涤纤维是杜邦专利,通过高超专利技术的机械加工,使超细纯涤纤维的物理结构发生变化。从纤维横截面看,它是一种四沟槽纤维,中空纤维,因此它具有吸湿、排汗功能。T400 纯涤纱在织造时没有弹性,经过后加工受热具有弹性,随着受热温度的增加,例如达到 190℃,T400 像弹簧一样发生自然扭曲,弹性增加。加捻的部分可以称之为硬段,蓬松不加捻的部分可以称之为软段,像弹簧一样扭曲主要发生在软段,因此 T400 就像席梦思拉簧一样,由一个个小弹簧组成。T400 如果在大于 165℃高温拉幅,弹性将受影响;如果在 200℃拉幅,涤丝被定型,弹性将消失。

T400 与棉交织的织物印染加工时,前处理选用翻缝→烧毛(两正两反)→退煮漂→半丝光工艺。在选用分散/士林、分散/活性印花工艺时,高温型分散染料牢度好,包括皂洗、日晒等,但由于温度过高,对弹性影响较大,如选用中温型分散染料,对织物弹性影响较小,但牢度会差一些。

工艺流程:坯布翻缝→烧毛→退、煮、漂→半丝光→染底(只在均匀轧车轧料分散/士林,不高温焙烘,不还原氧化)→印花(分散/士林)→固色(195℃90s 焙烘)→还原湿短蒸→充分水皂洗→拉幅→予缩落布。

工艺处方及工艺条件:① 染底;② 印花;③ 还原蒸化;④ 拉幅定型。

由于要求吸湿排汗功能,后处理拉幅时,只能用亲水性柔软剂 C,以提高织物的吸湿性;氨基硅油柔软剂不能用,它具有拒水性。T400 具有弹性功能,拉幅温度不能高于 165℃,否则会影响织物弹性。拉幅后为保证经纬向 1%的缩水率,需做预缩处理,改善缩水的同时,也改善了织物的手感。

第十七节　木棉纤维

木棉纤维是一种天然纤维,与棉纤维有很多相似之处,但光泽、吸湿性和保暖性方面具有独特优势,在崇尚天然材料的今天有良好的应用前景。

上海通过产学研合作,对传统纺纱设备进行技术改造,独创出具有自主知识产权的木棉环锭纺纱,生产"树羊绒",纺出来的木棉纱线被公司命名"赛帛尔(Ceibor)"。用"赛帛尔" 与羊毛混纺出来的毛衫颇有羊绒的质感,用"赛帛尔"与纯棉混纺出来的 T 恤也细致柔软。"赛帛尔" 保留了木棉纤维中空保暖、超细柔软、吸湿导温、不霉不蛀等全部优点。"赛帛尔"有"树羊绒"的美誉。

1. 木棉纤维的用途

（1）中高档服装、家纺面料

木棉纤维广泛应用到针织内衣、绒衣、绒线衫、机织休闲外衣、床品、袜类等产品。

（2）中高档被褥絮片、枕芯、靠垫等的填充料

东华大学开发出"持久柔软保暖的木棉絮片的制造技术"，利用该技术制造的木棉絮片的强度、压缩弹性、保暖性能的持久性都可与目前的七孔、九孔涤纶絮片媲美，但在柔软度、吸湿透湿气性和绿色环保性能等方面具有涤纶絮片无法比拟的优势，制造成本不超过涤纶絮片。

在崇尚天然纤维、对纺织品中包含的有毒有害物质严格控制的当今社会，不使用农药和化肥、在大森林中生长的木棉应该有广泛的应用前景。

（3）旅游、娱乐用品

木棉纤维是最好的浮力材料，用它制作的被褥很轻，便于携带。旅游者可以躺在木棉褥上在海水或河湖水面上漂浮、晒日光浴，由于木棉纤维不吸水，上岸后稍加晾晒便可用于夜间露宿。

2. 木棉纤维的基本性能

（1）物理性能

木棉纤维纵向外观呈圆柱形，表面光滑，不显转曲，光泽好。截面为圆形或椭圆形，中段较粗，根端钝圆，梢端较细，两端封闭。截面细胞未破裂时呈气囊结构，破裂后纤维呈扁带状。细胞中充空气。纤维的中空度高达 80%～90%，胞壁薄，接近透明，因而相对密度小，浮力好。纤维块体在水中可承受相当于自身 20～36 倍的负载重量而不下沉。木棉表面有较多的蜡质使纤维光滑，不吸水，不易缠结，防虫。

我国有"木棉袈裟"神奇性能的传说，但由于木棉纤维太短，无法纺纱而难以应用。木棉纤维长度 8～34 mm，纤维中段直径 18～45 μm，平均 30～36 μm，壁厚 0.5～2 μm，纤维细度为 0.9～3.2 dtex，单纤维密度仅为 0.29 g/cm^3，而棉为 1.53 g/cm^3。木棉纤维的相对扭转刚度为 71.5×10^{-4} cN.cm^2/tex^2，比玻璃纤维的还大，会使加捻效率降低。因长度较短、强度低、抱合力较差，用棉或毛的纺纱方法难以单独纺纱，这是过去一直没有很好地应用木棉纤维的一大原因。

采用 X 射线衍射法测得木棉纤维的结晶度 33%，而亚麻 69%，棉 54%。尼日利亚木棉纤维的聚合度在 10 000 左右，和棉纤维相当。木棉纤维回潮率达 10.73%，和丝光棉的 10.6% 相当。木棉纤维的平均折射率为 1.717 61，比棉的 1.596 14 略高。这导致木棉纤维光泽明亮，光滑的圆截面更加剧光泽，负面影响可能是纤维显深色性差。

（2）化学性质研究

木棉纤维含有 64% 左右的纤维素，约 13% 的木质素，还有 8.6% 的水分、1.4%～

3.5%的灰分、4.7%～9.7%的水溶性物质和2.3%～2.5%的木聚糖以及0.8%的蜡质。

木棉纤维可用直接染料染色，但由于含有大量木质素和半纤维素，纤维素互相纠缠和分子间力作用导致了纤维素部分羟基被阻止，并且互相纠缠导致了染料分子不能顺利进入，使其上染率仅为63%，而同样条件下棉的上染率为88%。

木棉纤维溶解于30℃ 75%的硫酸、100℃ 65%的硝酸、部分溶解于100℃ 35%的盐酸。木棉纤维具有良好的化学性能，其耐酸性好，常温下稀酸对其没有影响，醋酸等弱酸对其也没有影响，且木棉纤维耐碱性能良好，常温下NaOH对木棉没有影响。

第十八节　竹纤维

竹纤维是一种性能良好的纤维，目前竹纤维产品分为两类：

一类是与黏胶生产工艺相似，通常黏胶是以棉短绒或木纤维作为原料，生产黏胶纤维或纸张。竹纤维可以用相似工艺生产特种纸，如化学分析用的滤纸、色层滤纸、造币纸等。由于木质素、树胶的含量高，竹纤维分离所采用方法与木纤维基本相似，先制造浆粕，然后类似于黏胶生产方法间接纺丝，最后制造织物。竹纤维织物已有生产，多数与其他纤维混纺生产面料、毛巾等产品，产品具有柔软、透气、吸湿、手感良好等性能，但是目前的产品湿牢度稍差。

另有一类原生态竹纤维，即将竹子去节，然后将竹纤维与木质素等分离后直接利用较长的竹纤维进行纺纱、织布并加工成产品。由于天然竹纤维具有抗菌等保健作用，是一种性能优异的服饰原料，特别是内衣类。但由于加工技术难度很高，目前只是在研究之中，真正工业化生产尚需时日。

参考文献

[1] 中国纺织工业协会. 中国纺织工业发展报告（2008/2009）. 北京：中国纺织出版社，2009.

[2] 中国纺织工业协会. 2004/2005 中国纺织工业发展报告，2005.

[3] 杜钰洲. 加速纺织工业产业结构调整，实现可持续发展. 北京：中国纺织工业协会.

[4] 於方. 中国主要工业废水排放行业的污染特征与行业治理重点[J]. 环境保护，2003（10）.

[5] 中国纺织工业协会调研组. 江苏、浙江、广东、山东省印染行业概况及环境治理状况. 2004.

[6] 国家环境保护局. 纺织工业废水治理. 北京：中国环境科学出版社，1990.

[7] GB 4287—92. 纺织染整工业水污染物排放标准.

[8] 纺织工业调整和振兴规划（国发[2009]10 号）.

[9] 关于土法漂染企业界定问题的复函. 纺生综[1997]2 号.

[10] 奚旦立. 清洁生产与循环经济. 北京：化学工业出版社，2005.

[11] 杨静新. 染整工艺学[M]. 北京：中国纺织出版社，2004.

[12] 董纪震，等. 合成纤维生产工艺学[M]. 北京：纺织工业出版社，1993.

[13] 奚旦立. 纺织工业节能减排与清洁生产审核[M]. 北京：中国纺织出版社，2008.

[14] 奚旦立. 突发性污染事件应急处置工程[M]. 北京：化学工业出版社，2009.

[15] 上海印染工业行业协会. 印染手册. 2 版[M]. 北京：中国纺织出版社，2003.

[16] 蔡苏英，田恬. 染整工艺学. 2 版[M]. 北京：中国纺织出版社，2004.

[17] 王菊生. 染整工艺原理[M]. 北京：中国纺织出版社，2004.

[18] 吕淑霖. 毛织物染整[M]. 北京：中国纺织出版社，2001.

[19] 吴赞敏. 纺织品清洁染整加工技术[M]. 北京：中国纺织出版社，2007.

[20] 环境保护部. 纺织染整工业废水治理工程技术规范[M]. 北京：中国环境科学出版社，2009.

[21] 郑光洪，蒋学军，杜宗良，等. 印染概论[M]. 北京：中国纺织出版社，2008.

[22] 崔淑玲，朱俊萍，朱仁雄. 印染厂设计[M]. 北京：中国纺织出版社，2007.

[23] 陈溥，王志刚. 纺织染整助剂实用手册[M]. 北京：化学工业出版社，2003.

[24] 罗瑞林. 织物涂层技术. 北京：中国纺织出版社，2005.

[25] [英]沃尔特·冯. 涂层和层压纺织品. 北京：化学工业出版社，2006.

[26] 李显波. 防水透湿织物生产技术[M]. 北京：化学工业出版社，2006.

[27] 阎克路. 染整工艺学教程（第一分册）. 北京：中国纺织出版社.

[28] 合成革工业污染物排放标准（征求意见稿）编制说明.

[29] 顾云君. 聚氨酯合成革废水治理方案分析. 能源环境保护，2008（4）.

[30]　沈新元. 化学纤维手册[M]. 北京：中国纺织出版社，2008.

[31]　王天普. 石油化工清洁生产与环境保护技术进展[M]. 北京：中国石化出版社，2006.

[32]　黄有佩，等. 锦纶6FDY 国产纺丝设备及相关工艺探讨[J]. 合成纤维，2002（2）.

[33]　高学军. 锦纶6 切片萃取装置生产工艺探讨[J]. 合成纤维工业，1997（1）.

[34]　姜淑波. 浅谈锦纶6 与锦纶66 的不同[J]. 针织工业，1999（5）.

[35]　朱勇，等. 低旦锦纶66 工业丝生产工艺探讨[J]. 合成纤维，2003（4）.

[36]　胡茂刚，等. 锦纶6 生产废水的处理[J]. 工业用水与废水，2003（1）.